实例效果图

彩图 1　第 3 章 立方图纹理案例

彩图 2　第 3 章 3D 水模拟

彩图 3　第 3 章 材质系统

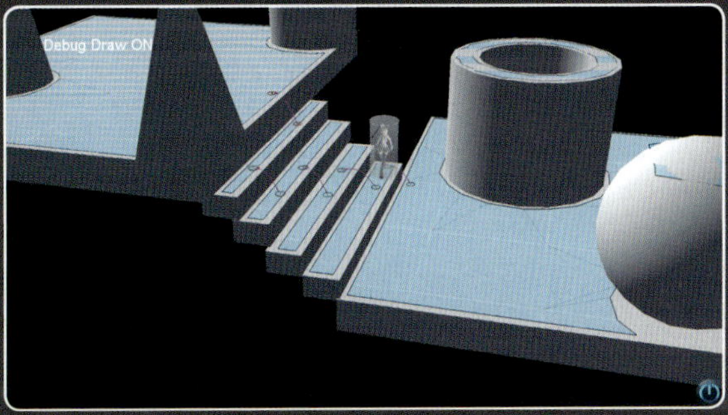

彩图 4　第 4 章 导航网格

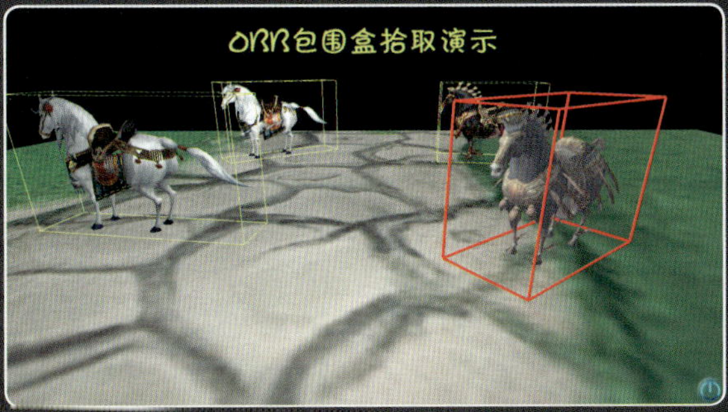

彩图 5　第 5 章 OBB 包围盒拾取

彩图 6　第 6 章 光照效果

彩图 7　第 6 章 平面阴影

彩图 8　第 6 章 镜像技术

彩图 9　第 6 章 高真实感水面倒影

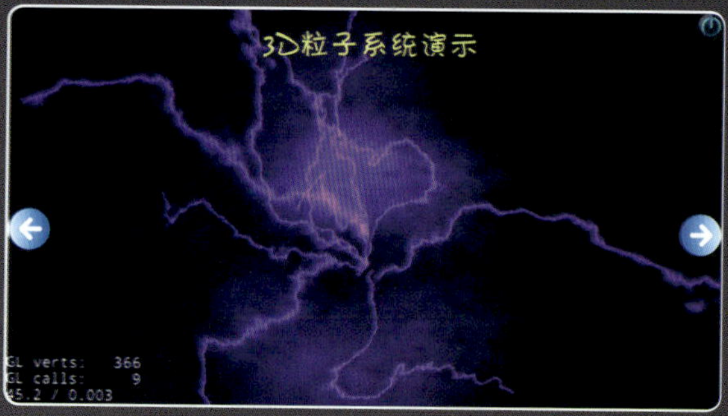

彩图 10　第 7 章 3D 粒子系统

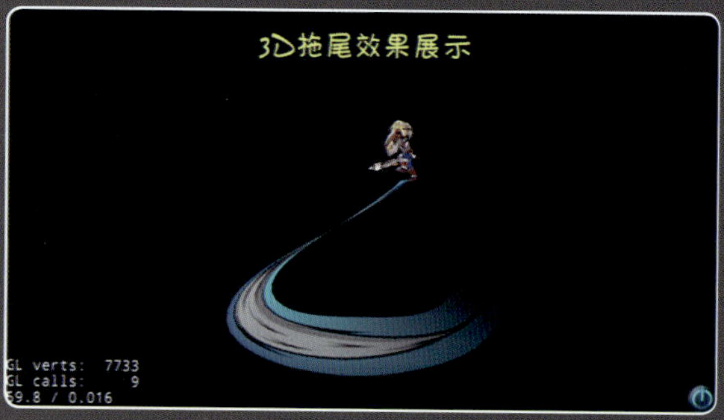

彩图 11　第 7 章 3D 拖尾效果

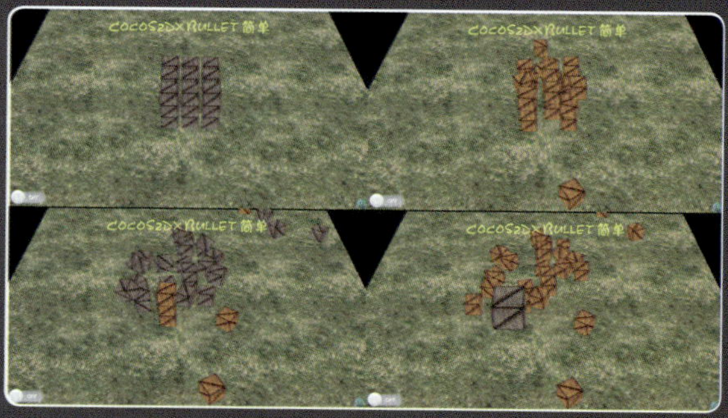

彩图 12　第 9 章 Bullet 刚体

彩图 13　第 12 章 Bullet 软布

彩图 14　第 13 章 CardBoard VR

彩图 15　第 13 章 GearVR 运行效果

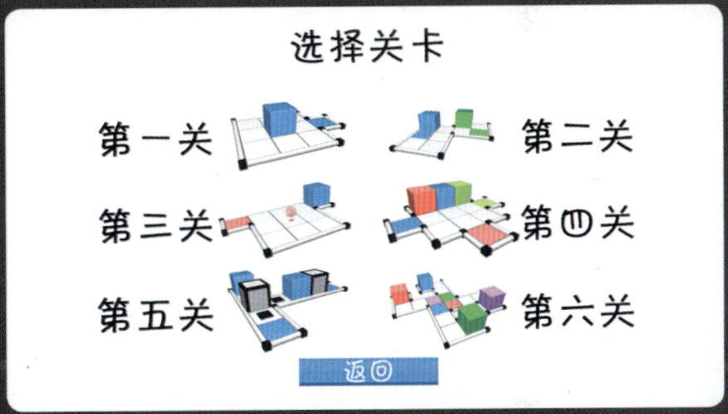

彩图 16　第 14 章 指尖方块 1

彩图 17　第 14 章 指尖方块 2

彩图 18　第 15 章 绿色行动 1

彩图 19　第 15 章 绿色行动 2

彩图 20　第 15 章 绿色行动 3

彩图 21　第 15 章 绿色行动 4

彩图 22　第 15 章绿色行动 5

彩图 23　第 15 章绿色行动 6

彩图 24　第 15 章绿色行动 7

Cocos2d-x 3D 与VR游戏开发实战详解

吴亚峰　索依娜　于复兴◎编著

人 民 邮 电 出 版 社

北 京

图书在版编目（CIP）数据

Cocos2d-x 3D与VR游戏开发实战详解 / 吴亚峰，索依娜，于复兴编著. -- 北京 : 人民邮电出版社，2017.8
ISBN 978-7-115-46124-7

Ⅰ. ①C… Ⅱ. ①吴… ②索… ③于… Ⅲ. ①移动电话机－游戏程序－程序设计②便携式计算机－游戏程序－程序设计 Ⅳ. ①TN929.53②TP368.32

中国版本图书馆CIP数据核字(2017)第159877号

内容提要

本书共分为15章，全面讲解了用Cocos2d-x引擎进行3D游戏开发的知识和开发技巧，首先介绍3D开发中使用到的相关Cocos2d-x基础类，包括加载模型、背面剪裁、摄像机、骨骼动画、异步加载和自定义着色器等，接下来介绍常用的3D开发技巧，如标志板技术、天空盒、立方图纹理、水特效和材质系统、Cocos2d-x引擎中的地形（Terrain类）和导航网格（NavMesh类），适合模拟室外的平原、高山、丘陵等，使游戏场景更加丰富，也讲解了拾取与包围盒、光照和阴影、3D粒子系统与拖尾效果的使用、正六边形瓦片地图、正六边形地图的路径搜素和手机截屏等方面的知识，以及Bullet物理引擎、VR游戏开发等知识，最后讲解了综合案例，包括益智类游戏—指尖方块和射击解谜类游戏—绿色行动，让读者学以致用。

本书适合Cocos2d-x初学者、游戏开发者、程序员学习，也适合作为大专院校相关专业师生学习用书以及培训学校的教材。

◆ 编　　著　吴亚峰　索依娜　于复兴
责任编辑　张　涛
责任印制　焦志炜

◆ 人民邮电出版社出版发行　　北京市丰台区成寿寺路11号
邮编　100164　　电子邮件　315@ptpress.com.cn
网址　http://www.ptpress.com.cn
固安县铭成印刷有限公司印刷

◆ 开本：787×1092　1/16　　彩插：2
印张：25.75　　2017年8月第1版
字数：669千字　　2024年7月河北第2次印刷

定价：79.00元

读者服务热线：(010)81055410　印装质量热线：(010)81055316
反盗版热线：(010)81055315
广告经营许可证：京东市监广登字20170147号

前 言

为什么要写这样的一本书

Cocos2d-x 是开源的游戏引擎，用它进行游戏开发快速、简易、功能强大。了解 Cocos2d-x 引擎的技术人员应该都知道，该引擎基于 OpenGL ES，采用 GPU 进行渲染，大大地提高了游戏运行的流畅度，不仅能开发出炫酷的画面，还能满足配置稍低的手机流畅运行游戏的需要。

随着时代的发展，简单的 2D 游戏不能满足广大玩家的需求，3D 游戏应运而生，同时手机性能的不断提高使得体验 3D 游戏的门槛不断降低。众所周知，Cocos2d-x 引擎在 2D 方面一直是霸主地位，但是其直到 3.2 版才对 3D 游戏开发有了初步的支持。

发展至今，Cocos2d-x 引擎的 3D 支持已经趋于成熟，在 3D 游戏的市场中，所占份额也越来越多。特别令人兴奋的是，最近 Cocos2d-x 也开始正式支持 VR 游戏的开发。而目前国内专门系统介绍使用 Cocos2d-x 引擎开发 3D 及 VR 游戏的图书和资料几乎没有，使得很多初学者无从下手。根据这种情况，作者结合多年从事游戏应用开发的经验编写了本书。

书中给出的实际开发案例涉及了 Android 和 iOS 等主流平台，开发者可以做到一处开发多处编译，大大降低了不同平台间移植的成本。因此，学习各种移动嵌入式平台下游戏应用开发的朋友都可以参考本书。

本书特点

1. 内容丰富，由浅入深

本书内容组织上本着“起点低，终点高”的原则，内容覆盖了从学习 Cocos2d-x 引擎进行 3D 开发的基础知识到实现各种高级特效，同时还详细介绍了如何结合 3D 物理引擎 Bullet 进行游戏开发。同时在第 13 章还系统介绍了基于谷歌的 CardBoard 和三星的 GearVR 进行虚拟现实游戏的开发。

为了让读者不但能掌握好基础的知识，还能学习到一些实际项目开发的经验，本书最后还给出了两个结合前面章节所介绍内容开发的具体案例供读者学习参考。这样的内容组织使得由 Cocos2d-x 入门的读者可以一步一步成长为能够使用该引擎开发 3D 游戏的达人，非常符合绝大部分想学习 3D 游戏开发的大专院校学生、程序开发人员以及相关技术人员的需求。

2. 结构清晰，讲解到位

本书中每个讲解的知识点都给出了丰富的插图与完整的案例，使得初学者易于上手，使有一定基础的读者便于深入。书中所有的案例均是根据作者多年的开发心得进行设计的，结构清晰明朗，便于读者进行学习。同时书中还给出了很多作者多年来积累的编程技巧与心得，具有很高的参考价值。

3. 实用的案例资源

为了便于学习，本书中所有案例的完整源代码都将会提供给读者，能最大限度地帮助读者快速掌握开发技术。

4. 既可自学，也便于作为教材

本书内容组织及安排方面既考虑到了读者自学的需要，也考虑到了作为高等院校相关专业课程教材的需要。书中每章的最后都安排了习题，便于教师安排学生课下练习。最后两章的大案例可以方便地作为课程设计的内容。

内容导读

本书共分为 15 章，第 1～第 3 章主要介绍了使用 Cocos2d-x 引擎进行 3D 游戏开发的基础知识和开发技巧；第 4～第 8 章介绍了 3D 游戏开发中经常使用到的相关类和高级特效；第 9～第 12 章介绍了 3D 物理引擎 Bullet 的使用；最后两章给出了 Android 和 iOS 平台下两个完整游戏案例。

章　名	主 要 内 容
初识 Cocos2d-x	主要介绍了 Cocos2d-x 引擎的背景知识，同时还详细介绍了 Android 平台下开发环境的搭建以及项目的创建、运行与开发
3D 开发基础	介绍 3D 开发中使用到的相关基础类，包括加载模型、背面剪裁、摄像机、骨骼动画、异步加载和自定义着色器等
常用的 3D 开发技巧	介绍一些 Cocos2d-x 开发过程中经常用到的 3D 开发技巧，包括标志板技术、天空盒、立方图纹理、水特效和材质系统
3D 地形和导航网格	介绍 Cocos2d-x 引擎中的地形（Terrain 类）和导航网格（NavMesh 类）。适合模拟室外的平原、高山、丘陵等，能够使游戏场景更加丰富
拾取与包围盒	介绍拾取和包围盒的相关知识，其中包括 AABB 和 OBB 包围盒的使用，以及拾取功能的开发
光照和阴影	介绍 Cocos2d-x 中关于灯光的使用及与光照相关的各种阴影的实现，用于烘托场景气氛，提高游戏品质
3D 粒子系统与拖尾效果的使用	介绍如何记载粒子系统和使用拖尾效果，同时还介绍了 3D 粒子系统设计器 Particle Universe Editor 的下载和使用
杂项	介绍游戏开发中与正六边形瓦片地图、正六边形地图的路径搜素和手机截屏等方面相关的一些知识
初识 3D 物理引擎 Bullet	介绍 Bullet 物理引擎的大部分基础知识，并给出了简单易懂的案例，为之后深入开发奠定基础
3D 物理引擎 Bullet——关节	介绍 Bullet 物理引擎中的关节部分，其中主要包括铰链关节、齿轮关节、点对点关节、滑动关节和六自由度关节
3D 物理引擎 Bullet——交通工具	介绍 Bullet 物理引擎中的交通工具部分，并给出了一个形象生动的小车案例，让读者更容易理解
3D 物理引擎 Bullet——软体及光线投射	介绍 Bullet 物理引擎中的软体及光线投影部分，其中软体的介绍主要包括软布、三角形网格软体和绳索软体
VR 游戏开发	介绍如何使用 Cocos2d-x 在移动设备上开发虚拟现实游戏，其中主要介绍了基于谷歌 Cardboard 和三星 GearVR 平台开发时需要的部署配置以及相应交互设备的开发等相关知识
益智类游戏——指尖方块	本章给出了一个 Android 及 iOS 平台下的完整益智类游戏案例，内容主要涉及触摸屏幕反转方块、检测方块的相对位置和方块之间不能碰撞等功能的开发
射击解谜类游戏——绿色行动	本章给出了一个 Android 及 iOS 平台下完整的射击解谜类游戏案例，内容主要涉及触摸屏幕旋转角度、摇杆操纵英雄、射击怪物等功能的开发

本书内容丰富，从基础知识到高级特效以及 Bullet 物理引擎；从简单的应用程序到完整的游

戏案例，适合不同需求、不同水平层次的各类读者。

- 初学 Cocos2d-x 引擎的读者

本书内容涉及在各个主流平台下进行应用开发的知识，内容由浅入深，配合详细的案例，非常适合手机游戏的初学者循序渐进地学习，最终成为手机游戏应用开发的达人。

- 有一定 Cocos2d-x 基础并且希望进一步学习 3D 及 VR 游戏开发的读者

本书不仅包括了基于 Cocos2d-x 引擎开发 3D 游戏的基础知识，同时也包括了基于 Cocos2d-x 引擎实现高级特效以及 VR 游戏开发的相关知识，最后还给出了完整的游戏案例，有利于有一定基础的开发人员进一步提高开发水平及能力。

- 致力于学习 Cocos2d-x 的计算机及相关专业的学生

此类读者在学校学习的知识偏重基础，实际操作与开发能力较弱。本书既有基础知识介绍又有完整大案例。读者可以在学习基础知识的同时，结合案例进行分析，学习过程更为高效。教师将本书选做游戏开发类课程的教材进行授课十分方便。

本书作者

吴亚峰，毕业于北京邮电大学，后留学澳大利亚卧龙岗大学取得硕士学位。1998 年开始从事 Java 应用的开发，有 10 多年的 Java 开发与培训经验。主要的研究方向为 OpenGL ES、手机游戏、Java EE 以及搜索引擎。同时为手机游戏、Java EE 独立软件开发工程师，现任职于华北理工大学并兼任华北理工大学以升大学生创新实验中心移动及互联网软件工作室负责人。10 多年来不但指导学生多次制作手游作品获得多项学科竞赛大奖，还为多家著名企业培养了上千名高级软件开发人员。曾编写过《OpenGL ES 3.0 游戏开发》（上下卷）、《Cocos2d-x 案例开发大全》《Cocos2d-x 3.X 游戏案例开发大全》《Cocos2d-x 3.0 游戏开发实战详解》《Android 游戏开发大全》（第一版、第二版及第三版）等多本畅销技术书。2008 年初开始关注 Android 平台下的 3D 应用开发，并开发出一系列优秀的 Android 应用程序与 3D 游戏。本次负责全书统稿及第 2、3、8～10、13、15 章内容的编写。

索依娜，毕业于燕山大学，现任职于华北理工大学。2003 年开始从事计算机领域教学及软件开发工作，曾参与编写《Cocos2d-x 游戏开发标准教程》《Unity3D 游戏开发标准教程》等多本技术书，近几年曾主持市级科研项目一项，发表论文 8 篇，拥有软件著作权多项、发明及实用新型专利多项。同时多次指导学生参加国家级、省级计算机设计大赛并获奖。本次负责部分案例的开发及第 1、4、5、12 章的编写。

于复兴，北京科技大学硕士，从业于计算机软件领域 10 年，在软件开发和计算机教学方面有着丰富的经验。工作期间曾主持科研项目“PSP 流量可视化检测系统研究与实现”，主持研发了省市级项目多项，同时为多家单位设计开发了管理信息系统，并在各种科技刊物上发表多篇相关论文。2012 年开始关注 Android 平台下的应用开发，参与开发了多款手机娱乐、游戏应用。本次负责部分案例的开发及第 6、7、11、14 章的编写。

本书在编写过程中得到了华北理工大学以升大学生创新实验中心移动及互联网软件工作室的大力支持，同时高鹏、杜炬龙、刘章勇、郜旭、褚博文、徐朋、文红俊以及作者的家人为本书的编写提供了很多帮助，在此表示衷心的感谢！

由于作者的水平和学识有限，且书中涉及的知识较多，难免有错误疏漏之处，敬请广大读者批评指正，并多提宝贵意见，本书答疑 QQ 群为 277435906，源程序下载地址为 www.toppr.net。本书责任编辑和投稿联系邮箱为：zhangtao@ptpress.com.cn。

作　者

目　录

第1章　初识 Cocos2d-x

Cocos2d-x 是当下非常流行的一款 2D/3D 游戏开发引擎，由于其跨平台、免费、功能强大的特点，具有非常高的市场占有率。本章主要介绍 Cocos2d-x 游戏引擎的基础知识，以及 Android 平台上 Cocos2d-x 集成开发环境的搭建，引领读者逐步进入 Cocos2d-x 游戏开发的世界。

1.1 Cocos2d-x 的概述

本节将介绍 Cocos2d-x 的一些基础知识，主要包括 Cocos2d-x 的简介、Cocos2d-x 的发展、Cocos2d-x 的市场前景以及 Cocos2d-x 的特点。通过对本节的学习，读者将对 Cocos2d-x 这款游戏引擎有一个基本的认识和了解，并能够使用其进行简单开发。

1.1.1 Cocos2d-x 的发展史

Cocos2d-x 发展史的具体内容如下。

- 2008 年 2 月，Cocos2d 引擎发布了 0.1 版（注意不是 Cocos2d-x），当时基于 Cocos2d 引擎开发的游戏并不多，仅有很少数开发人员知道这个引擎的存在。
- 2008 年 6 月 Cocos2d 引擎宣布与 iPhone 平台进行接轨，并在当月公布了用 Objective-C 编写的 Cocos2d for iPhone 0.1 版。截至 2008 年 12 月，App Store 上已有超过 40 个用 Cocos2d 引擎开发的游戏。此时还重新设计了引擎的图标，开始使用现在大家熟悉的 Cocos2d 家族引擎的图标（原来最早的图标是“奔跑的椰子”），如图 1-1 所示。

▲图 1-1　Cocos 家族引擎的图标

- 2009 年，团队设计了 Cocos2d 的世界编辑器，这款所见即所得的编辑器使用起来十分方便，大大提高了开发效率。此时，Cocos2d 的各种平台、各种编程语言移植版也开始涌现，如 Cocos2d-Android、CocosNet 等。
- 2010 年，具有历史意义的 Cocos2d-x 诞生了。“x”代表着 Cross，即交叉（跨平台）。并在短短的 5 年内更新了很多版本，如今的最新版是 Cocos2d-x-3.13.1。Cocos2d-x 为开发者提供了跨平台的支持，通过 C++语言把游戏逻辑一次编写即可编译到 iOS、Android 以及更多的手机或 PC 平台上运行。
- 2016 年，作为虚拟现实技术（VR）的元年，Cocos2d-x 也迅速在随后更新的引擎版本中支持了各大平台的 VR SDK，这其中包括 gear vr、oclus vr 等，开发者可以在程序中使用这些平台 SDK 来实现 VR 应用的开发。
- 当下各种不同平台的应用商店里，都拥有大量的基于 Cocos2d-x 的应用，主要涉及游戏、娱乐应用等应用类型。根据官方数据保守估计，目前流行的 2D 游戏中有超过 70%是采用 Cocos2d-x

引擎开发的。

1.1.2　Cocos2d-x 的市场前景

近几年，随着 iOS 和 Android 平台的迅猛发展，智能手机几乎人手一部，因此，手机用户市场需求最终超过传统 PC 用户是没有悬念的。而智能手机的普及，催生了智能手机软件和游戏的开发。手机软件是满足办公、生活便利的需要；而手机游戏，则是满足休闲、娱乐的需要。

目前的手机游戏还是以 2D 为主，而在 2D 方面 Cocos2d-x 引擎已经做得很好。该引擎基于 OpenGL ES，采用 GPU 进行渲染，大大地提高了游戏运行的流畅度。它不仅能够开发出酷炫的画面，还能够满足配置稍低的手机流畅运行的需要。下面简单介绍一下 Cocos2d-x 引擎的优势，内容如下。

- 跨平台：此引擎支持 Android、iOS、Windows Phone、Linux、Windows、Mac OSX 3 等众多平台，开发者可以做到一处开发多处编译，降低了不同平台间移植的成本，提高了其在众多平台间的生存能力。
- 易于使用：此引擎将学习成本较高的 OpenGL ES 做了很好的封装，提供了大量的规范，使得游戏开发者可以把关注焦点放在游戏内容本身，而不必消耗大量时间学习晦涩难懂的 OpenGL ES。
- 高效：此引擎基于 OpenGL ES 进行图形渲染，摆脱了传统 2D 游戏大多采用 CPU 进行渲染而导致效能低下的魔咒，一方面提高了游戏的流畅度，另一方面也充分利用了手机中的 GPU 硬件资源。
- 灵活实用：此引擎由于架构设计合理，使得集成第三方库变得非常方便。开发人员在开发中除了可以使用引擎已经集成的第三方库，如 Box2D、chupmunk、freetype2 等，还可以根据自己项目的需要进一步集成其他第三方库。
- 开源免费：此引擎的所有源代码完全开放并且免费，用户可以放心使用，不用担心各种繁琐的商业授权问题，降低了开发成本。
- 社区支持：关心 Cocos2d-x 的开发者自发建立了多个社区组织，比较有名的 GitHub 社区里有大量的 Cocos2d-x 的讨论区和帖子，开发者可以方便地查阅各种资料。
- 与时俱进：Cocos2d-x 一直跟随着时代的脚步，不断地容纳新的技术来壮大自己，如成熟 3D 物理引擎 bullet 的引入，使得其可以更好地渲染复杂的 3D 画面，支持 3D 游戏的开发。2016 年的虚拟现实技术到来时其也能够快速地更新引擎版本，支持 gear vr 和 Cardboard 等平台的 SDK，让 VR 开发可以在其引擎下开发。

正是由于以上多个优点，该引擎已经被全球大多数 2D 和 3D 游戏开发人员所采用。基于其开发的游戏总下载量数以亿计，随着智能手机移动平台的进一步发展，Cocos2d-x 的明天会更好。

1.2　Cocos2d-x 开发环境的搭建

Cocos2d-x 引擎目前主要用于智能手机游戏的开发，本书中的大部分案例都是基于 Android 平台进行介绍的。因此，对于初学者而言，要做的第一步工作是搭建 Android 应用程序的开发环境。本节将介绍 Cocos2d-x 及其插件的下载及配置。

1.2.1　Android Studio 以及 Android SDK 的下载与配置

首先将介绍 Android Studio，这是一款 Android 集成开发工具，提供了集成的 Android 开发工具用于开发和调试，而 Android SDK 是开发 Android 应用程序的基础开发环境，其本身免费且绑定在 Android Studio 中下载。下面介绍这两者的下载和配置。

（1）在浏览器中输入 https://developer.android.com/studio/index.html，打开 Android Studio 的官方下载网站，如图 1-2 所示。然后单击图中椭圆圈中的按钮进行下载，将浏览器弹出的协议勾选同意后开始下载，如图 1-3 所示。此时浏览器会弹出下载对话框，提示下载并保存（这一点不同的浏览器会有所不同）。

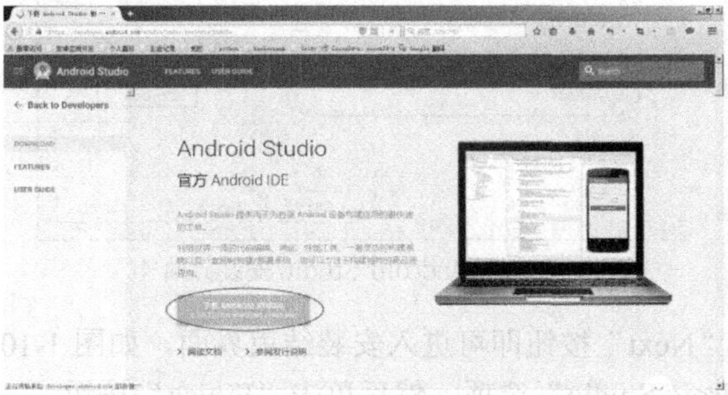

▲图 1-2　Android Studio 官方下载首页

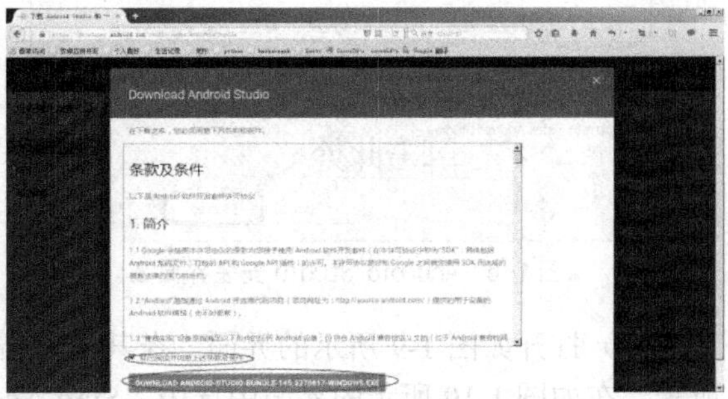

▲图 1-3　Android Studio 官网下载处

> **说明**　进行 Android Studio 的下载配置之前需要在机器上安装配置好 JDK。JDK 是指 Java Development Kit，是用于开发 Java 程序的工具包。JDK 的配置包括在系统的 Path 环境变量中加入 JDK 的 bin 路径，以及在环境变量中新增 JAVA_HOME 项，设置 JDK 的安装路径等。关于 JDK 的具体安装以及配置已经有非常多的书籍资料，因此，本书不再赘述，需要的读者请参考其他书籍或资料。

（2）Android Studio 下载成功以后，会得到一个名称为“android-studio-bundle-145.3276617-windows.exe”的可执行文件（随选择下载版本的不同，此名称可能不同）。双击打开，单击界面中的“Next”按钮到下一步，如图 1-4 所示，根据如图 1-5 所示的内容进行勾选，再单击“Next”按钮到下一步。

▲图 1-4　Android Studio 安装界面 1

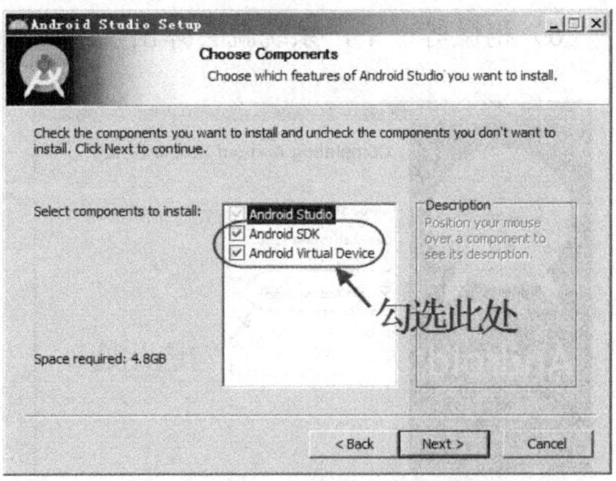

▲图 1-5　Android Studio 安装界面 2

（3）打开阅读协议界面，单击图 1-6 中的“I Agree”按钮后，进入下一个界面。

（4）打开选择安装路径界面（见图 1-27）后，这里需要选择 Android Studio 和 Android SDK 的安装路径，此处分别选择的路径是“D:\Android\android-studio”和“D:\Android\sdk”。建议读者采用的安装路径与本处的安装路径保持一致。路径选择完成之后，单击“Next”按钮进入下一个界面，按照如图 1-8 所示进行勾选，单击“Install”按钮进入下一个界面。

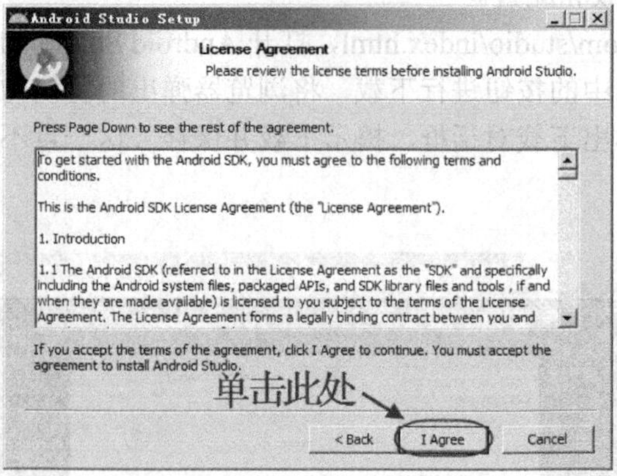

▲图 1-6　Android Studio 安装界面 3

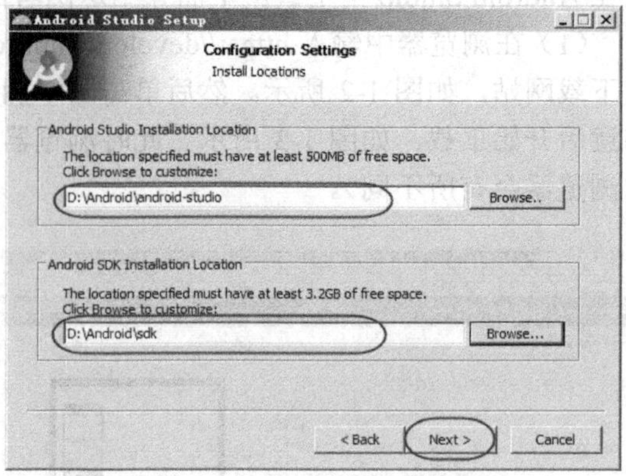

▲图 1-7　Android Studio 安装界面 4

（5）打开如图 1-9 所示的界面，在其中单击“Next”按钮即可进入安装结束界面，如图 1-10 所示。在如图 1-10 所示的界面中选中“Start Android Studio”选项，然后单击“Finish”按钮。

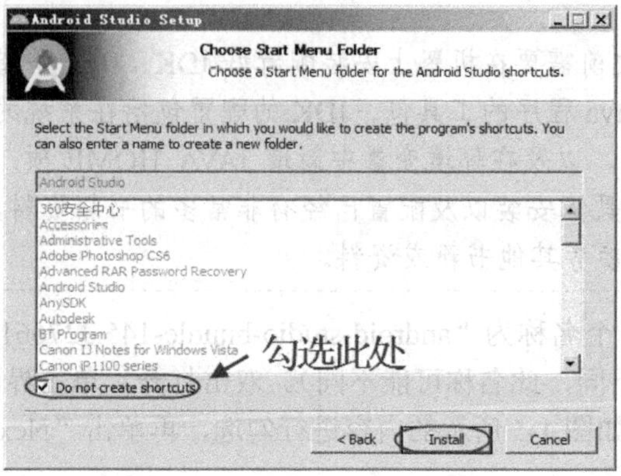

▲图 1-8　Android Studio 安装界面 5

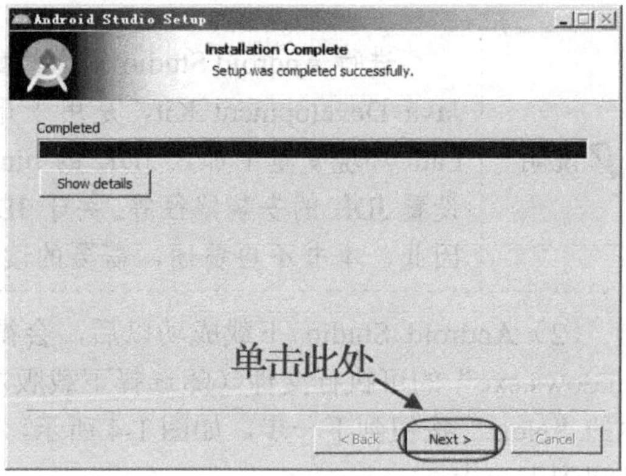

▲图 1-9　Android Studio 安装界面 6

（6）稍微等一下，系统就会弹出“Android Studio”的界面，如图 1-11 所示。

▲图 1-10　Android Studio 安装界面 7

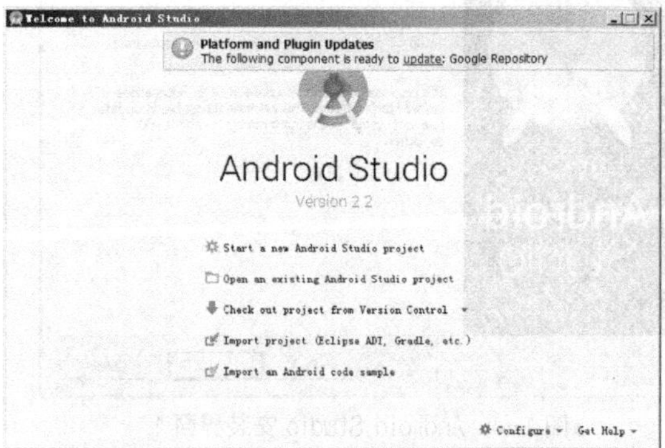

▲图 1-11　Android Studio 安装界面 8

（7）正常运行 Android Studio 之前需要将 SDK 未完成的部分下载完成。在图 1-7 中已经选择的 SDK 路径下面找到“SDK Manager.exe”，如图 1-12 所示，双击打开。稍微等待一会儿，系统会弹出“Android SDK Manager”的界面，如图 1-13 所示。

▲图 1–12　SDK Manager 路径

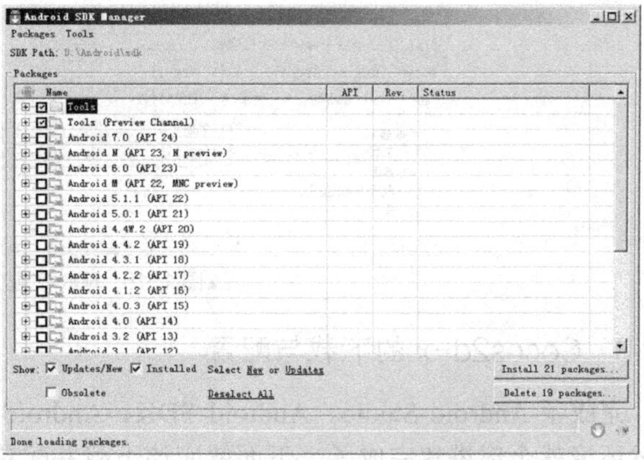

▲图 1–13　SDK Manager 下载界面

（8）在其中选中“Android SDK Build-tools”“Android SDK Platform-tools”以及“Android 4.4.2”等选项，如图 1-14 所示。然后单击界面右下侧的“Install XX packages…”（XX 代表一个整数，随选中选项的数量不同而不同）按钮即可开始下载 SDK 所需要的文件，下载过程如图 1-15 所示。

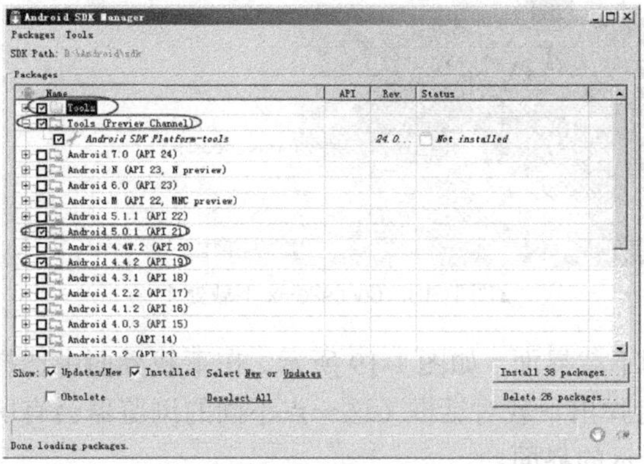

▲图 1–14　SDK Manager 下载选择界面

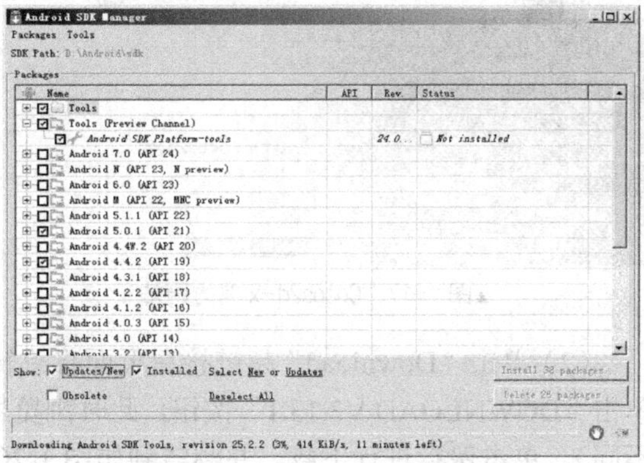

▲图 1–15　SDK Manager 下载过程界面

提示　此处之所以勾选“Android 4.4.2 和 Android 5.0.1”是由于其目前市场占有率较高。还可以根据需要勾选其他需要的 Android 平台版本选项。另外，随网络情况的不同下载的时间也是不同的，有时需要较长时间，请读者耐心等待。

1.2.2 Android NDK 的下载与配置

完成了 Android SDK 的下载及配置以后，下一步要进行的就是 Android NDK 的下载及配置了。Android NDK 是开发 Android 平台下 C++应用程序必不可少的重要工具包，是能够帮助开发者快速开发 C++的动态库，具体下载配置步骤如下。

（1）由于 NDK 官网网站提供的是最新的 NDK 版本下载，历史版本的 NDK 下载只能由固定链接下载。而本书案例中用到的是 r10e 的版本，所以这里给出可用 NDK 的 r10e 的下载路径“http://dl.google.com/android/ndk/android-ndk-r10e-windows-x86.exe”。

（2）NDK 下载完成后得到如图 1-16 所示名称为“android-ndk-r10e-windows-x86.exe”的文件。将其解压到 D 盘的 Android 文件夹下，需要用到时再进入 Android Studio 进行配置。

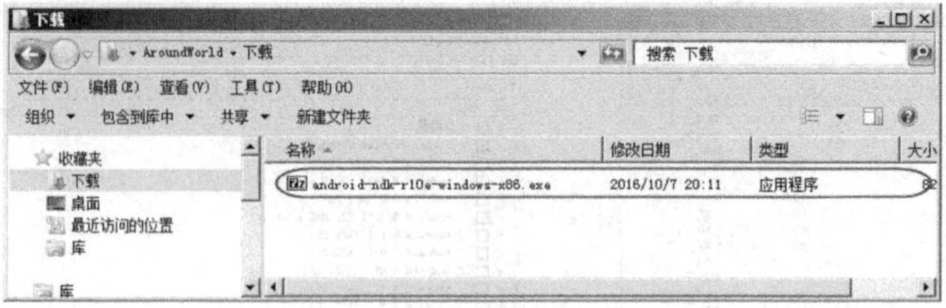

▲图 1-16　NDK 下载完成文件图

1.2.3　Cocos2d-x 的下载与配置

完成了 Android Studio、Android SDK、Android NDK 的下载及配置后，Android 平台本身的开发环境就全部搭建完成了。下面就应该下载并配置 Cocos2d-x 引擎了，具体步骤如下。

（1）在浏览器中输入 http://www.cocos2d-x.org/，打开 Cocos2d-x 引擎的官方网站，如图 1-17 所示。接着单击网页中顶部靠右的“Download”超链接进行下载，如图 1-18 所示。

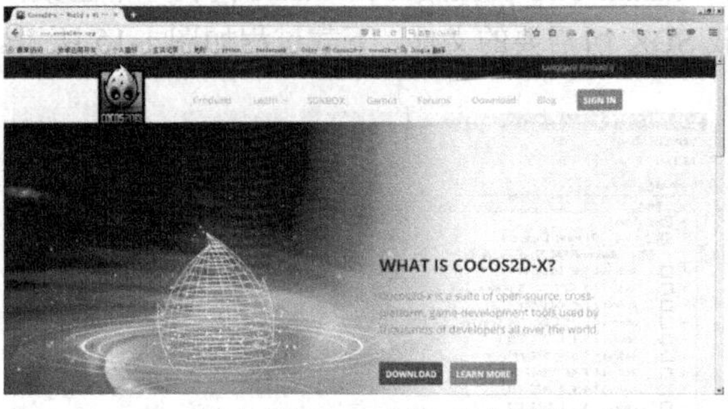

▲图 1-17　Cocos2d-x 官方网站

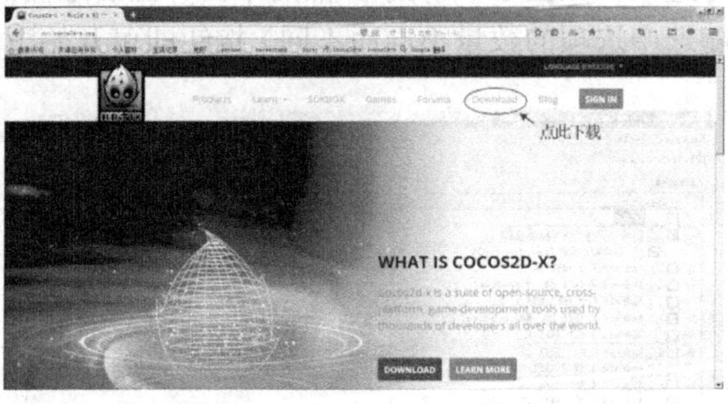

▲图 1-18　Cocos2d-x 下载处 1

（2）单击“Download”超链接后页面将跳转到下载界面，如图 1-19 所示。在下载界面中选择单击“DOWNLOAD V3.13.1”按钮，此时浏览器将弹出下载对话框（这一点不同的浏览器会有所不同），单击保存进行下载，并跳转到如图 1-20 所示的界面。

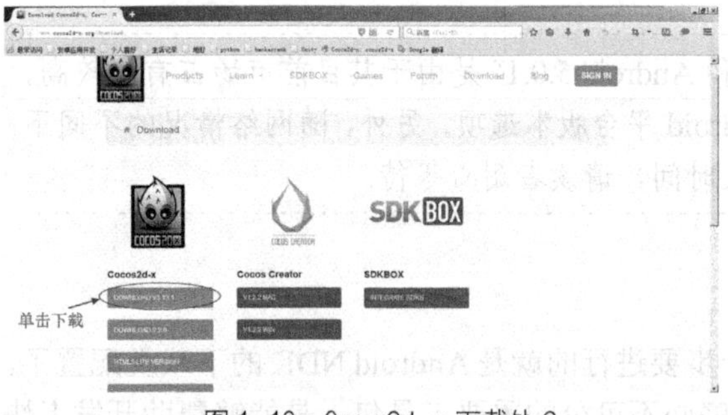

▲图 1-19　Cocos2d-x 下载处 2

▲图 1-20　Cocos2d-x 下载处 3

（3）Cocos2d-x 引擎下载完成之后，将得到一个名称为“cocos2d-x-3.13.1.zip”的压缩包。接着将此压缩包进行解压可得到同名文件夹，如图 1-21 所示。

（4）将解压后的“cocos2d-x-3.13.1”文件夹复制到 D 盘的 Android 文件夹下，即完成了 Cocos2d-x 引擎的下载。在打开的 Android Studio 中 Cocos2d-x 项目需要在指定文件中配置 cocos2d-x-3.13.1 项目路径，这些内容在后面 Android 项目的导入与运行中会有介绍。

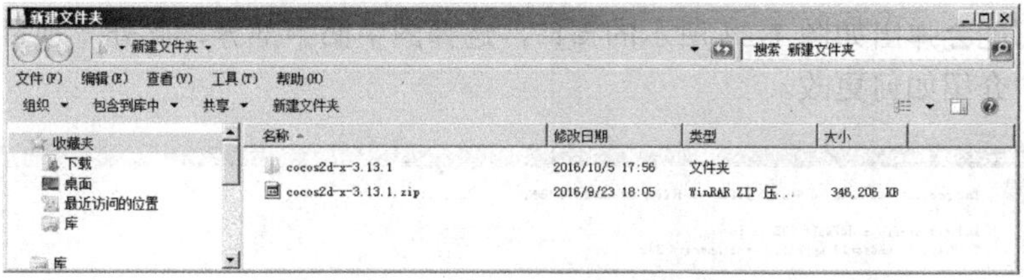

▲图 1-21 Cocos2d-x 文件下载完成

> **说明** 这里强烈建议读者采用本书建议的文件路径，否则本书中的 Android 案例项目将不能直接导入运行。若读者确实需要采用不同的路径，本书后面也会介绍如何对导入的项目进行配置，以支持不同的文件路径，到时读者注意一下即可。

1.3 初识 Cocos2d-x 应用程序

到此完成了 Android 平台下 Cocos2d-x 项目开发环境的搭建，下面就可以进行项目的导入和创建了。本节将向读者介绍如何导入本书中的一个简单的案例，同时还会向读者介绍如何基于此案例项目创建自己的项目。

1.3.1 本书案例的导入与运行

本小节将介绍如何将一个案例项目 CubeTurn 导入 Android Studio，并且由 PC 端运行此案例项目至手机端显示。通过这部分知识的学习，读者就真正进入了 Cocos2d-x 游戏开发的世界，具体介绍步骤如下，请仔细阅读。

（1）首先将书中所给源代码目录下的第 14 章子目录下的 CubeTurn 项目复制到开发所用 PC 的“D:\Android\a_s_work”路径下。

> **说明** “D:\Android\ a_s_work”路径是前面配置 Android Studio 时设置的工作区目录，a_s_work 的文件夹名称可以随意确定，但是必须新建在“D:\Android”路径下，以确保书中案例正确运行。

（2）在“D:\Android\android-studio\bin”路径下双击“studio.exe”启动 Android Studio（为了使用方便，随后可将其新建快捷方式到桌面或者开始菜单），接着选择图 1-22 中勾选的部分，单击打开并在如图 1-23 所示的指定路径下找到“CubeTurn”，单击“OK”按钮确定。

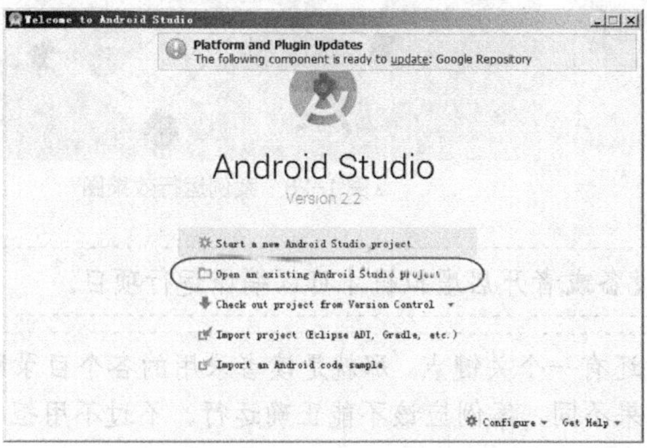

▲图 1-22 项目导入图 1

▲图 1-23 项目导入图 2

（3）此时可能会弹出如图 1-24 所示的窗口，选择图中圈中部分，此外，项目的 SDK 路径也会在后续步骤中介绍如何更改。

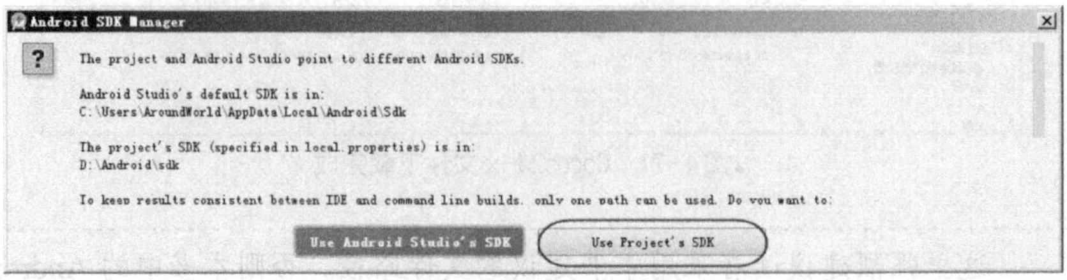

▲图 1-24　项目导入图 3

（4）此时进入到 Studio 的主界面，按照如图 1-25 所示勾选，单击“Close”按钮结束欢迎介绍内容。

（5）刚进入 Android Studio 界面是需要等待其加载或者简单下载一些文件，在最下方的进度条完成后，单击如图 1-26 所示左侧线框圈中部分会出现导入项目的逻辑目录。接下来需要给 Android Studio 连接一台安卓设备，然后单击工具栏圈中的“app”右边的绿色按钮就可以编译运行项目了。

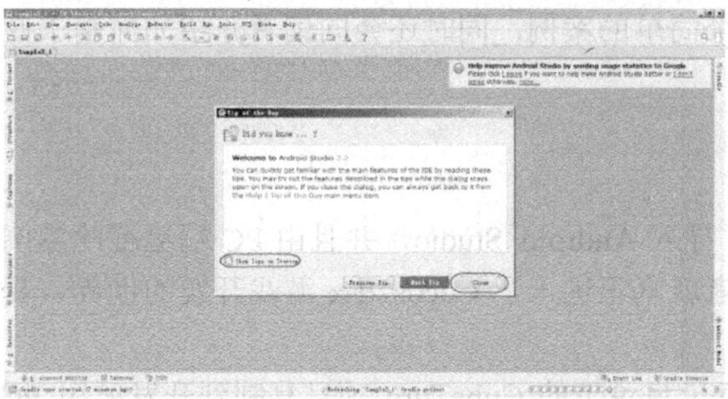

▲图 1-25　Android Studio 欢迎界面

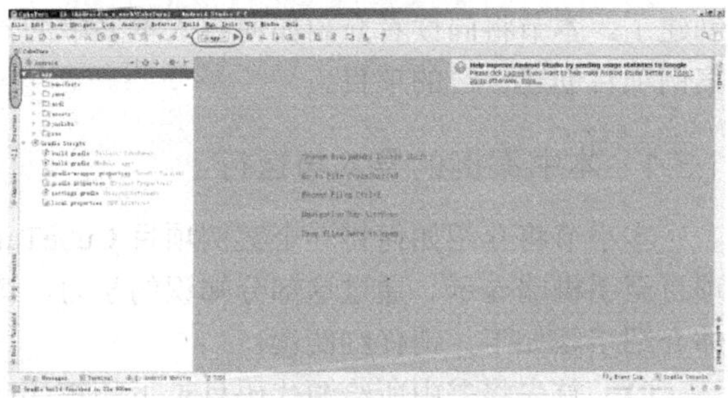

▲图 1-26　项目导入图 4

（6）编译项目的过程需要一定的时间，时间长短由机器的性能决定，请不要着急。此时也可以单击图 1-27 中右下角的“Gradle Console”来查看项目的打印信息。项目运行成功后的效果图如图 1-28 所示。

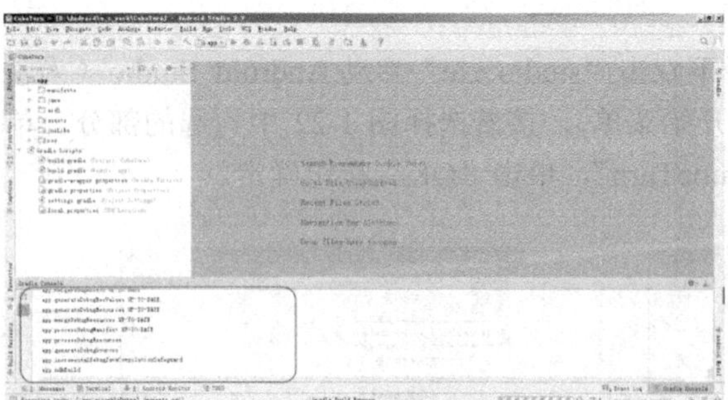

▲图 1-27　项目导入图 5

▲图 1-28　案例运行效果图

注意	Android Studio 必须连接设备或者开启虚拟机才可以编译运行项目。
说明	能按照上述步骤运行成功还有一个关键点，那就是读者采用的各个目录路径与本书使用的必须严格一致，如果不同，案例应该不能正确运行。不过不用担心，下面将会介绍若配置目录不同该如何处理。

1.3.2 Cocos2d-x 案例导入后的相关修改

上一小节介绍了 Android 简单案例的导入和运行，但也可能会遇到一个问题，若读者的各个工具配置路径与本书不一致，项目将不能正常编译运行。本小节将介绍在路径不一致的情况下如何修改项目的配置，具体步骤如下。

（1）按照图 1-29 中椭圆圈中“文件路径”所示从项目已经导入项目“Sample2_1”，单击开始选择路径直到 Android.mk 文件，此时 Android Studio 会自动打开该文件，将图中“引擎路径”椭圆圈中部分项目路径“D:/Android/cocos2d-x-3.13.1”改为与自己放置 cocos2d-x-3.13.1 解压目录的路径。

（2）重新配置 NDK 路径为自己路径。按照图 1-30 所示，打开项目 Gradle Scripts 下的 Local.properties（SDK Location）文件，将自己的 NDK 和 SDK 路径写在最后两行即可，需要注意的是路径格式必须与原有格式相同，否则报错不能运行项目。

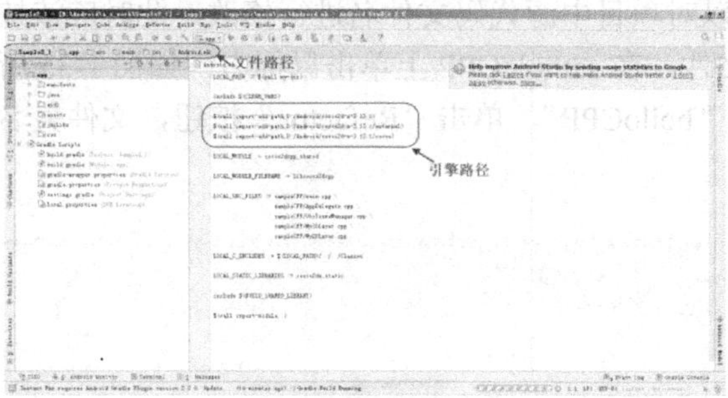

▲图 1-29 引擎路径修改

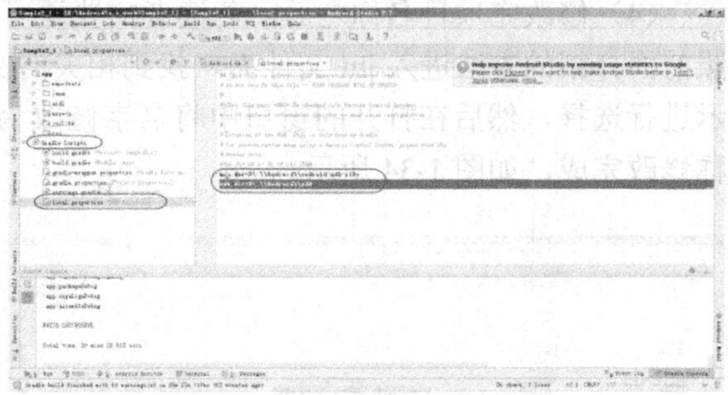

▲图 1-30 NDK、SDK 路径修改

> **说明** 请读者注意，对于已经成功运行后的项目，如果改变了本小节介绍的这些路径配置，需要删除项目中自动生成的“libs”“obj”目录方可重新编译运行，删除“lib”文件时，其中的 jar 包文件不可以删除，否则会报错。

1.3.3 创建自己的项目

通过前面的学习，读者应该已经了解如何导入并运行 Android 平台下的 Cocos2d-x 项目了。但除了导入学习随书所给网盘中的项目，读者可能还需要创建自己的项目。本小节将介绍一种 Android 平台下的 Cocos2d-x 项目的创建方法。

其实本小节介绍的项目创建是一种“曲线救国”的方式，本质上将上一节的项目复制并修改为自己需要的其他项目。Cocos2d-x 官方网站给出的项目创建方法所创建的项目与这里给出的项目结构相似，只是不可以导入 Android Studio，所以这里采用这种可视化的方法来创建一个项目。

下面就以将本书中简单案例“Sample2_1”项目修改为“Hello_as”项目为例，向读者介绍如何创建一个自己的 Android 项目，具体步骤如下。

（1）将随书网盘中源代码目录下第 2 章中名为“Sample2_1”的案例复制到读者 D 盘目录下的 Android 文件夹的 a_s_work 子文件夹内。然后将其导入 studio 中，并在此项目按照如图 1-31 所示文件路径单击选择 strings.xml 文件，将原名称修改为“Hello_as”。

（2）修改完以上信息后，关掉 Android Studio。在“D:\Android\a_s_work”中将文件名“Sample2_1”修改为“Hello_as”，如图 1-32 所示。

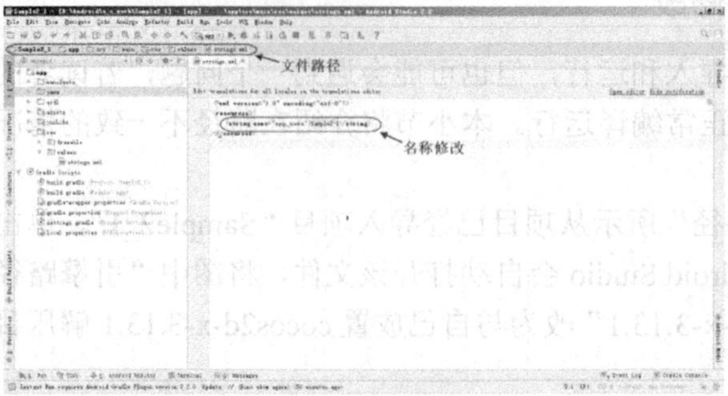

▲图 1-31　Android 项目的新建 1

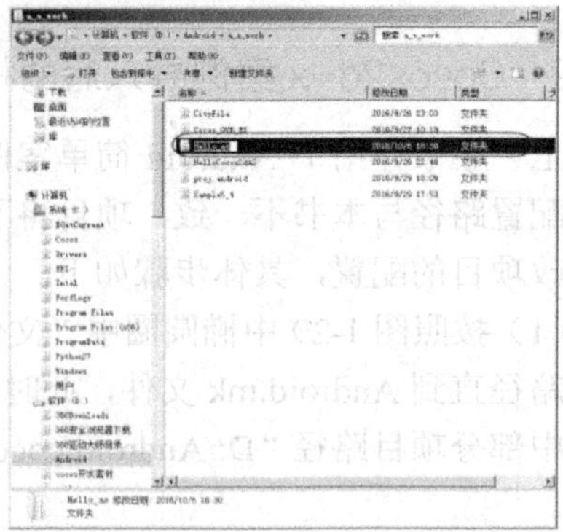

▲图 1-32　Android 项目的新建 2

（3）接下来重新打开 Android Studio，并按照项目导入方法将改名后的项目重新导入 Android Studio 中，然后将项目重新运行一次，项目的名称即修改完成了。

（4）修改完项目名称之后，若读者需要还可以对项目中源代码文件名进行修改，此时应该按照前面介绍的方法进入 jni 文件夹，找到相关的文件，在 sampleCPP 上单击鼠标右键如图 1-33 所示进行选择，然后在打开的窗口中将名字修改为“helloCPP”，单击“Refactor”按钮，文件夹名称修改完成，如图 1-34 所示。

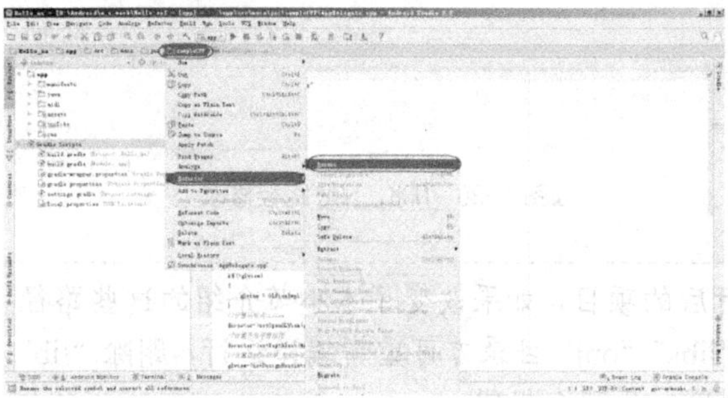

▲图 1-33　Android 项目的新建 3

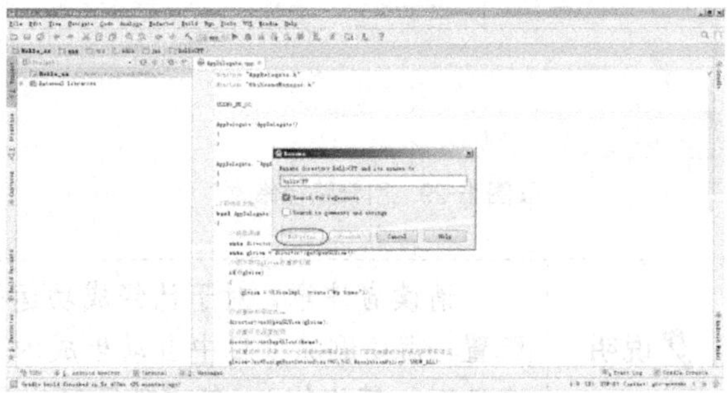

▲图 1-34　Android 项目的新建 4

（5）接着将“My2DLayer.h”文件名修改为“Hello2DLayer.h”（修改方式与修改项目名称操作相同），并将其打开，修改其定义和类名及 CREATE_FUNC 中的参数，并将其元定义的一些方法删掉，只保留初始化布景的方法，最后将其保存，如图 1-35 所示。

（6）然后将“My2DLayer.cpp”文件名修改为“Hello2DLayer.cpp”，并将其打开。删除项目原有的部分，只保留如图 1-36 所示的部分。然后修改引入头文件的名称，以及该类的类名。

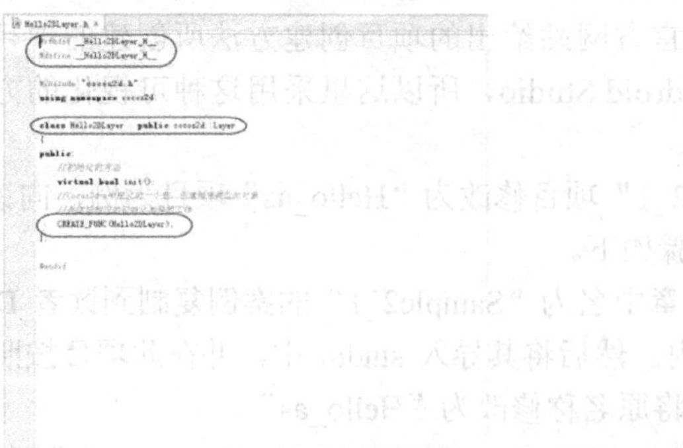

▲图 1-35　Android 项目的新建 5

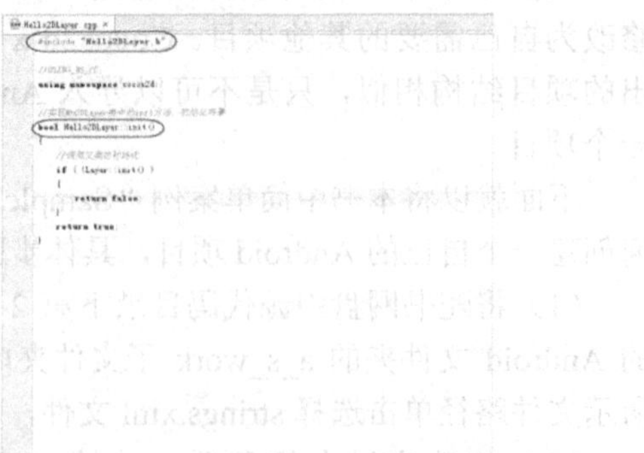

▲图 1-36　Android 项目的新建 6

（7）将“ObjSceneManager.h”文件名修改为“HelloSceneManager.h”，并将其打开，修改其对宏的定义以及相关头文件的引入及类名，如图 1-37 所示。

（8）将“ObjSceneManager.cpp”文件名修改为“HelloSceneManager.cpp”，并将其打开，其中需要修改对头文件的引用、类名以及创建布景的布景类的类名，最后将其保存，如图 1-38 所示。

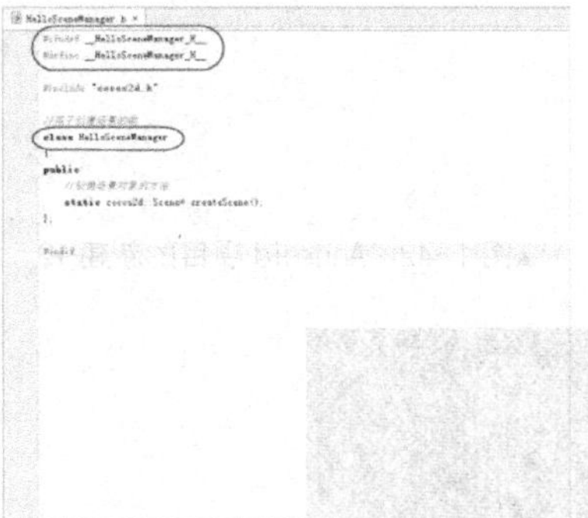

▲图 1-37　Android 项目的新建 7

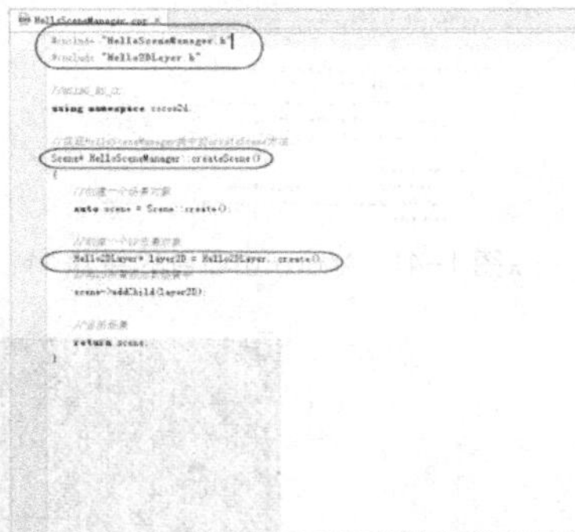

▲图 1-38　Android 项目的新建 8

（9）打开名为“AppDelegate.cpp”文件，如图 1-39 所示。修改其中创建场景时对应场景的类名，最后将其保存。

说明　AppDelegate.h 头文件中主要是对一些方法进行声明，不需要修改其中任何内容。

（10）修改完以上地方后，将 jni 文件中的名称为“Android.mk”的文件打开，对 Cocos2d-x-3.13.1 的路径进行修改，将原有的“sampleCPP”修改为现在的“helloCPP”，以及将后缀名为.cpp 的文件修改为重命名后的文件即可，如图 1-40 中被圈中部分的内容所示。

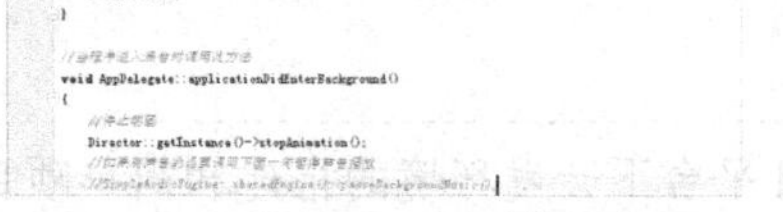

▲图 1-39　Android 项目的新建 9

▲图 1-40　Android 项目的新建 10

（11）修改完后缀名为 mk 的文件后，打开该项目的 AndroidManifest.xml 文件，将原本的“org.cocos2dx.hellocpp”包名修改为“org.cocos2dx.helloCPP”，如图 1-41 所示。

（12）完成了以上步骤后，创建自己的 Android 项目就基本成功了，此时需要将此项目的显示名称修改为所需要的名称。在 Android Studio 中打开该项目里名称为“res”的文件夹中的“value”子文件夹的“string.xml”文件，将原本的“Sample2_1”名称修改为“Hello_as”，如图 1-42 所示。

（13）最后删除项目中的 libs 文件中除了 jar 包文件、obj 文件夹及 bin 文件中除了 AndroidManifest .xml 文件以外的所有文件，然后重新编译项目。若编译成功，则运行情况如图 1-43 所示。这样就得到了一个完全干净的 Cocos2d-x 的项目了。

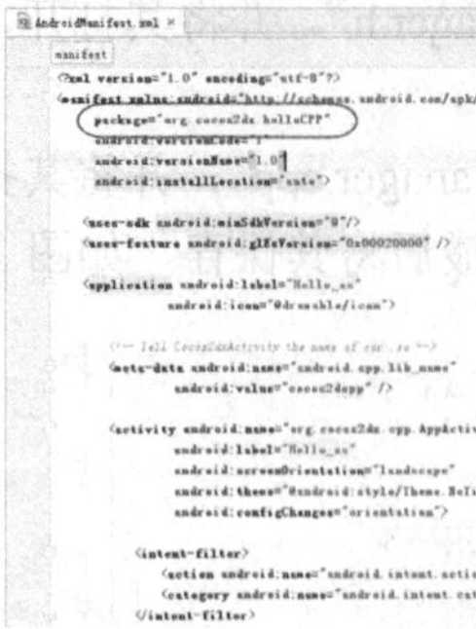

▲图 1-41　Android 项目的新建 11

▲图 1-42　Android 项目的新建 12

▲图 1-43　新建 Android 项目的运行图

说明　本书之所以要介绍这种特殊的 Android 项目创建方式是因为官方方式创建的每个项目中都有一份完整的 Cocos2d-x 拷贝，项目初始就有 200MB 多，编译后可能达到 400～500MB，这对初学者同时打开多个项目进行学习而言不太方便。而本书修改了官方的项目结构，使得多个 Cocos2d-x 项目可以共享一份 Cocos2d-x 拷贝，大大节约了磁盘空间。

1.4 本章小结

本章向读者介绍了 Cocos2d-x 引擎的背景知识，同时还详细介绍了 Android 这个主流移动平台下开发环境的搭建及项目的创建、运行与简单开发。掌握了本章的知识以后，将为后面 Cocos2d-x 引擎各方面技术的学习打下良好的基础。

提示　读者可能发现本章仅介绍了 Android 平台下开发环境的搭建和简单项目的开发，Cocos2d-x 还可以用于其他平台，但由于 Android 平台占领了很大市场，因此，本书不再赘述其他平台的具体情况。不过读者不用担心，iOS 平台下与 Android 平台下的代码知识和开发步骤基本相同，本书中所介绍的知识基本上都可以用于 iOS 平台的开发。另外，考虑到不同读者的需要，最后两章的大案例都是既提供了安卓平台的项目，也提供了 iOS 平台的项目。

第2章 3D开发基础

众所周知，Cocos2d-x 引擎在 2D 方面一直是霸主地位，但是其 3D 板块却是从 3.2 之后才有了初步的支持。发展至今，Cocos2d-x 引擎的 3D 板块已经趋于成熟，在 3D 游戏的市场中，所占份额也越来越多。

本章将介绍 3D 开发中使用到的相关基础类及使用这些类开发的几个案例等。掌握了本章的知识以后，读者可以对 Cocos2d-x 的 3D 开发有一个基本的了解，并且具有一定的初步开发 3D 游戏的能力。

2.1 与 3D 开发相关的基础知识

使用 Cocos2d-x 游戏引擎进行 3D 游戏开发之前，首先需要对其中的基础类有一个大致的了解。本节将首先介绍与 3D 相关的基础知识，主要包括导演类 Director、节点类 Node 与摄像机相关的 Camera 类以及 3D 精灵相关的 Sprite3D 类，然后给出一个加载 obj 格式的 3D 模型案例，具体内容如下。

2.1.1 基础知识

从本小节开始，将详细介绍 3D 基础知识相关类，下面首先详细介绍导演类中的相关方法。导演类的主要作用是管理所有的游戏场景，其中包括切换场景、暂停或者继续场景等。此处主要介绍矩阵的有关运算与部分和 OpenGL ES 有关的方法等。具体方法见表 2-1。

表 2-1 导演类 3D 相关方法

方 法 签 名	说 明
Vec2 convertToGL(const Vec2& point)	将屏幕坐标转换成 OpenGL 坐标，point 为屏幕坐标
Vec2 convertToUI(const Vec2& point)	将 OpenGL 坐标转换成屏幕坐标，point 为 OpenGL 坐标
void setDepthTest(bool on)	设置是否开启深度检测
Renderer* getRenderer() const	返回导演类的渲染器
void pushMatrix(MATRIX_STACK_TYPE type)	复制一份指定类型的矩阵，并将其存入该类型栈的栈顶，type 为指定矩阵的类型
void popMatrix(MATRIX_STACK_TYPE type)	弹出该类型栈的栈顶矩阵，type 为指定矩阵的类型
void loadIdentityMatrix(MATRIX_STACK_TYPE type)	在指定类型矩阵栈的栈顶放置一个单位矩阵，type 为指定矩阵的类型
void loadMatrix(MATRIX_STACK_TYPE type, const Mat4& mat)	将指定矩阵放置在指定类型栈的栈顶，type 为指定矩阵的类型，mat 为要放置的矩阵
void multiplyMatrix(MATRIX_STACK_TYPE type, const Mat4& mat)	用指定矩阵右乘指定类型矩阵栈栈顶矩阵，type 为指定矩阵的类型，mat 为要相乘的矩阵

续表

方法签名	说　明
const Mat4& getMatrix(MATRIX_STACK_TYPE type)	返回指定类型的矩阵，type 为指定矩阵的类型
void resetMatrixStack()	清空所有类型的栈，并各放置一个单位矩阵于栈中
inline GLView* getOpenGLView()	返回 OpenGL ES 绘制 view 对象的引用
inline Projection getProjection()	返回投影矩阵对象
void setProjection(Projection projection)	设置投影矩阵对象
void setViewport()	设置视口
void setClearColor(const Color4F& clearColor)	为颜色缓冲设置清理颜色值

说明　此类中关于 3D 部分的方法主要集中于矩阵的操作以及渲染器，如果读者对矩阵的操作方式不是很熟练，可以先学习后续章节的案例再回头学习此表格中的方法。

下面介绍一下节点类的相关方法。节点类是场景、布景、精灵等多个重要类的基类，屏幕上的元素能显示的基本都是以其为原形进行拓展的，此类中给出类很多重要的方法，供所有的继承类共享使用。由于本书只介绍 Cocos2d-x 中 3D 方面的知识，因此只介绍 Node 类中与 3D 相关的方法，具体内容见表 2-2。

表 2-2　　Node 类 3D 相关的方法

方法签名	说　明
void setRotation3D(const Vec3& rotation)	设置旋转角度，参数 rotation 表示要旋转的角度
Vec3 getRotation3D()	获得该节点的旋转角度
void setRotationQuat(const Quaternion& quat)	通过四元数来设置节点对象的姿态
Quaternion getRotationQuat()	获得表示当前节点姿态的四元数
ssize_t getChildrenCount()	获得子节点的总数
void setParent(Node* parent)	设置该节点的父节点
Node* getParent()	获得该节点父节点
void removeFromParent()	将自身从父节点的孩子中清除
void removeFromParentAndCleanup(bool cleanup);	将自身从父节点的孩子中删除，参数 cleanup 表示为 true 时清除所有的动作和回调函数，为 false 则不清除
void removeChild(Node* child, bool cleanup = true);	删除该节点下的指定子节点，参数 child 表示指定的子节点，参数 cleanup 表示是否清除其动作和回调函数，其默认值为 true
GLProgram* getGLProgram() const;	获取当前节点渲染所用的着色器程序指针
void setGLProgram(GLProgram *glprogram)	设置当前节点渲染所用的着色器程序，glprogram 参数表示指向着色器程序对象的指针
GLProgramState *getGLProgramState()	获得 OpenGL ES 着色属性
void setGLProgramState(GLProgramState *glProgramState)	设置 OpenGL ES 着色属性，glProgramState 为着色属性对象
Mat4& getNodeToParentTransform()	获取节点坐标系的坐标点到父节点坐标系下的变换矩阵
getNodeToParentTransform(Node* ancestor)	获取节点坐标系下的点到指定父节点坐标系下的变换矩阵，ancestor 参数表示指向父节点的指针

续表

方 法 签 名	说　明
void setNodeToParentTransform(const Mat4& transform)	设置节点坐标下坐标到父节点坐标系下的变换矩阵
const Mat4& getParentToNodeTransform()	获得父节点坐标系下坐标到该节点坐标系下的变换矩阵
Mat4 getNodeToWorldTransform()	获取该节点变换到世界坐标系下的变换矩阵
Mat4 getWorldToNodeTransform()	获取世界坐标系下的坐标到节点坐标下的变换矩阵
setAdditionalTransform(Mat4* additionalTransform)	给节点添加自行设置的变换矩阵，additionalTransform 参数表示要添加的矩阵

说明　表 2-2 所列的方法只是 Node 类中与 3D 开发的相关方法，Node 类中的方法不仅限于此，有兴趣的读者可以参考笔者的书籍《Cocos2d-x3.0 游戏开发实战详解》，此书中的第 2 章详细介绍了 Node 类中各个方法的作用及用法。

游戏中，呈现画面的关键就是摄像机 Camera 类。这个类在进行 3D 游戏开发当中经常会用到，这一点相信读者在以后的开发过程中会有深刻的体会。首先给出 Camera 类中的一些常用方法，见表 2-3。

表 2-3　　Camera 类中的常用方法

方 法 签 名	说　明
static Camera* createPerspective(float fieldOfView, float aspectRatio, float nearPlane, float farPlane)	创建透视投影摄像机对象，并返回其指针。fieldOfView 参数表示摄像机视角，aspectRatio 参数表示视口宽高比，nearPlane 参数表示可视区域最近端的 z 坐标，farPlane 参数表示可视区域最远端的 z 坐标
static Camera* createOrthographic(float zoomX, float zoomY, float nearPlane, float farPlane)	创建正交投影摄像机对象，并返回其指针。zoomX 参数表示正交投影的宽度，zoomY 参数表示正交投影的高度，nearPlane 参数表示可视区域最近端的 z 坐标，farPlane 参数表示可视区域最远端的 z 坐标
static Camera* create()	创建摄像机对象，并返回其指针
Camera::Type getType()	获取摄像机的类型并返回
CameraFlag getCameraFlag()	获取摄像机编号标志
void setCameraFlag(CameraFlag flag)	设置摄像机编号标志。flag 参数表示需要设置的摄像机编号的标志
virtual void lookAt(const Vec3& target, const Vec3& up)	设置摄像机目标点以及 up 向量。target 参数表示需要设置的目标的位置的值，up 参数表示需要设置的 up 向量的值
virtual void setPosition3D(const Vec3& position)	设置摄像机位置。position 参数表示要设置的位置的值

说明　表 2-3 给出了 Camera 类中常用的方法，从表中可以看出摄像机的创建方法有好多种，读者可以根据情况选择适当的方法来创建摄像机对象。

上面给出了摄像机类的一些常用方法，已经满足了日常开发的需要。但是此类中还有一些方法相当重要，下面给出该类中其余的方法，见表 2-4。

表 2-4　　Camera 类中的其余方法

方 法 签 名	说　明
const Mat4& getProjectionMatrix()	获取摄像机的投影矩阵
const Mat4& getViewMatrix()	获取摄像机的视口矩阵

续表

方法签名	说　明
const Mat4& getViewProjectionMatrix()	获取视口投影矩阵
Vec2 project(const Vec3& src)	将 3D 世界中的坐标转换为标准设备空间对应的坐标系中的点，src 参数表示指定的 3D 世界坐标系下的坐标。返回值为二维向量
Vec2 projectGL(const Vec3& src)	将 3D 世界的坐标转换为 OpenGL 坐标系下的坐标，src 参数表示指定的 3D 世界坐标系下的坐标
Vec3 unproject(const Vec3& src)	将标准设备空间对应的坐标系中的点经摄像机矩阵及投影矩阵进行逆变换，变换为世界坐标系中的坐标点
void unproject(const Size& viewport, Vec3* src, Vec3* dst)	将标准设备空间对应的坐标系中的点经摄像机矩阵及投影矩阵进行逆变换，变换为世界坐标系中的坐标点。viewport 参数表示视口矩形的尺寸，src 参数表示变换前的坐标点，dst 参数表示变换后的坐标点
Vec3 unprojectGL(const Vec3& src)	将 OpenGL 坐标系下坐标转换为 3D 世界的坐标，src 参数表示指定的 OpenGL 坐标系下的坐标
void unprojectGL(const Size& size, const Vec3* src, Vec3* dst)	将 OpenGL 坐标系下的点转换为 3D 世界坐标系下的坐标，参数 size 表示视窗的尺寸，src 参数表示变换前的坐标点，dst 参数表示变换后的坐标点
bool isVisibleInFrustum(const AABB* aabb)	判断指定的 AABB 包围盒是否在视景体内，参数 aabb 表示指定的包围盒
float getDepthInView(const Mat4& transform)	获取物体相对于摄像机的深度，参数 transform 表示物体的基本变换矩阵
float getFarPlane()	获取表示可视区域最远点的 z 坐标
float getNearPlane()	获取表示可视区域最近点的 z 坐标
bool isViewProjectionUpdated()	是否更新了投影矩阵

说明　表 2-4 给出了 Camera 类的其余方法，这里的方法有些不是平时开发中常用的，读者需要多加尝试才能掌握这些方法的用法。

上面向读者介绍了 Camera 类中的常用方法，在了解了该类中的常用方法后，接下来将介绍与 3D 精灵相关的 Sprite3D 类。下面给出该类中的一些常用方法，见表 2-5。

表 2-5　Sprite3D 类中的常用方法

方法签名	说　明
static Sprite3D* create()	创建一个空的精灵对象，并返回其指针
static Sprite3D* create(const std::string &modelPath)	创建一个有模型的精灵对象，modelPath 参数为模型路径
static Sprite3D* create(const std::string &modelPath, const std::string &texturePath)	创建有模型以及纹理图的精灵。modelPath 参数为模型路径，texturePath 参数为纹理路径
static void createAsync(const std::string &modelPath, const std::function<void(Sprite3D*, void*)>& callback, void* callbackparam)	异步创建 3D 精灵对象。modelPath 参数为模型路径，callback 参数为回调函数的引用，callbackparam 参数为已定义的参数，供回调函数使用
static void createAsync(const std::string &modelPath, const std::string &texturePath, const std::function<void(Sprite3D*, void*)>& callback, void* callbackparam)	异步创建 3D 精灵对象。modelPath 参数为模型路径，texturePath 参数为纹理路径，callback 参数为回调函数的引用，callbackparam 参数为已定义的参数，供回调函数使用
void setTexture(const std::string& texFile)	设置精灵的纹理图。texFile 参数为纹理的路径

续表

方法签名	说　明
void setTexture(Texture2D* texture)	设置精灵的纹理图。Texture 参数为纹理图的指针
virtual bool init() override	精灵的初始化方法
bool initWithFile(const std::string &path)	精灵的初始化方法，path 为模型路径
virtual void draw(Renderer *renderer, const Mat4 &transform, uint32_t flags) override	重写这个方法来绘制自己的节点。renderer 为已给定的参数，transform 为父节点矩阵。flags 为标志位
virtual void visit(Renderer *renderer, const Mat4& parentTransform, uint32_t parentFlags) override	访问精灵的子节点并递归地绘制它们。Renderer
bool loadFromCache(const std::string& path)	从缓存中加载模型，path 为模型路径。如果成功，则返回 true
bool loadFromFile(const std::string& path, NodeDatas* nodedatas, MeshDatas* meshdatas, MaterialDatas* materialdatas)	加载文件。path 为文件路径，nodedatas 为节点数据，meshdatas 为网格数据，materialdatas 为材质数据

说明　从表 2-5 中可以看出 Sprite3D 类提供了创建 3D 精灵以及设置纹理图等一些基本方法，这些方法简单易懂，可以非常方便地进行使用。

表 2-5 介绍了 Sprite3D 类的常用方法，已经基本满足了日常开发的需要，但是这个类还有一些方法相当重要。下面向读者介绍一下获得 3D 精灵网格以及包围盒的方法，见表 2-6。

表 2-6　Sprite3D 类中的网格及包围盒相关方法

方法签名	说　明
Mesh* getMeshByIndex(int index) const	通过索引获得网格对象，返回对象的指针
Mesh* getMeshByName(const std::string& name) const	通过名称获得网格对象，返回对象的指针
std::vector<Mesh*> getMeshArrayByName(const std::string& name) const	通过网格名称获取网格对象列表，并返回其指针。name 参数表示想要获取的网格名称
Mesh* getMesh() const	获得网格对象，返回网格对象的指针
ssize_t getMeshCount() const	获得网格数量
virtual void setBlendFunc(const BlendFunc &blendFunc) override	设置所有网格的混合方法。blendFunc 为新混合模式
const AABB& getAABB() const	获取待拾取物体的 AABB 包围盒
AABB getAABBRecursively()	递归获得包围盒，返回包围盒对象
virtual Rect getBoundingBox() const override	返回二维包围盒

说明　前面表中获取网格对象的方法以及获取包围盒的方法，这些方法配合表 2-6 中的获取附着物品骨骼节点的方法，可以非常方便地实现给游戏人物换装和使游戏人物手拿武器等功能的开发，大大降低了开发成本。

骨骼对象可以非常真实地模拟现实世界物体的运动姿态，如果使用得当，可以极大增加游戏的吸引力。下面着重介绍关于骨骼对象的一些方法，见表 2-7。

表 2-7　Sprite3D 类中的其余方法

方法签名	说　明
Skeleton3D* getSkeleton()	获得骨骼对象，返回骨骼对象的指针
AttachNode* getAttachNode(const std::string& boneName)	获得绑定在精灵骨骼上的节点。boneName 为骨骼的名称

续表

方 法 签 名	说　明
Void removeAttachNode(const std::string& boneName)	移除绑定的骨骼节点。boneName 为骨骼的名称
void removeAllAttachNode()	移除所有绑定的节点
virtual const BlendFunc &getBlendFunc() const override	获得混合模式，并返回混合模式的引用
virtual void setGLProgramState(GLProgramState *glProgramState) override	OpenGL ES 程序状态对象
virtual void setGLProgram(GLProgram *glprogram) override	设置着色器对象
void setForceDepthWrite(bool value)	强制写入深度缓冲区
bool isForceDepthWrite() const	检测当前是否是强制写入深入缓存区状态
void setCullFace(GLenum cullFace)	设置哪个面将要被剔除，默认 gl_back
void setCullFaceEnabled(bool enable)	设置是否启用剔除
void setLightMask(unsigned int mask)	设置灯光掩码
unsigned int getLightMask() const	获得灯光掩码
void setMaterial(Material* material)	设置一个新材质于 3D 精灵中
void setForce2DQueue(bool force2D)	强制 3D 精灵用 2D 渲染

2.1.2　加载 obj 格式模型的案例

上一小节中，向读者介绍了 Cocos2d-x 中 Camera 和 Sprite3D 类的基础知识。在了解了这两个常用类的详细信息后，就可以进一步结合这些类中的基础知识来进行案例的开发了。在进行具体的开发之前，有必要先了解一下本案例的运行效果，如图 2-1 和图 2-2 所示。

▲图 2-1　3D 模型加载运行效果图 1

▲图 2-2　3D 模型加载运行效果图 2

说明　图 2-1 为案例刚开始运行的效果，图中包含一个地板模型、两个茶壶模型、一个汽车模型和三个灌木模型。这些模型均是 obj 格式的。图 2-2 为用手指抹动屏幕到一定角度后的效果，读者可以通过左右滑动屏幕即可从不同角度来观察加载进来的 3D 模型。

了解了案例的运行效果后，就可以进行案例的开发了，具体步骤如下。

（1）新建一个名称为 Sample2_1 的项目，并为项目添加必要的构建器以及进行必要的设置。

（2）项目创建完成之后就可以进行代码的开发了，首先开发的是场景管理者 ObjSceneManager 类的框架，该类框架中声明了本类中所需要创建场景对象的方法，其具体代码如下。

代码位置：源代码/第 2 章/Sample2_1/app/src/main/jni/sampleCPP 目录下的 ObjSceneManager.h。

```
#ifndef __ObjSceneManager_H__
#define __ObjSceneManager_H__
```

```
#include "cocos2d.h"                                         //引入 cocos2d 头文件
class ObjSceneManager{
public:
    static cocos2d::Scene* createScene();                    //创建场景对象的方法
};#endif
```

说明：上述代码为 ObjSceneManager 类的头文件，在该头文件中引入了 cocos2d 头文件并声明了创建本案例场景的 createScene 方法。

（3）开发完类框架声明后，接下来还要真正实现 ObjSceneManager 类中创建本案例场景的 createScene 方法。调用该方法可以创建场景对象和摄像机对象，然后创建 2D 布景对象和 3D 布景对象，最后将这两个布景对象添加到场景中，其具体代码如下。

代码位置：源代码/第 2 章/Sample2_1/app/src/main/jni/sampleCPP 目录下的 ObjSceneManager.cpp。

```
1   Scene* ObjSceneManager::createScene(){
2       auto scene = Scene::create();                        //创建一个场景对象
3       Size visibleSize =                                   //获取可见区域尺寸
4               Director::getInstance()->getVisibleSize();
5       Camera* camera = Camera::createPerspective(          //创建摄像机对象
6           55,                                              //摄像机视角
7           visibleSize.width/visibleSize.height,            //视口宽高比
8           1,                                               //near 参数
9           1000);                                           //far
10      camera->setCameraFlag(CameraFlag::USER1);            //设置摄像机编号标志
11      camera->setPosition3D(Vec3(0,150,600));              //设置摄像机位置
12      camera->lookAt(Vec3(0,0,0), Vec3(0,1,0));            //设置摄像机目标点以及 up 向量
13      scene->addChild(camera);                             //将摄像机添加到场景中
14      My3DLayer* layer3D = My3DLayer::create();            //创建一个 3D 布景对象
15      layer3D->camera=camera;
16      scene->addChild(layer3D);                            //将 3D 布景添加到场景中
17      My2DLayer* layer2D = My2DLayer::create();            //创建一个 2D 布景对象
18      scene->addChild(layer2D);                            //将 2D 布景添加到场景中
19      return scene;                                        //返回场景
20  }
```

- 第 5～12 行功能为创建摄像机对象，然后设置摄像机编号标志和位置，最后设置摄像机目标点以及 up 向量。
- 第 13～19 行功能为将摄像机添加到场景中，然后创建一个 3D 布景对象和一个 2D 布景对象并将这两个布景对象添加到场景中，最后将场景返回。

（4）开发完上述场景管理类之后，接下来开发的就是两个布景类了，首先开发的是与 2D 相关的 My2DLayer 类，以完成 2D 布景类中所需对象及方法的声明，其类框架声明如下。

代码位置：源代码/第 2 章/Sample2_1/app/src/main/jni/sampleCPP 目录下的 My2DLayer.h。

```
#ifndef __My2DLayer_H__
#define __My2DLayer_H__
#include "cocos2d.h"                                         //引入 cocos2d 头文件
using namespace cocos2d;                                     //使用 cocos2d 命名空间
class My2DLayer : public cocos2d::Layer{
public:
    virtual bool init();                                     //初始化的方法
    void menuCloseCallback(Ref* pSender);                    //关闭菜单回调方法
    CREATE_FUNC(My2DLayer);
};#endif
```

说明：该类中包含声明初始化布景的方法和关闭菜单的回调方法等部分相关代码，另外还调用 Cocos2d-x 中提供的 CREATE_FUNC 宏完成了 create 方法代码的生成，此 create 方法中包含了创建及适当初始化 My2DLayer 类对象的代码。

（5）开发完上述类框架声明后还要真正实现 My2DLayer 类中的 init 方法和 menuCloseCallback 方法，以完成布景内各个精灵的创建及初始化工作和案例的退出功能，具体代码如下。

代码位置：源代码/第 2 章/Sample2_1/app/src/main/jni/sampleCPP 目录下的 My2DLayer.cpp。

```
1   bool My2DLayer::init(){
2      if ( !Layer::init() )    return false;             //调用父类的初始化
3      Size visibleSize =                                 //获取可见区域尺寸
4               Director::getInstance()->getVisibleSize();
5      Point origin =                                     //获取可见区域原点坐标
6   Director::getInstance()->getVisibleOrigin();
7      auto closeItem = MenuItemImage::create(            //创建关闭菜单项
8         "pic/CloseNormal.png",                          //平时的图片
9         "pic/CloseSelected.png",                        //选中时的图片
10        CC_CALLBACK_1(My2DLayer::menuCloseCallback, this));
                                                          //单击时执行的回调方法
11     closeItem->setPosition(                            //设置关闭菜单项的位置
12        Point(
13           origin.x + visibleSize.width - closeItem->getContentSize().width/2 ,
                                                          //X 坐标
14           origin.y + closeItem->getContentSize().height/2));
                                                          //Y 坐标
15     auto menu = Menu::create(closeItem,(char*)NULL);   //创建菜单对象
16     menu->setPosition(Point::ZERO);                    //设置菜单位置
17     this->addChild(menu, 1);                           //将菜单添加到布景中
18     auto label =                          //创建一个包含"3D 模型加载演示"内容的文本标签
19       LabelTTF::create("3D\u6a21\u578b\u52a0\u8f7d\u6f14\u793a", "fonts/FZKATJW.
       ttf", 40);
20     label->setFontFillColor(Color3B::YELLOW);          //设置标签字体的颜色
21     label->setPosition(                                //设置文本标签的位置
22     Point(
23           origin.x + visibleSize.width/2,              //X 坐标
24           origin.y + visibleSize.height - label->getContentSize().height));
                                                          //Y 坐标
25     this->addChild(label, 1);                          //将文本标签添加到布景中
26     return true;
27  }
28  void My2DLayer::menuCloseCallback(Ref* pSender){      //关闭菜单回调方法
29     Director::getInstance()->end();                    //退出
30     #if (CC_TARGET_PLATFORM == CC_PLATFORM_IOS)
31        exit(0);
32     #endif
33  }
```

- 第 7～17 行功能为创建关闭菜单项并设置其位置，然后创建菜单对象并设置其位置，最后将菜单对象添加到布景中。
- 第 18～25 行功能为创建文本标签对象，然后设置标签显示的颜色并设置文本标签的位置，最后将文本标签添加到布景中。
- 第 28～33 行为单击关闭菜单后调用的方法，调用该方法会退出本程序。

（6）开发完与 2D 相关的布景类后，接下来开发的就是与 3D 相关的布景类——My3DLayer，该类完成对 3D 布景类中所需对象及方法的声明，其类框架声明如下。

代码位置：源代码/第 2 章/Sample2_1/app/src/main/jni/sampleCPP 目录下的 My3DLayer.h。

```
#ifndef __My3DLayer_H__
#define __My3DLayer_H__
#include "cocos2d.h"                                      //引入 cocos2d 头文件
using namespace cocos2d;                                  //使用 cocos2d 命名空间
class My3DLayer : public cocos2d::Layer{
public:
   Camera* camera;                                        //指向摄像机对象的指针
   Sprite3D* sp3Floor;                                    //指向 3D 地面精灵对象的指针
   Sprite3D* sp3Car;                                      //指向 3D 汽车精灵对象的指针
   Sprite3D* sp3CH1;                                      //指向 3D 茶壶 1 精灵对象的指针
```

```
    Sprite3D* sp3CH2;                                    //指向 3D 茶壶 2 精灵对象的指针
    Sprite3D* (sp3Tree)[3];                              //3D 灌木精灵对象数组
    float degree=0;                                      //摄像机转场角度
    float lxs;                                           //触控起点 x 坐标值
    float lxmPre;                                        //触控移动点的 x 坐标值
    bool isMove;                                         //是否移动标志位，true 为移动状态
    virtual bool init();                                 //初始化的方法
    bool onMyTouchBegan(Touch *touch, Event *event);     //触控开始事件的回调方法
    void onMyTouchMoved(Touch *touch, Event *event);     //触控点移动事件的回调方法
    void onMyTouchEnded(Touch *touch, Event *event);     //触控结束事件的回调方法
    void onMyTouchCancelled(Touch *touch, Event *event); //触控终止事件的回调方法
    CREATE_FUNC(My3DLayer);
};#endif
```

说明　上述代码声明了指向摄像机对象的指针、指向地面精灵、汽车精灵、茶壶精灵等 3D 精灵对象的指针以及摄像机转场角度和触控起点、触控移动点的 x 坐标值和是否移动标志位等成员变量，还声明了初始化布景的 init 方法以及与触控相关的回调方法等。

（7）开发完上述类框架声明后还要真正实现 My3DLayer 类中的方法，首先实现的是初始化布景的 init 方法，以完成布景内各个精灵的创建及初始化工作，其具体代码如下。

代码位置：源代码/第 2 章/Sample2_1/app/src/main/jni/sampleCPP 目录下的 My3DLayer.cpp。

```
bool My3DLayer::init(){
    if ( !Layer::init() )     return false;                      //调用父类的初始化
    sp3Floor=Sprite3D::create("obj/floor.obj", "pic/floor.png");
                                                                 //创建地面精灵对象
    sp3Floor->setScale(3.0f);                                    //设置地面精灵缩放比
    sp3Floor->setPosition3D(Vec3(0,0,0));                        //设置地面精灵位置
    this->addChild(sp3Floor, 1);                                 //将地面精灵添加到布景中
    for(int i=0;i<3;i++){
        sp3Tree[i]=Sprite3D::create("obj/GuanMu.obj", "pic/guanmu.png");
                                                                 //创建灌木精灵对象
        sp3Tree[i]->setScale(0.3f);                              //设置灌木精灵缩放比
        sp3Tree[i]->setPosition3D(Vec3(-200+i*200,40,-150));
                                                                 //设置灌木精灵位置
        this->addChild(sp3Tree[i], 1);                           //将灌木精灵添加到布景中
    }
    sp3CH1=Sprite3D::create("obj/ch_t.obj", "pic/ghxp.png");//创建茶壶 1 精灵对象
    sp3CH1->setScale(3.15f);                                 //设置茶壶 1 精灵缩放比
    sp3CH1->setPosition3D(Vec3(200,0,100));                  //设置茶壶 1 精灵位置
    sp3CH1->setRotation3D(Vec3(0,45,0));                     //设置茶壶 1 精灵偏转角度
    this->addChild(sp3CH1, 1);                               //将茶壶 1 精灵添加到布景中
    sp3CH2=Sprite3D::create("obj/ch_t.obj", "pic/ghxp.png");//创建茶壶 2 精灵对象
    sp3CH2->setScale(3.15f);                                 //设置茶壶 2 精灵缩放比
    sp3CH2->setPosition3D(Vec3(-200,0,100));                 //设置茶壶 2 精灵位置
    sp3CH2->setRotation3D(Vec3(0,45,0));                     //设置茶壶 2 精灵偏转角度
    this->addChild(sp3CH2, 1);                               //将茶壶 2 精灵添加到布景中
    sp3Car=Sprite3D::create("obj/car1.obj", "pic/car01.PNG");
                                                             //创建汽车精灵对象
    sp3Car->setScale(2.2f);                                  //设置汽车精灵缩放比
    sp3Car->setPosition3D(Vec3(0,0,100));                    //设置汽车精灵位置
    sp3Car->setRotation3D(Vec3(90,0,0));                     //设置汽车精灵偏转角度
    this->addChild(sp3Car, 1);                               //将汽车精灵添加到布景中
    this->setCameraMask(                                     //设置此布景层渲染用摄像机
            (unsigned short)CameraFlag::USER1);
    auto listenerTouch =                                     //创建一个单点触摸监听
            EventListenerTouchOneByOne::create();
    listenerTouch->setSwallowTouches(true);                  //设置下传触摸
    listenerTouch->onTouchBegan =                    //开始触摸时回调 onTouchBegan 方法
            CC_CALLBACK_2(My3DLayer::onMyTouchBegan, this);
    listenerTouch->onTouchMoved =                    //触摸移动时回调 onTouchMoved 方法
            CC_CALLBACK_2(My3DLayer::onMyTouchMoved, this);
    listenerTouch->onTouchEnded =                    //触摸结束时回调 onTouchEnded 方法
```

```
38              CC_CALLBACK_2(My3DLayer::onMyTouchEnded, this);
39      listenerTouch->onTouchCancelled =              //触摸终止时回调 onTouchCancelled 方法
40              CC_CALLBACK_2(My3DLayer::onMyTouchCancelled, this);
41      _eventDispatcher->                              //添加到监听器
42              addEventListenerWithSceneGraphPriority(listenerTouch,this);
43      return true;
44  }
```

- 第 3～6 行功能为创建地面精灵对象并设置其缩放比，然后设置地面精灵对象的位置，最后将其添加到布景中。
- 第 7～12 行功能为创建一组灌木精灵对象并设置其缩放比，然后设置灌木精灵的位置，最后将这些灌木精灵对象添加到布景中。
- 第 13～22 行功能为创建茶壶 1 和茶壶 2 精灵对象并分别设置其缩放比，然后设置茶壶精灵的位置和偏转角度，最后将这两个茶壶精灵对象添加到布景中。
- 第 23～29 行功能为创建汽车精灵对象并设置其缩放比，然后设置汽车精灵的位置和偏转角度，最后将汽车精灵对象添加到布景中并设置此布景层渲染用摄像机。
- 第 30～42 行功能为创建一个单点触摸监听，并为其设置下传触摸，然后为其添加与触控相关的事件回调方法，最后添加到监听器中。

（8）完成了初始化布景的方法后，接下来开发的就是开始触摸时的回调方法和触摸移动时的回调方法，通过回调这两个与触控相关的方法可以实现用手指抹动屏幕使摄像机转动的功能，以便读者可以从不同角度来观察 3D 物体，具体代码如下。

代码位置：源代码/第 2 章/Sample2_1/app/src/main/jni/sampleCPP 目录下的 My3DLayer.cpp。

```
1   bool My3DLayer::onMyTouchBegan(Touch *touch, Event *event){      //开始触控事件的处理方法
2       lxs=touch->getLocation().x;                                  //触控起点 x 坐标
3       lxmPre=lxs;                                                  //移动初始点
4       isMove=false;                                                //是否移动标志位设为 false
5       return true;
6   }
7   void My3DLayer::onMyTouchMoved(Touch *touch, Event *event){      //触控移动事件的处理方法
8       float lxmCurr=touch->getLocation().x;                        //获取当前移动点 x 坐标
9       if(fabs(lxmCurr-lxs)>8)     isMove=true;                     //是否移动标志位设为 true
10      if(isMove){                                                  //如果处于移动状态
11          degree-=0.2*(lxmCurr-lxmPre);                            //设置摄像机旋转角度
12          if(degree>=360){                                         //如果超过 360
13              degree=degree-360;                                   //将角度减少 360
14          }else if(degree<=0){                                     //如果低于 0
15              degree=degree+360;                                   //将角度增加 360
16          }
17          float cx=sin(degree*3.1415926535898/180)*600;            //x 坐标
18          float cz=cos(degree*3.1415926535898/180)*600;            //y 坐标
19          camera->setPosition3D(Vec3(cx,150,cz));                  //设置摄像机位置
20          camera->lookAt(Vec3(0,0,0), Vec3(0,1,0));                //设置摄像机目标点以及 up 向量
21      }
22      lxmPre=lxmCurr;                                              //更新移动初始点
23  }
```

- 第 1～6 行为开始触控事件的处理方法，调用该方法会获取触控起点的 x 坐标，并将是否移动标志位设为 false，即当前为非移动状态。
- 第 7～23 行为触控移动事件的处理方法。调用该方法首先获取触控移动点的 x 坐标，然后通过计算出摄像机旋转的角度来调节摄像机位置，用来达到摄像机旋转从而可以从不同角度观察 3D 物体的功能，最后将当前触摸点赋值给触控移动起始点。

（9）完成上述步骤后，运行本程序观察，界面效果如图 2-1 所示。在该程序中，用手指左右滑动至某个角度后观察，界面效果如图 2-2 所示。

2.1.3　背面剪裁

上一小节向读者介绍了加载 obj 模型的案例，细心的读者肯定注意到了，无论旋转到什么角度，精灵都可以正常显示。但是在大型游戏中，如果模型的顶点过多，会使 FPS 急速下降，影响游戏的体验性，所以 cocos2d-x 引擎特意封装了两个方法用来设置剪裁面和是否开启背面剪裁的方法，下面详细介绍一下这两种方法。

1. 基础知识

OpenGL ES 中规定，如果面向摄像机的多边形的顶点是以逆时针的顺序出现在屏幕上，则为正面，如果是顺时针则为反面。背面剪裁在 OpenGL ES 中的含义是：在当前视角下，只显示顶点以逆时针卷绕组成的多边形。使用到的方法如下所示。

```
void setCullFace(GLenum cullFace)
void setCullFaceEnabled(bool enable)
```

- 方法一是设置哪个面作为剪裁面，cocos2d-x 引擎提供类三个面，分别如下：GL_BACK、GL_FRONT 和 GL_FRONT_AND_BACK。
- 方法二是是否开启背面剪裁。enable 为 true，则开启背面剪裁，否则不开启。

2. 简单案例

上面介绍了背面剪裁的基础知识以及 cocos2d-x 引擎 3D 精灵类中的两个方法，下面结合上述知识完成一个背面检测测试的基础案例。正式开发案例之前，有必要先了解一下本案例的运行效果，效果如图 2-3 和图 2-4 所示。

▲图 2-3　背面剪裁案例效果图 1

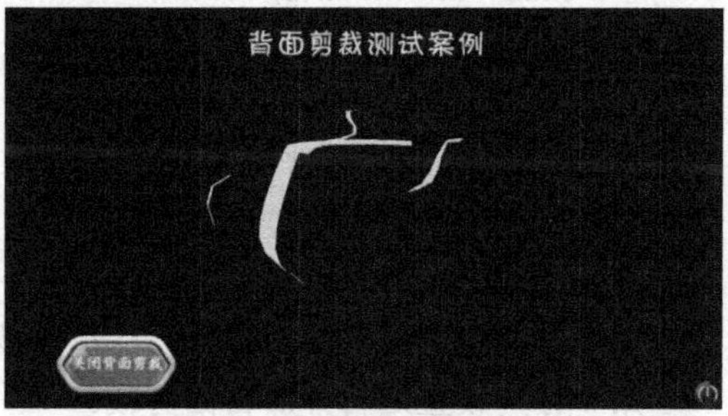

▲图 2-4　背面剪裁案例效果图 2

> **说明**　这个 obj 模型是将一个茶壶从中间切开以后的一半，由此可以看到茶壶的内部，以检测背面剪裁是否有效。上图是将茶壶旋转到后部，摄像机面向大部分茶壶内部的效果图，由图示可以明显得知，打开背面剪裁后的效果。

了解了案例的运行效果后，就可以进行案例的开发了，其具体步骤如下。

（1）新建一个名称为 Sample2_2 的项目，并为项目添加必要的构建器以及进行必要的设置。

（2）项目创建完成之后就可以进行代码的开发了，首先开发的是场景管理者类。由于该类的开发步骤与 Sample2_1 案例非常相似，这里就不再赘述，需要的读者可以参考本书中的源代码。

（3）开发完场景管理类之后，接下来开发的就是与 3D 相关的布景类——My3DLayer 类，该类完成对 3D 布景类中所需对象及方法的声明，其类框架声明如下。

代码位置：源代码/第 2 章/Sample2_2/app/src/main/jni/sampleCPP 目录下的 My3DLayer.h。

```
1   ……//此处省略了部分头文件的声明，有需要的读者可以参考随书中的源代码。
2   class My3DLayer : public cocos2d::Layer{
3   public:
4       Camera* _camera;                          //摄像机对象的指针
5       Sprite3D *sprite;                          //精灵对象的指针
6       virtual bool init();                       //初始化的方法
7       void addNewSprite();                       //添加精灵方法
8         void onTouchesMoved(const std::vector<cocos2d::Touch*>& touches, cocos2d::Event *event);
9       void menuCloseCallback(Ref* pSender);  //退出场景
10      CREATE_FUNC(My3DLayer);                    //Cocos2d-x 中定义的一个宏，创建指定类型的对象
11                                                 //并做好相应的初始化与释放工作
12  };
```

说明　第 5 行为 3D 精灵对象的指针，此案例主要使用此精灵进行背面剪裁的测试。

（4）介绍了 3D 布景的声明后，就要真正地实现此布景。这里，主要通过 addNewSprite 方法进行精灵的添加并设置剪裁面和是否开启背面剪裁等，具体代码如下。

代码位置：源代码/第 2 章/Sample2_2/app/src/main/jni/sampleCPP 目录下的 My3DLayer.cpp。

```
1   void My3DLayer::addNewSprite(){
2       Size visibleSize = Director::getInstance()->getVisibleSize();//获取可见区域尺寸
3       Point origin = Director::getInstance()->getVisibleOrigin(); //获取可见区域原点坐标
4        sprite = Sprite3D::create("ch_tt.obj","ghxp.png");      //创建精灵对象
5       sprite->setPosition3D(Vec3(0,0,0));                      //设置精灵位置
6       sprite->setScale(0.7f);                                   //设置精灵的缩放比
7       sprite->setCullFace(GL_BACK);                             //设置精灵的剪裁面
8       sprite->setCullFaceEnabled(false);                        //设置是否开启背面剪裁
9       sprite->setCameraMask((unsigned int)CameraFlag::USER1);  //设置观察此精灵的摄像机编号
10      this->addChild(sprite);                                   //添加精灵进行布景
11       setCameraMask(2);                                        //设置布景摄像机
12      auto listener = EventListenerTouchAllAtOnce::create();   //创建触控监听
13      listener->onTouchesMoved = CC_CALLBACK_2(My3DLayer::onTouchesMoved, this);
14      _eventDispatcher->addEventListenerWithSceneGraphPriority(listener, this);
                                                                  //添加到监听器
15  }
```

- 第 4～6 行为创建茶壶实例，并设置其位置以及缩放比等基础设置。
- 第 7 行为设置精灵的剪裁面，这里需要注意的是，系统默认的剪裁面为 GL_BACK。
- 第 8 行为设置是否开启背面剪裁。

（5）开发完 My3DLayer 类后，就要开发 My2DLayer 类了。此类主要提供了一个退出按钮以及一个更改是否开启背面剪裁状态的按钮，由于大体框架与上述案例类似，此处着重介绍一下更改背面剪裁状态的方法，具体代码如下。

代码位置：源代码/第 2 章/Sample2_2/app/src/main/jni/sampleCPP 目录下的 My2DLayer.cpp。

```
void My2DLayer::menuChangeFullFace(Ref* pSender, Widget::TouchEventType type){
                                                        //按钮的回调方法
    if(type == Widget::TouchEventType::BEGAN){         //如果按下按钮
        isFullFace = !isFullFace;                       //将状态置反
        if(isFullFace)                                  //如果开启了背面剪裁
            changeFull->setTitleText("\u5173\u95ed\u80cc\u9762\u526a\u88c1");
        else{                                           //更改按钮文字为关闭背面剪裁
            changeFull->setTitleText("\u6253\u5f00\u80cc\u9762\u526a\u88c1");
        }                                               //更改按钮文字为开启背面剪裁
        sprite->setCullFaceEnabled(isFullFace);        //设置精灵的背面剪裁模式
    }}
```

> **说明** 通过按钮的回调方法每次将背面剪裁的状态置反。这里需要注意的是，需要判断按钮的触摸状态，否则可能会出错。

（6）完成了初始化布景的方法后，接下来开发的就是开始触摸时的回调方法和触摸移动时的回调方法了。由于该类与触控相关方法开发步骤与 Sample2_1 案例非常相似，因此这里就不再赘述，需要的读者可以参考本书中的源代码。

（7）完成上述步骤之后，运行本程序，并且用手指左右滑动至某个角度后观察，界面效果如图 2-3 和图 2-4 所示。

2.1.4 摄像机背景画笔

了解了加载 obj 模型及背面剪裁相关知识后，相信读者已经能够熟练地对摄像机进行操作。下面再向读者介绍一个关于摄像机的操作，设置摄像机背景画笔，该操作与清除摄像机背景绑定在一起，清除摄像机背景时，按照开发人员指定画笔绘制背景。

1. 基础知识

了解了摄像机背景画笔相关知识之后，下面将向读者介绍实现摄像机背景画功能的 CameraBackgroundBrush 类。Cocos2d-x 游戏引擎中支持关于颜色、缓冲、天空盒的背景画笔，下面给出 CameraBackgroundBrush 中的一些常用方法，见表 2-8。

表 2-8 CameraBackgroundBrush 类中常用的方法

方法签名	说明
BrushType getBrushType()	获取摄像机背景画笔的类型，返回类型为 BrushType
CameraBackgroundBrush* createNoneBrush()	创建无类型画笔，返回值为 CameraBackgroundBrush 类型的指针
CameraBackgroundDepthBrush* createDepthBrush(float depth = 1.f)	创建深度类型的画笔，并返回其指针，参数 depth 为要绘制的深度，默认值为 1.0f
CameraBackgroundColorBrush* createColorBrush(const Color4F& color, float depth)	创建颜色类型画笔，参数 Color4F 表示背景画笔的颜色，depth 参数表示绘制的深度值
CameraBackgroundSkyBoxBrush* createSkyboxBrush(const std::string& positive_x, const std::string& negative_x, const std::string& positive_y, const std::string& negative_y, const std::string& positive_z, const std::string& negative_z);	创建天空盒背景画笔，并返回其指针。其中的 6 个参数分别为对应天空盒的 6 个面纹理
void drawBackground(Camera* camera)	绘制背景，参数 camera 表示要绘制的背景的摄像机

> **说明** BrushType 共有 4 个类型，分别为 NONE（无类型画笔）、DEPTH（关于深度的画笔）、COLOR（关于颜色的画笔）、SKYBOX（关于天空盒的画笔）。

2. 简单案例

了解了设置摄像机背景画笔基础知识及相关实现方法之后，就可以进一步进行案例的开发了，在进行具体开发之前，有必要先了解一下本案例的运行效果，以增加对本案例的理解和体会。运行效果如图 2-5 和图 2-6 所示。

> **说明** 图 2-5 为案例运行时的效果，图 2-6 为滑动屏幕时的案例运行效果。由于插图只能展示静态内容，建议读者使用真机运行体会。

▲图 2-5　设置背景画笔案例运行效果 1

▲图 2-6　设置背景画笔案例运行效果 2

了解了案例的运行效果后，就可以进行案例的开发了，其具体步骤如下。

（1）新建一个名称为 Sample2_3 的项目，并为项目添加必要的构建器以及必要的设置。

（2）项目创建完成之后就可以进行代码的开发了，首先开发的是场景管理者类。由于该类的框架声明与 Sample2_1 案例非常相似，这里就不再赘述，需要的读者可以参考本书中的源代码。该类的实现与前面 Sample2_1 案例有所不同，具体内容如下所示。

代码位置：源代码/第 2 章/Sample2_3/app/src/main/jni/sampleCPP 目录下的 ObjSceneManager.cpp。

```
1  Scene* ObjSceneManager::createScene(){
2      auto scene = Scene::create();                    //创建一个场景对象
3      Size visibleSize =                               //获取可见区域尺寸
4                Director::getInstance()->getVisibleSize();
5      Camera* camera = Camera::createPerspective(      //创建摄像机对象
6         55,                                           //摄像机视角
7         visibleSize.width/visibleSize.height,        //视口宽高比
8         1,                                            //near 参数
9         1000);                                       //far 参数
10     CameraBackgroundColorBrush* cbc =               //创建摄像机背景颜色画笔
11     CameraBackgroundBrush::createColorBrush(Color4F(104,33,122,1),1.0f);
12     camera->setBackgroundBrush(cbc);                //将摄像机的背景画笔设置为自定义画笔
13     camera->clearBackground();                      //清除摄像机的背景
14     camera->setCameraFlag(CameraFlag::USER1);       //设置摄像机编号标志
15     camera->setPosition3D(Vec3(0,150,600));        //设置摄像机位置
16     camera->lookAt(Vec3(0,0,0), Vec3(0,1,0));       //设置摄像机目标点以及 up 向量
17     scene->addChild(camera);                        //将摄像机添加到场景中
18     My3DLayer* layer3D = My3DLayer::create();       //创建一个 3D 布景对象
19     layer3D->camera=camera;
20     scene->addChild(layer3D);                       //将 3D 布景添加到场景中
21     My2DLayer* layer2D = My2DLayer::create();       //创建一个 2D 布景对象
22     scene->addChild(layer2D);                       //将 2D 布景添加到场景中
23     return scene;                                  //返回场景
24 }
```

- 第 5～16 行功能为创建摄像机对象，创建摄像机背景颜色画笔对象，然后设置摄像机编号标志和位置，设置摄像机的背景画笔，最后设置摄像机目标点以及 up 向量。
- 第 17～23 行功能为将摄像机添加到场景中，然后创建一个 3D 布景对象和一个 2D 布景对象并将这两个布景对象添加到场景中，最后将场景返回。

（3）开发完场景管理类之后，接下来开发的就是与 2D 相关的 My2DLayer 类和与 3D 相关的 My3DLayer 类了。由于这两个类的开发步骤与 Sample2_1 案例非常相似，这里就不再赘述，需要的读者可以参考本书中的源代码。

（4）完成上述步骤之后，运行本程序，并且用手指左右滑动至某个角度后观察，界面效果如图 2-5 和图 2-6 所示。

2.2 骨骼动画的使用

一个精彩的游戏的开发除了大量地使用 obj 模型，还会使用大量的骨骼动画。骨骼动画技术是通过与动作捕捉技术相结合使 3D 模型动起来并做出非常逼真动作的一项技术，游戏中使用骨骼动画会使该游戏更加具有可玩性，因此本节将介绍在 Cocos2d-x 引擎中骨骼动画的使用。具体内容如下。

2.2.1 基础知识

俗话说得好“基础不牢，地动山摇”。在学习新技术时，首先要学习的就是该技术的一些基础知识，因此本小节将介绍骨骼动画的基础知识。骨骼动画的开发在 Cocos2d-x 中主要是由 Animation3D 类和 Animate3D 类的对象来完成的，下面首先给出 Animation3D 类中的一些常用方法，见表 2-9。

表 2-9　Animation3D 类中常用的方法

方法签名	说明
static Animation3D* create(const std::string& filename, const std::string& animationName = "")	创建骨骼动画对象，并返回其指针。filename 参数表示需要创建的骨骼动画文件的名称，animationName 参数表示骨骼动画名称，其默认值为空
float getDuration()	获取骨骼动画对象的动画周期，即播放动画的时长
bool init(const Animation3DData& data)	使用指定的数据初始化 3D 骨骼动画，data 参数表示指定的骨骼动画数据
bool initWithFile(const std::string& filename, const std::string& animationName)	初始化骨骼动画对象，返回值为布尔值，filename 参数表示需要创建的骨骼动画文件的名称，animationName 参数表示骨骼动画名称

说明　从表 2-9 可以看出，该类中提供了获取骨骼动画的动画周期的方法，该方法的提供大大方便了开发的需要，降低了开发成本。

上面已经向读者介绍了 Animation3D 类中的一些常用方法，了解了该类中的常用方法后，接下来给出的是 Animate3D 类中的常用方法，见表 2-10。

表 2-10　Animate3D 类中常用的方法

方法签名	说明
static Animate3D* create(Animation3D* animation)	创建骨骼动画动作对象，并返回其指针。animation 参数表示需要创建骨骼动画动作的骨骼动画对象
static Animate3D* create(Animation3D* animation, float fromTime, float duration)	创建骨骼动画动作对象，并返回其指针，animation 参数表示需要创建骨骼动画动作的骨骼动画对象，fromTime 参数表示动画开始执行的时刻，duration 参数表示动画持续的时间
static Animate3D* createWithFrames(Animation3D* animation, int startFrame, int endFrame, float frameRate = 30.f)	通过帧动画创建骨骼动画动作对象，并返回其指针，animation 参数表示需要创建骨骼动画动作的骨骼动画对象，startFrame 参数表示骨骼动画起始时的帧数，endFrame 参数表示骨骼动画结束时的帧数，frameRate 参数表示骨骼动画的帧速率
virtual Animate3D* reverse()	倒序播放骨骼动画，并返回骨骼动画动作对象
float getSpeed()	获取骨骼动画速度
void setSpeed(float speed)	设置骨骼动画速度，speed 参数表示需要设置的骨骼动画的速度值

续表

方 法 签 名	说　明
float getWeight()	获取骨骼动画动作的混合权重
void setWeight(float weight)	设置骨骼动画动作的混合权重
void setOriginInterval(float interval);	设置骨骼动画动作的起始间隔时间，参数 interval 表示时间间隔
float getOriginInterval()	获得骨骼动画动作的起始时间间隔
static float getTransitionTime()	获取动画之间的过渡时间
static void setTransitionTime(float transTime)	设置动画之间的过渡时间，transTime 参数表示要设置的过渡时间
void setQuality(Animate3DQuality quality)	设置动画的质量，参数 quality 表示要设置的动画质量
Animate3DQuality getQuality()	获取动画的质量，返回值 Animate3DQuality 枚举类型

说明　由表 2-10 中可以看出，Animate3D 类中提供了多种场景骨骼动画动作对象的方法，比如通过骨骼动画开始执行的时刻和动画持续的时间来创建出需要的骨骼动画动作对象，降低了开发成本。除此之外，该类中还提供了获取和设置骨骼动画速度的方法，这些方法更加方便了游戏中的开发。

前面介绍了与骨骼动画相关的 Animation3D 类和 Animate3D 类，下面将通过一幅图来说明这两个类是如何在开发中协同工作以达到实现 3D 骨骼动画的效果，具体情况如图 2-7 所示。

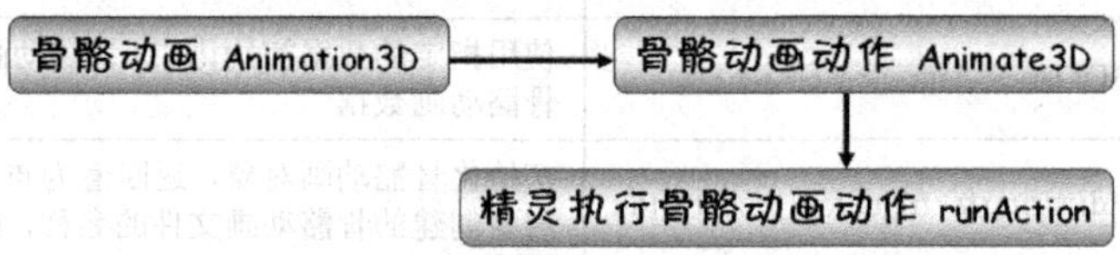

▲图 2-7　骨骼动画相关类关系图

说明　骨骼动画开发的基本思路是首先创建一个骨骼动画对象，然后通过创建的骨骼动画对象来创建骨骼动画动作对象，最后由指定的 3D 精灵对象来执行此骨骼动画动作。

游戏开发过程中，给带有骨骼动画的对象的某个部位挂接物品是特别常见的。比如英雄或怪物的手上需要拿着武器等，Cocos2d-x 中提供了给骨骼动画对象的某个骨骼附着物品的类——AttachNode 类，该类中最重要的就是静态的 create 方法了，其方法签名如下。

```
static AttachNode* create(Bone3D* attachBone)
```

说明　上述方法功能为创建附着节点对象，并返回其指针。attachBone 参数表示需要附着物品的骨骼对象的指针。

2.2.2　c3b 文件的生成

上一小节已经向读者介绍了与骨骼动画相关的基础知识，但是骨骼动画是要加载的。因此在开发过程中要用到与骨骼动画相关的文件，这些文件格式并不是公共可用的，而是 Cocos2d-x 自己支持的 c3t 和 c3b 格式文件，下面就将对 Cocos2dx 支持格式文件进行简单介绍。

c3t 格式文件实际上是一个 json 文件，而 c3b 格式文件是一个二进制的文件，因此 c3b 格式文件相比于 c3t 格式文件载入速率快、体积也小很多，在开发中优先选择使用 c3b 格式文件，所以本小节仅针对 c3b 格式文件的生成进行介绍。

由于 c3t 和 c3b 格式文件是 Cocos2d-x 自带的，所以市面上的 3d 模型编辑软件（比如 3ds Max）都无法编辑这种格式的文件。目前比较流行的骨骼动画文件是 FBX 格式的，Cocos2d-x 团队考虑到了这一点，可以将 FBX 格式的文件通过 fbx-conv 工具转换成 c3t 和 c3b 格式文件。所以在制作骨骼动画的时候通常首先使用 3ds Max 软件导出 FBX 格式文件，然后使用 fbx-conv 工具将其转换为 c3t 或 c3b 格式文件。

说明 FBX 格式的文件是当前十分流行的、广泛使用的文件，其可以使用非常流行的 3ds Max 模型编辑软件导出。由于制作 FBX 格式的文件已经大大超出本书的讨论范围，这里就不再介绍。如果读者对 FBX 格式的文件的制作还不是很了解，可以参考其他相关资料。

fbx-conv 转换工具的使用十分简单，接下来向读者介绍该工具的使用方法，具体步骤如下。

（1）新建一个名称为 fbx-conv 的文件夹，然后将 cocos2d-x 解压缩之后的 tools\fbx-conv\win 目录下的 fbx-conv.exe 文件复制到 fbx-conv 文件夹中。fbx-conv.exe 文件与其位置如图 2-8 所示。

（2）在 fbx-conv 文件夹里新建一个名称为 convert.txt 的文本文件，然后在其中输入“fbx-conv.exe anli.FBX pause”命令，如图 2-9 所示，接着将其后缀改为.bat。

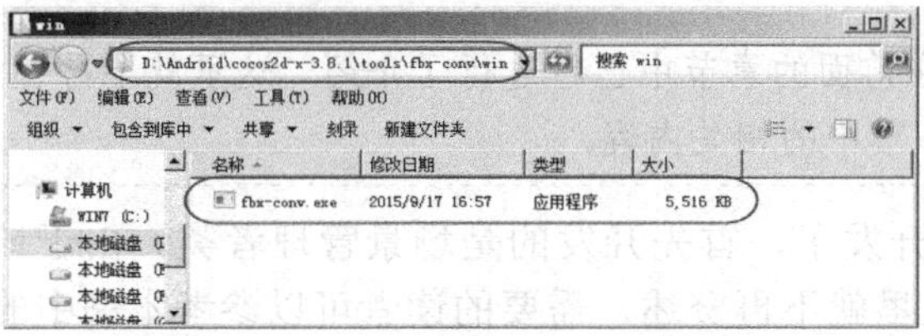

▲图 2-8 fbx-conv.exe 文件与位置路径

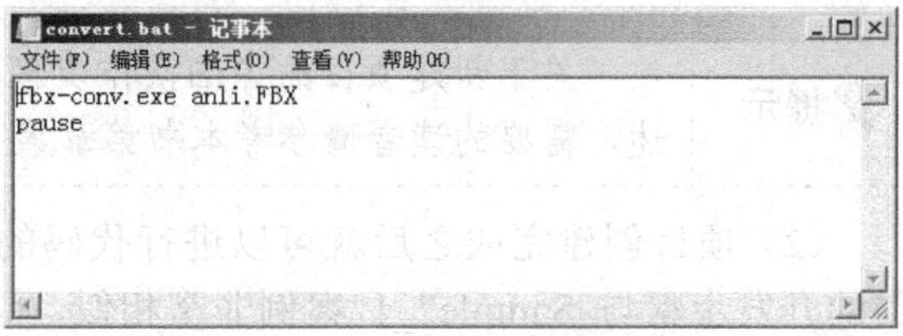

▲图 2-9 convert 文件编辑文字

（3）将 anli.FBX 文件（anli.FBX 为一个含有骨骼动画的 FBX 文件，读者可以将其替换为自己需要的 FBX 文件）复制到 fbx-conv 文件夹中，双击 convert.bat 文件，当弹出如图 2-10 所示的窗口时即意味着转换完毕。

▲图 2-10 转换完毕窗口

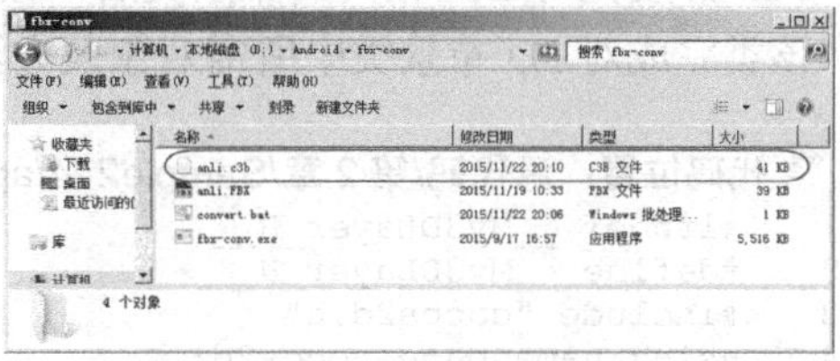

▲图 2-11 生成 c3b 文件示意图

（4）转换完毕之后在fbx-conv文件夹中就会自动生成一个anli.c3b文件，如图2-11所示，最后就可以将转换好的c3b格式文件复制到项目工程的Resources文件夹下使用了。

说明 将 c3b 格式文件复制到 Resources 文件夹下时，必须要把相应的纹理一起复制进去，否则在游戏运行时，该模型显示就会不正常。

2.2.3 加载骨骼动画的案例

前面的 2.2.1 小节已经向读者介绍了 Animation3D 类、Animate3D 类和 AttachNode 类的基础

知识。在了解了这些类的详细信息后，就可以进一步结合这些类中提供的方法来进行案例的开发了。在进行具体的开发之前，有必要首先了解一下本案例的运行效果，如图 2-12 和图 2-13 所示。

▲图 2-12　骨骼动画案例运行效果图 1

▲图 2-13　骨骼动画案例运行效果图 2

> **说明**　图 2-12 为案例运行后，用手指滑动屏幕一定角度后瞬间截屏，图 2-13 为在此角度的另一个瞬间截屏。由于骨骼动画是动态的，而插图只能体现静态内容，建议读者使用真机运行并仔细体会，效果更佳。

了解了案例的运行效果后，就可以进行案例的开发了，其具体步骤如下。

（1）新建一个名称为 Sample2_4 的项目，并为项目添加必要的构建器以及进行必要的设置。

> **提示**　关于新建项目的详细操作步骤在前面的章节中已经进行了介绍，这里就不再赘述，需要的读者请参考本书第章第一节中的相关内容。

（2）项目创建完成之后就可以进行代码的开发了，首先开发的是场景管理者类。由于该类的开发步骤与 Sample2_1 案例非常相似，这里就不再赘述，需要的读者可以参考本书中的源代码。

（3）开发完场景管理类之后，接下来开发的就是与 2D 相关的 My2DLayer 类和与 3D 相关的 My3DLayer 类了。首先开发的是与 2D 相关的 My2DLayer 类，由于 My2DLayer 类的开发步骤与 Sample2_1 案例非常相似，这里就不再赘述，需要的读者可以参考本书中的源代码。

（4）开发完与 2D 相关的布景类后，接下来开发的就是与 3D 相关的布景类——My3DLayer 类，该类完成对 3D 布景类中所需对象及方法的声明，其类框架声明如下。

代码位置：源代码/第 2 章/Sample2_4/app/src/main/jni/sampleCPP 目录下的 My3DLayer.h。

```
#ifndef __My3DLayer_H__
#define __My3DLayer_H__
#include "cocos2d.h"                                  //引入 cocos2d 头文件
using namespace cocos2d;                              //使用 cocos2d 命名空间
class My3DLayer : public cocos2d::Layer{
public:
    Camera* camera;                                   //指向摄像机精灵对象的指针
    Sprite3D* yeZi;                                   //指向树叶精灵对象的指针
    Sprite3D* shuGan;                                 //指向树干精灵对象的指针
    Sprite3D* sp3Floor;                               //指向地面精灵对象的指针
    Sprite3D* taoTree;                                //指向桃树精灵对象的指针
    Sprite3D* (sp3GuanMu)[4];                         //灌木精灵对象的数组
    Sprite3D* (sp3Flower)[2];                         //花精灵对象的数组
    Sprite3D* sp3Build;                               //指向建筑物精灵对象的指针
    Animation3D* animationGuaiShou;                   //指向怪兽骨骼动画对象的指针
    Animate3D* animateKan;                            //指向怪兽骨骼动画动作对象的指针
    Animation3D* animationHero;                       //指向英雄骨骼动画对象的指针
    Animate3D* animateK;                              //指向英雄骨骼动画动作对象的指针
    Sprite3D* spC3bGuaiShou;                          //指向怪兽精灵对象的指针
```

```
    Sprite3D* spC3bHero;                                  //指向英雄精灵对象的指针
    float degree=0;                                       //摄像机转场角度
    float lxs;                                            //起点的 x
    float lxmPre;                                         //移动时的 x
    bool isMove;                                          //是否移动标志位，true 为移动状态
    virtual bool init();                                  //初始化的方法
    bool onMyTouchBegan(Touch *touch, Event *event);      //触控开始事件的回调方法
    void onMyTouchMoved(Touch *touch, Event *event);      //触控点移动事件的回调方法
    void onMyTouchEnded(Touch *touch, Event *event);      //触控结束事件的回调方法
    void onMyTouchCancelled(Touch *touch, Event *event);  //触控终止事件的回调方法
    CREATE_FUNC(My3DLayer);
};#endif
```

说明 上述代码声明了指向摄像机对象的指针、指向地面精灵、建筑精灵、怪兽精灵、英雄精灵以及植物精灵等 3D 精灵对象的指针，还声明了摄像机转场角度和触控起点、触控移动点的 x 坐标值、指向怪兽和英雄骨骼动画对象和骨骼动画动作对象的指针等成员变量，同时还声明了初始化布景的 init 方法以及与触控相关的回调方法等。

（5）开发完上述类框架声明后还要真正实现 My3DLayer 类中的方法，首先实现的是初始化布景的 init 方法，以完成布景内各个 3D 精灵的创建，如地面、建筑物、植物、英雄和怪兽等。还完成了英雄和怪兽骨骼动画的创建及初始化工作等，其具体代码如下。

代码位置：源代码/第 2 章/Sample2_4/app/src/main/jni/sampleCPP 目录下的 My3DLayer.cpp。

```
bool My3DLayer::init(){
    if ( !Layer::init() )     return false;                    //调用父类的初始化
......//此处省略了加载树叶模型和树干模型的代码，需要的读者请参考本书中的源代码
    for(int i=0;i<2;i++){
        sp3Flower[i]=                                          //创建花精灵对象
                Sprite3D::create("obj/BWFlower.obj", "pic/BWFlower.png");
        sp3Flower[i]->setScale(0.25f);                         //设置花精灵对象的缩放比
        sp3Flower[i]->setPosition3D(Vec3(-150+300*i,0,-165));
                                                               //设置花精灵对象位置
        sp3Flower[i]->setGlobalZOrder(2.0f);                   //设置花精灵的全局 ZOrder 值
        this->addChild(sp3Flower[i]);                          //将花精灵添加到布景中
    }
    float x[4]={-200,200,-200,200};                            //灌木 x 坐标
    float z[4]={-130,-130,-200,-200};                          //灌木 z 坐标
    for(int i=0;i<4;i++){
        sp3GuanMu[i]=                                          //创建灌木精灵对象
                Sprite3D::create("obj/GuanMu.obj", "pic/guanmu.png");
        sp3GuanMu[i]->setScale(0.25f);                         //设置灌木精灵缩放比
        sp3GuanMu[i]->setPosition3D(Vec3(x[i],40,z[i]));       //设置灌木精灵位置
        sp3GuanMu[i]->setGlobalZOrder(2.0f);                   //设置灌木精灵的全局 ZOrder 值
        this->addChild(sp3GuanMu[i]);                          //将灌木精灵添加到布景中
    }
......//此处省略了加载地面模型、桃树模型和建筑物模型的代码，需要的读者请参考本书中的源代码
    spC3bGuaiShou =                                            //创建怪兽精灵对象
            Sprite3D::create("c3b/xiaoGuaiShou/xiaoGuaiShou.c3b");
    spC3bGuaiShou->setPosition3D(Vec3(0,0,70));                //设置怪兽精灵位置
    spC3bGuaiShou->setRotation3D(Vec3(0,180,0));               //设置怪兽精灵偏转角
    spC3bGuaiShou->setScale(0.018f);                           //设置怪兽精灵缩放比
    spC3bGuaiShou->setGlobalZOrder(1.0f);                      //设置怪兽精灵的全局 ZOrder 值
    Sprite3D* spC3bLFuZi=                                      //创建斧子精灵对象
            Sprite3D::create("obj/weaponL.obj","c3b/xiaoGuaiShou/fuzi.png");
    spC3bLFuZi->setRotation3D(Vec3(0,60,0));                   //设置斧子精灵对象偏转角
    spC3bLFuZi->setScale(0.05f);                               //设置斧子精灵对象缩放比
    AttachNode* anRFinger =                                    //获取需要附着斧子的骨骼节点
            spC3bGuaiShou->getAttachNode("Bip01 L Finger0");
    anRFinger->addChild(spC3bLFuZi);                           //将斧子附着到对应的骨骼节点
    this->addChild(spC3bGuaiShou);                             //将怪兽精灵对象添加到布景中
    animationGuaiShou =                                        //创建怪兽骨骼动画对象
            Animation3D::create("c3b/xiaoGuaiShou/xiaoGuaiShou.c3b");
```

```
39    if (animationGuaiShou){
40        animateKan =                                          //创建怪兽骨骼动画动作
41            Animate3D::create(animationGuaiShou,2.0f,5.0f);
42        animateKan->setSpeed(                                 //设置骨骼动画动作速度
43            animateKan->getSpeed()*0.7f);
44        spC3bGuaiShou->runAction(                             //执行骨骼动画动作
45                RepeatForever::create(animateKan));
46    }
47    spC3bHero = Sprite3D::create("c3b/knight/knight.c3b");//创建英雄精灵对象
48    spC3bHero->setPosition3D(Vec3(0,0,-70));              //设置英雄精灵位置
49    spC3bHero->setScale(22.0f);                           //设置英雄精灵缩放比
50    spC3bHero->setGlobalZOrder(1.0f);                     //设置英雄精灵的全局 ZOrder 值
51    this->addChild(spC3bHero);                            //将英雄精灵对象添加到布景中
52    animationHero =                                       //创建英雄骨骼动画
53        Animation3D::create("c3b/knight/knight.c3b");
54    if (animationHero){
55        animateK =                                        //创建英雄骨骼动画动作
56            Animate3D::create(animationHero,3.0f,6.0f);
57        animateK->setSpeed(                               //设置英雄骨骼动画动作速度
58            animateK->getSpeed()*0.9f);
59        spC3bHero->runAction(                             //执行英雄骨骼动画动作
60                RepeatForever::create(animateK));
61    }
62    this->setCameraMask(                                  //设置此布景层渲染用摄像机
63        (unsigned short)CameraFlag::USER1);
64  ......//此处省略了与触控相关的代码，需要的读者请参考源代码
65    return true;
66  }
```

- 第 4～11 行功能为创建两个花精灵对象并设置其缩放比，然后设置花精灵对象的位置和全局 ZOrder 值，最后将这些花精灵添加到布景中。
- 第 12～21 行功能为创建一组灌木精灵对象并设置其缩放比，然后设置这些灌木精灵对象的位置和全局 ZOrder 值，最后将这些灌木精灵添加到布景中。
- 第 23～28 行功能为创建怪兽精灵对象并设置其位置和偏转角，然后设置怪兽精灵的缩放比和全局 ZOrder 值。
- 第 29～36 行功能为创建斧子精灵对象并设置其位置和缩放比，然后获取需要附着斧子的骨骼节点并将斧子附着到对应的骨骼节点，最后将怪兽精灵对象添加到布景中。
- 第 37～46 行功能为创建怪兽骨骼动画对象，然后根据怪兽骨骼动画对象创建怪兽骨骼动画动作对象并设置其速度，最后使怪兽精灵对象一直重复执行该骨骼动画动作。
- 第 47～51 行功能为创建英雄精灵对象并设置其位置和缩放比，然后设置其全局 ZOrder 值，最后将英雄精灵对象添加到布景中。
- 第 52～61 行功能为创建英雄骨骼动画对象，然后根据英雄骨骼动画对象创建怪兽骨骼动画动作对象并设置其速度，最后使英雄精灵对象一直重复执行该骨骼动画动作。

（6）完成了初始化布景的方法后，接下来开发的就是开始触摸时的回调方法和触摸移动时的回调方法了。由于该类与触控相关方法开发步骤与 Sample2_1 案例非常相似，因此这里就不再赘述，需要的读者可以参考本书中的源代码。

（7）完成上述步骤之后，运行本程序，并且用手指左右滑动至某个角度后观察，界面效果如图 2-12 和图 2-13 所示。

2.2.4　骨骼动画关键帧回调的使用

通过上述的学习，相信读者已经掌握加载骨骼动画的相关知识，但在实际开发中，对骨骼动画的使用不会仅仅局限在加载骨骼动画模型和播放骨骼动画。在实际开发中往往需要在骨骼动画播放到特定的帧时回调指定的方法，因此本小节将讲解骨骼动画关键帧回调的使用相关内容。

1. 相关实现方法

进行具体案例开发之前，首先要讲解一下案例中用到的与骨骼动画关键帧回调的相关知识。实际开发中，若希望自己的应用程序支持骨骼动画关键帧回调，主要就是开发处理骨骼动画关键帧的回调方法。该回调方法的名称可以由开发人员拟定，但是入口参数要符合一定的规则，具体情况如下所示。

```
void onMyAnimateCallBack(EventCustom* event)
```

说明 骨骼动画关键帧回调方法返回值为“void”类型，入口参数为“EventCustom*”类型。开发完上述方法之后，还需要将这些方法挂接到监听器中，并将监听器注册，这些操作的相关代码将在后面案例 Sample2_4 中详细给出。

从前面介绍可以看出，自行开发的骨骼动画关键帧回调方法用到的 EventCustom 类，因此有必要对这个类也进行一下简单的了解。该类用于存储用户自定义的事件，其常用方法见表 2-11。

表 2-11 EventCustom 类中的常用方法

方 法 签 名	说 明
void setUserData(void* data)	设置用户数据，参数 data 表示用户自定的用户数据
void* getUserData()	获取事件中存储的用户数据
std::string& getEventName()	获取事件的名称

2. 案例的开发

了解了骨骼动画关键帧回调方法及相关类的知识后，下面将给出一个采用骨骼动画关键帧回调技术的简单案例。在进行具体案例开发之前，有必要先了解一下本小节案例的运行效果，这样有助于读者的理解，运行效果如图 2-14 和图 2-15 所示。

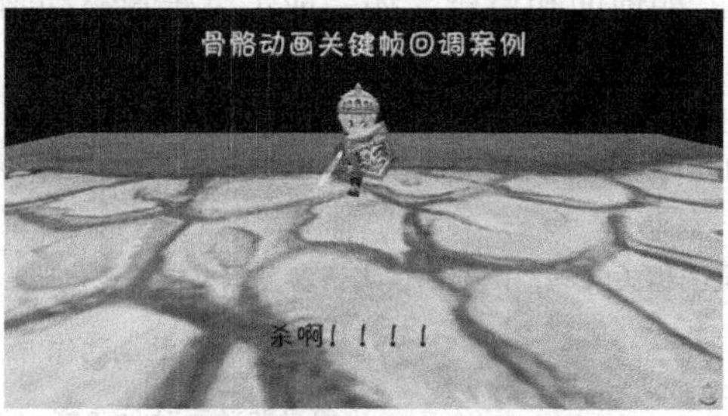

▲图 2-14 骨骼动画关键帧回调效果 1

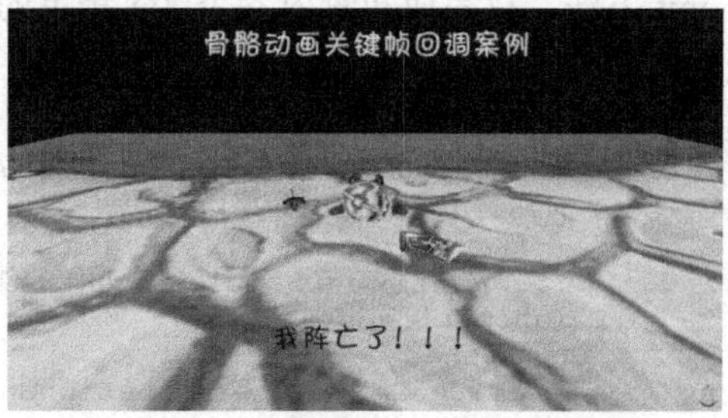

▲图 2-15 骨骼动画关键帧回调效果 2

说明 图 2-14 给出的是当骨骼动画播放到站起来奔跑帧时，调用回调方法显示“杀啊!!!”，图 2-15 给出的是骨骼动画播放到倒地帧时，调用回调方法显示“我阵亡了!!!”。由于插图只能体现静态的内容，建议读者使用真机运行体会。

了解了案例运行效果之后，就可以进行案例的开发了，其具体步骤如下。

（1）新建一个名称为 Sample2_5 的项目，并为项目添加必要的构建器以及进行必要的设置。

提示 关于新建项目的详细操作步骤在前面的章节中已经进行了介绍，这里就不再赘述，需要的读者请参考本章第一节中的相关内容。

（2）项目创建完成之后就可以进行代码的开发了，首先开发的是场景管理者类。由于该类的开发步骤与 Sample2_1 案例非常相似，这里就不再赘述，需要的读者可以参考本书中的源代码。

（3）开发完场景管理类之后，接下来开发的就是与 2D 相关的 My2DLayer 类和与 3D 相关的 My3DLayer 类了。首先开发的是与 2D 相关的 My2DLayer 类，由于 My2DLayer 类的开发步骤与 Sample2_1 案例非常相似，这里就不再赘述，需要的读者可以参考本书中的源代码。

（4）开发完与 2D 相关的布景类后，接下来开发的就是与 3D 相关的布景类——My3DLayer 类，该类完成对 3D 布景类中所需对象及方法的声明，其类框架声明如下。

代码位置：源代码/第 2 章/Sample2_5/app/src/main/jni/sampleCPP 目录下的 My3DLayer.cpp。

```
#ifndef __My3DLayer_H__
#define __My3DLayer_H__
...... //此处省略对头文件的引用以及其他相关代码，需要的读者请参考源代码
class My3DLayer : public cocos2d::Layer{
public:
  Camera* camera;                                          //摄像机指针
  My2DLayer* layer2D;                                      //2D 布景层指针
  Sprite3D* sp3Floor;                                      //地面 3D 精灵对象
  Animation3D* animationHero;                              //英雄骨骼动画
  Animate3D* animateK;                                     //英雄骨骼动画动作
  Sprite3D* spC3bHero;                                     //英雄 3D 精灵
  virtual bool init();                                     //初始化的方法
  void onAnimateCall(EventCustom* event);                  //骨骼动画关键帧回调方法
  CREATE_FUNC(My3DLayer);                                  //Cocos2d-x 初始化相关宏
};#endif
```

说明　上述代码声明了指向摄像机对象的指针、指向地面精灵、英雄精灵，指向英雄骨骼动画对象和骨骼动画动作对象的指针等成员变量，同时还声明了初始化布景的 init 方法以及骨骼动画关键帧的回调方法等。

（5）开发完上述类框架声明后还要真正实现 My3DLayer 类中的方法，首先实现的是初始化布景的 init 方法，以完成布景内各个 3D 精灵的创建，如地面和英雄。还完成了英雄骨骼动画的创建及初始化工作等，其具体代码如下。

代码位置：源代码/第 2 章/Sample2_5/app/src/main/jni/sampleCPP 目录下的 My3DLayer.cpp。

```
bool My3DLayer::init(){
  if ( !Layer::init() ){ return false;}                       //调用父类的初始化
  ......//此处省略与 Sample2_3 相同的创建精灵的相关代码，需要的读者请参考本书中的源代码
  if (animationHero){
    animateKan =                                              //创建怪兽骨骼动画动作
      Animate3D::create(animationGuaiShou,2.0f,5.0f);42
    animateKan->setSpeed(                                     //设置骨骼动画动作速度
      animateKan->getSpeed()*0.7f);
    spC3bGuaiShou->runAction(                                 //执行骨骼动画动作
      RepeatForever::create(animateKan));
    ValueMap valuemap0;                                       //创建存储帧动画的 map 对象
    animateK->setKeyFrameUserInfo(1, valuemap0);              //设置第一个关键帧
    animateK->setKeyFrameUserInfo(95,valuemap0);              //设置第二个关键帧
    auto listener = EventListenerCustom::create(              //创建监听器
      Animate3DDisplayedNotification,                         //设置事件的名称
      CC_CALLBACK_1(My3DLayer::onAnimateCall,this)            //骨骼动画关键帧回调方法
    );
    Director::getInstance()->getEventDispatcher()->addEventListenerWithFixedPriority
  (listener, -1);
  }
  this->setCameraMask((unsigned short)CameraFlag::USER1); //设置此布景层渲染用摄像机
  ......//此处省略与触控相关的代码，需要的读者请参考本书中的源代码
  return true;
```

```
23  }
24  void My3DLayer::onAnimateCall(EventCustom* event){    //骨骼动画回调方法
25    auto info =                                          //获得事件中存储的用户数据
26      (Animate3D::Animate3DDisplayedEventInfo*)event->getUserData();
27    int frame = info->frame;                             //获得事件中的帧数
28    if(frame == 1){
29      layer2D->label->                                   //将2Dlayer标签改为"我阵亡了"
30      setString("\u6211\u9635\u4ea1\u4e86\uff01\uff01\uff01");
31    }else if(frame == 95){
32      layer2D->label->                                   //将2DLayer中的标签改为"杀啊"
33      setString("\u6740\u554a\uff01\uff01\uff01\uff01");
34  }}
```

- 第 4～10 行功能为创建英雄骨骼动画对象，然后根据英雄骨骼动画对象创建怪兽骨骼动画动作对象并设置其速度，最后使英雄精灵对象一直重复执行该骨骼动画动作。
- 第 11～18 行功能为创建骨骼动画帧 Map，并设置关键帧，将 onAnimateCall 方法绑定到监听器中，最后将监听器注册。
- 第 24～34 行功能为骨骼动画关键帧回调方法，当骨骼动画播放到第 1 帧时，改变 2d 布景中的标签为“我阵亡了“，当骨骼动画播放到第 99 帧时，将标签改为“杀啊”。

（6）完成了初始化布景的方法后，接下来开发的就是开始触摸时的回调方法和触摸移动时的回调方法了。由于该类与触控相关方法开发步骤与 Sample2_1 案例非常相似，因此这里就不再赘述，需要的读者可以参考本书中的源代码。

（7）完成上述步骤之后，运行本程序，并且用手指左右滑动至某个角度后观察，界面效果如图 2-14 和图 2-15 所示。

2.3 3D 精灵的异步加载

前面介绍了 obj 模型和骨骼动画的加载，然而在真正的游戏中，由于模型比较精细且数量较多，造成时间比较长，会出现卡顿的现象。所以真正的游戏采用的是异步加载，这样就可以看到加载的进度条，下面将向读者详细介绍异步加载的相关知识。

2. 3.1 异步加载的基础知识

3D 精灵的异步加载实现起来是十分简单的，主要是通过与 3D 精灵相关的 Sprite3D 类中的静态方法 createAsync 来实现的，其方法签名如下。

```
static void createAsync(const std::string &modelPath, const std::function<void(Sprite3D*, void*)>&
callback, void* callbackparam)
```

- modelPath 参数表示要被加载的 3D 精灵对应的模型文件路径。
- callback 参数表示 3D 精灵加载完成后被回调的方法。
- callbackparam 参数表示被回调方法的第二个入口参数值。

2.3.2 3D 精灵的异步加载案例

上面向读者介绍了异步加载 3D 精灵的基础知识。在了解了 createAsync 方法的详细信息后，就可以进一步结合此方法来进行案例的开发了。在进行具体的开发之前，有必要先了解一下本案例的运行效果，如图 2-16 和图 2-17 所示。

说明 图 2-16 为案例刚开始运行时的效果，此时加载了 3D 精灵总数的 35%。图 2-17 为 3D 精灵加载完成后，用手指抹动屏幕至一个角度之后的效果。

▲图 2-16　异步加载 3D 精灵案例运行效果图 1

▲图 2-17　异步加载 3D 精灵案例运行效果图 2

了解了案例的运行效果后，就可以进行案例的开发了，其具体步骤如下。

（1）新建一个名称为 Sample2_6 的项目，并为项目添加必要的构建器以及进行必要的设置。

（2）项目创建完成之后就可以进行代码的开发了，首先开发的是场景管理者类。由于该类的开发步骤与 Sample2_1 案例非常相似，因此这里就不再赘述，需要的读者可以参考本书中的源代码。

（3）开发完场景管理类之后，接下来开发的就是与 3D 相关的布景类——My3DLayer 类，该类完成对 3D 布景类中所需对象及方法的声明，其类框架声明如下。

代码位置：源代码/第 2 章/Sample2_6/app/src/main/jni/sampleCPP 目录下的 My3DLayer.h。

```
#ifndef __My3DLayer_H__
#define __My3DLayer_H__
#include "cocos2d.h"                                          //引入"cocos2d"头文件
using namespace cocos2d;                                      //使用 cocos2d 命名空间
class My3DLayer : public cocos2d::Layer{
public:
    Camera* camera;                                           //指向摄像机对象的指针
    LayerColor *background;                                   //指向背景 layer 的指针
    Label* labelTitle;                                        //指向标题标签对象的指针
    Label* labelPercent;                                      //指向显示加载进度标签对象的指针
    std::vector<std::string> pathList;                        //存储 3D 精灵路径列表
    long percent=0;                                           //当前加载精灵的百分比
    float degree=0;                                           //摄像机转场角度
    float lxs;                                                //起点的 x
    float lxmPre;                                             //移动时的 x
    bool isMove;                                              //是否移动标志位，true 为移动
    virtual bool init();                                      //初始化的方法
    void loadingSp3DAsync();                                  //异步加载 3D 精灵的方法
    void asyncLoad_Callback(Sprite3D* sprite, void* param);//异步加载回调方法
    void loadOkCallback();                                    //加载完成后的回调方法
    void menuCloseCallback(Ref* pSender);                     //关闭菜单回调方法
    bool onMyTouchBegan(Touch *touch, Event *event);          //触控开始事件的回调方法
    void onMyTouchMoved(Touch *touch, Event *event);          //触控点移动事件的回调方法
    void onMyTouchEnded(Touch *touch, Event *event);          //触控结束事件的回调方法
    void onMyTouchCancelled(Touch *touch, Event *event);      //触控终止事件的回调方法
    CREATE_FUNC(My3DLayer);
};#endif
```

说明　上述代码声明了指向摄像机对象的指针、指向背景 layer 对象的指针和存储 3D 精灵路径的列表、当前加载精灵的百分比、摄像机转场角度等成员变量，同时还声明了初始化布景的 init 方法、异步加载 3D 精灵的方法、异步加载回调方法、加载完成后的回调方法以及与触控相关的回调方法等。

（4）开发完上述类框架声明后还要真正实现 My3DLayer 类中的方法，首先实现的是初始化布

景的 init 方法，以完成布景内各个精灵的创建及初始化工作，其具体代码如下。

代码位置：源代码/第 2 章/Sample2_6/app/src/main/jni/sampleCPP 目录下的 My3DLayer.cpp。

```
bool My3DLayer::init(){
    if ( !Layer::init() )   return false;                      //调用父类的初始化
    Size visibleSize = Director::getInstance()->getVisibleSize(); //获取可见区域尺寸
    Point origin = Director::getInstance()->getVisibleOrigin();   //获取可见区域原点坐标
    background = LayerColor::create( Color4B(100,100,100,255) ); //添加有颜色的背景层
    this->addChild(background,0);
  ......//此处省略了与关闭菜单创建的相关代码，需要的读者请参考本书中的源代码
  ......//此处省略了与标题和显示加载进度文本标签相关的代码，需要的读者请参考本书中的源代码
     loadingSp3DAsync();                               //调用异步加载 3D 精灵的方法
    auto listenerTouch =                               //创建一个单点触摸监听
            EventListenerTouchOneByOne::create();
    listenerTouch->setSwallowTouches(true);            //设置下传触摸
    listenerTouch->onTouchBegan =                      //开始触摸时回调 onTouchBegan 方法
                CC_CALLBACK_2(My3DLayer::onMyTouchBegan, this);
    listenerTouch->onTouchMoved =                      //触摸移动时回调 onTouchMoved 方法
                CC_CALLBACK_2(My3DLayer::onMyTouchMoved, this);
    listenerTouch->onTouchEnded =                      //触摸结束时回调 onTouchEnded 方法
                CC_CALLBACK_2(My3DLayer::onMyTouchEnded, this);
    listenerTouch->onTouchCancelled =                  //触摸终止时回调 onTouchCancelled 方法
                CC_CALLBACK_2(My3DLayer::onMyTouchCancelled, this);
    _eventDispatcher->                                 //添加到监听器
            addEventListenerWithSceneGraphPriority(listenerTouch,this);
    return true;
}
```

说明 该方法中创建了有颜色的背景层、关闭菜单、标题文本标签和显示加载进度的文本标签等，还创建了一个单点触摸监听，并为其设置下传触摸，然后为其添加与触控相关的事件回调方法，最后添加到监听器中。

（5）完成了上述初始化布景的开发之后，接下来开发的是异步加载 3D 精灵的 loadingSp3DAsync 方法，该方法实现了异步加载 8 个 c3b 类型的 3D 精灵的功能，其具体代码如下。

代码位置：源代码/第 2 章/Sample2_6/app/src/main/jni/sampleCPP 目录下的 My3DLayer.cpp。

```
1   void My3DLayer::loadingSp3DAsync(){
2       pathList.push_back("c3b/floor/floor.c3b");       //将地面精灵所对应模型文件路径添加到列表
3       pathList.push_back("c3b/hero1/Hi1.c3b");         //将英雄 1 精灵所对应模型文件路径添加到列表
4       pathList.push_back("c3b/hero2/Hi2.c3b");         //将英雄 2 精灵所对应模型文件路径添加到列表
5       pathList.push_back("c3b/hero3/Hi3.c3b");         //将英雄 3 精灵所对应模型文件路径添加到列表
6       pathList.push_back("c3b/hero4/Hi4.c3b");         //将英雄 4 精灵所对应模型文件路径添加到列表
7       pathList.push_back("c3b/tao/Tao.c3b");          //将桃树精灵所对应模型文件路径添加到列表
8       pathList.push_back("c3b/treeAll/shuGan.c3b");
                                                         //将树干精灵所对应模型文件路径添加到列表
9       pathList.push_back("c3b/treeAll/yeZi.c3b");      //将树叶精灵所对应模型文件路径添加到列表
10      long index = 0;                                  //声明加载模型的索引
11      for (const std::string path : pathList) {
12          Sprite3D::createAsync(
13              path, CC_CALLBACK_2(My3DLayer::asyncLoad_Callback, this), (void*) index++);
14      }
15  }
```

- 第 2～10 行功能为将 8 个 3D 精灵所对应的模型文件路径添加到 pathList 列表中并声明加载模型的索引。
- 第 11～14 行功能为根据 pathList 列表中的模型文件路径通过异步加载的方式创建精灵对象。

（6）开发完上述异步加载 3D 精灵的方法后，接下来还要实现异步加载 3D 精灵的 asyncLoad 回调方法，该方法首先通过加载模型的索引，设置模型缩放比、位置和偏转角度，然后通过加载模型的索引，计算出当前加载模型占总模型个数的百分比并通过标签显示出来，其具体代码如下。

代码位置：源代码/第 2 章/Sample2_6/app/src/main/jni/sampleCPP 目录下的 My3DLayer.cpp。

```
1  void My3DLayer::asyncLoad_Callback(Sprite3D* sprite, void* param){
2      float index = (long)param;                                      //加载模型索引
3      if(index==0){
4          sprite->setScale(3.0f);                                      //设置被加载精灵 0 缩放比
5          sprite->setPosition3D(Vec3(0,0,0));                          //设置被加载精灵 0 位置
6          sprite->setRotation3D(Vec3(-90,0,0));                        //设置被加载精灵 0 偏转角度
7      }else if(index==1){
8          sprite->setPosition3D(Vec3(-120,0,200));                     //设置被加载精灵 1 位置
9          sprite->setScale(1.3f);                                      //设置被加载精灵 1 缩放比
10     }else if(index==2){
11         sprite->setPosition3D(Vec3(120,0,200));                      //设置被加载精灵 2 位置
12         sprite->setScale(1.3f);                                      //设置被加载精灵 2 缩放比
13     }else if(index==3){
14         sprite->setPosition3D(Vec3(-120,0,-200));                    //设置被加载精灵 3 位置
15         sprite->setScale(1.3f);                                      //设置被加载精灵 3 缩放比
16     }else if(index==4){
17         sprite->setPosition3D(Vec3(120,0,-200));                     //设置被加载精灵 4 位置
18         sprite->setScale(1.3f);                                      //设置被加载精灵 4 缩放比
19     }else if(index==5){
20         sprite->setScale(0.8f);                                      //设置被加载精灵 5 缩放比
21         sprite->setPosition3D(Vec3(200,0,0));                        //设置被加载精灵 5 位置
22     }else if(index==6){
23         sprite->setScale(0.8f);                                      //设置被加载精灵 6 缩放比
24         sprite->setPosition3D(Vec3(-200,0,0));                       //设置被加载精灵 6 位置
25         sprite->setRotation3D(Vec3(180,180,0));                      //设置被加载精灵 6 偏转角度
26     }else if(index==7){
27         sprite->setScale(0.8f);                                      //设置被加载精灵 7 缩放比
28         sprite->setPosition3D(Vec3(-200,0,0));                       //设置被加载精灵 7 位置
29         sprite->setRotation3D(Vec3(180,180,0));                      //设置被加载精灵 7 偏转角度
30     }
31     sprite->setCameraMask((unsigned short)CameraFlag::USER1);
                                                                        //设置被加载精灵渲染用摄像机
32     this->addChild(sprite);                                          //将精灵添加到布景中
33     percent=index*13+9;                                              //计算当前加载百分比
34     labelPercent->setString(StringUtils::format("%ld%%",percent));
                                                                        //将加载百分比设置给标签显示
35     if(index==7){
36         background->runAction(Sequence::create(                      //创建一个连续动作并执行
37                 DelayTime::create(0.2f),                             //创建一个延时 0.2s 的动作
38                 RemoveSelf::create(true),                            //将有颜色背景删除
39                 CallFunc::create(CC_CALLBACK_0(My3DLayer::loadOkCallback, this)),
40                 nullptr));
41     }
42 }
```

- 第 1～6 行功能为当索引值为 0 时，设置被加载精灵 0 的缩放比、位置和偏转角度。
- 第 7～9 行功能为当索引值为 1 时，设置被加载精灵 1 的缩放比和位置。
- 第 10～12 行功能为当索引值为 2 时，设置被加载精灵 2 的缩放比和位置。
- 第 13～15 行功能为当索引值为 3 时，设置被加载精灵 3 的缩放比和位置。
- 第 16～18 行功能为当索引值为 4 时，设置被加载精灵 4 的缩放比和位置。
- 第 19～21 行功能为当索引值为 5 时，设置被加载精灵 5 的缩放比和位置。
- 第 22～25 行功能为当索引值为 6 时，设置被加载精灵 6 的缩放比、位置和偏转角度。
- 第 26～30 行功能为当索引值为 7 时，设置被加载精灵 7 的缩放比、位置和偏转角度。
- 第 32～34 行功能为将精灵添加到布景中，然后根据加载索引计算出当前加载精灵的百分比，并将其设置给标签显示出来。
- 第 35～41 行功能为当所有精灵加载完毕时，使有颜色背景层执行一个连续动作。该连续动作包含一个延时 0.2s 的动作，删除自身和一个回调加载完成方法。

（7）完成了上述的方法后，接下来开发的就是开始触摸时的回调方法和触摸移动时的回调方

法了。由于该类与触控相关方法开发步骤与 Sample2_1 案例非常相似，因此这里就不再赘述，需要的读者可以参考本书中的源代码。

（8）完成上述步骤之后，运行本程序，程序刚开始运行时会出现如图 2-16 所示的界面效果。加载完毕后，用手指滑动屏幕至一个角度观察会出现如图 2-17 所示的界面效果。

2.4 三种基本变换的灵活使用

前面介绍了 3D 场景开发的一些基本知识，例如加载 obj 模型、加载骨骼动画等。在实际的项目开发中，这些物体会发生位置、姿态、尺寸的变化，这时就需要用到 3 种基本变换（包括平移、旋转、缩放）。本节主要讲解这 3 种基本变换及其灵活的使用。

2.4.1 背景知识

Cocos2d-x 游戏引擎对 3D 精灵 3 种基本变换有很好的支持，Sprite3D 类继承自 Node 类，Node 类中有许多方法与 3 种基本变换有关，这些方法满足开发人员基本使用要求，下面介绍一下 Node 类中与 3 种基本变换相关的方法，具体内容见表 2-12。

表 2-12　　Sprite3D 类中与 3 种基本操作相关的方法

方法签名	说　明
void setPosition3D(const Vec3& position)	设置物体的位置，参数 position 为位置的三维向量
Vec3 getPosition3D()	获取物体的位置，返回值为三维向量
void setScaleX(float scaleX)	设置 x 轴方向的缩放比，参数 scaleX 表示要设置的缩放比
float getScaleX()	获取 x 轴方向的缩放比，返回值为浮点型
void setScaleY(float scaleY)	设置 y 轴方向的缩放比，参数 scaleY 表示要设置的缩放比
virtual float getScaleY()	获取 y 轴方向的缩放比，返回值为浮点型
void setScaleZ(float scaleZ)	设置 z 轴方向的缩放比，参数 scaleZ 表示要设置的缩放比
float getScaleZ()	获取 z 轴方向的缩放比，返回值为浮点型
void setScale(float scale)	设置缩放比，参数 scale 表示要设置的缩放比
float getScale()	获取缩放比，返回值为浮点型
void setRotation3D(const Vec3& rotation)	设置旋转角，参数 rotation 表示一个三维向量，3 个量分别表示绕 x 轴旋转的角度，绕 y 轴旋转的角度，绕 z 轴旋转的角度
Vec3 getRotation3D()	获取旋转角，返回值为一个三维向量其中的值分别表示绕 x 轴旋转的角度，绕 y 轴旋转的角度，绕 z 轴旋转的角度
void setRotationQuat(const Quaternion& quat)	使用四元数设置旋转角度
Quaternion getRotationQuat()	获取当前物体的姿态，返回值为四元数

从表 2-12 中可以看出 Node 类中提供了平移、旋转、缩放的相关方法，通过使用这些方法开发人员可以实现 3 种基本变换。但在表 2-12 中有一个读者可能不熟知数学概念的四元数（Quaternion），其实四元数也是一种表示旋转的方法，通过使用四元数可以灵活地表示旋转。

四元数是由爱尔兰数学家哈密顿在 1843 年发明的数学概念。四元数中包含一个标量和一个 3D 向量，与普通的表示旋转的方法不一样，四元数表示的旋转可以体现过程，又可以叠加旋转，并且可以非常方便地表示旋转轴不是坐标轴的旋转。比较幸运的是 Cocos2d-x 对四元数有了很好的支持，通过 Quaternion 类来实现四元数的相关功能，Quaternion 类中具体方法见表 2-13。

表 2-13　　Quaternion 类中的相关方法

方 法 签 名	说　明
Quaternion()	创建一个四元数，初始值为（0, 0, 0, 1）
Quaternion(float xx, float yy, float zz, float ww)	创建一个四元数，参数 xx 表示旋转轴向量的 x 分量，参数 yy 表示旋转轴的 y 分量，参数 zz 表示旋转轴的 z 分量，参数 ww 表示旋转的角度
Quaternion(const Mat4& m)	使用矩阵对四元数赋值，参数 m 为表示自定义的矩阵
Quaternion(const Vec3& axis, float angle)	创建四元数并对其初始化，axis 参数表示旋转轴，angle 参数表示旋转角
Quaternion(const Quaternion& copy)	创建四元数，参数 copy 表示一个要复制的四元数
void conjugate()	设置四元数为与自己相共轭的四元数
Quaternion getConjugated()	获得与此四元数共轭的四元数
bool inverse()	将四元数变成四元数的逆，返回值为 bool。成功返回 true，失败返回 false
Quaternion getInversed()	获得此四元数的逆四元数，返回值四元数
void multiply(const Quaternion& q)	此四元数与指定四元数进行叉乘
static void multiply(const Quaternion& q1, const Quaternion& q2, Quaternion* dst)	使用两个指定的四元数进行叉乘，参数 q1 为指定的第一个四元数，参数 q2 为指定的第二个四元数，dst 为存储结果的四元数
void normalize();	将此四元数设置为单位四元数
Quaternion getNormalized()	将此四元数设置为单位四元数，并返回
static void lerp(const Quaternion& q1, const Quaternion& q2, float t, Quaternion* dst)	进行四元数线形插值计算，参数 q1 表示进行插值的第一个四元数，参数 q2 表示进行插值的第二个四元数，参数 t 表示插值参数。参数 dst 表示存入结果的四元数数组
static void slerp(const Quaternion& q1, const Quaternion& q2, float t, Quaternion* dst);	进行四元数球面线形插值计算，参数 q1 表示进行插值的第一个四元数，参数 q2 表示进行插值的第二个四元数，参数 t 表示插值参数。参数 dst 表示存入结果的四元数数组

2.4.2　桌球案例的实现策略

了解了 3 种基本变换及四元数的相关知识后，下面将给出一个 3D 台球的案例来帮助读者进一步理解四元数和 3 种基本变换的灵活使用。在介绍本案例的具体开发步骤之前，首先需要了解一下台球与四个台壁碰撞后运动的基本原理，这样可以加深读者对案例的理解和体会，具体内容如下所示。

在图 2-18 中可以看出球运动速度可以分解为 x 轴方向的速度与 z 轴方向的速度，因此与壁的碰撞也可以分为两种情况：

- 当球与前后壁（垂直于 z 轴的壁）碰撞时，x 轴方向速度不变，z 轴方向速度置反。
- 当球与左右壁（垂直于 x 轴的壁）碰撞时，z 轴方向速度不变，x 轴方向速度置反。

说明　从图 1-16 中可以看出，上述算法是正确而且非常方便地。球向右前侧运动，碰撞后向右后侧运动，完全符合牛顿运动定律。

接下来就是如何计算球与球之间的碰撞，虽然说在台球游戏中“同时”有很多球在碰撞检测，但在同一时刻参与某次碰撞的球实际上只有两个。因此只要分析好两个球任意方向任意速度的碰撞就可以了，具体碰撞情况如图 2-19 所示。

基本思路如下。

- 根据碰撞时两个球的位置可以确定碰撞方向向量。
- 将两个球的速度都分解为碰撞向量平行的及与碰撞向量垂直的两个分向量。

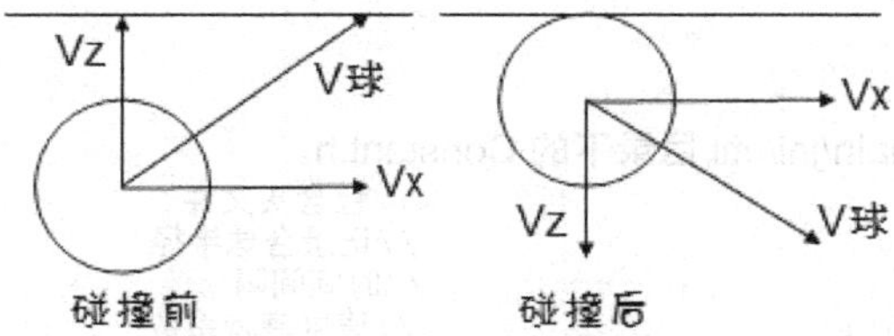

▲图 2-18 台球与四个台壁碰撞

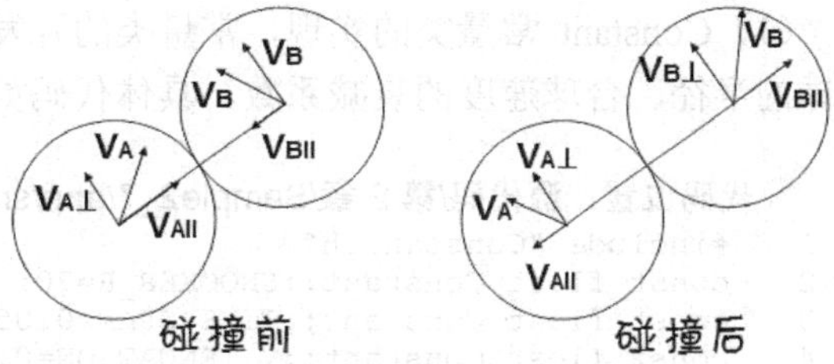

▲图 2-19 球的互相碰撞

- 假定进行的是完全弹性碰撞，碰撞本身不损失能量，再假定碰撞的两个球的质量相等（一组台球确实是质量相等的）。根据物理定律可以运算出在与碰撞向量平行的方向上两球速度的分量交换。
- 同时，碰撞后和碰撞前向量垂直方向速度分量不变。
- 最后，将碰撞后的两球的与碰撞向量平行的及碰撞向量垂直的速度分量组装，即可得到碰撞后的速度。

下面再向读者简介一下台球的旋转。根据台球的运动速度和方向可以计算出台球的旋转角及旋转轴，通过旋转角和旋转轴可以产生一个四元数，再与记录着当前台球的姿态四元数进行叉乘即可得到最终的台球姿态。如图 2-20 所示。

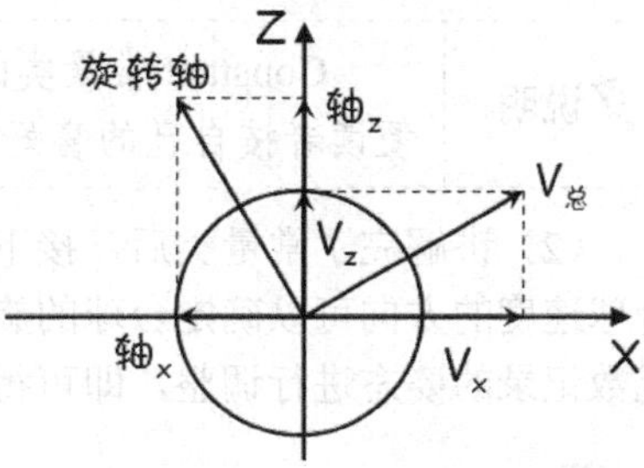

▲图 2-20 球的速度方向与旋转轴

> **说明** 在理想状况下，一般旋转轴与速度方向成直角，如图 2-18 所示。由于台球在 Y=0 的平面上运动，可以得到公式“轴 x*Vz+轴 z*Vx=0”，即可以得到等式“轴 x=-Vx，轴 z=Vz”。

到此为止有关 3D 台球的碰撞原理的讲解基本完成，运用此原理以及通过台球的四元数运算，即可得到如图 2-21 和图 2-22 所示的 3D 台球案例运行的效果。

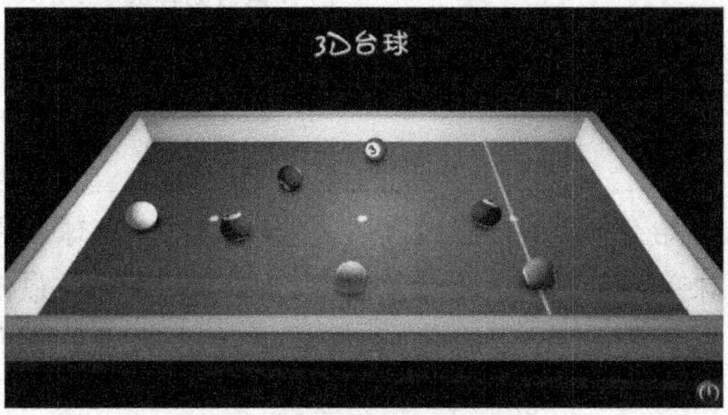

▲图 2-21 3D 台球案例效果 1

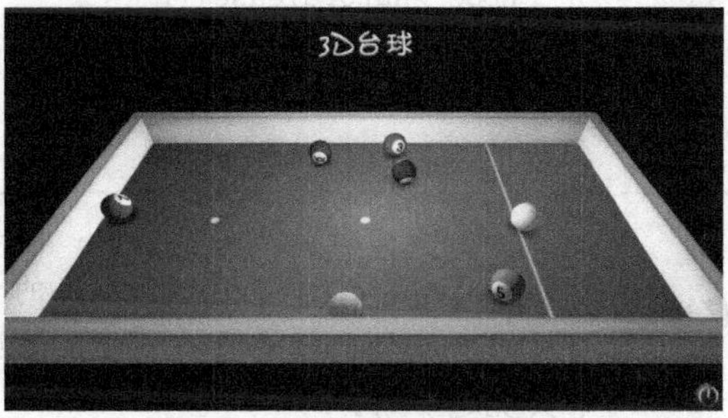

▲图 2-22 3D 台球案例效果 2

> **说明** 图 2-21 为案例运行时发生碰撞之后静止之后的效果，图 2-22 为当球停止时继续单击白球，使白球继续运动发生碰撞。由于插图只能展示静态内容，建议读者使用真机运行体会。

2.4.3 案例的开发

上一小节为读者讲解了实现台球碰撞、滚动的基本原理，接下来正式介绍 3D 台球的开发。除了台球的基本类以外，还需要实现记录固定数据信息的常量类以及检测台球之间碰撞的碰撞检测类。详细开发过程如下。

（1）Constant 常量类的实现，常量类的开发十分简单，仅仅记录了一些固定数据信息，例如台球的半径、台球速度的衰减系数。具体代码如下。

代码位置：源代码/第 2 章/Sample2_7/app/src/main/jni/util 目录下的 Constant.h。

```
#include "Constant.h"                                    //包含头文件
const float Constant::SNOOKER_R=30;                      //记录台球半径
const float Constant::TIME_SPAN=0.05f;                   //时间间隔
const float Constant::V_TENUATION=0.995f;                //速度衰减系数
const float Constant::V_THRESHOLD=1.0f;                  //速度阈值
const float Constant::TABLE_SIZE_X=600;                  //X 方向半长
const float Constant::TABLE_SIZE_Z=300;                  //Z 方向半长
std::vector<SnookerBall*> Constant::snookerVec;          //储存台球的列表
```

说明　Constant 常量类的开发及实现十分简单，在此仅仅简单介绍了常量的作用，方便读者按自己的喜好对常量进行相关修改。

（2）讲解完了常量类后，接下来介绍的是台球类。台球类中实现了台球的阴影及姿态。根据台球速度的方向可以确定台球的旋转轴，台球速度的大小可以确定台球的旋转角度，最后根据四元数记录的姿态进行调整，即可得到最终的台球姿态。具体代码如下。

代码位置：源代码/第 2 章/Sample2_7/app/src/main/jni/util 目录下的 SnookerBall.cpp。

```
SnookerBall* SnookerBall::create(int index){
    SnookerBall *node=new SnookerBall();                     //创建台球类
    if(node&&node->init()){                                  //初始化节点
        node->snooker=Sprite3D::create("obj/ball.obj",       //创建台球
            StringUtils::format("pic/snooker%d.jpg",index).c_str());
          node->ballShadow=Sprite3D::create("obj/ballShadow.obj","pic/ballShadow. png");
                                                             //创建阴影
        node->addChild(node->snooker);                       //添加台球到台球类中
        node->addChild(node->ballShadow);                    //添加阴影到台球中
        node->ballShadow->setPosition3D(Vec3(0,-29.9+index*0.01,0));
                                                             //设置阴影的位置
        node->ballShadow->setScale(0.8f);                    //设置阴影的大小
        node->autorelease();                                 //设置自动释放
        return node;                                         //返回台球类
    }
    return nullptr;                                          //返回空
}
```

说明　从该方法中创建台球类，如果初始化成功则在该类中创建台球和台球的阴影并且把台球和阴影加到相应的台球类中，同时设置阴影的大小和位置，最后返回台球类。如果没有创建成功则返回空。下面的代码将详细介绍台球是如何实现运动的。

（3）讲解完了台球类的初始化后，接下来介绍的是台球类的台球的移动方法。该方法通过台球速度的方向可以确定台球的旋转轴，台球速度的大小可以确定台球的旋转轴和台球的旋转角度，最后根据自身的四元数记录的姿态进行叉乘，即可得到最终的台球姿态。具体代码如下。

代码位置：源代码/第 2 章/Sample2_7/app/src/main/jni/util 目录下的 SnookerBall.cpp。

```
void SnookerBall::go(){
    float vTotal=(float)sqrt(vx*vx+vz*vz);               //计算总速度
    if(vTotal==0){                                       //速度为 0 不需要 go
        return;
    }
    float xOffset=this->getPositionX();                  //获取台球的 X 坐标
    float zOffset=this->getPositionZ();                  //获取台球的 Z 坐标
    float tempX=xOffset;                                 //记录旧 X 坐标
```

```
9       float tempZ=zOffset;                                    //记录旧 z 坐标
10      xOffset=xOffset+vx*Constant::TIME_SPAN;                 //计算应该移到的 x 坐标
11      zOffset=zOffset+vz*Constant::TIME_SPAN;                 //计算应该移到的 z 坐标
12      bool flag=false;                                        //是否与别的球碰撞,是否与四壁碰
                                                                //撞 false-未碰撞
13      std::vector<SnookerBall*>::iterator snookerIndex=       //计算下一步的位置后判断是否与
                                                                //别的球碰撞
14      Constant::snookerVec.begin();
15      for(;snookerIndex!=Constant::snookerVec.end();snookerIndex++){
                                                                //遍历所有台球
16          SnookerBall *snookerBall=*snookerIndex;             //获取台球实例
17          if(snookerBall!=this){                              //判断是否是当前的台球
18              bool tempFlag=Collision::collisionCalculate(this, snookerBall);
                                                                //判断是否碰撞
19              if(tempFlag){                                   //如果碰撞
20                  flag=true;
21      }}}
22      if(xOffset<-Constant::TABLE_SIZE_X+Constant::SNOOKER_R||
                                                                //判断球是否碰壁
23              xOffset>Constant::TABLE_SIZE_X-Constant::SNOOKER_R){
24          vx=-vx;                                             //碰左挡板或右挡板，X 向速度置反
25          flag=true;                                          //设置已经碰撞上了
26      }else if(zOffset<-Constant::TABLE_SIZE_Z+Constant::SNOOKER_R||
                                                                //判断球是否碰撞短边
27              zOffset>Constant::TABLE_SIZE_Z-Constant::SNOOKER_R){
28          vz=-vz;                                             //碰前挡板或后挡板，Z 方向速度置反
29          flag=true;                                          //设置已经碰撞上了
30      }
31      if(flag==false){                                        //没有碰撞
32          float distance=(float)vTotal*Constant::TIME_SPAN;
                                                                //计算球此步运动的距离
33          float axisXTemp=vz;                                 //计算旋转轴的 X 向量
34          float axisYTemp=0;                                  //因为球在桌面上运动旋转轴平行于
                                                                //桌面，因此没有 Y 分量
35          float axisZTemp=-vx;                                //计算旋转轴的 Z 向量
36          Vec3 tmpAxis =Vec3(axisXTemp, axisYTemp, axisZTemp);
                                                                //旋转轴向量三元组
37          float tmpAngrad = distance/(Constant::SNOOKER_R);
                                                                //根据距离计算球滚动的角度
38          Quaternion tmpQuaternion =Quaternion(tmpAxis, tmpAngrad);
                                                                //创建临时四元数
39          Quaternion myQuaternion=this->snooker->getRotationQuat();
                                                                //获取自身的四元数
40          tmpQuaternion.multiply(myQuaternion);               //将临时四元数叉乘总的四元数
41          this->snooker->setRotationQuat(tmpQuaternion);      //设置新的四元数
42          vx=vx*Constant::V_TENUATION;                        // X 方向速度需要衰减
43          vz=vz*Constant::V_TENUATION;                        // Z 方向速度需要衰减
44      }else{                                                  //碰撞了则不能移动
45          xOffset=tempX;                                      //获取初始 X 方向速度
46          zOffset=tempZ;                                      //获取初始 Z 方向速度
47      }
48      if(vTotal<Constant::V_THRESHOLD){                       //当总速度小于阈值
49          vx=0;       vz=0;                                   //设置 X 和 Z 方向速度为 0
50          return;                                             //结束方法，返回
51      }
52      this->setPositionX(xOffset);                            //设置 X 方向的坐标
53      this->setPositionZ(zOffset);                            //设置 Z 方向的坐标
54  }
```

- 第 1～11 行为获取台球的 X 方向和 Z 方向的速度计算出总速度，如果速度为 0 则返回。获取台球的 X 和 Z 坐标，根据速度计算现在台球应该到的坐标信息。
- 第 12～21 行为遍历所有的台球信息，判断当前台球是否与其他台球发生碰撞，如果发生碰撞则改变相应的标志位。
- 第 22～30 行为判断当前到达的位置是否发生碰壁，如果碰壁则置反相应方向的速度，设置已经发生碰撞的标志位。

- 第 31～54 行为如果没有碰撞的话，通过速度计算出移动的距离和旋转轴的各个分量，创建临时四元数设置其旋转轴和旋转角度，获取台球自身的四元数，将自身的四元数和临时四元数进行叉乘求出的四元数就是该台球现在的四元数，设置速度衰减。如果速度小于一定的值则置为零。最后是指台球的位置。

（4）台球类实现之后进行的是碰撞检测的开发，碰撞检测利用了第一小节介绍的速度交换的基本原理，在 Collision 类中得到实现。由于这部分内容非本书重点，因此具体的代码将不在此进行详细介绍，有需要的读者请自行查阅随书中的源代码。

（5）最后向读者讲解游戏布景类 3Dlayer 的开发，方便读者了解 3D 台球是如何创建并完成运动的。游戏布景类的基本初始化方法不再赘述，只贴出台球的创建方法以及定时回调使台球运动的 go 方法。具体代码如下。

代码位置：源代码/第 2 章/Sample2_7/app/src/main/jni/sample 目录下的 SnookerBall.cpp。

```
1   void My3DLayer::initSnooker(){
2       ballWhite=SnookerBall::create(0);                        //创建 0 号台球
3       ballWhite->setPosition3D(Vec3(-300,0,0));                //设置 0 号台球初始位置
4       ballWhite->vx=300;                                        //设置 0 号台球 x 方向初始速度
5       ballWhite->vz=0;                                          //设置 0 号台球 y 方向初始速度
6       this->addChild(ballWhite);                                //添加 0 号台球到屏幕
7       Constant::snookerVec.push_back(ballWhite);                //添加 0 号台球到台球管理列表
8       for(int i=1;i<=6;i++){                                    //循环添加 1～6 号台球
9           int j=0,k=0;                                          //计算台球摆放位置
10          while(i>k){
11              j++;                                              //j 为行号
12              k=(1+j)*j/2;                                      //根据 j 的值设置 k 的值
13          }
14          k=i%j;                                                //k 为列号
15          SnookerBall *ball=SnookerBall::create(i);             //创建 i 号台球
16          ball->setPosition3D(Vec3(100+54*j,0,-31*(j-1)+62*k));
                                                                  //设置台球摆放位置
17          this->addChild(ball);                                 //添加台球到屏幕
18          Constant::snookerVec.push_back(ball);                 //添加台球到台球管理列表
19  }}
20  void My3DLayer::updateBall(float f){                          //定时回调
21      std::vector<SnookerBall*>::iterator index=Constant::snookerVec.begin();
                                                                  //创建台球管理列表迭代器
22      for(;index!=Constant::snookerVec.end();index++){          //遍历台球管理列表
23          (*index)->go();                                       //执行台球移动函数
24      }
25      if(tempvx!=0){                                            //更新白球 x 方向移动速度
26          ballWhite->vx=tempvx;                                 //设置球的 X 方向
27          tempvx=0;                                             //设置临时变量为 0
28      }
29      if(tempvz!=0){                                            //更新白球 z 方向移动速度
30          ballWhite->vz=tempvz;                                 //设置白球的 Z 方向速度
31          tempvz=0;                                             //设置临时 Z 向量为 0
32  }}
```

- 第 1～7 行为创建白球的方法。为白球赋予了初始速度，并且在台球中只能对白球设置速度，其他台球的速度只能由碰撞产生。
- 第 8～19 行为创建其他台球的方法。根据编号循环添加台球到游戏界面中，并依据现实中台球的摆放进行了相关计算，使无论多少个台球都能按照每行比上一行增加一个的规则进行排列。
- 第 20～24 行为更新台球位置的方法。遍历所有台球，执行相应 go 方法，其碰撞检测、姿态的确定均在此方法里实现。
- 第 58～31 行为更新白球速度的方法，触控屏幕可以更改白球的速度。为了防止同步操作数据产生的错误，需要在所有台球移动完成后再对白球的速度进行更新。

2.5 3D 基本动作

前面小节介绍了日常开发中需要的平移、旋转、缩放等基本变换，然而一些位置或者姿态的简单变换，如果使用矩阵实现，就有些繁琐。幸运的是，Cocos2d-x 引擎提供了一些基本动作类供开发人员使用，下面详细介绍 3D 基本动作类的基础知识。

2.5.1 基础知识

Cocos2d-x 引擎对基本动作进行了很好的封装，开发人员只需要调用相应的 create 方法并设置合理的参数即可。相关的方法签名见表 2-14。

表 2-14　　3D 基本动作相关方法

static MoveTo* create(float duration, const Vec3& position)	一定时间内移动到规定的位置。duration 为规定的时间，position 为设定的位置
static MoveBy* create(float duration, const Vec3& deltaPosition)	一定时间内相对现在的位置移动规定的距离。duration 为规定的时间，deltaPosition 为相对位移
static RotateTo* create(float duration, const Vec3& dstAngle3D)	一定时间内旋转规定的角度。duration 为规定的时间，dstAngle3D 为旋转的角度
static RotateBy* create(float duration, const Vec3& deltaAngle3D)	一定时间内旋转相对现在的角度一定的角度。duration 为规定的时间，deltaAngle3D 为相对角度

说明　旋转动作中的设置角度时，第二个参数的第一个值为绕 x 轴旋转的角度，第二个值为绕 y 轴旋转的角度，第三个值为绕 z 轴旋转的角度，均为角度，非弧度。

2.5.2 案例的开发

前面介绍了 3D 基本动作相关类的基础知识，在了解了这些类的详细信息后，就可以进一步结合这些类中提供的方法来进行案例的开发了。在进行具体的开发之前，有必要先了解一下本案例的运行效果，如图 2-23 和图 2-24 所示。

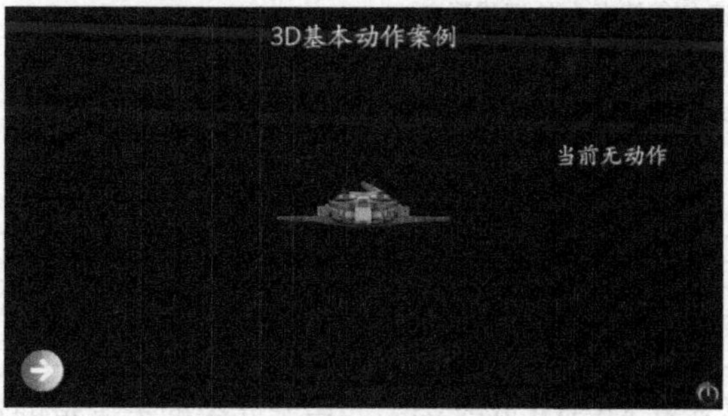

▲图 2-23　基本动作案例效果 1

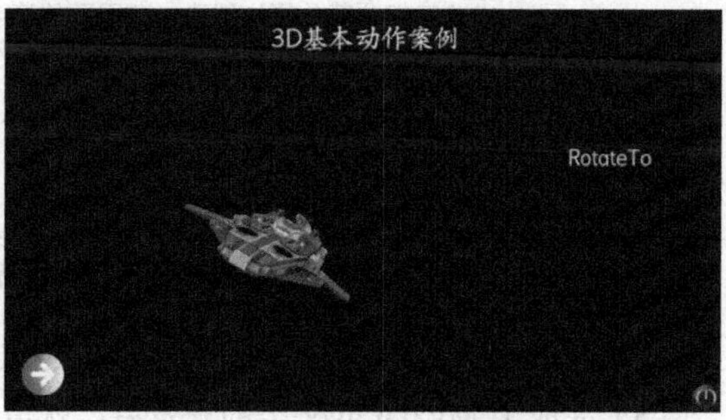

▲图 2-24　基本动作案例效果 2

说明　第一张图是无动作的截图，第二张图是执行 RotateTo 动作的效果截图。由于基础动作是动态的，而插图只能体现静态内容，建议读者使用真机运行并仔细体会，效果更佳。

了解了案例的运行效果后，就可以进行案例的开发了，其具体步骤如下。

（1）新建一个名称为 Sample2_8 的项目，并为项目添加必要的构建器以及进行必要的设置。

提示　关于新建项目的详细操作步骤在前面的章节中已经进行了介绍，这里就不再赘述，需要的读者请参考本书中的相关内容。

（2）项目创建完成之后就可以进行代码的开发了，首先开发的是场景管理者类。由于该类的开发步骤与 Sample2_1 案例非常相似，这里就不再赘述，需要的读者可以参考本书中的源代码。

（3）开发完场景管理类之后，接下来开发的就是与 2D 相关的 My2DLayer 类和与 3D 相关的 My3DLayer 类了。首先开发的是与 2D 相关的 My2DLayer 类。此类头文件中，主要声明了 3D 精灵于动作向量，具体代码如下所列。

代码位置：源代码/第 2 章/Sample2_8/app/src/main/jni/sample 目录下的 My2DLayer.h。

```
……此处省略了部分头文件的声明，有需要的读者请参考随书中的源代码。
class My2DLayer : public cocos2d::Layer{
public:
    Vector<ActionInterval*> myAction;                          //动作向量组合
    vector<string> showAction;                                 //动作名称向量
    LabelTTF* showActionLabel;                                 //显示动作的名称
    Sprite3D* ship;                                            //飞船精灵的声明
    int index = 0;                                             //当前执行的动作编号
    virtual bool init();                                       //初始化的方法
    void menuCloseCallback(Ref* pSender);                      //关闭菜单回调方法
    void changeActionCallback(Ref* pSender);                   //更改动作
    CREATE_FUNC(My2DLayer);          //Cocos2d-x 中定义的一个宏，创建指定类型的对象
};
```

说明　myAction 向量是动作集合，由 My3DLayer 传入，以供 3D 精灵使用。当单击菜单项时，调用 changActionCallback 回调方法，执行下一个动作。

（4）开发完 My2DLayer 类的框架以后，就要真正实现此类的相关功能了。此类中声明了一个下一个动作菜单项，单击此菜单项后调用其对应的回调方法，以使 3D 精灵执行下一个动作。具体代码如下所示。

代码位置：源代码/第 2 章/Sample2_8/app/src/main/jni/sample 目录下的 My2DLayer.cpp。

```
……此处省略了部分菜单项的创建，有需要的读者请参考随书中的源代码。
void My2DLayer::changeActionCallback(Ref* pSender){        //菜单项的回调方法
    ship->runAction(myAction.at(index));                   //执行当前索引的动作
    showActionLabel->setString(showAction.at(index));      //将标签设置为对应的名称
    index = (++index) % 4;                                 //索引自家一，对 4 求余
}
```

说明　由于菜单项和标签等创建前面已经介绍过多次，此处将着重介绍一下回调方法。实现的功能是 3D 精灵以此执行向量中的动作。

（5）完成了 My2DLayer 类的开发后，就需要开发 My3DLayer 类了。由于此类的关键是创建动作类的向量，由此着重介绍一下此向量的创建，具体代码如下所列。

代码位置：源代码/第 2 章/Sample2_8/app/src/main/jni/sample 目录下的 My3DLayer.cpp。

```
……此处省略了部分菜单项的创建，有需要的读者请参考随书中的源代码。
ActionInterval* moveTo = MoveTo::create(1.0f,Vec3(origin.x+visibleSize.width/3,
        origin.x+visibleSize.height/3,-10));                   //moveTo 动作的创建
ActionInterval* moveBy = MoveBy::create(1.0f,Vec3(50,50,50));    //moveBy 动作的创建
```

```
ActionInterval* RotateTo = RotateTo::create(1.0f,Vec3(0,0,30));//RotateTo 动作的创建
ActionInterval* RotateBy = RotateBy::create(1.0f,Vec3(5,5,-30));//RotateBy 动作的创建
myAction.pushBack(moveTo);                                      //将moveTo 动作加入向量中
myAction.pushBack(moveBy);                                      //将moveBy 动作加入向量中
myAction.pushBack(RotateTo);                                    //将RotateTo 动作加入向量中
myAction.pushBack(RotateBy);                                    //将RotateBy动作加入向量中
```

> **说明** 动作的创建方法相当简单，只需要传入完成动作的时间以及相应的坐标或者角度即可。这里需要注意的是：这里是角度，不是弧度。

（6）完成上述步骤之后，运行本程序，并且单击下一步菜单项，即可看到前面所示的结果，如图 2-23 和图 2-24 所示。

2.6 自定义着色器基础

Cocos2d-x 的底层采用的是 GPU 绘制方式，目前 GPU 的绘制有很多标准，例如众所周知的 OpenGL ES、DirectX 等。但是从跨平台而言，OpenGL ES 适配的设备种类要远远多于 DirectX，因为 Cocos2d-x 引擎本身是一款跨平台引擎，因此 OpenGL ES 作为引擎底层的绘制方式是历史的必然选择。

2.6.1 背景知识

OpenGL ES 目前在市面上的版本众多，例如 2.0、3.0、3.1、3.2 等，但是考虑到设置的兼容性以及不同档次的问题，Cocos 引擎的目前最新版本仍然用的是 OpenGL ES 2.0。自 2.0 之后的版本，其就是可编程渲染管线，且渲染能力大大提高。

Cocos2d-x 自身的一些例如粒子系统等高级特效，都是使用着色语言实现的。虽然大家可以享受到开源引擎带来的一些便利，但还是应该懂一些着色器的开发，以便满足日常需要开发更加绚丽特效的需求。下面小节将为读者详细介绍一个基于着色语言的案例。

> **说明** 着色器为日常开发带来灵活性的同时，也增大了学习难度，只言片语描绘不出着色器的神奇之处。如果对着色器本身感兴趣的读者，可以参考《OpenGL ES 2.0 游戏开发》（上、下卷）一书。

2.6.2 Cocos2d-x 中的相关方法

上面小节介绍了 OpenGL ES 的背景知识，使我们了解到了着色器语言的魅力所在。千里之行，始于足下，在做出绚丽特效之前，需要先了解一下着色语言的基础知识。

从本小节开始，将详细介绍 Cocos2d-x 引擎着色器相关的方法。如果日常开发中需要绑定自己的着色器，那么这部分的方法将发挥大作用。开发者只需要使用相关 API 将各个顶点绑定于着色器，并将需要的参数传入着色器即可，下面详细介绍相关方法，见表 2-15。

表 2-15 着色器相关方法

方法签名	说明
static GLProgram* createWithFilenames(const std::string& vShaderFilename, const std::string& fShaderFilename)	创建或者初始化着色器对象。vShaderFilename 为顶点着色器的路径，fShaderFilename 为片元着色器的路径
static GLProgramState* create(GLProgram* glprogram)	返回一个 OpenGL ES 绘制场景对象的实例

续表

方法签名	说　明
virtual void setGLProgramState(GLProgramState *glProgramState) override	设置 OpenGL ES 着色属性。glProgramState 为 OpenGL ES 着色属性
void setUniformMat4(const std::string& uniformName, const Mat4& value)	将矩阵传入着色器中。uniformName 为着色器中矩阵的名称，value 为要传入着色器的矩阵
void setUniformVec3(const std::string& uniformName, const Vec3& value)	将向量传入着色器中。uniformName 为着色器中向量的名称，value 为要传入着色器的向量
void setUniformFloat(const std::string& uniformName, float value)	将浮点型数值传入着色器中。uniformName 为着色器中浮点型数值的名称，value 为要传入着色器的数值
void setUniformTexture(const std::string& uniformName, Texture2D *texture)	将纹理图传入着色器中。uniformName 为着色器中纹理图对应的名称，texture 为主程序中纹理图对象的指针
ssize_t getMeshVertexAttribCount() const	获得网格的总顶点数
const MeshVertexAttrib& getMeshVertexAttribute(int idx)	获得顶点属性。idx 为顶点的索引

说明　如何使用这些方法读者不必担心，下面将结合着基础案例的开发详细介绍这些 API 的使用以及注意事项。

2.6.3　自定义着色器案例

上面介绍了 Cocos2d-x 着色器的相关方法，读者可能对其的使用流程有些困惑，为了加深对着色器的理解，下面给出一个基于着色器语言的案例。在进行具体的开发之前，有必要先了解一下本案例的运行效果，如图 2-25 和图 2-26 所示。

▲图 2-25　着色器基础案例效果 1

▲图 2-26　着色器基础案例效果 2

提示　此 obj 文件本身是没有纹理图的，读者看到的茶壶条纹效果是使用着色器实现的，由此可以感受到着色器的强大之处。

了解了案例的运行效果后，就可以进行案例的开发了，具体步骤如下。

（1）新建一个名称为 Sample2_9 的项目，并为项目添加必要的构建器以及进行必要的设置。

提示　关于新建项目的详细操作步骤在前面的章节中已经进行了介绍，这里就不再赘述，需要的读者请参考本书前面小节中的相关内容。

（2）项目创建完成之后就可以进行代码的开发了，首先开发的是场景管理者类。由于该类的开发步骤与 Sample2_1 案例非常相似，因此这里就不再赘述，需要的读者可以参考本书中的源代码。

（3）开发完场景管理类之后，接下来开发的就是与 2D 相关的 My2DLayer 类和与 3D 相关的 My3DLayer 类了。首先开发的是与 2D 相关的 My2DLayer 类，由于 My2DLayer 类的开发步骤与 Sample2_1 案例非常相似，这里就不再赘述，需要的读者可以参考本书中的源代码。

（4）开发完与 2D 相关的布景类后，接下来开发的就是与 3D 相关的布景类——My3DLayer 类，该类完成了对 3D 布景类中所需对象及方法的声明，其类框架声明如下。

代码位置：源代码/第 2 章/Sample2_9/app/src/main/jni/sampleCPP 目录下的 My3DLayer.h。

```
此处省略了部分头文件的引入，有需要的读者请参考随书中的源代码。
class My3DLayer : public cocos2d::Layer{
public:
    Camera* _camera;                              //摄像机
    cocos2d::Sprite3D* _mSprite;                  //3D 精灵对象
    virtual bool init();                          //初始化的方法
    void addNewSprite();                          //添加精灵方法
    void onTouchesMoved(const std::vector<cocos2d::Touch*>& touches,
    cocos2d::Event  *event);                      //多点触控方法
    CREATE_FUNC(My3DLayer);                       //Cocos2d-x 中定义的一个宏，创建指定类型的对象
};
```

说明 此处的声明非常简单，主要是声明一个 3D 精灵和多点触控方法的声明。

（5）完成了类声明后，就要真正实现该类了。关于着色器的基础使用方法主要在此类实现中。关于触控的相关实现前面已经详细介绍过，此处着重介绍一下该类的 addNewSprite 方法，该方法中创建了着色器，并将模型的顶点依次绑定到着色器，具体代码如下所示。

代码位置：源代码/第 2 章/Sample2_9/app/src/main/jni/sampleCPP 目录下的 My3DLayer.cpp。

```
void My3DLayer::addNewSprite(){
    Size visibleSize = Director::getInstance()->getVisibleSize();
                                                  //获取可见区域尺寸
    Point origin = Director::getInstance()->getVisibleOrigin();
                                                  //获取可见区域原点坐标
    auto sprite = Sprite3D::create("ch_t.obj","ghxp.png");//创建 3D 精灵对象
    sprite->setPosition3D(Vec3(0,0,0));           //设置位置
    sprite->setCameraMask((unsigned int)CameraFlag::USER1);
                                                  //设置摄像机编号
    this->addChild(sprite);                       //添加精灵
    auto shader = GLProgram::createWithFilenames("vertex.vert","fragment.frag");
                                                  //创建着色器对象
    auto _state = GLProgramState::create(shader);  //创建 OpenGL ES 状态对象
    sprite->setGLProgramState(_state);            //精灵绑定着色器
    long offest = 0;                              //偏移量声明
    auto attributeCount = sprite->getMesh()->getMeshVertexAttribCount();
                                                  //获得网格包含顶点数量
    for(auto i = 0; i< attributeCount; i++){      //遍历顶点
        auto meshAttribute = sprite->getMesh()->getMeshVertexAttribute(i);
                                                  //循环获得顶点的属性
        _state->setVertexAttribPointer(           //将顶点绑定着色器
            s_attributeNames[meshAttribute.vertexAttrib],//顶点属性的名字
            meshAttribute.size,                   //每个顶点中需要更新的元素个数
            meshAttribute.type,                   //表示数组中每个元素的数据类型
            GL_FALSE,                             //顶点数据是否在传递之前归一化
            sprite->getMesh()->getVertexSizeInBytes(),//两个连续元素之间的偏移字节数
            (void*)offest                         //偏移量
        );
        offest += meshAttribute.attribSizeBytes;  //偏移量自加，相当于移到下一个元素
    }
    setCameraMask(2);                             //设置布景摄像机
    auto listener = EventListenerTouchAllAtOnce::create();
                                                  //创建触控监听
    listener->onTouchesMoved = CC_CALLBACK_2(My3DLayer::onTouchesMoved, this);/
                                                  //触摸移动时回调 onTouchesMoved 方法
    _eventDispatcher->addEventListenerWithSceneGraphPriority(listener, this);
```

```
                                          //添加到监听器
30  }
```

- 第 9～10 行为创建着色器实例。第一个参数为顶点着色器路径，第二个参数为片元着色器路径。当拿到着色器实例后，创建着色器状态实例。
- 第 13～26 行为将精灵绑定上着色器。首先获得组成此精灵网格的顶点数量，然后遍历此集合并将顶点以此传入顶点着色器中，这里需要注意的是，s_attributeNames 为引擎提供的内建变量，可以直接使用。
- 第 27 行为设置观察此布景的摄像机编号。
- 第 29～30 行为创建触控监听对象。由于此案例仅需要将茶壶左右滑动即可，所以此处只实现了 onTouchMoved 方法，如果读者有需要扩展的，可以将其余方法都实现。

（6）将精灵的各个网格顶点绑定着色器后，就要在顶点着色器中对顶点进行相关处理。传递进顶点着色器的顶点位置是在物体坐标系下的，如果要将顶点呈现在手机屏幕上，需要将其与变换总矩阵右乘，得到的结果即为实际窗口空间的位置，具体代码如下所示。

代码位置：源代码/第 2 章/Sample2_9/app/src/main/assets 目录下的 vertex.vert。

```
1   attribute vec3 a_position;                    //顶点位置
2   attribute vec3 a_normal;                      //顶点法向量
3   varying float vY;                             //用于传递给片元着色器的变量
4   void main() {                                 //主函数
5     gl_Position = CC_MVPMatrix * vec4(a_position,1);  //根据总变换矩阵计算此次绘制此顶点位置
6     vY = a_position.y;                          //将物体坐标系中的顶点传递给片元着色器
7   }
```

- 第 1 行为顶点位置的声明。这是引擎内置的变量，当需要使用时在顶点着色器中声明即可使用，不用在主程序中传递。当声明的量各顶点都不同时，用 attribute 声明。
- 第 2 行为法向量的声明。这也是引擎内置的变量，由于各顶点有各自的法向量，因此选择用 attribute 声明。
- 第 3 行为需要传递给片元着色器的变量声明。当顶点着色器中需要给片元着色器中传值时，需要在顶点着色器与片元着色器中同时用 varying 声明名称相同的变量。
- 第 5 行为用总变换矩阵变换顶点的位置。gl_Position 为 OpenGL ES 的内建变量，不需要声明即可直接使用，它的含义是顶点的最终位置。
- 第 6 行为将要传递给片元着色器的值赋值。如果变量用来表示位置，则可以用下标 y 来表示 y 轴的坐标。

> **说明**　CC_MVPMatrix 为变换总矩阵，引擎中还提供了其他几个实用的变换矩阵，读者可以参考 Cocos2d-x 引擎源代码中 CCGLprogram.cpp 类查看引擎所提供的内置变量。

（7）将顶点的 y 坐标传入片元着色器后，需要使用着色语言提供的一些函数根据一定的规则实现条纹效果，具体代码如下所列。

代码位置：源代码/第 2 章/Sample2_9/app/src/main/assets 目录下的 fragment.frag。

```
1   precision mediump float;                          //精度设置为中
2   varying float vY;                                 //接收从顶点着色器过来的参数
3   void main(){
4       const vec4 aColor=vec4(1,1,0,1);              //第一个颜色向量
5       const vec4 bColor=vec4(1,0,1,1);              //第二个颜色向量
6       float factor=step(0.5,fract(vY/4.0));         //判定是否进行颜色混合
7       gl_FragColor = aColor*factor+(1.0-factor)*bColor;   //混合两种颜色
8   }
```

- 第 1 行为精度的设定。一般情况下，选用 mediump 既可，还有 lowp、highp 两种精度。

- 第 2 行为接收顶点着色器传递过来的数值。需要注意声明的变量名需与顶点着色器中相同。
- 第 4～5 行为声明的两个颜色值常量。
- 第 6 行为使用顶点着色器传递来的 y 坐标配合内置函数根据实现条纹效果。fract 函数的功能是取出 y 坐标的小数部分。step(edge,x)函数的功能是如果 x<edge，则返回 0.0，否则返回 1.0。由此得知，当 y 坐标的小数部分大于 0.5 的时候，fator 等于 1，则不进行混合，只显示 aColor，当 y 坐标的小数部分大于 0.5 的时候，fator 等于 0，则进行颜色混合，由此实现条纹渐变效果。除以 4 是为了增大条纹的宽度，读者细想一下即可得知此原因。
- 第 7 行为根据上一行得出的 fator 变量来决定是否进行两个颜色的混合。如果 factor 的值为 1，则片元的颜色为 aColor 的颜色，如果 factor 的值为 0，则将 aColor 与 bColor 进行混合。

> **说明** 此处使用的所有函数都是着色器语言自身提供的，建议读者熟悉常用的函数并尽可能使用着色器提供的函数，尽量避免重复造车轮的现象出现。因为部分函数是直接操控硬件来进行计算的，自己写的函数必定速度不及。

（8）完成了初始化布景的方法后，接下来开发的就是开始触摸时的回调方法和触摸移动时的回调方法了。由于该类与触控相关方法开发步骤与 Sample2_1 案例非常相似，这里就不再赘述，需要的读者可以参考本书中的源代码。

（9）完成上述步骤之后，运行本程序，并且用手指左右滑动至某个角度后观察，界面效果如图 2-25 和图 2-26 所示。

2.7 本章小结

本章主要向读者介绍了 Cocos2d-x 引擎中 3D 的开发，包括常用基本概念、3D 精灵的使用、骨骼动画的使用、3D 精灵的异步加载、3 种基本变换以及着色器基础等。学习好本章内容后，将为以后使用 Cocos2d-x 引擎进行 3D 游戏的开发打下坚实的基础。

第 3 章 常用的 3D 开发技巧

本章将介绍一些 Cocos2d-x 开发过程中经常用到的 3D 开发技巧，这些技巧将在以后的 3D 项目开发中大量使用到，因此掌握好这些技巧，对 Cocos2d-x 中的 3D 开发人员来说非常重要。下面将简单向读者介绍这些开发技巧。

3.1 标志板技术的应用

游戏模拟现实世界的场景中经常需要放置一些植物，比如：灌木、树等。由于这些植物的外形是十分复杂的几何形状，如果使用 3D 精灵来创建会耗费一定的资源，因此，构建场景中的植物时需要成本更加低廉的技术——标志板技术。本节将向读者介绍标志板技术的开发，具体内容如下。

3.1.1 基础知识

标志板技术的原理其实很简单，就是在需要出现在不同角度看起来相似的物体位置放置一个矩形，在矩形上应用该物体纹理贴图，根据摄像机所处位置实时计算矩形的朝向，使矩形总是面朝摄像机。其基本原理如图 3-1 和图 3-2 所示。

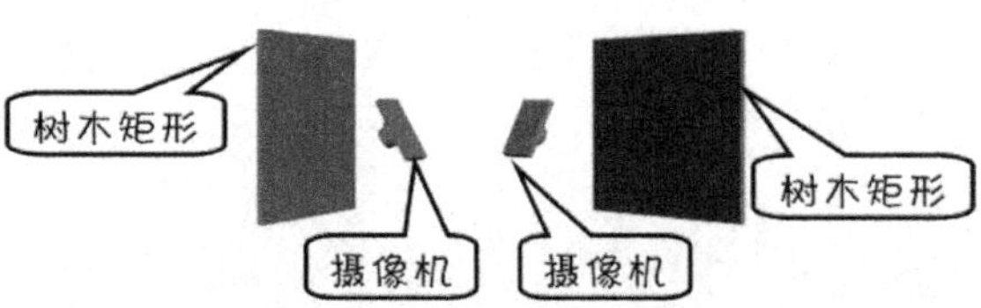

▲图 3-1 标志板原理——3D 视图

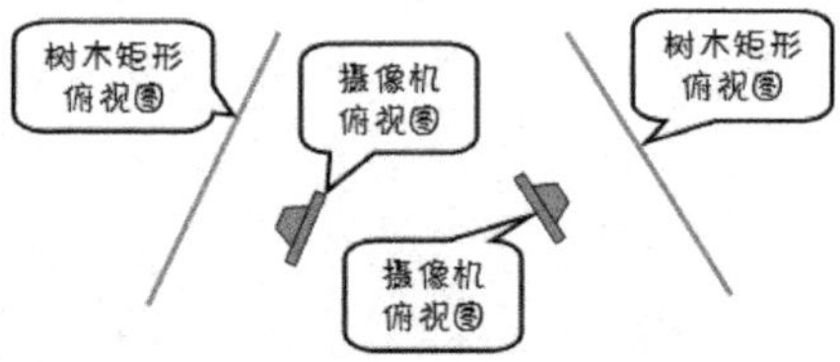

▲图 3-2 标志板原理——俯视效果图

> **说明** 由于基于标志板实现的植物实际是旋转的纹理矩形，因此适合用来呈现左右轴对称的植物，对于非左右轴对称的植物可能会给人虚假的感觉。

千里之行，始于足下。在学习新技术时，必须要学习该技术的一些基础知识。因此，接下来将介绍标志板技术开发的基础知识。标志板的开发在 Cocos2d-x 中主要是由 BillBoard 类对象来完成的，此类中的一些常用方法见表 3-1。

表 3-1 BillBoard 类中常用的方法

方法签名	说明
static BillBoard* create(Mode mode = Mode::VIEW_POINT_ORIENTED)	创建标志板对象，并返回其指针。mode 参数表示标志板的朝向模式，其默认值为 VIEW_POINT_ORIENTED，具体含义为朝向相机的所在位置

续表

方 法 签 名	说　明
static BillBoard* create(const std::string& filename, Mode mode = Mode::VIEW_POINT_ORIENTED)	创建标志板对象，并返回其指针。filename 参数表示标志板纹理文件路径，mode 参数表示标志板的朝向模式，其默认值为 VIEW_POINT_ORIENTED，具体含义为朝向相机的所在位置
static BillBoard* create(const std::string& filename, const Rect& rect, Mode mode = Mode::VIEW_POINT_ORIENTED)	创建标志板对象，并返回其指针。filename 参数表示标志板纹理文件路径，rect 参数表示在图片文件需要截取的图片矩形，mode 参数表示标志板的朝向模式，其默认值为 VIEW_POINT_ORIENTED，具体含义为朝向相机的所在位置
static BillBoard* createWithTexture(Texture2D *texture, Mode mode = Mode::VIEW_POINT_ORIENTED)	创建标志板对象，并返回其指针。texture 参数表示指向 2D 纹理对象的指针，mode 参数表示标志板的朝向模式，其默认值为 VIEW_POINT_ORIENTED，具体含义为朝向相机的所在位置
void setMode(Mode mode)	设置标志板模式，mode 参数表示需要设置的标志板的朝向模式
Mode getMode()	获取标志板模式

说明　由表 3-1 可知，标志板的创建方法有很多种，比如可以首先创建一个没有纹理的标志板对象，随后可以设置其纹理，读者可以根据自己的需要，选择合适的方式创建标志板对象，方便了游戏的开发。

3.1.2　一个简单案例的开发

上一小节中，向读者介绍了 BillBoard 类的基础知识。了解了该类的详细信息后，就可以进一步结合本类中提供的方法来进行案例的开发了。在进行具体的开发之前，有必要先了解一下本案例的运行效果，如图 3-3 和图 3-4 所示。

▲图 3–3　标志板案例运行效果图 1

▲图 3–4　标志板案例运行效果图 2

说明　图 3-3 为案例运行时，手指在屏幕上滑动一定的角度之后的截屏，图 3-4 为手指在屏幕上滑动至另外一个角度之后的截屏。由图 3-3 和图 3-4 可以看出，用标志板技术创建出来的树看起来还是比较真实的。在考虑性能的条件下，使用标志板开发是十分节约成本和资源的。

了解了案例的运行效果后，就可以进行案例的开发了，其具体步骤如下。

（1）新建一个名称为 Sample3_1 的项目，并为项目添加必要的构建器以及进行必要的设置，为项目的开发做好充分的准备。

（2）项目创建完成后就可以进行代码的开发了，首先开发的是场景管理者 BillBoardSceneManager 类的框架，该类框架中声明了创建场景对象的方法，其具体代码如下。

代码位置：源代码/第 3 章/Sample3_1/app/src/main/jni/SampleCPP 目录下的 BillBoardSceneManager.h。

```
#ifndef __BillBoardSceneManager_H__
#define __BillBoardSceneManager_H__
#include "cocos2d.h"
class BillBoardSceneManager                                    //用于创建场景的类
{public:
 static cocos2d::Scene* createScene();                          //创建场景对象的方法
};
#endif
```

说明　上述代码为 BillBoardSceneManager 类的头文件，在该头文件中引入了 cocos2d 头文件并声明了创建本案例场景的 createScene 方法。

（3）开发完该类的框架后，接下来要实现 BillBoardSceneManager 类中的创建场景方法，在该方法中首先创建出一个空场景，然后创建场景中用到的摄像机并为其设置相应参数，最后创建出立方图纹理布景和 2D 布景添加到场景中。其具体代码如下。

代码位置：源代码/第 3 章/Sample3_1/app/src/main/jni/SampleCPP 目录下的 BillBoardSceneManager.cpp。

```
1   ......//此处省略了对一些头文件的引用以及定义头文件的相关代码，请读者自行参考源代码
2   Scene* BillBoardSceneManager::createScene(){
3       auto scene = Scene::create();                         //创建一个场景对象
4       Size visibleSize = Director::getInstance()->getVisibleSize();
                                                              //获取可见区域尺寸
5       Camera* camera = Camera::createPerspective(           //创建摄像机
6           55,                                               //摄像机视角 40～60 之间是合理值
7           visibleSize.width/visibleSize.height,             //视口长宽比
8           1,                                                //near
9           1000);                                            //far
10      camera->setCameraFlag(CameraFlag::USER1);             //设置摄像机编号标志
11      camera->setPosition3D(Vec3(0,230,420));               //设置摄像机位置
12      camera->lookAt(Vec3(0,0,0), Vec3(0,1,0));             //设置摄像机目标点以及 up 向量
13      scene->addChild(camera);                              //将摄像机添加到场景中
14      My3DLayer * layer3D = My3DLayer::create();            //创建一个 3D 布景对象
15      My3DLayer -> _camera = camera;                        //设置该布景摄像机
16      scene->addChild(layer3D);                             //添加到场景中
17      My2DLayer* layer2D = My2DLayer::create();             //创建一个 2D 布景对象
18      scene->addChild(layer2D);                             //将 2D 布景添加到场景中
19      return scene;                                         //返回场景
20  }
```

- 第 2～4 行为创建一个场景对象，然后通过导演对象的实例获取可见区域尺寸。
- 第 5～13 行功能为创建摄像机对象，然后设置摄像机编号标志和位置，最后设置摄像机目标点以及 up 向量，并将摄像机添加到场景中。
- 第 14～19 行功能为创建一个 3D 布景对象和一个 2D 布景对象，并在设置了其摄像机参数后，将这两个布景对象添加到场景中，最后将场景返回。

（4）开发完场景管理者类之后，下面要开发的是场景中需要用到的两个布景类，首先开发的是与 2D 相关的 My2DLayer 类，以完成 2D 布景类的初始化方法以及关闭菜单回调方法的声明。其类开发框架的具体代码如下。

代码位置：源代码/第 3 章/Sample3_1/app/src/main/jni/SampleCPP 目录下的 My2DLayer.h。

```
#ifndef __My2DLayer_H__
#define __My2DLayer_H__
#include "cocos2d.h"                                   //引入 cocos2d 头文件
using namespace cocos2d;                               //使用 cocos2d 命名空间
class My2DLayer : public cocos2d::Layer{
public:
    virtual bool init();                               //初始化的方法
```

```
    void menuCloseCallback(Ref* pSender);          //关闭菜单回调方法
    CREATE_FUNC(My2DLayer);
};#endif
```

说明 该框架中包含声明初始化布景方法以及关闭菜单回调方法，另外调用 Cocos2d-x 中提供的 CREATE_FUNC 宏完成了 create 方法代码的生成，此 create 方法中包含了创建及适当初始化 My2DLayer 类对象的代码。

（5）开发完 My2DLayer 类框架声明后还要真正实现 My2DLayer 类中的 init 方法以及关闭菜单项回调方法，用来完成布景内各个组件的创建和初始化工作，同时完成案例的退出功能，具体代码如下。

代码位置：源代码/第 3 章/Sample3_1/app/src/main/jni/SampleCPP 目录下的 My2DLayer.cpp。

```
1    ......//此处省略了对一些头文件的引用以及定义头文件的相关代码，请读者自行参考源代码
2    bool My2DLayer::init(){
3        if ( !Layer::init() ) {return false; }                          //调用父类的初始化
4        Size visibleSize = Director::getInstance()->getVisibleSize();  //获取可见区域尺寸
5        Point origin = Director::getInstance()->getVisibleOrigin();//获取可见区域原点坐标
6        auto closeItem = MenuItemImage::create(                        //创建关闭菜单项
7            "pic/CloseNormal.png",                                     //平时的图片
8            "pic/CloseSelected.png",                                   //选中时的图片
9        CC_CALLBACK_1(My2DLayer::menuCloseCallback, this) );           //单击时执行的回调方法
10       closeItem->setPosition (                                       //设置关闭菜单项的位置
11       Point(origin.x + visibleSize.width - closeItem->getContentSize().width/2 ,
                                                                        //x 坐标
12               origin.y + closeItem->getContentSize().height/2 ) );   //y 坐标
13           auto menu = Menu::create(closeItem,(char*)NULL);           //创建菜单对象
14           menu->setPosition(Point::ZERO);                            //设置菜单位置
15           this->addChild(menu, 1);                                   //将菜单添加到布景中
16           auto label = LabelTTF::create("\u6807\u5fd7\u677f\u6548\u679c\u6f14\u793a",
17               "fonts/FZKATJW.ttf", 40);                              //设置文本标签的内容
18           label->setPosition(                                        //设置文本标签的位置
19           Point(origin.x + visibleSize.width/2,                      //x 坐标
20               origin.y + visibleSize.height - label->getContentSize().height));
                                                                        //y 坐标
21           this->addChild(label, 1);                                  //将文本标签添加到布景中
22           return true;
23   }
24   void My2DLayer::menuCloseCallback(Ref* pSender){                   //关闭菜单回调方法
25           Director::getInstance()->end();
26       #if (CC_TARGET_PLATFORM == CC_PLATFORM_IOS)
27           exit(0);
28       #endif
29   }
```

- 第 2～15 行首先调用父类的初始化方法，然后通过导演实例获取可见区域尺寸以及可见区域原点坐标，最后创建关闭菜单项并设置其位置，同时通过菜单项创建菜单对象并将该对象添加到布景中。
- 第 16～21 行功能为创建文本标签对象，然后设置文本标签的位置，最后将文本标签添加到布景中。
- 第 24～29 行为单击关闭菜单后调用的方法，调用该方法退出程序。

（6）开发完与 2D 相关的布景类后，接下来开发的就是与 3D 相关的布景类——My3DLayer 类，该类完成对 3D 布景类中所需对象及方法的声明，其类框架声明如下。

代码位置：源代码/第 3 章/Sample3_1/app/src/main/jni/SampleCPP 目录下的 My3DLayer.h。

```
#ifndef __My3DLayer_H__
#define __My3DLayer_H__
#include "cocos2d.h"                                    //引入 cocos2d 头文件
using namespace cocos2d;                                //使用 cocos2d 命名空间
class My3DLayer : public cocos2d::Layer{
public:
```

```
    Camera* camera;                              //指向摄像机对象的指针
    Sprite3D* sp3Floor;                          //指向地面精灵对象的指针
    float degree=0;                              //摄像机转场角度
    float lxs;                                   //触控起点的 x 坐标值
    float lxmPre;                                //移动时的 x
    bool isMove;                                 //是否移动标志位，true 为移动状态
    BillBoard* (billboard)[18];                  //标志板对象数组
    int x[18];                                   //标志板的 x 坐标值
    int z[18];                                   //标志板的 y 坐标值
    virtual bool init();                         //初始化的方法
    bool onMyTouchBegan(Touch *touch, Event *event);  //触控开始事件的回调方法
    void onMyTouchMoved(Touch *touch, Event *event);  //触控点移动事件的回调方法
    void onMyTouchEnded(Touch *touch, Event *event);  //触控结束事件的回调方法
    void onMyTouchCancelled(Touch *touch, Event *event);//触控终止事件的回调方法
        CREATE_FUNC(My3DLayer);
};#endif
```

说明 上述代码声明了指向摄像机对象的指针、指向地面精灵等 3D 精灵对象的指针，还声明了摄像机转场角度和触控起点、触控移动点的 x 坐标值、是否移动标志位、标志板对象数组、标志板 x 和 z 坐标值等成员变量，同时还声明了初始化布景的 init 方法以及与触控相关的回调方法等。

（7）开发完上述类框架声明后还要真正实现 My3DLayer 类中的方法，首先实现的是初始化布景的 init 方法，该方法完成布景内 3D 精灵的创建，如地面精灵，还完成了一些标志板对象的创建以及初始化工作等，其具体代码如下。

代码位置：源代码/第 3 章/Sample3_1/app/src/main/jni/SampleCPP 目录下的 My3DLayer.cpp。

```
bool My3DLayer::init(){
    if ( !Layer::init() )     return false;       //调用父类的初始化
    sp3Floor=Sprite3D::create("obj/floor.obj", "pic/floor2.png");
                                                  //创建地面精灵对象
    sp3Floor->setScale(3.0f);                     //设置地面精灵缩放比
    sp3Floor->setPosition3D(Vec3(0,0,0));         //设置地面精灵位置
  this->addChild(sp3Floor, 1);                    //将地面精灵添加到布景中
  for(int i=0;i<18;i++){
    x[i] =-200+rand()%400;                        //随机产生-200~200 之间的数
    z[i]= -200+rand()%400;                        //随机产生-200~200 之间的数
    billboard[i] =                                //创建标志板对象
        BillBoard::create("pic/tree.png",BillBoard::Mode::VIEW_PLANE_ORIENTED);
    billboard[i]->                                //设置混合方式
        setBlendFunc(cocos2d::BlendFunc::ALPHA_NON_PREMULTIPLIED);
    billboard[i]->setPosition3D(Vec3(x[i],104,z[i]));
                                                  //设置标志板位置
    billboard[i]->setScale(0.7f);                 //设置标志板缩放比
    this->addChild(billboard[i]);                 //将标志板对象添加到布景中
  }
  this->setCameraMask(                            //设置此布景层渲染用摄像机
        (unsigned short)CameraFlag::USER1);
  auto listenerTouch =                            //创建一个单点触摸监听
          EventListenerTouchOneByOne::create();
  listenerTouch->setSwallowTouches(true);         //设置下传触摸
  listenerTouch->onTouchBegan =                   //开始触摸时回调 onTouchBegan 方法
            CC_CALLBACK_2(My3DLayer::onMyTouchBegan, this);
  listenerTouch->onTouchMoved =                   //触摸移动时回调 onTouchMoved 方法
            CC_CALLBACK_2(My3DLayer::onMyTouchMoved, this);
  listenerTouch->onTouchEnded =                   //触摸结束时回调 onTouchEnded 方法
            CC_CALLBACK_2(My3DLayer::onMyTouchEnded, this);
  listenerTouch->onTouchCancelled =               //触摸终止时回调 onTouchCancelled 方法
            CC_CALLBACK_2(My3DLayer::onMyTouchCancelled, this);
  _eventDispatcher->                              //添加到监听器
          addEventListenerWithSceneGraphPriority(listenerTouch,this);
   return true;
}
```

● 第 3～6 行功能为创建地面精灵对象并设置其缩放比，然后设置地面精灵对象的位置，最后将其添加到布景中。

● 第 7～17 行功能为随机创建 18 个标志板对象，并设置这些标志板对象的位置和缩放比，最后将这些标志板对象添加到布景中。

● 第 18～19 行功能为设置此布景层渲染用摄像机。

● 第 20～32 行功能为创建一个单点触摸监听，并为其设置下传触摸，然后为其添加与触控相关事件的回调方法，最后添加到监听器中。

（8）完成了初始化布景的方法后，接下来开发的就是开始触摸时的回调方法和触摸移动时的回调方法了。由于该类中与触控相关方法开发步骤与前面的案例非常相似，这里就不再赘述，需要的读者可以参考本书源代码。

（9）完成上述步骤之后，运行本程序，并用手指在屏幕上滑动，观察到的界面效果如图 3-3 和图 3-4 所示。

3.2 天空盒

经过前面的学习，细心的读者会发现，在前面的案例中，场景中的天空是黑暗的，这成为一个明显的瑕疵。本节将向读者介绍一种用于实现天空效果的技术，即天空盒。采用这种技术可以为场景添加真实的天空效果，大大增加了场景的真实感。

3.2.1 基础知识

在介绍如何使用天空盒技术之前有必要了解一下有关天空盒的基础知识。天空盒的思路很简单，它其实就是将场景放入一个很大的立方体中，立方体的每个面是一个纹理正方形。此时需要注意的一点是用于观察场景的摄像机需要放置在天空盒立方体的内部。

为了观察位于天空盒内部的场景时有真实天空背景的效果，组成天空盒的 6 个纹理正方形上需要各自映射一幅正方形的天空纹理图，这 6 幅纹理图是无缝连接的。了解了天空盒的原理后下面就详细介绍一下天空盒类 Skybox 中的方法，见表 3-2。

表 3-2　　Skybox 类中的常用方法

方 法 签 名	说　明
static Skybox* create(const std::string& positive_x, const std::string& negative_x,const std::string& positive_y, const std::string& negative_y,const std::string& positive_z, const std::string& negative_z);	创建一个天空盒对象，并返回其指针。其中的 6 个参数为对应天空盒的 6 个面纹理
Void setTexture(TextureCube*)	设置天空盒纹理，其中参数 TextureCube 为立方图纹理

表 3-2 中的方法比较简单，主要包含了创建天空盒和给创建的天空盒设置天空盒纹理的方法。其中创建天空盒纹理的方法所包含的参数分别为天空盒 6 个面所映射的纹理图的路径。在给天空盒设置纹理的方法中包含的参数为立方图纹理。

> **说明**　在使用天空盒时，给天空盒匹配所要映射的纹理图除了在创建天空盒时给定其所有的纹理图路径外，还可以使用表 3-2 中的 setTexture 方法，给天空盒设置指定的立方图纹理，同样可以达到相同的效果。关于立方图纹理，本章会在下一小节进行详细介绍，此处不再赘述。

至此，关于天空盒技术的基础知识就已经介绍完了，相信大家对天空盒的使用有了一定的认识，为了使大家更好地理解和学习天空盒技术，在下一小节将有相对应的案例供大家参照学习。

3.2.2　一个简单案例的开发

在上一小节中向读者介绍了关于天空盒技术的基础知识，下面就通过一个案例来向读者介绍在 Cocos2d-x 引擎中天空盒的具体使用方法，在进行案例的具体开发之前，有必要了解一下本案例的开发效果，如图 3-5 和图 3-6 所示。

▲图 3-5　案例效果图 1

▲图 3-6　案例效果图 2

> **说明**　在上述案例效果图中只截取了案例运行时的部分效果，天空盒的显示效果不能完整地表现出来，在程序中随着手指在屏幕上的滑动会观察到天空盒 6 个面所对应的纹理图，效果宛如在一个真实的世界中。所以有需要的读者请参考源代码，并在移动设备上运行观察其效果。

了解了案例的运行效果后，就可以进行案例的开发了，具体步骤如下：

（1）创建一个名称为 Sample3_2 的项目，为项目添加必要的构建器以及进行必要的设置，为项目的开发做好充分的准备。

（2）项目创建完成后就可以进行代码的开发了，首先开发的是场景管理者 TextureCubeSceneManager 类和与 2D 相关的 My2DLayer 类。由于这两类的开发步骤与 Sample3_1 案例非常相似，这里就不再赘述，需要的读者可以参考本书源代码。

（3）开发完与 2D 相关的布景类后，接下来开发天空盒布景类 SkyboxLayer，首先开发的是该类的框架，该框架中声明了一系列将要使用的成员变量和成员方法，其中包括摄像机、天空盒和初始化、添加天空盒以及触控监听方法等，其详细代码如下。

代码位置：源代码/第 3 章/Sample3_2/app/src/main/jni/SampleCPP 目录下的 SkyboxLayer.h。

```
#ifndef __SkyBoxLayer_H__
#define __SkyBoxLayer_H__
......此处省略了对部分头文件的引用，需要的读者请查看源代码
......此处省略了对部分名称空间的引用，需要的读者请查看源代码
class SkyBoxLayer : public cocos2d::Layer{
public:
    Camera* _camera;                                          //摄像机
    cocos2d::Skybox* _skyBox;                                 //天空盒
    virtual bool init();                                      //初始化的方法
    void addSkyBox();                                         //添加天空盒方法
    void onTouchesMoved(const std::vector                     //触摸移动时的回调方法
    <cocos2d::Touch*>& touches, cocos2d::Event *event);
    CREATE_FUNC(SkyBoxLayer);
};
#endif
```

说明 该类的框架声明非常简单，其主要包含了指向摄像机的指针，初始化布景的方法，添加天空盒的方法以及触摸滑动的回调方法。另外该类调用 Cocos2d-x 中提供的 CREATE_FUNC 宏完成了 create 方法代码的生成，此 create 方法中包含了创建及适当初始化 SkyboxLayer 类对象的代码。

（4）开发完上述类框架声明后还要真正实现 SkyboxLayer 类中的方法，下面首先开发的是初始化布景的 init 方法，然后是添加天空盒的方法以及触摸移动时的回调方法。其具体代码如下。

代码位置：源代码/第 3 章/Sample3_2/app/src/main/jni/SampleCPP 目录下的 SkyboxLayer.cpp。

```
......//此处省略了对一些头文件的引用以及定义头文件的相关代码，请读者自行参考源代码
bool SkyBoxLayer::init(){
if ( !Layer::init() ) {return false;}                          //调用父类的初始化
addSkyBox();                                                    //执行添加天空盒的方法
this->setCameraMask((unsigned short)CameraFlag::USER1); //设置此布景层渲染用摄像机
 return true;
}void SkyBoxLayer::addSkyBox(){                                  //添加天空盒的方法
   auto listener = EventListenerTouchAllAtOnce::create(); //创建触控监听
   listener->onTouchesMoved = CC_CALLBACK_2
   (SkyBoxLayer::onTouchesMoved, this);            //触摸移动时回调 onTouchesMoved 方法
   _eventDispatcher->addEventListenerWithSceneGraphPriority(listener, this);
                                                                //添加到监听器
   {
     _skyBox = Skybox::create("skybox/left.jpg", "skybox/right.jpg",
                                                                //创建天空盒
                "skybox/top.jpg", "skybox/bottom.jpg",
                "skybox/front.jpg", "skybox/back.jpg");
      _skyBox->retain();                                        //保持天空盒引用
      addChild(_skyBox);                                        //添加到场景中
      _skyBox->setScale(700.f);                                 //设置天空盒缩放比例
   }
   setCameraMask(2);                                            //设置布景摄像机
}
void SkyBoxLayer::onTouchesMoved(const std::vector<Touch*>& touches, cocos2d::Event
*event){
  if (touches.size()){
        auto touch = touches[0];                                //获得函数参数
        auto delta = touch->getDelta();
        static float _angleX = 0.f;                             //摄像机旋转角度
        static float _angleY = 0.f;
        if(_angleX>=6.28){                                      //如果超过 2π
            _angleX=_angleX-6.28;                               //将角度减少 2π
         }else if(_angleX<=0){                                  //如果低于 0
            _angleX=_angleX+6.28;                               //将角度增加 2π
        }if(_angleY>=6.28){                                     //如果超过 2π
            _angleY=_angleY-6.28;                               //将角度减少 2π
         }else if(_angleY<=0){                                  //如果低于 0
            _angleY=_angleY+6.28;                               //将角度增加 2π
     }
       _angleX -= CC_DEGREES_TO_RADIANS(delta.x);     //将度转换为弧度
       _angleY += CC_DEGREES_TO_RADIANS(delta.y);
       Vec3 cameraPos;
      cameraPos.x=(float)(cos(_angleY)*sin(_angleX)*60);//计算摄像机位置
      cameraPos.z=(float)(cos(_angleY)*cos(_angleX)*60);
      cameraPos.y=(float)(sin(_angleY)*60);
      _camera->setPosition3D(Vec3(cameraPos.x,cameraPos.y,cameraPos.z));
                                                                //设置摄像机位置
    if(_angleY>=3.14/2.0f&&_angleY<=3.14*3.0f/2.0f){
        _camera->lookAt(Vec3(0,0,0), Vec3(0,-1,0));  //根据设置摄像机目标点以及 up 向量
      }else{
       _camera->lookAt(Vec3(0,0,0), Vec3(0,1,0));    //根据设置摄像机目标点以及 up 向量
   }}}
```

- 第 2～6 行功能为首先调用父类初始化方法，执行添加天空盒的方法并设置此布景层渲染用的摄像机。
- 第 7～21 行为添加天空盒的方法，首先创建触控监听并绑定触摸移动时回调方法，最后创建天空盒，设置其缩放比并保持天空盒引用。
- 第 23～48 行为触摸移动时回调的 onTouchesMoved 方法，该方法首先获得函数传递的参数，然后将滑动的 x 和 y 值转换为弧度，同时计算并设置摄像机的位置坐标，然后设置摄像机观察点以及 up 向量。

（5）完成上述步骤之后，运行本程序，并用手指在屏幕上滑动，观察到的界面效果如图 3-5 和图 3-6 所示。

3.3 立方图纹理

本节将向读者介绍 Cocos2d-x 引擎中的立方图纹理。立方图纹理是使用 6 张纹理分别投影到立方体 6 个面上，可以进行 3D 的纹理采样，对于制作天空盒和环境贴图（如反射出周围环境的金属茶壶）非常有用，具体内容如下。

3.3.1 基础知识

Cocos2d-x 3.6 版本开始支持立方图纹理，一个立方图纹理（Cubemap Texture）是六个独立的正方形纹理的一个集合，这些纹理会用在一个立方体上，可通过该技术制作天空盒以及环境贴图等。下面就详细介绍一下立方图纹理类 CCTextureCube 中的方法，见表 3-3。

表 3-3　　CCTextureCube 类中的常用方法

方 法 签 名	说　明
Static TextureCube* create(const std::string& positive_x, const std::string& negative_x, const std::string& positive_y, const std::string& negative_y,const std::string& positive_z, const std::string& negative_z);	创建立方图纹理并返回其指针。其中的 6 个参数为对应立方图纹理的 6 个面纹理
void setTexParameters(const TexParams&);	设置立方图纹理参数方法，其中 TexParams 为纹理参数
bool reloadTexture();	重新加载纹理

表 3-3 的方法比较简单，主要包含了创建立方图纹理、给立方图纹理设置参数和重新加载纹理的方法。了解了这些方法后我们就可以使用这些方法创建立方图纹理并用其制作天空盒及环境贴图了，下面通过一个案例来了解这些方法的使用。

3.3.2 一个简单案例的开发

在上一小节中向读者介绍了关于立方图纹理的基础知识，下面就通过一个案例来向读者介绍在 Cocos2d-x 引擎中立方图纹理的具体使用方法，在进行案例的具体开发之前，有必要了解一下本案例的开发效果，如图 3-7 和图 3-8 所示。

> **说明**　在上述案例效果图中只截取了案例运行时的部分效果，在程序中汽车是不断地在转动的，并且还可以通过手指的滑动来从不同的角度观察立方图纹理带来的效果。有需要的读者请参考源代码，并在移动设备上运行观察其效果。

▲图 3-7　案例效果图 1

▲图 3-8　案例效果图 2

了解了案例的运行效果后，就可以进行案例的开发了，具体步骤如下：

（1）创建一个名称为 Sample3_3 的项目，为项目添加必要的构建器以及进行必要的设置，为项目的开发做好充分的准备。

（2）项目创建完成后就可以进行代码的开发了，其主要是开发立方图纹理布景类 CubeTextureLayer，首先开发的是该类的框架，该框架中声明了一系列将要使用的成员变量和成员方法，其中包括摄像机、立方图纹理、天空盒以及 3D 精灵等属性和初始化、添加精灵以及触控监听方法等，其详细代码如下。

代码位置：源代码/第 3 章/Sample3_3/app/src/main/jni/SampleCPP 目录下的 CubeTextureLayer.h

```
......//此处省略了对一些头文件的引用以及定义头文件的相关代码，请读者自行参考源代码
class CubeTextureLayer : public cocos2d::Layer{
public:
    Camera* _camera;                                    //摄像机指针
    cocos2d::TextureCube* _textureCube;                 //立方图纹理指针
    cocos2d::Skybox* _skyBox;                           //天空盒指针
    cocos2d::Sprite3D* _mSprite;                        //3D 精灵指针
    virtual bool init();                                //初始化的方法
    void addNewSprite();                                //添加精灵方法
    void onTouchesMoved(const std::vector               //触摸移动时回调 onTouchesMoved 方法
    <cocos2d::Touch*>& touches, cocos2d::Event  *event);
    CREATE_FUNC(CubeTextureLayer);
};
#endif
```

说明　上述代码声明了指向摄像机对象的指针、指向立方图纹理的指针、指向天空盒的指针以及指向 3D 精灵的指针，还声明了初始化布景的 init 方法、添加精灵方法以及与触控相关的回调方法等。另外该类调用 Cocos2d-x 中提供的 CREATE_FUNC 宏完成了 create 方法代码的生成，此 create 方法中包含了创建及适当初始化 SkyboxLayer 类对象的代码。

（3）CubeTextureLayer 类声明完成后就可以进入到该类的具体方法代码开发了。其主要介绍的是添加精灵方法，该方法中包含了立方图纹理的使用、自定义着色器的使用，具体代码如下。

代码位置：源代码/第 3 章/Sample3_3/app/src/main/jni/SampleCPP 目录下的 CubeTextureLayer.cpp

```
void CubeTextureLayer::addNewSprite(){
    Size visibleSize = Director::getInstance()->getVisibleSize(); //获得可见区域大小
    auto listener = EventListenerTouchAllAtOnce::create();   //创建触控监听
    listener->onTouchesMoved = CC_CALLBACK_2(      //触摸移动时回调 onTouchesMoved 方法
        CubeMapTestLayer::onTouchesMoved, this);
    _eventDispatcher->addEventListenerWithSceneGraphPriority(listener, this);
                                                               //添加到监听器
    _mSprite = Sprite3D::create("obj/car/car.obj");            //创建茶壶精灵
    _mSprite->setScale(0.5f);                                  //设置精灵缩放比
    _mSprite->retain();                                        //保持精灵引用
```

```
10      auto shader = GLProgram::createWithFilenames(           //创建自定义着色器
11            "zsq/cube_map.vert", "zsq/cube_map.frag");
12      auto state = GLProgramState::create(shader);
13      _textureCube = TextureCube::create(                     //创建立方图纹理
14           "skybox/left.jpg", "skybox/right.jpg",             //设置左右面纹理图路径
15            "skybox/top.jpg", "skybox/bottom.jpg",            //设置上下面纹理图路径
16            "skybox/front.jpg", "skybox/back.jpg");           //设置前后面纹理图路径
17      _textureCube->retain();                                 //保持立方图纹理引用
18      Texture2D::TexParams tRepeatParams;                     //定义并设置纹理参数
19      tRepeatParams.magFilter = GL_LINEAR;                    //在 mag 情况下采用线性采样
20      tRepeatParams.minFilter = GL_LINEAR;                    //在 min 情况下采用线性采样
21      tRepeatParams.wrapS = GL_MIRRORED_REPEAT;
22      tRepeatParams.wrapT = GL_MIRRORED_REPEAT;               //采用多重纹理
23      _textureCube->setTexParameters(tRepeatParams);
24      state->setUniformTexture("u_cubeTex", _textureCube);    //自定义着色器采集纹理
25      _mSprite->setGLProgramState(state);                     //给精灵设置所用的着色器
26      _mSprite->setPosition3D(Vec3(0, -10, 0));               //设置精灵坐标
27      _mSprite->setRotation3D(Vec3(0,0, 0));                  //设置精灵旋转角度
28      auto rotate_action = RotateBy::create(1.5, Vec3(0, 30, 0));//创建旋转动画
29      _mSprite->runAction(RepeatForever::create(rotate_action)); //给精灵设置动画
30      //自定义的 Shader 与模型顶点组织方式进行匹配
31      long offset = 0;                                        //设置索引
32      auto attributeCount = _mSprite->getMesh()->
33      getMeshVertexAttribCount();                             //获得精灵网格
34      for (auto i = 0; i < attributeCount; i++){
35         auto meshattribute = _mSprite->getMesh()->
36      getMeshVertexAttribute(i);                              //获得网格属性
37         state->setVertexAttribPointer(s_attributeNames[meshattribute.vertexAttrib],
38            meshattribute.size, meshattribute.type,GL_FALSE,
39            _mSprite->getMesh()->getVertexSizeInBytes(),
40            (GLvoid*)offset);                                 //设置属性
41         offset += meshattribute.attribSizeBytes;
42      }
43      addChild(_mSprite);                                     //添加到场景中
44      {_skyBox = Skybox::create();                            //创建天空盒
45      _skyBox->retain();                                      //保持天空盒引用
46      _skyBox->setTexture(_textureCube);                      //天空盒设置立方图纹理
47      addChild(_skyBox);                                      //添加到场景中
48      _skyBox->setScale(700.f); }                             //设置天空盒缩放比例
49      setCameraMask(2);                                       //设置布景摄像机
50  }
```

- 第 2～9 行首先通过导演实例获得可见区域大小，然后创建触控监听并绑定触摸移动时回调方法，最后创建茶壶精灵，设置其缩放比并保持精灵引用。
- 第 10～29 行首先创建自定义着色器和立方图纹理，并保持立方图纹理引用，然后定义并设置纹理参数，同时设置自定义着色器采集纹理，最后给精灵设置着色器、坐标以及旋转角度，并创建执行旋转动画。
- 第 30～49 行首先将自定义的着色器与模型顶点组织方式进行匹配，然后添加到布景中，最后创建天空盒，并保持天空盒引用，同时设置天空盒立方图纹理以及缩放比添加到布景中，接着设置布景渲染所用的摄像机。

（4）完成上述步骤之后，运行本程序，并用手指在屏幕上滑动，观察到的界面效果如图 3-7 和图 3-8 所示。

3.4 让游戏更加灵动——水特效

本节将为大家详细讲解的是如何模拟水的特效。模拟水的方法有很多种，此处使用的是多重正弦函数叠加，因为正弦函数易于理解和开发，有兴趣的读者可以上网查阅实现水波的其他方法。此节的重点是着色器的开发，希望读者能够仔细阅读。

3.4.1 基础知识

介绍本案例的具体开发步骤之前首先需要了解一下模拟水的基本原理，如图 3-9 所示。

▲图 3-9 模拟水的线框图

> **说明** 从图 3-9 中可以看出水的模型不再是一整份，而是把水的模型分割成 $N \times N$ 份。这样只要在绘制一帧画面时由顶点着色器根据一定的规则变换各个顶点的位置即可。

为了使模拟的水更加逼真，本节所讲案例采用的是多重正弦函数的顶点位置变换规则。下面介绍如何根据正弦函数实现水波特效，具体情况如图 3-10 和图 3-11 所示。

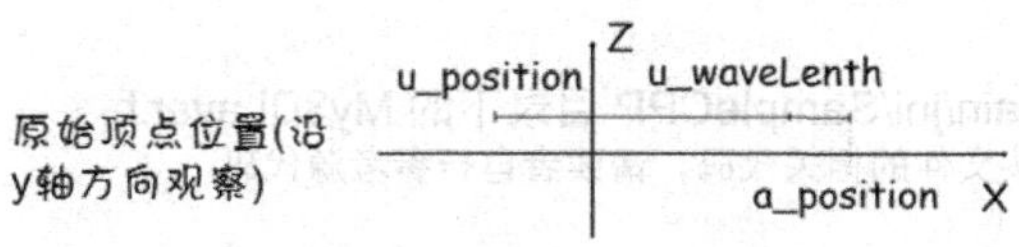

▲图 3-10 X 方向的波浪原理图 1

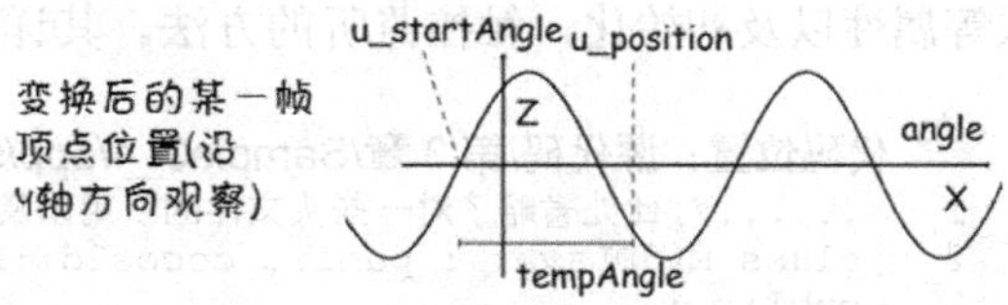

▲图 3-11 X 方向的波浪原理图 2

从图 3-10 和图 3-11 中可以看出，传入顶点着色器的原始顶点 z 坐标都是相同的，经过顶点着色器交换后顶点的 z 坐标是根据正弦曲线分布的。具体计算方法如下。

- 首先计算当前处理顶点的 x 坐标与最左侧顶点 x 坐标的差值，即 X 距离。
- 然后根据距离与角度的换算率将 X 距离换算成当前顶点与左侧顶点的角速度差（tempAngle）。
- 接着讲 tempAngle 加上最左侧顶点对应角度（u_startAngle）即可得到当前顶点的对应角度（currAngle）。
- 最后通过求 currAngle 的正弦值与振幅的积即可得到当前顶点变换后的 z 坐标。

可以想象出，只要在绘制每帧画面时传入不同的 u_startAngle 值（例如在 0～2π 连续变化），即可得到平滑的基于正弦函数的动画了，接着从传过来的值中判断，有几个振动源进行水波的绘制就计算出相应的 z 坐标。

到此为止有关模拟水的原理基本讲完了，运用此原理并提供合适的参数即可得到模拟水的效果。下面就通过一个案例来向大家介绍模拟水的开发过程。

3.4.2 一个简单案例的开发

上一小节向大家介绍了模拟水特效的基本原理，相信大家已经对其有所了解。下面就通过一个案例的开发向大家介绍如何运用上一小节所介绍的原理来实现模拟水特效。在进行案例的开发之前，有必要了解一下案例的运行效果，如图 3-12 和图 3-13 所示。

> **说明** 上述案例效果图只是截取了案例运行时的部分效果，不能完全地把模拟水的效果显示出来。在案例运行中，水是不断在波动的，还可以用手指滑动屏幕从不同的角度来观察模拟水的效果。所以有需要的读者请参考源代码，并在移动设备上运行，观察其效果。

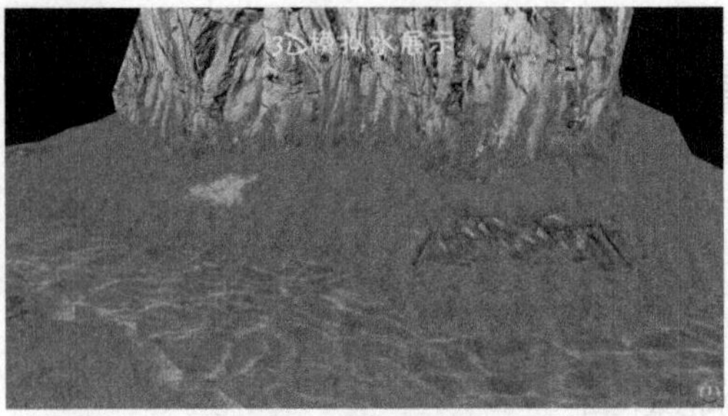

▲图 3-12　案例效果图 1

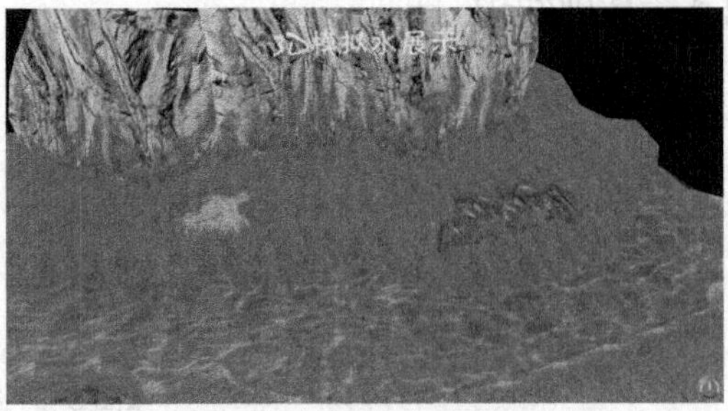

▲图 3-13　案例效果图 2

了解了案例的运行效果后，就可以进行案例的开发了，具体步骤如下：

（1）创建一个名称为 Sample3_4 的项目，为项目添加必要的构建器以及进行必要的设置，为项目的开发做好充分的准备。

（2）项目创建完成后就可以进行代码的开发了，其主要是开发 3D 布景类 My3DLayer，首先开发的是该类的框架，该框架中声明了一系列将要使用的成员变量和成员方法，其中包括摄像机、水等属性以及初始化，触控监听的方法。其详细代码如下。

代码位置：源代码/第 3 章/Sample3_4/app/src/main/jni/SampleCPP 目录下的 My3DLayer.h

```
......//此处省略了对一些头文件的引用以及定义头文件的相关代码，请读者自行参考源代码
class My3DLayer : public cocos2d::Layer{
public :
    Camera* camera;                                        //摄像机指针
    Water* water;                                          //指向水面的指针
    float degree=0;                                        //摄像机转场角度
    float distance=650;                                    //摄像机移动距离参数
    float lxs;                                             //起点的 x
    float lxm;                                             //移动时的 x
    float lys;                                             //起点的 x
    float lym;                                             //移动时的 x
    virtual bool init();                                   //初始化的方法
    bool onMyTouchBegan(Touch *touch, Event *event);       //触控开始事件的回调方法
    void onMyTouchMoved(Touch *touch, Event *event);       //触控点移动事件的回调方法
    void onMyTouchEnded(Touch *touch, Event *event);       //触控结束事件的回调方法
    void onMyTouchCancelled(Touch *touch, Event *event);   //触控终止事件的回调方法
    CREATE_FUNC(My3DLayer);
};
#endif
```

说明　该类的框架声明非常简单，其主要包含了指向摄像机和水的指针以及摄像机移动时需要的各种参数，并且包含了初始化布景的方法、触摸滑动的回调方法。另外该类调用 Cocos2d-x 中提供的 CREATE_FUNC 宏完成了 create 方法代码的生成，此 create 方法中包含了创建及适当初始化 My3DLayer 类对象的代码。

（3）My3DLayer 类声明完成后就可以进入到该类的具体方法代码开发了。主要介绍的是初始化布景的方法，其中包含了添加山体和水面的代码，其详细代码如下。

代码位置：源代码/第 3 章/Sample3_4/app/src/main/jni/SampleCPP 目录下的 My3DLayer.cpp

```
......//此处省略了对一些头文件的引用以及定义头文件的相关代码，请读者自行参考源代码
bool My3DLayer::init(){                       //实现 My3DLayer 类中的 init 方法，初始化布景
    if ( !Layer::init() ){return false;}      //调用父类的初始化
    Sprite3D *back=Sprite3D::create("c3b/mountain.c3b");     //添加山体
    back->setPosition3D(Vec3(600,0,-110));                   //设置山体位置
    back->setRotation3D(Vec3(-90,0,0));                      //设置山体旋转角度
    back->setScale(0.2f);                                    //设置山体缩放比
```

```
8      this->addChild(back);                                          //将山体添加进布景
9      float frequency[]={0.5f,0.7f,0.4f,0.6f};                       //设置频率参数
10     float amplitude[]={1.0f,1.5f,0.1f,1.1f};                       //设置振幅参数
11     Vec2 position[]={Vec2(150,200),Vec2(250,-1000),
12                   Vec2(150,-3000),Vec2(150,2180)};                 //振动源位置
13     water=Water::create("obj/wave.obj", "pic/wave.png",
14         amplitude,frequency,position,10,4);                        //添加水面
15     water->setScaleZ(1.25f);
16     water->setScaleX(0.6f);
17     water->setGlobalZOrder(2);                                     //设置全局 ZOrder 值
18     water->setPosition3D(Vec3(30,-20,-10));                        //设置水面位置
19     this->addChild(water);                                         //将水面加入布景中
20     this->setCameraMask((unsigned short)CameraFlag::USER1);        //设置此布景层渲染用摄像机
21  ......//此处省略了与触控相关的代码，请读者自行参考源代码
22     return true;
23  }
```

- 第 4～8 行为在布景中添加山体，首先设置山体模型的位置以及旋转角度，然后设置其缩放比，最后将其加入到布景中。
- 第 9～18 行为添加水面，首先设置水面波动时的频率、振幅以及振动源位置等参数，然后添加水面，其创建水面时的参数分别为水面的 obj 模型路径、水面纹理图片的路径、水面波动时的振幅、频率、振动源位置信息、速度以及振动源个数，最后设置好其缩放比、全局 ZOrder 值以及水面位置后将其添加进布景中。

（4）实现模拟水的效果需要完成水波类的开发，通过创建水波类，设置水波类的振动源方程的参数，给水波绑定着色器和绘制方法，以实现预期的效果。首先介绍水波类的框架，该框架中声明了一系列将要使用的成员变量和成员方法，具体代码如下。

代码位置：源代码/第 3 章/Sample3_4/app/src/main/jni/SampleCPP 目录下的 Water.h。

```
#ifndef __Water_H__                                      //如果没有声明该宏
#define __Water_H__                                      //声明_Water_H_的宏
#include "cocos2d.h"                                     //包含 cocos2d 的宏
#define WaveCount 4                                      //定义 WaveCount 为 4
#define Pi 3.14159265                                    //定义 PI
using namespace cocos2d;                                 //使用 cocos2d 的命名空间
class Water : public Sprite3D{                           //水波继承 3D 精灵
public:
    static Water* create(const std::string &modelPath, const std::string &texturePath,
                                                         //水的创建方法
            float *amplitude,float *frequency,const Vec2 position[],float speed,int
    count);
    void myDraw(const Mat4 &transform);                  //绘制水
    virtual void draw(cocos2d::Renderer *renderer,
        const cocos2d::Mat4 &transform, uint32_t flags) override;
                                                         //绑定绘制方法
protected:
    ~Water();
    void initShader(const std::string& texturePath);     //初始化着色器
    float waveSpeed;                                     //水波振动速度
    float angleStart[WaveCount];                         //振动源起始角度
    float waveLength[WaveCount];                         //振动源波长
    float frequency[WaveCount];                          //振动源振动频率
    float amplitude[WaveCount];                          //振动源振幅
    Vec2 position[WaveCount];                            //振动源位置
    Vec4 isHad;                                          //有几个振动源
    CustomCommand command;                               //获取渲染函数
};
#endif
```

说明 上述代码为 Water 类的头文件，包括水波振动速度常量、振动源起始角度、振动源波长、振动源的振幅、振动源的位置和有几个振动源。还介绍了创建水的方法、绘制水的方法。其中给 Water 类绑定着色器用到的 initShader 方法。

（5）开发完类框架声明后还要真正实现 Water 类中的方法，接下来介绍创建水波类的方法，在创建的同时设置振动源的频率、振动源的波长、振动源的振幅、振动源的位置。根据传过来的振动源的个数设置 Vec4 的值，用于传到着色器中进行计算。具体代码如下。

代码位置：源代码/第 3 章/Sample3_4/app/src/main/jni/SampleCPP 目录下的 Water.cpp。

```
1   Water* Water::create(const std::string &modelPath, const std::string &texturePath,
2       float *amplitude,float *frequency,const Vec2 position[],float speed,int count){
3       auto sprite = new Water();                                  //创建水的类
4       sprite->waveSpeed=speed*Pi;                                 //设置水的速度
5       if (sprite && sprite->initWithFile(modelPath)){             //如果初始化成功
6           for(int i=0;i<4;i++){                                   //遍历振动源
7           sprite->frequency[i] = frequency[i];                    //初始化频率
8           sprite->waveLength[i] = sprite->waveSpeed / sprite->frequency[i];
                                                                    //初始化波长
9           sprite->amplitude[i] = amplitude[i];                    //初始化振幅
10          sprite->position[i] = position[i];                      //初始化位置
11          }
12          switch(count){                                          //判断是有几个振源
13          case 1:sprite->isHad.x=1;break;                         //如果是一个
14          case 2:sprite->isHad.x=1;sprite->isHad.y=1;break;       //如果是两个
15          case 3:sprite->isHad.x=1;sprite->isHad.y=1;sprite->isHad.z=1;break;
                                                                    //如果是 3 个
16          case 4:sprite->isHad.x=1;sprite->isHad.y=1;sprite->isHad.z=1;
            sprite->isHad.w=1;break;
17          }
18          sprite->setTexture(texturePath);                        //设置纹理贴图
19          sprite->initShader(texturePath);                        //初始化着色器
20          sprite->autorelease();                                  //设置自动释放
21          return sprite;                                          //返回精灵
22      }
23      CC_SAFE_DELETE(sprite);                                     //删除对象
24      return nullptr;                                             //返回空
25  }
```

- 第 1～17 行为创建水波类，设置水波的速度，遍历 4 个振动源，设置振动源的频率、波长、振幅、位置。根据传过来的振动源的个数设置 Vec4 的值，用于传到着色器中进行计算。
- 第 18～24 行为设置水波精灵的纹理贴图，给水波精灵初始化着色器，设置水波精灵自动释放并返回水波精灵。如果精灵没有创建成功则删除对象并返回空。

（6）接下来介绍创建着色器并且给着色器传入相应的正弦函数所需要的参数值以及振动源个数、位置、振幅等。然后遍历水波顶点数据，传入顶点大小、顶点类型、标准化与否、步长、位置指针，计算数据偏移。具体代码如下。

代码位置：源代码/第 3 章/Sample3_4/app/src/main/jni/SampleCPP 目录下的 Water.cpp。

```
void Water::initShader(const std::string& texturePath){
    auto glprogram =                                                    //创建着色器
        GLProgram::createWithFilenames("shader/water.vert", "shader/water.frag");
    auto glProgramState = GLProgramState::create(glprogram);            //获取着色器实例
    this->setGLProgramState(glProgramState);                            //给水设置着色器
    auto texture =                                                      //获取图片
        Director::getInstance()->getTextureCache()->addImage(texturePath);
    glProgramState->setUniformTexture("u_texture", texture);            //传递图片变量
    for(int i=0;i<WaveCount;i++){                                       //遍历 4 个振动源
        glProgramState->setUniformFloat(
            StringUtils::format("u_startAngle%d",(i+1)).c_str(), angleStart[i]);
                                                                        //传入起始角度
        glProgramState->setUniformFloat(
            StringUtils::format("u_waveLenth%d",(i+1)).c_str(), wavelength[i]);
                                                                        //传入波长
        glProgramState->setUniformFloat(
            StringUtils::format("u_amplitude%d",(i+1)).c_str(), amplitude[i]);
                                                                        //传入振幅
        glProgramState->setUniformVec2(
```

```
17              StringUtils::format("u_position%d",(i+1)).c_str(),position[i]);
                                                                        //传入位置
18          }
19      glProgramState->setUniformVec4("u_ishad",isHad);              //设置几个振动源
20      long offset = 0;                                              //数据偏移
21      auto attributeCount =this->getMesh()->getMeshVertexAttribCount();
                                                                    //获取顶点数据信息
22      for (auto k = 0; k < attributeCount; k++) {                   //遍历顶点
23          auto meshattribute = this->getMesh()->getMeshVertexAttribute(k);
                                                                    //获取顶点
24          glProgramState->setVertexAttribPointer(
25              s_attributeNames[meshattribute.vertexAttrib],     //顶点实例
26              meshattribute.size,                               //顶点大小
27              meshattribute.type,                               //顶点类型
28              GL_FALSE,                                         //是否标准化
29              this->getMesh()->getVertexSizeInBytes(),          //获取步长
30              (GLvoid*)offset);                                 //位置指针
31          offset += meshattribute.attribSizeBytes;              //计算数据偏移
32  }}
```

- 第 1～19 行为创建着色器，获取着色器的实例，给水波精灵设置着色器，获取水波的纹理贴图。遍历 4 个振动源，向着色器中传入振动源的起始角度、振动源的波长、振动源的振幅、振动源的位置以及一共有几个振动源。
- 第 20～31 行为获取水波的顶点数据信息，遍历水波的顶点进行渲染，传入顶点大小、顶点类型、标准化与否、步长、位置指针，计算数据偏移。

（7）上面介绍了创建着色器和绑定着色器的相关代码，接下来介绍水波的绘制方法，通过实时的绘制，具体代码如下。

代码位置：源代码/第 3 章/Sample3_4/app/src/main/jni/SampleCPP 目录下的 Water.cpp。

```
void Water::myDraw(const Mat4 &transform){
    if(this->getMesh()){                                         //如果水有网格
        bool isDepthEnabled = glIsEnabled(GL_DEPTH_TEST);        //当前是否深度检测
        if(!isDepthEnabled){                                     //如果没有深度检测
            glEnable(GL_DEPTH_TEST);                             //设置深度检测
        }
        GL::blendFunc(GL_SRC_ALPHA, GL_ONE_MINUS_SRC_ALPHA);     //设置混合
        GLProgramState *glProgramState=this->getGLProgramState();
                                                                 //获取着色器实例
        for(int i=0;i<WaveCount;i++){                            //更新起始点角度
            angleStart[i]+=0.03*Pi*frequency[i];                 //更新角度
            while(angleStart[i]>2*Pi){                           //如果角度大于 360
                angleStart[i]-=2*Pi;                             //设置起始角度为-360
            }
            glProgramState->setUniformFloat(                     //传递起始角度
                StringUtils::format("u_startAngle%d",(i+1)).c_str(), angleStart[i]);
        }
        int count=this->getMeshCount();                          //获取网格数量
        for(int i=0;i<count;i++){                                //遍历网格
            auto mesh = this->getMeshByIndex(i);                 //获取网格实例
            glBindBuffer(GL_ARRAY_BUFFER, mesh->getVertexBuffer());
                                                                 //绑定网格缓冲
            glProgramState->apply(transform);                    //绑定属性和全局变量
            glBindBuffer(GL_ELEMENT_ARRAY_BUFFER, mesh->getIndexBuffer());
                                                                 //绑定索引缓冲
            glDrawElements(mesh->getPrimitiveType(),             //绘制元素
                (GLsizei)mesh->getIndexCount(), mesh->getIndexFormat(), 0);
            CC_INCREMENT_GL_DRAWN_BATCHES_AND_VERTICES(1, mesh->getIndexCount());
            glBindBuffer(GL_ELEMENT_ARRAY_BUFFER, 0);            //绑定元素缓冲
            glBindBuffer(GL_ARRAY_BUFFER, 0);                    //绑定数据缓冲
        }
        if(!isDepthEnabled){                                     //如果以前没有开启深度检测
            glDisable(GL_DEPTH_TEST);                            //关闭深度检测
}}}
```

- 第 1～16 行为获取当前是否为深度检测，如果不是开启深度检测。设置着色器混合，获取着色器实例，遍历振动源，设置振动源的起始点角度并传入着色器中。
- 第 17～30 行为获取精灵网格数量，遍历每个网格，绑定数据顶点缓存。绑定属性和全局变量到着色器，绑定索引缓冲，绘制元素缓冲，绑定元素缓冲和数组缓存。如果以前没有开启深度检测则设置关闭深度检测。

（8）程序基本介绍完毕，下面来介绍着色器的开发。着色器是模拟水的关键，水的波动效果需要利用着色器来实现，减少 CPU 的工作量，提高效率。着色器根据传入的顶点、纹理坐标进行计算获取片元的最终颜色和绘制的顶点位置。首先开发的是顶点着色器，其代码如下。

代码位置：源代码/第 3 章/Sample3_4/app/src/main/assets/shader 目录下的 water.vert。

```
1   attribute vec4 a_position;                          //顶点位置
2   attribute vec2 a_texCoord;                          //纹理坐标
3   varying vec2 v_texCoord;                            //传给片元着色器的纹理坐标
4   uniform float u_startAngle1;                        //水波振动源起始角度，初相
5   uniform float u_waveLenth1;                         //水波振动源波长
6   uniform float u_amplitude1;                         //水波振动源振幅
7   uniform vec2 u_position1;                           //水波振动源位置
8   ......//此处省略了其余 3 个振动源变量的声明，有需要的读者可以自行查看随书中的源代码
9   uniform vec4 u_ishad;                               //水波震源是否启用
10  void main(){                                        //主函数
11     float temp = 2.0 * 3.14159265;                   //声明 2π
12     float ty1 = 0.0;                                 //声明振动偏移量
13     float distance1=abs(distance(vec2(a_position.x,a_position.z),u_position1));
                                                        //到振动源的距离
14     float 1 = u_startAngle1 + temp * distance1 / u_waveLenth1;
                                                        //计算角度
15     ty1 = sin(currAngle1) * u_amplitude1;            //计算振动偏移量
16     ......//此处省略了其余 3 个振动源变量的计算，有需要的读者可以自行查看随书源代码
17     gl_Position = CC_MVPMatrix * vec4(a_position.x, ty1*u_ishad.x
                                                        //计算最后位置
18        +ty2*u_ishad.y+ty3*u_ishad.z+ty4*u_ishad.w, a_position.z, 1);
19     v_texCoord   = a_texCoord;                       //获取纹理坐标
20     v_texCoord.y = 1.0 - a_texCoord.y;               //翻转 y 坐标
21  }
```

- 第 1～9 行为获取顶点位置、纹理坐标等数据的方法，注意其中的 varying 为易变变量，用于将数据传给片元着色器使用。
- 第 11～17 行为计算最终顶点位置的方法，根据到振动源的距离和波长能够算出偏转角，加上当前时刻振动源的角度，即可算出当前位置的偏移量。
- 第 18～20 行为更改纹理坐标的方法。由于 OpenGL ES 中左上角为坐标原点，向下为 y 正半轴，而人习惯左下角为坐标原点，向上为 y 正半轴。所以 cocos2d-x 进行了改进，在程序中使用左下角为坐标原点，通过着色器来实现 y 坐标的翻转。

（9）完成了顶点着色器后就应该开发片源着色器了，其代码如下。

代码位置：源代码/第 3 章/Sample3_4/app/src/main/assets/shader 目录下的 water.frag。

```
uniform sampler2D u_texture;                               //获取纹理贴图数据
varying vec2 v_texCoord;                                   //获取纹理贴图坐标
void main(void){
   gl_FragColor = texture2D(u_texture, v_texCoord);        //设置个顶点最终颜色
}
```

说明　直接采用纹理贴图作为最终的片元颜色。到这里如何模拟水波的效果就介绍完了，希望读者能发散思维，做出更精美的特效。

（10）完成上述步骤之后，运行本程序，并用手指在屏幕上滑动，观察到的界面效果如图 3-12 和图 3-13 所示。

3.5 压缩纹理的使用

在之前所讲的案例中，案例中的所用纹理图片使用的都是 png 格式的图片，而 Cocos2d-x 中的 3D 是基于 OpenGL ES 的，如果读者了解 OpenGL ES 进行纹理映射的原理，就会发现使用 png 格式的纹理图片进行纹理映射时如果纹理图数量很多或尺寸很大时就会占用过多的内存。

关于在 OpenGL ES 中进行纹理映射的内容不属于本书介绍的内容，读者可以参考其他资料加以学习，本书此处就不再赘述。总之可以想象，一个大型游戏中可能有数百幅不同大小的纹理图，如果都是用这种方式，虽然目前主流机型的内存很大，但还是有些难以接受的。为了解决这个问题，GPU 的厂商也做了不少工作，主要采用的技术就是压缩纹理。

所谓的压缩文理是指在游戏应用开发的准备阶段将各种格式的纹理图采用特定的工具转化为特殊的压缩纹理格式，然后应用程序在运行时直接将压缩格式的纹理图加载使用。压缩纹理可以通过减少内存来显著地提高 OpenGL ES 的性能，使内存的使用率更高。本节将介绍一种不失真压缩率最高的压缩格式 pvr 格式的纹理图片的使用。

正如前面介绍过的，应用程序使用压缩纹理之前，开发人员需要先使用工具将原始纹理图转换为 pvr 压缩格式。本小节作者使用的工具是红孩儿纹理打包器，下载地址为 http：//blog.csdn.net/honghaier，里面含有该工具的具体使用说明，此处就不再进行赘述。除此之外，读者还可以选择其他的工具进行纹理图的转换。

准备完应用程序中需要使用的压缩纹理后，就可以进行本节案例 Sample3_5 的开发了。本节案例基本与前面立方图纹理的案例中的代码大部分完全相同，有区别的只是 3D 布景类中添加 3D 模型的方法。其具体代码如下。

代码位置：源代码/第 3 章/Sample3_5/app/src/main/jni/SampleCPP 目录下的 My3DLayer.cpp

```
void My3DLayer::addNewSprite(){
......//此处省略了与触控相关的代码，请读者自行参考源代码
    _mSprite = Sprite3D::create("obj/dimian/dimian.obj","pic/dimian.pvr");
                                                                //创建精灵
    _mSprite->setScale(0.3f);                                   //设置精灵缩放比
    _mSprite->retain();                                         //保持精灵引用
    _mSprite->setPosition3D(Vec3(-30, -10, 0));                 //设置精灵坐标
    _mSprite->setRotation3D(Vec3(0,0,0));                       //设置精灵旋转角度
    addChild(_mSprite);                                         //添加到场景中
......//此处省略了添加以 png 格式为纹理图片的精灵的相关代码，请读者自行参考源代码
    setCameraMask(2);//设置布景摄像机
}
```

说明 可以看出上述代码非常简单，只包含了添加地面精灵的代码，从中可以看出加载 pvr 格式的压缩纹理图十分简单，在创建精灵时直接给出 pvr 格式图片的路径即可。

案例 Sample3_5 开发完成后，可以运行测试一下，其效果如图 3-14 和图 3-15 所示。

说明 在上述案例效果图中，读者可清楚地看到，使用 pvr 压缩纹理图和使用 png 格式的纹理图显示效果实际上没有什么区别，但是使用 pvr 压缩纹理可以通过减少内存来显著提高 OpenGL ES 的性能，使内存的使用率更高。

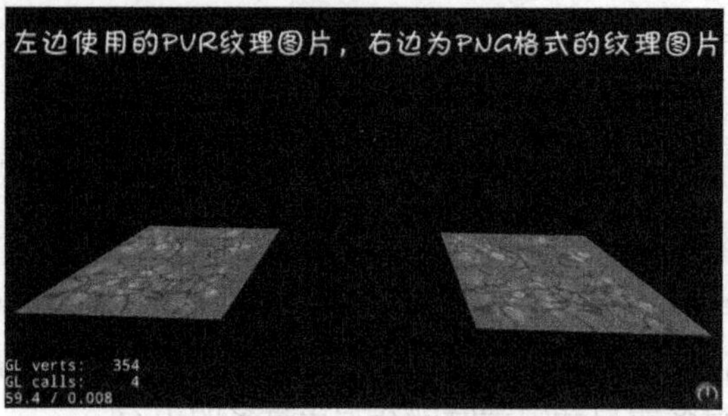

▲图 3-14　案例效果图 1

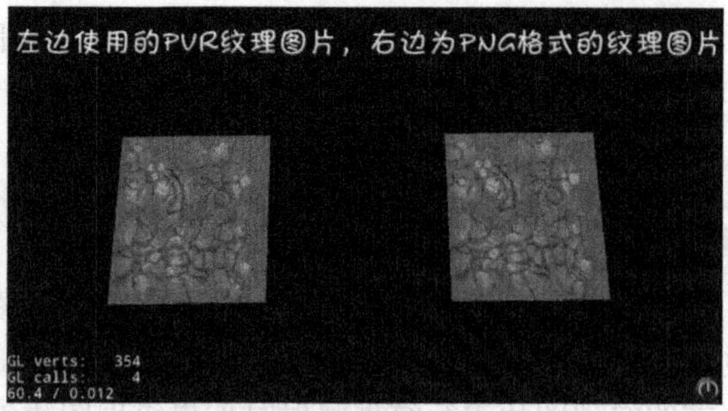

▲图 3-15　案例效果图 2

3.6 材质系统

材质系统是 Cocos2d-x3.9 版本新增的内容，该系统大大增强了 3D 功能的开发。材质系统是对着色器进行了包装，能够实现一个着色器被多个不同的精灵调用，从而方便了 Cocos2d-x 中 3D 功能的开发。本节将对这项新功能进行介绍，具体内容如下。

3.6.1　基础知识

介绍材质系统之前，有必要了解一下与该功能相关的基础知识。因此本小节将对与材质相关的 Material 类和与材质缓冲相关的 Sprite3DMaterialCache 类进行介绍。下面首先来介绍 Material 类中的常用方法，见表 3-4。

表 3-4　Material 类中常用的方法

方 法 签 名	说　明
MaterialType getMaterialType()	获取材质类型
static Sprite3DMaterial* createBuiltInMaterial (MaterialType type, bool skinned)	根据指定材质类型创建内置材质。type 参数表示材质类型，skinned 参数表示是否有皮肤
static Sprite3DMaterial* createWithFilename(const std::string& path)	通过给定文件创建材质，如果材质已经被加载过则返回缓存中的材质。path 表示材质文件路径
static Sprite3DMaterial* createWithGLStateProgram (GLProgramState* programState)	用 GLProgramState 创建新的材质。新创建的材质只包含一个 Technique 和一个 Pass，这个主要是为了跟之前的版本兼容。programState 表示 GLProgramState 实例
static void createBuiltInMaterial()	创建全部内置材质
static void releaseBuiltInMaterial()	释放全部内置材质
static void releaseCachedMaterial()	释放全部缓存的材质
virtual Material* clone()	克隆材质

说明　表 3-4 中的 getMaterialType()方法是用来获取材质类型的，主要包括两种材质：内置材质和自定义材质。其中 UNLIT 表示内置材质，UNLIT_NOTEX 表示无光照材质，VERTEX_LIT 表示无光照无纹理材质，DIFFUSE 表示定点光照，DIFFUSE_NOTEX 表示散射光（像素光照），BUMPED_DIFFUSE 表示散射光（无纹理），CUSTOM 表示凹凸漫反射。

上面已经介绍了 Material 类中常用的方法，了解了该类中的常用方法后，接下来给出的是 Sprite3DMaterialCache 类中常用的方法，见表 3-5。

表 3-5　　Sprite3DMaterialCache 类中常用的方法

方 法 签 名	说　明
static Sprite3DMaterialCache* getInstance()	得到此对象的实例
static void destroyInstance()	销毁实例
bool addSprite3DMaterial(const std::string& key, Texture2D* tex)	将材质添加到缓存中。key 表示材质的键，tex 表示添加的 Texture2D
Texture2D* getSprite3DMaterial(const std::string& key)	从缓存中获得材质。key 表示材质的键
void removeAllSprite3DMaterial()	删除所有的 spritematerial
void removeUnusedSprite3DMaterial()	删除未使用的 spritematerial

3.6.2　一个简单案例的开发

在上一小节向大家介绍了材质系统的基础知识，了解了这些基础知识后，下面就通过一个案例来向大家展示材质系统的具体效果，在进行案例的具体开发之前，有必要先了解一下案例的运行效果，如图 3-16 和图 3-17 所示。

▲图 3-16　案例效果图 1

▲图 3-17　案例效果图 2

> **说明**　该案例使用材质系统调用了两个着色器，图 3-16 为进入界面后旋转一定角度展示的第一种着色器效果，图 3-17 为单击右侧下一个按钮切换着色器后的效果。

了解了案例的运行效果后，就可以进行案例的开发了，具体步骤如下：

（1）创建一个名称为 Sample3_6 的项目，为项目添加必要的构建器以及进行必要的设置，为项目的开发做好充分的准备。

（2）项目创建完成之后就可以进行代码的开发了，场景管理者类和与 2D 相关的 My2DLayer 类与之前的案例相似，在此不再赘述，需要的读者可以参考本书中的源代码。

（3）经过上述步骤后，接下来开发的就是与 3D 相关的布景类——CubeMapTestLayer 类，该类完成对 3D 布景类中所需对象及方法的声明，其类框架声明如下。

代码位置：源代码/第 3 章/Sample3_6/app/src/main/jni/texturecpp 目录下的 CubeMapTestLayer.h。

```
#ifndef __CubeMapTestLayer_H__
#define __CubeMapTestLayer_H__
#include "cocos2d.h"                                  //引入 Cocos2d 头文件
using namespace cocos2d;                              //使用 Cocos2d 命名空间
class CubeMapTestLayer : public cocos2d::Layer{
public:
      cocos2d::Sprite3D* _mSprite;                    //指向 3D 精灵的指针
      int _techniqueState;                            //材质类型标志位
```

```
    virtual bool init();                              //初始化方法
    void onTouchesMoved(const std::vector<cocos2d::Touch*>& touches, cocos2d::Event
    *event);
                                                      //触摸移动回调方法
    void changeMaterial(Ref* pSender);                //切换材质回调方法
    CREATE_FUNC(CubeMapTestLayer);//
};#endif
```

> **说明**　上述代码声明了指向 3D 精灵的指针、材质类型标志位和切换材质回调方法，同时还声明了初始化布景的 init 方法和与触控相关的回调方法等。

（4）开发完上述类框架声明后还要真正实现 CubeMapTestLayer 类中的方法，其中需要实现的是初始化布景的 init 方法和切换材质的回调方法，由于触摸移动回调方法在之前的案例中经常使用到，因此不再赘述，具体代码如下。

代码位置：源代码/第 3 章/Sample3_6/app/src/main/jni/texturecpp 目录下的 CubeMapTestLayer.cpp。

```
1  bool CubeMapTestLayer::init(){                          //调用父类的初始化
2      if ( !Layer::init()){return false; }
3      Size visibleSize = Director::getInstance()->getVisibleSize();
                                                           //获取可见区域尺寸
4      Point origin = Director::getInstance()->getVisibleOrigin();
                                                           //获取可见区域原点坐标
5      auto next=Sprite::create("right.png");              //创建下一个按钮精灵
6      auto menuItem=MenuItemSprite::create                //创建下一个菜单项
7              (next,next,CC_CALLBACK_1(CubeMapTestLayer::changeMaterial,this));
8      auto menu = Menu::create(menuItem, nullptr);        //创建菜单对象
9      menu->setPosition(Vec2::ZERO);                      //设置菜单位置
10     menuItem->setAnchorPoint(Vec2::ANCHOR_MIDDLE_RIGHT); //设置锚点
11     menuItem->setPosition( Vec2(960,270) );             //设置菜单项位置
12     this->addChild(menu);                               //将菜单添加到布景中
13     _mSprite = Sprite3D::create("ch_t.obj","ghxp.png"); //创建 3D 茶壶精灵
14     _mSprite->setScale(1.5f);                           //设置精灵尺寸
15     _mSprite->setPosition(Vec2(0,0));                   //设置精灵位置
16     Sprite3DMaterial *mat=Sprite3DMaterial::createWithFilename("material/3d_
       effects.material");
17                                                         //创建材质系统
18     mat->setTechnique("lit");                           //设置材质类型
19     _techniqueState=1;                                  //设置材质类型对应的标志位
20     _mSprite->setMaterial(mat);                         //给精灵添加材质系统
21     this->addChild(_mSprite);                           //将精灵添加到布景中
22     _mSprite->setCameraMask((unsigned short)CameraFlag::USER1);
                                                           //给精灵添加摄像机
23     auto listener = EventListenerTouchAllAtOnce::create(); //创建触控监听
24     listener->onTouchesMoved = CC_CALLBACK_2          //触摸移动时回调 onTouchesMoved 方法
25             (CubeMapTestLayer::onTouchesMoved, this);
26     _eventDispatcher->addEventListenerWithSceneGraphPriority(listener, this);
                                                           //添加到监听器
27         return true;
28 }
29 void CubeMapTestLayer::changeMaterial(Ref* pSender){    //切换材质的回调方法
30     switch (_techniqueState){                           //判断材质类型标志位
31         case 0:
32             _mSprite->getMaterial(0)->setTechnique("lit");//给精灵设置 lit 类型材质
33             _techniqueState=1;break;                    //设置材质类型标志位
34         case 1:
35             _mSprite->getMaterial(0)->setTechnique("test");//给精灵设置 test 类型材质
36             _techniqueState=0;break;                    //设置材质类型标志位
37         default:break;
38 }}
```

- 第 3～12 行功能为获取可见区域尺寸及原点坐标，创建下一个按钮菜单项并添加到布景中。
- 第 13～21 行功能为创建 3D 茶壶精灵、设置茶壶精灵位置、创建材质系统并将其添加到精灵中，最后将精灵添加到布景中。

- 第 23～26 行功能为给精灵添加摄像机，创建触控监听并添加到监听器。
- 第 29～38 行功能为实现切换材质的回调方法，代码内容非常简单，通过判断标志位来实现切换材质的方法。

（5）开发完 jni 目录下的代码后，接下来介绍材质系统创建时需要导入的材质文件，该文件功能主要是将各个着色器进行打包封装，从而方便代码中 3D 精灵对着色器的调用。由于本案例中使用了两种着色器，因此该文件内容比较简单，具体内容如下。

代码位置：源代码/第 3 章/Sample3_6/app/src/main/assets/material 目录下的 3d_effects.material。

```
1   material spaceship{                                       //初始化材质文件
2     technique test{                                         //创建类型为 test 的材质
3       pass 0{
4         shader{                                             //设置对应着色器
5           vertexShader = Shaders3D/test.vert                //设置顶点着色器路径
6           fragmentShader = Shaders3D/fragment.frag          //设置片元着色器路径
7     }}}
8     technique lit{                                          //创建类型为 lit 的材质
9       pass 0{
10        shader{                                             //设置对应着色器
11          vertexShader = Shaders3D/vertex.vert              //设置顶点着色器路径
12          fragmentShader = Shaders3D/frag.frag              //设置片元着色器路径
13  }}}}
```

- 第 2～7 行功能为创建名称为 test 的材质类型，并设置相应的着色器路径。
- 第 8～13 行功能为创建名称为 lit 的材质类型，并设置相应的着色器路径。

（6）根据上述文件中给出的着色器路径可以找到对应的着色器文件，其中名称为 test 的材质类型与本书中第 2 章中 2.6 节自定义着色器基础中所使用的着色器相同，在此不再赘述。下面来介绍 lit 材质类型对应的着色器，首先介绍的是顶点着色器，具体代码如下。

代码位置：源代码/第 3 章/Sample3_6/app/src/main/assets/Shaders3D 目录下的 vertex.vert。

```
attribute vec3 a_position;                              //顶点位置
attribute vec2 a_texCoord;                              //顶点纹理坐标
varying vec2 vTexPosition;                              //转换后传递给片元着色器的纹理坐标
void main(){
   gl_Position = CC_MVPMatrix * vec4(a_position,1);     //根据总变换矩阵计算此次绘制此顶点位置
   vTexPosition = (a_texCoord-0.5)*5.0;                 //将接收的纹理坐标传递给片元着色器
}
```

（7）上面介绍了顶点着色器，接下来介绍的是片元着色器，具体代码如下。

代码位置：源代码/第 3 章/Sample3_6 /app/src/main/assets/Shaders3D 目录下的 frag.frag。

```
precision mediump float;                                    //给出默认的浮点精度
varying vec2 vTexPosition;                                  //从顶点着色器传递过来的纹理坐标
const float maxIterations = 99.0;                           //最大迭代次数
const float zoom = 0.02;                                    //缩放系数
const float xCenter = -0.0002;                              //中心 x 坐标位置
const float yCenter = 0.7383;                               //中心 y 坐标位置
const vec3 innerColor = vec3(0.0, 0.0, 1.0);                //内部颜色
const vec3 outerColor1 = vec3(1.0, 0.0, 0.0);               //外部颜色 1
const vec3 outerColor2 = vec3(0.0, 1.0, 0.0);               //外部颜色 2
void main(){
   float real = vTexPosition.x * zoom + xCenter;            //变换当前位置
    float imag = vTexPosition.y * zoom + yCenter;
    float cReal = real;                                     //c 的实部
    float cImag = imag;                                     //c 的虚部
    float r2 = 0.0;                                         //半径的平方
    float i;                                                //迭代次数
    for(i=0.0; i<maxIterations && r2<4.0; i++){             //循环迭代
       float tmpReal = real;                                //保存当前实部值
       real = (tmpReal * tmpReal) - (imag * imag) +cReal;
                                                            //计算下一次迭代后实部的值
```

```
20          imag = 2.0 *tmpReal * imag +cImag;             //计算下一次迭代后虚部的值
21          r2 = (real * real) + (imag * imag);            //计算半径的平方
22      }
23      vec3 color;
24      if(r2 < 4.0){                          //如果 r2 未达到 4 就退出循环，表明迭代次数已达到最大值
25          color = innerColor;                            //为内部颜色赋值
26      }else{                                 //如果因 r2 大于 4.0 而退出循环，表明此位置在外部
27          color = mix(outerColor1, outerColor2, fract(i * 0.07));
                                                           //按迭代次数为外部颜色赋不同的值
28      }
29      vec4 finalColor=vec4(color, 1.0);                  //最终颜色
30      gl_FragColor = finalColor;                         //将最终颜色传递给管线
31  }
```

- 第 17～28 行是本片元着色器的关键，实现了名为曼德布罗集的迭代算法。首先通过一个循环进行迭代，当迭代超过最大次数或指定值时停止迭代。停止迭代后根据终止迭代的原因采用不同的颜色对片元进行着色。
- 通过调整缩放系数（zoom），中心点坐标（xCenter，yCenter）可以得到不同的局部图案，有兴趣的读者可以自行修改这些参数并运行观察。

（8）完成上述步骤之后，运行本程序，并且用手指左右滑动至某个角度后观察，按右侧下一个按钮切换材质，界面效果如图 3-16 和图 3-17 所示。

3.7 本章小结

本章主要向读者介绍了 Cocos2d-x 中常用的 3D 开发技巧，包括标志板技术、天空盒、立方图纹理、水特效、压缩纹理的使用以及材质系统。读者学习完本章后应该对这些开发技巧有所掌握。在今后的项目开发中，合理使用这些技巧可以使项目的场景内容更加丰富多彩。

第 4 章　3D 地形和导航网格

本章将介绍 Cocos2d-x 引擎中的地形（Terrain 类）和导航网格（NavMesh 类）。地形是 3D 游戏中必不可少的一个重要组件，适合模拟室外的平原、高山、丘陵等，能够使游戏场景更加丰富。而导航网格则能够实现精灵的自动寻路。下面将针对 3D 地形和导航网格进行详细的介绍。

4.1 地形的基础知识

3D 游戏在游戏市场中所占的比例越来越大，而大型 3D 游戏中地形的使用则会使游戏内容更加富有真实性。比较有名的大话西游 2、诛仙系列等游戏就使用了 3D 地形，使游戏获得了广大玩家的青睐，幸运的是 Cocos2d-x 中就提供了 3D 地形的相关知识。

Cocos2d-x 中的 3D 地形系统可以模拟 3D 场景中的各种地形，使用高度图来描绘地形的高度，最多可以用 4 张纹理混合来模拟地表的细节，如草地、道路等，最后还有一张纹理 Alpha 贴图来表示前面所说的 4 张纹理在何处以及如何绘制。下面将介绍地形类 Terrain 中常用的方法，见表 4-1。

表 4-1　　Terrain 类中的常用方法

方 法 签 名	说　明
static Terrain * create (TerrainData &parameter, CrackFixedType fixedType=CrackFixedType::INCREASE_LOWER)	创建地形对象，并返回其指针。参数&parameter 为地形数据结构体地址，参数 fixedType 为地形 LOD 裂缝填补方式
void setLightMap(const std::string& fileName)	设置地形预烘焙光照贴图，参数 fileName 表示贴图的路径
void setLightDir(const Vec3& lightDir)	设置地形光照的方向，参数 lightDir 表示方向光源的朝向，注意该方向定义在地形的局部空间
bool initProperties ()	初始化地形所需要的属性，初始化成功返回 ture，不成功返回 false
bool initHeightMap (const char *heightMap)	初始化地形高度图方法，返回值为 bool 类型。参数 heightMap 为高度图路径。初始化成功返回 ture，不成功返回 false
bool initTextures()	初始化纹理，初始化成功返回 ture，不成功返回 false
void setDrawWire(bool boolValue)	是否显示线框模式，为 true 则表示显示，为 false 则表示不显示
void setLODDistance(float lod1, float lod2, float lod3)	设置每个 LOD 层次的阈值，必须等于或大于块大小
void setIsEnableFrustumCull(bool boolValue)	设置是否开启平面剪裁，为 true 则表示开启剪裁，为 false 则表示不开启剪裁
void setAlphaMap(cocos2d::Texture2D * newAlphaMapTexture)	设置地形的 Alpha 贴图，参数 newAlphaMapTexture 为贴图纹理
void setDetailMap(unsigned int index, DetailMap detailMap)	设置细节纹理，参数 index 为纹理个数，detailMap 为 DetailMap 结构体
Vec2 convertToTerrainSpace(Vec2 worldSpace)	将一个世界坐标的（x，z）值转换成地形空间中的（x，z）值，并返回。其中参数 worldSpace 为世界坐标（x，z）

续表

方 法 签 名	说　明
void setMaxDetailMapAmount(int maxValue)	设置细节纹理的最大数量，参数 maxValue 为最大值
void resetHeightMap(const char * heightMap)	重新设置地形高度图，参数 heightMap 为高度图路径
void setSkirtHeightRatio(float ratio)	设置裙边法填补缝隙比例值

说明　以上表格中第 8 个方法 setLODDistance 方法中的 LOD 指的是 Level of Detail，是一种多分辨率网格简化技术（细节层次模型技术），Cocos2d-x 引擎中采用了这种技术，有兴趣的读者可以自行查找相关文件了解其具体含义。

地形中除了表 4-1 介绍的基础方法外，可能还需要获取射线的交点、所在位置的高度和地形的最大高度以及最小高度等所需要的相关属性值。因此，在表 4-2 中将会介绍 Terrain 类中常用的获取相关属性值的方法，具体内容见表 4-2。

表 4-2　Terrain 类中常用的获取相关属性值的方法

方 法 签 名	说　明
Vec3 getIntersectionPoint(const Ray & ray)	获得地形与一条射线的交点，参数 ray 为射线地址
bool getIntersectionPoint(const Ray & ray, Vec3 & intersectionPoint)	地形是否与一条射线有交点，若有交点则返货 true，并把交点赋予参数 intersectionPoint，否则返回 false
float getHeight(float x, float z, Vec3 * normal= nullptr)	获取地形高度方法，并返回高度值。参数 x,z 为目标点的 x 坐标和 z 坐标值。参数 normal 表示指定位置的法向量，可以不给出
Vec3 getNormal(int pixelX, int pixelY)	得到地形中指定位置的法线，参数 pixelX 和 pixelY 分别是指 x、y 轴的像素点
float getImageHeight(int pixelX, int pixelY)	得到(x,y)d 高度，参数 pixelX 和 pixelY 分别表示 x、y 在原高度的位置
Size getTerrainSize()	得到地形的大小
float getMinHeight()	获得地形最小高度，并将高度值返回
float getMaxHeight()	获得地形最大高度，并将高度值返回
AABB getAABB()	获得地形 AABB 包围盒

表 4-1 中关于创建地形对象的方法 create 中的参数&parameter 表示地形数据结构体的地址。此处的结构体是指 TerrainData 结构体。该结构体主要是用来存储高度图、Alpha 贴图以及细节纹理图。下面将详细地介绍 TerrainData 结构体常用的属性，具体内容见表 4-3。

表 4-3　TerrainData 结构体常用的属性

属 性 签 名	含　义
Size _chunkSize	确定块大小，块是地形的最低细分
std::string _heightMapSrc	高度图源文件路径
char* _alphaMapSrc	Alpha 贴图源文件路径
DetailMap _detailMaps[4]	细节纹理贴图
float _mapHeight	地形中最大高度
float _mapScale	地形缩放比，可以再结合 setScale 进行修改
int _detailMapAmount	表示细节纹理图的量
float _skirtHeightRatio	裙边高度比，只有在地形使用裙边法修复裂缝时有影响

表 4-3 中对 TerrainData 结构体常用的属性进行了详细的介绍，可以了解到这些属性的含义，下面将对这些属性在 TerrainData 结构体的构造函数中的使用设置进行介绍。TerrainData 结构体的构造函数的具体内容见表 4-4。

表 4-4 TerrainData 结构体的构造函数

方法签名	含义
TerrainData()	空构造函数
TerrainData(const char* heightMapsrc, const char * alphamap, const DetailMap& detail1,const DetailMap& detail2, const DetailMap& detail3, const Size & chunksize = Size(32,32), float mapHeight = 2, float mapScale = 0.1)	存储构造地形所需要的资源，参数 heightMapsrc 表示高度图，参数 alphamap 表示 Alpha 贴图，参数 detail1 表示细节纹理图，本函数包括 3 个细节纹理图
TerrainData(const char* heightMapsrc, const char * alphamap, const DetailMap& detail1,const DetailMap& detail2, const DetailMap& detail3, const DetailMap& detail4, const Size & chunksize = Size(32,32), float mapHeight = 2, float mapScale = 0.1)	存储构造地形所需要的资源，参数 heightMapsrc 表示高度图，参数 alphamap 表示 Alpha 贴图，参数 detail1 表示细节纹理图，本函数包括 4 个细节纹理图

表 4-3 和 4-4 中表示细节纹理贴图的属性_detailMaps 的类型是 DetailMap 结构体。此结构体主要是用来存储细节纹理图源文件路径以及细节纹理图的大小。下面将详细地介绍 DetailMap 结构体常用的属性及方法，具体内容见表 4-5。

表 4-5 DetailMap 结构体的属性及方法

属性或方法签名	含义	类型
DetailMap()	表示细节纹理图	构造函数
DetailMap(const char * detailMapSrc, float size = 35)	表示地形文理数据，参数 detailMapSrc 表示细节纹理图源文件路径	构造函数
std::string _detailMapSrc	表示细节纹理图源文件路径	属性
float _detailMapSize	表示细节纹理图的大小	属性

通过学习 Terrain 类中的常用方法和 TerrainData 结构体、DetailMap 结构体的属性及方法的相关内容，读者会发现地形就是通过载入一张高度图和若干张细节纹理图来创建的，下面就以本章地形案例中用到的各种纹理，来详细介绍一下各个纹理的具体用途。

（1）地形细节纹理图如图 4-1 所示，该纹理确定了地形的外观。通过将该纹理贴在地形上，可以制造非常好的表现效果。细节纹理图最多包含 4 张纹理，分别代表 Alpha 贴图中 r，g，b，a 区域需要绘制的纹理。

▲图 4-1 地形细节纹理

▲图 4-2 Alpha 贴图

（2）Alpha 贴图如图 4-2 所示，该贴图是用于控制细节纹理图在地形上何处以及如何绘制的，其将图片中每个像素的 r，g，b，a 通道对应的细节纹理绘制在地形的对应位置上。通过这种方式，就可以在地形上同时出现诸如沙丘、石板路、草地等纹理图。

（3）高度图如图 4-3 所示，该图是地形类的核心，高度图从性质上来说是一张简单的图片，但是图片中每一个像素的颜色值并不被当做颜色，而是直接被视为一个高度的值。地形类就通过高度图所给的高度信息，来构造出地形结构。

（4）使用图 4-1 的细节纹理图、图 4-2 的 Alpha 贴图和图 4-3 的高度图可以绘制出如图 4-4 所示的地形效果。其中在图 4-4 中不同位置的纹理代表的就是 Alpha 贴图中的不同颜色通道，而地形中不同的地形结构代表的是高度图中灰度深浅的不同。

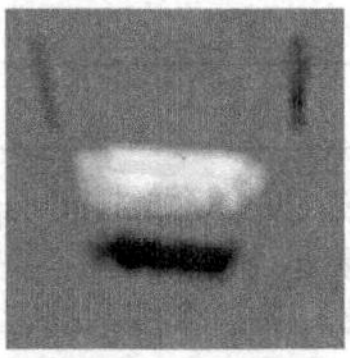

▲图 4-3　高度图

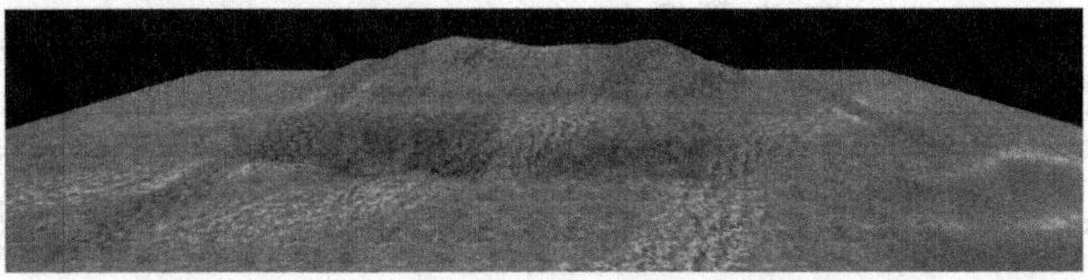

▲图 4-4　地形效果图

4.2 地形制作相关工具

上一节中已经详细介绍了 3D 地形开发中 Terrain 类的基础知识，其中多次提到的 Alpha 贴图和高度图都是由地形设计软件——TerrainEditTool 来设计完成的。本节还会介绍关于制作地预形烘焙贴图的步骤和相关工具，具体内容如下。

4.2.1　TerrainEditTool 的下载

TerrainEditTool 是由 Cocos2d-x 开发人员自主研发设计的一款地形设计软件，其可以对新建地形的地形高低和纹理进行编辑和设计，并且在生成地形后保存的同时，该软件还会生成当前地形相对应的 Alpha 贴图和高度图，供 Cocos2d-x 项目开发使用，下面就介绍一下其下载的相关操作。

（1）首先打开浏览器并在地址栏中输入 http://blog.csdn.net/honghaier，这样就可以进入到 TerrainEditTool 软件的下载界面，进行下载。

> **提示**　TerrainEditTool 地形设计软件必须是付费后才可以下载的，笔者使用的便是付费后下载的，读者也可以自行选择其他地形编辑软件，有兴趣的读者则可以到本节提供的网址查看并下载。

（2）将 TerrainEditTool 地形设计软件下载成功后会得到一个名为 3DterrainEdit 的压缩包，将此压缩包解压后会得到一个名为 Cocos3DterrainEdit 的文件夹和一个对此软件做简单介绍的名为“声明”的 txt 文本文档，如图 4-5 所示。

（3）接下来进入 Cocos3DterrainEdit 文件夹下的 TerrainEditTool 子文件，双击名为 Cocos3DterrainEdit 的程序文件如图 4-6 所示，就可以打开该软件，进入地形设计的主题了。

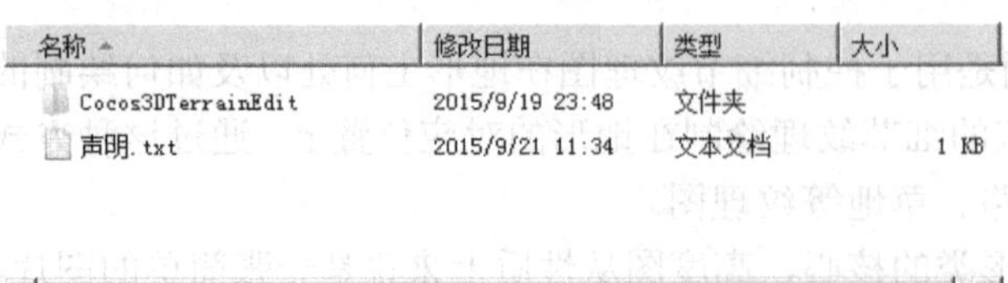

▲图 4-5　解压缩文件后界面

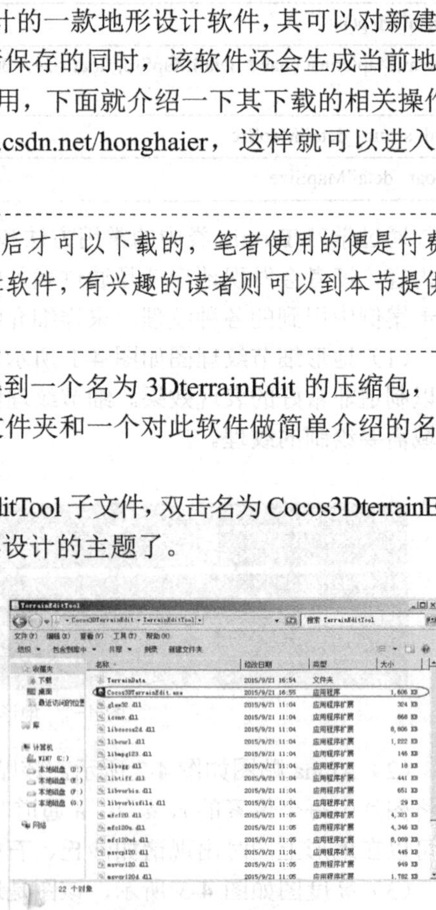

▲图 4-6　软件打开界面

4.2.2 TerrainEditTool 的使用

通过上一节的介绍，TerrainEditTool 地形设计软件便成功地下载了。接下来就可以使用该地形设计软件来创建一个地形，并得到 Alpha 贴图和高度图了，希望通过对地形创建过程的详细介绍可以使这款软件的使用方法更加清晰明了，具体内容如下。

（1）打开 TerrainEditTool 软件，进入编辑界面，如图 4-7 所示，接着单击左上角的“文件”按钮会弹出如图 4-8 所示的窗口，在该窗口中可以对新建地形的地形尺寸、地形块尺寸、地形高度和地形缩放比参数进行具体的设置。

（2）设置了新建地形的参数之后单击“确定”按钮便可以进入到新建地形的设计编辑界面，如图 4-8 所示，接下来就可以对新地形进行编辑了。

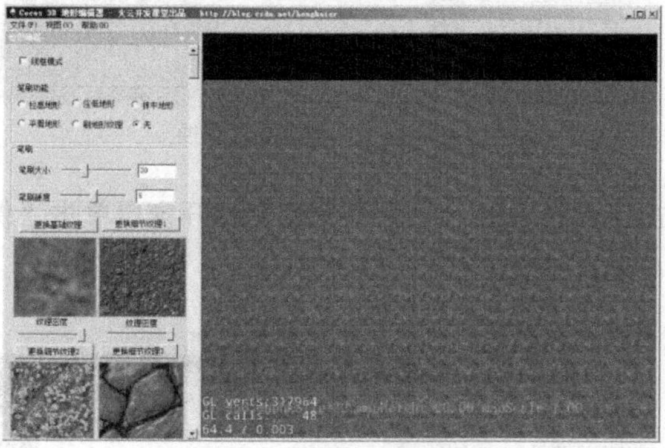

▲图 4-7　编辑器初始界面

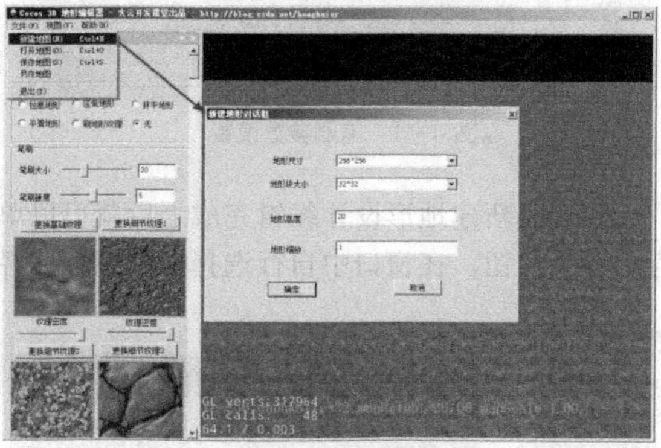

▲图 4-8　新建地形

（3）用于编辑地形的“地形编辑框”在如图 4-9 所示的左侧红色椭圆框圈中位置，其中从上到下依次为线框、笔刷功能、笔刷和纹理更换几大功能，右侧为待编辑的地形。勾选“线框模式”会出现将地形细分为块的展示效果，如图 4-9 所示。

（4）地形编辑中拥有“笔刷功能”，其中具体的拉高地形、压低地形、抹平地形、平滑地形、刷地形纹理的效果依次如图 4-10 中编号为 1～5 的红色线框圈中所示。这里只给出了示例效果，实际效果还要在真正编辑器上操作显示之后才更理想。

▲图 4-9　线框模式显示效果

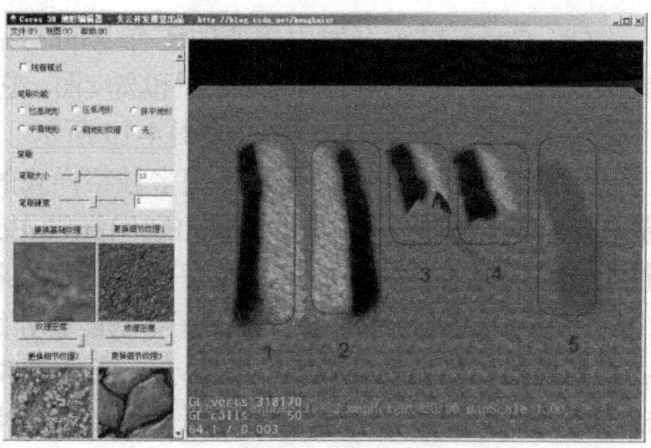

▲图 4-10　笔刷功能展示

（5）游戏地形中的纹理也可以在此软件中进行编辑，单击选中笔刷功能中的“刷地形纹理”，并且同时可以对笔刷大小和笔刷硬度进行调节，笔刷大小是指笔刷的直径大小，笔刷硬度是指在地形上刷纹理的颜色深浅度，这些都在图 4-11 中有所展示。

（6）真正的地形中单一的纹理图满足不了开发者的需求，所以本地形编辑器也提供了纹理图更换的功能，只要单击“更换基础纹理”按钮便会出现该窗口，提供其在纹理库中选择不同的纹理样式进行更换，最多可以同时使用四幅纹理图编辑地形，如图 4-12 所示。

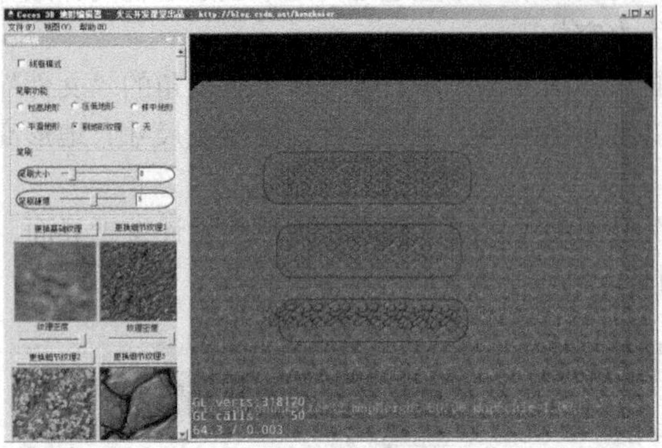

▲图 4-11　笔刷参数设置

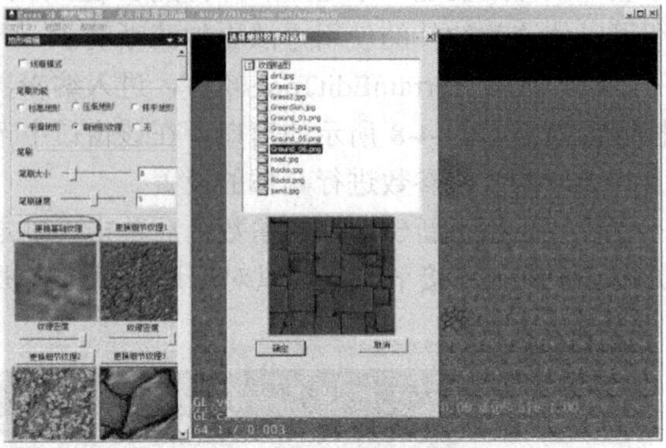

▲图 4-12　基础纹理更换

（7）将新建地形设计编辑完成之后就可以单击工具栏中的“文件”按钮，打开窗口单击“保存地图”按钮，在窗口中自行选择文件保存路径，如图 4-13 和图 4-14 所示。

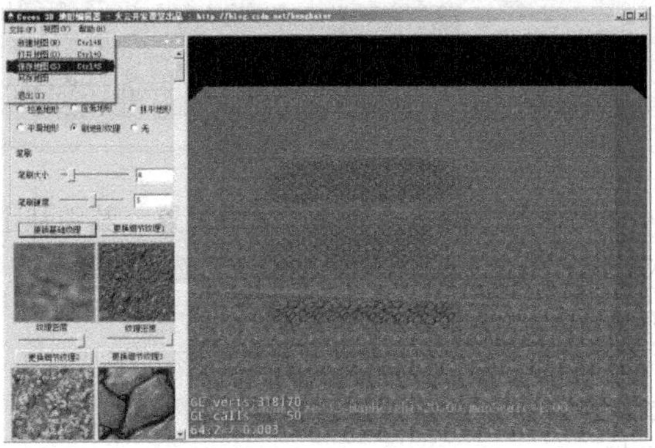

▲图 4-13　保存地形 1

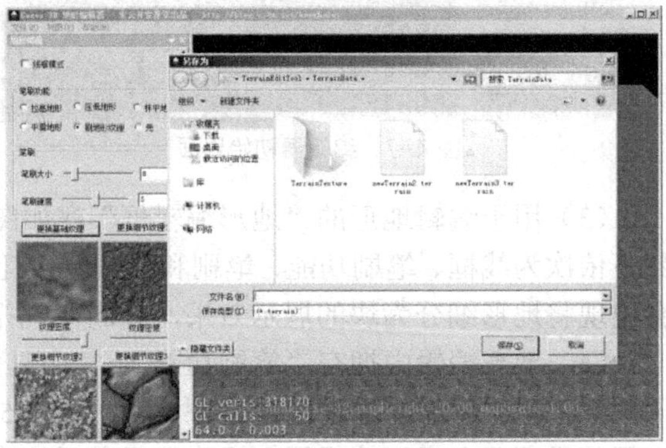

▲图 4-14　保存地形 2

（8）Cocos2d-x 开发中需要的还有 Alpha 贴图和高度图，幸运的是此地形编辑器在地形设计完成后同时提供了完整的 Alpha 贴图和高度图，它们就存放在启动编辑器的同名文件夹 TerrainEditTool 下的子文件夹 TerrainData 中，如图 4-15 所示。

（9）地形开发中若要使用到更多独特样式的纹理贴图，也可以自行查找获取纹理贴图图块，放进地形编辑器的 Cocos3DTerrainEdit\TerrainEditTool\TerrainData 地址中，这样编辑器就可以在更换基础纹理时将这些新放入的纹理贴图加载进来，满足需求。

（10）到这里此地形编辑器的基本功能就介绍完毕了，使用者可以使用这个编辑器设计出各种各样的地形，然后稍加修改（下面会介绍如何改动），便可以加载进 Cocos2d-x 项目中。这里也给出一幅已经设计好的样式图供参考，如图 4-16 所示。

上面提到的修改之处是指 Cocos2d-x 项目中对 Alpha 贴图透明通道的要求是透明色，而此地形编辑器生成的 Alpha 贴图透明通道部分是黑色的，这就导致程序运行之后部分纹理贴图无法正常显示。不过不用担心，这里给出一个可以使 Alpha 贴图透明通道颜色由黑转换成透明的工具，下面就介绍一下这个工具的使用方法。

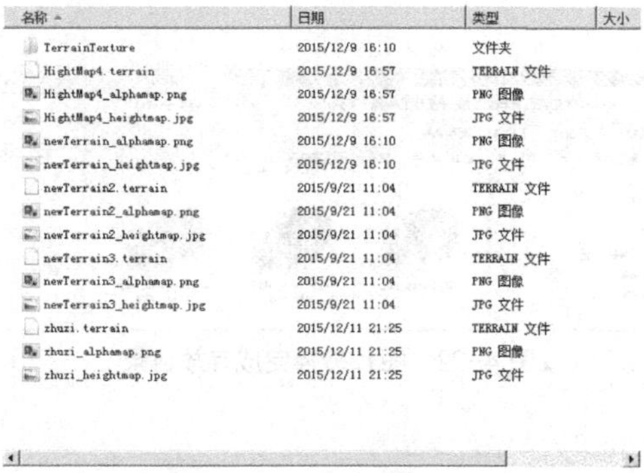

▲图 4-15　地形存放处

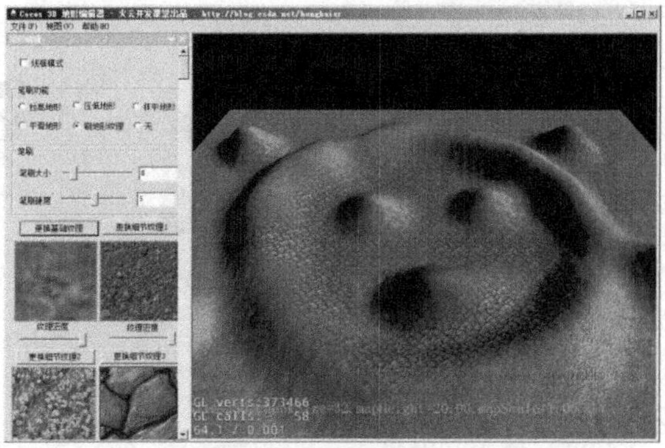

▲图 4-16　地形样式示例

（1）随书中源代码第 4 章中可见一个名称为“Cocos 地形四通道图透明度通道工具.zip”的压缩包，解压缩此文件至任意位置，双击进入文件夹，如图 4-17 所示。然后将需要修改的 Alpha 贴图放入图 4-17 中名为 picSrc 的文件夹下，等待运行工具修改。

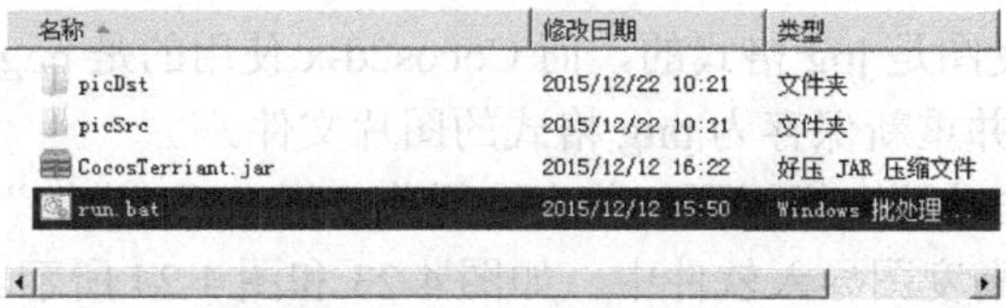

▲图 4-17　解压完成文件目录

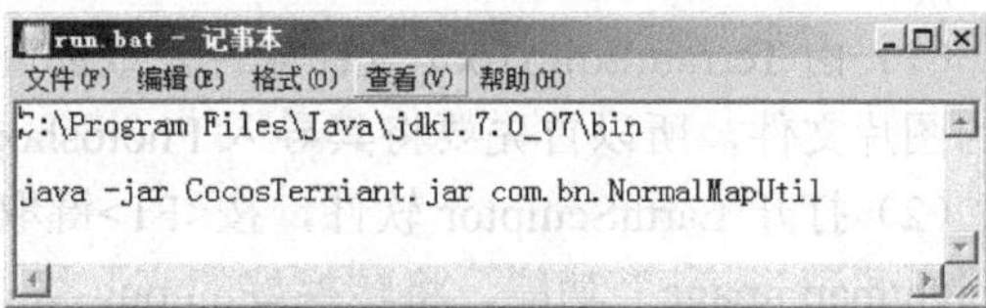

▲图 4-18　文件配置界面

（2）接下来要选中 run.bat 文件，单击鼠标右键选择编辑，进入编辑界面如图 4-18 所示。使用此工具之前首先要安装 jdk，然后将使用 PC 的 jdk 安装路径复制粘贴至此处进行修改，之后保存退出。

（3）修改完成后，双击打开 run.bat 文件会出现如图 4-19 和图 4-20 所示弹窗，并且需要修改的图片文件在按上述步骤操作后会在默认选择路径下显示，当然这个工具也提供了自定义选择路径导入图片等基本功能，这里就不再一一介绍。

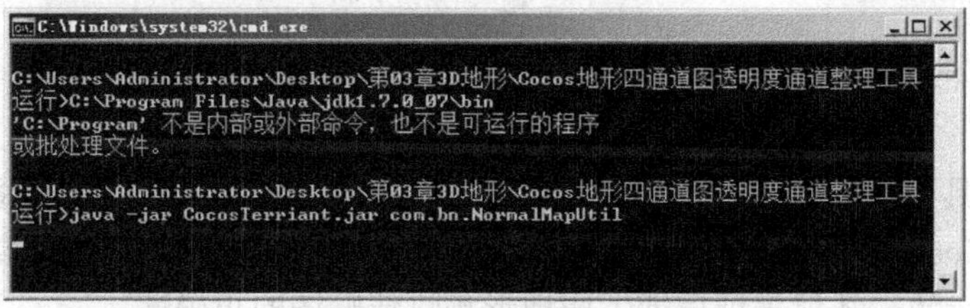

▲图 4-19　工具运行窗口

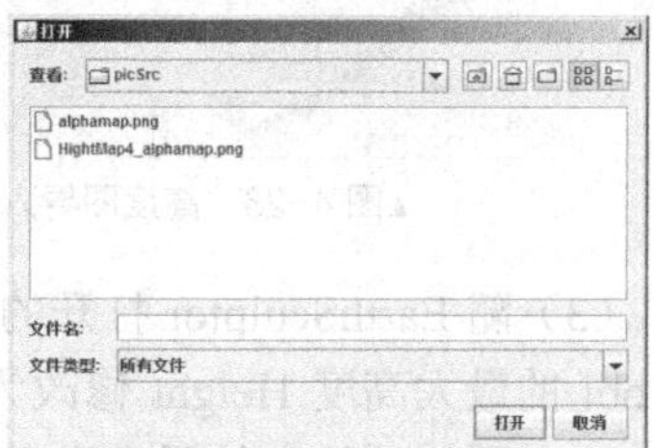

▲图 4-20　图片选择窗口

（4）选中图片文件，单击打开按钮，对图片转换过程稍作等待，完成后会出现如图 4-21 所示的弹窗，这时在名为 picDst 的文件夹下就可以找到转换完成的图片文件，如图 4-22 所示。将此 Alpha 贴图导入 Cocos2d-x 项目，即可直接使用。

> **提示**　本节介绍的仅仅是笔者使用的地形设计软件，市面上也有很多拥有类似功能的软件，只要可以满足 Cocos2d-x 项目的开发需求，都可以用来设计制作地形，这里就不再一一介绍，有兴趣的读者可以自行查找并使用。

▲图 4-21　图片转换完成图

▲图 4-22　图片转换完成存放目录

4.2.3　地形预烘焙贴图制作

地形中若使用定向光照，则在地形上形成的光照效果是实时计算的，这样一来就增加了手机绘制地形时的计算量，为了解决此问题，Terrain 类中提供了一个设置地形预烘焙光照的方法 setLightMap，此方法的设置在基础知识部分已提到，下面将介绍其加载的烘焙贴图的制作方法。

1. obj 格式文件转换

（1）由 TerrainEditoTool 设计软件生成的高度图是 jpg 格式的，而 Cocos2d-x 使用的是 png 格式的图片文件，所以首先要将其导入 Photoshop 并重新保存为 png 格式的图片文件。

（2）打开 EarthSculptor 软件，按<F1>键取消功能介绍页面，单击选择菜单栏中“Import”→“Heightmap image”功能，将转换好的 png 格式高度图导入软件中，如图 4-23 和图 4-24 所示。

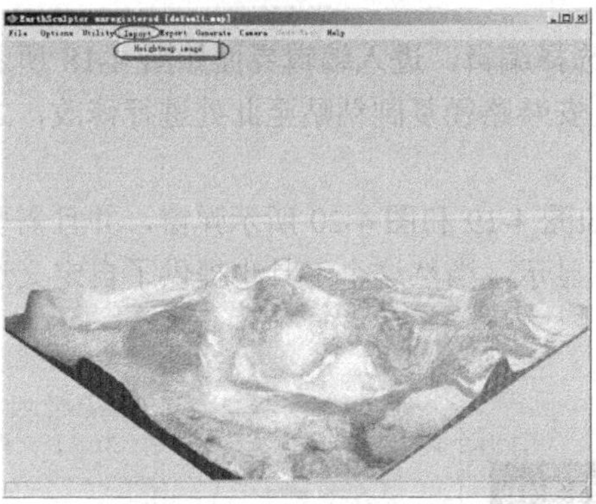

▲图 4-23　高度图导入图 1

▲图 4-24　高度图导入图 2

（3）随 EarthSculptor 打开的工具栏面板中（若没有打开也可以按<Caps Lock>键打开），将地形 obj 的最大高度 Height 修改为 Cocos2d-x 项目中需要的高度，如图 4-25 所示。这里最大高度 Height 必须与项目中使用高度保持一致，才能保证后续生成地形预烘焙贴图的正确性。

（4）完成参数设置后，单击选择菜单栏“Export”→“Obj export”，如图 4-26 所示，在弹出的窗口中按照如图 4-27 所示勾选，并选择导出路径，编辑所保存名称如图 4-28 所示，然后导出 obj 文件至目标路径，即完成了高度图生成 obj 格式文件的操作。

说明　EarthSculptor 是笔者使用的将高度图转化为 obj 格式文件的软件，其可以在搜索引擎中输入软件名称搜索，并轻松下载所需版本，这里就不再具体介绍其下载过程，另外有兴趣的读者也可以自行查找其他格式转换工具，完成文件之间的导入与转换。

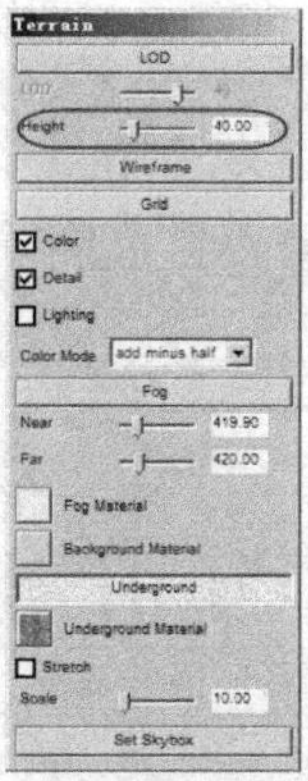

▲图 4-25　地形最大高度调整图

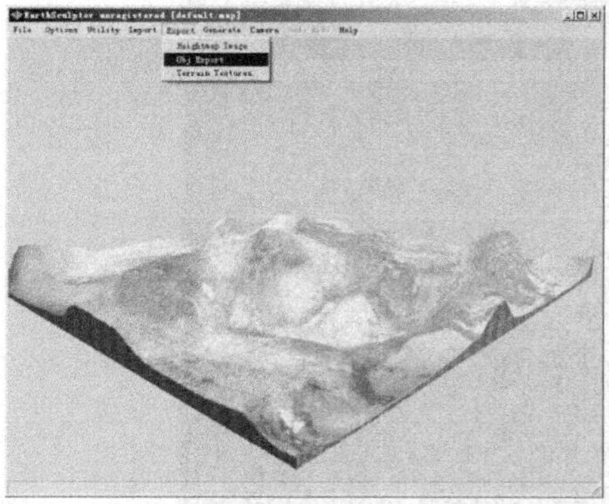

▲图 4-26　obj 格式文件导出图 1

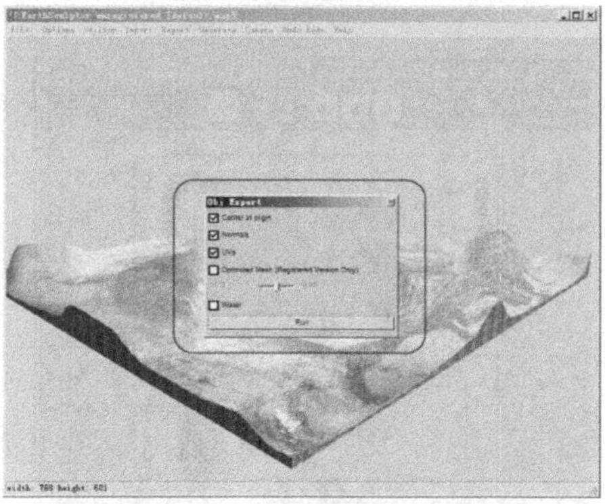

▲图 4-27　obj 格式文件导出图 2

▲图 4-28　obj 格式文件导出图 3

2. 贴图生成

（1）将生成的 obj 格式文件导入 3ds Max 中，进行地形预烘焙贴图的烘焙过程。调整模型角度与 Cocos2d-x 项目中光照方向一致，这里所用正对面为模型导入后的右侧面，如图 4-29 所示。

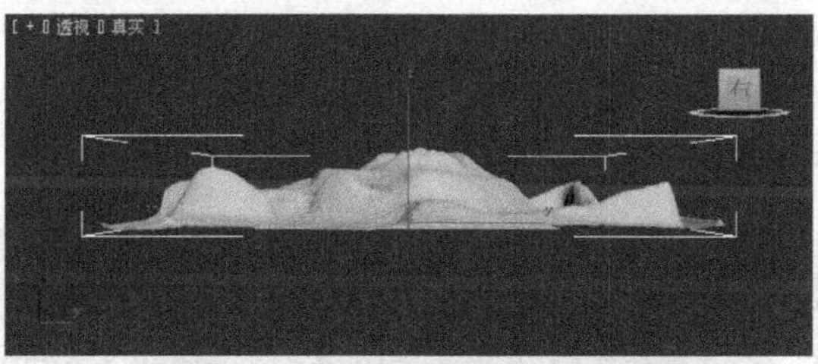

▲图 4-29　obj 格式文件导入效果图

▲图 4-30　渲染路径设置

（2）选中模型右侧面，单击菜单栏中的“渲染”→“渲染到纹理”打开设置面板，在常规设置中的“输出”后面配置好输出路径，如图 4-30 所示。在烘焙对象贴图坐标一栏中，启用并使用现有通道一栏，并设置数值为 1，如图 4-31 所示。

（3）在下面的“输出”卷展栏中单击“添加”按钮，在弹出的添加纹理元素窗口中选择光照贴图（LightingMap），下面设置输出文件的名称、格式，目标贴图位置选择“漫反射颜色”，之后设置输出图像的分辨率，并勾选选定元素唯一设置一栏下的所有选项，如图 4-32 所示。

（4）完成设置后单击“渲染”，即可看到渲染完成后的效果图，如图 4-33 和图 4-34 所示，也可以自行选择另存为，保存贴图至目标路径。

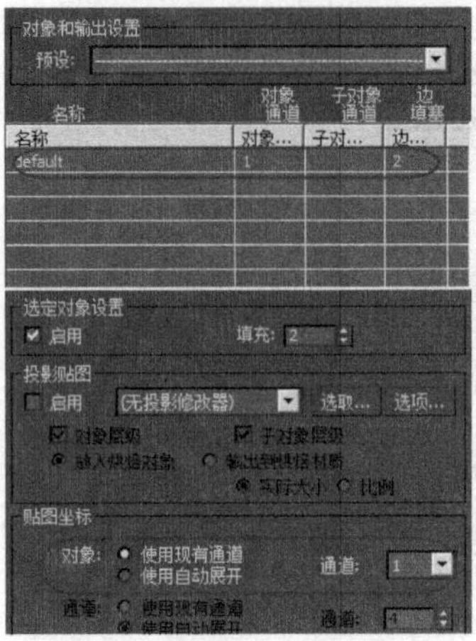

▲图 4-31　渲染参数设置图 1

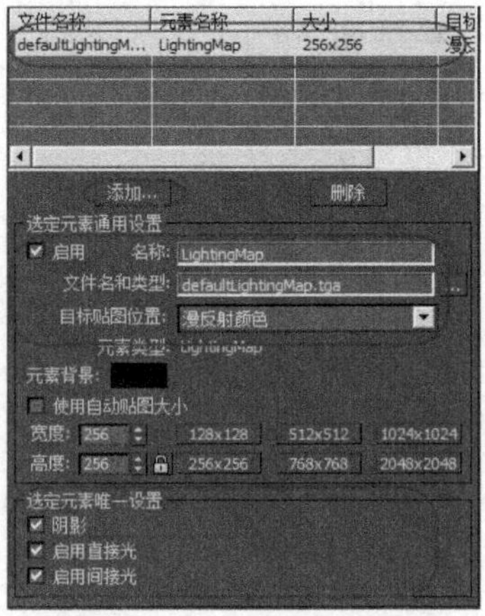

▲图 4-32　渲染参数设置图 2

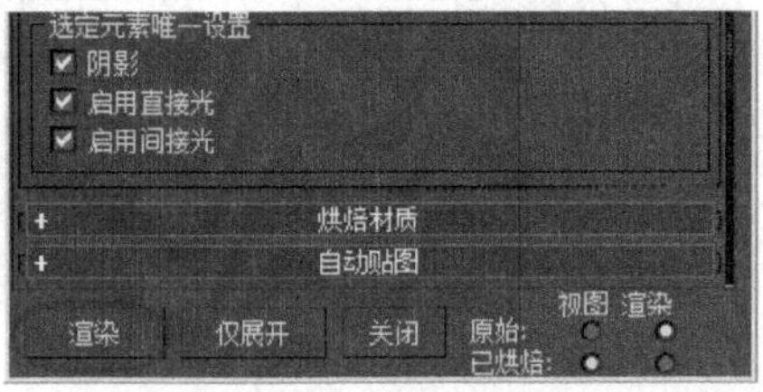

▲图 4-33　渲染参数设置图 3

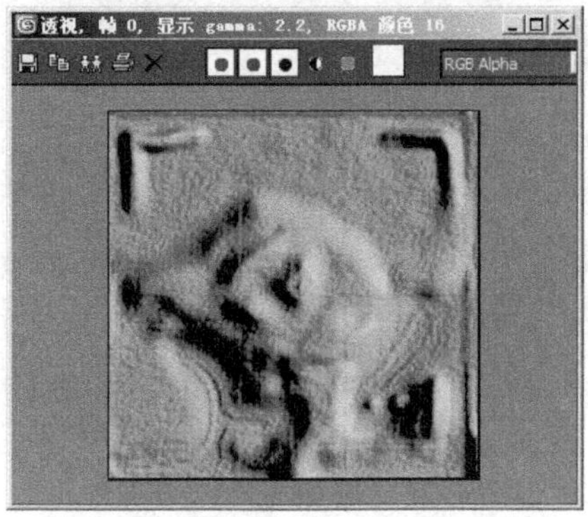

▲图 4-34　渲染完成效果图

说明　由以上几个步骤制作出的地形预烘焙贴图导入 Cocos2d-x 项目中运行时，显示效果并不理想，所示还需要使用 Photoshop 对贴图稍加处理。

（5）将 3ds Max 制作的地形预烘焙贴图在 Photoshop 中打开，如图 4-35 所示，选择“滤镜”→“模糊”→“场景模糊”，然后调整模糊参数后单击“确定”按钮，再到菜单栏中选择“图像”→“调整”→“亮度/对比度”，调整为合适亮度，如图 4-36 所示。

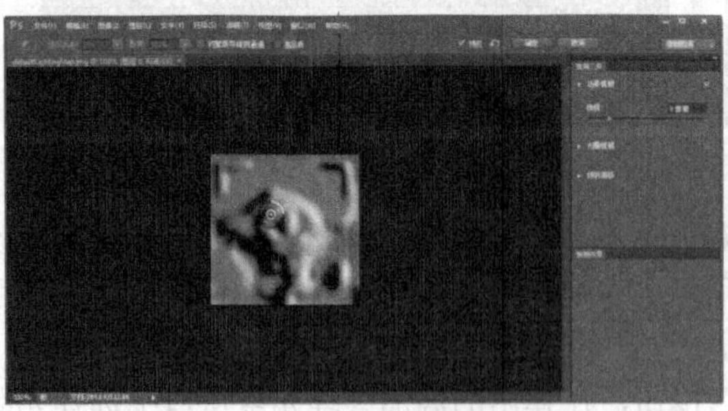

▲图 4-35　模糊度参数调整

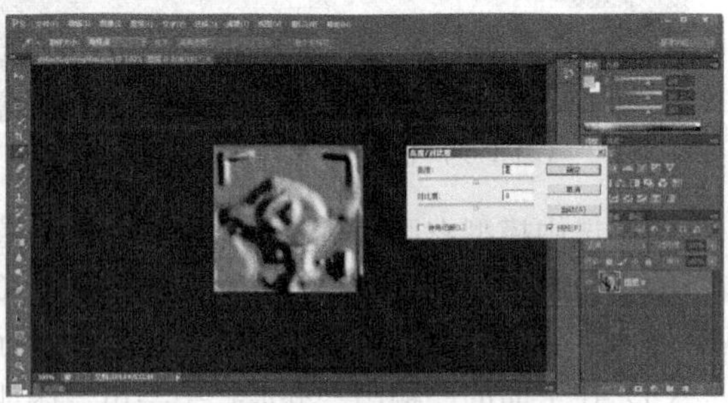

▲图 4-36　亮度参数调整

（6）将处理完成后的贴图保存为 png 格式图片文件。至此，地形预烘焙贴图的制作就完成了，只需要将其放入 Cocos2d-x 项目资源文件中，在相应方法中设置加载，即可以显示出预期的效果。

> ✎注意　上述步骤（5）中图 4-35 和图 4-36 中模糊参数和亮度参数的具体值只是操作方法指导，不具有实际使用意义，具体操作时的参数值还需要读者自行调试，直至在案例中显示理想效果，才是合适的参数值。

4.3 3D 地形案例开发

本章的前一部分介绍了一些关于 3D 地形的基础知识和相关地形设计软件的使用，在了解了这些内容后，就可以进行具体案例的开发了。本节将用两个使用了 3D 地形知识的案例来展示其具体功能的效果，通过学习掌握本节案例的开发过程可以对 Cocos2d-x 中的 3D 地形有更加深刻的认识。

4.3.1 定向光照案例

了解了 3D 地形的基础知识和 Alpha 贴图、高度图以及地形预烘焙贴图的制作过程后，下面就将介绍一个使用定向光照案例的开发过程，在进行具体案例的开发之前，有必要来看一下其运行效果，如图 4-37 和图 4-38 所示。

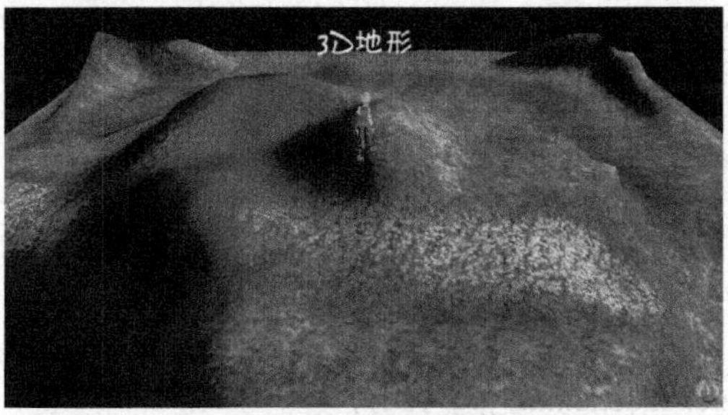

▲图 4-37　地形演示效果图 1

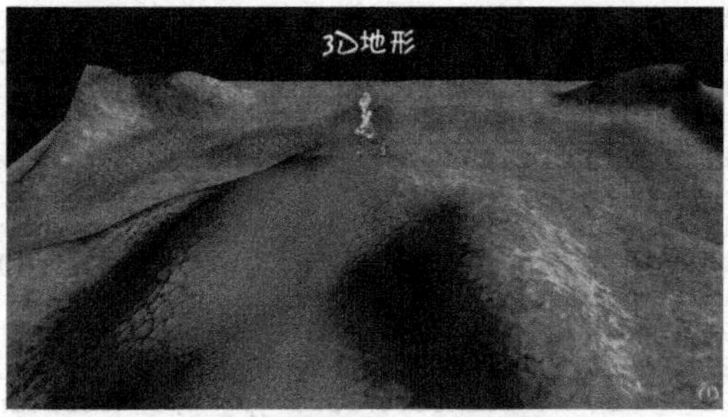

▲图 4-38　地形演示效果图 2

了解了 3D 地形定向光照案例的运行效果之后，就可以进行相应案例的开发了，通过开发本案例可以对 3D 地形的基础知识和开发过程有更深一步的了解和体会，并能够熟练地应用其基础知识。下面将对案例的编写开发过程进行详细的介绍，具体步骤如下所示。

（1）新建一个名称为 Sample4_1 的项目，为项目添加必要的构造器及进行必要的设置。

（2）接下来介绍的是开发地形的布景类 TerrainLayer，首先开发的是该类的框架，该框架中声明了一系列将要使用的成员变量和成员方法，其中包括摄像机、地形、3D 精灵以及触控回调方法等，其详细内容如下。

代码位置：源代码/第 4 章/Sample4_1/app/src/main/jni/terrain 目录下的 TerrainLayer.h。

```
......//此处省略了精灵类 Mplayer 的声明，将在后面的部分详细介绍
class TerrainLayer : public cocos2d::Layer{
public:
        cocos2d::Camera* _camera;                 //指向摄像机的指针
        cocos2d::Terrain* _terrain;               //指向地形的指针
        Mplayer * _player;                        //指向精灵的指针
    virtual bool init();                          //初始化的方法
    void initTerrain();                           //初始化地形方法
      void onTouchesBegan(                        //触摸开始时回调方法 onTouchesBegan
        const std::vector<cocos2d::Touch*>& touches, cocos2d::Event* event);
      void onTouchesEnd(                          //触摸结束时回调方法 onTouchesEnd
        const std::vector<cocos2d::Touch*>& touches, cocos2d::Event* event);
    CREATE_FUNC(TerrainLayer);
};#endif
```

● 第 4～12 行功能为声明指向摄像机对象的指针、指向地形的指针以及指向精灵对象的指针，还声明了初始化布景的 init 方法、初始化方法以及与触控相关的回调方法等。

● 第 13 行功能为定义 Cocos2d-x 中的一个宏，创建指定类型的对象并做好相应的初始化与释放工作。

（3）TerrainLayer 类声明完成后就可以进入到该类的具体方法的开发了。首先介绍的是该类的初始化方法，然后介绍的是初始化 3D 地形的方法，其方法中加载了摄像机、3D 地形和骨骼动画，具体内容如下。

代码位置：源代码/第 4 章/Sample4_1/app/src/main/jni/terrain 目录下的 TerrainLayer.cpp。

```
......//此处省略了对一些头文件的引用以及定义头文件的相关代码，请读者自行参考源代码
Vec3 camera_offset(0, 75, 100);
#define PLAYER_HEIGHT  0
bool TerrainLayer::init(){
  if ( !Layer::init() ){return false; }                    //调用父类的初始化
  initTerrain();                                            //调用初始化地形方法
  return true;
}
void TerrainLayer::initTerrain(){
  auto listener = EventListenerTouchAllAtOnce::create();//创建触控监听
  listener->onTouchesBegan = CC_CALLBACK_2(           //触摸开始回调方法 onTouchesBegan
                   TerrainLayer::onTouchesBegan, this);
  listener->onTouchesEnded = CC_CALLBACK_2(           //触摸结束回调方法 onTouchesEnded
                    TerrainLayer::onTouchesEnd, this);
  _eventDispatcher->addEventListenerWithSceneGraphPriority(listener, this);
                                                           //添加到监听器
  Size visibleSize = Director::getInstance()->getVisibleSize();
                                                           //获得可见区域的尺寸
  _camera = Camera::createPerspective(60,visibleSize.width/visibleSize.height,
                       10,400);                            //创建摄像机
  _camera->setCameraFlag(CameraFlag::USER1);               //设置摄像机编号标志
  addChild(_camera);                                       //将摄像机添加到布景中
  Terrain::DetailMap r("TerrainTest/dirt.jpg"),g("TerrainTest/Grass2.jpg",10),
  b("TerrainTest/road.jpg"),a("TerrainTest/GreenSkin.jpg",20);
                                                           //创建地形纹理数据
  Terrain::TerrainData data("TerrainTest/heightmap16.jpg","TerrainTest/alphamap.png",
                   r,g,b,a,Size(32,32),80.0f,2);           //添加地形高度数据
  _terrain = Terrain::create(data,Terrain::CrackFixedType::SKIRT);
                                                           //创建地形
  _terrain->setLODDistance(3.0f,3.1f,3.2f);                //设置 LOD 参数值
  _terrain->setMaxDetailMapAmount(4);                      //设置细节纹理图最大数量值
  _terrain->setCameraMask(2);                              //设置地形的摄像机
  _terrain->setDrawWire(false);                            //设置网格模式为 false
  _terrain->setSkirtHeightRatio(3);                        //设置裙边法填补缝隙比例值
  _terrain->setLightMap("TerrainTest/Lightmap.png");      //设置地形烘焙贴图
  AmbientLight* ambientLight = AmbientLight::create(Color3B(220, 220, 220));
  addChild(ambientLight);                                  //设置环境光参数将环境光加入布景
  _player = Mplayer::create("c3b/girl/girl.c3b",_camera, _terrain);
                                                           //创建精灵对象
  _player->setCameraMask(2);                               //设置精灵摄像机
  _player->setScale(0.16f);                                //设置精灵缩放比
  _player->setPositionY(_terrain->getHeight                //设置精灵初始坐标
         (_player->getPositionX(),_player->getPositionZ())+PLAYER_HEIGHT);
  auto animation = Animation3D::create("c3b/girl/girl.c3b","Take 001");
                                                           //创建骨骼动画对象
  if (animation){
     auto animate = Animate3D::create(animation); //创建骨骼动画动作
     _player->runAction(RepeatForever::create(animate));//执行骨骼动画
  }
  _camera->setPosition3D(_player->getPosition3D()+camera_offset);
                                                           //设置摄像机位置
  _camera->setRotation3D(Vec3(-45,0,0));                   //设置摄像机旋转角度
  addChild(_player);                                       //将精灵添加到布景中
  addChild(_terrain);                                      //将地形添加到布景中
}
```

- 第 1～8 行功能为首先定义一个摄像机初始点，然后定义精灵高度宏，最后调用父类初始化方法和调用初始化地形方法。
- 第 10～20 行功能为创建触控监听，并添加开始时回调方法和结束时回调方法，同时将其添加到监听器。然后获取可见区域大小，并创建摄像机添加到场景中。
- 第 21～33 行功能为创建地形纹理数据、添加地形高度数据、创建地形，设置地形相关参数，并为地形定向光照设置烘焙贴图。
- 第 34～48 行功能为创建地形中的精灵并设置摄像机、缩放比和位置参数，接着创建骨骼动画。最后设置摄像机位置和旋转角度，并将精灵和地形添加到布景中。

（4）开发完该类的初始化方法以及初始化 3D 地形的方法后。下面开发该类中用到的触控相关方法，其中包括触摸开始时的回调方法 onTouchesBegan 以及触摸结束时的回调方法 onTouchesEnded，其具体代码如下。

代码位置：源代码/第 4 章/Sample4_1/app/src/main/jni/terrain 目录下的 TerrainLayer.cpp。

```
1    ......//此处为触摸开始时回调方法 onTouchesBegan，由于该方法中没有具体的代码故省略
2    void TerrainLayer::onTouchesEnd(const std::vector<cocos2d::Touch*>& touches,
     cocos2d::Event* event){
3        auto touch = touches[0];                          //获取触控数据
4        auto location = touch->getLocationInView();     //获取当前触摸点在屏幕坐标系中的位置
5        if(_camera){
6            if(_player){
7                Vec3 nearP(location.x, location.y, 0.0f), farP(location.x, location.y, 1.0f);
8                auto size = Director::getInstance()->getWinSize();
                                                          //获得视图大小
9                _camera->unproject(size, &nearP, &nearP); //将屏幕空间坐标转换为三维空间坐标
10               _camera->unproject(size, &farP, &farP);
11               Vec3 dir = farP - nearP;
12               dir.normalize();                          //求向量的标准化向量
13               Vec3 collisionPoint(-999,-999,-999);
14               bool isInTerrain = _terrain->getIntersectionPoint(
15                           Ray(nearP, dir), collisionPoint);//求地形的交叉点
16               if (!isInTerrain){                        //点是否在地形上
17                       _player->idle();
18                       return;}
19               dir = collisionPoint - _player->getPosition3D();
                                                          //减去精灵坐标点
20               dir.y = 0;
21               dir.normalize();                          //求向量的标准化向量
22               _player->_headingAngle =  -1*acos(dir.dot(Vec3(0,0,-1)));
                                             //计算精灵角度
23               dir.cross(dir,Vec3(0,0,-1),&_player->_headingAxis);
24               _player->_targetPos=collisionPoint;     //设置精灵目标点
25               _player->forward();                     //执行精灵前进方法
26           }}}
```

- 第 2～4 行功能为获得触控点数据，以及触控点在屏幕坐标系中的位置。
- 第 7～12 行功能为设置近距离点和远距离点并根据视图大小屏幕空间坐标转换为三维空间坐标，然后定义一个方向向量，最后将此向量归一化。
- 第 13～25 行功能为首先求地形的交叉点，若此点不在地形上则精灵不移动，然后计算精灵移动方向向量并将其归一化，其次计算精灵旋转角度和旋转轴，最后设置精灵目标点和前进方向。

（5）开发完布景类 TerrainLayer 后，接下来开发地形中的精灵类 Mplayer，该类继承自 3D 精灵类 Sprite3D。首先开发的是该类的框架，该框架中声明了一系列将要使用的成员变量及成员方法，其具体内容如下。

代码位置：源代码/第 4 章/Sample4_1/app/src/main/jni/terrain 目录下的 TerrainLayer.h。

```
......//此处省略了对一些头文件的引用以及定义头文件的相关代码，请读者自行参考源代码
#define PLAYER_STATE_IDLE 2                              //精灵初始状态
```

```
#define PLAYER_STATE_FORWARD 3                              //精灵前进状态
class Mplayer : public Sprite3D{
public:
   static Mplayer * create(const char* file, Camera* cam, Terrain* terr);
                                                              //精灵创建方法
    virtual void update(float dt);                            //定时回调方法
    void forward();                                           //设置前进标志位方法
    Vec3 _targetPos;                                          //目标坐标
    void updateState();                                       //更新状态方法
    float _headingAngle;                                      //旋转角度
    Vec3 _headingAxis;                                        //旋转轴
private:
    Terrain* _terrain;                                        //指向地形的指针
    Camera* _cam;                                             //指向摄像机的指针
    int _playerState;                                         //精灵状态
};
```

说明　上述代码声明了指向摄像机对象的指针、指向地形的指针以及指向精灵对象的指针等，还声明了精灵对象的创建方法、定时回调方法以及前进方法等。

（6）Mplayer 类声明完成后就可以进入到该类的具体方法的开发中了。首先介绍的是创建 3D 精灵的方法 create 和更新 3D 精灵运动状态的方法 updateState，具体内容如下。

代码位置：源代码/第 4 章/Sample4_1/app/src/main/jni/terrain 目录下的 TerrainLayer.cpp。

```
1  void Mplayer::updateState(){                                     //精灵状态更新方法
2      auto player = (Sprite3D * )this;
3      switch (_playerState){                                       //选择精灵状态
4      case PLAYER_STATE_FORWARD: {
5           Vec2 player_pos =Vec2(
6          player->getPositionX(),player->getPositionZ());          //获得精灵 xz 平面坐标位置
7          Vec2 targetPos = Vec2(_targetPos.x,_targetPos.z); //获得目标点 xz 平面坐标位置
8           auto dist = player_pos.distance(targetPos);            //计算两点间的距离
9           if(dist<1){
10            _playerState = PLAYER_STATE_IDLE;                     //设置玩家状态
11          }}
12         break;
13     default:
14         break;
15 }}
16 Mplayer * Mplayer::create(const char * file,Camera * cam,Terrain * terrain){
17     auto sprite = new (std::nothrow) Mplayer();                 //创建精灵对象
18     if (sprite && sprite->initWithFile(file)){
19         sprite->_headingAngle = 0;                               //设置精灵旋转角度
20         sprite->_playerState = PLAYER_STATE_IDLE;                //设置精灵初始状态
21         sprite->_cam = cam;                                      //设置摄像机
22         sprite->_terrain = terrain;                              //设置精灵所在场景中的地形
23         sprite->autorelease();
24         sprite->scheduleUpdate();                                //调用自动回调方法
25         return sprite;
26     }
27     CC_SAFE_DELETE(sprite);
28     return nullptr;
29 }
```

- 第 1～15 行功能为精灵状态更新方法，若精灵为初始状态则直接返回。若精灵为前进状态则根据精灵和目标点在 xoz 面的位置坐标计算出距离，若距离小于 1 则设置为初始化状态。
- 第 16～29 行功能为首先创建一个精灵对象，若精灵创建成功并指定精灵纹理成功，则设置精灵的旋转角度、状态、摄像机以及地形参数，最后调用自动回调方法。

（7）开发完该类的创建 3D 精灵的方法 create 和更新 3D 精灵运动状态的方法 updateState 后。下面开发该类中的自动回调方法 update 以及设置 3D 精灵前进和暂停运动状态的方法 forward 和 idle，具体内容如下。

代码位置：源代码/第 4 章/Sample4_1/app/src/main/jni/terrain 目录下的 TerrainLayer.cpp。

```
1   void Mplayer::update(float dt){
2       auto player = (Sprite3D *)this;
3       switch (_playerState){                                  //精灵状态
4           case PLAYER_STATE_IDLE:                             //初始状态
5               break;
6           case PLAYER_STATE_FORWARD:{                         //前进状态
7                   Vec3 curPos= player->getPosition3D();       //获得精灵坐标
8                   Vec3 newFaceDir = _targetPos - curPos;      //目标点减去精灵坐标点
9                   newFaceDir.y = 0.0f;                        //设置 y 等于 0
10                  newFaceDir.normalize();                     //求向量标准化向量
11                  Vec3 offset = newFaceDir * 25.0f * dt;      //求走出的距离
12                  curPos+=offset;                             //精灵坐标点加上走出的距离
13                  player->setPosition3D(curPos);}             //设置精灵坐标
14              break;
15          default:
16              break;}
17      auto playerPos = player->getPosition3D();               //获得精灵坐标
18      auto playerModelMat = player->getParent()->getNodeToWorldTransform();
                                                                //获得变换矩阵
19      playerModelMat.transformPoint(&playerPos);              //用矩阵变换精灵的坐标
20      Vec3 Normal;
21      float player_h = _terrain->getHeight(playerPos.x, playerPos.z,&Normal);
                                                                //求出精灵坐标点的地形高度
22      if (Normal.isZero())    {player_h = playerPos.y; }
23      else    {player_h += PLAYER_HEIGHT; }
24      player->setPositionY(player_h);                         //设置精灵高度
25      Quaternion q2;                                          //声明四元数 q2
26      q2.createFromAxisAngle(Vec3(0,1,0),-M_PI,&q2);          //指定旋转轴和角度创建一个四元数
27      Quaternion headingQ;                                    //声明四元数 headingQ
28      headingQ.createFromAxisAngle(_headingAxis,_headingAngle,&headingQ);
29      player->setRotationQuat(headingQ*q2);                   //设置精灵旋转角度
30      auto vec_offset =Vec4(camera_offset.x,camera_offset.y,camera_offset.z,1);
31      vec_offset = player->getNodeToWorldTransform()*vec_offset;
32       _cam->setPosition3D(player->getPosition3D() + camera_offset);
                                                                //设置摄像机位置
33      updateState();                                          //调用 updateState 方法
34  }
35  void Mplayer::forward(){
36      _playerState = PLAYER_STATE_FORWARD;                    //设置精灵状态
37  }
38  void Mplayer::idle(){
39      _playerState = PLAYER_STATE_IDLE;                       //设置精灵状态
40  }
```

- 第 2～16 行功能为首先将 this 强转成 3D 精灵，然后判断精灵状态，若为初始状态则返回。若为前进状态，则根据精灵当前位置和目标点位置以及步长计算出精灵坐标点，并将该点设置给场景中的精灵。
- 第 17～34 行功能为首先获得精灵坐标点地形高度并设置精灵高度，然后计算精灵旋转角度，并设置精灵旋转角度，最后通过世界仿射变换矩阵和精灵坐标位置，计算出摄像机坐标，并设置摄像机位置，同时调用更新精灵状态方法。
- 第 35～40 行功能为设置精灵前进和暂停运动状态的方法。

4.3.2　可变方向光照案例

上一小节案例中介绍了使用定向光照的地形，但在真正 3D 游戏的地形中，固定的光照方向并不能适应所有场景，这时就必须设置可变方向的光照来实时更新光照的方向。本小节将介绍一个设置可变方向光照的案例，在进行具体案例的开发之前，有必要来看一下其运行效果，如图 4-39 和图 4-40 所示。

▲图 4-39　地形演示效果图 1

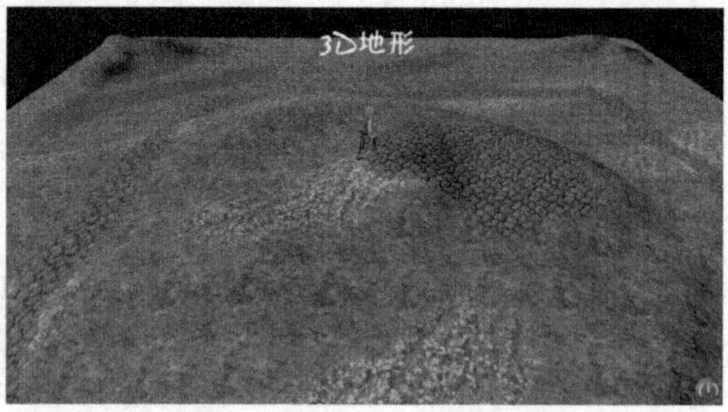

▲图 4-40　地形演示效果图 2

说明　图 4-39 的光照是从右上方照向左下方，图 4-40 的光照是从地形正上方照下，两幅图给出了同一视角下不同光照方向的光照效果，能够帮助读者理解本案例中所介绍的知识。

了解了可变方向光照案例运行效果之后，就可以进行相应案例的开发了，通过开发本案例可以对 3D 地形的基础知识和可变方向光照的开发过程有更深一步的了解和体会，下面将对案例的编写过程进行详细的介绍，具体步骤如下所示。

（1）新建一个名称为 Sample4_2 的项目，为项目添加必要的构造器及进行必要的设置。

（2）接下来介绍的是开发地形的布景类 TerrainLayer，首先开发的是该类的框架，该框架中声明了一系列将要使用的成员变量和成员方法，其中包括摄像机、地形、3D 精灵以及触控回调方法等，其详细内容如下。

代码位置：源代码/第 4 章/Sample4_1/app/src/main/jni/terrain 目录下的 TerrainLayer.h。

```
1    ......//此处省略了精灵类 Mplayer 的声明，将在后面的部分详细介绍
2    class TerrainLayer : public cocos2d::Layer{
3    public:
4            cocos2d::Camera*  _camera;              //指向摄像机的指针
5            cocos2d::Terrain* _terrain;             //指向地形的指针
6            Mplayer * _player;                      //指向精灵的指针
7        virtual bool init();                        //初始化的方法
8        void initTerrain();                         //初始化地形方法
9            void degreeChange(float time);          //时间调度函
10           float degree;                           //声明光照方向度数变化
11           float lx;                               //可变光照变化 x 变量
12           float ly;                               //可变光照变化 y 变量
13           int initx;                              //可变光照变化角度初始值
14          void onTouchesBegan(                     //触摸开始时回调方法 onTouchesBegan
15           const std::vector<cocos2d::Touch*>& touches, cocos2d::Event* event);
16          void onTouchesEnd(                       //触摸结束时回调方法 onTouchesEnd
17           const std::vector<cocos2d::Touch*>& touches, cocos2d::Event* event);
18      CREATE_FUNC(TerrainLayer);
19   };#endif
```

● 第 4～17 行功能为声明指向摄像机对象的指针、指向地形的指针以及指向精灵对象的指针，以及关于可变方向光照的角度、x、y 的变量，还声明了定时调用的角度变化方法，初始化布景的 init 方法、初始化方法以及与触控相关的回调方法等。

● 第 13 行功能为定义 Cocos2d-x 中的一个宏，创建指定类型的对象并做好相应的初始化与释放工作。

（3）TerrainLayer 类声明完成后就可以进入到该类的具体方法的开发了。首先介绍的是该类的初始化方法，然后介绍的是初始化 3D 地形的方法，其方法中加载了摄像机、3D 地形和骨骼动画，具体内容如下。

代码位置：源代码/第 4 章/Sample4_1/app/src/main/jni/terrain 目录下的 TerrainLayer.cpp。

```
1   ....../此处省略了对一些头文件的引用以及定义头文件的相关代码，请读者自行参考源代码
2   Vec3 camera_offset(0, 75, 100);
3   #define PLAYER_HEIGHT  0
4   degree=145;                                         //初始化
5   initx=14;                                           //初始化传递变量
6   bool TerrainLayer::init(){
7     if ( !Layer::init() ){return false; }              //调用父类的初始化
8   initTerrain();                                      //调用初始化地形方法
9   schedule(schedule_selector(TerrainLayer::degreeChange),0.05f);
                                                        //按时回调可变方向角度变化方法
10    return true;
11  }
12  void TerrainLayer::initTerrain(){
13    ......//此处省略了与前面案例中相似的代码，需要的读者请参考源代码
14    Terrain::DetailMap r("TerrainTest/dirt.jpg"),g("TerrainTest/Grass2.jpg",10),
15    b("TerrainTest/road.jpg"),a("TerrainTest/GreenSkin.jpg",20);
                                                        //创建地形纹理数据
16    Terrain::TerrainData data("TerrainTest/heightmap16.jpg","TerrainTest/alphamap.png",
17                    r,g,b,a,Size(32,32),40.0f,2);      //添加地形高度数据
18     _terrain = Terrain::create(data,Terrain::CrackFixedType::SKIRT);
                                                        //创建地形
19     _terrain->setLODDistance(3.2f,3.3f,3.5f);        //设置 LOD 参数值
20     _terrain->setMaxDetailMapAmount(4);              //设置细节纹理图最大数量值
21     _terrain->setCameraMask(2);                      //设置地形的摄像机
22     _terrain->setDrawWire(false);                    //设置网格模式为 false
23     _terrain->setSkirtHeightRatio(3);                //设置裙边法填补缝隙比例值
24    AmbientLight* ambientLight = AmbientLight::create(Color3B(220, 220, 220));
25    addChild(ambientLight);                           //设置环境光参数将环境光加入布景
26    addChild(_terrain);                               //将地形添加到布景中
27    ......//此处省略了创建人物精灵的相关代码，请读者自行参考源代码
28  }
```

- 第 2～11 行功能为首先定义一个摄像机初始点，然后定义精灵高度宏，变化角度初始值，并初始化传递变量，最后调用父类初始化方法、按时回调角度方法和调用初始化地形方法。
- 第 12～26 行功能为创建地形纹理数据、添加地形高度数据、创建地形，设置地形相关参数，并为地形定向光源设置已烘焙贴图。

（4）开发完该类的初始化方法以及初始化 3D 地形的方法后。下面开发该类中用到的触控相关方法和光照变化方法，其中包括触摸开始时的回调方法 onTouchesBegan、触摸结束时的回调方法 onTouchesEnded 以及定时回调变化光照方向的方法，具体内容如下。

代码位置：源代码/第 4 章/Sample4_1/app/src/main/jni/terrain 目录下的 TerrainLayer.cpp。

```
void TerrainLayer::degreeChange(float time){              //光照方向变化定时回调方法
    initx = (initx+1)%280;                                 //调用绝对值函数计算实时角度
    degree = 20+abs(initx - 140);
    lx=cos(degree*3.1415926535898/180);                    //光照方向变化实时 x 值计算
    ly=sin(degree*3.1415926535898/180);                    //光照方向变化实时 y 值计算
    _terrain->setLightDir(Vec3(lx,-ly,0));                 //设置光照方向角度
}
......//此处省略了与前面案例中相似的代码，需要的读者请参考源代码
```

（5）开发完布景类 TerrainLayer 后，接下来开发地形中的精灵类 Mplayer，该类继承自 3D 精灵类 Sprite3D。首先开发的是该类的框架，该框架中声明了一系列将要使用的成员变量及成员方法。

（6）Mplayer 类声明完成后就可以进入到该类的具体方法的开发中了。首先介绍的是创建 3D 精灵的方法 create 和更新 3D 精灵运动状态的方法 updateState。

（7）开发完该类的创建 3D 精灵的方法 create 和更新 3D 精灵运动状态的方法 updateState 后。下面开发该类中的自动回调方法 update 以及设置 3D 精灵前进和暂停运动状态的方法 forward 和

idle。由于步骤（5）～（7）中的方法与前面 4.3.1 小节案例中的对应类非常相似，这里就不再赘述其代码部分，需要的读者请参考本书中的源代码。

4.4 导航网格的相关类

通过前面几节的学习，可以发现英雄精灵可以在地形中毫无阻碍地行走。对于地形中特别陡峭和低洼的地形结构也不回避，这是不合常理的。幸运的是 Cocos2d-x 已经支持精灵的自动导航，其可以有条件地选择行走路径，下面将对 Cocos2d-x 中的寻路导航系统进行详细的介绍。

若要使精灵自动寻路，首先要了解 Cocos2d-x 提供的导航网格的相关类。本小节将介绍两个与导航网格相关的类，即：导航网格类 NavMesh 和导航网格代理实体类 NavMeshAgent。关于导航网格类 NavMesh 的相关方法的具体内容见表 4-6。

表 4-6　NavMesh 类相关的方法

方 法 签 名	说　明
static NavMesh* create(const std::string &navFilePath, const std::string &geomFilePath)	创建导航网格，参数 navFilePath 表示导航网格文件的路径，参数 geomFilePath 表示几何路径的文件包括 offmesh 信息等
void findPath(const Vec3 &start, const Vec3 &end, std::vector<Vec3> &pathPoints)	从导航网格中找出一条导航路径，参数 start 表示搜寻结果中的起始点，参数 end 表示搜寻结果中的结束点，参数 pathPoints 表示路径中的关键点
void addNavMeshAgent(NavMeshAgent *agent)	为导航网格添加 Agent 实体
void removeNavMeshAgent(NavMeshAgent *agent)	从导航网格中删除一个 Agent 实体
void setDebugDrawEnable(bool enable);	启用或禁止调试绘图
void update(float dt);	更新导航网格
void debugDraw(Renderer* renderer);	更新调试绘图
bool isDebugDrawEnabled()	能选择调试绘图

表 4-6 中介绍了导航网格类相关的方法，其中就有创建导航网格的 create 方法。创建完了导航网格，下面就要在 3D 场景中创建进行寻路的实体 Agent。下面将对创建实体的类 NavMeshAgent 进行详细的介绍。表 4-7 就是与其相关的方法。

表 4-7　NavMeshAgent 类相关的方法

方 法 签 名	说　明
static NavMeshAgent* create(const NavMeshAgent Param &param)	创建 Agent 实体，参数 param 表示 Agent 实体的属性
typedef std::function<void(NavMeshAgent *agent, float totalTimeAfterMove)> MoveCallback	实体 Agent 的移动回调方法，参数 agent 表示指向实体 Agent 的指针，参数 totalTimeAfterMove 表示移动所需要的时间
void setRadius(float radius)	设置实体 Agent 的半径，参数 radius 表示实体 Agent 的半径值
float getRadius()	获取 Agent 实体的半径值
void setHeight(float height)	设置 Agent 实体的高度，参数 height 表示 Agent 实体的高度值
float getHeight()	获取 Agent 实体的高度值
void setMaxAcceleration(float maxAcceleration)	设置最大的加速度，参数 maxAcceleration 表示设置的加速度的值
float getMaxAcceleration()	得到最大的加速度的值
void setMaxSpeed(float maxSpeed)	设置最大速度，参数 maxSpeed 表示设置的速度的值
float getMaxSpeed()	得到最大的速度值

续表

方 法 签 名	说 明
void move(const Vec3 &destination, const MoveCallback &callback = nullptr)	将实体 Agent 移动到目的地，参数 destination 表示目的地的坐标点，参数 callback 表示回调函数，此函数可以捕捉实体 Agent 的运动状态
void setOrientationRefAxes(const Vec3 &rotRefAxes);	设置实体 Agent 的旋转参考轴，参数 rotRefAxes 表示参考轴的方向向量
void setAutoOrientation(bool isAuto)	设置是否自动定位，参数 isAuto 为 true 表示自动定位，为 false 表示不自动定位
void setAutoTraverseOffMeshLink(bool isAuto)	设置是否自动遍历连接点 offmesh 信息，参数 isAuto 为 true 表示自动遍历，为 false 表示不自动遍历
bool isOnOffMeshLink()	检测 Agent 实体是否到达连接点 OffMeshLink
void completeOffMeshLink()	手动遍历连接点 OffMeshLink 的信息
OffMeshLinkData getCurrentOffMeshLinkData()	获取连接点 OffMeshLink 的信息
void setUserData(void *data)	设置实体 Agent 的相关数据，参数 data 表示添加数据方法的指针
void* getUserData()	得到实体 Agent 的相关数据
void pause()	暂停运动
void resume()	恢复运动
void stop()	停止运动

表 4-7 中关于创建 Agent 实体的 create 方法的参数 param 的类型 NavMeshAgentParam 是 NavMeshAgent 类中的一个结构体，此结构体内的属性主要用来表示与 Agent 实体相关的属性。表 4-8 中介绍的就是与结构体 NavMeshAgentParam 相关的属性，具体内容见表 4-8。

表 4-8 结构体 NavMeshAgentParam 相关的属性

属 性 签 名	说 明
float radius	表示实体 Agent 的半径，必须大于或等于 0
float height	表示实体 Agent 的高度，必须大于 0
float maxAcceleration	表示允许的最大加速度，必须大于或等于 0
float maxSpeed	表示允许的最大速度，必须大于或等于 0
float pathOptimizationRange	表示可见度，必须大于 0
float separationWeight	表示两个实体避免碰撞的最小距离，必须大于或等于 0
unsigned char updateFlags	表示影响转向行为的标志

表 4-8 中关于获取连接点 OffMeshLink 信息的 getCurrentOffMeshLinkData 方法的返回类型 OffMeshLinkData 也是 NavMeshAgent 类中的一个结构体，此结构体的属性主要用来表示与“桥”的相关信息。表 4-9 中介绍的就是与结构体 OffMeshLinkData 相关的属性，具体内容如下。

表 4-9 结构体 OffMeshLinkData 相关的属性

属 性 签 名	说 明
Vec3 startPosition	表示“桥”的开始点的坐标
Vec3 endPosition	表示“桥”的结束点的坐标

4.5 导航网格设计软件

通过上一节的学习已经了解了 Cocos2d-x 中导航网格的相关类，但这还不足以开发导航网格项目，其中需要加载大量相关数据。为此要使用一个设计工具来生成相关数据，此工具可以自动计算出大部分所需数据，对于不理想的区域，也可以手动修改，下面就来介绍一下这个工具的下载、编译和使用。

4.5.1 设计软件的下载与编译

这里介绍的导航网格设计软件是从 GitHub 上下载的一个开源的设计工具。其提供了自动创建精灵可以自由移动的“绿色”行走区域，还可以为两段不连接的区域创建“桥”等功能。但是此工具在下载之后需要在 Visual Studio 上编译之后才能使用。下面就具体介绍一下此工具的下载与编译过程。

（1）首先打开浏览器并在地址栏中输入 https://github.com/recastnavigation/recastnavigation，这样就可以进入到 recastnavigation 软件的下载地址了，然后单击图 4-41 中红框内的“Download ZIP”按钮就可以下载此软件了。

说明　从 GitHub 上直接下载的导航网格的设计软件是不能直接使用的，必须要先下载 SDL 开发库和 premake.exe 文件，然后对源程序进行相应的编译之后才能使用此设计软件。

（2）将设计软件下载完成后就会得到一个名为 recastnavigation-master 的压缩包。将此压缩包解压后会得到一个名为 recastnavigation-master 的文件夹，然后在 RecastDemo\Contrib 目录下找到名为 readme-sdl 的 txt 文档，打开文档如图 4-42 所示，进入红框内的网址下载 SDL 开发库。

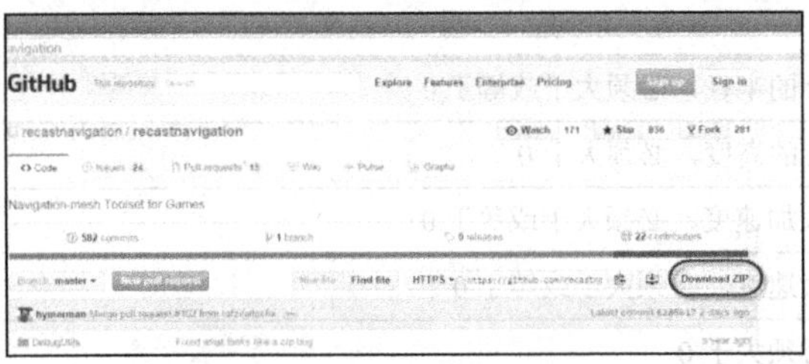

▲图 4-41　设计软件的下载界面

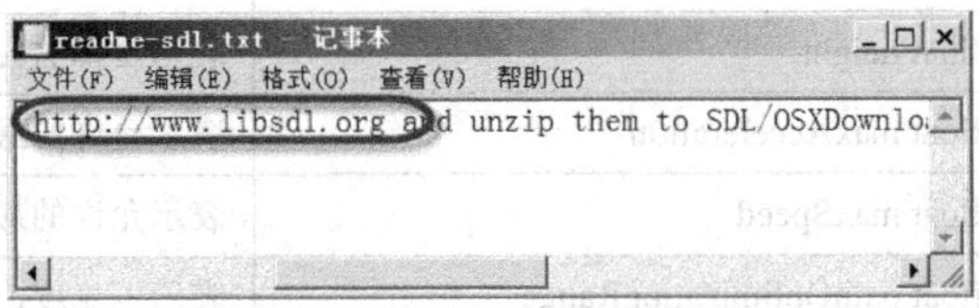

▲图 4-42　SDL 下载地址

（3）进入 SDL 的首页如图 4-43 所示，单击红框内的“SDL1.2”字样，可进入如图 4-44 所示的下载界面。然后单击图 4-44 中的红框内的下载链接，这样就可以下载了。下载完成后会得到名为 SDL-1.2.15-win32 和 SDL-devel-1.2.15-VC 的两个压缩包，如图 4-45 所示。

（4）首先将名为 SDL-1.2.15-win32 的压缩包解压，会得到 SDL.dll 文件如图 4-45 所示，将此文件放到 C:\Windows 目录下的 System32 和 SysWOW64 文件夹里，如图 4-46 所示。然后将名为 SDL-devel-1.2.15-VC 的压缩包解压，如图 4-47 所示，将这些文件复制到 RecastDemo\Contrib 目录下的 SDL 文件夹下，如图 4-48 所示。

（5）打开浏览器并在地址栏中输入 http://premake.github.io，会进入如图 4-49 所示的界面。然后单击图 4-49 中红框内的链接，进入如图 4-50 所示的下载界面，单击下载 Windows 版的压缩文件，下载完成后会得到一个名为 premake-5.0.0-alpha7-windows 的压缩包。

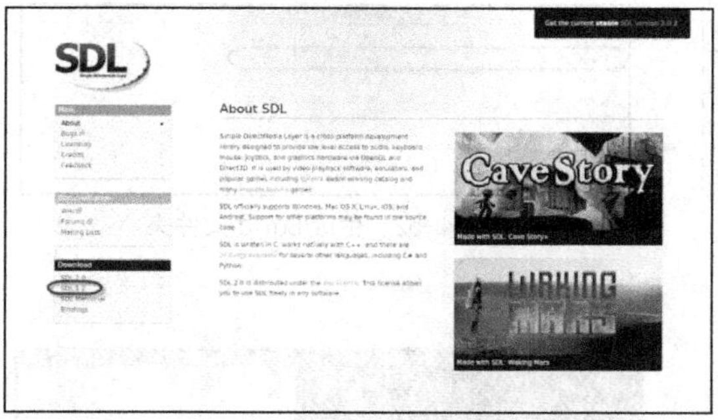

▲图 4-43　SDL 首页

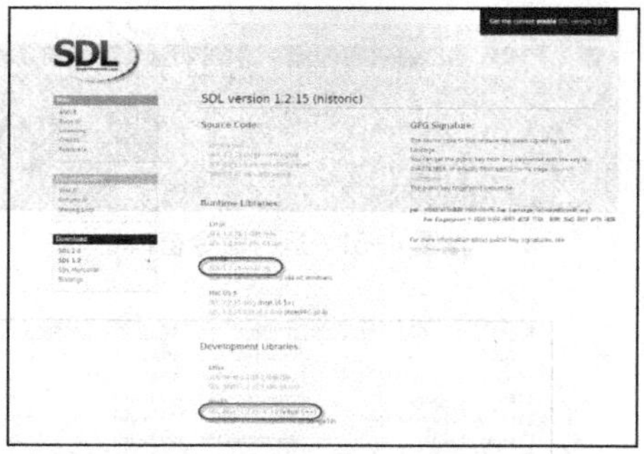

▲图 4-44　SDL 开发库下载界面

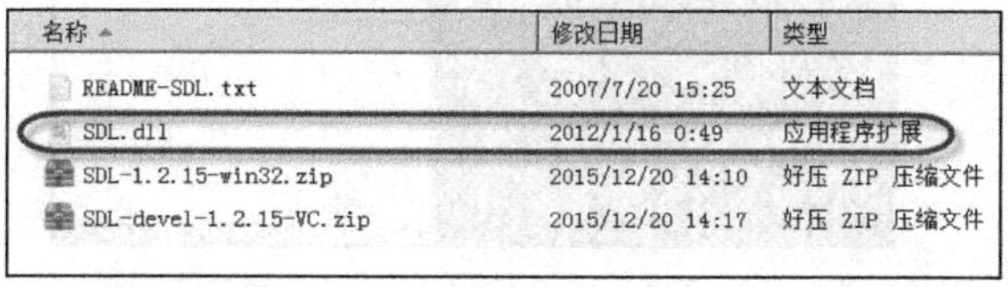

▲图 4-45　解压 SDL-1.2.15-win32 文件

▲图 4-46　复制 SDL.dll 文件

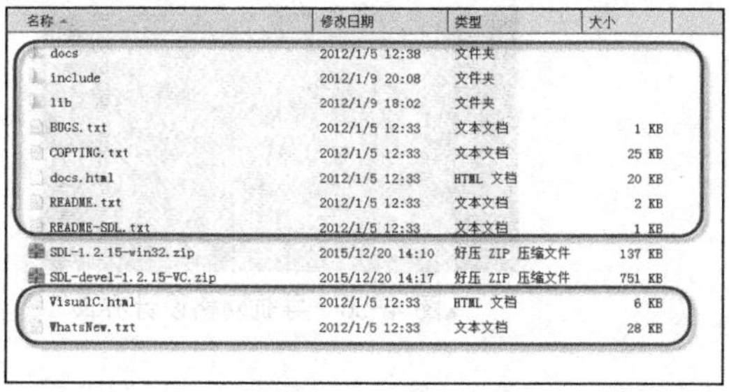

▲图 4-47　解压 SDL-devel-1.2.15-VC 文件

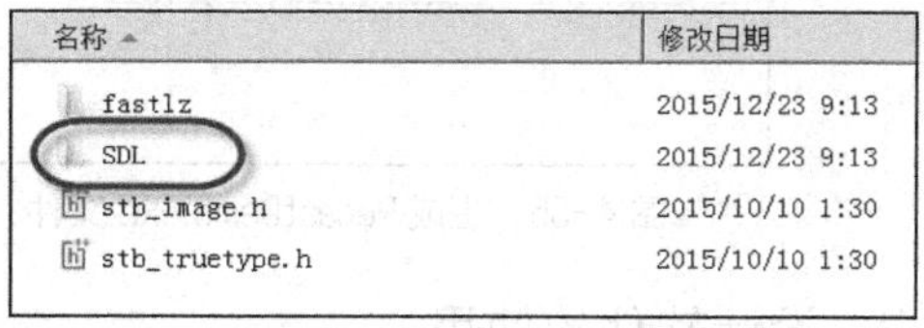

▲图 4-48　复制 SDL 开发库

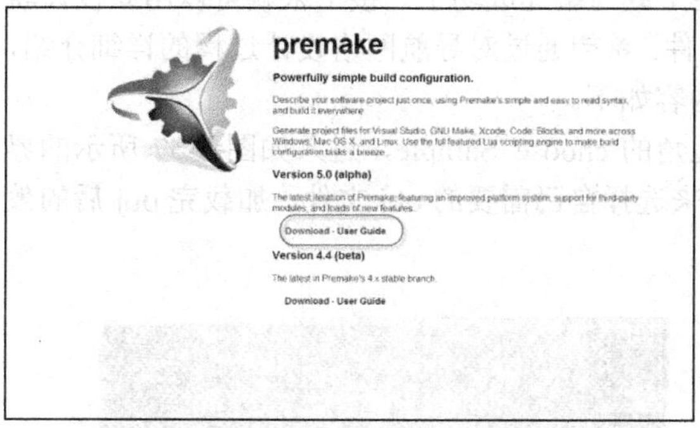

▲图 4-49　premake 下载

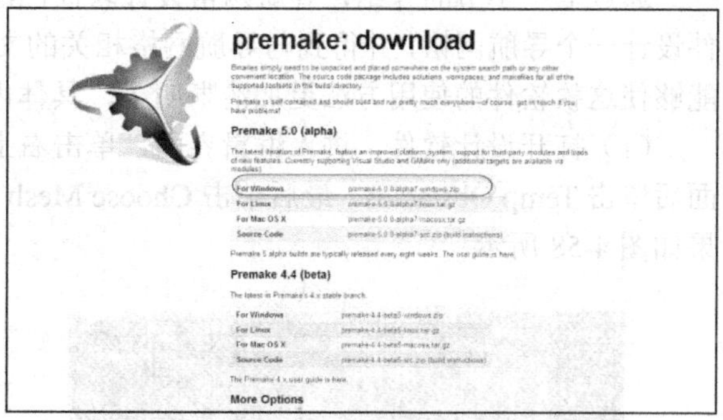

▲图 4-50　premake 下载界面

（6）解压步骤（5）中得到的压缩包会得到一个 premake5.exe 文件。将 premake5.exe 复制到 recastnavigation-master\RecastDemo 目录下，如图 4-51 所示，在命令窗口中执行“premake5.exe vs2013”命令。

（7）在执行完命令后，recastnavigation-master\RecastDemo 目录下会生成一个名为 Build 的文件夹，如图 4-52 所示。然后打开此文件夹进入 Build\vs2013 目录下找到 recastnavigation.sln 文件，如图 4-53 所示。双击 recastnavigation.sln 文件会进入 Visual Studio 界面。

（8）进入 Visual Studio 界面，调试运行 RecastDemo 项目，如图 4-54 所示。调试运行完后，在 RecastDemo\Bin 目录下会出现 RecastDemo.exe 文件，如图 4-55 所示。然后双击此文件就会进入如图 4-56 所示的导航网格设计界面。

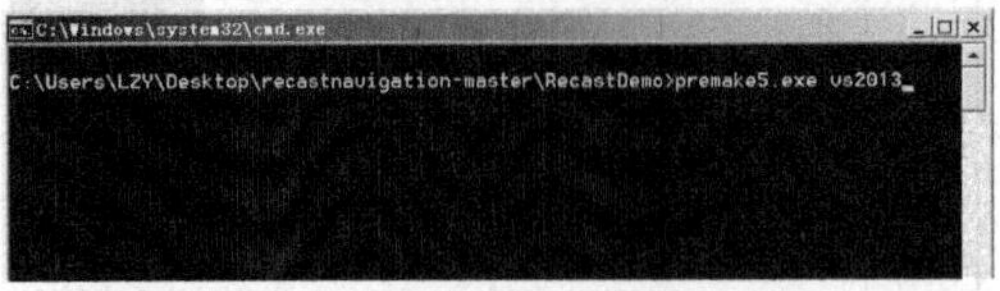

▲图 4-51 运行命令窗口

▲图 4-52 生成 Build 文件夹

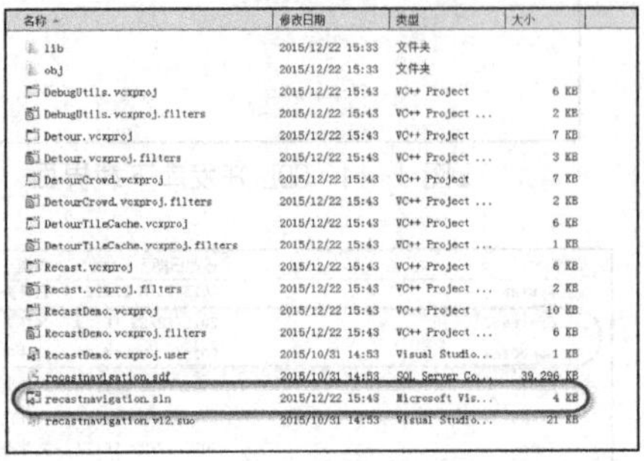

▲图 4-53 recastnavigation.sln 文件

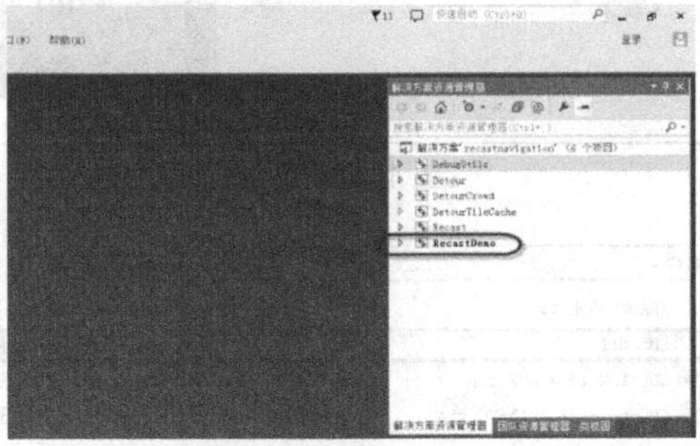

▲图 4-54 调试 RecastDemo 项目

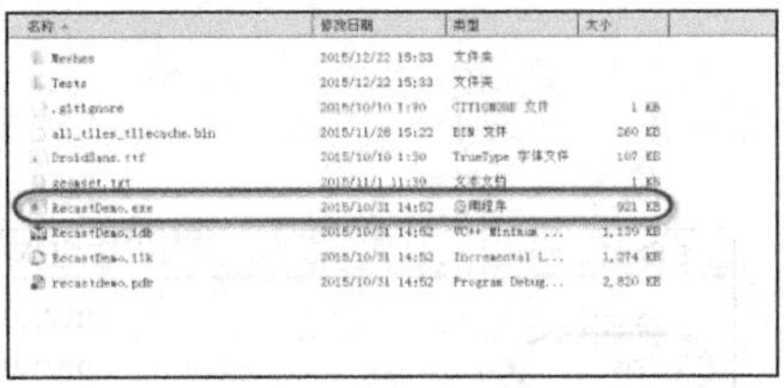

▲图 4-55 生成 RecastDemo.exe 文件

▲图 4-56 导航网格设计界面

4.5.2 设计软件的使用

通过上一小节的介绍，导航网格设计软件已经下载与编译成功了。接下来就可以用此设计软件设计一个导航网格，并得到与导航网格相关的文件。希望通过对导航网格设计过程的详细介绍，能够使这款软件的使用方法更加清晰明了，具体内容如下。

（1）打开设计软件，进入编辑界面，单击右上角的 choose Sample，进入如图 4-57 所示的界面后单击 Temp Obstacles。最后单击 Choose Mesh 来选择自己需要的 obj 文件，加载完 obj 后的效果如图 4-58 所示。

▲图 4-57 选择 obj 文件

▲图 4-58 导入 obj 文件

说明 此款软件仅支持 obj 文件，在对 obj 文件进行相应的设计之前，需要事先将 obj 文件放在 RecastDemo\Bin\Meshes 目录下。在将 obj 文件放到此文件夹后，单击 Choose Mesh 后就会自动出现此 obj 文件的名称，之后单击此名称就可以自动加载此 obj 文件了。

（2）这里就以下面案例中的 3D 模型为例来对此软件进行介绍。如图 4-59 所示加载 3D 模型完成之后，在此软件的右侧工具栏中单击 Build，之后可以为 3D 模型创建出浅蓝色的无障碍区域，效果如图 4-60 所示。

▲图 4-59　单击 Build

▲图 4-60　生成网格

（3）通过步骤（2）可以发现 3D 模型中不仅有浅蓝色的无障碍区域，还有浅黄色的不可通过区域。这时需要为精灵无法到达的区域搭建“桥”，如图 4-61 所示在软件左侧的 Tools 栏中选择 Create Off-Mesh Links。这里需要选择双向的“桥”，设计完成之后的效果如图 4-62 所示。

▲图 4-61　选择 Create Off-Mesh Links

▲图 4-62　为 3D 模型建桥

（4）创建完“桥”后再次单击软件中的 Build，然后单击 Build 上方的 Save，如图 4-63 所示，最后单击一下键盘上的数字 9，到这里关于导航网格的设计就完成了。然后回到 RecastDemo\Bin 目录下找到如图 4-64 所示的与导航网格相关的两个文件，这两个文件将会在下面的案例中用到。

▲图 4-63　单击 Save 保存

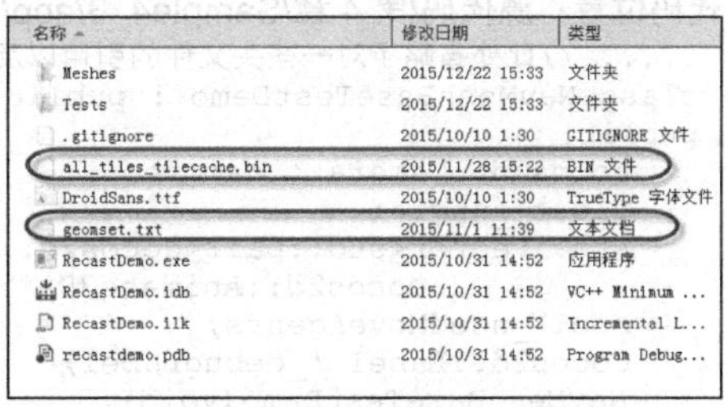

▲图 4-64　网格文件

说明

单击 Save 后只是保存了 3D 模型中的浅蓝色的可通过区域的相关数据，可以生成 all_tiles_tilecache.bin 文件。但是无法保存后续对 3D 模型的操作（例如：关于建“桥”的相关操作等），单击键盘上的数字 9 的目的就是为将后续操作保存为 geomset.txt 文件。

4.6 导航网格案例

前面两个小节中介绍了导航网格的相关类和设计过程，在了解了这些内容后，就可以进行具体案例的开发了。本小节将用一个简单的案例来对导航网格的相关知识进行进一步的介绍，但在进行具体案例的开发之前，有必要来看一下其运行效果，如图 4-65 和图 4-66 所示。

▲图 4-65　导航网格效果图 1

▲图 4-66　导航网格效果图 2

> **说明**　上面显示的是本案例的两幅运行效果图，其中用手指单击图中任意可到达的区域，人物模型会沿着最短路线到达手指单击处，人物也可以行走至设置了“桥”的建筑物上，当手指抹动屏幕时，可以旋转整个 3D 场景，转换视角观察。

了解了导航网格的案例运行效果之后，就可以进行相应案例的开发了，通过开发本案例可以对导航网格的基础知识和开发过程有更深一步的了解和体会，并能够熟练地应用导航网格的基础知识。下面将对案例的编写过程进行详细的介绍，具体步骤如下所示。

（1）新建一个名称为 Sample4_3 的项目，为项目添加必要的构造器及进行必要的设置。

（2）接下来介绍的是开发导航网格的类 VavMeshTest，首先开发的是该类的框架，该框架中声明了一系列将要使用的成员变量和成员方法，其中包括摄像机、精灵的移动数据以及触控回调方法等，其详细内容如下。

代码位置：源代码/第 4 章/Sample4_3/app/src/main/jni/NavMeshDemo 目录下的 VavMeshTest.h。

```
......//此处省略了对一些头文件的引用以及定义头文件的相关代码，请读者自行参考源代码
class NavMeshBaseTestDemo : public cocos2d::Scene{
public:
    cocos2d::Camera *_camera;                         //指向摄像机的指针
    float _angle;                                     //手指划动后 x 坐标的差值
    std::vector<std::pair<cocos2d::NavMeshAgent *,
          cocos2d::Animate3D *> > _agents;            //用来存储实体的信息
    bool _needMoveAgents;                             //判断是否可以移动的标志位
    cocos2d::Label *_debugLabel;                      //文本标签对象
    NavMeshBaseTestDemo(void);                        //构造函数
    virtual ~NavMeshBaseTestDemo(void);               //析构函数
    virtual bool init();                              //初始化方法
    virtual void onEnter();
    virtual void update(float delta);                 //更新方法
    void initScene();                                 //初始化 3D 场景的方法
    void createAgent(const cocos2d::Vec3 &pos);       //创建实体的方法
    void moveAgents(const cocos2d::Vec3 &des);        //移动实体的方法
    virtual void onTouchesBegan(const std::vector<cocos2d::Touch*>&
                touches, cocos2d::Event *event); //触控开始时的回调方法
    virtual void onTouchesMoved(const std::vector<cocos2d::Touch*>&
                touches, cocos2d::Event *event); //触控移动时的回调方法
    virtual void onTouchesEnded(const std::vector<cocos2d::Touch*>&
                touches, cocos2d::Event *event);//触控结束时的回调方法
```

```
24      CREATE_FUNC(NavMeshBaseTestDemo);
25   };    #endif
```

● 第 4～9 行的功能为声明了指向摄像机的指针、移动后 x 坐标的差值、判断是否移动的标志位等。

● 第 10～23 行的功能为声明了构造函数、析构函数、初始化方法、更新方法、初始化 3D 场景的方法、创建实体的方法、实体移动的方法和与触控相关的方法。

● 第 24 行的功能为定义 Cocos2d-x 中的一个宏，创建指定类型的对象并做好相应的初始化与释放工作。

（3）VavMeshTest 类声明完成后就可以进入到该类的具体方法的开发中了。首先介绍的是该类的初始化方法和 onEnter 方法，在此方法中创建了摄像机对象、调用了初始化 3D 场景的方法等，具体内容如下。

代码位置：源代码/第 4 章/Sample4_3/app/src/main/jni/NavMeshDemo 目录下的 VavMeshTest.cpp。

```
1    ......//此处省略了对一些头文件的引用以及定义头文件的相关代码，请读者自行参考源代码
2    bool NavMeshBaseTestDemo::init(){
3       if (!Scene::init())    return false;                  //调用父类的初始化
4       ......//此处省略了创建文本标签对象的相关内容，请读者自行参考源代码
5        if (initWithPhysics()){
6          _angle = 0.0f;
7          Size size = Director::getInstance()->getWinSize(); //获取 OpenGL 视图的大小
8          _camera = Camera::createPerspective(30.0f, size.width / size.height,
9                 1.0f, 1000.0f);                             //创建摄像机
10         _camera->setPosition3D(Vec3(0.0f, 50.0f, 100.0f)); //设置摄像机位置
11         _camera->lookAt(Vec3(0.0f, 0.0f, 0.0f), Vec3(0.0f, 1.0f, 0.0f));
                                                             //设置摄像机方向向量
12         _camera->setCameraFlag(CameraFlag::USER1);          //设置摄像机编号标志
13         this->addChild(_camera);                            //将摄像机添加到场景中
14         auto listener = EventListenerTouchAllAtOnce::create(); //创建触控监听
15         listener->onTouchesBegan = CC_CALLBACK_2(           //触控开始回调方法
16            NavMeshBaseTestDemo::onTouchesBegan, this);
17         listener->onTouchesMoved = CC_CALLBACK_2(           //触控移动回调方法
18            NavMeshBaseTestDemo::onTouchesMoved, this);
19         listener->onTouchesEnded = CC_CALLBACK_2(           //触控结束回调方法
20            NavMeshBaseTestDemo::onTouchesEnded, this);
21         _eventDispatcher->addEventListenerWithSceneGraphPriority(listener, this);
                                                             //添加到监听器
22         initScene();                                       //初始化 3D 场景的方法
23         scheduleUpdate();                                  //按时回调 update 方法
24      }
25    return true;
26   }
27   void NavMeshBaseTestDemo::onEnter(){
28      Scene::onEnter();
29      Physics3DWorld::HitResult result;                    //创建结构体 HitResult 的对象
30      getPhysics3DWorld()->rayCast(Vec3(-30.0f, 50.0f, 0.0f),  //求出交点
31              Vec3(-30.0f, -50.0f, 0.0f), &result);
32      createAgent(result.hitPosition);                     //创建 Agent 实体对象
33   }
```

● 第 7～13 行的功能为获取 OpenGL 视图的大小、创建摄像机和设置摄像机的位置、方向向量、编号标志等参数。

● 第 14～21 行的功能为首先创建触控监听，然后为监听添加触控开始、移动和结束的回调方法，最后将监听添加到监听器。

● 第 28～32 行的功能为调用父类方法、获取创建实体的坐标点以及创建 Agent 实体对象。

（4）开发完了该类的初始化方法以及 onEnter 方法后，下面将开发该类中初始化 3D 场景的方法。此方法中不仅加载了 3D 模型的 obj 文件，还用到了上面小节中设计导航网格时产生的两个文件。关于这些文件具体的使用方法如下所示。

代码位置：源代码/第 4 章/Sample4_3/app/src/main/jni/NavMeshDemo 目录下的 VavMeshTest.cpp。

```
1   void NavMeshBaseTestDemo::initScene(){
2     getPhysics3DWorld()->setDebugDrawEnable(false);    //启用或禁止调试绘图
3     std::vector<Vec3> trianglesList = Bundle3D::getTrianglesList("NavMesh/map4.obj");
                                                          //加载 obj 文件
4     Physics3DRigidBodyDes rbDes;                        //3d 物理刚体的结构体
5     rbDes.mass = 0.0f;                                  //mess 为 0 的话表示静止
6     rbDes.shape = Physics3DShape::createMesh(&trianglesList[0],
7     (int)trianglesList.size() / 3);                     //创建 3d 物体
8     auto rigidBody = Physics3DRigidBody::create(&rbDes); //创建刚体
9     auto component = Physics3DComponent::create(rigidBody); //创建一个 3D 物理组件
10    auto sprite = Sprite3D::create("NavMesh/map4.obj");  //创建 3D 场景
11    sprite->addComponent(component);                     //给精灵添加组件
12    sprite->setCameraMask((unsigned short)CameraFlag::USER1); //给精灵设置相机
13    this->addChild(sprite);                              //将精灵添加到场景
14    setPhysics3DDebugCamera(_camera);                    //设置 Physics3D 调试相机
15    auto navMesh = NavMesh::create("NavMesh/map4/all_tiles_tilecache.bin",
16                  "NavMesh/map4/geomset.txt");           //加载导航网格文件
17    navMesh->setDebugDrawEnable(true);
18    setNavMesh(navMesh);                                 //设置 NavMesh 文件
19    setNavMeshDebugCamera(_camera);                      //设置摄像机
20    auto ambientLight = AmbientLight::create(Color3B(64, 64, 64));
                                                          //设置环境灯光及其参数
21    ambientLight->setCameraMask((unsigned short)CameraFlag::USER1);
22    this->addChild(ambientLight);                        //将灯光添加到场景
23    auto dirLight = DirectionLight::create(Vec3(1.2f, -1.1f, 0.5f),
24                  Color3B(255, 255, 255));               //设置方向灯光及其参数
25    dirLight->setCameraMask((unsigned short)CameraFlag::USER1);
26    this->addChild(dirLight);                            //将灯光添加到场景
27  }
```

- 第 3~9 行的功能为首先加载了 3D 文件的数据，设置了 3D 场景的相关信息，然后创建了 3D 刚体对象，最后把 3D 刚体对象添加到 3D 组件中。
- 第 10～14 行的功能为创建 3D 精灵并为其添加 3D 组件，然后为精灵对象设置相关参数。
- 第 15～19 行的功能为加载导航网格文件并对导航网格进行相关设置。
- 第 20～26 行的功能为创建了环境光和方向光并对这两种光进行了相关参数的设置。

（5）开发完了创建 3D 场景的方法后，下面就要为场景中添加一个 3D 人物精灵。在导航网格中要用到 NavMeshAgent 来对 3D 人物的相关参数进行设置，下面将会对 3D 人物创建的详细步骤进行介绍，具体内容如下。

代码位置：源代码/第 4 章/Sample4_3/app/src/main/jni/NavMeshDemo 目录下的 VavMeshTest.cpp。

```
void NavMeshBaseTestDemo::createAgent(const Vec3 &pos){
    std::string filePath = "c3b/girl/girl.c3b";           //精灵文件的路径
    NavMeshAgentParam param;                               //结构体下包含实体 Agent 的属性值
    param.radius = 2.0f;                                   //实体 Agent 的半径
    param.height = 8.0f;                                   //实体 Agent 的高度
    param.maxSpeed = 8.0f;                                 //实体 Agent 的最大速度
    auto agent = NavMeshAgent::create(param);              //创建包含 param 属性的 Agent 实体
    auto agentNode = Sprite3D::create(filePath);           //创建 3D 精灵
    agent->setOrientationRefAxes(Vec3(-1.0f, 0.0f, 1.0f));
                                                           //设置实体 Agent 的旋转参考轴
    AgentUserData *data = new AgentUserData{ 0.0f };       //设置时间信息
    agent->setUserData(data);                              //存储时间信息
    agentNode->setScale(0.05f);                            //设置缩放比
    agentNode->addComponent(agent);                        //添加组件
    auto node = Node::create();                            //创建节点
    node->addChild(agentNode);                             //将精灵添加到节点
    node->setPosition3D(pos);                              //设置节点位置
    node->setCameraMask((unsigned short)CameraFlag::USER1); //为节点设置摄像机
    this->addChild(node);                                  //将节点添加到场景
    auto animation = Animation3D::create(filePath);        //获取骨骼动画的数据
    auto animate = Animate3D::create(animation);           //使用骨骼动画的数据
    if (animate){
```

```
22          agentNode->runAction(RepeatForever::create(animate)); //3D 精灵执行骨骼动画
23          animate->setSpeed(0);                                 //设置骨骼动画的速度为 0
24      }
25      _agents.push_back(std::make_pair(agent, animate)); //为_agents 添加数据
26  }
```

● 第 3～7 行的功能为首先创建了 NavMeshAgentParam 结构体对象，调用了此对象的属性并进行设置。然后创建了 Agent 实体对象。

● 第 8～18 行的功能为首先创建了 3D 精灵对象并将实体 Agent 对象以组件的形式添加到 3D 精灵中，然后创建了节点对象并将 3D 精灵对象添加到节点中，最后对节点的相关参数进行了设置。

● 第 19～25 行的功能为创建了 3D 骨骼动画并为 3D 精灵添加了骨骼动画，最后将 Agent 实体与骨骼动画对象存储到了_agents 对象中。

（6）开发完了创建 3D 场景和 3D 精灵的方法后，下面将开发该类中用到的触控相关的方法其中包括，触摸开始时的回调方法 onTouchesBegan、触摸移动时的回调方法 onTouchesMoved 以及触摸结束时的回调方法 onTouchesEnded，其具体代码如下。

代码位置：源代码/第 4 章/Sample4_3/app/src/main/jni/NavMeshDemo 目录下的 VavMeshTest.cpp。

```
1   void NavMeshBaseTestDemo::onTouchesBegan(const std::vector<cocos2d::Touch*>& touches,
2   cocos2d::Event *event){
3       _needMoveAgents = true;                              //标志位赋值为 true
4   }
5   void NavMeshBaseTestDemo::onTouchesMoved(const std::vector<cocos2d::Touch*>& touches,
6   cocos2d::Event *event){
7       if (touches.size() && _camera){
8           auto touch = touches[0];
9           auto delta = touch->getDelta();                  //返回两个当前屏幕上的位置坐标
10          _angle -= CC_DEGREES_TO_RADIANS(delta.x); //x 坐标的差值
11          _camera->setPosition3D(Vec3(100.0f * sinf(_angle), 50.0f, 100.0f * cosf(_angle)));
12          _camera->lookAt(Vec3(0.0f, 0.0f, 0.0f), Vec3(0.0f, 1.0f, 0.0f));
13          if (delta.lengthSquared() > 16) {           //lengthSquared 返回 x*x+y*y 的值
14              _needMoveAgents = false;
15          }
16      }
17  }
18  void NavMeshBaseTestDemo::onTouchesEnded(const std::vector<cocos2d::Touch*>& touches,
19  cocos2d::Event *event){
20      if (!_needMoveAgents) return;                        //如不移动则返回
21      if (!touches.empty()){
22          auto touch = touches[0];
23          auto location = touch->getLocationInView();   //得到当前触控点的坐标
24          Vec3 nearP(location.x, location.y, 0.0f), farP(location.x, location.y, 1.0f);
25          auto size = Director::getInstance()->getWinSize();
                                                             //返回 OpenGL 视图的大小
26          _camera->unproject(size, &nearP, &nearP);      //转换为 3D 世界的坐标
27          _camera->unproject(size, &farP, &farP);
28          Physics3DWorld::HitResult result;
29          getPhysics3DWorld()->rayCast(nearP, farP, &result);
30          moveAgents(result.hitPosition);                 //调用移动函数
31      }
32  }
```

● 第 1～4 行为触控开始时的回调方法，其功能是为移动标志位_needMoveAgents 赋值。

● 第 5～17 行为触控移动时的回调方法，其功能为首先获取开始移动和结束移动时两个当前屏幕上的位置坐标，然后对摄像机的位置与方向向量进行设置，最后通过判断两点距离的平方是否大于 16 来为移动标志位设置相应的值。

● 第 18～32 行为触控结束时的回调方法，其功能为首先判断人物精灵是否应该移动，然后若可以移动就获取触控点的坐标并将其转换为3D世界中的坐标并获取所得射线与3D物理世界的

交点，最后调用控制人物移动的方法。

（7）开发完触控的方法后，接下来就可以对 3D 人物精灵移动的方法进行开发了。通过上一小节中的导航网格的设计可以了解到，人物通过一片区域时要检测其是否有“桥”的存在，若有“桥”则人物需要跳跃到对面，若无“桥”则人物仍然正常行走，具体内容如下。

代码位置：源代码/第 4 章/Sample4_3/app/src/main/jni/NavMeshDemo 目录下的 VavMeshTest.cpp。

```
1  Vec3 jump(const Vec3* pV1, const Vec3* pV2, float height, float t){
2      Vec3 pOut;
3      pOut.x = pV1->x + t * (pV2->x - pV1->x);          //跳跃结束点的 x 坐标
4      pOut.y = pV1->y + t * (pV2->y - pV1->y);          //跳跃结束点的 y 坐标
5      pOut.z = pV1->z + t * (pV2->z - pV1->z);          //跳跃结束点的 z 坐标
6      pOut.y += height * sinf(M_PI * t);                //y 的值随着时间而改变
7      return pOut;
8  }
9  void NavMeshBaseTestDemo::moveAgents(const cocos2d::Vec3 &des){
10     for (auto iter : _agents){
11         NavMeshAgent::MoveCallback callback = [](NavMeshAgent *agent, float total
           TimeAfterMove){
12             AgentUserData *data = static_cast<AgentUserData *>(agent->getUserData());
13             if (agent->isOnOffMeshLink()){              //判断 Agent 是否到 offmeshlink 上
14                 agent->setAutoTraverseOffMeshLink(false);
                                                           //设置不自动遍历 offmeshlink
15                 agent->setAutoOrientation(false);       //设置不自动定位
16                 OffMeshLinkData linkdata = agent->
17                     getCurrentOffMeshLinkData();        //获取 offmeshlink 的信息
18                 agent->getOwner()->setPosition3D(jump(&linkdata.startPosition,
19                     &linkdata.endPosition, 2.0f, data->time));
                                                           //设置 Agent 实体的位置
20                 Vec3 dir = linkdata.endPosition - linkdata.startPosition;
                                                           //方向向量
21                 dir.y = 0.0f;
22                 dir.normalize();                        //向量归一化
23                 Vec3 axes;
24                 Vec3 refAxes = Vec3(-1.0f, 0.0f, 1.0f);
25                 refAxes.normalize();                    //向量的归一化
26                 Vec3::cross(refAxes, dir, &axes);       //求出法向量
27                 float angle = Vec3::dot(refAxes, dir);  //求出旋转角度
28                 agent->getOwner()->setRotationQuat(
29                         Quaternion(axes, acosf(angle)));
                                                           //用四元数设定旋转
30                 data->time += 0.01f;                    //时间的递增
31                 if (1.0f < data->time){
32                     agent->completeOffMeshLink();       //手动遍历 offmeshlink
33                     agent->setAutoOrientation(true);    //设置自动定位
34                     data->time = 0.0f;                  //时间归零
35             }}};
36         iter.first->move(des, callback);              //实体 Agent 移动，并回调 callback 方法
37     }
38 }
```

- 第 1～8 行为 3D 人物精灵跳跃的方法，其功能为计算出在 3D 物理世界中结束点的坐标，并将其返回。
- 第 11～13 行的功能为首先创建移动回调方法 callback，然后获取移动时间信息，最后判断实体 Agent 是否在“桥”上。
- 第 14～19 行的功能为首先设置不自动遍历 offmeshlink 信息和不自动定位，然后获取 offmeshlink 的信息并设置 Agent 实体的位置。
- 第 20～29 行的功能为首先求取 offmeshlink 的起点到终点的方向向量并归一化，然后求出旋转角度并设置 Agent 实体旋转。
- 第 31～35 行的功能为若移动时间大于 1.0f 则手动遍历 offmeshlink 信息，设置自动定位并将移动时间重新设为 0。

- 第 36 行的功能为设置 Agent 实体移动到目标位置，并回调 callback 方法。

4.7 本章小结

本章首先详细介绍了 3D 地形——Terrain 类的基础知识、地形制作工具的下载与使用、地形预烘焙贴图的制作和 3D 地形相关案例的开发，然后对导航网格的相关类、设计软件的下载编译与使用及案例的开发进行了详细的介绍。

第5章 拾取与包围盒

对于 Cocos2d-x 开发人员来说，在开发游戏时为了提高用户的游戏体验，实现玩家与游戏世界对象之间的交互功能是至关重要的。而用拾取技术配合包围盒技术能够非常方便地实现这种交互功能，所以本章将详细地介绍拾取功能的开发以及包围盒技术的使用。

5.1 AABB 包围盒

在介绍拾取功能之前，有必要先向大家介绍 AABB 包围盒的知识，因为在拾取功能的开发过程中，AABB 包围盒的使用是必不可少的。下面就向大家详细介绍 AABB 包围盒的基础知识，并且为了使大家更好地理解 AABB 包围盒，在后面还提供了一个相关案例供大家参考学习。

5.1.1 基础知识

所谓的 AABB 包围盒（Axially Aligned Bounding Box，简称 AABB）就是采用一个长方体将物体包裹起来，进行两个物体的相交性检测时仅检测物体对应包围盒（包裹物体的长方体）的相交性。另外，AABB 包围盒还有一个重要的特性，那就是包围盒对应的长方体的每一个面都是与某个坐标轴平面平行的，因此，AABB 包围盒又称为轴对齐包围盒。AABB 包围盒基本思路如图 5-1 所示。

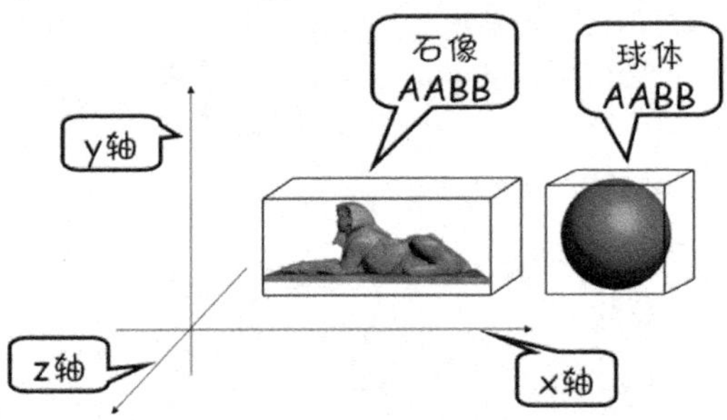

▲图 5-1　不同物体的 AABB

有了上述约定后确定 AABB 包围盒就比确定任意姿态的长方体简单多了，仅需要记录 6 个值即可，这 6 个值分别代表包围盒在每个坐标轴上的最大值和最小值，即 Xmin、Xmax、Ymin、Ymax、Zmin 与 Zmax 这 6 个值。了解了 AABB 包围盒的原理后，下面就详细介绍一下包围盒 AABB 类中的常用方法，见表 5-1。

表 5-1　　AABB 类中常用的方法

方 法 签 名	说　明
Vec3 getCenter()	获取 AABB 包围盒的中心点
void getCorners(Vec3 *dst)	获取包围盒顶点信息。dst 参数表示指向包围盒顶点数据的指针
bool intersects(const AABB& aabb)	检测该包围盒与指定的包围盒是否相交，如果相交则返回 true，不相交则返回 false。AABB 参数表示需要判定是否相交的包围盒
bool containPoint(const Vec3& point)	判断指定点是否在包围盒中，如果在则返回 true，如果不在则返回 false。point 参数表示需要判断的点

续表

方 法 签 名	说　明
void merge(const AABB& box)	生成一个最小的包围盒，该包围盒既能包围自身的包围盒又能包围给定的包围盒。box 参数表示给定的包围盒
void set(const Vec3& min, const Vec3& max)	设置包围盒的值。min 参数表示需要设置的包围盒的最小值，max 参数表示需要设置的包围盒的最大值
void transform(const Mat5& mat)	对包围盒进行变换。mat 参数表示传入的变换矩阵

由表 5-1 中可以看出，AABB 类中提供的判断两个包围盒是否相交的方法，为以后游戏开发中的 3D 物体之间碰撞检测的开发提供了方便。还可以看出该类中提供了获取包围盒顶点信息的方法，通过该方法可以获取包围盒顶点信息以便于绘制出包围盒边框。

至此，关于 AABB 包围盒的基础知识就已经介绍完了，相信大家对 AABB 包围盒的使用有了一定的认识，为了使大家更好地理解和学习 AABB 包围盒技术，在下一小节将有相对应的案例供大家参照学习。

5.1.2　一个简单案例的开发

在上一小节向大家介绍了 AABB 包围盒的基础知识，了解了这些基础知识后，下面就通过一个案例来向大家展示 AABB 包围盒的具体效果，在进行案例的具体开发之前，有必要先了解一下案例的运行效果，如图 5-2 和图 5-3 所示。

▲图 5-2　案例效果图 1

▲图 5-3　案例效果图 2

> **说明**　在上述案例效果图中只截取了程序中的部分显示效果。由案例效果图中可以看出，作者分别给程序中的四匹马创建了 AABB 包围盒，并将包围盒用线画了出来，使包围盒直接呈现在屏幕上，读者可以清楚地看到这四个包围盒对应的长方体的每一个面都是与某个坐标轴平面平行的。

了解了案例的运行效果后，就可以进行案例的开发了，具体步骤如下。

（1）创建一个名称为 Sample5_1 的项目，为项目添加必要的构建器以及进行必要的设置，为项目的开发做好充分的准备。

（2）项目创建完成之后就可以进行代码的开发了，首先开发的是场景管理者类。由于该类的开发步骤与 Sample2_1 案例非常相似，这里就不再赘述，需要的读者可以参考本书中的源代码。

（3）开发完场景管理类之后，接下来开发的就是与 2D 相关的 My2DLayer 类和与 3D 相关的 My3DLayer 类了。首先开发的是与 2D 相关的 My2DLayer 类，由于 My2DLayer 类的开发步骤与 Sample1_1 案例非常相似，这里就不再赘述，需要的读者可以参考本书中的源代码。

（4）开发完与 2D 相关的布景类后，接下来开发的就是与 3D 相关的布景类——My3DLayer 类，该类完成对 3D 布景类中所需对象及方法的声明，其类框架声明如下。

代码位置：源代码/第 5 章/Sample5_1/app/src/main/jni/sampleCPP 目录下的 My3DLayer.h。

```
#ifndef __My3DLayer_H__
#define __My3DLayer_H__
#include <string>
#include "cocos2d.h"                                    //引用 cocos2d 头文件
#include "DrawNode3D.h"                                 //引用 DrawNode3D 头文件
using namespace cocos2d;                                //使用 cocos2d 命名空间
using namespace std;                                    //使用 std 命名空间
class My3DLayer : public cocos2d::Layer{
public:
    Camera* camera;                                     //指向摄像机对象的指针
    Sprite3D* sp3Floor;                                 //指向地面精灵对象的指针
    Sprite3D* horse[4];                                 //4 匹马的指针数组
    DrawNode3D* aabbDN[4];                              //4 匹马的 AABB 包围盒指针数组
    float hoeseLocation[4][2]={                         //4 匹马的 xz 坐标
            {150,150},{-150,-150},{150,-150},{-150,150}};
    string objPath[4]={                                 //4 匹马的 obj 文件路径
        "ma/wM.obj","ma/bM.obj","ma/bM.obj","ma/wM.obj"};
    string texPath[4]={                                 //4 匹马的普通纹理图文件路径
        "ma/wM.png","ma/bM.png","ma/bM.png","ma/wM.png"};
    float horseAngle[4]={0,0,45,45};                    //4 匹马的旋转角度
    PointLight* pointLight;                             //指向定位光对象的指针
    float degree=0;                                     //摄像机转场角度
    float lxs;                                          //起点的 x
    float lxmPre;                                       //移动时的 x
    bool isMove;                                        //是否移动标志位，true 为移动
    virtual bool init();                                //初始化的方法
    bool onMyTouchBegan(Touch *touch, Event *event);//触控开始事件的回调方法
    void onMyTouchMoved(Touch *touch, Event *event);    //触控点移动事件的回调方法
    CREATE_FUNC(My3DLayer);
};#endif
```

说明　上述代码声明了指向摄像机对象的指针、指向地面精灵等 3D 精灵对象的指针与 4 匹马的指针数组、4 匹马的 AABB 包围盒指针、xz 坐标值、obj 文件路径、普通纹理图文件路径、旋转角度的数组和指向定位光对象的指针、起点和移动时的 x 坐标值等成员变量，同时还声明了初始化布景的 init 方法和与触控相关的回调方法等。

（5）开发完上述类框架声明后还要真正实现 My3DLayer 类中的方法，首先实现的是初始化布景的 init 方法，以完成布景内各个精灵的创建及初始化工作，其具体代码如下。

代码位置：源代码/第 5 章/Sample5_1/app/src/main/jni/sampleCPP 目录下的 My3DLayer.cpp。

```
bool My3DLayer::init(){
    if ( !Layer::init() )   return false;               //调用父类的初始化
    sp3Floor=                                           //创建地面精灵对象
        Sprite3D::create("obj/floor.obj", "pic/floor.png");
    sp3Floor->setScale(3.0f);                           //设置地面精灵缩放比
    sp3Floor->setPosition3D(Vec3(0,0,0));               //设置地面精灵位置
    sp3Floor->setGlobalZOrder(1.0f);                    //设置地面全局 ZOrder 值
    this->addChild(sp3Floor);                           //将地面精灵添加到布景中
    for(int i=0;i<4;i++){
        horse[i]=Sprite3D::create(objPath[i],texPath[i]);   //创建马精灵对象
        horse[i]->setScale(1.1f);                       //设置马精灵缩放比
        horse[i]->setPosition3D(                        //设置马精灵位置
            Vec3(hoeseLocation[i][0],80,hoeseLocation[i][1]));
        horse[i]->setGlobalZOrder(1.0f);                //设置马的全局 ZOrder 值
        horse[i]->setRotation3D(Vec3(0,horseAngle[i],0)); //设置马的偏转角度
        this->addChild(horse[i]);                       //将马精灵添加到布景中
        AABB aabbTemp=horse[i]->getAABB();              //获取马精灵包围盒
        Vec3 corners[8];                                //声明顶点数组
        aabbTemp.getCorners(corners);                   //获取马精灵包围盒顶点信息
        aabbDN[i]=DrawNode3D::create();                 //创建包围盒的绘制者
        aabbDN[i]->drawCube(corners, Color4F(1,1,0,1)); //绘制包围盒边框
        aabbDN[i]->setGlobalZOrder(2.0f);               //设置边框全局 ZOrder 值
```

```
23          this->addChild(aabbDN[i]);                          //将包围盒绘制者添加到布景中
24      }
25      this->setCameraMask(                                    //设置此布景层渲染用摄像机
26          (unsigned short)CameraFlag::USER1);
27      pointLight=PointLight::create(                          //创建定位光对象
28          Vec3(0,150,200),                                    //灯光位置
29          Color3B(150, 150, 150),                             //灯光颜色
30          2500);                                              //灯光范围
31      this->addChild(pointLight,0);                           //将定位光对象添加到布景中
32      AmbientLight* ambientLight=                             //创建环境光对象
33              AmbientLight::create(Color3B(120, 120, 120));
34      this->addChild(ambientLight);                           //将环境光对象添加到布景中
35      ......//此处省略了与触控相关的代码，需要的读者请参考源代码
36      return true;
37  }
```

- 第 3~8 行功能为创建地面精灵对象并设置其缩放比，然后设置地面精灵位置和全局 ZOrder 值，最后将其添加到布景中。
- 第 9~23 行功能为通过遍历依次创建 5 匹马精灵对象，并分别设置其缩放比、位置、全局 ZOrder 值和偏转角度，最后将这 5 匹马精灵和绘制出的包围盒边框添加到布景中。
- 第 24~26 行功能为设置此布景层渲染用摄像机。
- 第 27~31 行功能为创建定位光对象，并将其添加到布景中。
- 第 32~34 行功能为创建环境光对象，并将其添加到布景中。

（6）完成了上述方法后，最后开发的就是开始触摸时的回调方法和触摸移动时的回调方法了。由于该类与触控相关方法开发步骤与 Sample2_1 案例非常相似，这里就不再赘述，需要的读者可以参考本书中的源代码。

（7）完成上述步骤之后，运行本程序，用手指滑动屏幕从不同角度查看 AABB 包围盒的显示效果，界面效果如图 5-2 和图 5-3 所示。

5.2 拾取

拾取功能通俗来讲就是通过单击 2D 屏幕来选择游戏场景中的 3D 物体，其方便地实现了玩家与游戏世界对象之间的交互，大大增强了用户的游戏体验。因此，拾取功能的开发在 3D 游戏的开发过程中是十分重要的。本节将向读者详细介绍拾取功能的开发，具体内容如下。

5.2.1 基础知识

3D 拾取的基本思想十分简单。由摄像机与屏幕上的触控点确定一条拾取射线，求出拾取射线与场景中物体 AABB 包围盒最近的交点，此交点所属 AABB 包围盒对应的物体即为被选中的物体。其基本原理如图 5-4 和图 5-5 所示。

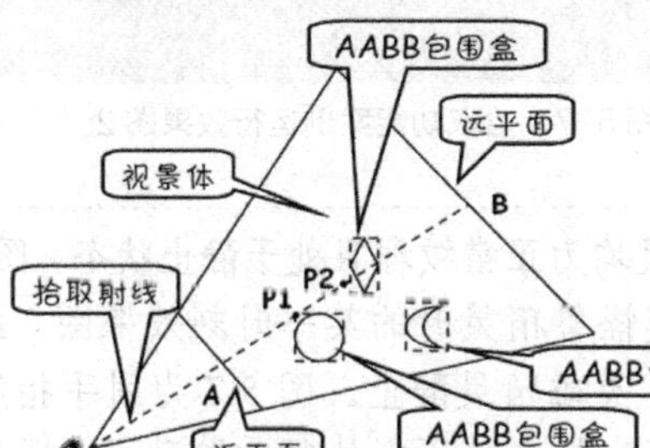

▲图 5-4 3D 拾取技术原理 1

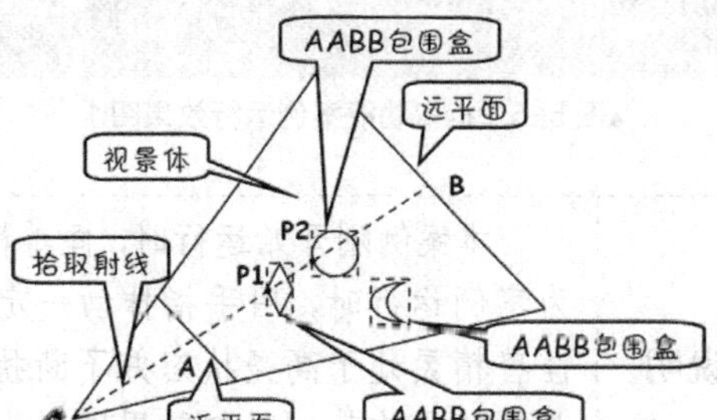

▲图 5-5 3D 拾取技术原理 2

提示　从图 5-4 和图 5-5 中可以看出，由于是基于物体的 AABB 包围盒进行的拾取计算，使得计算并不是“绝对”精确的，后面也会详细介绍。在图 5-5 中，若精确计算选中的应该是远处的菱形物体，但基于 AABB 包围盒的计算结果选中的则为近处的圆形物体。

学习一项新的技术时，有必要学习该技术的一些基础知识，因此本小节将向读者详细介绍与拾取功能相关的基础知识。由于与拾取功能相关的主要类为射线 Ray 类，下面就来介绍 Ray 类中的常用方法，见表 5-2。

表 5-2　Ray 类中常用的方法

方法签名	说明
bool intersects(const AABB& aabb)	判断射线与 AABB 包围盒是否相交，如果相交，则返回 true，如果不相交，则返回 false。aabb 参数表示待检测的 AABB 包围盒
bool intersects(const OBB& obb)	判断射线与 OBB 包围盒是否相交，如果相交，则返回 true，如果不相交，则返回 false。obb 参数表示待检测的 OBB 包围盒
void set(const Vec3& origin, const Vec3& direction)	设置射线的值。origin 参数表示射线的起点，direction 参数表示射线的方向
void transform(const Mat5& matrix)	对射线进行变换。mat 参数表示传入的变换矩阵

说明　从表 5-2 中可以看出，Ray 类中提供的判断射线与 AABB 包围盒和 OBB 包围盒是否相交的方法等，大大降低了 3D 拾取功能的开发成本，OBB 包围盒将在后面小节中介绍。

5.2.2　一个简单案例的开发

上一小节中，向读者介绍了与拾取功能相关的射线 Ray 类的基础知识。了解了该类的详细信息后，就可以进一步结合该类中提供的方法来进行案例的开发了。在进行具体的开发之前，有必要先了解一下本案例的运行效果，如图 5-6 和图 5-7 所示。

▲图 5-6　拾取功能案例运行效果图 1

▲图 5-7　拾取功能案例运行效果图 2

说明　本案例刚开始运行时，怪兽精灵和英雄精灵均为正常纹理且处于静止状态。图 5-6 为案例运行时，用手指抹动一定角度后并触摸怪兽精灵时的某一时刻效果图，此时怪兽精灵处于高亮状态并不断执行骨骼动画，英雄精灵静止。图 5-7 为用手指触摸英雄精灵的某一时刻效果图，此时英雄处于高亮状态并不断执行骨骼动画，怪兽精灵静止。

了解了案例的运行效果后，就可以进行案例的开发了，其具体步骤如下。

（1）新建一个名称为 Sample5_2 的项目，并为项目添加必要的构建器以及进行必要的设置。

> **提示** 关于新建项目的详细操作步骤在前面的章节中已经进行了介绍，这里就不再赘述，需要的读者请参考本书第 1 章中的相关内容。

（2）项目创建完成之后就可以进行代码的开发了，首先开发的是场景管理者类。由于该类的开发步骤与 Sample2_1 案例非常相似，这里就不再赘述，需要的读者可以参考本书中的源代码。

（3）开发完场景管理类之后，接下来开发的就是与 2D 相关的 My2DLayer 类和与 3D 相关的 My3DLayer 类了。首先开发的是与 2D 相关的 My2DLayer 类，由于 My2DLayer 类的开发步骤与 Sample1_1 案例非常相似，这里就不再赘述，需要的读者可以参考本书中的源代码。

（4）开发完与 2D 相关的布景类后，接下来开发的就是与 3D 相关的布景类——My3DLayer 类，该类完成对 3D 布景类中所需对象及方法的声明，其类框架声明如下。

代码位置：源代码/第 5 章/Sample5_2/app/src/main/jni/sampleCPP 目录下的 My3DLayer.h。

```
#ifndef __My3DLayer_H__
#define __My3DLayer_H__
#include "cocos2d.h"                                      //引入 cocos2d 头文件
using namespace cocos2d;                                  //使用 cocos2d 命名空间
class My3DLayer : public cocos2d::Layer{
public:
    Camera* camera;                                       //指向摄像机对象的指针
    Sprite3D* yeZi;                                       //指向树叶精灵对象的指针
    Sprite3D* shuGan;                                     //指向树干精灵对象的指针
    Sprite3D* sp3Floor;                                   //指向地面精灵对象的指针
    Sprite3D* taoTree;                                    //指向桃树精灵对象的指针
    Sprite3D* (sp3GuanMu)[5];                             //灌木精灵的数组
    Sprite3D* (sp3Flower)[2];                             //花精灵的数组
    Sprite3D* sp3Build;                                   //指向建筑物精灵对象的指针
    Sprite3D* candi;                                      //指向拾取选中精灵对象的指针
    Sprite3D* spC3bGuaiShou;                              //指向怪兽精灵对象的指针
    Sprite3D* spC3bHero;                                  //指向英雄精灵对象的指针
    Animation3D* animationHero;                           //指向英雄动画对象的指针
    Animation3D* animationGuaiShou;                       //指向怪兽动画对象的指针
    std::vector<Sprite3D*> sp3List;                       //可以选中的 3D 精灵列表
    Mesh* meshWuQi1;                                      //指向英雄武器 1 网格的指针
    Mesh* meshWuQi2;                                      //指向英雄武器 2 网格的指针
    Mesh* meshBody1;                                      //指向英雄身体 1 网格的指针
    Mesh* meshBody2;                                      //指向英雄身体 2 网格的指针
    Mesh* meshHead1;                                      //指向英雄头部 1 网格的指针
    Mesh* meshHead2;                                      //指向英雄头部 2 网格的指针
    PointLight* pointLight;                               //指向定位光对象的指针
    float degree=0;                                       //摄像机转场角度
    float degreeLight=0;                                  //光照转动角度
    float lxs;                                            //触控起点的 x 坐标值
    float lxmPre;                                         //移动时的 x
    bool isMove;                                          //是否移动标志位，true 为移动状态
    bool isChange;                                        //英雄是否换装标志位
    bool isSelected=false;                                //是否被选中标志位
    void changeClothes();                                 //英雄换装方法
    void isSelect();                                      //英雄或小怪兽选中执行方法
    virtual bool init();                                  //初始化的方法
    bool onMyTouchBegan(Touch *touch, Event *event);      //触控开始事件的回调方法
    void onMyTouchMoved(Touch *touch, Event *event);      //触控点移动事件的回调方法
    void onMyTouchEnded(Touch *touch, Event *event);      //触控结束事件的回调方法
    void onMyTouchCancelled(Touch *touch, Event *event);  //触控终止事件的回调方法
    void update(float delta);                             //定时回调方法
    CREATE_FUNC(My3DLayer);
};#endif
```

> **说明** 上述代码声明了指向摄像机对象的指针、指向地面精灵等 3D 精灵对象的指针、指向怪兽和英雄动画对象的指针、指向英雄各部位网格对象的指针和可以选中的 3D 精灵的列表等，还声明了摄像机转场角度和触控起点、触控移动点 x 坐标值、是否移动标志位和英雄是否换装标志位等成员变量，同时还声明了初始化布景的 init 方法、与英雄换装相关方法以及定时回调方法和与触控相关的回调方法等。

（5）开发完上述类框架声明后还要真正实现 My3DLayer 类中的方法，首先实现的是初始化布景的 init 方法，以完成布景内各个 3D 精灵的创建，如地面、建筑物、植物、英雄和怪兽等。还完成了定位光和环境光的创建及初始化工作等，其具体代码如下。

代码位置：源代码/第 5 章/Sample5_2/app/src/main/jni/sampleCPP 目录下的 My3DLayer.cpp。

```
1   bool My3DLayer::init(){
2       if ( !Layer::init() )       return false;          //调用父类的初始化
3    ....../此处省略了加载地面、树、花、灌木和建筑物等模型的代码，需要的读者请参考本书源代码
4       spC3bGuaiShou =                                     //创建怪兽精灵对象
5               Sprite3D::create("c3b/xiaoGuaiShou/xiaoGuaiShou.c3b");
6       spC3bGuaiShou->setPosition3D(Vec3(0,0,70));  //设置怪兽精灵位置
7       spC3bGuaiShou->setRotation3D(Vec3(0,180,0)); //设置怪兽精灵偏转角
8       spC3bGuaiShou->setScale(0.018f);             //设置怪兽精灵缩放比
9       spC3bGuaiShou->setGlobalZOrder(1.0f);        //设置怪兽精灵全局 ZOrder 值
10      sp3List.push_back(spC3bGuaiShou);            //将怪兽精灵添加到列表中
11      Sprite3D* spC3bLFuZi=                        //创建斧子精灵对象
12              Sprite3D::create("obj/weaponL.obj","c3b/xiaoGuaiShou/fuzi.png");
13      spC3bLFuZi->setRotation3D(Vec3(0,60,0));     //设置斧子精灵对象偏转角
14      spC3bLFuZi->setScale(0.05f);                 //设置斧子精灵的缩放比
15      AttachNode* anRFinger =                      //获取需要附着斧子的骨骼节点
16              spC3bGuaiShou->getAttachNode("Bip01 L Finger0");
17      anRFinger->addChild(spC3bLFuZi);             //将斧子附着到对应的骨骼节点
18      this->addChild(spC3bGuaiShou);               //将怪兽精灵对象添加到布景中
19      animationGuaiShou =                          //创建怪兽骨骼动画对象
20              Animation3D::create("c3b/xiaoGuaiShou/xiaoGuaiShou.c3b");
21      spC3bHero = Sprite3D::create("c3b/knight/knight.c3b");
                                                     //创建英雄精灵对象
22      spC3bHero->setPosition3D(Vec3(0,0,-70));     //设置英雄精灵对象位置
23      spC3bHero->setScale(22.0f);                  //设置英雄精灵对象缩放比
24      spC3bHero->setGlobalZOrder(1.0f);            //设置英雄精灵全局 ZOrder 值
25      sp3List.push_back(spC3bHero);                //将英雄精灵添加到列表中
26   ....../此处省略了根据名称获取英雄各个部位网格并设置网格纹理的代码，需要的读者请参考源代码
27      this->addChild(spC3bHero);                   //将英雄精灵添加到布景中
28      animationHero =                              //创建英雄骨骼动画对象
29          Animation3D::create("c3b/knight/knight.c3b");
30      this->setCameraMask(                         //设置此布景层渲染用摄像机
31              (unsigned short)CameraFlag::USER1);
32      pointLight=PointLight::create(               //创建定位光对象
33          Vec3(0,200,0),                           //灯光位置
34          Color3B(70, 70, 70),                     //灯光颜色
35          1200);                                   //灯光范围
36      this->addChild(pointLight,0);                //将定位光对象添加到布景中
37      AmbientLight* ambientLight=                  //创建环境光对象
38              AmbientLight::create(Color3B(180, 180, 180));
39      this->addChild(ambientLight);                //将环境光对象添加到布景中
40   ....../此处省略了与触控相关的代码，需要的读者请参考源代码
41      schedule(schedule_selector(My3DLayer::update), 0.01f);
                                                     //定时回调 update 方法更新光照位置
42      return true;
43  }
```

- 第 4～10 行功能为创建怪兽精灵对象并设置其位置和偏转角，然后设置怪兽精灵的缩放比和全局 ZOrder 值，最后将怪兽精灵添加到列表中。
- 第 11～18 行功能为创建斧子精灵对象并设置其位置和缩放比，然后获取需要附着斧子的骨骼节点并将斧子附着到对应的骨骼节点，最后将怪兽精灵对象添加到布景中。

- 第 19～20 行功能为创建怪兽骨骼动画对象。
- 第 21～27 行功能为创建英雄精灵对象并设置其位置和缩放比，然后设置其全局 ZOrder 值并将英雄精灵添加到列表中，最后将英雄精灵对象添加到布景中。
- 第 28～31 行功能为创建英雄骨骼动画对象并设置此布景层渲染用摄像机。
- 第 32～39 行功能为创建定位光和环境光对象，然后分别将其添加到布景中。
- 第 41 行功能为定时回调 update 方法来更新定位光位置。

（6）完成了上述初始化布景的开发之后，接下来开发的是更新定向光位置的 update 方法了，通过不断调用此方法，可以使定向光不断地在怪兽和英雄头顶上方转动，其具体代码如下。

代码位置：源代码/第 5 章/Sample5_2/app/src/main/jni/sampleCPP 目录下的 My3DLayer.cpp。

```
void My3DLayer::update(float delta){
    degreeLight+=2.0f;                                          //灯光角度增加
    if(degreeLight>=360){                                       //如果灯光角度超过 360
       degreeLight=degreeLight-360;                             //将灯光角度设置为 0
    }
    float lx=sin(degreeLight*3.1515926535898/180)*500;          //计算当前观察角度下灯光的 x 坐标
    float lz=cos(degreeLight*3.1515926535898/180)*500;          //计算当前观察角度下灯光的 z 坐标
    pointLight->setPosition3D(Vec3(lx,50,lz));                  //动态调整灯光位置
}
```

说明 调用该方法会使灯光角度不断增加，当增加到 360 时，灯光角度会变为 0，然后计算出当前观察角度下的灯光 x 坐标和 z 坐标，最后根据计算的当前灯光的坐标值来设置灯光位置。通过定时回调该方法，就会产生灯光不停地在转动的效果。

（7）开发完上述更新定向光位置的 update 方法后，接下来开发的是英雄换装的 changeClothes 方法了，该方法可以通过英雄所处状态来给英雄更换装扮，其具体代码如下。

代码位置：源代码/第 5 章/Sample5_2/app/src/main/jni/sampleCPP 目录下的 My3DLayer.cpp。

```
1   void My3DLayer::changeClothes(){
2   if(isChange){
3   meshWuQi1->setTexture("c3b/knight/zhanshi01_tex_bodyS.jpg");
                                                    //设置武器 1 网格纹理为被选中纹理
4   meshWuQi2->setTexture("c3b/knight/zhanshi01_tex_bodyS.jpg");
                                                    //设置武器 2 网格纹理为被选中纹理
5   meshBody1->setTexture("c3b/knight/zhanshi01_tex_bodyS.jpg");
                                                    //设置身体 1 网格纹理为被选中纹理
6   meshBody2->setTexture("c3b/knight/zhanshi01_tex_bodyS.jpg");
                                                    //设置身体 2 网格纹理为被选中纹理
7   meshHead1->setTexture("c3b/knight/zhanshi02_tex_headS.jpg");
                                                    //设置头部 1 网格纹理为被选中纹理
8   meshHead2->setTexture("c3b/knight/zhanshi02_tex_headS.jpg");
                                                    //设置头部 2 网格纹理为被选中纹理
9   }else{
10  meshWuQi1->setTexture("c3b/knight/zhanshi01_tex_body.jpg");
                                                    //设置武器 1 网格纹理为未选中纹理
11  meshWuQi2->setTexture("c3b/knight/zhanshi01_tex_body.jpg");
                                                    //设置武器 2 网格纹理为未选中纹理
12  meshBody1->setTexture("c3b/knight/zhanshi01_tex_body.jpg");
                                                    //设置身体 1 网格纹理为未选中纹理
13  meshBody2->setTexture("c3b/knight/zhanshi01_tex_body.jpg");
                                                    //设置身体 2 网格纹理为未选中纹理
14  meshHead1->setTexture("c3b/knight/zhanshi02_tex_head.jpg");
                                                    //设置头部 1 网格纹理为未选中纹理
15  meshHead2->setTexture("c3b/knight/zhanshi02_tex_head.jpg");
                                                    //设置头部 2 网格纹理为未选中纹理
16      }}
```

- 第 2~8 行功能为如果当前为要换装扮的状态，则将英雄的武器 1、武器 2、身体 1、身体

2、头部 1 和头部 2 网格对象的纹理均设置为被选中的纹理。

- 第 10～15 行功能为如果当前为不需要装扮的状态，则将英雄的武器 1、武器 2、身体 1、身体 2、头部 1 和头部 2 网格对象的问题均设置为未选中的纹理。

（8）开发完上述英雄换装的 changeClothes 方法后，还要实现拾取功能。本案例利用拾取功能实现触摸到某个精灵时，该精灵变为高亮状态并不断执行骨骼动画的效果。该功能写在了触控结束事件的 onMyTouchEnded 方法当中，其具体代码如下。

代码位置：源代码/第 5 章/Sample5_2/app/src/main/jni/sampleCPP 目录下的 My3DLayer.cpp。

```
1   void My3DLayer::onMyTouchEnded(Touch *touch, Event *event){
2       if(isMove) return;                                  //如果为移动状态则返回
3       auto location = touch->getLocation();               //获取触控点的屏幕坐标
4       Size size = Director::getInstance()->getWinSize();  //获取屏幕尺寸
5       Vec3 nearP(location.x, size.height-location.y, 1.0f);
                                                            //近平面点
6       Vec3 farP(location.x, size.height-location.y, 0.0f);
                                                            //远平面点
7       camera->unproject(size, &nearP, &nearP);            //计算近平面点在世界坐标系中的坐标
8       camera->unproject(size, &farP, &farP);              //计算远平面点在世界坐标系中的坐标
9       Vec3 direction;                                     //声明射线方向
10      Vec3::subtract(farP, nearP, &direction);            //远平面点减去近平面点求方向矢量
11      direction.normalize();                              //归一化
12      Ray ray;                                            //声明射线
13      ray._origin = nearP;                                //射线起点位置
14      ray._direction = direction;                         //射线方向矢量
15      std::vector<Sprite3D*>::iterator iter=sp3List.begin();
                                                            //声明迭代器
16      for(;iter!=sp3List.end();iter++){                   //遍历待拾取精灵
17          Sprite3D* temp=*iter;                           //获取待拾取精灵
18          temp->stopAllActions();                         //把所有骨骼动画都停止
19      }
20      spC3bGuaiShou->setTexture("c3b/xiaoGuaiShou/body.png");
                                                            //设置怪兽精灵纹理
21      isChange=false;                                     //未换装状态
22      changeClothes();                                    //英雄换装的方法
23      Sprite3D* candi;                                    //遍历列表拾取 3D 精灵
24      float minDis=999999999;                             //初始化最短距离
25      bool isSelected=false;                              //是否被选中标志位,true 为被选中
26      for(iter=sp3List.begin();iter!=sp3List.end();iter++){
                                                            //遍历待拾取精灵列表
27          Sprite3D* temp=*iter;
28          AABB aabb=temp->getAABB();                      //获取待拾取物体的 AABB 包围盒
29          Vec3 center=aabb.getCenter();                   //获取 AABB 包围盒的中心点
30          Vec3 cameraLocation=camera->getPosition3D();    //获取摄像机位置
31          float dis=center.distance(cameraLocation);      //计算 AABB 包围盒中心点到摄像机距离
32          if(ray.intersects(aabb)){                       //若拾取选中
33              if(dis<minDis){                             //若此次距离比以前的小
34                  minDis=dis;                             //更新最短距离
35                  candi=temp;                             //更新选中者
36                  isSelected=true;                        //将选中标志位设为 true
37      }}}
38      isSelect();                                         //英雄或小怪兽选中执行方法
39  }
```

- 第 3～6 行功能为获取在触控点的屏幕坐标和屏幕尺寸，并且声明近平面点和远平面点。
- 第 7～11 行功能为将标准设备空间对应的坐标系中的近平面点和远平面点经摄像机矩阵及投影矩阵进行逆变换，变换为世界坐标系中的坐标点，然后声明射线方向并通过远平面点减去近平面点求出射线方向的矢量，最后将射线的方向矢量归一化。
- 第 12～14 行功能为声明一条射线，并设置射线起点位置和方向矢量。
- 第 15 行功能为声明待拾取精灵列表的迭代器。
- 第 16～19 行功能为遍历并获取待拾取精灵，然后将获取的精灵骨骼动画停止。

- 第 20～22 行功能为初始化怪兽和英雄精灵的纹理。
- 第 23～25 行功能为声明列表待拾取精灵，然后初始化最短距离和精灵是否被选中标志位。
- 第 26～37 行功能为遍历待拾取精灵列表并获取待拾取物体的 AABB 包围盒和包围盒中心点，然后获取摄像机位置并求出摄像机位置到包围盒中心点的距离，如果射线与包围盒有交点即拾取选中，获取距离摄像机最近的包围盒及精灵，并设置该精灵为被选中状态。

（9）上面代码中第 38 行为英雄或小怪兽选中执行方法，该方法主要是展示精灵被拾取之后所执行的方法，其具体代码如下。

代码位置：源代码/第 5 章/Sample5_2/app/src/main/jni/sampleCPP 目录下的 My3DLayer.cpp。

```
1   void My3DLayer::isSelect(){
2     if (animationGuaiShou&&isSelected&&candi==spC3bGuaiShou){//若选中怪兽精灵
3       spC3bGuaiShou->                                    //设置怪兽被选中纹理
5            setTexture("c3b/xiaoGuaiShou/bodyS.png");
5       Animate3D* animateKan =                            //创建怪兽骨骼动画动作对象
6            Animate3D::create(animationGuaiShou,2.0f,5.0f);
7       animateKan-> setSpeed(animateKan->getSpeed()*0.7f); //设置骨骼动画动作速度
8       spC3bGuaiShou-> runAction(RepeatForever::create(animateKan));
                                                           //重复执行怪兽骨骼动画动作
9     }
10    if (animationHero&&isSelected&&candi==spC3bHero){
11      isChange=true;                                     //换装状态
12      changeClothes();                                   //英雄换装的方法
13      Animate3D* animateK=Animate3D::create(animationHero,3.0f,6.0f);
                                                           //创建英雄骨骼动画动作
14      animateK-> setSpeed(animateK->getSpeed()*0.9f);//设置骨骼动画速度
15      spC3bHero-> runAction(RepeatForever::create(animateK));
                                                           //重复执行英雄骨骼动画动作
16  }}
```

- 第 2～8 行功能为如果怪兽精灵对象被选中，则设置怪兽精灵纹理为高亮纹理，并使怪兽精灵对象重复执行自己的骨骼动画动作。
- 第 10～15 行功能为如果英雄精灵被选中，则设置英雄精灵纹理为高亮纹理，并使英雄精灵对象重复执行自己的骨骼动画动作。

（10）完成了上述方法后，最后开发的就是开始触摸时的回调方法和触摸移动时的回调方法了。由于该类与触控相关方法开发步骤与 Sample2_1 案例非常相似，这里就不再赘述，需要的读者可以参考本书中的源代码。

（11）完成上述步骤之后，运行本程序，用手指抹动屏幕并通过单击怪兽精灵和英雄精灵观察，界面效果如图 5-6 和图 5-7 所示。

5.3 AABB 包围盒的不精确性

前面小节介绍了 AABB 包围盒的基本原理，细心的读者可能会发现，AABB 包围盒对于本身横平竖直的物体在平行于坐标轴摆放的情况下，拾取误差很小，但是对于不规则形状的物体或者本身横平竖直的物体随意倾斜摆放时，计算拾取的误差就会比较大，如图 5-8 所示。

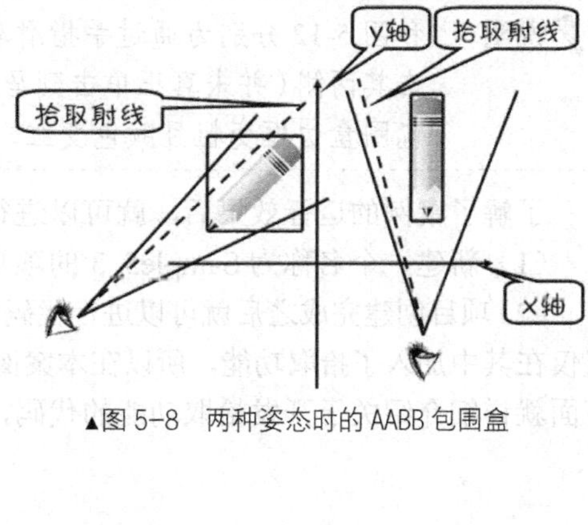

▲图 5-8　两种姿态时的 AABB 包围盒

从图 5-8 中可以看出以下几点。

- 由于 AABB 包围盒是轴对齐的，因此同一个物体在不同姿态摆放时的 AABB 包围盒是不尽相同的。

- 当左侧物体正对摄像机时，虽然物体没有真正被触摸到，但是经包围盒与拾取射线的计算已经被触摸到了。所以造成的拾取误差很大。
- 当右侧物体正对摄像机时，触摸相同位置，物体经包围盒与拾取射线的计算没有被触摸到。

> **说明**　通过图 5-8 中左右两侧物体进行拾取对比可知，物体本身区域占包围盒区域比例越大，拾取计算误差就越小。因此在实际开发中应该尽量地提高物体本身所占区域的比例，以降低计算误差。

了解了 AABB 包围盒计算存在不精确的原理后，下面基于这个原理给出一个 AABB 包围盒计算不精确的案例，通过该案例，读者可以进一步加深理解，案例的运行效果如图 5-9、图 5-10、图 5-11、图 5-12 所示。

▲图 5-9　AABB 包围盒计算不精确运行效果图 1

▲图 5-10　AABB 包围盒计算不精确运行效果图 2

▲图 5-11　AABB 包围盒计算不精确运行效果图 3

▲图 5-12　AABB 包围盒计算不精确运行效果图 4

> **说明**　图 5-9 和图 5-10 分别为用手指抹动屏幕至一定角度，对轴对齐的黑马分别单击时运行的效果，此时这两匹马均变为高亮状态，包围盒边框变粗且颜色变红。图 5-11 和图 5-12 分别为通过手指滑动屏幕至一定角度，对绕 y 轴旋转 45° 角的白马分别单击其两侧（并未真正单击到马本身）时的运行效果，此时这两匹马均变为高亮状态，包围盒边框变粗且颜色变红。

了解了案例的运行效果后，就可以进行案例的开发了，其具体步骤如下。

（1）新建一个名称为 Sample5_3 的项目，并为项目添加必要的构建器以及进行必要的设置。

（2）项目创建完成之后就可以进行代码的开发了，其实本案例是对案例 Sample5_1 进行了修改，仅仅在其中加入了拾取功能，所以在本案例中与案例 Sample5_1 相似的内容在此就不再进行赘述。下面就详细介绍关于开发拾取功能的代码，具体内容如下。

代码位置：源代码/第 5 章/Sample5_3/app/src/main/jni/sampleCPP 目录下的 My3DLayer.cpp。

```
1  void My3DLayer::onMyTouchEnded(Touch *touch, Event *event){
2      if(isMove) return;                                    //如果处于移动状态则返回
3      auto location = touch->getLocation();                 //获取触控点的屏幕坐标
4      Size size = Director::getInstance()->getWinSize();    //获取屏幕尺寸
5      Vec3 nearP(location.x, size.height-location.y, 1.0f); //近平面点
6      Vec3 farP(location.x, size.height-location.y, 0.0f);  //远平面点
7      camera->unproject(size, &nearP, &nearP);              //计算近平面点在世界坐标系中的坐标
8      camera->unproject(size, &farP, &farP);                //计算远平面点在世界坐标系中的坐标
9      Vec3 direction;                                       //声明拾取射线方向
10     Vec3::subtract(farP, nearP, &direction);              //远平面点减去近平面点求方向矢量
11     direction.normalize();                                //归一化
12     Ray ray;                                              //声明射线
13     ray._origin = nearP;                                  //射线起点位置
14     ray._direction = direction;                           //射线方向矢量
15     for(int i=0;i<4;i++){
16       horse[i]->setTexture(texPath[i]);                   //设置马精灵纹理
17       AABB aabbTemp=horse[i]->getAABB();                  //加载对应的 AABB 包围盒
18       Vec3 corners[8];                                    //声明包围盒顶点数组
19       aabbTemp.getCorners(corners);                       //获取包围盒顶点信息
20       aabbDN[i]->clear();
21       aabbDN[i]->drawCube(corners, Color4F(1,1,0,1));     //绘制包围盒边框
22     }
23     Sprite3D* candi;                                      //遍历列表拾取 3D 精灵
24     float minDis=999999999;                               //初始化最短距离
25     int selectedIndex=-1;                                 //拾取选中马的索引
26     for(int i=0;i<4;i++){
27       Sprite3D* temp=horse[i];
28       AABB aabb=temp->getAABB();                          //获取待拾取物体的 AABB 包围盒
29       Vec3 center=aabb.getCenter();                       //获取 AABB 包围盒的中心点
30       Vec3 cameraLocation=camera->getPosition3D();        //获取摄像机位置
31       float dis=center.distance(cameraLocation);//计算 AABB 包围盒的中心点到摄像机的距离
32       if(ray.intersects(aabb)){                           //若拾取选中
33           if(dis<minDis){                                 //若此次距离比以前的小
34               minDis=dis;                                 //更新最短距离
35               candi=temp;                                 //更新选中者
36               selectedIndex=i;                            //设置选中马索引
37       }}}
38     if(selectedIndex!=-1){                                //若选中
39       candi->setTexture(texSelectedPath[selectedIndex]);  //则变高亮
40       AABB aabbTemp=candi->getAABB();                     //加载对应的 AABB 包围盒
41       Vec3 corners[8];                                    //声明包围盒顶点数组
42       aabbTemp.getCorners(corners);                       //获取包围盒顶点信息
43       aabbDN[selectedIndex]->clear();
44       aabbDN[selectedIndex]->                             //绘制包围盒边框
45         drawCube(corners, Color4F(1.0f,0.0f,0.0f,1));
46     }}
```

- 第 3～6 行功能为获取触控点的屏幕坐标和屏幕尺寸，并且声明近平面点和远平面点。
- 第 7～11 行功能为将标准设备空间对应的坐标系中的近平面点和远平面点经摄像机矩阵及投影矩阵进行逆变换，变换为世界坐标系中的坐标点，然后声明射线方向并通过远平面点减去近平面点求出射线方向的矢量，最后将射线的方向矢量归一化。
- 第 12～14 行功能为声明一条射线，并设置射线起点位置和方向矢量。
- 第 15～22 行功能为遍历所有的马精灵对象，并将马精灵对象的纹理均设为初始纹理，最后按照包围盒形状绘制初始状态的包围盒边框。
- 第 23～25 行功能为声明列表待拾取精灵，然后初始化最短距离和拾取选中马的索引。
- 第 26～37 行功能为遍历待拾取精灵列表并获取待拾取物体的 AABB 包围盒和包围盒中心点，然后获取摄像机位置并求出摄像机位置到包围盒中心点的距离，如果射线与包围盒有交点即拾取选中，更新与摄像机最短距离和选中者，并设置选中马索引。
- 第 38～45 行功能为将选中的马精灵纹理设置为被选中纹理，并通过获取包围盒顶点信息

将其对应的包围盒边框重新绘制为选中状态。

（3）完成上述步骤之后，运行本程序，用手指滑动屏幕使各个马精灵正对屏幕并通过单击不同的马精灵对象，界面效果如图 5-9、图 5-10、图 5-11、图 5-12 所示。

5.4 OBB 包围盒

从前面几个小节对 AABB 包围盒的介绍中可以看出，物体在世界坐标系中最终摆放的姿态没有轴对齐的情况下的计算误差会非常大，如图 5-8 所示中倾斜的铅笔对应的 AABB 包围盒。如果希望改善这个问题，就可以使用 OBB 包围盒（Oriented Bounding Box 简称 OBB）。

5.4.1 基础知识

OBB 包围盒是随着物体的旋转而旋转的，并不需要总保持其 6 个面都平行于坐标平面，因此基于其进行射线拾取计算，大部分情况下误差远远小于 AABB 包围盒。其基本原理如图 5-13 所示。

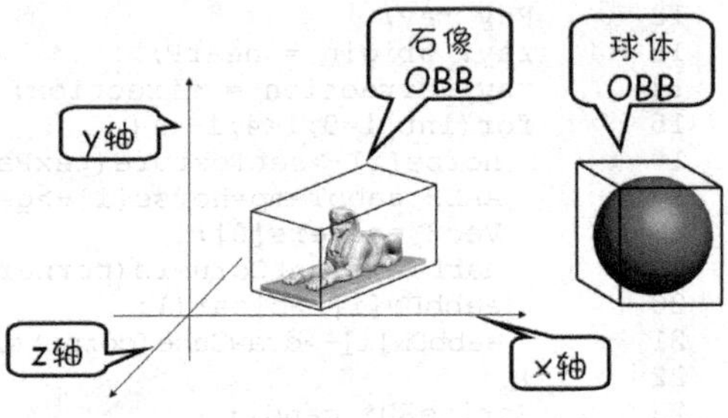

▲图 5-13　不同物体的 OBB 包围盒

> **提示**　从图 5-13 中可以看出，OBB 包围盒并不是每一个面都是与某个坐标轴平面平行的，而是随着物体的旋转而旋转的，所以使用 OBB 包围盒就顺利解决了 AABB 包围盒不精确的问题。

了解了 OBB 包围盒的基本原理之后，有必要学习 OBB 包围盒的基础知识， OBB 包围盒在 Cocos2d-x 中是由 OBB 类实现的，下面介绍此类中的构造函数及常用方法，见表 5-3。

表 5-3　　OBB 类中构造函数及常用的方法

构造函数或方法签名	含　义	类　型
OBB(const AABB& aabb)	OBB 包围盒构造函数。aabb 参数表示物体原始的 AABB 包围盒	构造函数
OBB(const Vec3* verts, int num)	OBB 包围盒构造函数。verts 参数表示顶点，num 参数表示顶点数	构造函数
bool containPoint(const Vec3& point)	判断指定点是否在包围盒中，如果在则返回 true，如果不在则返回 false。point 参数表示需要判断的点	方法
void set(const Vec3& center, const Vec3& _xAxis, const Vec3& _yAxis, const Vec3& _zAxis, const Vec3& _extents)	设置包围盒的值，center 参数表示需要设置的包围盒中心点，_xAxis 参数表示需要设置的包围盒 x 轴向量，_yAxis 参数表示需要设置的包围盒 y 轴向量，_zAxis 参数表示需要设置的包围盒 z 轴向量，_extents 参数表示 OBB 包围盒范围	方法
void getCorners(Vec3* verts)	获取包围盒顶点信息。verts 参数表示指向包围盒顶点数据的指针	方法
bool intersects(const OBB& box)	检测该包围盒与指定的包围盒是否相交，如果相交则返回 true，不相交则返回 false。box 参数表示需要判定是否相交的包围盒	方法
void transform(const Mat5& mat)	对包围盒进行变换。mat 参数表示传入的变换矩阵	方法

由表 5-3 中可以看出，OBB 类中提供的方法与 AABB 类中的方法相似，都提供了判断两个包围盒是否相交的方法，为以后游戏开发中的 3D 物体之间碰撞检测的开发提供了方便。还可以看出该类中提供了获取包围盒顶点信息的方法，通过该方法可以获取包围盒顶点信息以便于绘制出包围盒边框。

至此，关于 OBB 包围盒的基础知识就已经介绍完了，相信大家对 OBB 包围盒的使用有了一定的认识，为了使大家更好地理解和学习 OBB 包围盒技术，在下一小节有相对应的案例供大家参照学习。

5.4.2 一个简单案例的开发

在上一小节向大家介绍了 OBB 包围盒的基础知识，了解了这些基础知识后，下面就通过一个案例来向大家展示 OBB 包围盒的具体效果，在进行案例的具体开发之前，有必要先了解一下案例的运行效果，如图 5-14 和图 5-15 所示。

▲图 5-14　案例效果图 1

▲图 5-15　案例效果图 2

说明　图 5-14 为单击绕 y 轴旋转 45° 角的白马时的运行效果，此时这匹马变为高亮状态，并且其对应的包围盒线框变粗，颜色变红。图 5-15 为单击绕 y 轴旋转 45° 角的黑马时的运行效果，此时这匹马变为高亮状态，并且其对应的包围盒线框变粗，颜色变红。

了解了案例的运行效果后，就可以进行案例的开发了，其具体步骤如下。

（1）新建一个名称为 Sample5_4 的项目，并为项目添加必要的构建器以及进行必要的设置。

（2）项目创建完成之后就可以进行代码的开发了，首先开发的是场景管理者类。由于该类的开发步骤与 Sample2_1 案例非常相似，这里就不再赘述，需要的读者可以参考本书中的源代码。

（3）开发完场景管理类之后，接下来开发的就是与 2D 相关的 My2DLayer 类和与 3D 相关的 My3DLayer 类了。首先开发的是与 2D 相关的 My2DLayer 类，由于 My2DLayer 类的开发步骤与 Sample1_1 案例非常相似，这里就不再赘述，需要的读者可以参考本书中的源代码。

（4）开发完与 2D 相关的布景类后，接下来开发的就是与 3D 相关的布景类——My3DLayer 类，该类完成对 3D 布景类中所需对象及方法的声明，其类框架声明如下。

代码位置：源代码/第 5 章/Sample5_4/app/src/main/jni/sampleCPP 目录下的 My3DLayer.h。

```
#ifndef __My3DLayer_H__
#define __My3DLayer_H__
#include <string>
#include "cocos2d.h"                                    //引入 cocos2d 头文件
#include "DrawNode3D.h"                                 //引入 DrawNode3D 头文件
using namespace cocos2d;                                //使用 cocos2d 命名空间
using namespace std;                                    //使用 std 命名空间
class My3DLayer : public cocos2d::Layer{
public:
    Camera* camera;                                     //指向摄像机对象的指针
    Sprite3D* sp3Floor;                                 //指向地面精灵的指针
    Sprite3D* horse[4];                                 //4 匹马的指针数组
    OBB obbArray[4];                                    //4 匹马的 OBB 包围盒
    DrawNode3D* obbDN[4];                               //4 匹马的 OBB 包围盒绘制者
    float hoeseLocation[4][2]= {                        //4 匹马的 xz 坐标
```

```
        {150,150},{-150,-150},{150,-150},{-150,150}};
    string objPath[4]={                                     //4 匹马的 obj 文件路径
        "ma/wM.obj","ma/bM.obj","ma/bM.obj","ma/wM.obj"};
    string texPath[4]={                                     //4 匹马的普通纹理图文件路径
        "ma/wM.png","ma/bM.png","ma/bM.png","ma/wM.png"};
    string texSelectedPath[4]={                             //4 匹马的选中时纹理文件路径
        "ma/wMS.png","ma/bMS.png","ma/bMS.png","ma/wMS.png"};
    float horseAngle[4]={0,0,45,45};                        //4 匹马的旋转角度
    PointLight* pointLight;                                 //指向定位光对象的指针
    float degree=0;                                         //摄像机转场角度
    float lxs;                                              //起点的 x
    float lxmPre;                                           //移动时的 x
    bool isMove;                                            //是否移动标志位，true 为移动
    virtual bool init();                                    //初始化的方法
    bool onMyTouchBegan(Touch *touch, Event *event);  //触控开始事件的回调方法
    void onMyTouchMoved(Touch *touch, Event *event);  //触控点移动事件的回调方法
    void onMyTouchEnded(Touch *touch, Event *event);  //触控结束事件的回调方法
    void onMyTouchCancelled(Touch *touch, Event *event); //触控终止事件的回调方法
    CREATE_FUNC(My3DLayer);
};#endif
```

说明 上述代码声明了指向摄像机对象的指针、指向地面精灵等3D精灵对象的指针与4匹马的指针数组、4匹马的OBB包围盒指针、xz坐标值、obj文件路径、普通纹理图文件路径、选中时纹理图文件路径、旋转角度的数组和指向定位光对象的指针、起点和移动时的x坐标值等成员变量，同时还声明了初始化布景的init方法和与触控相关的回调方法等。

（5）开发完上述类框架声明后还要真正实现My3DLayer类中的方法，首先实现的是初始化布景的init方法，以完成布景内各个精灵的创建及初始化工作，其具体代码如下。

代码位置：源代码/第5章/Sample5_4/app/src/main/jni/sampleCPP目录下的My3DLayer.cpp。

```
bool My3DLayer::init(){
    if ( !Layer::init() )       return false;                  //调用父类的初始化
    sp3Floor=Sprite3D::create("obj/floor.obj", "pic/floor.png");//创建地面精灵对象
    sp3Floor->setScale(3.0f);                                    //设置地面精灵缩放比
    sp3Floor->setPosition3D(Vec3(0,0,0));                        //设置地面精灵位置
    sp3Floor->setGlobalZOrder(1.0f);                             //设置地面精灵全局 ZOrder 值
    this->addChild(sp3Floor);                                    //将地面精灵添加到布景中
    for(int i=0;i<4;i++){
        horse[i]=Sprite3D::create(objPath[i],texPath[i]);        //创建马精灵对象
        AABB aabbTemp=horse[i]->getAABB();                       //获取原始的 AABB 包围盒
        horse[i]->setScale(1.1f);                                //设置马精灵缩放比
        horse[i]->setPosition3D(                                 //设置马精灵位置
            Vec3(hoeseLocation[i][0],80,hoeseLocation[i][1]));
        horse[i]->setGlobalZOrder(1.0f);                         //设置马精灵全局 ZOrder 值
        horse[i]->setRotation3D(Vec3(0,horseAngle[i],0));        //设置马精灵偏转角度
        this->addChild(horse[i]);                                //将马精灵添加到布景中
        OBB obbTemp(aabbTemp);                                   //创建 OBB 包围盒
        Mat5 mat = horse[i]->getNodeToWorldTransform();          //获取变换矩阵
        obbTemp.transform(mat);                                  //对包围盒进行变换
        Vec3 corners[8];                                         //计算包围盒的 8 个顶点
        obbTemp.getCorners(corners);                             //获取包围盒顶点信息
        obbDN[i]=DrawNode3D::create();                           //创建包围盒的绘制者
        obbDN[i]->drawCube(corners, Color4F(1,1,0,1));           //绘制包围盒边框
        obbDN[i]->setGlobalZOrder(2);                            //设置边框的全局 ZOrder 值
        this->addChild(obbDN[i]);                                //将包围盒边框添加到布景中
        obbArray[i]=obbTemp;
    }
    this->setCameraMask(                                         //设置此布景层渲染用摄像机
            (unsigned short)CameraFlag::USER1);
    pointLight=PointLight::create(                               //创建定位光对象
        Vec3(0,150,200),                                         //灯光位置
        Color3B(150, 150, 150),                                  //灯光颜色
        2500);                                                   //灯光范围
```

```
34        this->addChild(pointLight,0);                      //将定位光对象添加到布景中
35        AmbientLight* ambientLight=                        //创建环境光对象
36              AmbientLight::create(Color3B(120, 120, 120));
37        this->addChild(ambientLight);                      //将环境光添加到布景中
38        ......//此处省略了与触控相关的代码，需要的读者请参考源代码
39        return true;
40    }
```

● 第 3～7 行功能为创建地面精灵对象并设置其缩放比，然后设置地面精灵位置和全局 ZOrder 值，最后将其添加到布景中。

● 第 8～16 行功能为通过遍历依次创建 4 匹马精灵对象，并分别设置其缩放比、位置、全局 ZOrder 值和偏转角度，最后将这 4 匹马精灵添加到布景中。

● 第 17～19 行功能为通过遍历，创建 OBB 包围盒并获取马精灵的变换矩阵，并对 OBB 包围盒进行变换。

● 第 20～25 行功能为计算 OBB 包围盒的中心点，并获取包围盒顶点信息，然后创建包围盒的绘制者并绘制出包围盒边框并设置边框的全局 ZOrder 值，最后将包围盒边框添加到布景中。

● 第 28～29 行功能为设置此布景层渲染用摄像机。

● 第 30～34 行功能为创建定位光对象，并将其添加到布景中。

● 第 35～37 行功能为创建环境光对象，并将其添加到布景中。

（6）完成上述初始化布景的开发之后，接下来开发的就是与拾取相关的方法了，本案例利用拾取功能实现触摸到某个精灵时，该精灵变为高亮状态并且其包围盒边框变暗。该功能写在了触控结束事件的 onMyTouchEnded 方法当中，其具体代码如下。

代码位置：源代码/第 5 章/Sample5_4/app/src/main/jni/sampleCPP 目录下的 My3DLayer.cpp。

```
void My3DLayer::onMyTouchEnded(Touch *touch, Event *event){
    if(isMove) return;                                    //如果处于移动状态则返回
    auto location = touch->getLocation();                 //获取触控点的屏幕坐标
    Size size = Director::getInstance()->getWinSize();
                                                          //获取屏幕尺寸
    Vec3 nearP(location.x, size.height-location.y, 1.0f);
                                                          //近平面点
    Vec3 farP(location.x, size.height-location.y, -1.0f);
                                                          //远平面点
    camera->unproject(size, &nearP, &nearP);              //计算近平面点在世界坐标系中的坐标
    camera->unproject(size, &farP, &farP);                //计算远平面点在世界坐标系中的坐标
    Vec3 direction;                                       //声明拾取射线方向
    Vec3::subtract(farP, nearP, &direction);              //远平面点减去近平面点求方向矢量
    direction.normalize();                                //归一化
    Ray ray;                                              //射线
    ray._origin = nearP;                                  //射线起点位置
    ray._direction = direction;                           //射线方向矢量
    for(int i=0;i<4;i++){
        horse[i]->setTexture(texPath[i]);                 //把所有马纹理变为平常纹理
        Vec3 corners[8];                                  //计算包围盒的 8 个顶点
        obbArray[i].getCorners(corners);                  //获取包围盒顶点信息
        obbDN[i]->clear();
        obbDN[i]->drawCube(corners, Color4F(1,1,0,1));    //绘制包围盒边框
    }
    Sprite3D* candi;                                      //遍历列表拾取 3D 精灵
    float minDis=999999999;                               //初始化最短距离
    int selectedIndex=-1;                                 //拾取选中马的索引
    for(int i=0;i<4;i++){
        Sprite3D* temp=horse[i];
        Vec3 center=obbArray[i]._center;                  //获取 OBB 包围盒的中心点
        Vec3 cameraLocation=camera->getPosition3D();
                                                          //获取摄像机位置
        float dis=center.distance(cameraLocation);        //计算包围盒的中心点到摄像机的距离
        if(ray.intersects(obbArray[i])){                  //若拾取选中
            if(dis<minDis){                               //若此次距离比以前的小
                minDis=dis;                               //更新最短距离
```

```
33              candi=temp;                                  //更新选中者
34              selectedIndex=i;                             //设置选中索引
35      }}}
36      if(selectedIndex!=-1){                               //若选中
37          candi->setTexture(texSelectedPath[selectedIndex]);
                                                             //纹理变高亮
38          Vec3 corners[8];                                 //计算包围盒的 8 个顶点
39          obbArray[selectedIndex].getCorners(corners);
                                                             //获取包围盒顶点信息
40          obbDN[selectedIndex]->clear();
41          obbDN[selectedIndex]->drawCube(                  //绘制包围盒边框
42                  corners, Color4F(1.0f,0.0f,0.0f,1));
43      }}
```

- 第 3～6 行功能为获取触控点的屏幕坐标和屏幕尺寸，并且声明近平面点和远平面点。
- 第 7～11 行功能为将标准设备空间对应的坐标系中的近平面点和远平面点经摄像机矩阵及投影矩阵进行逆变换，变换为世界坐标系中的坐标点，然后声明射线方向并通过远平面点减去近平面点求出射线方向的矢量，最后将射线的方向矢量归一化。
- 第 12～14 行功能为声明一条射线，并设置射线起点位置和方向矢量。
- 第 15～21 行功能为遍历所有的马精灵对象，并将马精灵对象的纹理均设为初始纹理，最后按照包围盒形状绘制初始状态的包围盒边框。
- 第 22～24 行功能为声明列表待拾取精灵，然后初始化最短距离和拾取选中马的索引。
- 第 25～35 行功能为遍历待拾取精灵列表并获取待拾取物体的 OBB 包围盒和包围盒中心点，然后获取摄像机位置并求出摄像机位置到包围盒中心点的距离，如果射线与包围盒有交点即拾取选中，更新与摄像机最短距离和选中者，并设置选中马索引。
- 第 36～42 行功能为将选中的马精灵纹理设置为被选中纹理，并通过获取包围盒顶点信息将其对应的包围盒边框重新绘制为选中状态。

（7）完成了上述方法后，最后开发的就是开始触摸时的回调方法和触摸移动时的回调方法了。由于该类与触控相关方法开发步骤与 Sample2_1 案例非常相似，这里就不再赘述，需要的读者可以参考本书中的源代码。

（8）完成上述步骤之后，运行本程序，用手指滑动屏幕并通过单击相应马精灵对象，界面效果如图 5-14 和图 5-15 所示。

5.5 本章小结

本章详细介绍了包围盒的使用与拾取功能的开发，掌握好这两项技术，在今后的游戏开发中会非常方便地实现玩家与游戏世界的交互，增强玩家的游戏体验。因此对 Cocos2d-x 开发人员来说，合理地使用这些技术会开发出用户更喜欢玩的游戏。

第 6 章　光照和阴影

各式各样的 3D 游戏都离不开灯光的使用，游戏中灯光的使用，对场景气氛的烘托、场景明暗处理有非常大的作用，并且灯光的使用对游戏的品质也起着很大的作用。因此本章将讲解 Cocos2d-x 中关于灯管的使用及与光照相关的各种阴影的实现。

6.1 光照的使用

游戏中为了使 3D 的物体富有明暗效果而更加具有立体感，则需要在游戏场景中添加适当的光照。因此，对于开发人员来说，在场景中使用光照是十分重要的。本节将向读者详细介绍在 Cocos2d-x 中光照的使用，具体内容如下。

6.1.1 基础知识

Cocos2d-x 中各种类型的光照都是继承自一个相同的 BaseLight 类，虽然实际开发中很少会直接使用此类，更多的是使用此类的一些子类对象。在学习各种类型的光照之前，有必要先了解一下与光照相关类的继承树，如图 6-1 所示。

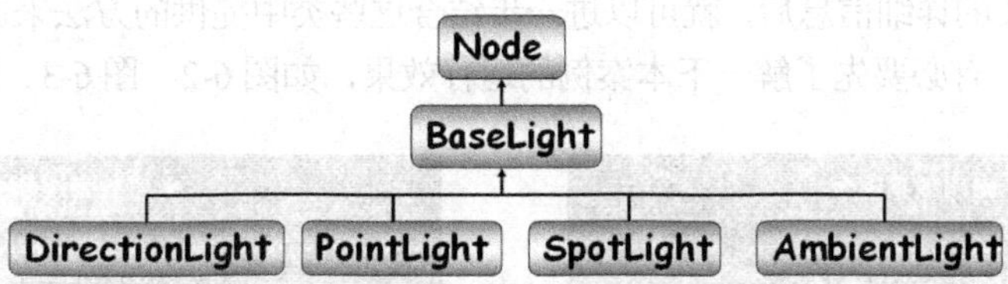

▲图 6-1　光照类的继承树

了解了与光照相关类的继承树之后，可以看出，光照主要分为定向光（DirectionLight）、定位光（PointLight）、聚光灯（SpotLight）和环境光（AmbientLight）4 种，接下来介绍的就是这些不同类型光照类中的常用方法，见表 6-1。

表 6-1　与光照相关类中常用的方法

方法签名	说　明
static DirectionLight* create(const Vec3 &direction, const Color3B &color)	创建定向光对象，并返回其指针。direction 参数表示定位光的方向，color 参数表示灯光的颜色值
void setDirection(const Vec3 &dir)	设置定位光方向，dir 参数表示需要设置的定位光的方向值
Vec3 getDirection()	获取定位光方向
Vec3 getDirectionInWorld()	获取定位光在世界坐标系中的单位方向值
static PointLight* create(const Vec3 &position, const Color3B &color, float range)	创建定位光对象，并返回其指针。position 参数表示定位光的位置，color 参数表示灯光的颜色值，range 参数表示灯光范围

续表

方 法 签 名	说　　明
float getRange()	获取灯光范围
void setRange(float range)	设置灯光范围。range 参数表示需要设置的灯光范围
static SpotLight* create(const Vec3 &direction, const Vec3 &position, const Color3B &color, float innerAngle, float outerAngle, float range)	创建聚光灯对象，并返回其指针。direction 参数表示灯光的方向，position 参数表示定位光的位置，color 参数表示灯光的颜色值，innerAngle 参数表示可以被完全照亮的锥形投影部分的角度，outerAngle 参数表示锥形投影部分的角度，在这个角度之外的部分不会被光照亮。这些角度均是弧度制
void setInnerAngle(float angle)	设置可以被完全照亮的锥形投影部分的角度。angle 参数表示需要设置的角度值
float getInnerAngle()	获取可以被完全照亮的锥形投影部分的角度
float getCosInnerAngle()	获取可以被完全照亮的锥形投影部分的角度的 cos 值
void setOuterAngle(float angle)	设置锥形投影部分的角度的值，在这个角度之外的部分不会被光照亮。angle 参数表示需要设置的角度值
float getOuterAngle()	获取锥形投影部分的角度的值，在这个角度之外的部分不会被光照亮
float getCosOuterAngle()	设置锥形投影部分的角度的值的 cos 值，在这个角度之外的部分不会被光照亮
static AmbientLight* create(const Color3B &color)	创建环境光对象，并返回其指针。color 参数表示灯光的颜色值

说明　由表 6-1 可知，Cocos2d-x 中提供了 4 种类型的光照类，读者可以根据场景的需要，选择恰当的光照，方便地做出需要的游戏效果。

6.1.2　光照开发的案例

上一小节中，向读者介绍了 DirectionLight 类、PointLight 类、SpotLight 类和 AmbientLight 类的基础知识。了解了这些类的详细信息后，就可以进一步结合这些类中提供的方法来进行案例的开发了。在进行具体的开发之前，有必要先了解一下本案例的运行效果，如图 6-2、图 6-3、图 6-4 和图 6-5 所示。

▲图 6-2　定向光效果图

▲图 6-3　定位光效果图

▲图 6-4　聚光灯效果图 1

▲图 6-5　聚光灯效果图 2

> **说明** 本案例中添加了环境光，并且环境光一直存在。图 6-1 为该案例刚开始运行时，“定向光”复选框被选中时，在场景中添加定向光后的运行效果。图 6-2 为“定位光”复选框被选中时，在场景中添加定位光后的运行效果，图 6-3 和图 6-4 均为“聚光灯”复选框被选中时，在场景中添加聚光灯后的运行效果，其中图 6-4 为用手指抹动屏幕至一个角度后的瞬间效果图。由于本书印刷为灰度印刷，观察插图可能很难体会到效果的妙处，建议读者采用真机运行，进行观察体会。

了解了案例的运行效果后，就可以进行案例的开发了，其具体步骤如下。

（1）新建一个名称为 Sample6_1 的项目，并为项目添加必要的构建器以及进行必要的设置。

> **提示** 关于新建项目的详细操作步骤在前面的章节中已经进行了介绍，这里就不再赘述，需要的读者请参考本书第 2 章中的相关内容。

（2）项目创建完成之后就可以进行代码的开发了，首先开发的是场景管理者类。由于该类的开发步骤与 Sample2_1 案例非常相似，这里就不再赘述，需要的读者可以参考本书中的源代码。

（3）开发完场景管理类之后，接下来开发的就是与 2D 相关的 My2DLayer 类和与 3D 相关的 My3DLayer 类了。首先开发的是与 2D 相关的 My2DLayer 类，由于 My2DLayer 类的开发步骤与 Sample2_1 案例非常相似，这里就不再赘述，需要的读者可以参考本书中的源代码。

（4）开发完与 2D 相关的布景类后，接下来开发的就是与 3D 相关的布景类——My3DLayer 类，该类完成对 3D 布景类中所需对象及方法的声明，其类框架声明如下。

代码位置：源代码/第 6 章/Sample6_1/app/src/main/jni/sampleCPP 目录下的 My3DLayer.h。

```
#ifndef __My3DLayer_H__
#define __My3DLayer_H__
#include "cocos2d.h"                          //引入 cocos2d 头文件
#include "ui/CocosGUI.h"                      //引入 ui/CocosGUI 头文件
using namespace cocos2d;                      //使用 cocos2d 命名空间
using namespace ui;                           //使用 ui 命名空间
class My3DLayer : public cocos2d::Layer{
public:
    Camera* camera;                           //指向摄像机对象的指针
     Sprite3D* yeZi;                          //指向树叶精灵对象的指针
     Sprite3D* shuGan;                        //指向树干精灵对象的指针
     Sprite3D* sp3Floor;                      //指向地面精灵对象的指针
     Sprite3D* taoTree;                       //指向桃树精灵对象的指针
     Sprite3D* (sp3GuanMu)[4];                //灌木精灵对象的数组
     Sprite3D* (sp3Flower)[2];                //花精灵对象的数组
     Sprite3D* sp3Build;                      //指向建筑物精灵对象的指针
     Sprite3D* spC3bGuaiShou;                 //指向怪兽精灵对象的指针
     Sprite3D* spC3bHero;                     //指向英雄精灵对象的指针
     DirectionLight* directionLight;          //指向定向光对象的指针
     PointLight* pointLight;                  //指向定位光对象的指针
     SpotLight* spotLight;                    //指向聚光灯对象的指针
     AmbientLight* ambientLight;              //指向环境光对象的指针
     float degree=0;                          //摄像机转场角度
     float lxs;                               //触控起点 x 坐标值
     float lxmPre;                            //移动时的 x
     bool isMove;                             //是否移动标志位，true 为移动状态
     bool isDirection=false;                  //定向光是否开启标志位，false 表示开
     bool isPoint=true;                       //定位光是否开启标志位，false 表示开
     bool isSpot=true;                        //聚光灯是否开启标志位，false 表示开
     CheckBox* checkDirection;                //定向光开关复选框
     CheckBox* checkPoint;                    //定位光开关复选框
     CheckBox* checkSpot;                     //聚光灯开关复选框
     virtual bool init();                     //初始化的方法
```

```
    bool onMyTouchBegan(Touch *touch, Event *event);    //触控开始事件的回调方法
    void onMyTouchMoved(Touch *touch, Event *event);    //触控点移动事件的回调方法
    void onMyTouchEnded(Touch *touch, Event *event);    //触控结束事件的回调方法
    void onMyTouchCancelled(Touch *touch, Event *event);//触控终止事件的回调方法
    void menuDirectionLight(Ref* pSender);              //单击定向光复选框回调方法
    void menuPointLight(Ref* pSender);                  //单击定位光复选框回调方法
    void menuSpotLight(Ref* pSender);                   //单击聚光灯复选框回调方法
    CREATE_FUNC(My3DLayer);
};#endif
```

说明　上述代码声明了指向摄像机对象的指针、指向地面精灵、建筑精灵、怪兽精灵、英雄精灵以及植物精灵等 3D 精灵对象的指针，还声明了摄像机转场角度和触控起点、触控移动点的 x 坐标值、指向怪兽和英雄骨骼动画对象和骨骼动画动作对象的指针等成员变量，同时还声明了初始化布景的 init 方法、单击定向光、定位光、聚光灯复选框后的回调方法以及与触控相关的回调方法等。

（5）开发完上述类框架声明后还要真正实现 My3DLayer 类中的方法，首先实现的是初始化布景的 init 方法，以完成布景内各个 3D 精灵的创建，如地面、建筑物、植物、英雄和怪兽等。还完成了骨骼动画的创建、各种类型光的创建及初始化工作等，其具体代码如下。

代码位置：源代码/第 6 章/Sample6_1/app/src/main/jni/sampleCPP 目录下的 My3DLayer.cpp。

```
bool My3DLayer::init(){
    if ( !Layer::init() )    return false;                  //调用父类的初始化
   Size visibleSize =                                        //获取可见区域尺寸
          Director::getInstance()->getVisibleSize();
   Point origin =                                            //获取可见区域原点坐标
          Director::getInstance()->getVisibleOrigin();
 ......//此处省略了加载地面、树、花、灌木、树叶和树干模型的代码，需要的读者请参考本书源代码
    sp3Build = Sprite3D::create("c3b/build/YhOk.c3b");       //创建建筑物精灵对象
    sp3Build->setPosition3D(Vec3(0,230,-550));               //设置建筑物精灵位置
    sp3Build->setScale(0.5f);                                //设置建筑物精灵缩放比
    sp3Build->setGlobalZOrder(1.0f);                         //设置建筑物全局 ZOrder 值
    this->addChild(sp3Build);                                //将建筑物添加到布景中
 ......//此处省略了加载怪兽和英雄模型及其骨骼动画的代码，需要的读者请参考本书中的源代码
    this->setCameraMask(                                     //设置此布景层渲染用摄像机
              (unsigned short)CameraFlag::USER1);
 ......//此处省略了创建定向光、定位光以及聚光灯复选框的代码，需要的读者请参考本书源代码
    ambientLight=AmbientLight::create(Color3B(80, 80, 80)); //创建环境光对象
    this->addChild(ambientLight);                            //将环境光添加到布景中
    directionLight=                                          //创建定向光对象
        DirectionLight::create(Vec3(-1.0f, -1.0f, 0.0f), Color3B(150, 150, 150));
    this->addChild(directionLight);                          //将定向光添加到布景中
    directionLight->setEnabled(true);                        //设置定向光可用
    checkDirection->setSelected(true);                       //设置定向光复选框状态为被选中
    pointLight=PointLight::create(                           //创建定位光对象
      Vec3(0,50,0),                                          //灯光位置
      Color3B(150, 150, 150),                                //灯光颜色
      1000);                                                 //灯光范围
    this->addChild(pointLight,0);                            //将定位光对象添加到布景中
    pointLight->setEnabled(false);                           //设置定位光为不可用
    spotLight=SpotLight::create(                             //创建聚光灯对象
        Vec3(-1.0f, -1.0f, 0.0f),                            //聚光灯方向
        Vec3(100.0f,50,0),                                   //灯光位置
        Color3B(150, 150, 150),                              //灯光颜色
        20.0f,                                               //可被全部照亮锥形投影部分的角度
        30.0f,                                               //可被照亮锥形投影的角度
        1000);                                               //灯光范围
    this->addChild(spotLight,0);                             //将聚光灯对象添加到布景中
    spotLight->setEnabled(false);                            //设置聚光灯为不可用
 ......//此处省略了与触控相关的代码，需要的读者请参考源代码
    return true;
}
```

- 第 3～6 行功能为获取可见区域尺寸与可见区域的原点坐标。
- 第 8～12 行功能为创建建筑物精灵对象并设置其位置，然后设置建筑物精灵缩放比并设置其全局 ZOrder 值，最后将建筑物精灵添加到布景中。
- 第 14～15 行功能为设置此布景层渲染用摄像机。
- 第 17～18 行功能为创建环境光对象，并将其添加到布景中。
- 第 19～23 行功能为创建定向光对象，并设置其为可用，然后设置定向光复选框状态为被选中并将定位光对象添加到布景中。
- 第 24～29 行功能为创建定位光对象，并设置其为不可用，然后将定位光对象添加到布景中。
- 第 30～38 行功能为创建聚光灯对象，并设置其为不可用，然后将聚光灯对象添加到布景中。

（6）完成了初始化布景的方法后，接下来开发的就是开始触摸时的回调方法和触摸移动时的回调方法了。由于该类触控相关方法开发步骤与 Sample6_1 案例非常相似，这里就不再赘述，需要的读者可以参考本书中的源代码。

（7）完成与触摸相关的回调方法后，最后开发的是单击定向光、定位光以及聚光灯的复选框之后分别调用的回调方法了，调用这几个回调方法可以根据当前选择的类型光复选框来打开本类型光，并关闭除本类型光和环境光之外的光，具体代码如下。

代码位置：源代码/第 6 章/Sample6_1/app/src/main/jni/sampleCPP 目录下的 My3DLayer.cpp。

```
void My3DLayer::menuDirectionLight(Ref* pSender){
    if(isSpot == false){                                //如果聚光灯开启
        checkSpot->setSelected(false);                  //将聚光灯复选框状态设为未选中
        isSpot = true;                                  //将聚光灯设为关闭
    }
    if(isPoint == false){                               //如果定位光开启
        checkPoint->setSelected(false);                 //将定位光复选框状态设为未选中
        isPoint = true;                                 //将定位光设为关闭
    }
    if(isDirection){                                    //如果定向光状态为关闭
        directionLight->setEnabled(true);               //将定向光设为可用
        spotLight->setEnabled(false);                   //将聚光灯设为不可用
        pointLight->setEnabled(false);                  //将定位光设为不可用
        isDirection=false;                              //将定向光设为开启状态
    }else if(!isDirection){                             //如果定向光状态为开启
        directionLight->setEnabled(false);              //将定向光设为不可用
        isDirection=true;                               //将定向光设为关闭状态
}}
void My3DLayer::menuPointLight(Ref* pSender){
    if(isSpot == false){                                //如果聚光灯开启
        checkSpot->setSelected(false);                  //将聚光灯复选框状态设为未选中
        isSpot = true;                                  //将聚光灯设为关闭
    }
    if(isDirection == false){                           //如果定向光开启
        checkDirection->setSelected(false);             //将定向光复选框状态设为未选中
        isDirection = true;                             //将定向光设为关闭状态
    }
    if(isPoint){                                        //如果定位光开启
        directionLight->setEnabled(false);              //将定向光设为不可用
        spotLight->setEnabled(false);                   //将聚光灯设为不可用
        pointLight->setEnabled(true);                   //将定位光设为可用
        isPoint=false;                                  //将定位光设为开启状态
    }else if(!isPoint){                                 //如果定位光关闭
        pointLight->setEnabled(false);                  //将定位光设为不可用
        isPoint=true;                                   //将定位光设为关闭状态
}}
void My3DLayer::menuSpotLight(Ref* pSender){
    if(isPoint == false){                               //如果定位光开启
```

```
39            checkPoint->setSelected(false);            //将定位光复选框状态设为未选中
40            isPoint = true;                            //将定位光设为关闭
41        }
42        if(isDirection == false){                      //如果定向光开启
43            checkDirection->setSelected(false);        //将定向光复选框状态设为未选中
44            isDirection = true;                        //将定向光设为关闭
45        }
46        if(isSpot){                                    //如果聚光灯关闭
47            directionLight->setEnabled(false);         //设置定向光为不可用
48            spotLight->setEnabled(true);               //设置聚光灯为可用
49            pointLight->setEnabled(false);             //设置定位光为不可用
50            isSpot=false;                              //将聚光灯设为开启状态
51        }else if(!isSpot){                             //如果聚光灯开启
52            spotLight->setEnabled(false);              //将聚光灯设为不可用
53            isSpot=true;                               //将聚光灯设为关闭
54    }}
```

- 第 1～19 行为单击定向光复选框后的回调方法，调用此方法功能为如果聚光灯和定位光开启，则将聚光灯和定位光关闭，并将聚光灯复选框和定位光复选框状态设为未选中。如果定向光状态为关闭，则将聚光灯与定位光设为不可用并将定向光设为可用，定向光状态为开启。否则将定向光设为不可用，并将其设为关闭状态。
- 第 20～38 行为单击定位光复选框后的回调方法，调用此方法功能为如果聚光灯和定向光开启，则将聚光灯和定向光关闭，并将聚光灯复选框和定向光复选框状态设为未选中。如果定位光状态为关闭，则将聚光灯和定向光设为不可用并将定位光设为可用，定位光状态为开启。否则将定位光设为不可用，并将其设为关闭状态。
- 第 39～54 行为单击聚光灯复选框后的回调方法，调用此方法功能为如果定向光和定位光开启，则将定向光和定位光关闭，并将定向光复选框和定位光复选框状态设为未选中。如果聚光灯状态为关闭，则将定向光和定位光设为不可用并将聚光灯设为可用，聚光灯状态为开启。否则将聚光灯设为不可用，并将其设为关闭状态。

（8）完成上述步骤之后，运行本程序，界面效果如图 6-2 所示。单击定位光复选框按钮，界面效果如图 6-3 所示。单击聚光灯复选框按钮，界面效果如图 6-4 所示，用手指在屏幕上向右抹动一个角度后，界面效果如图 6-5 所示。

6.2 阴影的重要性

上一小节介绍了 Cocos2d-x 中与光照相关的知识，下面将介绍借助光照而实现的效果阴影。本节将介绍阴影的重要性。现实世界中，阴影是随处可见的，其对于帮助判断物体的位置关系以及形状等有很大的帮助。因此，在 3D 的虚拟世界中阴影也是很重要的，其主要可以起到以下几方面的作用。

- 阴影可以帮助判断物体在三维空间中的位置关系。
- 阴影可以反映接收体的形状。
- 阴影可以表现出一些当前视点看不见的物体的信息。
- 通过阴影可以判断出光源的数目、位置。

从上述列出的几点中可以看出，若 3D 场景中没有了阴影，真实感和吸引力将大打折扣。下面将详细地讨论上述每一点的重要作用，具体内容如下。

6.2.1　阴影可以帮助判断物体在三维空间中的位置关系

阴影对于帮助人们从看到的画面中判断物体的位置起到了十分重要的作用，如果没有了阴影，将很难判断物体在空间中的位置，如图 6-6 所示。

▲图 6-6 阴影帮助判断物体的位置

从图 6-6 中可以看出，最左侧的图中没有阴影，两个小球的位置难于判断，场景的真实感也很差。而右边的两幅图中有了阴影，一眼就可以看出小球的位置情况。

6.2.2 阴影可以反映接收体的形状

阴影不但可以帮助判断物体的位置，还可以帮助判断出阴影接收体的形状。这在模拟现实世界的时候也是十分重要的，如图 6-7 所示。

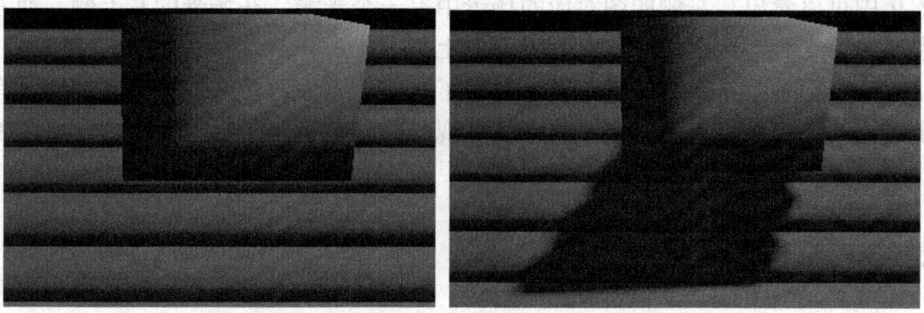

▲图 6-7 阴影反映出阴影接收体的形状

从图 6-7 中可以看出，左侧的图中没有阴影，很难判断出长方体下面的物体是什么形状的。而右侧的图中有了阴影，很容易判断出长方体的下面是台阶形状的物体。

6.2.3 阴影可以表现出一些当前视点看不见的物体的信息

很多警匪、谍战的影视作品中都有这样的情节，主人公通过影子判断出有敌人来袭，一举将敌人击毙。对于虚拟的 3D 世界而言，阴影也有同样的作用，如图 6-8 所示。

▲图 6-8 通过阴影得到当前视点不能直接看见的物体的信息

从图 6-8 左右两幅图的对比中可以看出，若没有阴影是不可能判断出场景左侧的墙外站着一个人的。也就是说，有了正确的阴影后，用户可以像在现实世界中一样判断出当前视点不能直接看见的物体的位置、形状等信息。

6.2.4　通过阴影可以判断出光源的数目、位置

观看过晚间足球比赛的读者应该都会发现，跑动的足球队员周围有四个影子，因而会很自然地想到足球场的四面应该都有光源。这就是说通过阴影可以判断出光源的数目、位置，具体情况如图 6-9 所示。

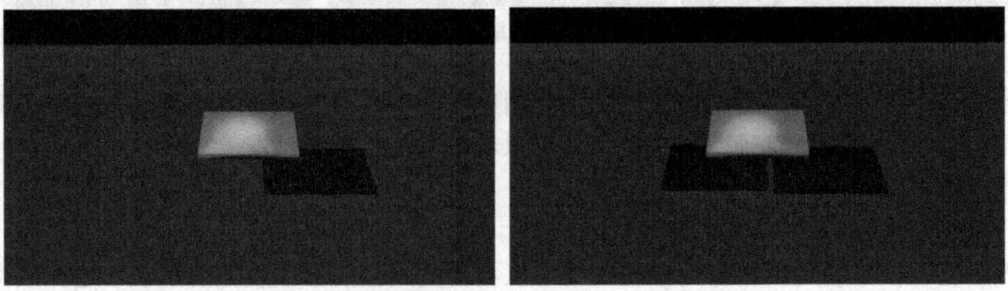

▲图 6-9　通过阴影可以判断出光源的数目、位置

从图 6-9 中可以看出，左侧的图对应的场景中有一个光源，在场景的左上侧。而右侧的图对应的场景中有两个光源，分别位于左上侧以及右上侧。

上述从 4 个方面介绍了阴影的重要性，了解了这些重要性对于开发出真实的、具有吸引力的场景是非常重要的。下面将具体介绍一些用于实现阴影的技术，包括平面阴影、阴影映射、阴影贴图、光线跟踪等。

6.3　平面阴影

了解了光照的基本知识及阴影的重要性之后，本节将为大家详细讲解的是阴影生成技术中最简单的一种，即平面阴影，此技术较为简单，易于理解和开发。其中涉及了如何创建自己绘制方法的操作，同时还包含了 OpenGl ES 的基本操作，希望读者能够详细阅读、理解。

6.3.1　案例效果与基本原理

本案例中采用的阴影生成算法十分简单，其基本思想为，根据照射光线的方向将物体投影到需要显示的平面上，其具体情况如图 6-10 和图 6-11 所示。但此算法的缺陷是无法实现物体之间的遮挡，其解决方法将在后文中讲解。

▲图 6-10　平面阴影案例效果 1

▲图 6-11　平面阴影案例效果 2

从图 6-10 中可以看出，平面阴影的实现中最关键的是如何把物体的顶点沿光线投影到绘制阴影的平面上，一般为地面。读者可能会想到利用空间解析几何来进行实现，但此方法极为复杂，

会影响运行速度。这里将介绍一种利用向量来实现的方法，具体计算公式如下所示。

$$V'=S+(V-S)(n\cdot(A-S))/(n\cdot(V-S))$$

上述公式中每一部分的含义如下：

- V'代表顶点沿光线投影到绘制阴影的平面上的位置坐标。
- S 为光源的位置坐标。
- V 为顶点的位置坐标。
- n 为绘制阴影的平面的法向量。
- A 为绘制阴影的平面上任意一个点的位置坐标。
- ·代表向量的点积计算。

6.3.2 案例的开发步骤

上一小节为读者讲解了平面阴影实现的基本思想，接下来正式介绍平面阴影的开发。实现平面阴影需要完成 3 个类和两个着色器，包括用于添加阴影特效的精灵类，实现特效的基类以及实现阴影特效的派生类。详细开发过程如下。

（1）用于添加阴影特效的精灵类。由于添加阴影特效需要特定的方法，所以我们将开发一个继承 3D 精灵类的精灵类，重写创建精灵的方法以及绑定绘制方法的方法，增加了给物体添加特效的方法。比较重要的是如何绑定自己的绘制方法，具体代码如下。

代码位置：源代码/第 6 章/Sample6_2/app/src/main/jni/sampleCPP 目录下的 Effect3D.cpp。

```
EffectSprite3D* EffectSprite3D::create(const std::string &model, const std::string &texture){   //创建精灵
    auto sprite = new (std::nothrow) EffectSprite3D();        //创建新的精灵
    if (sprite && sprite->initWithFile(model)){               //初始化并判断是否成功
        sprite->autorelease();                                //设置自动释放
        if(texture.size() > 0)
            sprite->setTexture(texture);                      //设置纹理贴图
        return sprite;
    }
    CC_SAFE_DELETE(sprite);                                   //删除对象
    return nullptr;
}
void EffectSprite3D::addEffect(Effect3D* effect, ssize_t order, float globalZOrder /*=0*/){   //添加 3D 特效
    if(nullptr == effect)
        return;
    effect->retain();                                         //指针引用+1
    effect->setTarget(this);                                  //设置精灵着色器
    _effects.push_back(std::make_tuple(order,effect,CustomCommand()));
                                                              //将特效加入 vector
    std::sort(std::begin(_effects), std::end(_effects), tuple_sort);
                                                              //按 order 排序
}
void EffectSprite3D::draw(cocos2d::Renderer *renderer,        //绑定绘制方法
    const cocos2d::Mat4 &transform, uint32_t flags){
    for(auto &effect : _effects){                             //遍历 3D 效果列表
        if(std::get<0>(effect) >=0)                           //判断 order 是否大于等于 0
            break;
        CustomCommand &cc = std::get<2>(effect);              //获取渲染函数
        cc.init(std::get<1>(effect)->getGlobalZOrder());      //全局绘制顺序
        cc.func = CC_CALLBACK_0(Effect3D::draw,std::get<1>(effect),transform);
                                                              //设置绘制方法
        renderer->addCommand(&cc);                            //添加命令
    }
    if(!_defaultEffect){                                      //判断本身是否有特效
        Sprite3D::draw(renderer, transform, flags);           //调用父类的绘制方法
    }else{
        _command.init(_globalZOrder);
```

```
34         _command.func = CC_CALLBACK_0(Effect3D::draw, _defaultEffect, transform);
35         renderer->addCommand(&_command);                    //给着色器添加自定义方法
36   }}
```

- 第1～19行为创建精灵后，如果初始化成功后，有纹理图设置纹理图，返回精灵。如果没有创建成功，返回空指针。添加3D特效到精灵中，将特效添加到容器中并且排序。
- 第20～36行为精灵的绘制方法，遍历3D特效列表，获取渲染函数，设置全局渲染顺序，设置渲染方法，给着色器添加命令。如果本身没有特效则调用精灵父类的绘制方法，有特效则自定义命令，设置绘制顺序、绘制方法，将自定义的方法添加到着色器中。

（2）完成了精灵类的开发后，接下来介绍实现特效的基类，调用基类的方法完成精灵与着色器之间的绑定，设置特效的绘制顺序。先开发特效基类后会更加方便开发其他特效。具体代码如下。

代码位置：源代码/第6章/Sample6_2/app/src/main/jni/sampleCPP 目录下的 Effect3D.cpp。

```
1   void Effect3D::bindShader(EffectSprite3D *sprite){                  //绑定着色器
2       auto mesh = sprite->getMesh();                                  //获取精灵属性
3       long offset = 0;                                                //数据偏移
4       auto attributeCount = mesh->getMeshVertexAttribCount();         //获取精灵顶点数量
5       for (auto k = 0; k < attributeCount; k++){                      //遍历顶点数据集合
6           auto meshvertexattrib = mesh->getMeshVertexAttribute(k);//得到顶点数据
7       _glProgramState->setVertexAttribPointer(
8               s_attributeNames[meshvertexattrib.vertexAttrib], //将顶点数据绑定给着色器
9               meshvertexattrib.size,                           //数据大小
10              meshvertexattrib.type,                           //数据类型
11              GL_FALSE,                                        //是否标准化
12              mesh->getVertexSizeInBytes(),                    //步长
13              (GLvoid*)offset);                                //位置指针
14          offset += meshvertexattrib.attribSizeBytes;          //计算数据偏移
15  }}
16  void Effect3D::setGlobalZOrder(float globalOrder){                  //设置绘制顺序
17    if(_globalOrder!=globalOrder){                                    //如果绘制顺序不同
18          _globalOrder=globalOrder;                                   //重新设置绘制顺序
19      }
20  }
```

- 第1～15行为给3D精灵绑定着色器的方法，获取精灵属性和顶点数量信息。遍历顶点数据，将精灵的顶点数据信息绑定到着色器中，计算数据偏移。
- 第16～20行为设置特效绘制顺序，如果绘制顺序不同则重新设置绘制顺序。我们绘制顺序是通过设置精灵的GlobalZOrder实现的。

（3）接下来介绍实现阴影特效类的开发，通过创建阴影类，给精灵添加阴影特效。设置阴影的光源位置以实现精灵阴影特效。在阴影类中包括创建阴影，设置光源位置，创建着色器并绑定到精灵中，调用阴影绘制的方法。具体代码如下。

代码位置：源代码/第6章/Sample6_2/app/src/main/jni/sampleCPP 目录下的 Effect3D.cpp。

```
1   Effect3DShadow* Effect3DShadow::create(){
2       Effect3DShadow* effect = new (std::nothrow) Effect3DShadow(); //创建阴影类
3       if(effect && effect->init()){                                 //如果创建成功
4           effect->autorelease();                                    //计数加一
5           return effect;                                            //返回阴影类
6       }else{                                                        //如果创建不成功
7         CC_SAFE_DELETE(effect);                                     //安全删除阴影类
8         return nullptr;                                             //返回空
9   }}
10  void Effect3DShadow::setLightPosition(const Vec3& position){  //设置光源位置
11      if(_lightPosition != position){                           //如果灯光位置不符
12          _lightPosition = position;                            //设置灯光位置
13          if(_glProgramState){                                  //如果有着色器
14            _glProgramState->setUniformVec3("u_LightLocation", _lightPosition);
                                                                  //设置全局变量灯光
15  }}}
```

```
16  void Effect3DShadow::setTarget(EffectSprite3D *sprite){     //着色器初始化
17      if(sprite != _sprite){
18      auto mat = Sprite3DMaterial::createWithFilename("UVAnimation.material");
                                                                //创建材质系统实例
19      const Vector<Pass*>& ipv = mat->getTechnique()->getPasses();  //获取存储 pass 的向量
20      _glProgramState = ipv.at(0)->getGLProgramState();
21      if(sprite->getMesh()->getSkin()){                        //如果精灵有骨骼
22       u_isSkin=1;                                             //设置标志位为 1
23      }else{
24       u_isSkin=0;                                             //设置标志位为 0
25      }
26         _glProgramState->retain();
27         _glProgramState->setUniformVec3("u_LightLocation", _lightPosition);
28         //设置全局变量有无骨骼标志位
29         _sprite = sprite;
30         bindShader(sprite);
31         bindShader(sprite);                                   //给精灵绑定着色器
32  }}
```

- 第 1～15 行为创建阴影类的方法和设置光源位置的方法。创建阴影类加入到计数中，如果创建成功则返回，没有成功则删除并返回空。如果光源位置改变，重新设置光源位置，如果已经有着色器则设置全局变量灯光的位置。
- 第 16～30 行为创建着色器，如果存在精灵，根据精灵有无骨骼设置骨骼标志位的值，根据顶点着色器和片元着色器创建着色器。获取着色器实例，设置全局变量光源位置和全局有无骨骼标志位。最后调用精灵绑定着色器的方法。

（4）上面介绍了创建阴影类和创建着色器以及绑定到精灵的方法，接下来介绍阴影的绘制方法。具体代码如下。

代码位置：源代码/第 6 章/Sample6_2/app/src/main/jni/sampleCPP 目录下的 Effect3D.cpp。

```
void Effect3DShadow::draw(const Mat4 &transform){
    if(_sprite && _sprite->getMesh()){
        GL::blendFunc(GL_SRC_ALPHA, GL_ONE_MINUS_SRC_ALPHA);   //设置混合
         _glProgramState->setUniformVec3("u_LightLocation", _lightPosition);
                                                               //设置全局变量光源位置
        int count=_sprite->getMeshCount();                     //获取精灵网格数量
        for(int i=0;i<count;i++){                              //遍历网格
        auto mesh = _sprite->getMeshByIndex(i);                //获取一个网格
        auto skin = mesh->getSkin();                           //获取网格数据
        glBindBuffer(GL_ARRAY_BUFFER, mesh->getVertexBuffer());  //绑定顶点缓存
        if(_sprite && skin){                                   //如果存在精灵
            auto function = std::bind(
                MatrixPalleteCallBack, std::placeholders::_1, std::place holders::_2,
                skin->getMatrixPaletteSize(), (float*)skin->getMatrixPalette());
                _glProgramState->setUniformCallback("u_matrixPalette", function);
                                                               //设置矩阵
        }
        if(_sprite){
            _glProgramState->apply(transform);                 //绑定属性和全局变量
            glBindBuffer(GL_ELEMENT_ARRAY_BUFFER, mesh->getIndexBuffer());
                                                               //绑定顶点缓存
            glDrawElements(mesh->getPrimitiveType(),           //绘制元素
                (GLsizei)mesh->getIndexCount(), mesh->getIndexFormat(), 0);
            CC_INCREMENT_GL_DRAWN_BATCHES_AND_VERTICES(1,mesh->getIndexCount());
            glBindBuffer(GL_ELEMENT_ARRAY_BUFFER, 0);          //绑定元素缓存
            glBindBuffer(GL_ARRAY_BUFFER, 0);                  //绑定数组缓存
}}}}
```

说明

此方法为阴影绘制的方法，设置混合，设置全局变量光源位置，获取精灵网格数量，遍历每个网格，绑定数据顶点缓存。如果精灵有骨骼则绑定矩阵，设置全局变量矩阵。调用方法与 shader 进行通信，如果精灵没有骨骼则绑定属性和全局变量到着色器，绘制元素，绑定元素和数组缓存。

（5）完成了上述代码的开发后就可以开发着色器了，实现阴影特效必须有着色器代码的调用，以实现阴影的绘制。通过传入顶点数据、光源位置、矩阵等信息到着色器中。通过着色器的计算获取片元的最终颜色和绘制的顶点位置。首先开发的是顶点着色器，其代码如下。

代码位置：源代码/第 6 章 Sameple6_2/assets/shader 目录下的 shadow.vert。

```
1   attribute vec3 a_position;                                    //顶点位置
2   attribute vec4 a_blendWeight;                                 //混合权重
3   attribute vec4 a_blendIndex;                                  //混合索引
4   const int SKINNING_JOINT_COUNT = 60;                          //设置关节个数
5   uniform vec4 u_matrixPalette[SKINNING_JOINT_COUNT * 3];
                                                                  //获取矩阵
6   uniform vec3 u_LightLocation;                                 //获取光源坐标
7   uniform int u_isSkin;                                         //获取是否有骨骼
8   vec4 getPosition(){                                           //获取点的坐标
9       float blendWeight = a_blendWeight[0];                     //获取混合权重
10      int matrixIndex = int (a_blendIndex[0]) * 3;              //获取矩阵索引
11      //根据索引值获取矩阵与混合权重相乘得到新的矩阵
12          vec4 matrixPalette1 = u_matrixPalette[matrixIndex] * blendWeight;
13          vec4 matrixPalette2 = u_matrixPalette[matrixIndex + 1] * blendWeight;
14       vec4 matrixPalette3 = u_matrixPalette[matrixIndex + 2] * blendWeight;
15      ......//此处省略了获取其他混合权重计算新的矩阵的方法，读者可自行查阅随书的源代码
16          vec4 _skinnedPosition;                                //定义点的坐标
17          vec4 postion = vec4(a_position, 1.0);                 //获取顶点并转换为齐次坐标
18        _skinnedPosition.x = dot(postion, matrixPalette1);
                                                                  //通过点与矩阵的点乘计算点的 X 坐标
19          _skinnedPosition.y = dot(postion, matrixPalette2);
                                                                  //通过点与矩阵的点乘计算点的 Y 坐标
20        _skinnedPosition.z = dot(postion, matrixPalette3);
                                                                  //通过点与矩阵的点乘计算点的 Z 坐标
21          _skinnedPosition.w = postion.w;                       //通过点与矩阵的点乘设置点的 W 坐标
22        return _skinnedPosition;                                //返回坐标
23  }
24  void main(){
25      vec3 A=vec3(0.0,0.1,0.0);                                 //绘制阴影平面任意一点坐标
26      vec3 n=vec3(0.0,1.0,0.0);                                 //绘制阴影平面的法向量
27      vec3 S=u_LightLocation;                                   //获取光源坐标
28      vec3 V;                                                   //定义顶点坐标
29      if(u_isSkin==0){                                          //如果没有骨骼
30          V=(CC_MVMatrix*vec4(a_position,1)).xyz;               //经过平移和旋转变换后的点的坐标
31      }else{
32          V=(CC_MVMatrix*getPosition()).xyz;                    //经过平移和旋转以及骨骼变换后的点的坐标
33      }
34      vec3 VL=S+(V-S)*(dot(n,(A-S))/dot(n,(V-S)));  //顶点沿光线投影到需要绘制阴影平面上点的坐标
35          gl_Position  = CC_PMatrix * vec4(VL,1);//根据总交换矩阵计算此次绘制此顶点坐标
36  }
```

- 第 1～7 行为获取顶点位置、混合权重、混合索引、设置该点的骨骼个数为 60、获取骨骼的矩阵、光源坐标以及该顶点是否有骨骼信息。
- 第 1～23 行为获取点的坐标的方法，根据获取的混合权重以及通过索引值获取矩阵相乘得到新的矩阵。通过原顶点坐标与新的矩阵的点乘运算据算出新的点的坐标。

第 24～35 行为根据上一小节介绍的平面阴影计算模型计算投影点位置的代码。如果有骨骼则计算经过平移和旋转以及骨骼变换后的点的坐标，没有骨骼则计算经过平移和旋转变换后的点的坐标。其中绘制阴影平面的法向量和任意一点坐标是固化在着色器中的，未来有需要可以在程序中传入。

（6）完成了顶点着色器后就应该开发片源着色器了，其代码如下。

代码位置：源代码/第 6 章 Sameple6_2/assets/shader 目录下的 shadow.frag。

```
1   precision mediump float;                                      //给出默认浮点精度
2   void main(){
```

```
    gl_FragColor = vec4(0.3,0.3,0.3,0.7);          //片元最终颜色为阴影颜色
}
```

说明 直接采用阴影颜色作为最终的片元颜色。到这里为止平面阴影就介绍完了，在以后的具体项目开发中，读者若能做到灵活运用，将可以开发出更加逼真的场景了。

（7）完成了上述的开发后，接下来介绍在场景中如何给模型添加阴影特效。首先创建一个阴影，接着给模型添加阴影特效，设置阴影的属性以及光源位置，以实现游戏场景中模型有阴影的效果。具体代码如下。

代码位置：源代码/第 6 章/Sample6_2/app/src/main/jni/sampleCPP 目录下的 My3DLayer.cpp。

```
1   void My3DLayer::initHero(){
2       spC3bHero = EffectSprite3D::create("c3b/ren.c3b");        //创建骨骼动画模型
3       spC3bHero->setPosition3D(Vec3(0,0,200));                  //设置模型位置
4       spC3bHero->setScale(10.0f);                               //放大模型
5       spC3bHero->setGlobalZOrder(1.0f);                         //设置全局绘制顺序
6       this->addChild(spC3bHero);                                //添加精灵到布景中
7       Effect3DShadow *e3s=Effect3DShadow::create();             //创建影子特效
8       spC3bHero->addEffect(e3s,-1,0.5f);                        //给精灵添加影子特效
9       e3s->setLightPosition(Vec3(200,500,0));                   //设置光源位置
10      EffectSprite3D* spC3bLFuZi=
11          EffectSprite3D::create("obj/bat.obj","pic/bat.png");//创建球拍
12      spC3bLFuZi->setRotation3D(Vec3(0,60,0));                  //设置球拍位置
13      spC3bLFuZi->setGlobalZOrder(1.0f);                        //设置全局绘制顺序
14      AttachNode* anRFinger =
15          spC3bHero->getAttachNode("Bip01 R Finger0");          //获取需要附着物品的骨骼节点
16      anRFinger->addChild(spC3bLFuZi);                          //将物品附着到对应的骨骼节点
17      Effect3DShadow *e3ss=Effect3DShadow::create();            //给附着物品设置影子
18      spC3bLFuZi->addEffect(e3ss,-1);                           //给球拍添加阴影
19      e3ss->setLightPosition(Vec3(200,500,0));                  //设置光源位置
20      animationHero = Animation3D::create("c3b/ren.c3b");       //创建骨骼动画
21      if (animationHero){
22          animateK = Animate3D::create(animationHero);          //英雄各种动画
23          animateK->setSpeed(animateK->getSpeed()*0.9f);        //骨骼动画速度
24          spC3bHero->runAction(RepeatForever::create(animateK));//执行动作
25  }}
```

- 第 1～20 行为创建运动员模型并添加到布景中，创建球拍模型并添加到布景中，获取模型的右手骨骼，将创建的球拍模型添加到模型右手骨骼上。创建两个阴影类，分别给运动员模型和球拍模型添加阴影特效。
- 第 21～25 行为创建运动员骨骼动画，设置骨骼动画的速度并设置运动员执行获取的动画。

（8）完成上述步骤之后，运行本程序，界面效果如图 6-10 和图 6-11 所示。

6.4 投影贴图

上一小节介绍了平面阴影，其非常真实地模拟了现实世界物体的阴影。与其非常类似的投影贴图，经常出现在同一场合下。所谓投影贴图，就是将光源前面的物体投射到地面上，下面将详细介绍投影贴图的基本原理。

1. 基本原理

实现投影贴图的基本技术是纹理映射（这种特殊的纹理映射也被称为投影贴图），只不过与前面章节介绍的普通纹理映射不同，这里的纹理坐标不是预先在初始化时分配给顶点的，而是在着

色器中根据传入的相关参数实时计算出来的，基本思想如图 6-12 所示。

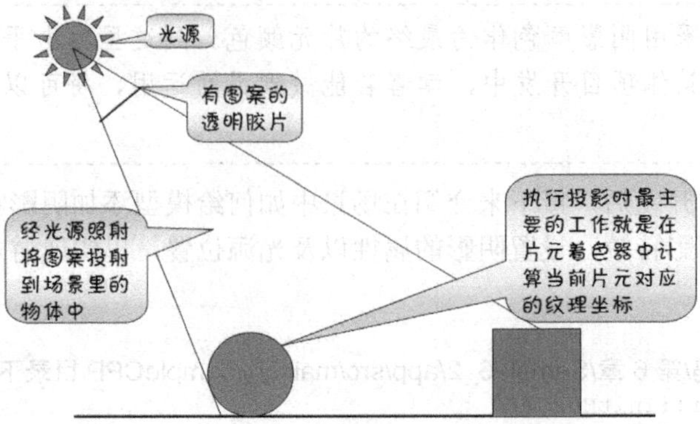

▲图 6-12　投影贴图的基本原理

实现投影贴图的基本技术是：在光源处虚拟一个摄像机，然后在其前面放置一个透明胶片，对应于此虚拟摄像机的投影参数进行如下设置。

- 将 left 和 right 各设置为 0.5，总和为 1，代表摄像机前的透明胶片的宽度纹理坐标跨度。
- 将 top 和 bottom 也各自设置为 0.5，总和为 1，代表透明胶片纹理图的高度纹理坐标跨度。
- 将 near 设置为透明胶片距离光源的距离，far 设置为不小于光源到需要照射的最远物体的距离。

然后将摄像机观察矩阵及投影矩阵的组合矩阵传入着色器，在着色器中将光源位置与此矩阵进行运算即可计算出此片元位置投影到光源处虚拟摄像机近平面上的位置。由于前面将近平面的尺寸设置为 1.0×1.0 了，所以此近平面上的位置可以非常方便地换算成合法的纹理坐标，如图 6-13 所示。

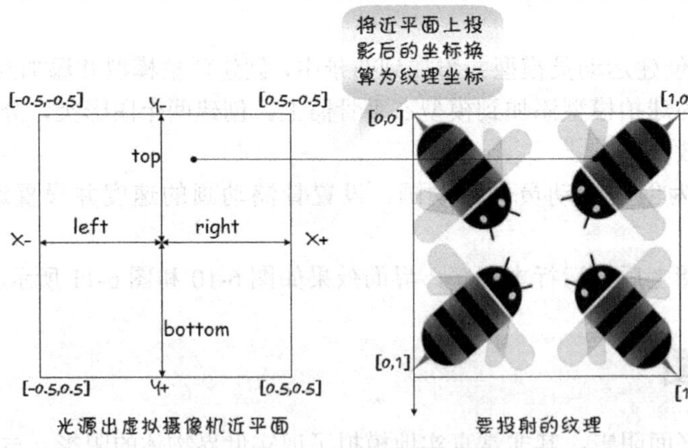

▲图 6-13　纹理坐标换算

从图 6-13 中可以看出换算公式为：

$$s = x + 0.5 \qquad t = y + 0.5$$

计算出纹理坐标后就非常简单了，只需要将纹理坐标传递给纹理采样函数进行纹理采样即可得到片元的颜色，投影贴图也就实现了。

2. 开发步骤

介绍了投影贴图的概念，下面就可以开始进行投影贴图案例的开发了。在进行正式开发之前，读者有必要先对案例的运行效果进行简单的了解，如图 6-14 与图 6-15 所示。

▲图 6-14　投影贴图案例效果图 1

▲图 6-15　投影贴图案例效果图 2

了解案例的运行效果后，就可以进行案例的开发了，具体步骤如下。

（1）新建一个名称为 Sample6_3 的项目，并为项目添加必要的构建器以及进行必要的设置。

> **提示**　关于新建项目的详细操作步骤在前面的章节中已经进行了介绍，这里就不再赘述，需要的读者请参考本书前面小节中的相关内容。

（2）项目创建完成之后就可以进行代码的开发了，首先开发的是场景管理者类。由于该类的开发步骤与 Sample6_1 案例非常相似，这里就不再赘述，需要的读者可以参考本书的源代码。

（3）开发完场景管理类之后，接下来开发的就是与 2D 相关的 My2DLayer 类和与 3D 相关的 My3DLayer 类了。首先开发的是与 2D 相关的 My2DLayer 类，由于 My2DLayer 类的开发步骤与 Sample6_1 案例非常相似，这里就不再赘述，需要的读者可以参考本书中的源代码。

（4）开发完与 2D 相关的布景类后，接下来开发的就是与 3D 相关的布景类——CubeMapTestLayer 类，该类完成了对 3D 布景类中所需对象及方法的声明，其类框架声明如下。

代码位置：源代码/第 6 章/Sample6_3/app/src/main/jni/sampleCPP 目录下的 My3DLayer.h。

```
……此处省略了部分头文件的声明，请读者参考随书源代码。
class CubeMapTestLayer : public cocos2d::Layer{                    //类的声明
public:                                                             //范围限定词
    Camera* _camera;                                                //主摄像机对象
    GLProgramState* state;                                          //地板的绘制对象
    GLProgramState* stateCircle;                                    //圆环的绘制对象
    GLProgramState* stateYuanzhui;                                  //圆锥的绘制对象
    Camera *mCamera;                                                //镜像摄像机对象
    int tempAngle = 0;                                              //当前旋转角度
    static Vec3 lightLocation;                                      //光源为孩子
    virtual void update(float delta);                               //更新方法
    virtual bool init();                                            //初始化的方法
    void addNewSprite();                                            //添加精灵方法
    void onTouchesMoved(const std::vector<cocos2d::Touch*>& touches, cocos2d:: Event *event);
                                           //Cocos2d-x 中定义的一个宏，创建指定类型的对象
    CREATE_FUNC(CubeMapTestLayer);
};
```

> **说明**　由于场景中的所有物体都有可能被映射到，所以绘制的每个物体都有各自的绘制对象。

（5）开发完 3D 场景的声明后，接下来就是正式开发 3D 场景类了。此类中，完成了虚拟摄像机的创建以及将场景中的物体绑定于着色器中，并将所需的参数传入着色器以供使用。由于主体代码都在 addSprite 方法中，所以着重介绍，如下所示。

代码位置：源代码/第 6 章/Sample6_3/app/src/main/jni/sampleCPP 目录下的 My3DLayer.cpp

```
1   void CubeMapTestLayer::addNewSprite(){
2       Size visibleSize = Director::getInstance()->getVisibleSize();   //获得屏幕的尺寸
3       auto listener = EventListenerTouchAllAtOnce::create();          //触控监听
4       listener->onTouchesMoved = CC_CALLBACK_2(CubeMapTestLayer::onTouchesMoved, this);
5       _eventDispatcher->addEventListenerWithSceneGraphPriority(listener, this);
                                                                        //添加到监听器
6       Material *shadowMaterial = Material::createWithFilename("materals/shadow.material");
                                                                        //创建材质对象
7       shadowMaterial->setTechnique("shadow_mapping");                 //设置属性
8       state = shadowMaterial->getTechniqueByName("shadow_mapping")->
9           getPassByIndex(0)->getGLProgramState();                     //创建绘制对象
10      auto floor = Sprite3D::create("floor.obj");                     //创建地板对象
11      floor->setPosition3D(Vec3(0,0,-20));                            //设置位置
12      floor->setScale(2.0f);                                          //设置缩放比
13      floor->setCameraMask((unsigned int)CameraFlag::USER1);          //设置摄像机观察编号
14      addChild(floor);                                                //添加进布景
15      floor->setMaterial(shadowMaterial);                             //设置材质
16      mCamera = Camera::createPerspective(40,                         //创建虚拟摄像机
17              visibleSize.width/visibleSize.height,                   //长宽比
18              20,                                                     //近平面
19              300);                                                   //远平面
20      mCamera->setViewport(Viewport(-0.5,-0.5,1,1));                  //设置视口大小
21      mCamera->setPosition3D(lightLocation);                          //设置位置
22      mCamera->setCameraFlag(CameraFlag::USER7);                      //设置编号
23      mCamera->lookAt(Vec3(0,0,-10), Vec3(1,0,0));                    //设置观察点
24      addChild(mCamera);                                              //添加进布景
25      state->setUniformMat4("uMVPMatrixGY",mCamera->getViewProjectionMatrix());
                                                                        //将 vp 矩阵传进入
26      state->setUniformMat4("uMMatrix",floor->getNodeToWorldTransform());
                                                                        //将变换矩阵传进去
27      ……由于与上面的绑定流程及其相似，所以此处省略，有需要的读者请参考随书源代码。
28      schedule(schedule_selector(CubeMapTestLayer::update),0.05f);    //开启回调方法
29  }
```

- 第 6～8 行为创建材质对象，并拿到绘制对象。前面案例中，已有详细介绍材质系统的案例，此处仅做简单说明，有需要的读者请参考前面的基本案例。
- 第 10～15 行为创建地板对象并设置材质对象。设置好地板的基本属性后，需要设置其材质对象，第 15 行的方法即为设置材质系统的对象。
- 第 16～24 行为创建虚拟摄像机的代码片段。细心的读者可能注意到了，此处的摄像机设置了视口大小。由于视景体中所有的物体都是映射到近平面上，为了将纹理坐标和物体的坐标获得某种对象关系，这里设置近平面的长和宽都为 1，即可得到对应关系。
- 第 25 行为将虚拟摄像机的 VP 矩阵传入着色器，以供计算使用。
- 第 26 行为将物体的基本变换矩阵传入着色器，以供计算使用。

（6）介绍完了主要代码后，还要介绍将映射到布景中的图片旋转起来的代码。这里使用了一个小技巧，是将虚拟摄像机的 up 向量旋转，具体代码如下所示。

代码位置：源代码/第 6 章/Sample6_3/app/src/main/jni/sampleCPP 目录下的 My3DLayer.cpp

```
void CubeMapTestLayer::update(float delta){                 //定时回调的方法
    tempAngle = (++tempAngle) % 360;                        //每次调用角度加一
```

```
    float tempX = cos(CC_DEGREES_TO_RADIANS(tempAngle));     //求余弦值
    float tempZ = sin(CC_DEGREES_TO_RADIANS(tempAngle));     //求正弦值
    mCamera->lookAt(Vec3(0,0,-10), Vec3(tempX,0,tempZ));     //更新 up 向量
    state->setUniformMat4("uMVPMatrixGY",mCamera->getViewProjectionMatrix());
                                                              //重新传入矩阵
    stateCircle->setUniformMat4("uMVPMatrixGY",mCamera->getViewProjectionMatrix());
    stateYuanzhui->setUniformMat4("uMVPMatrixGY",mCamera->getViewProjection
    Matrix());
}
```

说明 当把角度自加一后，需要进行 360° 取模，否则可能超出旋转范围。另外，当 up 向量更新后，随之模拟摄像机的 VP 矩阵也会更新，需要重新传入着色器中。

（7）介绍完各个布景的开发后，下面就向读者介绍实现这种特效的关键点，即着色器。首先介绍一下顶点着色器，在此着色器中，完成了顶点位置的计算以及光照方法的计算。并将世界坐标系下顶点的位置传递给片元着色器。具体代码如下所示。

代码位置：源代码/第 6 章/Sample6_3/app/src/main/assets 目录下的 test.vert

```
attribute vec3 a_position;                          //片元的位置
attribute vec3 a_normal;                            //片元的法向量
uniform vec3 uCamera;                               //摄像机的位置
uniform mat4 uMMatrix;                              //基本变换矩阵
uniform vec3 uLightLocation;                        //灯光位置
varying vec4 vPosition;                             //传递进片元着色器的位置
……由于光照部分着色器前面已经介绍过多次，此处省略不计。
void main(){                                        //主函数声明
   gl_Position = CC_MVPMatrix * vec4(a_position, 1.0);   //计算出此片元的最终位置
   vPosition = uMMatrix * vec4(a_position,1.0);     //计算出世界坐标系下的顶点位置
}
```

说明 由于片元着色器中需要拿到片元的世界坐标系的位置，然后映射到虚拟摄像机的近平面上，所以在顶点着色器中需要声明一个 varying 变量，并将此值传递过去。

（8）介绍完顶点着色器后，介绍一下片元着色器的具体实现。在此处，主要实现了将片元映射到近平面上，然后将之换算成纹理坐标。具体代码如下所示。

代码位置：源代码/第 6 章/Sample6_3/app/src/main/assets 目录下的 test.frag

```
precision mediump float;                          //设置精度为中
varying vec4 vPosition;                           //顶点着色器传递过来的坐标
uniform sampler2D sTexture;                       //纹理图
uniform mat4 uMVPMatrixGY;                        //虚拟摄像机的 VP 矩阵
void main(){                                      //片元着色器的主函数
    vec4 gytyPosition = uMVPMatrixGY * vec4(vPosition.xyz, 1.0);
                                                  //将顶点映射到近平面上
    gytyPosition = gytyPosition / gytyPosition.w;     //执行透视除法
    float s = gytyPosition.s + 0.5;               //将坐标换算成纹理坐标
    float t = gytyPosition.t + 0.5;               //将坐标换算成纹理坐标
    vec4 finalColor = vec4(0.8, 0.8, 0.8, 1.0);   //创建一个最终颜色
    if(s >= 0.0 && s <= 1.0 && t >= 0.0 && t <= 1.0){ //如果纹理坐标合理
        vec4 projColor = texture2D(sTexture, vec2(s, t));//取纹理图中的片元颜色
        vec4 specularTemp = projColor * specular;     //进行反射灯光计算
        vec4 diffuseTemp = projColor * diffuse;       //进行散射光计算
        gl_FragColor = finalColor * ambient + finalColor * specularTemp + finalColor *
        diffuseTemp;
                                                  //计算最终颜色
    } else{
        gl_FragColor = finalColor * ambient + finalColor * specular + finalColor *
        diffuse;                                  //只计算灯光影响
    }
}
```

> **说明**　第 6～7 行为计算片元在近平面上的位置。由于前面将近平面的长宽都设置为了 1，即近平面的中心点为（0,0），因此若想将之与纹理图的坐标方式联系起来，只需将 s 与 t 坐标各自加 0.5 即可。

（9）完成上述步骤之后，运行本程序，并且用手指左右滑动至某个角度后观察，界面效果如图 6-13 和图 6-14 所示。

6.5 多轮渲染

一般简单 3D 场景的开发中，开发者直接使用前面介绍过的技术并通过简单调用 Cocos2d-x 引擎提供的 API 即可完成绘制任务。然而在一些特殊开发情景下，需要通过使用多轮渲染技术以实现一些高级特效，例如镜像、湖面的倒影等。本节将向读者介绍如何在 Cocos2d-x 引擎中使用 3D 开发中常用的多伦渲染技术，主要包括其基本原理及实现策略、镜像技术的实现、高真实感水面倒影的实现等。

6.5.1 基本原理及实现策略

本小节将简要介绍多轮渲染的基本原理及实现策略。所谓多轮渲染，一般就是指将本来应该直接渲染到屏幕上的场景，先渲染到纹理中，然后再以某种特殊的方式（如投影贴图）在下一轮场景渲染中使用，以达到实现特定特效的目的。

Cocos2d-x 引擎作为一款成熟的游戏开发引擎，已经充分考虑到了多轮渲染的需要，提供了相关的 API。只需使用 Cocos2d-x 引擎提供的 RenderTexture 类中的相关方法，即可方便地控制渲染流程，以将场景渲染到纹理中。下面给出了多轮渲染需要使用的相关方法，见表 6-2。

表 6-2　　多轮渲染相关方法

方法	说明
static RenderTexture * create(int w, int h, Texture2D::PixelFormat format)	创建 RenderTexture 对象，使用此对象调用相关方法即可实现多轮渲染。w 为纹理图的宽度，h 为纹理图的高度，format 为纹理图的格式。目前只支持 RGB 与 RGBA 格式
virtual void begin()	开始渲染进纹理的开始命令
virtual void beginWithClear(float r, float g, float b, float a)	开始渲染进纹理的开始命令，并以当前设置的参数为准，清空缓存区。r 为红色，g 为绿色，b 为蓝色，a 为透明度
virtual void end()	结束渲染进纹理的结束命令
inline Sprite* getSprite() const	得到测试精灵。引擎默认将纹理图设置为了此精灵的纹理

> **说明**　在 begin 方法和 end 方法之间，用来调用需要渲染到纹理的相关精灵的 visit 方法。各个方法的具体用法将在后继小节的案例中详细讲解，此处读者只做简单了解即可。

6.5.2 镜像技术的实现

前面介绍了多轮绘制的基本原理以及投影贴图技术，基于此两项技术，就可以着手进行镜像案例的开发了。通过此小节，读者可以非常方便地理解并实现复杂场景下任意位置、姿态反射面的镜像。下面首先介绍一下实现镜像技术的基本原理。

1. 基本原理

所谓镜像技术，就是利用多轮绘制的原理获得镜像中的纹理图，然后利用投影贴图技术将此纹理贴到镜子中，即可实现现实生活中的镜子特效。其基本实现原理如图 6-16 和图 6-17 所示。

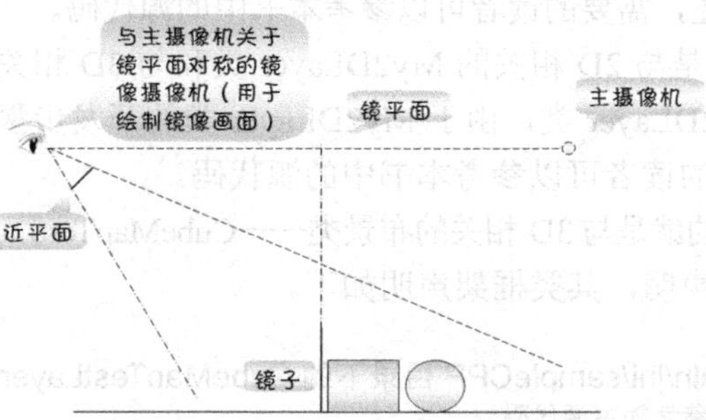

▲图 6-16　第一次绘制原理

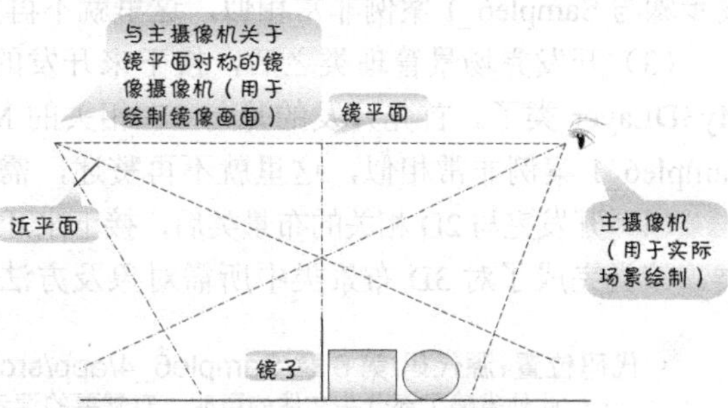

▲图 6-17　第二次绘制原理

图 6-16 和图 6-17 给出了高级镜像技术的基本实现原理，具体内容如下。

（1）首先根据主摄像机的位置姿态（包括位置、目标点、UP 向量等）及镜平面的位置姿态计算出镜像摄像机的位置姿态（包括位置、目标点、UP 向量等）。

（2）然后通过镜像摄像机对场景进行第一次绘制，绘制进帧缓冲区，得到纹理图，供后面使用。

（3）通过主摄像机绘制场景，得到真正的场景图。在此绘制的过程中，绘制镜面时要采用投影贴图技术，将第一次绘制所得的镜像纹理贴回镜面。

> **说明**　上述实现原理为投影贴图与多轮绘制技术的结合使用，从中可以体会到，一些基础技术的组合使用可以产生非常炫酷的效果。

2. 开发步骤

了解了案例的基本原理后，就可以正式进行案例的开发了。开发之前，有必要对案例的运行效果进行简单的了解，如图 6-18 与图 6-19 所示。

▲图 6-18　镜像技术效果图 1

▲图 6-19　镜像技术效果图 2

> **说明**　从图 6-18 与图 6-19 可知，此项目非常真实地模拟了现实世界中的镜像，当左右旋转屏幕时，镜子中的物体也会随着摄像机观察角度的不同而改变。

了解了案例的运行效果后，就可以进行案例的开发了，具体步骤如下。

（1）新建一个名称为 Sample6_4 的项目，并为项目添加必要的构建器以及进行必要的设置。

提示　关于新建项目的详细操作步骤在前面的章节中已经进行过介绍，这里就不再赘述，需要的读者请参考本书前面章节中的相关内容。

（2）项目创建完成之后就可以进行代码的开发了，首先开发的是场景管理者类。由于该类的开发步骤与 Sample6_1 案例非常相似，这里就不再赘述，需要的读者可以参考本书中的源代码。

（3）开发完场景管理类之后，接下来开发的就是与 2D 相关的 My2DLayer 类和与 3D 相关的 My3DLayer 类了。首先开发的是与 2D 相关的 My2DLayer 类，由于 My2DLayer 类的开发步骤与 Sample6_1 案例非常相似，这里就不再赘述，需要的读者可以参考本书中的源代码。

（4）开发完与 2D 相关的布景类后，接下来开发的就是与 3D 相关的布景类——CubeMapTestLayer 类，该类完成了对 3D 布景类中所需对象及方法的声明，其类框架声明如下。

代码位置：源代码/第 6 章/Sample6_4/app/src/main/jni/sampleCPP 目录下的 CubeMapTestLayer.h。

```
1   ……此处省略了部分头文件的声明，有需要的读者请参考随书源代码。
2   class CubeMapTestLayer : public cocos2d::Layer{ //类的声明
3   public:                                         //范围限定词
4       Camera* _camera;                            //主摄像机
5       Camera* _mirCamera;                         //镜像摄像机
6       MSprite3D* mirror;                          //镜子精灵
7       RenderTexture* renderTexture;               //缓存对象声明
8       GLProgramState* state;                      //绘制对象
9       float currAngle = 0;                        //当前角度
10      Vector<MSprite3D*> vecSprite3D;             //放精灵的集合
11      void visit(Renderer *renderer, const Mat4& parentTransform, uint32_t parentFlags);
12      virtual bool init();                        //初始化的方法
13      void addNewSprite();                        //添加精灵方法
14      void onTouchesMoved(const std::vector<cocos2d::Touch*>& touches, cocos2d::
        Event *event);
15                                  //Cocos2d-x 中定义的一个宏，创建指定类型的对象
16      CREATE_FUNC(CubeMapTestLayer);
17  };
```

说明　第 10 行的 visit 方法为重写的父类方法。此方法的主要作用是递归地访问此节点的子节点并调用自己的 draw 方法。此方法不用开发者人为调用，是由引擎渲染时所调。

（5）介绍完 3D 类的框架声明后，接下来就可以正式开始 3D 类的开发了。此类中，除了精灵的创建外，还创建了一个控制渲染进纹理的对象，另外重写了父类的 visit 方法，以控制渲染顺序。具体代码如下所示。

代码位置：源代码/第 6 章/Sample6_4/app/src/main/jni/sampleCPP 目录下的 CubeMapTestLayer.cpp。

```
void CubeMapTestLayer::addNewSprite(){                         //添加精灵的方法
    Size visibleSize = Director::getInstance()->getVisibleSize();//得到屏幕长宽
    Director::getInstance()->setDepthTest(true);               //设置深度检测
    auto listener = EventListenerTouchAllAtOnce::create();     //创建触控监听
    listener->onTouchesMoved = CC_CALLBACK_2(CubeMapTestLayer::onTouchesMoved, this);
    _eventDispatcher->addEventListenerWithSceneGraphPriority(listener, this);
                                                               //添加到监听器
    renderTexture = RenderTexture::create(1024,1024,Texture2D::PixelFormat::RGBA8888);
    renderTexture->setKeepMatrix(true);                        //创建渲染对象并制定长宽
    renderTexture->retain();                                   //保持此对象
    auto skyBox = MSprite3D::create("model/skybox.c3b","pic/skybox1.jpg");
                                                               //类似天空盒的 obj 模型
    skyBox->setPosition3D(Vec3(0,-10,7));                      //设置天空盒的位置
    skyBox->setCameraMask((unsigned short)CameraFlag::USER1);  //设置天空盒的观察摄像机
    vecSprite3D.pushBack(skyBox);                              //放入向量中
    addChild(skyBox);                                          //添加进布景中
    ……此处省略了其余精灵的创建，有需要的读者请参考随书源代码。
```

```
16  }
17  void CubeMapTestLayer::visit(Renderer *renderer, const Mat4& parentTransform,
    uint32_t parentFlags){
18      if(CameraFlag::USER2 == Camera::getVisitingCamera()->getCameraFlag()){
19          renderTexture->setGlobalZOrder(-1);                  //此次渲染摄像机编号为2
20          renderTexture->beginWithClear(0,0,0,0.0);           //设置渲染对象的全局 z-order 为-1
21          Layer::visit(renderer,parentTransform,parentFlags); //调用父布景的 visit 方法
22          renderTexture->setGlobalZOrder(1);                   //设置渲染对象的全局 z-order 为 1
23          renderTexture->end();                                //结束渲染
24          state->setUniformTexture("sTexture",renderTexture->getSprite()->
    getTexture());                                               //传入着色器
25              for(Vector<MSprite3D*>::iterator iter = vecSprite3D.begin(); iter!=
    vecSprite3D.end(); iter++){
26              (*iter)->setCameraMask((unsigned short)CameraFlag::USER1);
                                                                 //更改摄像机编号为 1
27          }
28      }else if(CameraFlag::USER1 == Camera::getVisitingCamera()->getCameraFlag()){
29          Layer::visit(renderer,parentTransform,parentFlags); //调用父布景的 visit 方法
30              for(Vector<MSprite3D*>::iterator iter = vecSprite3D.begin(); iter!=
                vecSprite3D.end(); iter++){
31              (*iter)->setCameraMask((unsigned short)CameraFlag::USER2);
                                                                 //更改编号为 2
32          }}
33  }
```

- 第 7 行为创建渲染对象。使用此对象中的部分方法，即可轻松实现将渲染区中的像素输出至纹理，以备使用。
- 第 8 行为是否使用从场景中计算的堆栈矩阵或生成新的视点矩阵和投影矩阵。
- 第 17 行为重写的父类 visit 方法。此方法主要控制是渲染进纹理还是直接渲染至屏幕，只要合理地控制摄像机渲染次序即可实现。
- 第 18 行为当前调用 visit 方法的作用是渲染编号二的摄像机的观察节点。由于镜像摄像机的编号为二，所以在此代码片段中需要将镜像摄像机观察到的物体渲染进纹理。
- 第 19～23 行为控制渲染对象的全局 z-order 以实现将虚拟摄像机观察的物体渲染进纹理。由于 Cocos2d-x 底层使用渲染队列的方式控制渲染，全局 z-order 小于 0 的就会被先执行，因此先将渲染对象的全局 z-order 设置为-1 是为了其 begin 方法的执行在布景渲染之前，以此保证渲染进纹理。第 22 行的设置为 1 的含义是保证结束渲染命令的执行在布景渲染之后。
- 第 24 行为将得到的纹理图传入着色器。
- 第 25～27 行为将物体的观察摄像机置为编号一，这样就保证了下一帧此布景的显示是正确的。
- 第 28～32 行为主摄像机的渲染。此代码片段比较简单，主要是先渲染出此布景，然后将物体的观察摄像机置为编号二，以供后面镜像摄像机观察调用。

（6）介绍完 3D 布景类的开发后，下面着重介绍一下着色器部分。主要实现将步骤 5）所得的纹理图映射到镜子中。由于顶点着色器并未含有实质性代码，所以此处着重介绍一下片元着色器，具体代码如下所示。

代码位置：源代码/第 6 章/Sample6_4/app/src/main/assets/shader 目录下的 mirror_frag.frag。

```
precision mediump float;                              //指定浮点默认精度
uniform highp mat4 uMVPMatrixMirror;                  //镜像摄像机观察及投影组合矩阵
uniform sampler2D sTexture;                           //纹理内容数据
varying vec4 vPosition;                               //接收来自顶点着色器的位置坐标
varying vec2 v_texCoord;                              //接收来自顶点着色器的纹理坐标
void main(){                                          //主函数
    vec4 gytyPosition = uMVPMatrixMirror * vec4(vPosition.xyz,1.0);
                                                      //投影到镜像摄像机的近平面上
      gytyPosition=gytyPosition/gytyPosition.w;       //进行透视除法
     float s = (gytyPosition.s+1.0)/2.0;              //将投影后的坐标换算为纹理坐标
```

```
        float t = (gytyPosition.t+1.0)/2.0;                        //此处也是换算
     if(s>=0.0 && s<=1.0 && t>=0.0 && t<=1.0){                    //将计算出的颜色给此片元
           vec4 finalColor=texture2D(sTexture, vec2(s,t));       //对镜像纹理图进行采样
           gl_FragColor = finalColor;                            //计算最终的片元颜色值
     }else{
           gl_FragColor = vec4(0.0,0.0,0.0,1.0);                //计算最终的片元颜色值
     }
}
```

说明　由于将视镜体中的物理映射到虚拟摄像机的近平面时，执行透视除法后，点的坐标的范围为-1～1，所以需要进行换算才能将范围变化为纹理坐标的范围 0～1，加上 1 除以 2 即可。

（7）完成上述步骤之后，运行本程序，并且用手指左右滑动至某个角度后观察，界面效果如图 6-18 和图 6-19 所示。

6.5.3　高真实感水面倒影的实现

上面小节介绍了基于多轮渲染与投影贴图技术来实现的镜像技术，从中可以体会到一些基础技术的组合可以产生很高级的特效。基于以上技术，还可以实现日常生活中水面的倒影效果。如果合理使用，可以使日常游戏的开发更添色彩。

1．基本原理

下面介绍一下本节案例采用的实现策略。其基本思路非常简单，主要包括 3 个步骤：逆向使用 FFT 模拟水面波动、通过上一节介绍的高级镜像技术实现水面倒影、扰动水面倒影。下面将每个步骤所使用的主要技术与实现原理进行一一介绍，具体内容如下。

（1）逆向使用 FFT 形成波动的水面

根据傅里叶变换的原理，任何波都可以分解成无穷多个正弦波的叠加。而水面运动也是波，因此可以逆向使用傅里叶变换来模拟波动的水面。简单来说，就是人为用有限数量的正弦波叠加以模拟真实水面的波动。

（2）通过高级镜像技术实现水面倒影

水面倒影本质上就是镜像，因此可以直接使用上一节介绍的高级镜像技术来实现。需要注意的是本案例中采用的是先将缓冲区缓存进纹理，待拿到纹理图之后，采用投影贴图技术贴回水面。

（3）扰动水面倒影

若仅仅是使用了镜像技术实现倒影，细心的读者可能会发现这样的倒影效果其实并不真实。这是由于水面是不断波动的，所以反射出来的图像并不应该是完美的镜像，而应该是经过扭曲的。

此时就需要对水面倒影进行扰动，扰动后得到的效果就会和真实的水面倒影非常相似了，具体的扰动公式如下所示：

$$T_{x1} = T_{x0} + C_0 * T_{x0} * N_x$$

$$T_{y1} = T_{y0} + C_0 * T_{y0} * N_y$$

说明　其中的 Tx1、Ty1 是扰动后镜像纹理的坐标分量，Tx0、Ty0 是未扰动时镜像纹理的坐标分量，C0 是用于控制扭曲程度的扰动系数。Nx、Ny 是对法向量纹理图采样得到的当前片元的扰动法向量。

了解了高真实感水面倒影的 4 个步骤后应该会发现，高真实感水面倒影的关键在于水面每个片元最终颜色的确定。由于水面不单有倒影还应该有水面本身的颜色，故渲染水面用的片元着色

器中采用了多重纹理技术，实际使用了 3 幅纹理图。

（1）第 1 幅是水面纹理图，如图 6-20 所示。

（2）第 2 幅是含有倒影图像的纹理图（也就是镜像纹理），由程序在运行过程中通过高级镜像技术实时绘制而成。

（3）第 3 幅是含有扰动后的法向量纹理图，用于计算扰动后的纹理坐标，如图 6-21 所示。此幅纹理图中记录的是水面细小波纹的法向量。

最终水面片元的颜色由水面自身纹理采样的颜色与镜像纹理采样的颜色混合而成，本案例中采用的混合比例为前者占 30%，后者占 70%，读者也可以根据需要自行调整。

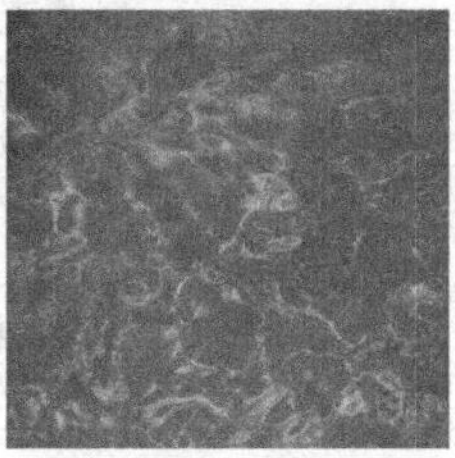

▲图 6-20　水面纹理图

▲图 6-21　法向量纹理图

2. 开发步骤

了解了案例的基本原理后，就可以正式进行案例的开发了。开发之前，有必要对案例的运行效果进行简单的了解，如图 6-22 与图 6-23 所示。

▲图 6-22　真实水面倒影效果图 1

▲图 6-23　真实水面倒影效果图 2

说明　从图 6-22 和图 6-23 可知，使用多轮绘制技术以及投影贴图技术可以完美地模拟现实世界的水面倒影特效，配合着波动的水面，足见效果的真实。由于图片为静态，并能体现出水面的动态性，建议读者使用真机查看。

了解了案例的运行效果后，就可以进行案例的开发了，具体步骤如下。

（1）新建一个名称为 Sample6_5 的项目，并为项目添加必要的构建器以及进行必要的设置。

提示　关于新建项目的详细操作步骤在前面的章节中已经进行了介绍，这里就不再赘述，需要的读者请参考本书前面小节中的相关内容。

（2）项目创建完成之后就可以进行代码的开发了，首先开发的是场景管理者类。由于该类的开发步骤与 Sample6_1 案例非常相似，这里就不再赘述，需要的读者可以参考本书的源代码。

（3）开发完场景管理类之后，接下来开发的就是与 2D 相关的 My2DLayer 类和与 3D 相关的

My3DLayer 类了。首先开发的是与 2D 相关的 My2DLayer 类，由于 My2DLayer 类的开发步骤与 Sample6_1 案例非常相似，这里就不再赘述，需要的读者可以参考本书中的源代码。

（4）开发完与 2D 相关的布景类后，接下来开发的就是与 3D 相关的布景类——CubeMapTestLayer 类，该类完成了对 3D 布景类中所需对象及方法的声明，其类框架声明如下。

代码位置：源代码/第 6 章/Sample6_5/app/src/main/jni/sampleCPP 目录下的 CubeMapTestLayer.h。

```
……此处省略了部分头文件的声明，有需要的读者请参考随书源代码。
class CubeMapTestLayer : public cocos2d::Layer{                    //类的声明
public:
    Camera* _camera;                                                //摄像机
    Camera* _mirCamera;                                             //镜像摄像机
    RenderTexture* renderTexture;                                   //渲染对象
    GLProgramState* state;                                          //绘制对象
    Vector<MSprite3D*> vecSprite3D;                                 //精灵集合
    float xAngle = 0;                                               //x 轴旋转角度
    float yAngle = 0;                                               //y 轴旋转角度
    float myTime = 0;                                               //更新水面的初相
    virtual bool init();                                            //初始化的方法
    void addNewSprite();                                            //添加精灵方法
    virtual void update(float delta);                               //更新方法
    void visit(Renderer *renderer, const Mat4& parentTransform, uint32_t parentFlags);
    void onTouchesMoved(const std::vector<cocos2d::Touch*>& touches, cocos2d::
    Event  *event);
                                        //Cocos2d-x 中定义的一个宏，创建指定类型的对象
    CREATE_FUNC(CubeMapTestLayer);
};
```

说明　此项目的类声明框架和 Sample6-4 案例类似，主要区别在于着色器部分，下面将进行详细说明。

（5）介绍完了 3D 布景类的框架声明后，下面详细介绍此类的具体实现。其中主要实现各精灵的创建、添加与得到渲染进纹理的 visit 方法，具体代码如下所示。

代码位置：源代码/第 6 章/Sample6_5/app/src/main/jni/sampleCPP 目录下的 CubeMapTestLayer.cpp。

```
void CubeMapTestLayer::addNewSprite(){                              //加精灵的方法
    renderTexture = RenderTexture::create(1024,1024,Texture2D::PixelFormat:: RGBA8888);
                                                                    //渲染对象
    renderTexture->setKeepMatrix(true);
    renderTexture->retain();                                        //保持对象
    ……此处省略了其余精灵的创建，有需要的读者请参考随书源代码。
    auto water = Sprite3D::create("model/water.obj","pic/water.jpg");
                                                                    //水对象创建
    water->setPosition3D(Vec3(0,0,22));                             //设置位置
    water->setCameraMask((unsigned short)CameraFlag::USER1);        //设置摄像机编号
    addChild(water);                                                //添加进布景
    auto rogram = GLProgram::createWithFilenames("shader/water_vertex.vert"," shader/
    water_frag.frag");
    state = GLProgramState::create(program);                        //创建绘制对象
    water->setGLProgramState(state);                                //水面绑定着色器
    state->setUniformMat4("uMVPMatrixMirror",_mirCamera->getViewProjectionMatrix());
    state->setUniformMat4("uMMatrix",water->getNodeToWorldTransform());
                                                                    //将基本变换传入着色器
    state->setUniformVec3("uCamera",_camera->getPosition3D()); //将摄像机的位置传入着色器
    state->setUniformVec3("uLightLocation",_camera->getPosition3D());
                                                                    //将光照的位置传入着色器
    auto sNormal = Director::getInstance()->getTextureCache()->addImage("pic/ resultnt.
    jpg");
    Texture2D::TexParams tRepeatParams;                             //设置纹理属性
    tRepeatParams.magFilter = GL_NEAREST;                           //设置拉伸格式
    tRepeatParams.minFilter = GL_NEAREST;                           //设置拉伸格式
    tRepeatParams.wrapS = GL_REPEAT;                                //设置采样格式
    tRepeatParams.wrapT = GL_REPEAT;                                //设置采样格式
```

```
23    sNormal->setTexParameters(tRepeatParams);  //设置纹理对象的纹理模式
24    state->setUniformTexture("sTextureNormal",sNormal);//将纹理图传进去
25    long offset = 0;                           //偏移量
26    auto attributeCount = water->getMesh()->getMeshVertexAttribCount();
                                                 //返回顶点属性的顶点数量
27    for (auto i = 0; i < attributeCount; i++) {
28      auto meshattribute = water->getMesh()->getMeshVertexAttribute(i);
                                                 //通过索引获取网格的顶点
29      state->setVertexAttribPointer(s_attributeNames[meshattribute.vertexAttrib],
                                                 //顶点属性的名字
30        meshattribute.size,                    //顶点属性的值个数  从 0~4
31        meshattribute.type,                    //顶点数据的类型
32        GL_FALSE,                              //数据的归一化标记，0-255 被映射到 0-1.0
33        water->getMesh()->getVertexSizeInBytes(),  //交叉顶点属性的顶点数组中的步进
34        (GLvoid*)offset);                      //数据指针
35      offset += meshattribute.attribSizeBytes; //自加字节数
36    }
37    schedule(schedule_selector(CubeMapTestLayer::update),0.15f);
                                                 //定时调用 update 方法
38  }
39  ……由于 visit 方法和 Sample6-4 中的极其相似，所以篇幅所限，并未列出。
```

- 第 2～4 行为创建渲染对象。使用此对象中的部分方法，即可轻松实现将渲染区中的像素输出至纹理，以备使用。
- 第 5～9 行为 3D 精灵的创建。由于创建过程极其类似，所以此处只给出了水面的创建，其余精灵的创建过程省略，有需要的读者请参考随书源代码。
- 第 10～12 行为着色器对象的创建。使用顶点着色器路径和片元着色器路径即可轻松创建着色器对象，再将水面绑定着色器即可实现着色器中的效果。
- 第 13～16 行为将着色器中所需要的矩阵以及摄像机位置等传入着色器。此处需要注意的是传入镜像摄像机的 VP 矩阵。
- 第 17～24 行为创建一个纹理对象，并传入着色器中。这里的纹理图对象即为扰动法向量纹理图。使用此图实现倒影图的细碎化，更加符合现实世界。
- 第 25～36 行为将水面各个顶点绑定着色器。
- 第 37 行为定时回调 update 方法，在此方法中实现了正弦函数的初相变化。

（6）介绍完了 3D 布景的开发后，可以体会到此项目的关键部分是水面所使用的着色器部分。下面着重介绍一下水面所用着色器中的顶点着色器，具体代码如下所示。

代码位置：源代码/第 6 章/Sample6_5/app/src/main/assets/shader 目录下的 water_vertex.vert。

```
uniform mat4 uMMatrix;                              //变换矩阵
uniform float myTime;                               //初相
attribute vec3 a_position;                          //顶点位置
attribute vec2 a_texCoord;                          //顶点纹理坐标
attribute vec3 a_normal;                            //法向量
varying vec3 fNormal;                               //用于传递给片元着色器的法向量
varying vec2 vTextureCoord;                         //用于传递给片元着色器的纹理坐标
varying vec4 vPosition;                             //传递基本变换后的顶点位置
varying vec3 mvPosition;                            //用于传递给片元着色器的顶点位置
vec3 wave1Position = vec3(0.0,0.0,0.0);             //第一个正弦函数的起点
vec3 wave2Position = vec3(-200.0,0.0,-200.0);       //第二个正弦函数的起点
vec3 wave3Position = vec3(300.0,0.0,300.0);         //第三个正弦函数的起点
float waveFrequency1 = 0.19;                        //第一个正弦函数频率
float waveFrequency2 = 0.09;                        //第二个正弦函数频率
float waveFrequency3 = 0.01;                        //第三个正弦函数频率
float waveAmplitude1 = 0.126;                       //第一个正弦函数的振幅
float waveAmplitude2 = 0.21;                        //第二个正弦函数的振幅
float waveAmplitude3 = 0.35;                        //第三个正弦函数的振幅
float calculateCurrentDotHeight(vec3 dotPosition){  //计算顶点的最终位置
  float result = 0.0;                               //顶点最终位置
  float distance1 = sqrt((dotPosition.x - wave1Position.x) * (dotPosition.x - wave1
  Position.x) +
```

```
22        (dotPosition.z - wave1Position.z) * (dot Position.z - wave1 Position.z));
23                                                    //第一个函数的顶点距离
24    float distance2 = sqrt((dotPosition.x - wave2Position.x) * (dotPosition.x - wave2
      Position.x) +
25        (dotPosition.z - wave2Position.z) * (dot Position.z - wave2 Position.z));
26                                                    //第二个函数的顶点距离
27    float distance3 = sqrt((dotPosition.x - wave3Position.x) * (dotPosition.x - wave3
      Position.x) +
28        (dotPosition.z - wave3Position.z) * (dot Position.z - wave 3Position.z));
29                                                    //第三个函数的顶点距离
30    result = sin(distance1 * waveFrequency1 * 3.1415926 + myTime ) * waveAmplitude1;
31                                                    //第一个函数的顶点高度
32    result = (result + sin(distance2 * waveFrequency2 * 3.1415926 + myTime)) * wave
      Amplitude2;
33                                                    //前两个函数的顶点高度叠加
34    result = (result + sin(distance3 * waveFrequency3 * 3.1415926 + myTime)) * wave
      Amplitude3;
35                                                    //3 个函数的顶点高度叠加
36    return result;
37  }
38  void main(){
39    float currDotY = calculateCurrentDotHeight(a_position);//计算当前顶点的最终位置
40    vec3 lastPosition = vec3(a_position.x, currDotY, a_position.z);
                                                      //最终位置
41    gl_Position = CC_MVPMatrix * vec4(lastPosition,1.0); //根据总变换矩阵计算此次绘制此顶点位置
42    vPosition = uMMatrix*vec4(a_position,1);        //传递变换后的顶点位置给片元着色器
43    vTextureCoord=a_texCoord;                       //将纹理坐标传递给片元着色器
44    mvPosition = a_position;                        //将顶点初始位置传递给片元着色器
45    fNormal = a_normal;                             //将顶点的法向量传递给片元着色器
46  }
```

- 第 2 行的变量是从外部程序中传递进来的。可以理解为正弦函数中的初相。
- 第 3～5 行为顶点的各个属性。这些值都是 Cocos2d-x 引擎封装好的，直接使用即可。
- 第 6～9 行为需要传递给片元着色器的值。
- 第 10～18 行为正弦函数一些固定值的声明。这些值不需要根据顶点位置的改变而改变，所以此处声明为全局变量。
- 第 19～36 行为顶点最终位置的计算方法。首先根据公式 $h = A\sin(\omega x+\phi)$，其中除了 x 的值以外都已经声明为全局变量，所以首先计算出顶点距离函数起点的距离，然后根据此公式计算出顶点的最终位置，然后将这三个顶点的高度进行叠加即可。
- 第 41 行为计算顶点的最终位置。需要使用引擎提供的 CC_MVPMatrix 的变量。

（7）介绍完了水面的顶点着色器后，下面将详细介绍片元着色器。此着色器实现了法向量的扰动、投影贴图技术的应用等，具体代码如下所示。

代码位置：源代码/第 6 章/Sample6_5/app/src/main/assets/shader 目录下的 water_frag. frag。

```
uniform highp mat4 uMVPMatrixMirror;              //镜像摄像机观察及投影组合矩阵
uniform sampler2D sTextureDY;                     //倒影纹理内容数据
uniform sampler2D sTextureNormal;                 //纹理内容数据（法线）
uniform mat4 uMMatrix;                            //变换矩阵
uniform vec3 uCamera;                             //摄像机位置
uniform vec3 uLightLocation;                      //光源位置
varying vec4 vPosition;                           //接收从顶点着色器传递来的顶点位置
varying vec2 vTextureCoord;                       //接收从顶点着色器传递过来的参数
varying vec3 fNormal;                             //接收从顶点着色器传递过来的法向量
varying vec3 mvPosition;                          //接收从顶点着色器传递过来的顶点位置
void main(){
  vec4 gytyPosition=uMVPMatrixMirror * vec4(vPosition.xyz,1);
                                                  //将片元投影到镜像摄像机的近平面
  gytyPosition=gytyPosition/gytyPosition.w;       //进行透视除法
  float s=(gytyPosition.s+1.0)/2.0;               //将投影后的坐标换算为纹理坐标
  float t=(gytyPosition.t+1.0)/2.0;               //将投影后的坐标换算为纹理坐标
  vec4 normalColor = texture2D(sTextureNormal, vTextureCoord);
                                                  //从法线纹理图中读出值
```

```
17      vec3 cNormal=vec3(2.0*(normalColor.r-0.5),2.0*(normalColor.g-0.5),2.0*
        (normalColor.b-0.5));
18                                                      //将值恢复到-1～+1 范围
19      cNormal=normalize(cNormal);                      //将扰动结果向量规格化
20      const float mPerturbationAmt = 0.02;             //扰动系数控制扭曲程度
21      s = s + mPerturbationAmt * s * cNormal.x;        //计算扰动后的纹理坐标 S
22      t = t + mPerturbationAmt * t * cNormal.y;        //计算扰动后的纹理坐标 T
23      vec4 dyColor=texture2D(sTextureDY, vec2(s,t)); //进行倒影纹理采样
24      vec4 waterColor=texture2D(CC_Texture0,vTextureCoord);
                                                        //进行水自身纹理采样
25      vec4 dyAndWaterColor=mix(waterColor,dyColor,0.7); //混合倒影与水自身得到此片元的颜色值
26      gl_FragColor = dyAndWaterColor;
                              //综合 3 个通道光的最终强度以及混合得到的颜色值计算出最终的颜色
27  }
```

- 第 12 行为将片元投影到镜像摄像机的近平面。
- 第 13 行为执行透视除法，将顶点位置的范围限定在-1～1。
- 第 14～15 行为将投影后的坐标换算为纹理坐标。若想将-1～1 的范围变换到 0～1，只需要将当前值加上 1 然后除以 2 即可。
- 第 16 行为从法线纹理图中读出规定位置的值。
- 第 17 行为将 16 行的值恢复到-1～1，然后供后面使用。
- 第 19～22 行为根据公式进行法向量扰动，以实现倒影的细碎化效果。
- 第 23～25 行为去除倒影纹理的片元颜色，然后按照一定的比例将水面的颜色与水面倒影纹理图的颜色进行混合，最后使用此值进行片元颜色的赋值。

8）完成上述步骤之后，运行本程序，并且用手指左右滑动至某个角度后观察，界面效果如图 6-21 和图 6-22 所示。

6.6 本章小结

本章学习了 Cocos2d-x 引擎封装好的光照的使用，详述了阴影的重要性并学习了平面阴影，并且初次提到了多轮渲染的概念，使用相关技术实现了高级镜像技术与高真实水面倒影。掌握了这些技术以后，读者若能恰当地灵活运用将可以开发出更具吸引力与感染力的 3D 应用。

第7章　3D粒子系统与拖尾效果的使用

粒子系统和拖尾效果在Cocos2d-x引擎中不仅仅可以在2D中使用，同时也可以在3D中使用。因为在开发3D游戏时会经常使用到这些效果，所以掌握好这些效果的开发技巧对Cocos2d-x中的3D开发人员来说非常重要，接下来本章将详细介绍3D粒子系统与拖尾效果的使用。

7.1 3D粒子系统

本节将向读者介绍Cocos2d-x引擎中的3D粒子系统，其中包括3D粒子系统基础知识和编辑工具Particle Universe Editor的基本使用以及一个综合案例。掌握了粒子系统的使用技巧后，对于提升游戏画面的吸引力和视觉效果有很大帮助，具体内容如下。

7.1.1 基础知识

Cocos2d-x目前通过extension的方式支持Particle Universe构建的3D粒子系统，可通过解析脚本的方式直接读取粒子系统文件并渲染，快速高效。在该粒子系统的基本使用中主要使用PUParticleSystem3D类，首先了解一下该类的继承关系，如图7-1所示。

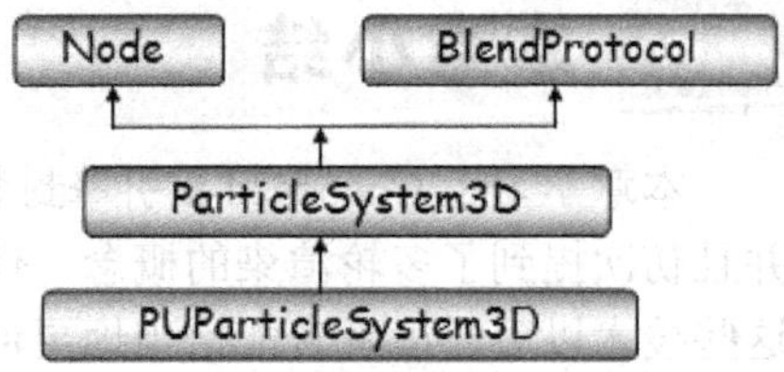

▲图7-1　3D粒子系统继承树

了解了PUParticleSystem3D类的继承关系后，下面介绍其父类ParticleSystem3D中的常用方法，见表7-1。继承关系这些方法也可以用在PUParticleSystem3D类当中。

表7-1　ParticleSystem3D类中的常用方法

方法签名	说　明
virtual void setBlendFunc(const BlendFunc &blendFunc)	设置混合方式。blendFunc参数表示要设置的混合方式
virtual const BlendFunc &getBlendFunc()	获取混合方式
virtual void startParticleSystem()	开始播放粒子系统
virtual void stopParticleSystem()	停止播放粒子系统
virtual void pauseParticleSystem()	暂停播放粒子系统
virtual void resumeParticleSystem()	继续播放粒子系统
void setEmitter(Particle3DEmitter* emitter)	设置粒子系统发射器，emitter参数表示该粒子系统设置的发射器
void setRender(Particle3DRender* render)	设置粒子系统渲染器，render参数表示该粒子系统设置的渲染器
void addAffector(Particle3DAffector* affector)	设置粒子系统影响器，affector参数表示该粒子系统设置的影响器
void removeAffector(int index)	移除影响器，index参数表示需要移除的影响器编号

续表

方法签名	说明
void removeAllAffector()	移除所有影响器
Particle3DAffector* getAffector(int index)	获取影响器，并返回影响器指针，index 参数为获得影响器的编号
unsigned int getParticleQuota()	获取每次发射的粒子个数
State getState()	获取当前粒子系统状态，返回值为 0 表示停止，为 1 表示播放，为 2 表示暂停
bool isKeepLocal(void)	获取粒子系统是否跟随节点移动，返回值为 true 表示跟随，为 false 表示不跟随
void setKeepLocal(bool keepLocal)	设置粒子系统是否跟随节点移动
void setEnabled (bool enabled)	设置启用或禁用粒子系统
bool isEnabled(void)	获取当前粒子系统启用或禁用状态，返回值为 true 表示启用，为 false 表示禁用

上面介绍了 ParticleSystem3D 类中的常用方法。下面将向读者介绍 PUParticleSystem3D 类中的常用方法，见表 7-2。这里介绍了笔者认为比较常用的方法，更加具体的方法可以参考 Cocos2d-x 官方的 API 文档。

表 7-2　　PUParticleSystem3D 类中的常用方法

方法签名	说明
static PUParticleSystem3D* create()	创建一个空的 3D 粒子系统对象，并返回其指针
static PUParticleSystem3D* create(const std::string &filePath)	创建一个空的 3D 粒子系统对象，并返回其指针。filePath 参数表示 Particle Universe 粒子系统的.pu 文件路径
static PUParticleSystem3D* create(const std::string &filePath, const std::string &materialPath)	创建一个空的 3D 粒子系统对象，并返回其指针。filePath 参数表示 Particle Universe 粒子系统的.pu 文件路径，materialPath 参数表示该粒子系统的材质. material 文件路径
virtual void startParticleSystem()	开始播放粒子系统
virtual void stopParticleSystem()	停止播放粒子系统
virtual void pauseParticleSystem()	暂停播放粒子系统
virtual void resumeParticleSystem()	继续播放粒子系统
float getTimeElapsedSinceStart(void)	获得粒子系统开始播放后经过的时间长度
const float getDefaultWidth(void)	获得粒子系统宽度，返回值为 const float 类型
const float getDefaultHeight(void)	获得粒子系统高度，返回值为 const float 类型
const float getDefaultDepth(void)	获得粒子系统深度，返回值为 const float 类型
Vec3 getDerivedPosition()	获得粒子系统位置坐标
Quaternion getDerivedOrientation()	获得粒子系统四元数
Vec3 getDerivedScale()	获得粒子系统缩放比例向量
float getMaxVelocity()	获得粒子最大速度
void setMaterialName(const std::string &name)	设置粒子系统材质名称，name 参数表示材质名称字符串地址
const std::string getMaterialName()	获得粒子系统材质名称

说明　表 7-2 给出了 PUParticleSystem3D 类中常用的方法，从表中可以看出 3D 粒子系统创建方法的三种形式，读者可以根据情况选择适当的方法来创建 3D 粒子系统。

需要注意的是使用 static PUParticleSystem3D* create(const std::string &filePath)方法时会自动搜索粒子系统所在文件夹上一层目录下的 materials（名称固定）文件夹，并自动载入该文件夹下所有的 material 文件。而在 Material 文件明确的情况下强烈推荐使用 static PUParticleSystem3D* create(const std::string &filePath, const std::string &materialPath)方法，这样能极大地缩短加载时间，并保证最小的内存消耗。

7.1.2　3D 粒子系统编辑器 Particle Universe Editor

上一小节中介绍了使用 Cocos2d-x 中 3D 粒子系统的基础知识。下面向读者介绍 3D 粒子系统编辑器 Particle Universe Editor，首先了解一下该编辑器的背景。

Particle Universe 是一款免费开源（插件开源）的 3D 粒子系统编辑器，它包括粒子编辑器和粒子插件，该系统本是为 OGRE 引擎打造的，为 OGRE 提供一套完整的粒子系统解决方案，知名的 PC 游戏火炬之光(Torchlight)就是采用该粒子系统进行特效的构建，可见该粒子系统的强大。

了解了该编辑器的背景后下面将向读者介绍 Particle Universe 的下载、安装和简单的使用方法，具体步骤如下。

（1）进入 Cocos 引擎官网，单击商店，进入商店界面，在搜索栏中输入该编辑器名称进行搜索即可找到该编辑器，单击图中圈出的“立即下载”即可进行编辑器的下载，如图 7-2 所示。

（2）下载完毕后就可以进行 Particle Universe 的安装了，按照安装向导完成安装，由于该过程比较简单不再详细介绍。

（3）安装完成后打开 Particle Universe Editor 主界面，如图 7-3 所示，默认情况下，在左边列表框中包含大量预定义的粒子系统脚本。这些脚本中有很多游戏中常用的粒子系统，如火焰、下雨、下雪以及烟雾等，都可以直接导出加载到自己的游戏场景中。

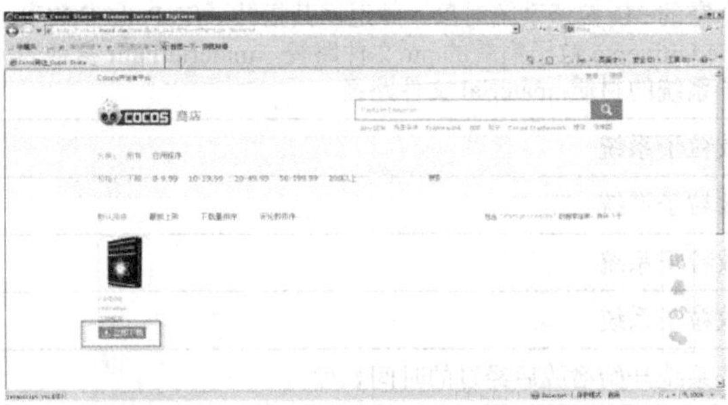

▲图 7-2　Particle Universe 下载界面

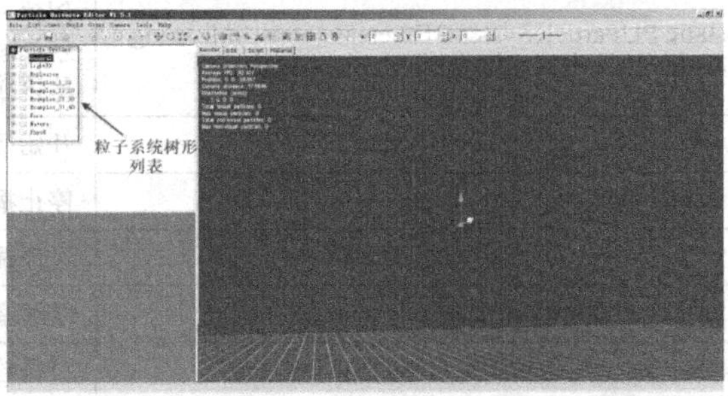

▲图 7-3　Particle Universe Editor 主界面

（4）此界面上还可以看到渲染选项卡以及该选择卡上显示的数据，如图 7-4 所示。渲染选项卡是查看当前粒子系统的主要窗口。相机可以旋转或调焦，从不同角度观看粒子系统或者网格。按住并拖拽鼠标右键，就可以旋转照相机。用鼠标滑轮调整相机的焦距。

（5）在编辑器主界面中可以单击 Edit 切换到编辑选择卡，如图 7-5 所示，多数情况都会用到编辑选项卡。该选项卡包含两部分内容：上半部分用来直观地连接一个粒子系统包含的所有组件，通过调整组件的属性，来编辑粒子系统。下半部分是一个渲染窗口，实时显示渲染变化。

（6）在编辑器主界面可以单击 Script 切换到脚本选项卡，如图 7-6 所示，通过编辑选项卡创建的粒子系统可以在脚本选项卡中查看或修改。编辑选项卡中的修改和脚本里所做的修改同步。该脚本可以存储为*.pu 文件。

（7）在编辑器主界面可以单击 Material 切换到材质选择卡，如图 7-7 所示，一个粒子使用的纹理文件存储于材质（material）中。纹理就是一张图片，支持以下图片格式.png，.dds，.jpg，.etc。

材质定义了如何将纹理渲染成场景，读者也可根据需要创建自己的材质。

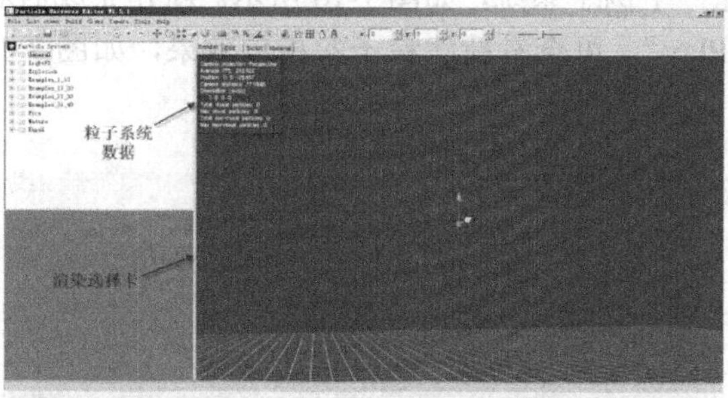

▲图 7-4 Particle Universe Editor 渲染选择卡

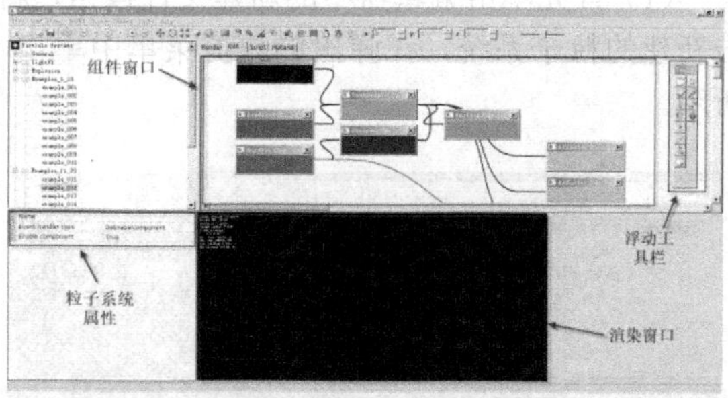

▲图 7-5 Particle Universe Editor 编辑选择卡

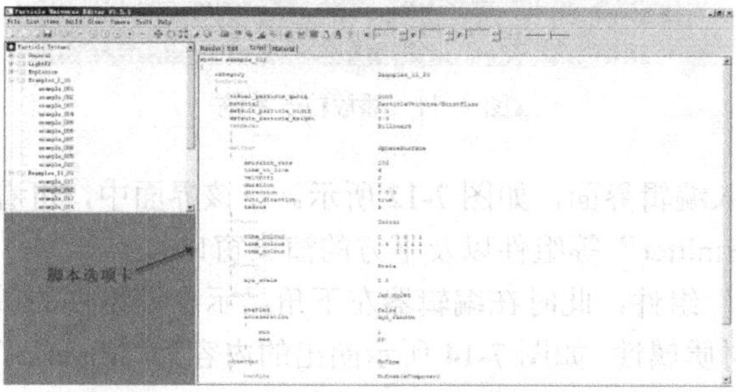

▲图 7-6 Particle Universe Editor 脚本选项卡

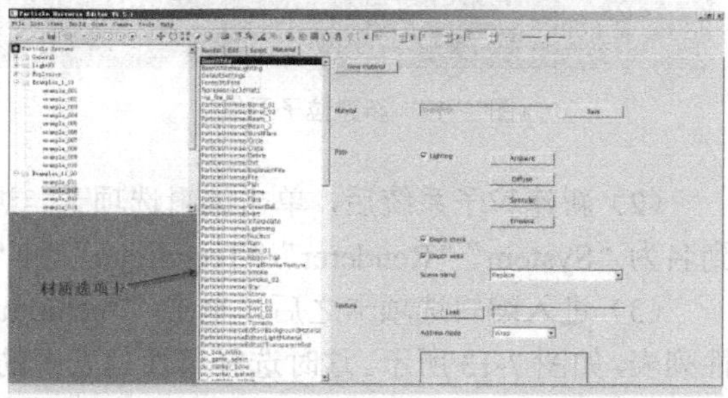

▲图 7-7 Particle Universe Editor 材质选择卡

说明

用 Particle Universe Editor 做一个精美的 3D 粒子系统的制作是比较复杂的，由于篇幅有限，下一小节将会介绍如何制作一个简单的粒子系统，另外该工具提供了详细的工具介绍文档 Particle Universe Manual - Editor.doc，读者可以加以学习尝试着做一些比较复杂的粒子系统。

7.1.3 一个简单粒子系统的制作

上一小节向读者介绍了 Particle Universe Editor 的一些基本内容，相信读者对其已经有了初步的了解，下面将向读者介绍如何使用这款编辑器制作一个简单的火焰 3D 粒子系统，在具体介绍制作粒子系统之前，有必要了解一下其制作好以后的显示效果，如图 7-8 和图 7-9 所示。

▲图 7-8 粒子系统显示效果 1

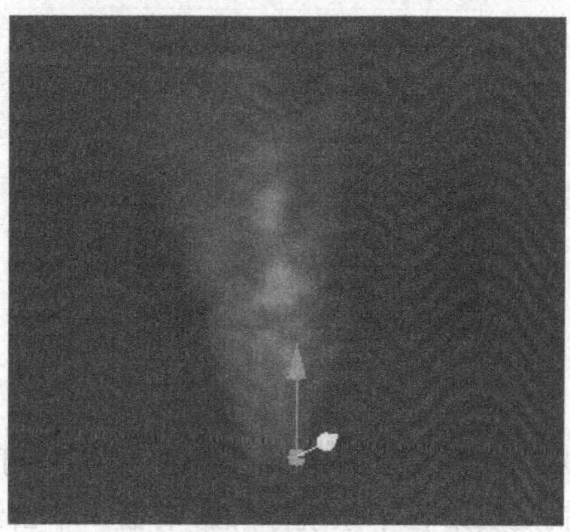

▲图 7-9 粒子系统显示效果 2

了解了粒子系统的显示效果后，就可以进行粒子系统的制作了，具体步骤如下：

（1）首先单击编辑器中的新建文件按钮，新建一个例子系统，如图 7-10 所示。新建完成后右击新建的粒子系统，在弹出的快捷菜单中单击“Play”，可查看新建粒子的播放效果，如图 7-11 所示。

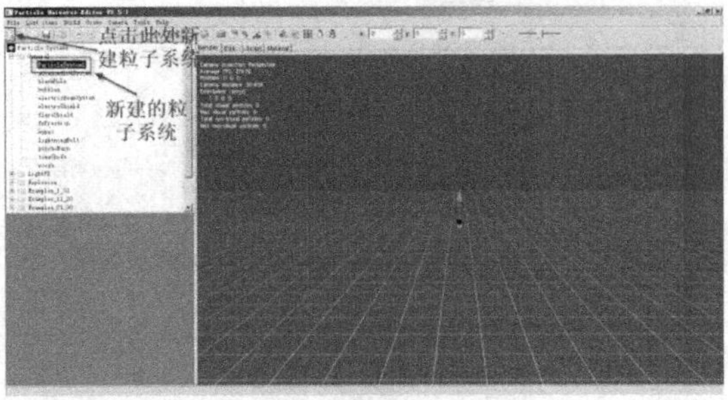

▲图 7-10　新建粒子系统

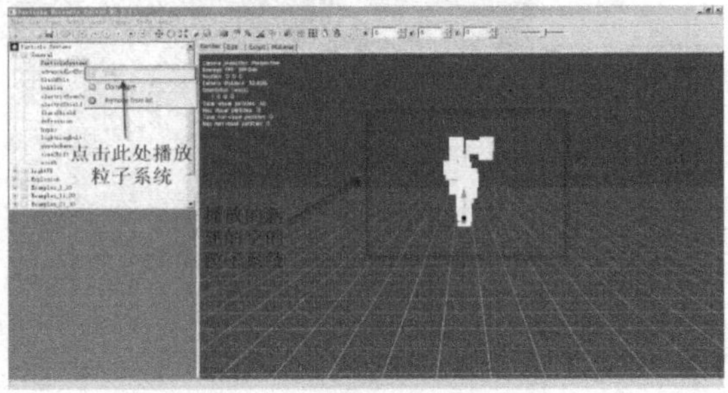

▲图 7-11　播放粒子系统

（2）新建粒子系统后，单击编辑选项卡，进入编辑界面，如图 7-12 所示。在该界面中，可看到名为“System”“Renderer”“Technique”和“Emitter”等组件以及下方的渲染窗口。

（3）进入编辑选项卡之后，单击“Technique”组件，此时在编辑器左下角显示出该组件的属性列表，如图 7-13 所示。这时选择属性列表中的材质属性，如图 7-14 所示圈出的内容为“Material”的区域。然后选择材质名称为“ParticleUniverse/Fire”的材质，如图 7-15 所示。

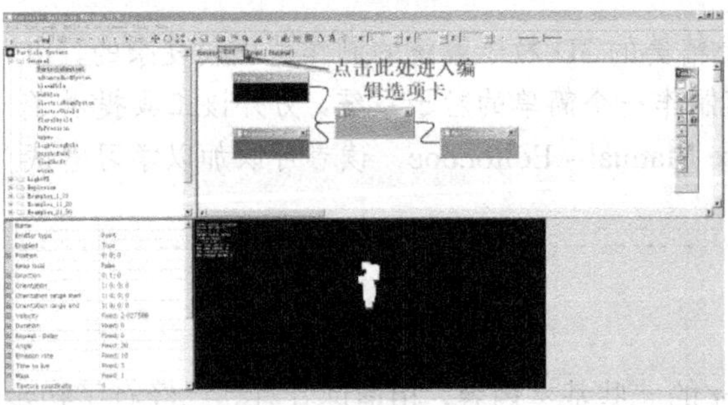

▲图 7-12　编辑选项卡

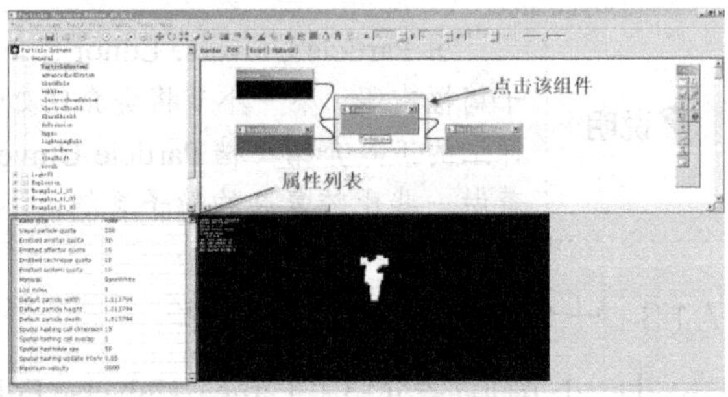

▲图 7-13　设置材质 1

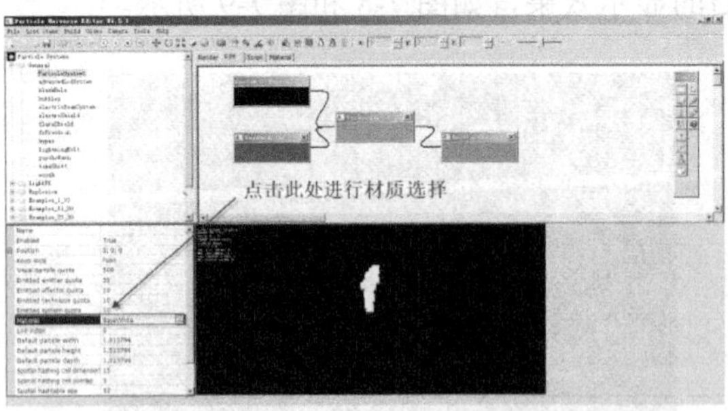

▲图 7-14　设置材质 2

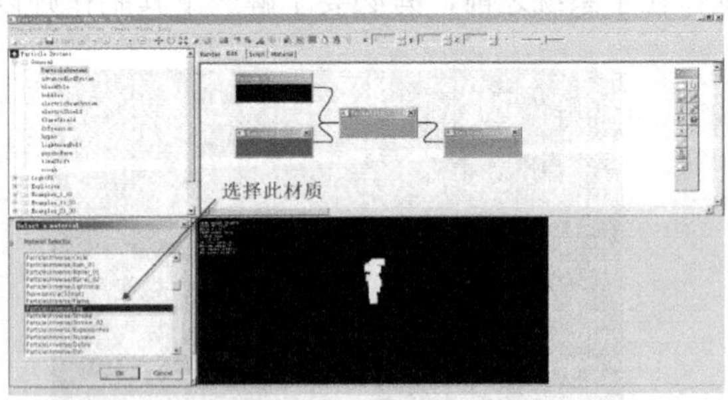

▲图 7-15 设置材质 3

（4）选择好材质后单击“OK”按钮，可看到渲染区中粒子系统的播放效果如图 7-16 所示。接下来就是要给粒子系统添加影响器，单击浮动窗口的第一列的第四个呈“U”形字样的按钮，此时在组件窗口中便添加了一个影响器，如图 7-17 所示。

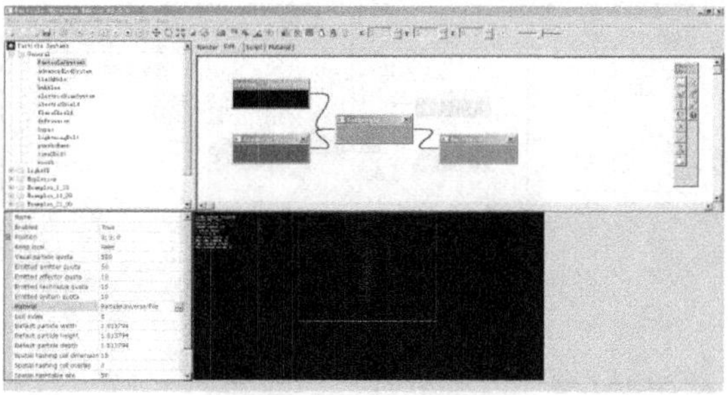

▲图 7-16 设置材质 4

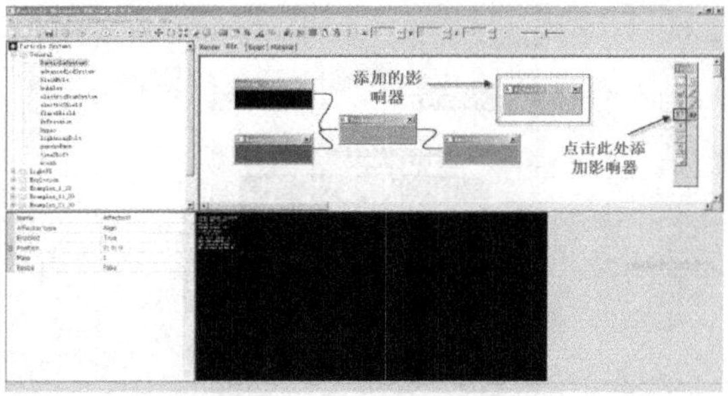

▲图 7-17 添加颜色影响器 1

（5）添加完影响器后就是给影响器设置其相关属性了，单击影响器，在左下角的属性列表中选择影响器类型，我们首先添加颜色影响器，所以其类型选择为“Colour”，如图 7-18 所示。

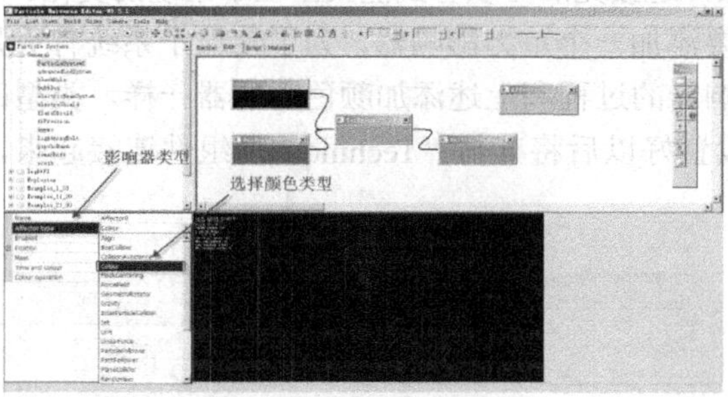

▲图 7-18 添加颜色影响器 2

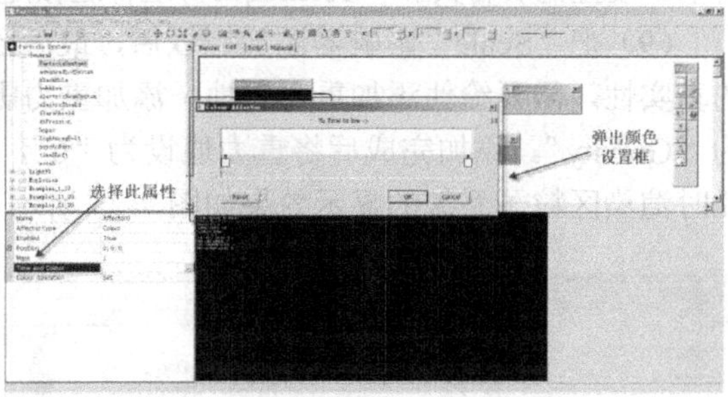

▲图 7-19 设置颜色影响器 1

（6）颜色影响器可以在粒子活动期间定义颜色变化，首先将“mass”属性值设为“3”，接下来选择“Time and Colour”按钮，设置其相关属性，如图 7-19 所示，此时弹出颜色选择框。用户可以在对话框中任意添加颜色站点，定义颜色值和 alpha 值。现在，右击左边的默认点，在弹出的快捷菜单中选择“Select Colour”选项，如图 7-20 所示。此时弹出如图 7-21 所示的颜色选择框，然后选择红色。

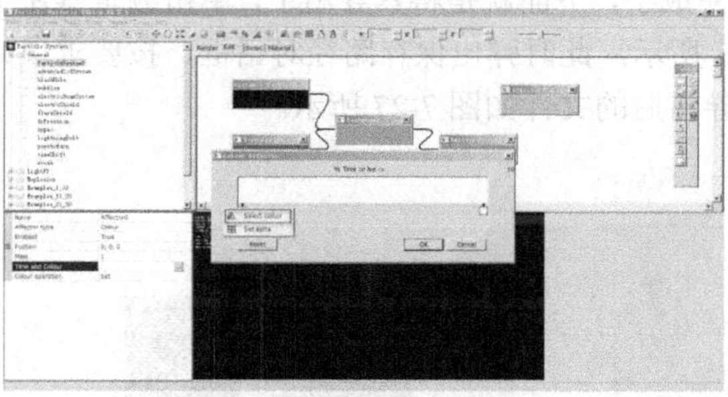

▲图 7-20 设置颜色影响器 2

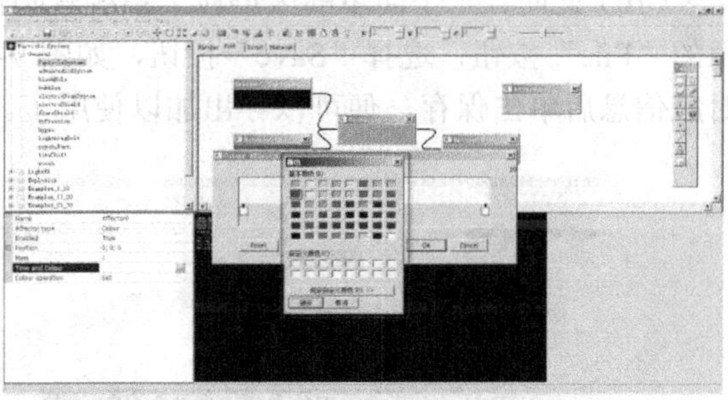

▲图 7-21 设置颜色影响器 3

接下来按照设置左边默认点的步骤设置右边默认点的颜色为黑色，并在中间添加一个棕黄色的颜色站点，设置完以后的颜色对话框如图 7-22 所示。单击“OK”按钮，此时颜色影响器就已经设置好了。

（7）设置好颜色影响器后下一步就是将颜色影响器和“Technique”组件连接起来，单击如图 7-23 所示的圈出的浮动窗口上第二列第二个图标按钮，然后用鼠标单击“Technique”组件和颜色影响器组件即可将两者连接起来。连接完以后可以看到渲染窗口中的粒子系统颜色发生明显变化。

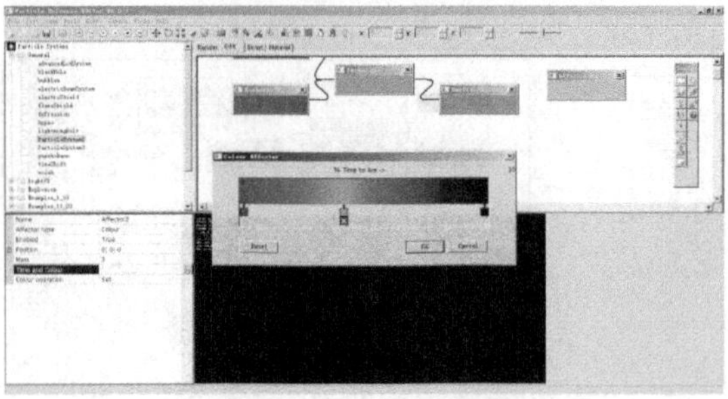

▲图 7-22　设置颜色影响器 4

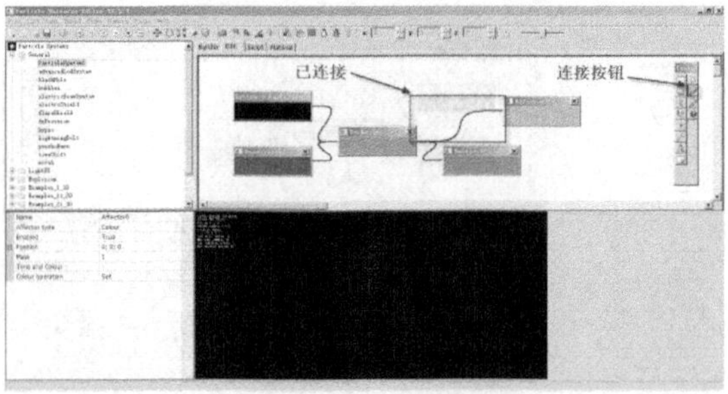

▲图 7-23　组件间的连接

（8）至此，颜色影响器就已经添加完成了，接下来还要添加设置粒子系统缩放比的影响器，添加过程和颜色影响器一样，只是类型选择“Scale”。添加完后就是设置其缩放比属性了，如图 7-24 所示。设置完后将其和“Technique”组件连接起来，连接完后可以看到渲染区粒子系统的变化。

（9）把“Scale”影响器添加完以后，最后还要添加一个重力影响器，为了使粒子系统有更强的真实性，需要给他添加重力属性。添加重力影响器的过程和上述添加颜色影响器一样，类型改为“Gravity”。添加完成后将重力值设为“6”，设置好以后将其与“Technique”组件连接起来，此时渲染区粒子系统的显示效果如图 7-25 所示。

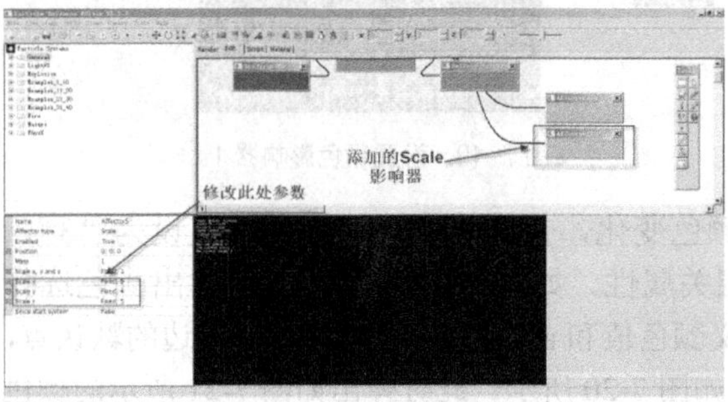

▲图 7-24　添加缩放比影响器

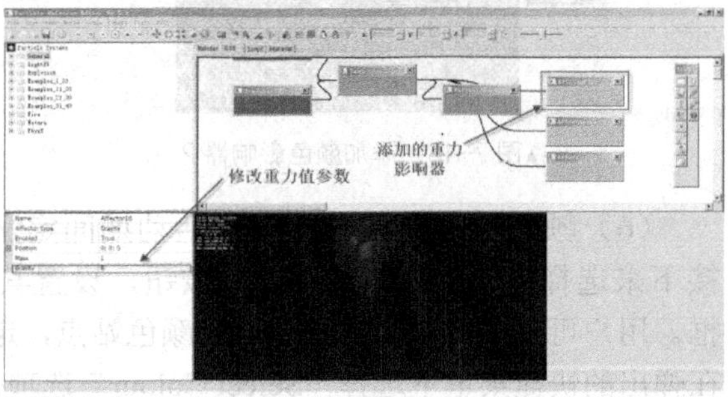

▲图 7-25　添加重力影响器

（10）此时，一个简单的火焰粒子系统就制作完成了，下面就是将其导出了，单击编辑器左上角的“File”按钮，选择“Save”按钮，如图 7-26 所示，此时弹出保存路径对话框，按要求填好对应信息后单击保存，便可以导出加以使用了。导出后的文件如图 7-27 所示。

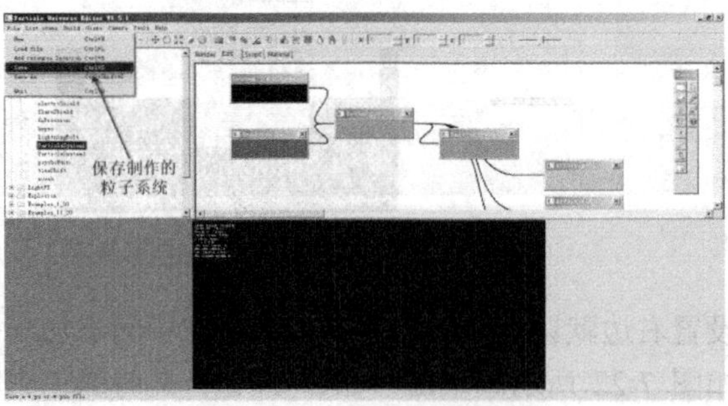

▲图 7-26　导出粒子系统文件

▲图 7-27　导出的文件

至此，关于如何制作和导出一个简单的 3D 粒子系统就已经介绍完毕了，关于本小节制作的粒子系统会加载进下一小节中的 3D 粒子系统展示案例中，向读者展示在移动设备上的显示效果。

7.1.4 3D 粒子系统展示案例

上一小节中介绍了用 3D 粒子系统编辑工具 Particle Universe Editor 如何制作一个简单的火焰粒子系统。下面将通过一个展示案例向读者介绍 Cocos2d-x 引擎中 3D 粒子系统的具体使用方法。在进行具体的案例开发之前，有必要先了解一下本案例的运行效果，如图 7-28 和图 7-29 所示。

> **说明** 若要使用该工具自带粒子系统需要到工具的安装目录下找到 Particle Universe Editor/media/examples 文件夹，复制出用到的资源文件到自己项目中，包括 scripts 文件夹下的.pu 文件，materials 文件夹下的材质文件以及 textures 文件夹下的纹理图片。

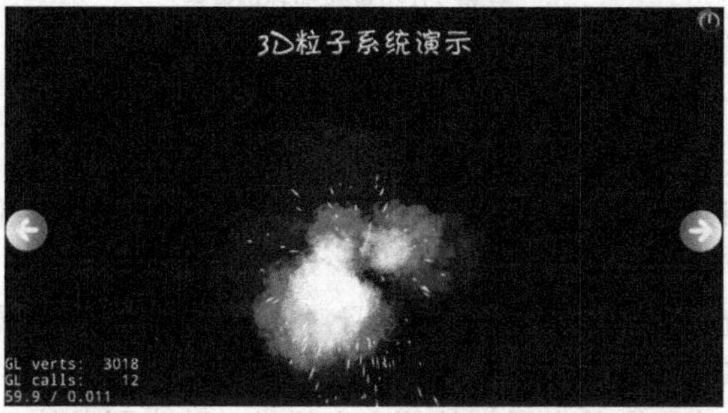

▲图 7-28 3D 粒子系统爆炸效果

▲图 7-29 3D 粒子火焰效果

> **说明** 上述案例效果图只截取了 3D 粒子系统中的其中两个效果，图 7-28 为工具自带的粒子系统，图 7-29 为上一小节中制作的火焰粒子系统。所以有需要的读者请参考源代码，并在移动设备上运行观察其效果。

（1）了解了本案例的运行效果后就可以进行具体的代码开发了，首先开发的是场景管理者 Particles3DSceneManager 类的框架，该类框架中声明了创建场景对象的方法，该方法用于创建本案例的唯一场景，其具体代码如下。

代码位置：源代码/第 7 章/Sample7_1/app/src/main/jni/particlescpp 目录下的 Particles3DSceneManager.h。

```
#ifndef    __Particles3DSceneManager_H__
#define    __Particles3DSceneManager_H__
#include "cocos2d.h"                                          //引入 cocos2d 头文件
class Particles3DSceneManager{
public:
    static cocos2d::Scene* createScene();                     //创建场景对象的方法
};#endif
```

> **说明** 上述代码为 Particles3DSceneManager 类的头文件，在该头文件中引入了 cocos2d 头文件并声明了创建本案例场景的 createScene 方法。

（2）开发完该类的框架后，接下来要实现 Particles3DsceneManager 类中的创建场景方法，在该方法中首先创建出一个空场景，然后创建场景中用到的摄像机并为其设置了相应参数，最后创建出 2D 布景和粒子系统布景添加到场景中。其具体代码如下。

代码位置：源代码/第 7 章/Sample7_1/app/src/main/jni/particlescpp 目录下的 Particles3DSceneManager.cpp。

```
......//此处省略了对一些头文件的引用以及定义头文件的相关代码，请读者自行参考源代码
Scene* Particles3DSceneManager::createScene(){
    auto scene = Scene::create();                            //创建一个场景对象
```

```
4      Size visibleSize = Director::getInstance()->getVisibleSize();
                                                        //获取可见区域尺寸
5      Camera* camera = Camera::createPerspective(      //创建摄像机
6          55,                                          //摄像机视角 40～60 之间是合理值
7          visibleSize.width/visibleSize.height,        //视口长宽比
8          1,                                           //near
9          2000);                                       //far
10     camera->setCameraFlag(CameraFlag::USER1);        //设置摄像机编号标志
11     camera->setPosition3D(Vec3(0,100,600));          //设置摄像机位置
12     camera->lookAt(Vec3(0,100,0), Vec3(0,1,0));      //设置摄像机目标点以及 up 向量
13     scene->addChild(camera);                         //将摄像机添加到场景中
14     Particles3DLayer* particles3DLayer = Particles3DLayer::create();
                                                        //创建粒子系统布景
15     particles3DLayer->camera=camera;                 //设置该布景摄像机
16     scene->addChild(particles3DLayer);               //添加到场景中
17     My2DLayer* layer2D = My2DLayer::create();        //创建一个 2D 布景对象
18     scene->addChild(layer2D);                        //将 2D 布景添加到场景中
19     layer2D->parLayer = particles3DLayer;            //设置 2D 布景中的 parLayer
20     return scene;                                    //返回场景
21 }
```

● 第 3～4 行为创建一个场景对象，然后通过导演对象的实例获取可见区域尺寸。

● 第 5～13 行功能为创建摄像机对象，然后设置摄像机编号标志和位置，最后设置摄像机目标点以及 up 向量，并将摄像机添加到场景中。

● 第 14～20 行功能为创建一个 3D 粒子系统布景对象和一个 2D 布景对象，并在设置了其摄像机参数后，将这两个布景对象添加到场景中，最后将场景返回。

（3）开发完场景管理者类之后，下面要开发的是场景中用到的两个布景类，首先开发的是 My2DLayer 类，该类中包括“退出”“向左”和“向右”3 个按钮。其框架声明如下。

代码位置：源代码/第 7 章/Sample7_1/app/src/main/jni/particlescpp 目录下的 My2DLayer.h。

```
#ifndef __My2DLayer_H__
#define __My2DLayer_H__
#include "Particles3DLayer.h"                          //引入 Particles3DLayer 头文件
#include "cocos2d.h"                                   //引入 cocos2d 头文件
using namespace cocos2d;                               //使用 cocos2d 命名空间
class My2DLayer : public cocos2d::Layer{
public:
    virtual bool init();                               //初始化的方法
    Particles3DLayer* parLayer;
      void menuCloseCallback(Ref* pSender);            //关闭菜单回调方法
    void toRight();                                    //单击向右按钮回调方法
    void toLeft();                                     //单击向左按钮回调方法
       CREATE_FUNC(My2DLayer);
};#endif
```

说明　该框架中包含声明初始化布景方法、关闭菜单回调方法以及单击向左和向右按钮回调方法，另外还调用 Cocos2d-x 中提供的 CREATE_FUNC 宏完成了 create 方法代码的生成，此 create 方法中包含了创建及适当初始化 My2DLayer 类对象的代码。

（4）开发完 My2DLayer 类框架声明后还要真正实现 My2DLayer 类中的 init 方法 menuClose Callback 方法以及 toRight 和 toLeft 方法，以完成布景内各个组件的创建和初始化工作，以及完成向左和向右切换粒子系统，同时完成案例的退出功能，具体代码如下。

代码位置：源代码/第 7 章/Sample7_1/app/src/main/jni/particlescpp 目录下的 My2DLayer.cpp。

```
......//此处省略了对一些头文件的引用以及定义头文件的相关代码，请读者自行参考源代码
bool My2DLayer::init(){
    if ( !Layer::init() ) {                            //调用父类的初始化
        return false;
    }
```

```
6    Size visibleSize = Director::getInstance()->getVisibleSize();   //获取可见区域尺寸
7    Point origin = Director::getInstance()->getVisibleOrigin(); //获取可见区域原点坐标
8    auto closeItem = MenuItemImage::create(                    //创建关闭菜单项
9          "pic/CloseNormal.png",                                //平时的图片
10         "pic/CloseSelected.png",                              //选中时的图片
11         CC_CALLBACK_1(My2DLayer::menuCloseCallback, this));   //单击时执行回调方法
12   closeItem->setPosition( Point(                             //设置关闭菜单项位置
13   origin.x + visibleSize.width - closeItem->getContentSize().width/2,
                                                                 //X 坐标
14   origin.y + visibleSize.height - closeItem->getContentSize().height/2));
                                                                 //Y 坐标
15   auto menu = Menu::create(closeItem,(char*)NULL);           //创建菜单对象
16   menu->setPosition(Point::ZERO);                            //设置菜单位置
17   this->addChild(menu, 1);                                   //将菜单添加到布景中
18   ......//此处为创建向左和向右按钮菜单项的代码，与上面介绍的关闭菜单项大致相同，故省略
19   auto label = Label::createWithTTF(                         //创建文本标签
20       " 3D\u7c92\u5b50\u7cfb\u7edf\u6f14\u793a", "fonts/FZKATJW.ttf", 40);;
21   label->setTextColor(Color4B::YELLOW);                      //字体的颜色设为黄色
22   label->setPosition(Point(                                  //设置文本标签的位置
23             origin.x + visibleSize.width/2,
24             origin.y + visibleSize.height - label->getContentSize().height));
25   this->addChild(label, 1);                                  //将标签添加到布景中
26   return true;
27 }void My2DLayer::toRight(){                                  //切换下一个粒子系统
28    parLayer->degreeyParticle(1);
29 }void My2DLayer::toLeft(){                                   //切换上一个粒子系统
30    parLayer->degreeyParticle(-1);
31 }void My2DLayer::menuCloseCallback(Ref* pSender){            //关闭菜单回调方法
32    Director::getInstance()->end();
33    #if (CC_TARGET_PLATFORM == CC_PLATFORM_IOS)
34       exit(0);
35    #endif
36 }
```

- 第 3～17 行首先调用父类的初始化方法，然后通过导演实例获取可见区域尺寸以及可见区域原点坐标，最后创建关闭菜单项并设置其位置，同时通过菜单项创建菜单对象并将该对象添加到布景中。
- 第 19～25 行功能为创建文本标签对象，然后设置标签显示的颜色并设置文本标签的位置，最后将文本标签添加到布景中。
- 第 27～36 行为分别为向左方法、向右方法以及单击关闭菜单后调用的方法，向左向右方法完成场景中粒子系统转换，而关闭菜单方法用于退出本程序。

（5）开发完与 2D 相关的布景类后，接下来开发的就是 3D 粒子系统布景类 Particles3DLayer，首先开发的是该类的框架，该框架中声明了一系列将要使用的成员变量和成员方法，其详细代码如下。

代码位置：源代码/第 7 章/Sample7_1/app/src/main/jni/particlescpp 目录下的 Particles3DLayer.h。

```
......//此处省略了对一些头文件的引用以及定义头文件的相关代码，请读者自行参考源代码
class Particles3DLayer : public cocos2d::Layer{
public:
    Camera* camera;                                       //摄像机
    virtual bool init();                                  //初始化的方法
    int particleNum = 0;                                  //粒子系统编号
    float degreex = 0;                                    //摄像机转场角度绕 y 轴
    float degreey = 0;                                    //摄像机转场角度绕 x 轴
    float lxs;                                            //触控起点 x 坐标值
    float lys;                                            //触控起点 y 坐标值
    float lxmPre;                                         //触控移动点的 x 坐标值
    float lymPre;                                         //触控移动点的 y 坐标值
    bool isMove;                                          //是否移动标志位，true 为移动状态
    PUParticleSystem3D* rootps;                           //3D 粒子系统
       bool onMyTouchBegan(Touch *touch, Event *event);//触控开始事件的回调方法
     void onMyTouchMoved(Touch *touch, Event *event);  //触控点移动事件的回调方法
```

```
    void onMyTouchEnded(Touch *touch, Event *event);  //触控结束事件的回调方法
   void onMyTouchCancelled(Touch *touch, Event *event); //触控终止事件的回调方法
   void degreeyParticle(int num);                     //切换粒子系统方法
      CREATE_FUNC(Particles3DLayer);
 };#endif
```

说明 上述代码声明了指向摄像机对象的指针、粒子系统编号、摄像机绕 y 轴转场角度、触控 x 起点坐标、是否移动标志位、触控移动点的 x 坐标值以及 3D 粒子系统指针等，还声明了初始化布景的 init 方法以及与触控相关的回调方法等。

（6）Particles3DLayer 类声明完成后就可以进入到该类的具体方法代码开发了。首先介绍的是该类的初始化方法，具体代码如下。

代码位置：源代码/第 7 章/Sample7_1/app/src/main/jni/particlescpp 目录下的 Particles3DLayer.cpp。

```
1    ......//此处省略了对一些头文件的引用以及定义头文件的相关代码，请读者自行参考源代码
2    bool Particles3DLayer::init(){
3       if ( !Layer::init() ){return false;}                          //调用父类的初始化
4       this->setCameraMask((unsigned short)CameraFlag::USER1);    //设置此布景层渲染用摄像机
5       AmbientLight* ambientLight=AmbientLight::create(           //环境光一般都是要的
6              Color3B(200, 200, 200));
7       this->addChild(ambientLight);
8       Sprite3D* sp3Floor=Sprite3D::create();                    //空精灵
9       this->addChild(sp3Floor);                                 //添加到场景中
10      rootps = PUParticleSystem3D::create("Particle3D/scripts/fireplace_02.pu",
11         "Particle3D/materials/pu_mediapack_01.material");   //创建 3D 粒子系统
12      rootps->setCameraMask((unsigned short)CameraFlag::USER1);//设置粒子系统摄像机
13      rootps->setScale(50.0f);                                   //设置缩放比
14      rootps->setPosition3D(Vec3(0,0,0));                        //设置位置坐标
15      rootps->startParticleSystem();                             //开始粒子系统
16      this->addChild(rootps);                                    //将粒子系统添加到场景中
17      auto listenerTouch =                                       //创建一个单点触摸监听
18                 EventListenerTouchOneByOne::create();
19      listenerTouch->setSwallowTouches(true);                    //设置下传触摸
20      listenerTouch->onTouchBegan =                    //开始触摸时回调 onTouchBegan 方法
21                 CC_CALLBACK_2(Particles3DLayer::onMyTouchBegan, this);
22      listenerTouch->onTouchMoved =                    //触摸移动时回调 onTouchMoved 方法
23                 CC_CALLBACK_2(Particles3DLayer::onMyTouchMoved, this);
24      listenerTouch->onTouchEnded =                    //触摸结束时回调 onTouchEnded 方法
25                 CC_CALLBACK_2(Particles3DLayer::onMyTouchEnded, this);
26      listenerTouch->onTouchCancelled =                //触摸终止时回调 onTouchCancelled 方法
27                 CC_CALLBACK_2(Particles3DLayer::onMyTouchCancelled, this);
28      _eventDispatcher->                               //添加到监听器
29              addEventListenerWithSceneGraphPriority(listenerTouch,this);
30      return true;
31   }
```

- 第 3～16 行功能为首先调用父类初始化方法，并设置此布景层渲染用的摄像机，然后创建环境光和空精灵添加到布景中，最后创建火焰 3D 粒子系统，并设置其渲染用的摄像机、缩放比以及位置信息，开始播放粒子系统后添加到布景中。
- 第 17～29 行功能为创建一个单点触控监听并将开始触控回调方法、触控移动回调方法、触控结束回调方法以及触摸终止回调方法挂接到监听器上，并为该布景添加注册监听。

（7）介绍完该类的初始化方法后，接下来就该介绍切换粒子系统的方法了，具体代码如下。

代码位置：源代码/第 7 章/Sample7_1/app/src/main/jni/particlescpp 目录下的 Particles3DLayer.cpp。

```
void Particles3DLayer::degreeyParticle(int num){
   rootps->removeFromParent();                       //将粒子系统从该布景中删除
   particleNum+=num;                                 //计算当前粒子系统编号
   if(particleNum>45){                               //粒子编号大于 45 时回到 0
      particleNum = 0;
   }
   if(particleNum<0){                                //粒子编号小于 0 时回到 45
```

```
8      particleNum = 45;
9    }
10   float scaleNum = 1.0f;                          //粒子缩放的系数
11   switch(particleNum){
12     case 0:
13      rootps = PUParticleSystem3D::create("Particle3D/scripts/fireplace_02.pu",
14      "Particle3D/materials/pu_mediapack_01.material");
                                                     //使用 pu 文件和材质文件创建粒子系统
15       break;
16   ......//此处为创建其他粒子系统的代码与上面创建火焰粒子系统大致相同，故省略
17   }
18   rootps->setCameraMask((unsigned short)CameraFlag::USER1);
                                                     //设置粒子系统摄像机
19   rootps->setScale(50.0f*scaleNum);               //设置缩放比
20   rootps->setPosition3D(Vec3(0,0,0));             //设置位置坐标
21   rootps->startParticleSystem();                  //播放粒子系统
22   this->addChild(rootps);                         //添加到布景中
23   camera->setPosition3D(Vec3(0,100,600));         //设置摄像机位置
24   camera->lookAt(Vec3(0,100,0), Vec3(0,1,0));     //设置摄像机目标点和 up 向量
25   degreex = 0;                                    //摄像机转场角度绕 y 轴
26   degreey = 0;                                    //摄像机转场角度绕 x 轴
27   lxmPre = 0;                                     //触控移动点的 x 坐标值
28   lymPre = 0;                                     //触控移动点的 y 坐标值
29 }
```

- 第 2～16 行功能为首先将粒子系统从该布景中删除，然后通过方法参数计算当前粒子系统编号，并将当前编号限制在 0～45，最后定义粒子缩放的系数并通过当前粒子系统编号选择创建出不同的 3D 粒子系统。
- 第 18～28 行功能为设置该粒子系统渲染用的摄像机、缩放比以及位置信息，开始播放粒子系统后添加到布景中，最后设置摄像机位置以及目标点和 up 向量，并将摄像机转场角度和触控移动点设置为 0。

（8）开发完该类的初始化方法以及切换粒子系统方法后，下面开发该类与触控相关方法，其中包括开始触摸时回调 onTouchBegan 方法、触摸移动时回调 onTouchMoved 方法、触摸结束时回调 onTouchEnded 方法以及触摸终止时回调 onTouchCancelled 方法，具体代码如下。

代码位置：源代码/第 7 章/Sample7_1/app/src/main/jni/particlescpp 目录下的 Particles3DLayer.cpp。

```
bool Particles3DLayer::onMyTouchBegan(Touch *touch, Event *event){
    lxs=touch->getLocation().x;                     //触控起点 x 坐标
    lys=touch->getLocation().y;                     //触控起点 y 坐标
    lxmPre = lxs;                                   //x 移动初始点
    lymPre = lys;                                   //y 移动初始点
    isMove=false;                                   //是否移动标志位设为 false
    return true;
}
void Particles3DLayer::onMyTouchMoved(Touch *touch, Event *event){
    float lxmCurr=touch->getLocation().x;           //获取当前移动点 x 坐标
    float lymCurr=touch->getLocation().y;           //获取当前移动点 y 坐标
    if(fabs(lxmCurr-lxs)>8&& fabs(lymCurr - lys)>8)
    isMove=true;                                    //是否移动标志位设为 true
    if(isMove){                                     //如果处于移动状态
      degreex-=0.2*(lxmCurr-lxmPre);                //设置摄像机旋转角度绕 y 轴
      if(degreex>=360){                             //如果超过 360
        degreex=degreex-360;                        //将角度减少 360
      }else if(degreex<=0){                         //如果低于 0
        degreex=degreex+360;                        //将角度增加 360
      }
      degreey-=0.2*(lymCurr-lymPre);                //设置摄像机旋转角度绕 x 轴
      if(degreey>=180){                             //如果超过 180
        degreey=180;                                //将角度减少 180
      }else if(degreey<=0){                         //如果低于 0
        degreey=0;                                  //将角度增加 180
      }
      Vec3 cameraPos;                               //摄像机位置向量
```

```
28          cameraPos.x=(float)(cos(CC_DEGREES_TO_RADIANS(degreey))
29              *sin(CC_DEGREES_TO_RADIANS(degreex))*600);//计算摄像机 x 位置
30          cameraPos.z=(float)(cos(CC_DEGREES_TO_RADIANS(degreey))
31              *cos(CC_DEGREES_TO_RADIANS(degreex))*600);//计算摄像机 z 位置
32          cameraPos.y=(float)(100+                      //计算摄像机 y 位置
33              sin(CC_DEGREES_TO_RADIANS(degreey))*600);
34          camera->setPosition3D(Vec3(                   //设置摄像机位置
35              cameraPos.x,cameraPos.y,cameraPos.z));
36          if(degreey>=90){
37            camera->lookAt(Vec3(0,100,0), Vec3(0,-1,0)); //设置摄像机目标点以及 up 向量
38          }else{
39            camera->lookAt(Vec3(0,100,0), Vec3(0,1,0)); //设置摄像机目标点以及 up 向量
40      }}
41          lxmPre = lxmCurr;                             //更新 x 移动初始点
42          lymPre = lymCurr;                             //更新 y 移动初始点
43  }
44  ......//此处为触摸结束时回调方法以及触摸终止时回调方法这两个方法中没有具体的代码，故省略
```

- 第 1～8 行为开始触摸时回调 onTouchBegan 方法，该方法中首先通过方法参数获取触控起点 x 和 y 坐标，并将其记录，然后设置是否移动标志位设为 false。
- 第 10～26 行首先通过方法参数获取当前移动点 x 和 y 坐标，然后通过移动点和起始点差值判断是否移动，若需要移动则将标志位置为 true，最后判断移动标志位，若为 true 则计算摄像机旋转角度，并将绕 y 轴旋转角限定在 0～360°，x 轴限制在 0～180°。
- 第 27～42 行首先通过摄像机绕 x 和 y 轴的角度计算摄像机位置，然后通过判断绕 x 轴角度设置摄像机目标点和 up 向量，最后更新移动初始点。

（9）完成上述步骤之后，运行本程序，并单击屏幕上的左右图标切换粒子系统，观察到的界面效果如图 7-28 和图 7-29 所示。

7.2 3D 拖尾效果

游戏开发过程中有时会需要用到一些高速移动的物体，例如高速行驶的汽车、划过天际的流星等，通过在后面留有像尾巴一样的残影来描绘它们的高速，该功能在 Cocos2d-x 中的 3D 开发中可以用 3D 拖尾效果来实现，本节将简单介绍 3D 拖尾效果的开发，具体内容如下。

7.2.1 基础知识

在介绍 3D 拖尾效果之前，有必要了解一下与该功能相关的基础知识。因此本小节将对与 3D 拖尾相关的 MotionStreak3D 类进行介绍，该类继承自 Node 以及 TextureProtocol，下面首先来介绍 MotionStreak3D 类中的常用方法，见表 7-3。

表 7-3 MotionStreak3D 类中常用的方法

方法签名	说明
static MotionStreak3D* create(float fade, float minSeg, float stroke, const Color3B& color, const std::string& path)	创建 3D 拖尾。fade 表示消隐动画时长，minSeg 表示拖尾条带相邻顶点间的最小距离，stroke 表示拖尾条带的宽度，color 表示顶点颜色值，path 表示所使用的纹理路径
static MotionStreak3D* create(float fade, float minSeg, float stroke, const Color3B& color, Texture2D* texture)	创建 3D 拖尾。fade 表示消隐动画时长，minSeg 表示拖尾条带相邻顶点间的最小距离，stroke 表示拖尾条带的宽度，color 表示顶点颜色值，path 表示所使用的纹理
void tintWithColor(const Color3B& colors)	设置 3D 拖尾的颜色。Colors 表示颜色值
void reset()	释放所有 3D 拖尾精灵
inline float getStroke()	获得 3D 拖尾

续表

方 法 签 名	说 明
inline void setStroke(float stroke)	设置 3D 拖尾宽度。stroke 表示需要设置的宽度值
inline bool isStartingPositionInitialized()	是否初始化开始位置
inline void setStartingPositionInitialized(bool bStartingPositionInitialized)	设置是否初始化开始位置。bStartingPositionInitialized 为 true 表示初始化开始位置，bStartingPositionInitialized 为 false 表示不初始化开始位置

7.2.2 一个简单案例的开发

在上一小节向大家介绍了关于 3D 拖尾的基础知识，了解了这些基础知识后，下面就通过一个案例来向大家展示 3D 拖尾的具体效果，在进行案例的具体开发之前，有必要先了解一下案例的运行效果，如图 7-30 和图 7-31 所示。

▲图 7-30 案例效果图 1

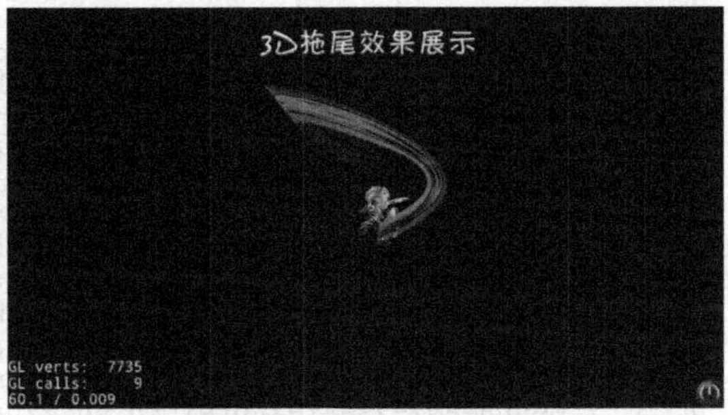

▲图 7-31 案例效果图 2

了解了案例的运行效果后，就可以进行案例的开发了，具体步骤如下：

（1）创建一个名称为 Sample7_2 的项目，为项目添加必要的构建器以及进行必要的设置，为项目的开发做好充分的准备。

（2）项目创建完成之后就可以进行代码的开发了，场景管理者类和与 2D 相关的 My2DLayer 类与之前的案例相似，在此不再赘述，需要的读者可以参考本书中的源代码。

（3）经过上述步骤后，接下来开发的就是与 3D 相关的布景类——My3DLayer 类，该类完成对 3D 布景类中所需对象及方法的声明，其类框架声明如下。

代码位置：源代码/第 7 章/Sample7_2/app/src/main/jni/texturecpp 目录下的 My3DLayer.h。

```
#ifndef __My3DLayer_H__
#define __My3DLayer_H__
#include "cocos2d.h"                                    //引入 Cocos2d 头文件
using namespace cocos2d;                                //使用 Cocos2d 命名空间
class My3DLayer : public cocos2d::Layer{
public:
    Camera* _camera;                                    //指向摄像机的指针
      cocos2d::Sprite3D* _mSprite;                      //指向 3D 精灵的指针
      cocos2d::Sprite3D* mSprite;                       //指向 3D 精灵的指针
      cocos2d::MotionStreak3D* _streak;                 //指向 3D 拖尾的指针
    Mesh* meshWuQi1;                                    //指向英雄武器 1 的指针
    Mesh* meshWuQi2;                                    //指向英雄武器 2 的指针
    Mesh* meshBody1;                                    //指向英雄身体 1 的指针
    Mesh* meshBody2;                                    //指向英雄身体 2 的指针
    Mesh* meshHead1;                                    //指向英雄头部 1 的指针
    Mesh* meshHead2;                                    //指向英雄头部 2 的指针
    virtual bool init();                                //初始化的方法
      void onTouchesMoved(const std::vector             //触摸移动回调方法
           <cocos2d::Touch*>& touches, cocos2d::Event *event);
    virtual void update(float delta);                   // update 回调方法
```

```
    CREATE_FUNC(My3DLayer);                                    //析构函数
};#endif
```

说明 上述代码声明了两个指向 3D 精灵的指针、指向摄像机的指针、指向 3D 拖尾的指针、6 个指向英雄部位的指针和 update 回调方法，同时还声明了初始化布景的 init 方法和与触控相关的回调方法等。

（4）开发完上述类框架声明后还要真正实现 My3DLayer 类中的方法，其中需要实现的是初始化布景的 init 方法和 update 回调方法。由于触摸移动回调方法在之前的案例中经常使用到，因此不再赘述。下面首先来介绍 init 方法，具体代码如下。

代码位置：源代码/第 7 章/Sample7_2/app/src/main/jni/texturecpp 目录下的 My3DLayer.cpp。

```
1   bool My3DLayer::init(){
2       if ( !Layer::init()){return false;}                          //调用父类的初始化
3       Size visibleSize = Director::getInstance()->getVisibleSize();
                                                                     //获取可见区域尺寸
4       Point origin = Director::getInstance()->getVisibleOrigin(); //获取可见区域原点坐标
5       mSprite = Sprite3D::create("knight/knight.c3b");            //创建英雄 3D 精灵
6       meshWuQi1 = mSprite->getMeshByName("zhanshi_wuqi01");       //获得武器 1 网格
7       meshWuQi1->setTexture("knight/zhanshi01_tex_body.jpg");     //设置武器 1 网格纹理
8       meshWuQi2 = mSprite->getMeshByName("zhanshi_wuqi02");       //获得武器 2 网格
9       meshWuQi2->setTexture("knight/zhanshi01_tex_body.jpg");     //设置武器 2 网格纹理
10      meshBody1 = mSprite->getMeshByName("zhanshi_shenti01");     //获得身体 1 网格
11      meshBody1->setTexture("knight/zhanshi01_tex_body.jpg");     //设置身体 1 网格纹理
12      meshBody2 = mSprite->getMeshByName("zhanshi_shenti02");     //获得身体 2 网格
13      meshBody2->setTexture("knight/zhanshi01_tex_body.jpg");     //设置身体 2 网格纹理
14      meshHead1 = mSprite->getMeshByName("zhanshi_tou01");        //获得头部 1 网格
15      meshHead1->setTexture("knight/zhanshi02_tex_head.jpg");     //设置头部 1 网格纹理
16      meshHead2 = mSprite->getMeshByName("zhanshi_tou02");        //获得头部 2 网格
17      meshHead2->setTexture("knight/zhanshi02_tex_head.jpg");     //设置头部 2 网格纹理
18      mSprite->setScale(2.0f);                                    //设置精灵尺寸
19      mSprite->setPosition(Vec2::ZERO);                           //设置精灵位置
20      this->addChild(mSprite);                                    //将精灵添加到布景中
21      auto streak = MotionStreak3D::create                        //创建 3D 拖尾效果
22                (1.0f, 1.0f, 8.0f, Color3B(255, 255, 255), "Icon. png");
23      this->addChild(streak);                                     //将 3D 拖尾添加到布景中
24      setCameraMask((unsigned short)CameraFlag::USER1);           //设置布景摄像机
25      _mSprite=mSprite;
26      _streak=streak;
27      scheduleUpdate();                                           //调用 update 方法
28      auto listener = EventListenerTouchAllAtOnce::create();      //创建触控监听
29      listener->onTouchesMoved = CC_CALLBACK_2         //触摸移动时回调 onTouchesMoved 方法
30              (My3DLayer::onTouchesMoved, this);
31      _eventDispatcher->addEventListenerWithSceneGraphPriority(listener, this);
                                                                     //添加到监听器
32          return true;
33  }
```

- 第 3～20 行功能为获取可见区域尺寸及原点坐标，创建英雄的 3D 精灵并将纹理贴到相应的网格，设置精灵尺寸和位置，最后将精灵添加到布景中。
- 第 21～31 行功能为创建 3D 拖尾效果并添加到布景中。调用 update 方法，创建触控监听并添加到监听器中。

（5）开发完初始化布景的 init 方法之后，下面来介绍定时回调的 update 方法，该方法实现了精灵在 3D 空间中拖尾的效果，具体内容如下。

```
void My3DLayer::update(float delta){
    static float anglex=0;                                   //初始化角度 anglex
    static float angley=0;                                   //初始化角度 angley
    anglex += delta;                                         //回调时 anglex 增加
    angley += delta*2.0f;                                    //回调时 angley 增加
    float _anglex = anglex* M_PI;                            //换成弧度值
```

```
    float _angley = angley*M_PI;                         //换成弧度值
    float a = 10.0f;                                     //旋转半径
    _mSprite->setPosition3D(Vec3                         //设置精灵的位置
        (a * sinf(_anglex), 2.0f*a * cosf(_anglex), 1.5f*a * sinf(_angley)));
    _streak->setPosition3D(_mSprite->getPosition3D());   //设置拖尾效果的位置
    _streak->setSweepAxis(Vec3(sinf(_anglex),cosf(_anglex),sinf(_angley)));
                                                         //设置扫线段方向
}
```

说明 上述 update 方法通过角度的不停增加改变精灵位置，并将 3D 拖尾效果设置在精灵的位置，从而实现了精灵后面拖着一条尾巴。

（6）完成上述步骤之后，运行本程序，并用手指在屏幕上滑动，观察到的界面效果如图 7-30 和图 7-31 所示。

7.3 本章小结

本章详细介绍了 3D 粒子系统与拖尾效果的使用，通过本章的学习，读者应该能够对 3D 粒子系统、3D 粒子系统编辑器 Particle Universe Editor 和拖尾效果的使用有一定了解，为以后开发中顺利地使用这些功能打下坚实的基础。

第8章　杂项

前面的章节中介绍了不少用 Cocos2d-x 进行 3D 开发时所需的各项专题技术，本章将介绍一些不便于归类到各个专题但又很重要的知识点。主要包括正六边形瓦片地图的网格定位、寻路以及游戏画面截屏功能，具体内容如下。

8.1 正六边形瓦片地图

正六边形瓦片地图可以很方便地搭建自然界景物，也可以搭建地形中诸如沙滩、小岛等不规则的场景，因此本节将首先针对不规则地形的设计问题，介绍正六边形瓦片地图的知识和设计器的使用，然后介绍一个使用了正六边形瓦片地图的网格定位案例。

8.1.1 基本原理及特点

虽然正六边形地图相对于正方形地图的开发难度较大，但是，其相对于正方形网格空间填充效率高，因此在本节中将介绍正六边形地图的相关知识，主要包括正六边形地图的基本原理以及地图的特点等，具体内容如下。

1. 基本原理

正六边形贴片有一个优势，就是每个正六边形贴片有 6 个等距的邻居，其中每一个邻居连接到一条不同的边，没有两个贴片只共享一个顶点或多于一条边。因此，对于正六边形网格，邻居的概念一点也不模糊，其使贴片可以紧凑在一起，中间没有间隙。这样，就可以开发出多种不规则的地图形状了。

2. 特点

前面简单地介绍了正六边形地图的基本原理，接下来将从 3 个方面详细介绍正六边形地图的特点，使读者更加深入地了解正六边形地图的相关知识。

（1）正六边形地图堆积密度

所有可以贴片平面的形状中，对于一个给定的面积，常规正六边形的周长最小，这就意味着再没有“更圆”形的贴片了。因此，每当一个网格要代表一个连续且没有内在首选方向的结构时，正六边形贴片是最好的选择。这也是使用正六边形像素来进行图像处理的一个重要原因。

由于其紧凑的形状，正六边形用最高的堆积密度来形成贴片。例如，一个放在正方形之内的圆盘占有其面积的 79%，而放在正六边形中的圆盘占 91%。因此，用一个正六边形网格可以用少 10%的单元达到方形网格的准确性，这不仅可以减少内存的消耗，还能提高基于网格算法的速度。

（2）正六边形地图外观

由于正六边形的相邻边形成 120° 的角度，所以，可以达到更加平滑连接的效果。因为没有平行线段被直接连接，正六边形贴片集合的轮廓具有轻微的锯齿状外观。由于此特性没有锋利的边，因此使正六边形地图更适合于模拟自然场景。

（3）正六边形地图轴对称

正六边形网格地图有两个基本的布局，一个有水平对齐贴片的正六边形网格（每个第二排缩进半个贴片宽度），如图 8-1 所示，另一个垂直对齐的正六边形网格如图 8-2 所示。

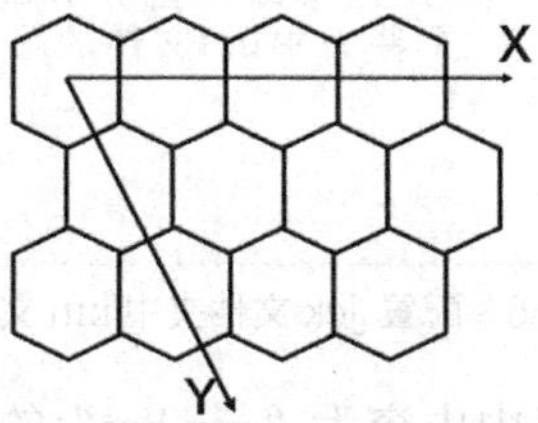

▲图 8-1 水平方向作为 X 轴

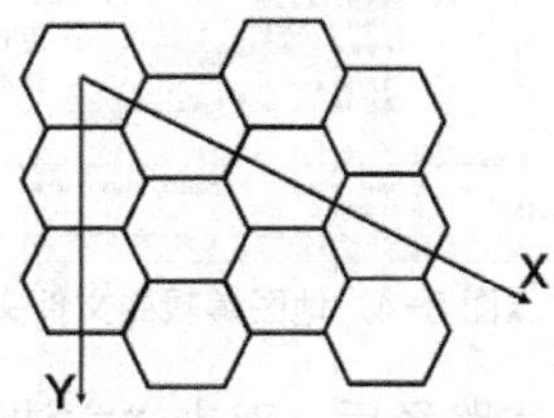

▲图 8-2 斜向下 30°方向作为 X 轴

> **说明** 从图 8-1 和图 8-2 中读者可以发现，正六边形网格的基本布局取决于哪个对称轴用做 x 轴，x 轴的位置使正六边形贴片呈现为水平和垂直两种对齐方式。

如果那些轴彼此垂直，那么其中一个轴平行于格子的一些边，而另外一个轴却不会。除此之外，用户必须和分数坐标打交道。如果那些轴被选择为几何等同，则轴之间将形成 60° 的夹角，此时距离就不能简单地用勾股定理来进行计算了。下面给出六边形地图坐标轴位置，如图 8-3 所示。

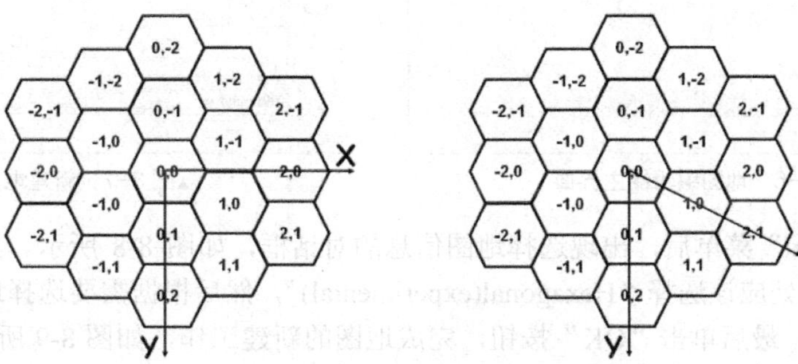

▲图 8-3 正六边形网格坐标轴情况

> **说明** 通过建立不同的坐标系，一个正六边形网格允许有半整数值的垂直坐标轴或倾斜坐标轴。读者有兴趣的话可以独自利用两种坐标系来完成正六边形地图的绘制。

8.1.2 正六边形地图的设计

上一小节中详细地介绍了正六边形地图的好处及其特点，那么在 Cocos2d-x 引擎中是怎样具体来使用正六边形地图的呢。在介绍具体的使用前，本小节将首先介绍关于正六边形地图的设计方法，这样开发人员就可以设计各种各样地形的地图了。

上一节中介绍了正方形地图设计器的使用，而在本小节中将介绍一种和正方形地图类似的正六边形地图设计器，该设计器的具体使用步骤如下。

（1）先打开光盘中的“正六边形地图编辑器”文件夹，出现其子文件夹，如图 8-4 所示。然后右击内容为“run.bat”的文件，在弹出的快捷菜单中选择编辑，进行 JDK 的路径配置，如图 8-5 所示。

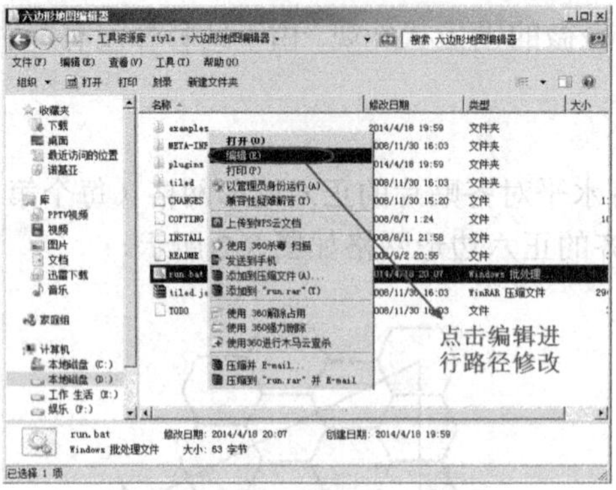

▲图 8-4　地图编辑器文件夹

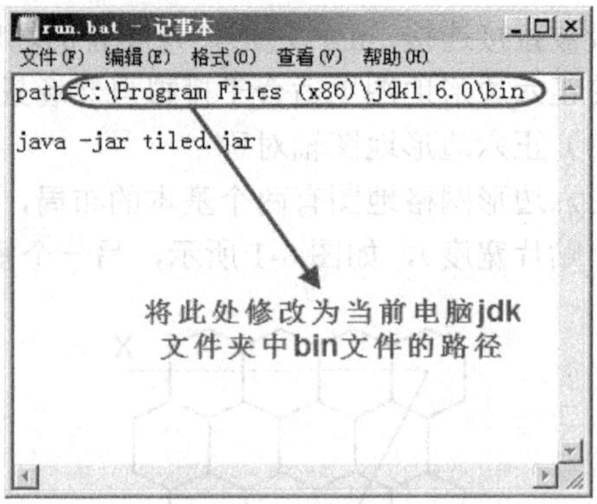

▲图 8-5　配置 jdk 文件夹中 bin 文件的路径

（2）修改完路径后，双击“六边形地图编辑器”文件夹中内容为“run.bat”的文件，打开该地图编辑器应用程序，如图 8-6 所示。然后进行地图的新建，首先单击该编辑器的菜单栏中的内容为“File”的菜单，接着单击其内容为“New”的子菜单，如图 8-7 所示。

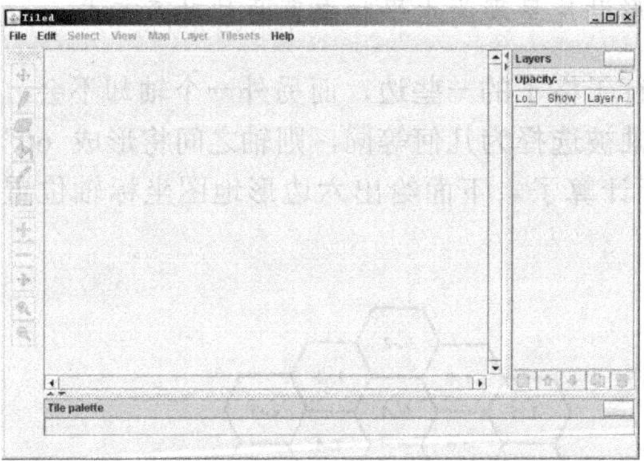

▲图 8-6　地图编辑器主界面

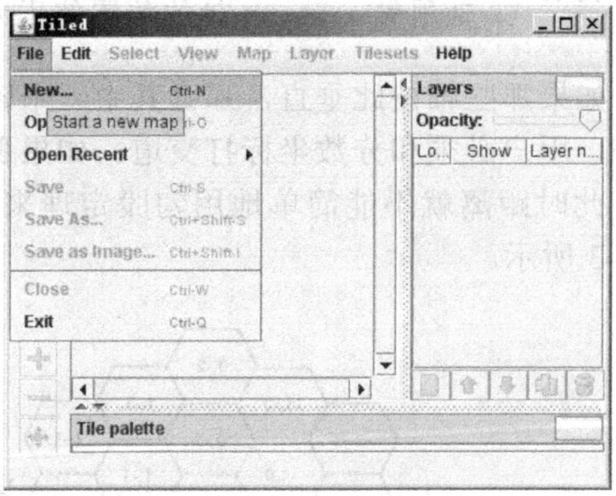

▲图 8-7　新建地图

（3）单击“New”菜单后，出现选择地图信息的对话框，如图 8-8 所示。其中包含新建地图类型(Map type)，此处应该选择“Hexagonal(experimental)”，然后根据需要选择地图尺寸以及每个六边形格子的尺寸，最后单击“OK”按钮，完成地图的新建工作，如图 8-9 所示。

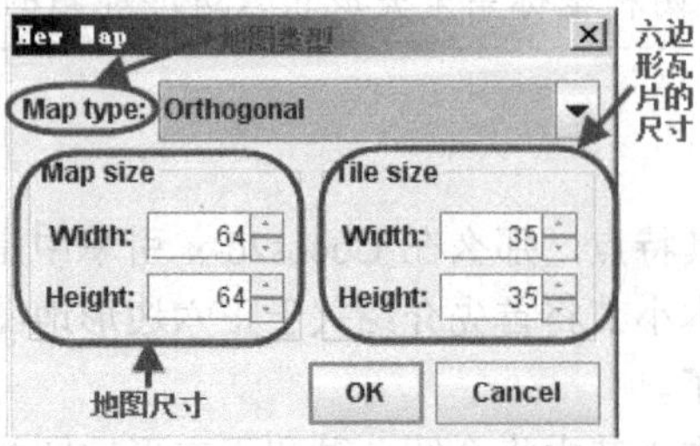

▲图 8-8　新建地图信息

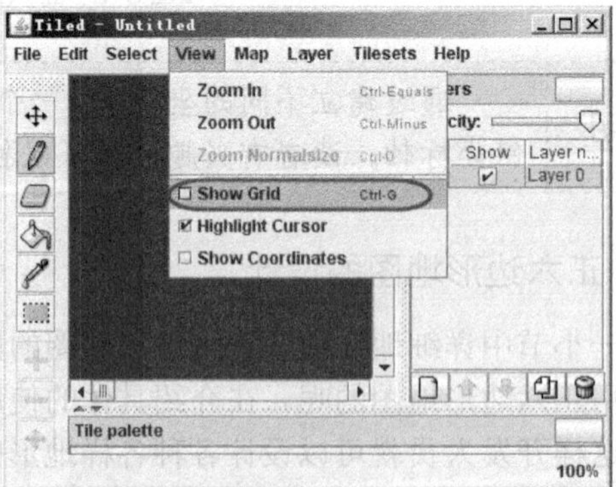

▲图 8-9　显示地图六边形格子

（4）若想清晰地看出六边形网格的形状，则单击菜单栏中的“View”菜单，然后选中其内容为“Show Grid”子菜单，就可以出现其六边形网格了，如图 8-10 所示。然后单击菜单栏中内容为“Tilessets”菜单，选择其内容为“New Tilesset”的子菜单，出现图 8-11 中的左边窗口。

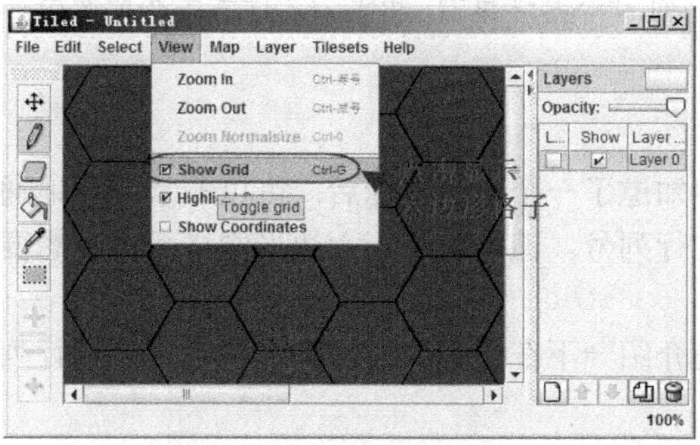

▲图 8-10　地图贴片导入图 1

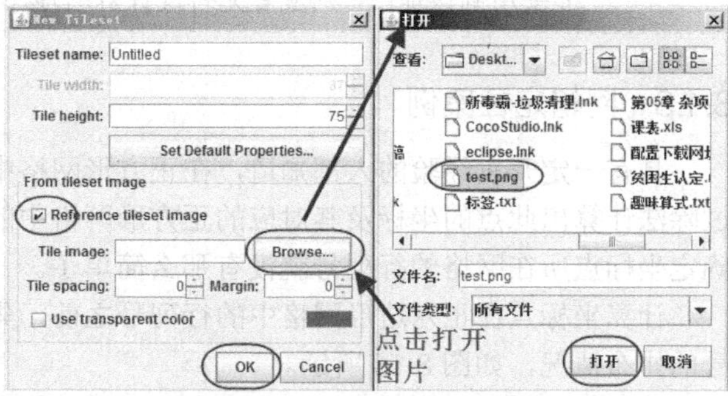

▲图 8-11　地图贴片导入图 2

（5）单击内容为“New Tilesset”菜单后，选择界面中内容为“Reference tileset image”项，然后单击该界面中的“Browse”按钮，出现图 8-11 中右边的窗口所示。选中需要导入的贴片，然后单击“打开”按钮，最后单击图 8-11 中左侧窗口中的“OK”按钮，完成地图贴片的导入。

（6）导入地图贴片后，就可以设计需要的地图了，如图 8-12 所示。首先选中导入后的地图贴片之一，然后再单击界面中的六边形网格，此时就会在所单击的网格内出现目标选中的地图贴片，以此类推，如图 8-13 所示。设计好地图之后，最后将其导出。

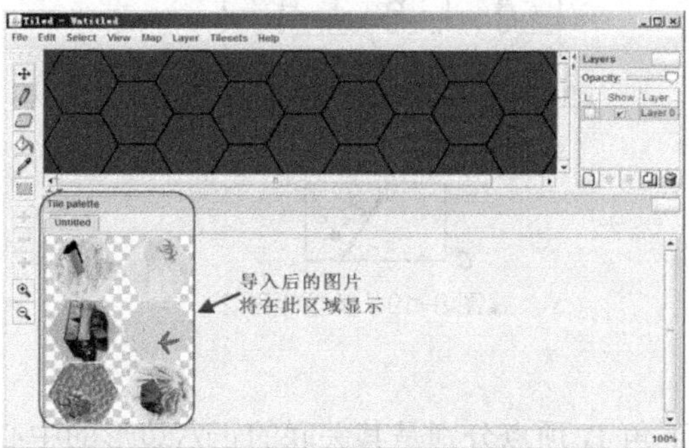

▲图 8-12　六边形地图的设计

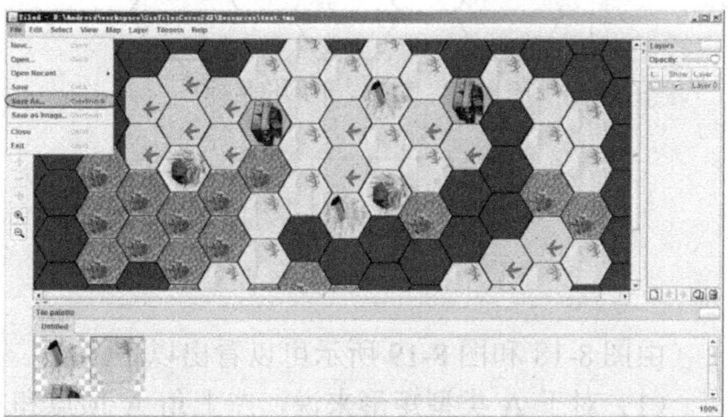

▲图 8-13　六边形地图文件的导出

（7）单击菜单栏中的“File”菜单项，然后再单击其内容为“Save As”的子菜单项，如图 8-13 和图 8-14 所示，此时必须将文件类型选为“Tiled Maps files”，最后单击“保存”按钮就可以将设计好的地图文件保存到相应位置了，如图 8-15 所示。

▲图 8-14　六边形地图保存界面

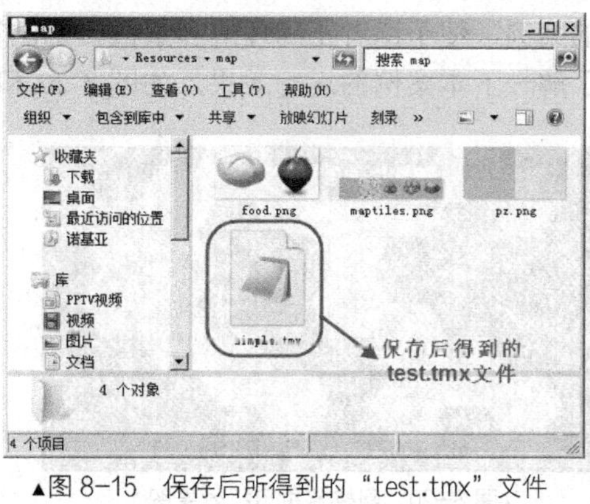

▲图 8-15　保存后所得到的“test.tmx”文件

> **提示**　保存地图文件的路径必须与导入图片路径统一，否则地图将不能使用。若项目中需要用到该地图，则应首先将设计好的地图文件导入到项目的 “asset” 文件夹中才能使用。

8.1.3　网格定位案例

具有一定开发经验的人都知道，在正方形网格中知道了一个点的坐标后，可以非常方便地通过除法计算出此点的坐标及其对应的正方形网格中的行列号。但是对于正六边形网格而言，想要确定坐标点所在网格的行列号就没有那么简单了。

计算坐标点在正六边形网格中的行列号之前，先介绍一下在正六边形网格中各个六边形行列号的排布情况，如图 8-16 所示。

根据图 8-16 的排布情况，可将正六边形网格分成边长如图 8-17 所示的小矩形网格。观察图 8-17，这些矩形可以分为 A 和 B 两种类型，并且每个小矩形都关联了两个正六边形瓦片格子，这两种类型的矩形如图 8-18 和图 8-19 所示。

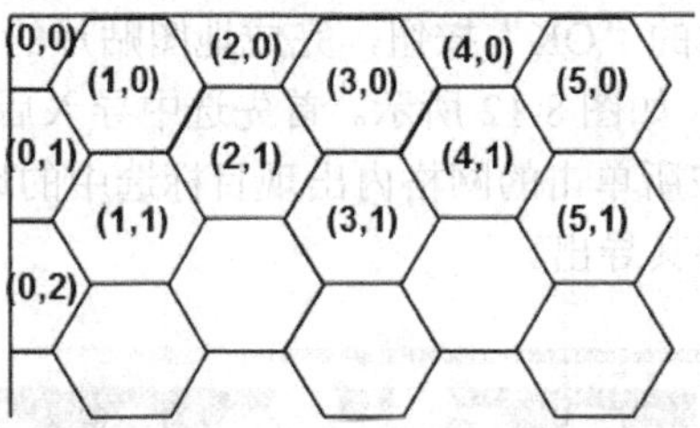

▲图 8-16　正六边形网格坐标系

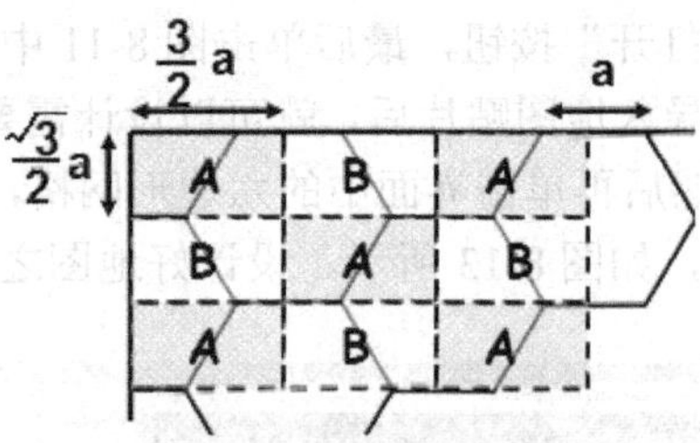

▲图 8-17　六边形网格坐标系

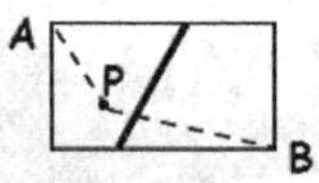

▲图 8-18　类型矩形 1

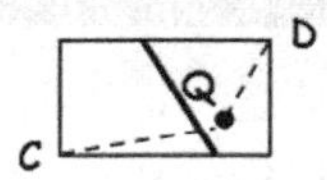

▲图 8-19　类型矩形 2

由图 8-18 和图 8-19 所示可以看出以下两点。

（1）对于 A 类型矩形来说，左上角 A 顶点和右下角 B 顶点分别是其关联的正六边形的中心点，而中间的分割线正好是两个正六边形中心点连接线的垂直平分线。因此只要计算出给定坐标点距离哪个中心点近，则给定坐标点就在哪个正六边形瓦片格子中。

（2）对于 B 类型矩形而言，左下角 C 顶点和右上角 D 顶点分别是其关联的正六边形的中心点。计算给定坐标点在哪个正六边形的方法与 A 类型的相同。

本小节前半部分已经详细地介绍了正六边形瓦片地图网格定位算法的知识，接下来将给出一个具体的案例，便于读者正确理解和掌握该定位算法的应用。在进行具体的案例开发之前，有必要首先了解一下本案例的运行效果，如图 8-20 和图 8-21 所示。

▲图 8-20　网格定位运行效果图 1

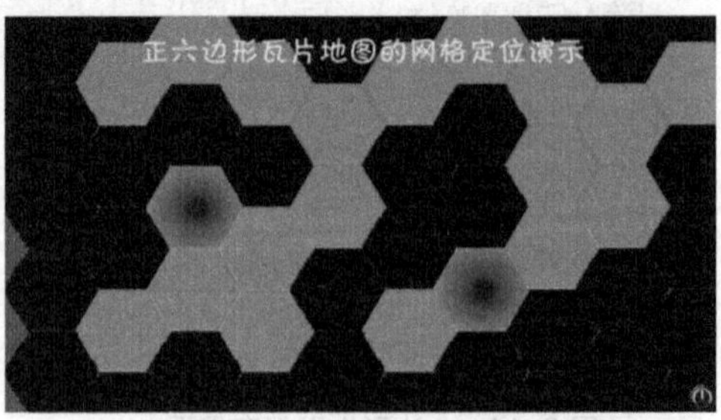

▲图 8-21　网格定位运行效果图 2

说明 图 8-20 为案例刚开始运行时的效果图，图 8-21 为使用两根手指单击屏幕时的运行效果图。从图 8-21 中可以看出，本案例支持多点触控事件。

了解了案例的运行效果后，就可以进行案例的开发了，具体步骤如下。

（1）新建一个名称为 Sample8_1 的项目，并为项目添加必要的构建器以及进行必要的设置。

提示 关于新建项目的详细操作步骤在前面的章节中已经进行了介绍，这里就不再赘述，需要的读者请参考本书第 1 章中的相关内容。

（2）项目初始化完毕后就可以进行具体功能的开发了。首先要介绍的主要是对布景类 SixTilesLayer 的开发，其类框架声明如下。

代码位置：源代码/第 8 章/Sample8_1/app/src/main/jni/sampleCPP 目录下的 SixTilesLayer.h。

```
#ifndef __SixTilesLayer_H__
#define __SixTilesLayer_H__
#include "cocos2d.h"
using namespace cocos2d;
class SixTilesLayer : public cocos2d::Layer{
public:
    Texture2D* tex;                                    //指向 2D 纹理对象的指针
    virtual bool init();                               //初始化的方法
    cocos2d::Point fromXYToColRow(int xPos, int yPos);//将触控点位置转换为地图格子行列号
    cocos2d::Point fromColRowToXY(             //将地图格子行列号转换为对应格子的贴图坐标
                        float xPos, float yPos);
    void onMyTouchBegan(                               //触控开始事件的回调方法
                        const std::vector<Touch*>& pTouches, Event *pEvent);
    void onMyTouchMoved(                               //触控点移动事件的回调方法
                        const std::vector<Touch*>& pTouches, Event *pEvent);
    void onMyTouchEnded(                               //触控结束事件的回调方法
                        const std::vector<Touch*>& pTouches, Event *pEvent);
    void onMyTouchCancelled(                           //触控终止事件的回调方法
                        const std::vector<Touch*>& pTouches, Event *pEvent);
    void menuCloseCallback(Ref* pSender);              //关闭菜单回调方法
    CREATE_FUNC(SixTilesLayer);
};#endif
```

说明 该类框架中包含声明指向 2D 纹理对象的指针、初始化布景的方法、将触控点位置转换为地图格子行列号的方法、将地图格子行列号转换为对应格子的贴图坐标的方法、触控开始事件、触控点移动事件、触控结束事件以及触控终止事件的回调方法等部分的相关代码。

（3）开发完上述类框架声明后还要真正实现 SixTilesLayer 类中的方法，首先要实现 SixTilesLayer 类中初始化布景的 init 方法，以完成布景内文本标签的创建、图片纹理的加载、正六边形瓦片地图的加载以及初始化工作，具体代码如下。

代码位置：源代码/第 8 章/Sample8_1/app/src/main/jni/sampleCPP 目录下的 SixTilesLayer.cpp。

```
bool SixTilesLayer::init(){
……//此处省略了父类初始化相关的代码，需要的读者可参考源代码
    Size visibleSize = Director::getInstance()->getVisibleSize();
                                                       //获取可见区域尺寸
    Point origin = Director::getInstance()->getVisibleOrigin();
                                                       //获取可见区域原点坐标
……//此处省略了与关闭菜单和文本标签相关的代码，需要的读者可参考源代码
    tex=                                               //向缓冲中添加高亮的纹理图
      Director::getInstance()->getTextureCache()->addImage("pic/hl.png");
    auto s = Director::getInstance()->getWinSize();//获取屏幕尺寸
```

```
9      auto color =                                    //创建一个颜色背景层
10         LayerColor::create(Color4B(64,64,64,255), s.width, s.height/2);
11     addChild(color, -1);                            //将颜色背景层添加到布景中
12     auto map = TMXTiledMap::create("pic/test.tmx"); //创建瓦片地图
13     map->setPosition(Point(0,0));                   //设置瓦片地图位置
14     addChild(map, 0, 1000);                         //将瓦片地图添加到布景中
15     auto listenerTouch =                            //创建一个多点触摸监听
16           EventListenerTouchAllAtOnce::create();
17     listenerTouch->onTouchesBegan =                 //开始触摸时回调 onMyTouchBegan 方法
18                CC_CALLBACK_2(SixTilesLayer::onMyTouchBegan, this);
19     listenerTouch->onTouchesMoved =                 //触摸移动时回调 onMyTouchMoved 方法
20                CC_CALLBACK_2(SixTilesLayer::onMyTouchMoved, this);
21     listenerTouch->onTouchesEnded =                 //触摸结束时回调 onMyTouchEnded 方法
22                CC_CALLBACK_2(SixTilesLayer::onMyTouchEnded, this);
23     listenerTouch->onTouchesCancelled =         //触摸终止时回调 onMyTouchCancelled 方法
24                CC_CALLBACK_2(SixTilesLayer::onMyTouchCancelled, this);
25     _eventDispatcher->                              //添加到监听器
26           addEventListenerWithSceneGraphPriority(listenerTouch, this);
27     return true;
28 }
```

- 第 3～4 行功能为获取可见区域尺寸和原点坐标。
- 第 6～11 行功能为向缓冲区中添加高亮纹理图，然后获取屏幕尺寸并创建一个颜色背景层，最后将颜色背景层添加到布景中。
- 第 12～14 行功能为创建瓦片地图对象并设置其位置，最后将瓦片地图添加到布景中。
- 第 15～26 行功能为创建一个触摸监听器，并将开始触控的 onMyTouchBegan 回调方法、触控点移动的 onMyTouchMoved 回调方法、触控结束的 onMyTouchEnded 回调方法以及触控终止的 onMyTouchCancelled 回调方法挂接到监听器中，最后将监听器注册。

（4）上述步骤完成后，接下来开发的就是 onMyTouchBegan、onMyTouchMoved、onMyTouchEnded 和 onMyTouchCancelled 这 4 个与触控相关的回调方法了，具体代码如下。

代码位置：源代码/第 8 章/Sample8_1/app/src/main/jni/sampleCPP 目录下的 SixTilesLayer.cpp。

```
void SixTilesLayer::onMyTouchBegan(const std::vector<Touch*>& pTouches, Event *pEvent){
    auto iter = pTouches.begin();                          //获取触控点列表的迭代器
    for (; iter != pTouches.end(); iter++){                //通过迭代器遍历触控点列表
        auto pTouch = (Touch*)(*iter);                     //获取一个触控点
        auto pTouchPoint =                    //创建此触控点选中的六边形瓦片格子对应的图片精灵
              Sprite::createWithTexture(tex);
        pTouchPoint->setScale(1);                          //设置缩放比例
        auto location = pTouch->getLocation();             //获取触控点位置
        auto point=fromXYToColRow((int)(location.x), (int)(location.y));
                                                           //获取对应地图格子
        auto pointL=fromColRowToXY(point.x, point.y); //获取此地图格子贴图的坐标
        pTouchPoint->setPosition(pointL); //设置此触控点选中的瓦片格子对应的绘制精灵的位置
        this->addChild(pTouchPoint,2,pTouch->getID());//将此绘制精灵添加到布景中
    }
}
void SixTilesLayer::onMyTouchMoved(const std::vector<Touch*>& pTouches, Event *pEvent){
    auto iter = pTouches.begin();                          //获取触控点列表的迭代器
    for (; iter != pTouches.end(); iter++){                //通过迭代器遍历触控点列表
        auto pTouch = (Touch*)(*iter);                     //获取一个触控点
        auto location = pTouch->getLocation();             //获取触控点的位置
        auto point=fromXYToColRow((int)(location.x), (int)(location.y));
                                                           //获取对应地图格子
        auto pointL=fromColRowToXY(point.x, point.y);      //获取此地图格子贴图的坐标
        auto pTP = (Sprite*)getChildByTag(pTouch->getID());
                                                           //获取对应 id 的绘制精灵
        pTP->setPosition(pointL);          //设置此触控点选中的瓦片格子对应的绘制精灵的位置
    }
}
void SixTilesLayer::onMyTouchEnded(const std::vector<Touch*>& pTouches, Event *pEvent){
```

```
27      auto iter = pTouches.begin();                          //获取触控点列表的迭代器
28      for (; iter != pTouches.end(); iter++){                //通过迭代器遍历触控点列表
29          auto pTouch = (Touch*)(*iter);                     //获取一个触控点
30          auto pTP = (Sprite*)getChildByTag(pTouch->getID());
                                                               //获取对应 id 的绘制精灵
31          removeChild(pTP, true);                            //从布景中删除此绘制精灵
32      }
33  }
34  void SixTilesLayer::onMyTouchCancelled(const std::vector<Touch*>& pTouches, Event
    *pEvent){
35      onMyTouchEnded (pTouches, pEvent);                     //调用触控结束事件回调方法
36  }
```

- 第 1～14 行为触控开始事件的 onMyTouchBegan 回调方法。其中第 4～7 行功能为通过迭代器遍历触控点列表，获取一个触控点并创建此触控点选中的六边形瓦片格子对应的图片精灵，然后设置其缩放比。
- 第 8～12 行功能为通过获取的触控点的位置来获取对应的地图格子，然后通过地图格子获取此地图格子贴图的坐标，最后根据坐标来设置瓦片格子对应的绘制精灵的位置并将绘制精灵添加到布景中。
- 第 15～25 行为触控移动事件的 onMyTouchMoved 回调方法。调用该方法可以通过迭代器遍历触控点列表，获取触控点位置，然后根据触控点位置来获取对应地图格子，并根据获取的地图格子来获取此地图格子贴图的坐标，最后通过获取对应 id 的绘制精灵来设置此触控点选中的瓦片格子对应的绘制精灵的位置。
- 第 26～33 行为触控结束事件的 onMyTouchEnded 回调方法。调用该方法可以通过迭代器遍历触控点列表，根据获取的 id 来删除对应的绘制精灵。
- 第 34～36 行为触控终止事件的 onMyTouchCancelled 回调方法。

（5）开发完上述关于触控的 4 个回调方法后，接下来开发的是将触控点位置转换为正六边形网格中行列号的 fromXYToColRow 方法和将正六边形网格中行列号转换为对应格子的贴图坐标的 fromColRowToXY 方法，具体代码如下。

代码位置：源代码/第 8 章/Sample8_1/app/src/main/jni/sampleCPP 目录下的 SixTilesLayer.cpp。

```
1   cocos2d::Point SixTilesLayer::fromXYToColRow(int xPos, int yPos){
2       int i = (int)floor(yPos/GRID_HEIGHT);                   //触控点所在矩形网格行号
3       int y = (int)(yPos-i*GRID_HEIGHT);                      //在矩形网格中的 y 偏移量
4       int j = (int)floor(xPos/GRID_WIDTH);                    //触控点所在矩形网格列号
5       int x = (int)(xPos-j*GRID_WIDTH);                       //在矩形网格中的 x 偏移量
6       if(((i+j)&1)!=0){                                       //偶数行
7           if(x*GRID_WIDTH-y*GRID_HEIGHT > TEMP_1) j++;
8       }
9       else{                                                   //奇数行
10          if(x*GRID_WIDTH+y*GRID_HEIGHT > TEMP_2) j++;
11      }
12      i = (int)floor((i+(1-(j&1)))/2);
13      return Point(j-1,5-i);                                  //返回行列号坐标
14  }
15  cocos2d::Point SixTilesLayer::fromColRowToXY(float col, float row){
16      row=5-row;
17      float x=CELL_BORDER*1.5f*col+CELL_BORDER;               //贴图坐标 x
18      float y=row*CELL_HEIGHT;                                //贴图坐标 y
19      if(((int)col)%2==0){                                    //偶数行
20          y=y+CELL_BORDER*0.8660254f;                         //贴图坐标 y
21      }
22      rcturn Point(x,y);                                      //返回贴图坐标
23  }
```

- 第 1～14 行为将触控点位置转换为正六边形网格中行列号的 fromXYToColRow 方法，调用该方法可以根据触控点的 *x*、*y* 坐标获取该点所在正六边形网格中的行列号。

- 第 2～5 行功能为根据 xPos、yPos 的坐标值计算该点所在矩形网格中的行列号，矩形网格中的行号即正六边形网格中的行号。并计算出触控点在矩形网格内部的坐标 x、y。
- 第 6～13 行功能为判断触控点的行号是奇数还是偶数，并计算触控点在正六边形网格中的列号，最后将行列号存放在 Point 中并将 Point 返回。
- 第 15～23 行为将正六边形网格中行列号转换为对应格子的贴图坐标的 fromColRowToXY 方法，调用该方法可以将 fromXYToColRow 方法返回的行列号转化为贴图的坐标。

（6）完成上述步骤之后，运行本程序，就会出现如图 8-20 所示的运行效果图，用两根手指在屏幕上单击，界面效果就会如图 8-21 所示。

8.2 正六边形地图的路径搜索

前面的章节中介绍了正六边形地图的基本原理、特点、实现的策略。接下来将运用人工智能的方法开发一个正六边形地图中英雄精灵及野怪自动寻找路径的算法。本节将通过一个完整的案例讲解，对自动寻径的算法进行详细的介绍。

8.2.1 路径搜索示例基本框架的搭建

正式介绍搜索算法之前，首先需要将案例中的框架搭建出来，这样在介绍各个搜索算法时才能看到算法的运行效果，因此，下面将详细介绍一下基本框架的搭建。在进行具体的代码开发之前来看一下案例框架即主界面及子界面的效果，如图 8-22 和图 8-23 所示。

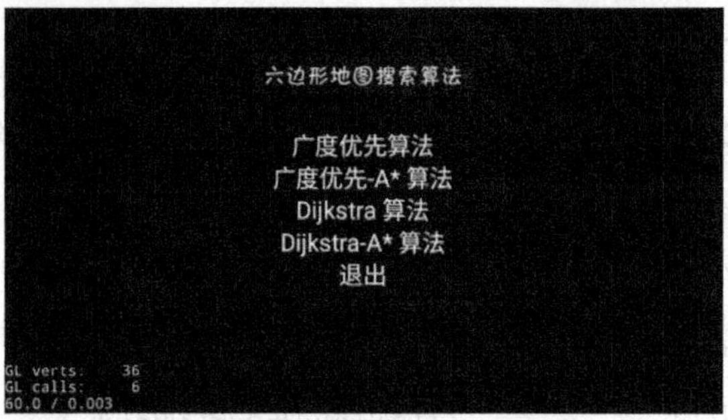

▲图 8-22 网格定位运行效果图 1

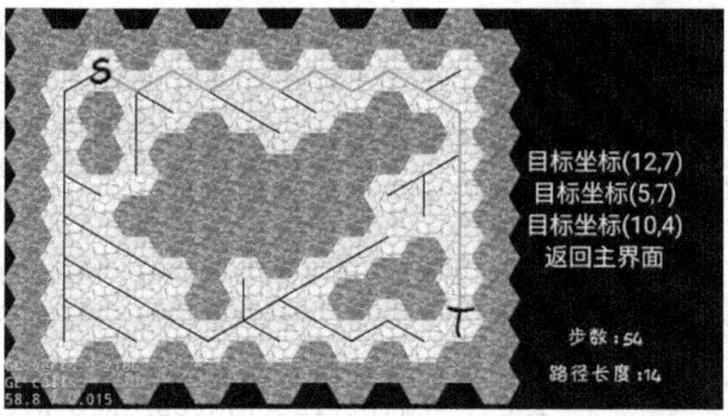

▲图 8-23 网格定位运行效果图 2

了解了案例的运行效果及各界面中菜单按钮的功能后，就可以根据案例运行效果图中的相关内容进行案例框架的搭建了，具体操作步骤如下。

（1）创建一个名称为 Sample8_2 的项目，为项目添加必要的设置。

> **说明** 关于创建项目的详细步骤在前面的章节中已经进行了介绍，这里就不再赘述，需要的读者请参考本书第 2 章中的相关内容。

（2）项目创建完成之后就可以进行代码的开发了，首先要开发的是 APPDelegate，此类充当与整个程序的总管，关于该类的框架声明与前面章节的内容相似，这里就不再赘述，需要的读者请自行查看岁数中的源代码。

（3）完成 AppDelegate 类的框架声明后就要真正实现程序生命周期的回调方法了，具体代码如下。

代码位置：源代码/第 8 章/Sample8_2/app/src/main/jni/tilesCPP 目录下的 AppDelegate.h。

```
1   #include "AppDelegate.h"
2   #include "SceneManager.h"
3   USING_NS_CC;
4   AppDelegate::AppDelegate(){}                                      //构造函数
5   AppDelegate::~AppDelegate(){}                                     //析构函数
6   bool AppDelegate::applicationDidFinishLaunching(){               //初始化方法
7       auto director = Director::getInstance();                     //获取导演
8       auto glview = director->getOpenGLView();                     //获取绘制用 GLView
9       if(!glview){
10          glview = GLViewImpl::create("Test Cpp");
11      }
12      director->setOpenGLView(glview);                             //设置绘制用 GLView
13      glview->setDesignResolutionSize(960,540,ResolutionPolicy::SHOW_ALL);
14      director->setDisplayStats(true);                             //设置为显示 FPS 等信息
15      director->setAnimationInterval(1.0 / 60);                    //系统模拟时间间隔
16          auto sceneManager = new SceneManager();                  //创建场景对象
17          sceneManager->createMainScene();
18          director->runWithScene(sceneManager->mainScene);         //通过导演切换到指定场景
19      return true;
20  }
21  void AppDelegate::applicationDidEnterBackground(){               //当程序进入后台时调用此方法
22      Director::getInstance()->stopAnimation();                    //停止动画
23      SimpleAudioEngine::sharedEngine()->pauseBackgroundMusic();//停止声音
24  }
25  void AppDelegate::applicationWillEnterForeground(){              //当程序进入前台时调用
26      Director::getInstance()->startAnimation();                   //开始动画
27      SimpleAudioEngine::sharedEngine()->resumeBackgroundMusic();//播放声音
28  }
```

- 第 6～28 行功能是为程序加载完毕后回调的 applicationDidFinishLaunnching 方法，此方法主要是完成了一些与呈现场景相关的初始化工作，包括绘制用的 GLView、创建场景对象并切换到指定的场景等。
- 第 14～15 行功能为设置为显示 FPS 等信息以及系统模拟时间间隔。
- 第 21～24 行功能为当程序进入后台时回调的 applicationDidEnterBack 方法，该方法为实现停止播放动画及声音的功能。
- 第 25～28 行功能为当程序进入前台时回调的 applicationWillEnterForground 方法，该方法为实现开始播放动画及声音的功能。

（4）完成了 APPDelegate 类中方法的实现后，下一步需要进行案例中场景管理类 SceneManager 的开发，该类主要包括各场景相互切换的方法的声明，其类声明框架如下。

代码位置：源代码/第 8 章/Sample8_2/app/src/main/jni/tilesCPP 目录下的 SceneManager.h。

```
1   #ifndef __SceneManager_H__
2   #define __SceneManager_H__
3   #include "cocos2d.h"
4   using namespace cocos2d;
5   class SceneManager{                                    //用于创建场景的类
6         public:
7          void createGameScene(int);                     //声明创建游戏场景的方法
8          void createMainScene();                        //声明创建主界面场景的方法
9          void goToGameScene(int);                       //声明去游戏界面的方法
10         void goToMainScene();                          //声明去主界面而动的方法
11        public:
12         Scene* gameScene;                              //声明指向游戏场景的指针
13         Scene* mainScene;                              //声明主方法的指针
14  };
15  #endif
```

- 第 5～14 行为声明用于创建场景的 SceneManger 类，其中第 7～11 行依次为声明创建游戏场景方法、声明创建主界面场景的方法、去游戏界面的方法，以及声明去主界面的方法。

● 第 12～13 行分别为声明指向游戏场景的指针及声明指向主场景的指针。

（5）开发完上述类框架声明后还要实现 SceneManager 类中的方法，主要是创建游戏场景的方法、创建主界面场景的方法、去游戏界面的方法，以及去主界面的方法，其具体代码如下。

代码位置：源代码/第 8 章/Sample8_2/app/src/main/jni/tilesCPP 目录下的 SceneManager.cpp。

```
1    ……//此处省略了部分头文件的引用，需要的读者请参考随书源代码
2    using namespace cocos2d;                                    //引用 cocos2d 命名空间
3    void SceneManager::createGameScene(int id){                 //创建游戏场景的方法
4        gameScene = Scene::create();
5        auto layer = GameLayer::create();
6        layer->sceneManager = this;                             //将场景指向布景
7        layer->algorithmId = id;                                //对游戏场景算法 id 进行赋值
8        gameScene->addChild(layer);                             //将游戏场景添加到布景中
9    }
10   void SceneManager::createMainScene(){                       //创建主界面场景
11       mainScene = Scene::create();
12       auto layer = MainLayer::create();
13       layer->sceneManager = this;                             //将主场景指向布景
14       mainScene->addChild(layer);                             //将主场景添加到布景中
15   }
16   void SceneManager::goToGameScene(int id){                   //去游戏界面方法
17       auto pDirector = Director::getInstance();
18       createGameScene(id);                                    //将得到的算法 id 传给游戏场景
19       pDirector->replaceScene(gameScene);                     //切换场景
20   }
21   void SceneManager::goToMainScene(){                         //返回主界面而动方法
22       auto pDirector = Director::getInstance();               //创建游戏场景的方法
23       createMainScene();                                      //创建主界面场景的方法
24       pDirector->replaceScene(mainScene);                     //切换场景
25   }
```

● 第 3～9 行功能为创建游戏场景，其功能依次为使游戏场景的指针指向布景、对游戏场景算法 id 进行赋值、将游戏场景添加到布景中。

● 第 10～15 行功能为创建主界面场景，然后将场景指针指向布景并将主场景添加到布景中。

● 第 16～20 行功能为实现去游戏界面的方法，首先是将得到的算法 id 传给游戏场景，然后由主界面场景切换到游戏场景。

● 第 21～25 行功能为实现去主界面的方法，首先是创建主界面场景的方法，然后切换场景，由游戏界面切换到主界面。

（6）完成了对 SceneManager 类中方法的实现后，下一步进行案例中 MailLayer 类的开发，该类主要是对各算法的单击回调方法的实现，其类声明框架如下。

代码位置：源代码/第 8 章/ Sample8_2/app/src/main/jni/tilesCPP 目录下的 MailLayer.h。

```
……//此处省略了部分头文件的引用，需要的读者请参考随书源代码
using namespace cocos2d;     //引用 cocos2d 命名空间
class MainLayer : public cocos2d::Layer{                          //主界面布景类
public:
    virtual bool init();
    void menuCallbackItem0(Ref *pSender);                         //算法 1 回调方法
    void menuCallbackItem1(Ref *pSender);                         //算法 2 回调方法
    void menuCallbackItem2(Ref *pSender);                         //算法 3 回调方法
    void menuCallbackItem3(Ref *pSender);                         //算法 4 回调方法
    void menuCallbackExit(Ref *pSender);                          //退出游戏的回调方法
    CREATE_FUNC(MainLayer);
public:
    SceneManager* sceneManager;                                   //场景管理指针
};
#endif
```

> **说明**　第 3～14 行功能为声明主界面布景类，其中第 3～第 10 行依次为声明初始化的方法、算法 1 的回调方法、算法 2 的回调方法、算法 3 的回调方法、算法 4 的回调方法、算法 5 的回调方法以及退出游戏的单击回调方法，第 13 行功能为声明场景管理的指针。

（7）开发完上述类框架声明后还要实现 MainLayer 类中 init 方法，以完成布景内几种算法的回调方法的实现及初始化工作，其具体代码如下。

代码位置：源代码/第 8 章/Sample8_2/app/src/main/jni/tilesCPP 目录下的 MainLayer.cpp。

```
1   #include "MainLayer.h"
2   using namespace cocos2d;                              //引用 cocos2d 命名空间
3   using namespace std;                                  //引用 std 命名空间
4   bool MainLayer::init(){
5       if ( !CCLayer::init() ){                          //调用父类的初始化
6           return false;
7       }
8       auto size = Director::getInstance()->getWinSize();
9       auto item0 = MenuItemFont::create("\u5e7f\u5ea6\u4f18\u5148\u7b97\u6cd5 ",
10          CC_CALLBACK_1 (MainLayer::menuCallbackItem0,this));//创建广度优先算法的菜单按钮
11      ……//此处省略了创建其他几个算法及退出按钮的代码，需要的读者请参考随书源代码
12      auto menu = Menu::create(item0, item1, item2, item3, item4, NULL);
                                                          //创建菜单对象
13      menu->alignItemsVertically();                     //垂直对齐
14      addChild(menu);                                   //添加菜单项
15      menu->setPosition(Point(size.width/2, size.height/2)); //设置菜单按钮的位置
16      auto title = Sprite::create("pic/title.png");     //创建 title 精灵对象
17      title->setPosition(Point(size.width/2, size.height/6*5));//设置精灵对象位置
18      this->addChild(title);                            //将精灵对象添加到布景中
19      return true;
20  }
21  void MainLayer::menuCallbackItem0(Ref *pSender){      //单击算法 1 后的回调方法
22      sceneManager->goToGameScene(0);
23  }
24  void MainLayer::menuCallbackItem1(Ref *pSender){      //单击算法 2 后的回调方法
25      sceneManager->goToGameScene(1);
26  }
27  void MainLayer::menuCallbackItem2(Ref *pSender){      //单击算法 3 后的回调方法
28      sceneManager->goToGameScene(2);
29  }
30  void MainLayer::menuCallbackItem3(Ref *pSender){      //单击算法 4 后的回调方法
31      sceneManager->goToGameScene(3);
32  }
33  void MainLayer::menuCallbackExit(Ref *pSender){       //单击退出按钮的回调方法
34      Director::getInstance()->end();
35  }
```

- 第 3～7 行依次为引用 cocos2d 命名空间、引用 std 命名空间，然后初始化 init 方法并调用此场景的菜单按钮。
- 第 10～11 行为创建案例中的菜单按钮，分别为创建 4 中的算法选择的菜单按钮，以及创建退出场景时的菜单按钮。
- 第 12～18 行为对所创建的菜单对象进行相应的设置，首先创建菜单对象，然后将菜单对象的位置对齐，将菜单按钮添加到布景中并设置其位置，然后再创建一个 title 精灵对象，设置其精灵的位置并将其添加到布景中。
- 第 21～34 行依次为单击算法 1、算法 2、算法 3、算法 4，算法 5 以及单击退出按钮的回调方法。

（8）完成了 MainLayer 类中方法的实现后，下一步需要进行案例中 GameLayer 类的开发，该类为本案例中最重要的一个类，其中包括了各算法的实现方法，然后是对搜索路径进行绘制的方

法的实现，以及案例中主要部分相关代码的实现，所以接下来就详细地介绍该类的内容。其类框架声明如下。

代码位置：源代码/第 8 章/ Sample8_2/app/src/main/jni/tilesCPP 目录下的 GameLayer.h。

```
1   #ifndef _GameLayer_H_
2   #define _GameLayer_H_
3   ……//此处省略部分头文件的引用，需要的读者请参考随书的源代码
4   using namespace std;                        //引用 std 命名空间
5   using namespace cocos2d;                    //引用 cocos2d 命名空间
6   class GameLayer : public cocos2d::Layer{
7   public:
8       GameLayer();                            //声明构造函数
9       virtual ~GameLayer();                   //声明析构函数
10      virtual bool init();                    //重载的父类的初始方法
11      void initForCalculate();                //计算路径之前的一些容器的初始化
12      void runAlgorithm();                    //运行算法的初始化
13      virtual void draw                       //重写的父类中的 draw 方法
14          (Renderer *renderer, const kmMat4& transform, bool transformUpdated);
15      void BFS();                             //广度优先算法
16      void BFSAStar();                        //广度优先算法 A*
17      void Dijkstra();                        //Dijkstra 算法
18      void DijkstraAStar();                   //Dijkstra 算法 A*
19      void initVisitedArr();                  //初始化去过未去过的数组
20      void printPathForD();                   //打印 Dijkstra 和 DijkstraA*算法的最后路径
21      void printPath();                       //打印最后的路径（前面两种算法
22      void freeMemory();                      //释放内存
23      void calculatePath();                   //声明计算路径的方法
24      void setCountAndPath();                 //声明设置步数和路径长度的方法
25      void setPath1();                        //声明设置路径 1 的方法
26      void setPath2();                        //声明设置路径 2 的方法
27      void menuCallbackItem0(Object *pSender);//声明单击目标点 1 的回调方法
28      void menuCallbackItem1(Object *pSender);//声明单击目标点 2 的回调方法
29      void menuCallbackItem2(Object *pSender);//声明单击目标点 3 的回调方法
30      void menuCallbackItem3(Object *pSender);//声明返回到主界面的回调方法
31      CREATE_FUNC(GameLayer);
32  public:
33      DrawNode* dn;                           //声明指向 DrawNode 类对象的指针
34      TMXLayer* tmxLayer;                     //声明 TMXLayer 指针
35      Point trans;
36      int algorithmId;                        //声明算法 id
37      SceneManager* sceneManager;             //声明场景管理指针
38      bool isCaulateOver;                     //声明算法计算完毕的标志位
39      Sprite* startSprite;                    //声明开始标志的精灵
40      Sprite* targetSprite;                   //声明目标精灵
41      LabelTTF* countLabel;                   //显示搜索的步数
42      LabelTTF* lengthLabel;                  //显示路径的长度
43      int count;                              //搜索步数
44      int pathLength;                         //路径长度
45      int row;                                //声明地图的 row
46      int col;                                //声明地图的 col
47      int** MAP_DATA;         //以竖方向来看（从左至右，从上至下）以下为动态二维数组的创建
48      int** length;                           //记录路径长度 for dijkstra
49      queue<int(*)[2]>* myQueue;              //声明广度优先所用队列
50      list<int(*)[2]>* searchProcess;         //声明搜索过程所用表
51      map<string, int(*)[2]>* hm;             //声明结果路径记录
52      typedef vector<int(*)[2]>* INTPVECTORP;//声明 typedef 自定义类型
53      map<string, INTPVECTORP>* hmPath;      //声明 map
54  };
55  #endif
```

- 第 4～14 行依次为引用 std 命名空间、引用 cocos2d 命名空间、声明构造函数、声明析构函数、声明重载父类的初始方法、声明计算路径之前的一些容器的初始化方法、声明运行算法的初始化方法、声明重写的父类中的 draw 方法。
- 第 15～22 行依次为声明广度优先算法、广度优先 A*算法、Dijkstra 算法以及 DijkstraA*

四种算法，然后初始化去过未去过的数组，并声明打印最后路径的方法，声明释放内存的方法。

- 第 23～30 行依次为声明计算路径的方法、声明设置步数和路径长度的方法、声明设置路径 1、2 的方法、声明单击目标点 1、2、3 的回调方法、声明返回到主界面的回调方法。
- 第 33～40 行依次为声明指向 DrawNode 类对象的指针、声明 TMXLayer 指针、声明算法 id、声明场景管理的指针、声明算法计算完毕的标志位、声明开始标志的精灵、声明目标精灵。
- 第 41～48 行依次为声明显示搜索步数的对象、显示路径长度的对象、记录搜索步数的变量、记录路径长度的变量、声明地图的 row、声明地图的 col、以竖方向来看（从左至右，从上至下）进行动态二维数组的创建、记录 dijkstra 算法中路径的长度。
- 第 49～53 行依次为声明广度优先所用队列、搜索过程所用表、结果路径记录所用 map、typedef 自定义类型以及对 map 的声明。

（9）开发完上述类框架声明后，首先要真正实现 GameLayer 类中的 init 方法，以完成布景内各个方法的实现及初始化工作，其具体代码如下。

代码位置：源代码/第 8 章/Sample8_2/app/src/main/jni/tilesCPP 目录下的 GameLayer.cpp。

```
bool GameLayer::init(){                                        //初始方法
    if ( !Layer::init() )                                      //调用父类的初始化
    return false;
    length = NULL;                                             //初始化显示路径长度的变量
    myQueue =NULL;                                             //初始化广度优先所用队列
    astarQueue = NULL;                                         //初始化 A*用优先级队列
    searchProcess = NULL;                                      //初始化搜索过程所用表
    hm = NULL;                                                 //初始化结果路径记录
    hmPath = NULL;                                             //初始化地图
    dn = DrawNode::create();                                   //创建一个画笔
    addChild(dn, 4);                                           //将画笔添加到布景中
    isCaulateOver = false;                                     //设置计算的标志位
    auto winSize = Director::getInstance()->getWinSize();//获取当前屏幕的大小
    auto map = TMXTiledMap::create("pic/MyTilesMap.tmx");//加载 TMX 地图
    map->setAnchorPoint(Point(0, 1.0));                        //设置地图的锚点
    map->setPosition(Point(0, winSize.height));                //设置地图的位置
    addChild(map, 1, kTagTileMap);                             //将地图添加到布景中
    int mapWidth = map->getMapSize().width;                    //获得地图的宽度和高度
    int mapHeight = map->getMapSize().height;
    row = mapWidth;                                            //将地图的宽度设置为二维数组的行
    col = mapHeight;                                           //将地图的高度设置为二维数组的列
    MAP_DATA = new int*[row];                                  //创建动态二维数组
    for(int i = 0; i<row; i++){
        MAP_DATA[i] = new int[col];
    }
    tmxLayer = map->layerNamed("Layer 0");                     //得到地图中的 layer
    for(int i=0; i<row; i++){                                  //获得一个图素中的属性值
        for(int j=0; j<col; j++){
            unsigned int gid = tmxLayer->gettileGIDAt(Point(i, j));
                                                               //得到 layer 中每一个瓦片的 gid
            auto tiledic = map->getpropertiesForGID(gid);
            const String mvalue = tiledic.asValueMap()["value"].asString();
                                                               //得到 value
            const char* p=mvalue.c_str();
            int mv = std::atoi(p);                             //将 mvalue 转换成 int 变量
            MAP_DATA[i][j] = mv;                               //初始化地图中的数据
    }}
    auto children = tmxLayer->getChildren();//设置抗锯齿，需要对地图进行放大或缩小时使用
    SpriteBatchNode* child = NULL;                             //初始化 BatchNode
    for(Object* object:children){
        child = static_cast<SpriteBatchNode*>(object);
        child->getTexture()->setAntiAliasTexParameters();
    }
```

```
42      auto m_tamara = tmxLayer->gettileAt(Point(0,0)); //创建一个 title
43      auto texture = m_tamara->getTexture();           //获取纹理
44      auto blockSize = texture->getContentSize();      //设置纹理尺寸大小
45      trans = Point(blockSize.width/6,blockSize.height/2);
46      startSprite = Sprite::create("pic/start.png");    //创建起点精灵
47      auto start = tmxLayer->positionAt(Point(source[1],source[0]));
                                                        //在地图层中创建起始点
48          auto startWorld = tmxLayer->convertToWorldSpaceAR(Point(start.x+trans.x,
start.y+trans.y));
49      startSprite->setPosition(startWorld);            //设置起始精灵的位置
50      this->addChild(startSprite,5);                   //将精灵添加到布景中
51      targetSprite = Sprite::create("pic/target.png");//创建终点精灵
52      targetSprite->setPosition(Point(UNVISIBLEPOSITION,UNVISIBLEPOSITION));
                                                        //设置精灵的位置
53      this->addChild(targetSprite,5);                  //将精灵添加到布景中
54      ……//此处省略了创建目标点及返回主界面按钮的代码，需要的读者请参考随书的源代码
55      ……//此处省略了创建搜索路径长度和步数的代码，需要的读者请参考随书的源代码
56      return true;
57  }
```

- 第 4～9 行功能为对显示路径长度的变量、广度优先所用队列、A*用优先级队列、搜索过程所用表、结果路径记录及地图的初始化。
- 第 10～13 行依次为创建一个画笔，将画笔添加到布景中，然后设置计算的标志位并获取当前屏幕的大小。
- 第 14～25 行为地图的创建及其相关设置，首先加载地图，设置地图的锚点及位置，然后将地图添加到布景中并获取地图的宽度和高度，然后将地图的宽度和高度设置为二维数组的行和列并创建动态的二维数组。
- 第 26～34 行为获取地图中的数据信息，首先是得到地图中的 Layer，然后获得一个图素中的属性值，得到 layer 中每一个瓦片的 gid，再通过键得到属性值，将 mvalue 转换成 int 变量，最后初始化地图中的数据。
- 第 36～45 行依次为设置抗锯齿（需要对地图进行放大或缩小时使用）、创建一个文本标签、获取文本标签的纹理、设置纹理的尺寸。
- 第 46～53 行功能为创建起点精灵与创建终点精灵，其中包括对精灵对象的相关设置，最后将精灵对象添加到布景中。

实现了 GameLayer 类中的 init 方法后，接下来就要重点介绍与本节主题密切相关的各路径搜索算法的具体内容了，其包括对路径搜索过程的介绍及各算法代码的实现。首先还是先来看一下最基本的搜索算法，广度优先搜索算法的相关内容。

8.2.2　广度优先路径搜索算法 BFS

广度优先路径搜索是游戏开发中使用较多的一种搜索算法，其基本思路是站在一个节点上，先将所有连接到该节点的节点访问到，然后再继续访问下一层，直到找到目标点位置为止，下面通过几个简单的示意图来介绍广度优先算法搜索的过程，设出发点为节点 1，具体步骤如下。

（1）站在节点 1 处，检测所有与节点 1 相连的边，按一定的规则访问到节点 2，检测并记录所有与节点 2 相连的边，如图 8-24 中 A 所示。

（2）之后再访问节点 3，同样检测并记录所有与节点 3 相连的节点，如图 8-24 中 B 所示。

（3）接下来访问节点 4，如图 8-24 中 C 所示。

（4）然后再访问节点 5，并记录与节点 5 相连的边，如图 8-24 中 D 所示。

（5）同样的原理依次再访问节点 6、节点 7 和节点 8，如图 8-24 中 E、F、G 所示。

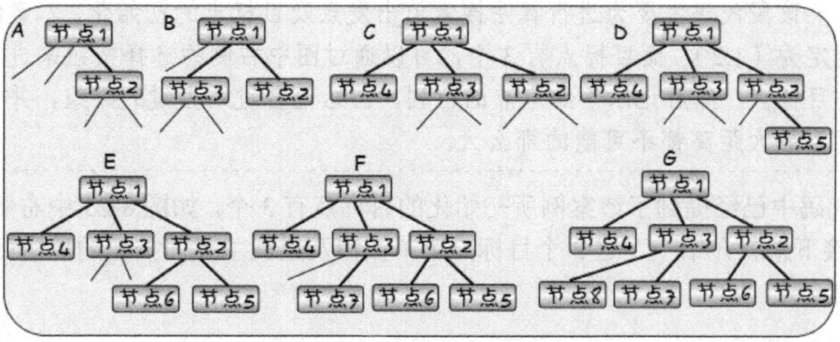

▲图 8-24 广度优先算法搜索过程

本小节主要为介绍广度优先搜索算法的详细实现过程，相信通过对该路径搜索过程的介绍可以让读者对其思想有一个深入的了解和体会，在下一小节中将以代码的形式来具体地实现该思想，也让读者可以更加直观地去学习广度优先路径搜索算法。

8.2.3 广度优先路径搜索算法 BFS 的实现

介绍完广度优先算法的具体搜索过程后，就可以通过代码的形式来实现这一算法的思想了，但是，进行其具体的代码开发前，应该首先介绍一下在算法中会用到的其他相关环节代码的开发。这样才能使整个案例可以成功地运行，其具体的实现步骤如下。

（1）首先，要介绍的是案例中用来进行算法搜索的 6 个方向的二维数组的初始化，其作用为规定了在进行路径搜索时的 6 个方向，其具体代码如下所示。

代码位置：源代码/第 8 章/Sample8_2/app/src/main/jni/tilesCPP 目录下的 GameLayer.cpp。

```
int sequenceZ[2][6][2] ={                                  //用来进行算法搜索的 6 个方向的二维数组
    {{-1, -1},{0, -1},{1, 0},    {-1, 0},{-1, 1},{0, 1}}, //偶数行的 6 个方向
    {{1, -1},{0, -1},{-1, 0},    {1, 0},{0, 1},{1, 1}}    //奇数行的 6 个方向
};
```

说明 上述代码为用来进行算法搜索的 6 个方向数组的初始化，该数组中保存的为每个正六边形瓦片周围可以进行路径搜索的 6 个其他地图瓦片。

（2）确定了对六边形可以进行搜索的 6 个方向后，接下来再介绍一下进行算法搜索前对出发点及目标点的具体规定，以及对一些对象的初始化，其具体代码如下所示。

代码位置：源代码/第 8 章/Sample8_2/app/src/main/jni/tilesCPP 目录下的 GameLayer.cpp。

```
static int source[] = {1, 2};                      //出发点 row, col
static int targetAll[3][2] ={                      //目的点的 row, col
        {7, 12},                                   //第一个目的点的行列
        {7, 5},                                    //第二个目的点的行列
        {4, 10}                                    //第三个目的点的行列
};
int* target;                                       //结束点 col、row
int** visited;
void GameLayer::initVisitedArr(){                  //初始化去过未去过的数组的方法
    for(int i=0;i<row;i++){                        //根据行进行判断
        for(int j=0;j<col;j++){                    //根据列进行判断
            visited[i][j] = 0;
    }}
    for(int i=0;i<row;i++){                        //初始路径长度为最大距离都不可能的那么大
        for(int j=0;j<col;j++){
            length[i][j] = 9999;
}}}
```

说明　该段代码主要为进行算法搜索前出发点及目标点的初始化，本案例中的出发点规定为（1,2），而目标点有 3 个，可以通过图中右侧的选择按钮来进行选择要搜索的目标点，然后记录下结束点的行列，初始化去过未去过的数组，并初始化路径长度为最大距离都不可能的那么大。

（3）上段代码中已经提到了该案例所初始化的目标点有 3 个，如图 8-23 中右侧所示的 3 个菜单按钮，那么接下来就介绍一下这 3 个目标点菜单按钮及返回主界面按钮的单击回调方法，其具体代码如下所示。

代码位置：源代码/第 8 章/Sample8_2/app/src/main/jni/tilesCPP 目录下的 GameLayer.cpp。

```
1   void GameLayer::menuCallbackItem0(Object *pSender){          //单击目标点 1 的回调方法
2       tempCount = 1;                                            //初始化临时步数计数器
3       target = targetAll[0];                                    //设置目标点
4       isCaulateOver = false;
5       calculatePath();                                          //根据目标点进行计算
6   }
7   ……//此处省略了单击目标点 2,3,的代码，需要的读者请参考随书中的源代码
8   void GameLayer::menuCallbackItem3(Object *pSender){          //返回主界面的按钮
9       sceneManager->goToMainScene();
10  }
```

- 第 1～7 行功能为实现单击目标点 1 的回调方法，其中 1～6 行为初始化临时步数计数器，设置目标点，然后根据目标点进行计算。
- 第 8～9 行功能为设置单击返回主界面菜单按钮的回调方法。

（4）从图 8-23 中可以看到，在案例运行效果图的右下角有两个负责显示总搜索步数及最短路径的文本标签，关于这两个文本标签是如何实现显示功能的具体代码如下所示。

代码位置：源代码/第 8 章/Sample8_2/app/src/main/jni/tilesCPP 目录下的 GameLayer.cpp。

```
1   void GameLayer::setCountAndPath(){                        //设置步数和路径长度的方法
2       string str1;                                          //声明用来记录目标点行列的字符串
3       string str2;
4       str1 = StringUtils::format("%d", count);             //将记录的总步数转换成字符串
5       str2 = "step : ";                                     //将字符串 2 命名为 step
6       string fullName1 = str2 + str1;                       //将两个字符串进行组合
7       countLabel->setString(fullName1.c_str());             //在 label 中显示组合字符串
8       switch(algorithmId){            //根据算法不同调用不同的方法来进行“count”和“length”的显示
9       case 0:
10      case 1:
11      case 2:
12          setPath1();                                       //路径 1
13          break;
14      case 3:
15      case 4:
16          setPath2();                                       //路径 2
17          break;
18  }}
```

- 第 2～7 行为声明用来记录目标点行列的字符串，然后将记录的总步数转换成字符串，并将字符串 2 命名为 step 用来表示搜索的总步数，然后将两个字符串组合起来用来在程序中显示搜索总步数。
- 第 8～17 行为根据算法不同调用不同的方法来进行 “count”和“length”的显示，前 3 种搜索算法为通过路径 1 进行搜索，后两种为路径 2。

（5）介绍完子界面即游戏界面中与布局相关的代码的实现后，下面再来看一下在算法中会用到的一些具体的对象的创建及声明，具体的代码如下所示。

代码位置：源代码/第 8 章/Sample8_2/app/src/main/jni/tilesCPP 目录下的 GameLayer.cpp。

```
1   static int tempCount = 1;                       //初始化静态的变量(为了显示路径的搜索过程)
2   GameLayer::GameLayer(){}                        //构造函数
3   GameLayer::~GameLayer(){                        //析构函数
4       freeMemory();                               //释放内存
5       for(int i=0;i<row;i++){
6           delete []MAP_DATA[i];                   //释放地图
7       }
8       delete []MAP_DATA;
9   }
10  void GameLayer::initForCalculate(){             //计算之前初始化计算中用到的容器
11      visited = new int*[row];                    //创建动态二维数组
12      for(int i = 0; i<row; i++){
13          visited[i] = new int[col];
14      }
15      myQueue = new queue<int(*)[2]>();           //广度优先所用队列
16      astarQueue = new priority_queue<INTPARR,vector<INTPARR>,cmp>();
                                                    //A*用优先级队列
17      searchProcess = new list<int(*)[2]>();      //搜索过程
18      hm = new map<string,int(*)[2]>();           //结果路径记录
19      length = new int*[row];                     //记录路径长度 for dijkstra
20      for(int i = 0; i<row; i++){
21          length[i] = new int[col];
22      }
23      hmPath = new map<string, INTPVECTORP>(); //记录到每个点的最短路径 for Dijkstra
24  }
```

- 第 1～9 行依次为初始化静态的变量（为了显示路径的搜索过程）、初始化构造函数与析构函数、释放内存、释放地图。
- 第 10～16 行依次为在计算之前初始化计算中用到的容器、创建动态的二维数组、创建广度优先所用的队列、创建 A*用的优先级队列。
- 第 17～18 行依次为创建存放搜索过程的 list、创建结果路径记录的 map。
- 第 19～23 行依次为初始化 Dijkstra 算法中用到的记录路径长度的变量 length、创建记录到每个点的最短路径的 map。

（6）以上即为广度优先搜索算法开发过程中会用到的一些对象的初始化及相关方法的声明。广度优先搜索算法在程序中一般用队列存储待访问的边，接下来就运用之前已经开发完成的搜索示例框架来实现 cocos2d 平台中的光照优先搜索算法，具体代码如下。

代码位置：源代码/第 8 章/Sample8_2/app/src/main/jni/tilesCPP 目录下的 GameLayer.cpp。

```
void GameLayer::BFS(){                                      //广度优先算法
    count = 0;                                              //初始化步数计数器
    bool flag = true;                                       //搜索循环控制
    int (*start)[2] = new int[2][2];                        //设置开始状态
    start[0][0] = source[0];
    start[0][1] = source[1];
    start[1][0] = source[0];
    start[1][1] = source[1];
    myQueue->push(start);                                   //将开始点放进队列中
    while(flag){
        int(*currentEdge)[2] = myQueue->front();            //从队首取出边
        myQueue->pop();                                     //取出队列中的数据
        int* tempTarget = currentEdge[1];                   //取出此边的目的点
        if(visited[tempTarget[1]][tempTarget[0]] == 1){     //判断目的点是否去过
            continue;
        }
        count++;                                            //步数累加
        visited[tempTarget[1]][tempTarget[0]] = 1;          //标记目的点为访问过
        searchProcess->push_back(currentEdge);              //将临时目的点加入搜索过程中
        string str1;                                        //声明用来记录目标点行列的字符串
        string str2;
        str1 = StringUtils::toString(tempTarget[0]);        //将数字转换成字符串形式
```

```
23          str2 = StringUtils::toString(tempTarget[1]);
24          hm->insert(map<string,int(*)[2]>::value_type
25              (str1+":"+str2,currentEdge));            //记录此临时目的地的点的父节点
26          if(tempTarget[0]==target[0] && tempTarget[1]==target[1]){
                                                          //判断是否找到目标点
27              break;
28          }
29          int currCol = tempTarget[0];                  //将所有可能的边入队列
30          int currRow = tempTarget[1];
31          int(*sequence)[2] = NULL;                     //初始化方向数组
32          if(currRow%2 == 0){                           //根据当前图块的奇数偶数行来确定搜索的方向
33              sequence = sequenceZ[0];
34          }else{
35              sequence = sequenceZ[1];
36          }
37          for(int m = 0; m<6; m++){                     //循环六个方向进行搜索
38              int* rc = sequence[m];
39              int i = rc[1];
40              int j = rc[0];
41              if(i==0 && j==0){                         //判断行列是否为 0
42                  continue;
43              }
44              if(currRow+i>=0 && currRow+i<row && currCol+j>=0 && currCol+j<col &&
45                  MAP_DATA[currRow+i][currCol+j]!=1){ //若该行列在范围内则进行下一步的计算
46                  int (*tempEdge)[2] = new int[2][2]; //创建二维数组
47                  tempEdge[0][0] = tempTarget[0];
48                  tempEdge[0][1] = tempTarget[1];
49                  tempEdge[1][0] = currCol+j;
50                  tempEdge[1][1] = currRow+i;
51                  myQueue->push(tempEdge);              //将二维数组添加进队列中
52  }}}}
```

- 第 2～17 行依次为初始化步数计数器、初始化开始状态、将开始点放进队列中、从队首取出边、取出队列中的数据、取出此边的目的点、判断目的点是否去过，若去过则直接进入下次循环然后将步数累加器累加。
- 第 18～28 行依次为标记目的点为访问过、将临时目的点加入搜索过程中、声明用来记录目标点行列的字符串、将数字转换成字符串、记录此临时目的点的父节点、判断是否找到目标点。
- 第 29～36 行依次为将所有可能的边入队列，然后初始化方向数组，再根据当前瓦片的奇数偶数行来确定搜索的方向。
- 第 37～51 行为循环六个方向进行搜索，当搜索过程中搜索到地图的边界时则跳过继续搜索，如果搜索到的行列在地图的范围内则进行下一步的计算，并创建一个二维数组，再将该二维数组添加进队列中。

（7）开发完广度优先算法的代码后，想要将其搜索过程及最终的搜索结果呈现出来还需要对搜索过程及最终的路径进行绘制，关于案例中路径绘制的具体代码如下。

代码位置：源代码/第 8 章/Sample8_2/app/src/main/jni/tilesCPP 目录下的 GameLayer.cpp。

```
void GameLayer::printPath(){                              //打印最后的路径
    string str1;                                          //声明记录目标点行列的字符串
    string str2;
    list<int(*)[2]>::iterator begin = searchProcess->begin();
                                                          //绘制中间的寻找路径
    list<int(*)[2]>::iterator end = searchProcess->end();
    int tempC = 0;                                        //初始化临时总步数计数器
    for(; begin != end; begin++){      //以起始点与结束点是否相同作为是否继续搜索的判断条件
        tempC++;
        int(*search)[2] = *begin;                         //得到一条路径，包含线段的起点和终点
        auto start = tmxLayer->positionAt                 //根据行列得到 tmxlayer 中该图块的位置
            (Point(search[0][1],search[0][0]));
        auto end = tmxLayer->positionAt                   //根据行列得到 tmxlayer 中该图块的位置
```

```
13            (Point(search[1][1],search[1][0]));
14        auto startWorld = tmxLayer->convertToWorldSpaceAR
                                                //将起点转换到世界坐标系中
15            (Point(start.x+trans.x,start.y+trans.y));
16        auto endWorld = tmxLayer->convertToWorldSpaceAR
                                                //将终点转换到世界坐标系中
17            (Point(end.x+trans.x,end.y+trans.y));
18        dn->drawSegment(startWorld, endWorld, 1, Color4F(0, 0, 0, 1));
                                                //根据起点与终点绘制路径
19        if(tempCount<count){          //以下代码的功能为每一帧拿出 list 中的一条路径进行绘制
20            if(tempC == tempCount){
21                tempCount++;                  //临时步数计数器累加
22                if(tempCount>=count){tempCount = count;}
                                                //判断临时步数与总步数
23                else{return;
24    }}}}
25    auto tar = tmxLayer->positionAt(Point(target[1],target[0]));
                                                //绘制目标精灵
26    auto targetWorld = tmxLayer->convertToWorldSpaceAR
27            (Point(tar.x+trans.x,tar.y+trans.y));
28    targetSprite->setPosition(targetWorld);   //设置目标点精灵的位置
29    map<string, int(*)[2]>::iterator iter;    //绘制最终的搜索结果路径
30    int* temp = target;                       //目标点
31    while(true){
32        str1 = StringUtils::format("%d", temp[0]);
                                                //将数字转换成字符串
33        str2 = StringUtils::format("%d", temp[1]);
34        string key = str1+":"+str2;           //组合字符串
35        iter = hm->find(key);                 //根据路径寻找目标点
36        int (*tempA)[2] = iter->second;       //拿到起始点与目标点的信息
37        if(iter != hm->end()){                //判断是否查找到了元素
38            auto start = tmxLayer->positionAt //根据行列得到 tmxlayer 中该图块的位置
39                (Point(tempA[0][1],tempA[0][0]));
40            auto end = tmxLayer->positionAt   //根据行列得到 tmxlayer 中该图块的位置
41                (Point(tempA[1][1],tempA[1][0]));
42            auto startWorld = tmxLayer->convertToWorldSpaceAR
                                                //将起点转换到世界坐标系中
43                (Point(start.x+trans.x,start.y+trans.y));
44            auto endWorld = tmxLayer->convertToWorldSpaceAR
                                                //将终点转换到世界坐标系中
45                (Point(end.x+trans.x,end.y+trans.y));
46            dn->drawSegment(startWorld, endWorld, 2, Color4F(1, 1, 0, 1));
                                                //绘制路径
47        }
48        if(tempA[0][0]==source[0]&&tempA[0][1]==source[1]){break;}
                                                //判断是否到出发点
49        temp = tempA[0];
50    }}
```

- 第 2～6 行依次为声明记录目标点行列的字符串、绘制中间的寻找路径。
- 第 7～13 行为以起始点与结束点是否相同作为是否继续搜索的判断条件进行路径的搜索，然后得到一条路径，包含线段的起点和终点，再根据行列得到 tmxlayer 中该瓦片的坐标位置。
- 第 14～23 行依次为将起点转换到世界坐标系中、将终点转换到世界坐标系中、根据起点与终点绘制路径，最后是每一帧拿出 list 中的一条路径来进行绘制。
- 第 25～36 行功能为绘制目标精灵，首先得到目标点的位置即为目标精灵的位置，然后绘制最终的搜索结果路径，将数字转换成字符串并将其组合，然后在路径中寻找目标点，找到后记录下该条路径及起始点与目标点的位置。
- 第 37～49 行功能为判断是否查找到了元素，如果找到则根据行列得到 tmxlayer 中该瓦片的位置，然后将起点与终点转换到世界坐标系中，并根据起点与终点绘制路径。

（8）介绍完路径绘制的代码后，接下来要介绍的自然就是提供绘制素材的路径相关代码的开发。本案列中有两条路径设置，其中广度优先及广度优先 A*算法所用的搜索路径相同，也就是接下来

要介绍的路径 1 的设置，其具体代码如下。

代码位置：源代码/第 8 章/Sample8_2/app/src/main/jni/tilesCPP 目录下的 GameLayer.cpp。

```
1   void GameLayer::setPath1(){                              //设置路径 1
2       string str1;                                          //声明用来记录目标点行列的字符串
3       string str2;
4       map<string, int(*)[2]>::iterator iter;                //绘制路径长度
5       int* temp = target;                                   //声明临时目标点
6       pathLength = 0;                                       //初始化最短路径长度
7       while(true){
8           str1 = StringUtils::format("%d", temp[0]); //将数字转换成字符串
9           str2 = StringUtils::format("%d", temp[1]);
10          string key = str1+":"+str2;                       //组合字符串
11          iter = hm->find(key);                             //在路径中寻找对应的值
12          int(*tempA)[2] = iter->second;
13          if(iter != hm->end()){pathLength++;}              //查到元素
14          if(tempA[0][0]==source[0]&&tempA[0][1]==source[1]){break;}
                                                              //判断是否到出发点
15          temp = tempA[0];
16      }
17      str1 = StringUtils::toString(pathLength);
                                   //将 int 转换成 string 类型，将长度设置进 label 进行显示
18      str2 = "length :";
19      string fullName2 =str2 + str1;
20      lengthLabel->setString(fullName2.c_str());
21  }
```

- 第 2～6 行依次为声明用来记录目标点行列的字符串、绘制路径长度、声明临时目标点、初始化最短路径长度。
- 第 7～16 行为将数字转换成字符串，并将字符串进行组合，然后在路径中搜索对应的值，如果找到对应的值则记录下该目标点及起始点与该路径。
- 第 17～20 行为将 int 型转换成 string 类型，将路径的长度设置到对应的文本标签中进行显示。

（9）介绍完关于前两种算法用到的路径的具体代码的开发后，接下来要介绍的是如何选择当前算法所要用到的路径相关代码的开发，具体的内容如下所示。

代码位置：源代码/第 8 章/Sample8_2/app/src/main/jni/tilesCPP 目录下的 GameLayer.cpp。

```
void GameLayer::draw
    (Renderer *renderer, const kmMat4& transform, bool transformUpdated){
    if(dn){dn->clear();}                          //判断是否已经画图，清除
    if(isCaulateOver){                            //绘制路径
        switch(algorithmId){                      //前两种算法采取 printPath 方法进行绘制
        case 0:
        case 1:
            printPath();                          //第一种绘制方法
            break;
        case 2:
        case 3:
            printPathForD();                      //后两种算法采取 printPathForD 方法进行绘制
            break;
}}}
```

说明　该段代码即为根据不同的触控来选择适合当前算法的搜索路径的相关代码，其中包括判断是否已经画图，绘制路径，然后规定前 3 种（广度优先、广度优先 A*）算法为采取 printPath 方法进行绘制，后两种算法采取 printPathForD 方法进行绘制。

（10）介绍完上述一系列的代码的开发后，接下来剩下最后一步就可以将广度优先算法通过代码形式开发成一个完整的可以呈现出运行效果的案例了，最后一步就是开发运行算法的代码，其

具体的代码如下所示。

代码位置：源代码/第 8 章/Sample8_2/app/src/main/jni/tilesCPP 目录下的 GameLayer.cpp。

```
void GameLayer::runAlgorithm(){                        //运行算法的方法
    switch(algorithmId){                                //根据不同的 id 选取不同的算法进行计算
    case 1:     BFS();             break;              //广度优先算法
    case 2:     BFSAStar();         break;             //广度优先 A*算法
    case 3:     Dijkstra();              break;        //Dijkstra 算法
    case 4:     DijkstraAStar();          break;       //Dijkstra  A*算法
}}
```

说明 该段代码即为本案例中要开发的 4 中算法的运行方法，其在案例中扮演着一个启动器的角色，负责启动各算法进行路径的搜索，在后边的 3 种算法中将不再对此做详细介绍，需要的读者记得回头参看本段代码即可。

（11）将广度优先算法的代码开发完成后，运行案例，选择广度优先算法的菜单按钮，并选择不同的目标点即可以得到案例的运行效果，如图 8-25 和图 8-26 所示。

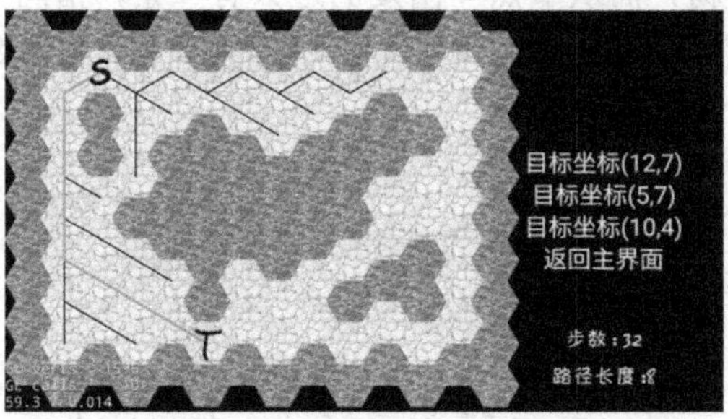

▲图 8-25　广度优先算法案例效果 1

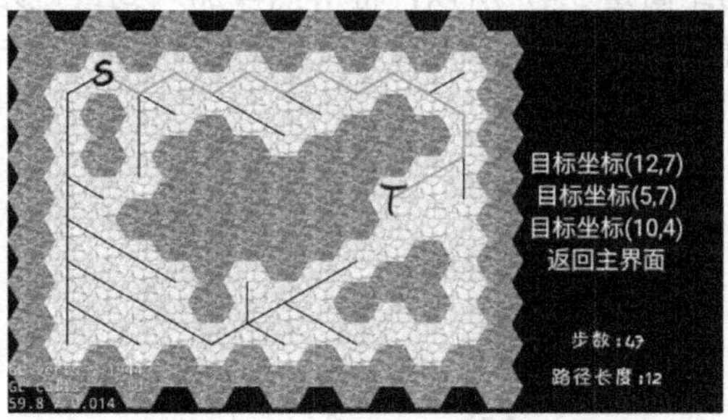

▲图 8-26　广度优先案例效果图 2

8.2.4　Dijkstra 路径搜索算法

Dijkstra 算法是典型的搜索最短路径的算法，其一般用于求从一点出发到达另一点的最优路径，但是，由于其需要遍历运算的节点较多，所以相对来说运行效率会低一些。

下面将详细介绍 Dijkstra 路径搜索算法的执行思路，设出发点（源节点）为节点 1，如图 8-27 所示为要执行的算法的示意图。其具体的搜索步骤如下。

（1）首先将节点 1 加入到最短路径树中，并且将从它出发的所有边加到搜索边界中，如图 8-28 右侧的最短路径树所示。

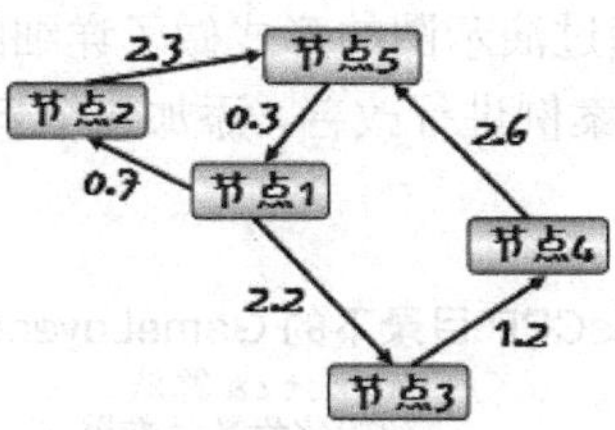

▲图 8-27　Dijkstra 示例图 1

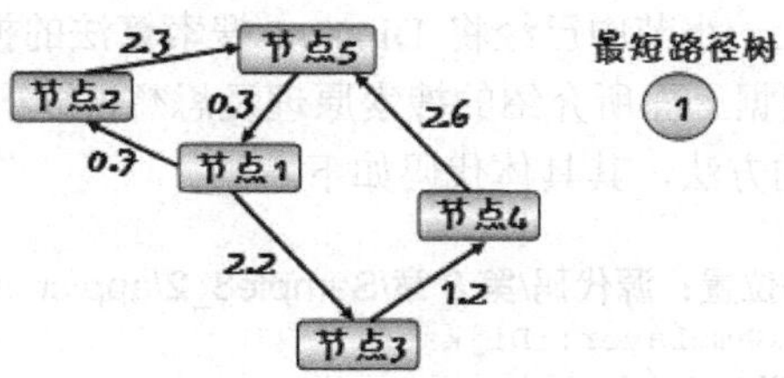

▲图 8-28　Dijkstra 示例图 2

（2）然后查找所有在计算搜索中的各个边所指向的节点中到源节点距离最近的点（节点 2），所以将节点 2 加入到最短路径树，然后将由节点 2 出发到达点不在最短路径树上的边加入到搜索边界，如图 8-29 所示。

（3）再检查搜索边界上的边所指向的点，计算各点到源节点的距离，节点 5 距离是 3，节点 3

距离是 2.2，因此，将节点 3 加入到最短路径树，同时将节点 3 出发的边加入到搜索边界中，如图 8-30 所示。

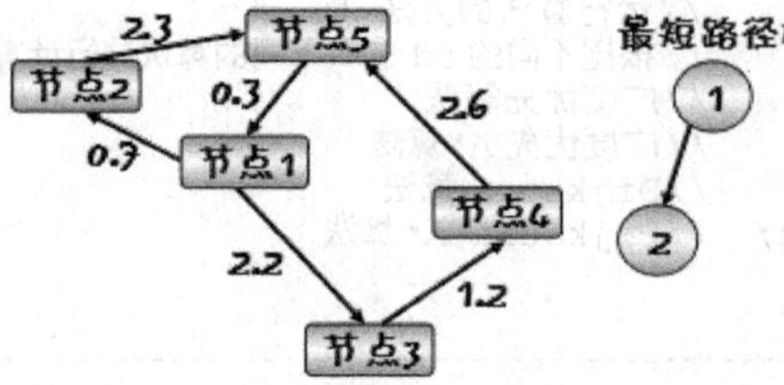

▲图 8-29　Dijkstra 示例图 3

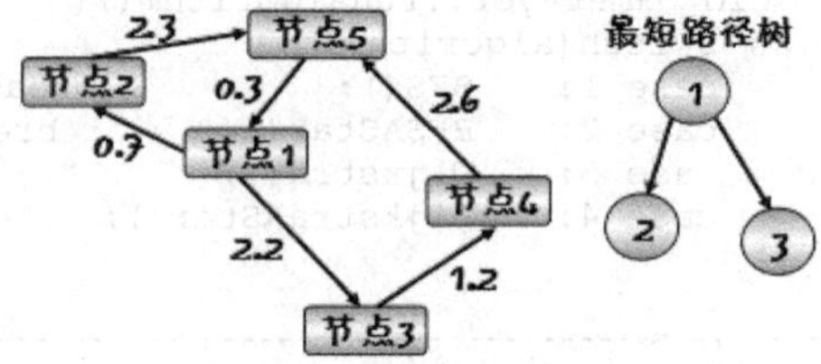

▲图 8-30　Dijkstra 示例图 4

（4）再检查搜索边界上的边所指向的点，节点 5 到源节点的距离是 3，节点 4 到源节点的距离是 3.4，因此，将节点 5 加入到最短路径树，从节点 5 出发的边只有一条，但是，这条边指向的源节点为节点 1，所以，不需要加入到搜索边界上，如图 8-31 所示。

（5）此时再检测搜索边界中的边所指向的点，发现只有节点 4 没有访问，且节点 4 到源节点的距离是 3.4，所以，将节点 4 加入到最短路径树，而从节点 4 出发的边只有一条，指向节点 5，而距源节点的距离为 6，比最短路径树中到节点 5 的距离大，所以，不用继续考虑，如图 8-32 所示。

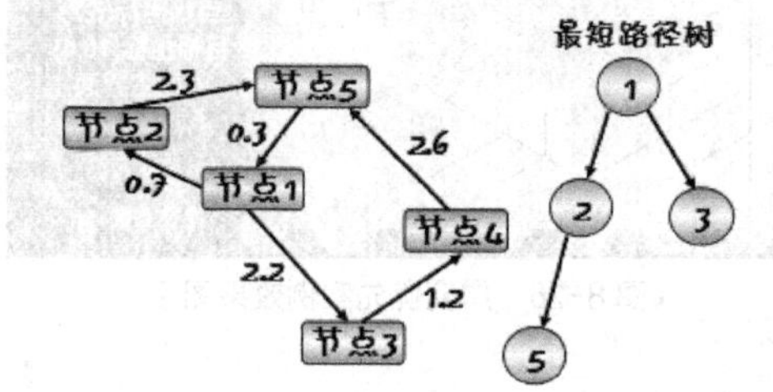

▲图 8-31　Dijkstra 示例图 5

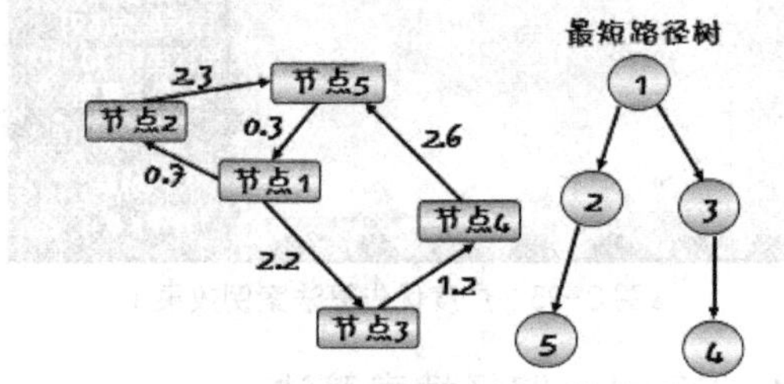

▲图 8-32　Dijkstra 示例图 6

（6）到此为止，所有的节点都已经访问结束，即搜索完成。

8.2.5　Dijkstra 路径搜索算法的实现

Dijkstra 搜索算法在搜索过程中需要遍历很多的节点，所以，其运行的效率自然相对来说会比较低，但是，其最大的优点是该算法所搜索到的路径一定是两点之间的最优路径，因此，其在游戏的开发中经常会被用来进行路径的搜索。

（1）上一小节中已经将 Dijkstra 搜索算法的搜索过程通过演示图的形式做了详细的介绍，接下来，就根据上面所介绍的搜索原理及思想，继续对之前的案例进行改善，添加一个表示 Dijkstra 搜索算法的方法，其具体代码如下。

代码位置：源代码/第 8 章/Sample8_2/app/src/main/jni/tilesCPP 目录下的 GameLayer.cpp。

```
void GameLayer::Dijkstra(){                                  //Dijkstra 算法
  count = 0;                                                  //初始化步数计数器
  bool flag = true;                                           //搜索循环控制
  string str1;                                                //声明用来记录目标点行列的字符串
  string str2;
  map<string,INTPVECTORP>::iterator iter;                     //创建迭代器
  int* start = new int[2];                                    //创建存放开始点的 int 数组
  start[0] = source[0];                                       //初始化数组
  start[1] = source[1];
  visited[source[1]][source[0]] = 1;                          //标识目的点被访问过
  int(*sequence)[2] = NULL;                                   //计算此点所有可以到达点的路径及长度
```

```
if(start[1]%2 == 0){sequence = sequenceZ[0];}          //判断奇偶行
else{sequence = sequenceZ[1];}
for(int m = 0; m<6; m++){                                    //循环六个方向进行搜索
    int* rowcol = sequence[m];
    int trow = start[1]+rowcol[1];
    int tcol = start[0]+rowcol[0];
    if(trow<0||trow>=row||tcol<0||tcol>=col){continue;}//判断下一格是否可行
    if(MAP_DATA[trow][tcol]!=0){continue;}              //判断下一格是否去过
    length[trow][tcol] = 1;                             //记录路径长度
    str1 = StringUtils::format("%d", tcol);             //将数字转换成字符串
    str2 = StringUtils::format("%d", trow);
    INTPVECTORP al = new vector<int(*)[2]>();           //创建一个存储搜索节点的向量
    int(*temp1)[2] = new int[2][2];                     //创建一个存储起点与下一个点的二维数组
    temp1[0][0] = start[0];                             //将起始点存入数组中
    temp1[0][1] = start[1];
    temp1[1][0] = tcol;                                 //将下一个点存入数组中
    temp1[1][1] = trow;
    al->push_back(temp1);                               //将目标点添加进向量中
    hmPath->insert(map<string,INTPVECTORP>::value_type(str1+":"+str2,al));
    searchProcess->push_back(temp1);                    //将去过的点记录
    count++;                                            //步数累加
}
while(flag){      //找到当前扩展点K，要求扩展点K为从开始点到此点目前路径最短，且此点为考察过
    int* k = new int[2];
    int minLen = 9999;
    for(int i=0; i<row; i++){
        for(int j=0;j<col;j++){
            if(visited[i][j]==0){                       //判断是否可行
                if(minLen>length[i][j]){
                    minLen = length[i][j];k[0]=j;k[1]=i;
    }}}}
    visited[k[1]][k[0]]=1;                              //设置去过的点
    int dk = length[k[1]][k[0]];                        //取出开始点到K的路径长度
    str1 = StringUtils::format("%d", k[0]);             //将数字转换成字符串
    str2 = StringUtils::format("%d", k[1]);
    string key = str1+":"+str2;                         //将字符串进行组合
    iter = hmPath->find(key);                           //在路径中遍历搜索与之匹配的字符串
    INTPVECTORP al = iter->second;
    sequence = NULL;                                    //重置方向数组
    if(k[1]%2==0){sequence=sequenceZ[0];}               //判断是否为偶数行
    else{sequence=sequenceZ[1];}                        //否则为奇数行
    for(int m=0;m<6;m++){                               //循环六个方向进行搜索
        int* rowcol = sequence[m];
        int trow = k[1]+rowcol[1];                      //计算出新的要计算的点的坐标
        int tcol = k[0]+rowcol[0];
        if(trow<0||trow>=row||tcol<0||tcol>=col){continue;}
        if(MAP_DATA[trow][tcol]!=0){continue;}
        int dj = length[trow][tcol];                    //取出开始点到此点的路径长度
        int dkPluskj = dk + 1;                          //计算经K点到此点的路径长度
        if(dj>dkPluskj){          //若经K点到此点的路径长度比原来的小则修改到此点的路径
            str1 = StringUtils::format("%d", tcol);
                                                        //将数字转换成字符串
            str2 = StringUtils::format("%d", trow);
            string key = str1+":"+str2;                 //组合字符串
            vector<int(*)[2]>* tempal = new vector<int(*)[2]>(*al);
                                                        //克隆开始点到K的路径
            int(*temp1)[2] = new int[2][2];             //将路径中加入上一步从k到此点
            temp1[0][0] = k[0];
            temp1[0][1] = k[1];
            temp1[1][0] = tcol;
            temp1[1][1] = trow;
            tempal->push_back(temp1);
            hmPath->insert                              //将此路径设置为从开始点到此点的路径
                (map<string, INTPVECTORP>::value_type(key, tempal));
            length[trow][tcol]=dkPluskj;                //修改从开始点到此点的路径长度
            if(dj==9999){                   //若此点从未计算过路径长度则将此点加入考察记录
                searchProcess->push_back(temp1);        //将去过的记录
                count++;                                //步数计数器累加
            }
```

```
79                if(tcol==target[0]&&trow==target[1]){    //看是否找到目的点
80                    flag = false;
81                    break;
82    }}}
83        delete k;
84    }}
```

● 第 2～11 行依次为初始化步数计数器、搜索循环控制、声明用来记录目标点行列的字符串、创建迭代器、创建存放开始点的 int 数组并将其初始化、标记目的点被访问过，计算此点所有可以到达点的路径及长度。

● 第 12～22 行为根据当前点的数字判断其奇偶行，然后对六个方向进行循环搜索，搜索过程中判断下一个瓦片是否在地图范围内，并判断下一个瓦片是否去过，记录下路径的长度并将数字转换成字符串。

● 第 23～32 行依次为创建一个存储搜索节点的向量、创建一个存储起点与下一个点的二维数组、将起始点与下一个目标点存放到数组中、将目标点添加进向量中、设置从开始点到此点的路径、将去过的点记录然后将步数计数器累加。

● 第 34～42 行为找到当前扩展点 K，要求扩展点 K 为从开始点到此点目前路径最短，且此点为考察过。

● 第 43～50 行依次为设置去过的点、取出开始点到 K 的路径长度、将数字转换成字符串、将字符串进行组合、在路径中遍历搜索与之匹配的字符串、重置方向数组。

● 第 51～57 行为根据当前点判断其奇偶行，然后循环六个方向进行搜索，计算出新的要计算的点的坐标，判断搜索点是否超出地图范围。

● 第 58～64 行为判断下一个点是否去过，取出开始点到此点的路径长度，计算经 K 点后到此点的路径长度，若经 K 点到此点的路径长度比原来的小则修改到此点的路径，将数字转换成字符串并将其组合。

● 第 65～73 行为克隆开始点到 K 的路径，然后将路径中加入上一步从 K 到此点，再将此路径设置为从开始点到此点的路径。

● 第 74～81 行为修改从开始点到此点的路径长度，若此点从未计算过路径长度则将此点加入考察记录，将去过的点记录，步数计数器累加，最后判断是否找到目的点。

（2）8.1.5 小节中已经介绍了广度优先和广度优先 A*算法用到的路径 1 的相关代码的开发，下面就在此对 Dijkstra 及 DijkstraA*要用到的路径 2 相关代码的开发做个介绍，具体的代码如下所示。

代码位置：源代码/第 8 章/Sample8_2/app/src/main/jni/tilesCPP 目录下的 GameLayer.cpp。

```
void GameLayer::setPath2(){                                       //设置路径 2
    map<string, INTPVECTORP>::iterator iter;                      //绘制最终的搜索结果路径
    string str1;                                                  //声明用来记录目标点行列的字符串
    string str2;
    int* temp = target;                                           //声明临时目标点
    str1 = StringUtils::format("%d", temp[0]);                    //将数字转换成字符串
    str2 = StringUtils::format("%d", temp[1]);
    string key = str1 + ":" + str2;                               //计算路径
    iter = hmPath->find(key);                                     //寻找对应的值
    int(*tempA)[2] = NULL;                                        //初始化线段的起点数组
    pathLength = 0;                                               //初始化路径长度
    if(iter != hmPath->end()){                                    //如果查找到了元素
        INTPVECTORP alPath = iter->second;
        vector<int(*)[2]>::iterator begin = alPath->begin();     //遍历列表
        vector<int(*)[2]>::iterator end = alPath->end();
        for(;begin!=end;begin++){                                 //判断起始点与终点是否重合
                  pathLength++;                                   //路径长度不断累加
    }}
```

```
19      str1 = StringUtils::format("%d", pathLength);      //将 int 类型转换成 string 类型
20      str2 = "length : ";                                //将路径的长度设置进 label 进行显示
21      string fullName2 = str2 + str1;
22      lengthLabel->setString(fullName2.c_str());
23  }
```

● 第 2～11 行依次为绘制最终的搜索结果路径、声明用来记录目标点行列的字符串、将数字转换成字符串、寻找对应的值、初始化路径长度。

● 第 12～21 行为首先查找是否找到了元素，如果找到了则遍历全表，然后判断起始点与终点是否重合，将路径长度不断累加，将 int 类型的路径长度转换成 string 类型，最后将路径的长度设置进文本标签中进行显示。

（3）开发完路径 2 的代码后，下面就该进行路径的绘制了，由于前 2 种算法的绘制方法与 Dijkstra 及 DijkstraA*算法的不一样，所以，下面就介绍一下在 Dijkstra 和 DijkstraA*算法搜索中是如何打印最后路径的，具体代码如下所示。

代码位置：源代码/第 8 章/Sample8_2/app/src/main/jni/tilesCPP 目录下的 GameLayer.cpp。

```
void GameLayer::printPathForD(){                          //打印最后的路径
    string str1;                                          //声明用来记录目标点行列的字符串
    string str2;
    list<int(*)[2]>::iterator begin = searchProcess->begin();
                                                          //绘制中间的寻找路径
    list<int(*)[2]>::iterator end = searchProcess->end();
    int tempC = 0;
    for(; begin != end; begin++){
        tempC++;
        int(*search)[2] = *begin;                         //得到一条路径，包含线段的起点和终点
        auto start = tmxLayer->positionAt                 //根据行列得到 tmxlayer 中该图块的位置
            (Point(search[0][1], search[0][0]));
        auto end = tmxLayer->positionAt                   //根据行列得到 tmxlayer 中该图块的位置
            (Point(search[1][1], search[1][0]));
        auto startWorld = tmxLayer->convertToWorldSpaceAR
                                                          //将起点转换到世界坐标系中
            (Point(start.x+trans.x,start.y+trans.y));
        auto endWorld = tmxLayer->convertToWorldSpaceAR
                                                          //将终点转换到世界坐标系中
            (ccp(end.x+trans.x,end.y+trans.y));
        dn->drawSegment(startWorld, endWorld, 1, Color4F(0, 0, 0, 1));
                                                          //绘制路径
        if(tempCount<count){               //以下代码的功能为每一针拿出 list 中的一条路径进行绘制
            if(tempC == tempCount){
                tempCount++;
                if(tempCount>=count){tempCount = count;}
                else{return;
    }}}}
    auto tar = tmxLayer->positionAt(Point(target[1],target[0]));
                                                          //绘制目标精灵
    auto targetWorld = tmxLayer->convertToWorldSpaceAR(Point(tar.x+trans.x, tar.
    y+trans.y));
    targetSprite->setPosition(targetWorld);  //设置精灵的位置
    map<string,INTPVECTORP>::iterator iter;  //绘制最终的搜索结果路径
    int* temp = target;
    str1 = StringUtils::format("%d", temp[0]); //将数字转换成字符串
    str2 = StringUtils::format("%d", temp[1]);
    string key = str1+":"+str2;
    iter = hmPath->find(key);                             //寻找对应的值
    int(*tempA)[2] = NULL;
    if(iter != hmPath->end()){                            //如果查找到了元素
        INTPVECTORP alPath = iter->second;
        vector<int(*)[2]>::iterator begin = alPath->begin();
                                                          //遍历列表
        vector<int(*)[2]>::iterator end = alPath->end();
        for(; begin!=end; begin++){                       //判断起点与终点是否相同
            tempA = (*begin);
```

```
41          auto start = tmxLayer->positionAt    //根据行列得到 tmxlayer 中该图块的位置
42              (Point(tempA[0][1],tempA[0][0]));
43          auto end = tmxLayer->positionAt     //根据行列得到 tmxlayer 中该图块的位置
44              (Point(tempA[1][1],tempA[1][0]));
45          auto startWorld = tmxLayer->convertToWorldSpaceAR
                                                 //将起点转换到世界坐标系中
46              (Point(start.x+trans.x,start.y+trans.y));
47          auto endWorld = tmxLayer->convertToWorldSpaceAR
                                                 //将终点转换到世界坐标系中
48              (Point(end.x+trans.x,end.y+trans.y));
49          dn->drawSegment(startWorld, endWorld, 2, Color4F(1, 1, 0, 1));
                                                 //绘制路径
50      }}}
```

- 第 2～13 行依次为声明用来记录目标点行列的字符串、绘制中间的寻找路径、得到一条路径，包含线段的起点和终点、根据行列得到 tmxlayer 中该瓦片的位置。
- 第 14～24 行依次为将起点与终点转换到世界坐标系中、绘制路径，绘制路径的方法为每一针拿出 list 中的一条路径来进行绘制。
- 第 25～34 行依次为绘制目标精灵并设置精灵的位置、绘制最终的搜索结果路径、将数字转换成字符串、寻找对应的值。
- 第 35～49 行为判断是否查找到了元素，如果查找到了元素则遍历列表，判断起点与终点是否相同，然后根据行列得到 tmxlayer 中该瓦片的位置，将起点与终点转换到世界坐标系中并绘制路径。

（4）开发完 Dijkstra 搜索算法的所有相关代码后，再次运行案例，选择 Dijkstra 搜索算法对应的菜单按钮，并选择不同的目标点即可以得到运行效果，如图 8-33 和图 8-34 所示。

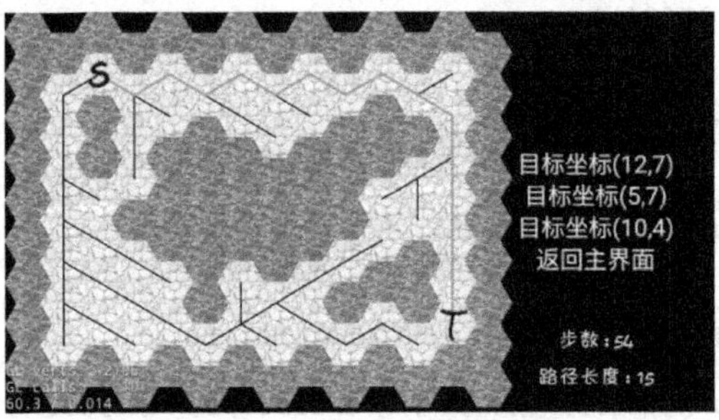

▲图 8-33　Dijkstra 算法案例效果图 1

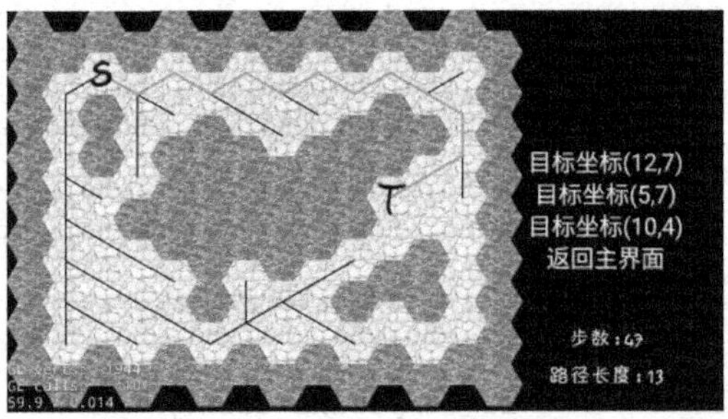

▲图 8-34　Dijkstra 算法案例运行效果图 2

8.2.6　用 A*思想优化广度优先路径搜索

A*思想实质就是一种启发式搜索，所谓启发式搜索就是利用一个启发因子评估每次寻找的路线的优劣，再决定往哪个节点走。实际上，A*只是一种思想，可以运用这种思想对之前实现的搜索算法进行优化，以提高搜索算法的运行效率。下面就介绍一下其具体的优化步骤。

（1）首先介绍一下在案例的开发中与 A*开发相关的内容，以下代码需在 GameLayer 类中进行开发，其功能是为接下来运用 A*思想优化广度优先搜索算法做好相应的对象声明及初始化工作。

代码位置：源代码/第 8 章/Sample8_2/app/src/main/jni/tilesCPP 目录下的 GameLayer.cpp。

```
typedef int(*INTPARR)[2];                   //A*用优先级队列
struct cmp{                                  //A*用优先级队列容器中的比较器，内部重载了（）操作符
    bool operator()(INTPARR o1, INTPARR o2){
        int* t1 = o1[1];                     //col
        int* t2 = o2[1];                     //row
        int a = visited[o2[0][1]][o2[0][0]]+abs(t1[0]-target[0])+abs(t1[1]- target[1]);
                                             //门特卡罗距离
          int b = visited[o2[0][1]][o2[0][0]]+abs(t2[0]-target[0])+abs(t2[1]- target[1]);
          return a>b;                        //返回距离值
```

```
}};
priority_queue<INTPARR,vector<INTPARR>,cmp>* astarQueue;
                                        //A*用优先级队列
```

> **说明**　该段代码的功能为创建 A*用优先级队列及 A*用优先级队列容器中的比较器，此段代码是在进行节点比较时调用的。这里比较的是当前节点与目标点的距离。

（2）介绍完 A*思想的具体内容以及其相关代码的开发后，接下来就可以运用 A*思想对广度优先搜索算法及 Dijkstra 搜索算法进行优化。首先介绍一下运用其思想对广度优先搜索算法的优化。

（3）进行算法代码的开发前，首先需要在 GameLayer.h 头文件中对其进行声明，其声明的代码为“void BFSAStar();”。

（4）GameLayer 类中添加一个 BFSAStar 方法，然后将其使用到的队列全部替换成 astarQueue 即可，具体的代码如下所示。

代码位置：源代码/第 8 章/Sample8_2/app/src/main/jni/tilesCPP 目录下的 GameLayer.cpp。

```
void GameLayer::BFSAStar(){                              //广度优先 A*算法
    bool flag = true;                                    //创建一个标志位
    string str1;                                         //声明记录目标点行列的字符串
    string str2;
    int(*start)[2] = new int[2][2];                      //初始化开始状态
    start[0][0] = source[0];                             //将初始点的行列存放到二维数组中
    start[0][1] = source[1];
    start[1][0] = source[0];                             //将目标点的行列存放到二维数组中
    start[1][1] = source[1];
    astarQueue->push(start);                             //将开始点放进 A*用优先级队列中
    count = 0;                                           //初始化步数计数器
    while(flag){
        int(*currentEdge)[2] = astarQueue->top();        //从队首取出边
        astarQueue->pop();
        int* tempTarget = currentEdge[1];                //取出此边的目的点
        if(visited[tempTarget[1]][tempTarget[0]] != 0)   //判断目的点是否去过
                                 {continue;}
        count++;
     visited[tempTarget[1]][tempTarget[0]] = visited[currentEdge[0][1]][currentEdge[0][0]]+1;
        searchProcess->push_back(currentEdge);           //将临时目的点加入搜索过程中
        str1 = StringUtils::toString(tempTarget[0]);     //将目的点的行列数字转换成字符串
        str2 = StringUtils::toString(tempTarget[1]);
        hm->insert(map<string,int(*)[2]>::value_type(str1+":"+str2,currentEdge));
                                                         //记录父节点
        if(tempTarget[0] == target[0] && tempTarget[1] == target[1]){break;}
                                                         //判断是否找到目的点
        int currCol = tempTarget[0];                     //将所有可能的边加入优先级队列
        int currRow = tempTarget[1];
        int(*sequence)[2] = NULL;                        //将存放搜索方向的数组制空
        if(currRow%2 == 0){sequence = sequenceZ[0];}     //根据当前图块的奇偶行来确定搜索的方向
        else{sequence = sequenceZ[1];}
        for(int m = 0; m<6; m++){                        //进行六个方向的搜索
            int* rc = sequence[m];
            int i = rc[1];
            int j = rc[0];
            if(i==0 && j==0){continue;}                  //如果搜索的方向无可能节点则继续搜索
            if(currRow+i>=0 && currRow+i<row && currCol+j>=0 && currCol+j<col &&
                    MAP_DATA[currRow+i][currCol+j]!=1)
                                                         //判断下一临时目标点是否去过
            {
                int(*tempEdge)[2] = new int[2][2];       //创建二维数组
                tempEdge[0][0] = tempTarget[0];          //设置为下一个目标点
                tempEdge[0][1] = tempTarget[1];
                tempEdge[1][0] = currCol+j;
                tempEdge[1][1] = currRow+i;
                astarQueue->push(tempEdge);              //将二维数组添加进 A*用优先级队列中
    }}}}
```

● 第 2～11 行依次为创建一个标志位用来作为是否继续查找的判定标志、声明记录目标点行列的字符串、初始化开始状态、将初始点与目标点的行列存放到二维数组中、初始化步数计数器。

● 第 12～43 行为判断是否找到目标点并进行路径的搜索，其中第 13～18 行依次为从队首取出边、取出此边对应的目的点、判断目的点是否去过，若去过则直接进入下次循环，然后是将步数计数器累加。

● 第 19～24 行依次为将临时目的点加入搜索过程中、记录此临时目的点的父节点、然后判断是否找到目的点。

● 第 25～34 行依次为将所有可能的边加入优先级队列、根据当前瓦片的奇偶行来确定搜索的方向、如果搜索的方向无可能节点则继续搜索直到找到目标点为止。

● 第 35～43 行为判断下一临时目标点是否去过，如果没有去过则创建二维数组，将该点设置为下一个目标点，然后将二维数组添加进 A*用优先级队列中。

（5）将广度优先算法进行改造后，便可以得到广度优先 A*算法，然后再次运行该程序，选择广度优先 A*算法对应的菜单按钮，就可以得到优化后的运行效果，如图 8-35 和图 8-36 所示。

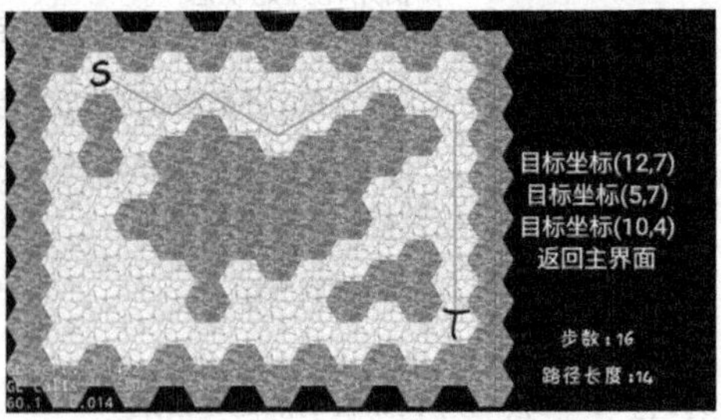

▲图 8-35　广度优先 A*算法效果图 1

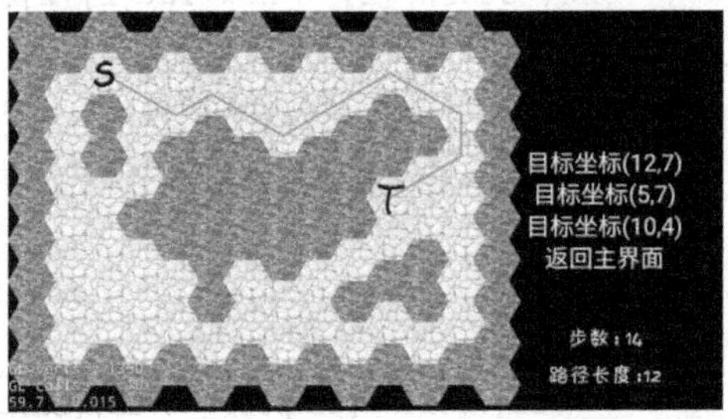

▲图 8-36　广度优先 A*算法效果图 2

说明　用 A*优化的广度优先搜索算法得到的路径基本上是最短路径，但是并不能保证一定是最优路径，其执行的效率较高，所以在游戏的开发中用得较多。

8.2.7　用 A*思想优化 Dijkstra 路径搜索

前一小节中已经用 A*思想对广度优先算法进行了优化，通过其运行效果图右下角的步数计数器和路径长度记录的对比可以看出，在优化后明显可以看到案例运行的效率有所提升，所以，接下来就继续用 A*思想对 Dijkstra 搜索算法进行优化，具体的步骤及代码如下。

（1）进行该优化算法的具体开发前，首先需要在 GameLayer.h 头文件中声明该方法，其具体的声明代码为“void DijkstraAStar();”。

（2）打开 GameLayer 类，为该类添加一个名为 DijkstraAStar 的方法。

（3）将前边 8.1.6 小节中介绍的关于 Dijkstra 算法开发的相关代码复制到 DijkstraAstar 中。

（4）只需要将 8.1.6 小节中关于 Dijkstra 算法开发的代码中的第 34～42 行的代码替换即可，其替换后的代码如下所示。

代码位置：源代码/第 8 章/Sample8_2/app/src/main/jni/tilesCPP 目录下的 GameLayer.cpp。

```
while(flag){
    int* k = new int[2];                          //定义一个整形数组 k
    int minLen = 9999;                            //初始化 minLen
```

```
4        bool iniFlag=true;                                    //搜索循环控制
5        for(int i=0; i<row; i++){                             //行判断
6            for(int j=0; j<col; j++){                         //列判断
7              if(visited[i][j] == 0){                         //判断下一个点去过未去过
8                if(length[i][j] != 9999){
9                  if(iniFlag){
10                   minLen= length[i][j]+(int)sqrt((j-target[0])*(j-target[0])
                                                       //第一个找到的可能点
11                          +(i-target[1])*(i-target[1]));
12                   k[0] = j;                         //col
13                   k[1] = i;                         //row
14                         iniFlag=!iniFlag;
15                     }else{
16                     int tempLen =length[i][j]+(int)sqrt((j-target[0])*(j- target[0])
17                                +(i-target[1])*(i-target[1]));
18                         if(minLen>tempLen){          //当 minLen 大于 tempLen 时
19                             minLen = tempLen;        //令 minLen=tempLen
20                             k[0] = j;                //col
21                             k[1] = i;                //row
22   }}}}}}
```

- 第 2～14 行功能为对整个地图进行遍历搜索时，根据第 10 行的数学公式来求两个点之间的最短距离，当找到最短距离的点时，将标志位置返跳出该循环。
- 第 15～21 行功能为判断所搜索的点是否为距离最短的点，当搜索到的临时最短距离比已存储的最短距离小时，则将二者互换，将更短的距离的点存储起来并将前一个点删除。

（5）将算法优化完成后运行该程序，选择 DijkstraA*算法的菜单按钮，并选择不同的目标点即可得到搜索算法运行的效果，如图 8-37 和图 8-38 所示。

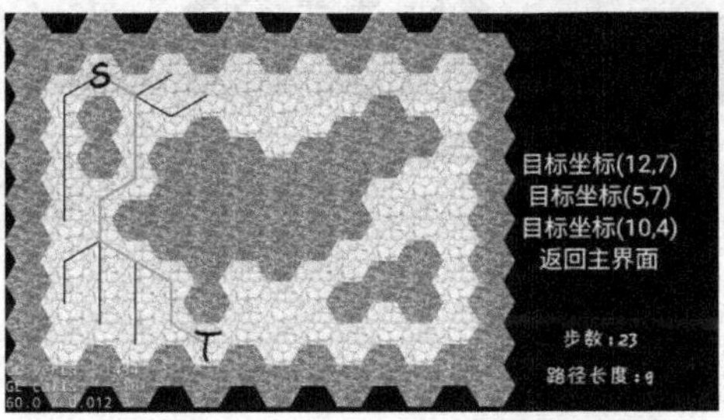

▲图 8-37 DijkstraA*运行效果图 1

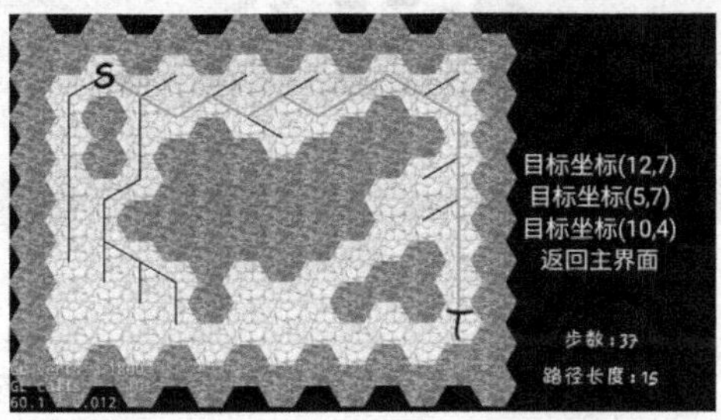

▲图 8-38 DijkstraA*运行效果图 2

> **说明** 用 A*优化的 Dijkstra 搜索算法得到的路径一定是最优路径，在真正的游戏开发中，应用该算法的情况比较多。

本章前两节介绍的正六边形瓦片地图是基于 2D 的 TMX 地图的，这里主要是通过正六边形瓦片地图实现两种算法介绍。第一种算法是知道坐标点以后可以计算出相对应的正六边形方格位置，另一种算法是实现路径搜索。这两种算法在 3D 游戏中同样是可以实现且方便使用的，因此在这里进行了详细讲解。

8.3 手机截屏

游戏过程中，有时候会希望得到当前界面的截屏。比如，玩家可以把自己过关的场面通过社交网络分享给朋友，或者开发者可以研究玩家在游戏过程中所关注的场景。Cocos2d-x 从 3.2 版本开始提供了自己实现截屏功能的方法，具体内容如下。

8.3.1　基础知识

Cocos2d-x 在 2.x 版本的时候是使用 RenderTexture 类来完成截图的功能，这种方法比较适合 2D 场景下的截屏。Cocos2d-x 从 3.2 版本开始增加了用于截屏功能的 captureScreen 方法来捕获屏幕的画面。下面将对 captureScreen 方法进行详细的介绍，其方法签名如下。

```
void captureScreen(const std::function<void(bool, const std::string&)>& afterCaptured,
const std::string& filename)
```

（1）参数 afterCaptured 表示截屏时的回调方法。

（2）参数 filename 既可以表示一个简单的文件名（hello.png），也可以表示一个绝对路径名（mnt\sdcard\hello.png）。

8.3.2　案例开发

前面小节中介绍了手机截屏的实现方法，在了解了此内容后，就可以进行具体案例的开发了。本小节将用一个简单的案例来对手机截屏的相关知识进行进一步的介绍，但在进行具体案例的开发之前，有必要来看一下其运行效果，如图 8-39 和图 8-40 所示。

▲图 8-39　案例效果图 1

▲图 8-40　案例效果图 2

> **说明**　图 8-39 所示左上角的三个按钮的作用依次为保存截屏、调用截屏图片创建精灵和删除精灵。首先单击保存精灵按钮将截屏的图片保存到相应的目录。然后可以单击创建精灵按钮调用图片创建精灵，如图 8-40 所示，也可以到相应的目录查看图片。最后可以单击删除精灵按钮删除创建的精灵。

了解了手机截屏的案例运行效果之后，就可以进行相应案例的开发了，通过开发本案例可以对手机截屏的基础知识和开发过程有更深一步的了解和体会，并能够熟练地应用手机截图的基础知识。下面将对案例的编写过程进行介绍，具体步骤如下所示。

（1）新建一个名称为 Sample8_3 的项目，为项目添加必要的构造器及进行必要的设置。

（2）项目创建完成之后就可以进行代码的开发了，首先开发的是场景管理者 ObjSceneManager 类的框架，由于该类的开发步骤在第 2 章中已经做了详细的介绍，这里就不再赘述，需要的读者可以参考本书中的源代码。

（3）开发完上述场景管理类之后，接下来开发的就是两个布景类了，首先开发的是与 2D 相关的 My2DLayer 类，以完成 2D 布景类中所需对象及方法的声明，其类框架声明如下。

代码位置：源代码/第 8 章/Sample8_3/app/src/main/jni/sampleCPP 目录下的 My2DLayer.h。

```
......//此处省略了对一些头文件的引用以及定义头文件的相关代码，请读者自行参考源代码
class My2DLayer : public cocos2d::Layer{
public:
```

```
4        std::string _snapshotFile;                      //截屏图片的名称或保存路径
5        bool Savebool;                                  //是否保存成功的标志位
6        virtual bool init();                            //初始化的方法
7        void menuCloseCallback(Ref* pSender);           //关闭菜单回调方法
8        void SaveButton(Ref* pSender);                  //保存截屏的方法
9        void RemoveButton(Ref* pSender);                //删除精灵的方法
10       void CreateButton(Ref* pSender);                //创建精灵的方法
11       CREATE_FUNC(My2DLayer);
12   };#endif
```

- 第 4～5 行的功能为声明截屏图片的名称或保存路径以及是否可以保存的标志位。
- 第 6～10 行的功能为声明了布景的初始化方法、关闭菜单的回调方法、保存截屏的方法、创建精灵的方法和删除精灵的方法。

（4）开发完上述类框架声明后还要真正实现 My2DLayer 类中的 init 方法、SaveButton 方法、CreateButton 方法、RemoveButton 方法和 menuCloseCallback 方法，以完成布景内各个精灵的创建及初始化工作和截屏与案例的退出功能，具体代码如下。

代码位置：源代码/第 8 章/Sample8_3/app/src/main/jni/sampleCPP 目录下的 My2DLayer.cpp。

```
1    ......//此处省略了对一些头文件的引用以及定义头文件的相关代码，请读者自行参考源代码
2    bool My2DLayer::init(){
3        ......//此处省略了调用父类的初始化以及获取可见区域尺寸和原点坐标的代码
4        ui::Button* capture = ui::Button::create("pic/button.png","pic/button.png");
                                                           //创建按钮
5        capture->setAnchorPoint(Vec2(0.5, 0));//
6        capture->setPosition(Vec2(100, 470));             //设置按钮的位置
7        capture->setTitleText("Save");                    //设置按钮显示是文本内容
8        capture->setScale(1.5f);                          //设置按钮的缩放比
9        capture->addClickEventListener(CC_CALLBACK_1
10                   (My2DLayer::SaveButton,this));        //设置按钮监听的回调方法
11       this->addChild(capture);                          //将按钮添加到布景
12       ......//此处省略了创建 Create 和 Remove 按钮、关闭菜单和文本标签 Label 的代码
13       return true;
14   }
15   void My2DLayer::SaveButton(Ref* pSender){
16       Savebool=false;
17       Director::getInstance()->getTextureCache()->
18               removeTextureForKey(_snapshotFile);       //从缓存中删除一个纹理
19       _snapshotFile = "/mnt/sdcard/ScreenShot.png";//设置保存路径
20       utils::captureScreen([this](bool succeed, const std::string& outputFile){
                                                           //捕获整个屏幕
21           if (!succeed)    return;                      //若保存不成功则返回
22           _snapshotFile = outputFile;
23           Savebool=true;                                //保存成功标志位
24           }, _snapshotFile);
25   }
26   void My2DLayer::CreateButton(Ref* pSender){
27       if(Savebool){
28           auto sp = Sprite::create(_snapshotFile);      //创建精灵
29           this->addChild(sp, 0, 119);                   //添加精灵到布景
30           sp->setPosition(230, 130);                    //设置位置
31           sp->setScale(0.25);                           //设置缩放比
32       }
33   }
34   void My2DLayer::RemoveButton(Ref* pSender){
35       this->removeChildByTag(119);                      //删除精灵
36   }
37   ......//此处省略了关闭菜单的回调方法，需要的读者可以自行参考源代码
```

- 第 4～11 行的功能为创建按钮，并对按钮的位置、文本内容、缩放比以及监听的回调方法。
- 第 16～19 行的功能为首先改变标志位的值为 false，然后从缓存中删除相同的纹理，最后设置截屏图片的名称或保存路径。
- 第 20～24 行的功能为调用 captureScreen 方法来捕获整个屏幕的画面。

- 第27～31行的功能为通过调用保存的截屏图片创建图片精灵。
- 第34～36行的功能为删除创建的图片精灵。

（5）开发完与2D相关的My2DLayer类之后，接下来开发的就是与3D相关的My3DLayer类了。由于这个类的开发步骤与Sample2_1案例非常相似，这里就不再赘述，需要的读者可以参考本书中的源代码。

8.4 本章小结

本章首先介绍了正六边形瓦片地图的基本原理及特点和地图的设计过程，并用一个简单的案例介绍了网格定位算法。然后又深入地探索了正六边形地图的几种路径搜索算法。最后又通过了一个简单的案例说明了手机截屏的功能。

第9章　初识3D物理引擎Bullet

本章将向读者介绍Cocos2d-x中的3D物理引擎——Bullet，该引擎是世界三大物理引擎之一，同时是跨平台的物理引擎，支持Windows、Linux、Mac、XBOX360以及Playstation3等主流平台。其广泛用于游戏开发和电影制作中，例如游戏《侠盗猎车4》使用的就是该物理引擎，电影《2012》和《大侦探福尔摩斯》也使用了Bullet物理引擎。

Bullet支持刚体和软体的物理模拟，支持碰撞检测和碰撞监听。碰撞形状包括了球体、立方体、圆柱、胶囊、圆锥等凸多面体，以及三角形索引数组组成的凹面。对于软体，引擎提供了软布、绳索和三角形索引数组组成的可变形状物体。

9.1 常用类的介绍

俗话说得好“基础不牢，地动山摇”。在学习新的技术时，首先要弄清楚一些基本的概念和一些常用类的API，这样深入学习起来才更有效率。本节主要介绍Cocos2d-x中封装的一些Bullet的类，以及其对应的概念。其中主要包括了三维向量类、矩阵类、刚体类、物理世界类以及各种碰撞形状类。

9.1.1 Vec3类——三维向量类

Vec3类为三维向量类，该类对应Bullet中的btVector3类。Cocos2d-x中的Physics3D类提供了Vec3和btVector3的相互转换方法。三维坐标系中的点和向量均可以用该类表示，例如其对象可以表示速度、点、力等向量（矢量），其常用的方法见表9-1。

表9-1　Vec3类的常用方法

方法签名	说明
Vec3 ()	Vec3类的构造函数，构造一个初始值为零的向量
Vec3 (float xx, float yy, float zz)	Vec3类的构造函数，构造一个新的向量并用特定值初始化，参数xx为x方向的值，参数yy为y方向的值，参数zz为z方向的值
inline bool isZero()	判断原向量是否为零向量，返回值为true则表示是，相反则表示不是
inline bool isOne()	判断该向量是否为单位向量，返回值若该向量为单位向量则返回true,否则返回false
static float angle(const Vec3& v1, const Vec3& v2)	获取两个给定向量之间的角度，单位为弧度，返回值为获取的角度值
void clamp(const Vec3& min, const Vec3& max)	将该向量限制在指定范围[min,max]内
static void clamp(const Vec3& v, const Vec3& min, const Vec3& max, Vec3* dst)	将给定的向量v限制在指定范围[min,max]内，参数v表示被限定向量，参数min表示最小范围，参数max表示最大范围，结果保存在参数dst中
void normalize()	求向量的标准化向量

续表

方 法 签 名	说　明
Vec3 getNormalized()	标准化该向量并返回结果，返回值表示标准化的向量
inline void scale(float scalar)	用指定的缩放系数 scalar 对向量的各分量进行缩放，参数 scalar 表示缩放系数
inline void set(float xx, float yy, float zz)	设置当前向量各分量值为指定值，参数 xx 表示新的 x 分量值，参数 yy 表示新的 y 分量值，参数 zz 表示新的 z 分量值
inline void set(const float* array)	将给定 array 序列，依序设置向量 x,y,z 各分量的值
inline void set(const Vec3& v)	将向量 v 的值复制到本向量中，参数 v 表示将要被复制的向量
void smooth(const Vec3& target, float elapsedTime, float responseTime)	平滑更新向量的当前位置，指向目标向量 target responseTime 定义了平滑时间量，该值越大结果越平滑，相应的延迟时间越长。如果希望向量紧跟 target 向量，提供一个相对 elapsedTime 小很多的 responseTime 值即可

表 9-1 介绍了 Vec3 类中的一些常用的方法，但是向量主要功能是用来计算的，下面来介绍 Vec3 类中向量的计算方法，见表 9-2。

表 9-2　　Vec3 类中的计算方法

方 法 签 名	说　明
inline void add(const Vec3& v)	向量求和，将指定向量与该向量求和
inline void add(float xx, float yy, float zz)	向量求和，将指定 3 个数值与该向量求和
static void add(const Vec3& v1, const Vec3& v2, Vec3* dst)	向量求和，参数 v1，v2 求和的结果存储到参数 dst 中
void cross(const Vec3& v)	计算该向量与 v 的叉积
static void cross(const Vec3& v1, const Vec3& v2, Vec3* dst)	计算 v1 与 v2 的叉积，结果保存在参数 dst 中
float distance(const Vec3& v)	计算该向量与 v 的距离，返回值表示计算结果距离
float distanceSquared(const Vec3& v)	计算向量与 v 的距离的平方，返回值表示计算结果距离的平方
float dot(const Vec3& v)	计算向量与 v 的点积，返回值表示计算结果
static float dot(const Vec3& v1, const Vec3& v2)	计算 v1 与 v2 的点积，返回值表示计算结果
inline float length()	计算向量的长度，返回值表示计算结果
inline float lengthSquared()	计算向量长度的平方，返回值表示计算结果
inline void negate()	计算该向量的反向量
inline void set(const Vec3& p1, const Vec3& p2)	通过 p1 和 p2 两个点计算向量
inline void setZero()	将此向量的元素设置为零
inline void subtract(const Vec3& v)	求与向量 v 的差，并将结果保存在本向量中
static void subtract(const Vec3& v1, const Vec3& v2, Vec3* dst)	计算 v1 和 v2 的差值，将结果保存在 dst 向量中
inline Vec3 lerp(const Vec3& target, float alpha)	获取原向量与提供的向量插值计算而成的向量，参数 target 为提供的向量，参数 alpha 为所需的系数，为 0 时返回原向量，为 1 时返回提供的向量。返回值为计算得出的向量

9.1.2　Mat4 类——矩阵类

Mat4 类为矩阵类，该类对应 Bullet 中的 btTransform 类，Cocos2d-x 中的 Physics3D 类提供了 Mat4 和 btTransform 的相互转换方法。Mat4 类的对象表示刚体的变换，如平移、旋转等。它是由位置和方向的组合而成。位置坐标和方向向量可以进行坐标系变换，如位置坐标进行平移或者方向向量进行旋转等。Mat4 类的常用方法见表 9-3。

表 9-3　　Mat4 类的常用方法

方法签名	说　明
Mat4()	构造一个矩阵并初始化为单位矩阵
Mat4(float m11, float m12, float m13, float m14, float m21, float m22, float m23, float m24,float m31, float m32, float m33, float m34, float m41, float m42, float m43, float m44)	构造一个矩阵并使用给定的值初始化，参数 11-44 为给定的初始值
Mat4 (const float *mat)	构造一个矩阵并使用指定的列优先数组时行初始化，参数 mat 表示给定的数组
Mat4(const Mat4& copy)	复制指定的矩阵构造一个新的矩阵
static void createRotation (const Quaternion &quat, Mat4 *dst)	根据指定的四元数创建一个旋转矩阵，参数 quat 表示指定的四元数，参数 dst 表示存储结果的矩阵
static void　createScale (const Vec3 &scale, Mat4 *dst)	创建一个缩放矩阵，参数 scale 表示指定的向量，参数 dst 表示存储结果的矩阵
static void　createRotationX (float angle, Mat4 *dst)	根据指定的角度围绕 x 轴旋转创建一个矩阵，参数 angle 表示旋转角度，参数 dst 表示存储结果的矩阵
static void　createRotationY (float angle, Mat4 *dst)	根据指定的角度围绕 y 轴旋转创建一个矩阵，参数 angle 表示旋转角度，参数 dst 表示存储结果的矩阵
static void　createRotationZ (float angle, Mat4 *dst)	根据指定的角度围绕 z 轴旋转创建一个矩阵，参数 angle 表示旋转角度，参数 dst 表示存储结果的矩阵
float determinant()	计算当前矩阵的行列式，返回值表示计算结果
static void createTranslation(const Vec3& translation, Mat4* dst)	创建一个平移矩阵，参数 translation 为指定的平移向量，参数 dst 表示存储结果的矩阵
void getScale(Vec3* scale)	获取该矩阵的缩放分量，参数 scale 用于存储获取的缩放分量
bool getRotation(Quaternion* rotation)	获取该矩阵的旋转分量，参数 rotation 表示获取的旋转分量，返回值为 true 则获取成功，相反则获取失败
void getTranslation(Vec3* translation)	获取该矩阵的平移分量，参数 scale 用于存储获取的平移分量
Mat4 getInversed()	获取该矩阵的逆矩阵，返回值为获取的逆矩阵
bool isIdentity()	判断该矩阵是否为单位矩阵，返回值为 true 则该矩阵为单位矩阵，相反则不是单位矩阵

说明　表中提到了 Quaternion 类，该类表示的是四元数。所谓四元数是用于表示旋转的数学模型。通过四元数可以对三维向量进行旋转变换。在后续的案例中有四元数的使用，读者可以留心。并且 Mat4 类中还有很多方法，这里只列举了笔者认为比较常用的，有需要的读者可自行查看 Cocos2d-x 源代码。

9.1.3　Physics3D 类——3D 物理类

Physics3D 类为 3D 物理类。该类的使用频率非常高，其方法用在 Mat4 对象和 btTransform 对象、Vec3 对象和 btVector3 对象以及 Quaternion 对象和 btQuaternion 对象的相互转换中，该类的常用方法见表 9-4。

表 9-4 Physics3D 类的常用方法

方法签名	说明
cocos2d::Vec3 convertbtVector3ToVec3(const btVector3 &btVec3)	将 btVector3 对象转换为 Vec3 对象，参数 btVec3 为将要转换的对象，返回值为转换结果
btVector3 convertVec3TobtVector3(const cocos2d::Vec3 &vec3)	将 Vec3 对象转换为 btVector3 对象，参数 vec3 为将要转换的对象，返回值为转换结果
cocos2d::Mat4 convertbtTransformToMat4(const btTransform &btTrans)	将 btTransform 对象转换为 Mat4 对象，参数 btTrans 为将要转换的对象，返回值为转换结果
btTransform convertMat4TobtTransform(const cocos2d::Mat4 &mat4)	将 Mat4 对象转换为 btTransform 对象，参数 mat4 为将要转换的对象，返回值为转换结果
cocos2d::Quaternion convertbtQuatToQuat (const btQuaternion &btQuat)	将 btQuaternion 对象转换为 Quaternion 对象，参数 btQuat 为将要转换的对象，返回值为转换结果
btQuaternion convertQuatTobtQuat(const cocos2d::Quaternion &quat)	将 Quaternion 对象转换为 btQuaternion 对象，参数 quat 为将要转换的对象，返回值为转换结果

说明 由表##可以看出此类的方法比较简单，但是该类中的方法使用频率非常高，需要认真学习，牢牢掌握，在下一小节，将给大家介绍 3D 物理精灵类——PhysicsSprite3D 类。

9.1.4 PhysicsSprite3D 类——3D 物理精灵类

PhysicsSprite3D 类为 3D 物理精灵类，该类继承自 3D 精灵类 Sprite3D。在使用 Bullet 物理引擎时该类的使用频率非常高，下面向读者介绍该类的常用方法，见表 9-5。

表 9-5 PhysicsSprite3D 类的常用方法

方法签名	说明
static PhysicsSprite3D* create(const std::string &modelPath, Physics3DRigidBodyDes* rigidDes, const cocos2d::Vec3& translateInPhysics = cocos2d::Vec3::ZERO, const cocos2d::Quaternion& rotInPhsyics = cocos2d::Quaternion::ZERO)	创建一个 3D 物理精灵类，参数 modelPath 表示模型路径，参数 rigidDes 表示 3D 物理刚体描述信息，参数 translateInPhysics 表示精灵在物理世界的位置默认为 Vec3::ZERO，参数 rotInPhsyics 表示精灵的旋转默认为 Quaternion::ZERO
Physics3DObject* getPhysicsObj()	获得 3D 物理精灵的 3D 物体对象，返回值为 3D 物体对象
Void setSyncFlag(Physics3DComponent::PhysicsSyncFlag syncFlag)	设置 3D 物理精灵的同步标志，参数 syncFlag 为同步标志
void syncNodeToPhysics()	同步节点物理位置
void syncPhysicsToNode()	同步物理转换到节点

说明 一般情况下，应该先将坐标换算到物理世界，然后进行物理模拟，最后将坐标换算到 3D 世界。如果物体只在物理世界中改变位置，那么可以不用将其坐标换算到物理世界；如果物体固定不动，那么不需要换算。setSyncFlag 方法用于选择换算方式以节省资源，包括全部换算、只换算到物理世界、只换算到 3D 世界、不换算 4 种模式。

9.1.5 Physics3DRigidBody 类——刚体类

Physics3DRigidBody 类为刚体类。该类的使用频率非常高，其对象用于存储刚体的一些属性信息，包括线速度、角速度、摩擦系数等。该类封装了设置和获取线速度、角速度、摩擦系数等一系列方法。首先介绍该类中与设置和获取线速度和角速度有关的常用方法，见表 9-6。

表 9-6　　Physics3DRigidBody 类的部分常用方法

方法签名	说明
void setLinearVelocity(const cocos2d::Vec3& lin_vel)	设置刚体线速度，参数 lin_vel 表示刚体的线速度
cocos2d::Vec3 getLinearVelocity()	获取线速度，返回值为获取的线速度向量
void setLinearFactor(const cocos2d::Vec3& linearFactor)	设置线性因子，参数 linearFactor 表示线性因子
cocos2d::Vec3 getLinearFactor() const	获得线性因子，返回值为获取的线性因子
void setAngularFactor(const cocos2d::Vec3& angFac)	设置角度因子，参数 angFac 表示要设置的角度因子
void setAngularFactor(float angFac)	设置角度因子，参数 angFac 表示要设置的角度因子
cocos2d::Vec3 getAngularFactor()	获取角度因子，返回值获取的因子
void setAngularVelocity(const cocos2d::Vec3& ang_vel)	设置角速度，参数 ang_vel 为角速度向量
cocos2d::Vec3 getAngularVelocity()	获取角速度，返回值为获取的角速度向量

表 9-6 中列举了该类中与线速度和角速度有关的常用的一系列方法，下面将介绍该类中与设置和获取摩擦系数、恢复系数和阻尼系数有关的常用方法，见表 9-7。

表 9-7　　Physics3DRigidBody 类的部分常用方法

方法签名	说明
void setDamping(float lin_damping, float ang_damping)	设置线性阻尼系数和角度阻尼系数，参数 lin_damping 表示线性阻尼系数，参数 ang_damping 表示角度阻尼系数
float getLinearDamping()	获取线性阻尼系数，返回值为获取的系数
float getAngularDamping()	获取角度阻尼系数，返回值为获取的系数
void setRestitution(float rest)	设置恢复系数，参数 rest 为恢复大小
float getRestitution()	获取恢复系数，返回值为获取的恢复系数大小
void setFriction(float frict)	设置摩擦系数，参数 frict 为要设置的摩擦系数大小
float getFriction()	获取摩擦系数，返回值为获取的摩擦系数
void setRollingFriction(float frict)	设置滚动摩擦系数，参数 frict 为滚动摩擦系数大小
float getRollingFriction()	获取滚动摩擦系数，返回值为获取的滚动摩擦系数
void setHitFraction(float hitFraction)	设置碰撞摩擦系数，参数 hitFraction 为碰撞摩擦系数大小
float getHitFraction()	获取碰撞摩擦系数，返回值为获取的碰撞摩擦系数

表 9-7 中介绍了该类中与摩擦系数、恢复系数和阻尼系数相关的方法，这些方法的使用频率非常高，因为在设置刚体属性时，这些属性的设置是必不可少的。介绍完该类的这些方法后，下面将介绍该类中与力和重力加速度等属性有关的方法，见表 9-8。

表 9-8　　Physics3DRigidBody 类的部分常用方法

方 法 签 名	说　明
void applyForce(const cocos2d::Vec3& force, const cocos2d::Vec3& rel_pos)	应用力，参数 force 表示要应用的力，参数 rel_pos 表示施加力的位置
void applyCentralForce(const cocos2d::Vec3& force)	应用中心力，参数 force 表示提供的力向量
void applyCentralImpulse(const cocos2d::Vec3& impulse)	应用中心冲量，参数 impulse 表示要应用的冲量
void applyTorque(const cocos2d::Vec3& torque)	应用扭矩，参数 torque 表示要应用的刚体扭矩
void applyTorqueImpulse(const cocos2d::Vec3& torque)	应用扭矩冲量，参数 torque 表示要应用的扭矩
void applyImpulse(const cocos2d::Vec3& impulse, const cocos2d::Vec3& rel_pos)	应用冲量，参数 impulse 表示要应用的冲量，参数 rel_pos 表示要施加冲量的位置坐标
void applyDamping(float timeStep)	应用阻尼，参数 timeStep 表示要应用的阻尼大小
void setGravity(const cocos2d::Vec3& acceleration)	设置刚体的重力加速度，参数 acceleration 表示要设置的重力加速度
cocos2d::Vec3 getGravity()	获取刚体的重力加速度，返回值为获取的重力加速度
cocos2d::Vec3 getTotalForce()	获取刚体上的合力，返回值为获取的力向量
cocos2d::Vec3 getTotalTorque()	获取刚体上的合扭矩，返回值为获取的扭矩

介绍完了该类中与力和重力加速度等属性有关的方法后，下面将介绍该类中其他一些同样非常重要的方法，见表 9-9。

表 9-9　　Physics3DRigidBody 类的部分常用方法

方 法 签 名	说　明
Static Physics3DRigidBody* create(Physics3DRigidBodyDes* info)	Physics3DrigidBody 类的创建方法，参数 Physics3DRigidBodyDes 为刚体信息对象
btRigidBody* getRigidBody()	获得为封装的 Bullet 中的刚体方法，返回值为 btRigidBody 指针
void setCenterOfMassTransform(const cocos2d::Mat4& xform)	设置刚体变换矩阵，参数 xform 表示需要变换的对象
cocos2d::Mat4 getCenterOfMassTransform()	获取重心的变换，返回值为获取的变换对象
void setKinematic(bool kinematic)	设置刚体是否可以运动，参数 kinematic 为 true 则刚体可以运动，相反则不能运动
bool isKinematic()	判断刚体是否可以运动，返回值为 true 则可以运动，相反则不能运动
virtual cocos2d::Mat4 getWorldTransform()	获得世界变换矩阵对象，返回值为变换矩阵对象
Physics3DConstraint* getConstraint(unsigned int idx)	通过编号获得刚体关节，返回值为关节
unsigned int getConstraintCount()	获得刚体关节总数，返回值为关节数量

至此，Physics3DRigidBody 类中的常用方法就已经介绍完了，相信读者对此类有了一定的了解，在下一小节将向大家介绍物理世界类——Physics3DWorld 类。

9.1.6　Physics3DWorld 类——物理世界类

Physics3DWorld 类为物理世界类，该类是使用 Bullet 物理引擎必须用到的类。创建该类对象后一般先设置重力，然后将需要计算的物体或关节加入到物理世界对象中，所以该类常用的方法一般包括设置重力方法、添加刚体方法或添加关节等方法。该类常用方法见表 9-10。

表 9-10　　Physics3DWorld 类的常用方法

方法签名	说明
static Physics3DWorld* create(Physics3DWorldDes* info)	通过物理世界描述信息创建物理世界，参数 info 为物理世界描述信息
void setGravity(const Vec3& gravity)	设置物理世界中的重力，参数 gravity 表示重力向量
Vec3 getGravity()	获取物理世界上的重力，返回值为获取的重力向量
void addPhysics3DObject(Physics3DObject* physicsObj);	在物理世界中添加物理物体，参数 physicsObj 表示添加的物体指针
void removePhysics3DObject(Physics3DObject* physicsObj);	删除物理世界中的物理物体，参数 physicsObj 表示添加的物体
void removeAllPhysics3DObjects()	删除物理世界中的全部物体
void addPhysics3DConstraint(Physics3DConstraint* constraint, bool disableCollisionsBetweenLinkedObjs = true)	在物理世界中添加约束，参数 constraint 表示约束的指针
void removePhysics3DConstraint(Physics3DConstraint* constraint)	删除物理世界约束，参数 constraint 表示约束的指针
void removeAllPhysics3DConstraints()	删除物理世界中的全部约束
void stepSimulate(float dt)	设置物理世界模拟一帧的时间，参数 dt 为时间
void setDebugDrawEnable(bool enableDebugDraw)	设置物理世界是否开启测试线，参数 enableDebugDraw 为 true 则开启测试线，相反为 false 则不开启
bool isDebugDrawEnabled()	判断物理世界是否开启测试线，返回值为 true 则开启测试线，相反为 false 则不开启
void debugDraw(cocos2d::Renderer* renderer)	更新调试绘图，参数 renderer 为绘图用到的着色器
const std::vector<Physics3DObject*>& getPhysicsObjects()	获得物理世界中所有物理物体列表
bool rayCast(const cocos2d::Vec3& startPos, const cocos2d::Vec3& endPos, HitResult* result);	进行光线投射检测，参数 startPos 表示光线起始点，参数 endPos 表示光线的终止点，参数 result 表示光线检测结果，返回值为 true 则检测成功，相反则检测失败

9.1.7 Physics3DShape 类——碰撞形状类

Physics3DShape 类表示碰撞形状类，该类在使用 Bullet 物理引擎时使用的频率非常高，可以通过该类中的方法创建出很多种碰撞形状，例如长方体盒碰撞形状、球体碰撞形状、圆柱碰撞形状等。其常用的方法见表 9-11。

表 9-11　　Physics3DShape 类常用方法

方法签名	说明
virtual ShapeType getShapeType()	获取碰撞形状类型，返回值为获取的碰撞形状
static Physics3DShape* createBox(const cocos2d::Vec3& extent)	创建长方体盒碰撞形状，其中参数 extent 表示立方体盒子的半区域，返回值为碰撞形状指针
static Physics3DShape* createSphere(float radius)	创建球体碰撞形状，其中参数 radius 表示球体形状的半径，返回值为碰撞形状指针
static Physics3DShape* createCylinder(float radius, float height)	创建圆柱碰撞形状，其中参数 radius 表示圆柱底面的半径，参数 height 表示圆柱高度，返回值为碰撞形状指针
static Physics3DShape* createCapsule(float radius, float height)	创建胶囊碰撞形状，其中参数 radius 表示胶囊的半径，参数 height 表示胶囊高度，返回值为碰撞形状指针
static Physics3DShape* createConvexHull(const cocos2d::Vec3 *points, int numPoints)	创建凸面壳碰撞形状，其中参数 points 表示该碰撞形状顶点，参数 numPoints 表示顶点个数，返回值为碰撞形状指针

续表

方 法 签 名	说　明
static Physics3DShape* createMesh(const cocos2d::Vec3 *triangles, int numTriangles);	创建网格碰撞形状，其中参数 triangles 表示三角形列表指针，参数 numTriangles 表示三角形个数，返回值为碰撞形状指针
static Physics3DShape* createHeightfield(int heightStickWidth,int heightStickLength, const void* heightfieldData, float heightScale, float minHeight, float maxHeight, bool useFloatDatam, bool flipQuadEdges, bool useDiamondSubdivision = false);	创建地形碰撞形状，其中参数 heightStickWidth 表示地形宽度，参数 heightStickLength 表示地形长度，参数 heightfieldData 表示地形数据，参数 minHeight 表示最小高度，参数 maxHeight 表示最大高度，返回值为碰撞形状指针
static Physics3DShape* createCompoundShape (const std::vector<std::pair<Physics3DShape *, Mat4>> &shapes)	创建复合碰撞形状，其中参数 shapes 为碰撞形状和变换矩阵的向量，返回值为碰撞形状指针

说明　本小节对 Cocos2d-x 中封装的 Bullet 常用类的 API 进行了简单的介绍，但并不够全面。幸运的是，Cocos2d-x 和 Bullet 都是开源的项目，需要更详细信息的读者可到 Cocos2d-x 和 Bullet 的源代码中进行深入的学习。

9.2 箱子撞击案例

上一节主要介绍了 Bullet 的一些基本的概念及 API，但是与学会使用 Bullet 物理引擎还相差甚远。下面从本节开始，作者将通过一系列的小案例来向读者介绍 Bullet 的具体使用，方便读者对该物理引擎的学习。本节将介绍的是在一个物理世界中有 27 个立方体箱子掉落的案例。

9.2.1 案例运行效果

本小节给出的是一个简单的物理场景案例。案例演示的是，在一个空旷的地面上，有 27 个立方体箱子从不同的位置掉落。读者可以通过在屏幕上滑动来调整摄像机，从而以不同的角度观察。其运行效果如图 9-1 和图 9-2 所示。

▲图 9-1　案例运行开始

▲图 9-2　箱子下落静止

说明　图 9-1 为案例运行开始时的效果图，27 个箱子从不同的位置掉落。图 9-2 为箱子下落之后，静止在地面时的效果图，箱子已经以不同的姿态静止了。单击屏幕时，会从屏幕的触控点上发射一个以一定速度运动的箱子。

9.2.2 案例的基本框架结构

介绍本案例之前，首先需要介绍本案例的框架结构，理解本案例的框架结构有助于读者对本案例的学习。该案例较为简单，场景的搭建及物体的摆放均在 My3DLayer 类中进行，其他类则辅助场景的开发。本案例的框架结构如图 9-3 所示。

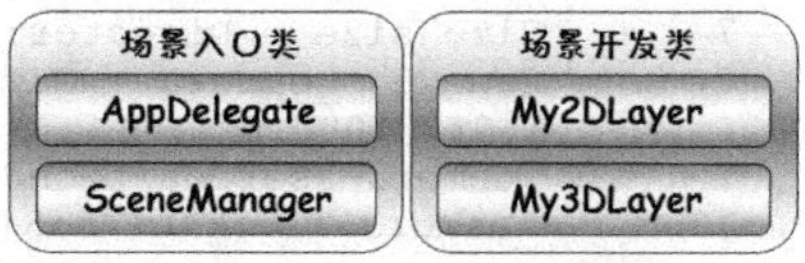

▲图 9-3　框架结构

（1）AppDelegate 类

此类为本案例的应用程序类，其包含了初始化方法、当程序进入后台时调用的停止方法和当程序进出前台时调用的恢复方法。

（2）SceneManager 类

此类为本案例的场景管理类。场景就是电影中的各种场面，各种场面主要由人物活动和背景等构成。那么，在游戏里，场景就是一个个的关卡，关卡主要由布景和人物角色组成。本类的主要功能是将布景加入场景并进行一些初始化功能。

（3）My2DLayer 类

此类为本案例的 2D 信息布景类。一般游戏中，都有一些信息是浮于游戏世界之上的，例如玩家的生命值、技能图标、游戏场景的名称。在 Cocos2d-x 中，会使用一个布景用于承载这些信息。此案例 2D 信息类的实现十分简单，只包含了案例的标题、右下角的退出程序按钮。

（4）My3DLayer 类

此类为本案例的 3D 物理世界布景类。其实现了游戏世界中物体的加载、布置以及游戏里所有的逻辑。对于此案例，此类加载了地面刚体以及 27 个箱子刚体，实现了摄像机的旋转，完成了触控屏幕发射箱子刚体的功能。

9.2.3　场景管理类——SceneManager 类

首先向读者介绍的是场景管理类 SceneManager，其主要功能为声明和实现创建场景对象的 createScene 方法。该方法主要包含了场景的创建，物理世界的初始化以及对摄像机的基本设置，具体的开发步骤如下。

（1）首先开发 SceneManager 类的框架，主要功能是声明创建场景对象的 createScene 方法。框架的具体代码如下。

代码位置：源代码/第 9 章/Sample9_1/app/src/main/jni/sampleCPP 目录下的 SceneManager.h。

```
#ifndef __SceneManager_H__                          //如果未定义该头文件
#define __SceneManager_H__                          //则定义该头文件
#include "cocos2d.h"                                //引入 cocos 引擎头文件
using namespace cocos2d;                            //使用 cocos 引擎命名空间
class SceneManager{                                 //用于创建场景的类
public:
    void createScene();                             //创建场景对象的方法
};
#endif
```

说明　SceneManager 类框架比较简单，其中引用了 cocos 引擎文件，主要是给出了创建场景对象的 createScene 方法的声明。

（2）开发完上述类框架声明后，还要真正实现 SceneManager 类中的 createScene 方法。该方法包含了 3D 世界中摄像机的创建以及物理世界的初始化，其具体代码如下。

代码位置：源代码/第 9 章/Sample9_1/app/src/main/jni/sampleCPP 目录下的 SceneManager.cpp。

```
#include "C3bSceneManager.h"
#include "My3DLayer.h"                          //引入相应头文件
#include "My2DLayer.h"
#include "physics3d/CCPhysics3DWorld.h"
void SceneManager::createScene(){               //实现 SceneManager 类中的 createScene 方法
```

```
    auto scene = Scene::create();                              //创建一个场景对象
    Size size = Director::getInstance()->getWinSize();
    Camera *_camera = Camera::createPerspective(30.0f, size.width / size.height,
    1.0f, 1000.0f);
    _camera->setPosition3D(Vec3(0.0f,70.7f,70.7f));             //设置摄像机位置
    _camera->lookAt(Vec3(0.0f, 0.0f, 0.0f), Vec3(0.0f, 1.0f, 0.0f));
                                                               //设置摄像机目标点与 up 向量
    _camera->setCameraFlag(CameraFlag::USER1);                  //设置摄像机编号
    scene->addChild(_camera);                                   //将摄像机添加到场景中
    My3DLayer* layer3D = My3DLayer::create();                   //创建一个 3D 布景对象
    My2DLayer* layer2D = My2DLayer::create();                   //创建一个 2D 布景对象
    scene->addChild(layer2D);                                   //将 2D 布景添加到场景中
    scene->addChild(layer3D);                                   //将 3D 布景添加到场景中
    scene->initWithPhysics();                                   //启用并初始化物理世界
    layer3D->camera=_camera;
    layer3D->physicsScene=scene;
    scene->getPhysics3DWorld()->setGravity(Vec3(0,-10,0));
                                                               //设置物理世界重力
    scene->setGlobalZOrder(10);
    scene->setPhysics3DDebugCamera(_camera);                    //设置 debug 绘制的摄像机
    Director::getInstance()->replaceScene(scene);               //跳转场景
}
```

说明　createScene 方法并不涉及场景中的逻辑问题，仅仅负责将所需要的布景类进行组装。摄像机的设置较为重要，3D 世界如何呈现在屏幕中主要由摄像机控制，本案例使用了透视投影，近平面设置为 1，远平面设置为 1000，成 45° 角俯视地面。

9.2.4　信息布景类——My2DLayer 类

开发完上述的场景类 SceneManager 之后，接下来就是开发本案例的信息布景类 My2DLayer。该布景类浮于 3D 布景类之上，主要负责呈现案例以及物理世界的相关信息，同时该类实现退出程序的方法。其具体开发步骤如下。

（1）首先开发 My2DLayer 类的框架，主要包含了布景类的创建方法、初始化方法以及关闭按钮的回调方法。框架的具体代码如下。

代码位置：源代码/第 9 章/Sample9_1/app/src/main/jni/sampleCPP 目录下的 My2DLayer.h。

```
#ifndef __My2DLayer_H__                               //如果未定义该头文件
#define __My2DLayer_H__                               //则定义该头文件
#include "cocos2d.h"                                  //引入 cocos 引擎头文件
using namespace cocos2d;                              //使用 cocos 引擎命名空间
class My2DLayer : public cocos2d::Layer{              //继承 layer 类
public:
    virtual bool init();                              //初始化的方法
    void menuCloseCallback(Ref* pSender);             //关闭按钮回调方法
    CREATE_FUNC(My2DLayer);                           //Cocos2d-x 创建类的宏
};
#endif
```

说明　CREATE_FUNC 是 Cocos2d-x 提供的创建类的宏，调用此宏会在创建类时自动调用类的 init 方法，在开发时只需要完成 init 代码即可完成类的初始化功能。同时还会调用 autorelease 方法。

（2）开发完上述类的框架后，还要真正实现 My2DLayer 类中的初始化方法、关闭按钮回调方法。具体代码如下。

代码位置：源代码/第 9 章/Sample9_1/app/src/main/jni/sampleCPP 目录下的 My2DLayer.cpp。

```
bool My2DLayer::init(){
    if ( !Layer::init() ){                                //调用父类的初始化
```

```
3       return false;
4    }
5    Size visibleSize = Director::getInstance()->getVisibleSize();
                                                        //获取可见区域尺寸
6    Point origin = Director::getInstance()->getVisibleOrigin();
                                                        //获取可见区域原点坐标
7    auto closeItem = MenuItemImage::create(            //创建关闭菜单项
8       "pic/close.png",                                //平时的图片
9       "pic/close.png",                                //选中时的图片
10      CC_CALLBACK_1(My2DLayer::menuCloseCallback, this) //单击时执行的回调方法
11   );
12   closeItem->setPosition(Point(                      //设置关闭菜单项的位置
13      origin.x + visibleSize.width - closeItem->getContentSize().width/2 ,
                                                        //X 坐标
14      origin.y + closeItem->getContentSize().height/2  //Y 坐标
15   ));
16   auto menu = Menu::create(closeItem,(char*)NULL);   //创建菜单对象
17   menu->setPosition(Point::ZERO);                    //设置菜单位置
18   this->addChild(menu, 1);                           //将菜单添加到布景中
19   auto label = Label::createWithTTF("Cocos2dx Bullet \u7b80\u5355", "fonts/FZKATJW.
     ttf", 40);
20   label->setTextColor(Color4B::YELLOW);
21   label->setPosition( Point(                         //设置文本标签的位置
22      origin.x + visibleSize.width/2,
23      origin.y + visibleSize.height - label->getContentSize().height
24   ));
25   this->addChild(label, 1);                          //添加到布景中
26   return true;
27 }
28 void My2DLayer::menuCloseCallback(Ref* pSender){     //关闭菜单回调方法
29   Director::getInstance()->end();                    //结束程序
30   #if (CC_TARGET_PLATFORM == CC_PLATFORM_IOS)        //如果为 ios 设备
31      exit(0);                                        //退出程序
32   #endif
33 }
```

- 第 1～6 行调用了父类的初始化方法，同时获取了屏幕显示的尺寸以及左下角原点的坐标位置，一般为(0,0)，根据这两个值设置物体的位置能保证位置固定。
- 第 7～18 行为创建右下角关闭按钮的方法，根据两张图片以及一个回调方法创建，最后设置按钮位置。因为此按钮的锚点默认在图片中心，所以屏幕左下角坐标加屏幕宽度再减图片宽度的一半正好能将该按钮贴合在右下角。
- 第 19～25 行为创建文本标签的方法，由于编码的问题会使中文在 Android 手机中出现乱码，所以将中文转为 Unicode 编码。\u7b80\u5355 表示简单两个字。
- 第 28～33 行为退出程序的方法，退出程序十分简单，只需要调用导演类的 end 方法。只有 ios 设备特殊，需要调用 exit(0)。

9.2.5 物理世界布景类——My3DLayer 类

开发完上述的信息布景类 My2DLayer 之后，接下来就是开发本案例的物理世界布景类 My3DLayer。该布景类是本案例最核心的部分，包括了创建刚体的基本方法以及根据触控操作移动摄像机的方法。其具体开发步骤如下。

（1）首先开发 My3DLayer 类的框架，其主要功能是声明所需要的成员变量、初始化方法以及触控的相关方法。框架的具体代码如下。

代码位置：源代码/第 9 章/Sample9_1/app/src/main/jni/sampleCPP 目录下的 My3DLayer.h。

```
#ifndef __My3DLayer_H__                                //如果未定义该头文件
#define __My3DLayer_H__                                //则定义该头文件
#include "cocos2d.h"
#include "AppMacros.h"                                 //引入相应头文件
```

```
#include "extensions/cocos-ext.h"
#include "physics3d/CCPhysicsSprite3D.h"
using namespace cocos2d;                                              //使用 cocos 命名空间
class My3DLayer : public cocos2d::Layer{
public :
   Camera* camera;                                                    //摄像机的指针
   Scene *physicsScene;                                               //场景的指针
   virtual bool init();                                               //初始化的方法
   void initDraw();                                                   //物理世界 debug 绘制
   void initFloorBox(float f);                                        //初始化地面和箱子
   void shootBox(Vec3 vec3);                                          //发射箱子
   void updateState(float f);                                         //定时检查精灵是否静止
   bool isNeedShootBox=false;                                         //是否需要发射箱子
   float cameraAngle=0.0;                                             //摄像机的水平旋转角度
   float cameraAngleVertical=45.0;                                    //摄像机的垂直旋转角度
   float scaleBox=4.0f;                                               //箱子方法倍数
   float distance=5.0f;                                               //箱子初始化距离
   static std::vector<PhysicsSprite3D*> physicsSpriteVec;             //刚体集合
   virtual void onTouchesBegan(const std::vector<Touch*>& touches,Event *event);
                                                                      //开始触摸
   virtual void onTouchesMoved(const std::vector<Touch*>& touches,Event *event);
                                                                      //移动触摸点
   virtual void onTouchesEnded(const std::vector<Touch*>& touches,Event *event);
                                                                      //结束触摸
   CREATE_FUNC(My3DLayer);
};
#endif
```

说明　在此头文件中，声明了指向物理世界对象的指针、物理世界布景类的初始化方法、发射箱子的方法、摄像机水平旋转和垂直旋转的角度、箱子的大小、箱子之间的距离、箱子的集合以及用于触控的三个方法。

（2）开发完上述类框架声明后，还要真正实现 My3DLayer 类中的诸多方法，首先介绍的是物理世界布景类的初始化方法以及物理世界 debug 绘制开关的实现。具体代码如下。

代码位置：源代码/第 9 章/Sample9_1/app/src/main/jni/sampleCPP 目录下的 My3DLayer.cpp。

```
bool My3DLayer::init(){
   if ( !Layer::init() ){                                             //调用父类初始化方法
      return false;
   }
   this->setCameraMask((unsigned short) CameraFlag::USER1);           //设置此布景层渲染用摄像机
   scheduleOnce(schedule_selector(My3DLayer::initFloorBox),0.1);
                                                                      //初始化物体，延时 0.1s
   schedule(schedule_selector(My3DLayer::updateState),0.1f);          //定时回调更新状态方法
   auto listener = EventListenerTouchAllAtOnce::create();             //创建多点触控
   listener->onTouchesBegan = CC_CALLBACK_2(My3DLayer::onTouchesBegan, this);
   listener->onTouchesMoved = CC_CALLBACK_2(My3DLayer::onTouchesMoved, this);
   listener->onTouchesEnded = CC_CALLBACK_2(My3DLayer::onTouchesEnded, this);
   _eventDispatcher->addEventListenerWithSceneGraphPriority(listener, this);
                                                                      //注册监听
   return true;
}
void My3DLayer::initDraw(){
   physicsScene->getPhysics3DWorld()->setDebugDrawEnable(false);
                                                                      //关闭物理世界 debug 绘制
   auto sprite = Sprite::create("pic/debugOff.png");                  //创建精灵
   auto menuItem = MenuItemSprite::create(sprite,sprite,[=](Ref *ref){
                                                                      //创建精灵菜单项
      if (physicsScene->getPhysics3DWorld()->isDebugDrawEnabled()){
                                                                      //如果 debug 绘制打开
         physicsScene->getPhysics3DWorld()->setDebugDrawEnable(false);
         sprite->setTexture("pic/debugOff.png");                      //更改按钮图片为 off
      }else{
         physicsScene->getPhysics3DWorld()->setDebugDrawEnable(true);
         sprite->setTexture("pic/debugOn.png");                       //更改按钮图片为 on
```

```
25      }});
26      auto menu = Menu::create(menuItem, nullptr);                  //创建菜单
27      menu->setPosition(Vec2::ZERO);                                //设置菜单位置
28      menuItem->setAnchorPoint(Vec2::ANCHOR_BOTTOM_LEFT);           //设置菜单项锚点
29      menuItem->setPosition( Vec2(0,0) );                           //设置菜单项位置
30      this->addChild(menu);                                         //添加到场景
31  }
```

- 第 1～14 行为物理世界布景类的初始化方法，包括了设置绘制所用的摄像机，开启检查物体状态的定时回调方法，多点触控方法以及延时创建物体的方法。由于有些变量是场景创建成功后才能获得的，所以需要一定的延时才能成功初始化物体。
- 第 15～31 行创建了物理世界 debug 绘制的开关。在菜单项创建的时候，使用了 lambda 表达式，lambda 表达式是 c++11 的新特性，简化了代码，有兴趣的读者可以自行查阅相关资料。此菜单项的功能为更改物理世界 debug 绘制状态以及菜单项图片。

（3）上一部分介绍了基本的初始化方法以及物理世界 debug 绘制开关的实现，接下来介绍的是案例里主要物体的创建，也就是物理世界中刚体的创建。具体代码如下。

代码位置：源代码/第 9 章/Sample9_1/app/src/main/jni/sampleCPP 目录下的 My3DLayer.cpp。

```
void My3DLayer::initFloorBox(float f){
    initDraw();                                                        //物理世界 debug 绘制
    Physics3DRigidBodyDes rbDes;                                       //保存刚体信息的结构体
    rbDes.mass = 0.0f;                                                 //刚体质量
    rbDes.shape = Physics3DShape::createBox(Vec3(100.0f, 1.0f, 100.0f));
                                                                       //设置刚体的形状
    auto floor = PhysicsSprite3D::create("pic/box.c3t", &rbDes);
                                                                       //创建地面刚体精灵
    floor->setTexture("pic/plane.png");                                //设置地面的纹理
    floor->setScaleX(100);                                             //X 方向放大 100 倍
    floor->setScaleZ(100);                                             //Z 方向放大 100 倍
    this->addChild(floor);                                             //添加到物理世界
    floor->setCameraMask((unsigned short)CameraFlag::USER1);           //设置所用摄像机
    floor->syncNodeToPhysics();                                        //将坐标换算到物理世界
    floor->setTag(100);
    floor->setSyncFlag(Physics3DComponent::PhysicsSyncFlag::NONE);
                                                                       //设置换算坐标方式
    auto rigidBody = static_cast<Physics3DRigidBody*>(floor->getPhysicsObj());
                                                                       //获取刚体的指针
    rigidBody->setFriction(0.7f);                                      //设置刚体的摩擦力
    rigidBody->setRestitution(0.3f);                                   //设置刚体的弹力
    rigidBody->setMask(100);
    rbDes.mass = 10.0f;                                                //设置刚体质量
    rbDes.shape = Physics3DShape::createBox(Vec3(scaleBox, scaleBox,scaleBox));
                                                                       //设置形状
    float start_x = START_POS_X - ARRAY_SIZE_X/2;                      //x 方向开始位置
    float start_y = START_POS_Y;                                       //y 方向开始位置
    float start_z = START_POS_Z - ARRAY_SIZE_Z/2;                      //z 方向开始位置
    for (int k=0;k<ARRAY_SIZE_Y;k++){
        for (int i=0;i<ARRAY_SIZE_X;i++){
         for(int j = 0;j<ARRAY_SIZE_Z;j++){
            float x = distance*i + start_x;                            //计算当前箱子 x 坐标
            float y = 5.0*distance+distance*k + start_y;               //计算当前箱子 y 坐标
            float z = distance*j + start_z;                            //计算当前箱子 z 坐标
            auto sprite = PhysicsSprite3D::create("pic/box.c3t", &rbDes);
                                                                       //创建刚体精灵
            sprite->setTexture("pic/box.jpg");                         //设置箱子的纹理
            sprite->setPosition3D(Vec3(x, y, z));                      //设置箱子的位置
            sprite->syncNodeToPhysics();                               //将坐标换算到物理世界
            sprite->setSyncFlag(Physics3DComponent::PhysicsSyncFlag::PHYSICS_TO_NODE);
            sprite->setCameraMask((unsigned short)CameraFlag::USER1);
            sprite->setScale(scaleBox);                                //设置箱子缩放
            this->addChild(sprite);
            physicsSpriteVec.push_back(sprite);                        //添加到箱子集合
            auto rigidBody = static_cast<Physics3DRigidBody*>(sprite->getPhysicsObj());
            rigidBody->setFriction(0.7f);                              //设置摩擦力
```

```
41          rigidBody->setRestitution(0.3f);                //设置弹力
42          rigidBody->setLinearVelocity(Vec3(0,-50.0,0));  //设置线速度
43          rigidBody->setMask(1);
44   }}}}
```

- 第 1～18 行为创建地板刚体的方法，首先声明存储刚体信息的结构体，刚体的质量设置为 0 表示这个刚体的位置是固定的，不会改变。然后用刚体信息和刚体模型创建 3D 精灵并添加到 3D 世界中。由于位置固定，所以不用进行 3D 世界和物理世界的坐标换算。
- 第 19～44 行为创建 27 个箱子刚体的方法，创建方式与地板刚体的创建方式一致。需要注意的是，箱子只受到物理世界的影响而改变位置，并不进行人为操控。所以为了提高性能，只需要在物理世界的模拟之后，将物理世界的坐标换算到 3D 世界即可。通过第 39 行的代码获取到刚体的指针，可以对刚体的属性进行设置，比如摩擦力、受力大小等。

（4）上一部分介绍了物理世界中刚体的创建，为了增强案例的互动性，我们增加了发射箱子的功能，读者可以单击屏幕的任意位置发射一个箱子，观察箱子与其他物理的碰撞。所以这一部分将介绍如何通过触控产生一个运动的箱子。具体代码如下。

代码位置：源代码/第 9 章/Sample9_1/app/src/main/jni/sampleCPP 目录下的 My3DLayer.cpp。

```
void My3DLayer::shootBox(Vec3 vec3){                              //发射箱子
  Physics3DRigidBodyDes rbDes;
  Vec3 linearVel = vec3 - camera->getPosition3D();               //获取方向向量
  linearVel.normalize();                                          //转化为单位向量
  linearVel *= 120.0f;                                            //计算速度向量
  rbDes.originalTransform.translate(camera->getPosition3D());    //移动物体
  rbDes.mass = 10.0f;
  rbDes.shape = Physics3DShape::createBox(Vec3(scaleBox,scaleBox,scaleBox));
                                                                  //设置形状
  auto sprite = PhysicsSprite3D::create("pic/box.c3t", &rbDes);   //创建刚体精灵
  sprite->setTexture("pic/box.jpg");                              //设置精灵纹理
  auto rigidBody = static_cast<Physics3DRigidBody*>(sprite->getPhysicsObj());
                                                                  //获取刚体指针
  rigidBody->setLinearFactor(Vec3::ONE);                          //设置线速度因子
  rigidBody->setLinearVelocity(linearVel);                        //设置线速度
  rigidBody->setAngularVelocity(Vec3::ZERO);                      //设置角速度因子
  rigidBody->setCcdMotionThreshold(0.9);                          //设置速度阈值
  rigidBody->setCcdSweptSphereRadius(0.1f);                       //设置扫描球半径
  rigidBody->setFriction(0.7f);                                   //设置摩擦力
  rigidBody->setRestitution(0.3f);                                //设置反弹系数
  this->addChild(sprite);
  sprite->setPosition3D(camera->getPosition3D());                 //设置精灵位置
  sprite->setScale(scaleBox);
  sprite->syncNodeToPhysics();                                    //换算坐标到物理世界
  physicsSpriteVec.push_back(sprite);
  sprite->setSyncFlag(Physics3DComponent::PhysicsSyncFlag::PHYSICS_TO_NODE);
  sprite->setCameraMask((unsigned short)CameraFlag::USER1);       //设置渲染所用摄像机
}
```

说明　箱子的最终速度是设置的速度和速度因子相乘而得，将角速度因子设置为 0 表示箱子没有角速度。给刚体设置速度阈值用来判断是否需要启用 CCD 连续碰撞检测，超过速度阈值的需要使用连续碰撞检测，防止物体速度过快穿过障碍物。连续碰撞检测中，帧与帧之间的碰撞以球体进行检测，提高系统性能，所以球体大小不应大于实际物体的包围盒大小。

（5）上一部分介绍了发射箱子的方法，发射箱子需要靠触控来实现，同时触控还应该实现摄像机镜头的移动，所以这一部分向读者介绍触控的开发。具体代码如下。

代码位置：源代码/第 9 章/Sample9_1/app/src/main/jni/sampleCPP 目录下的 My3DLayer.cpp。

```
void My3DLayer::onTouchesBegan(const std::vector<Touch*>& touches, cocos2d::Event
```

```
   *event){
2      isNeedShootBox = true;                                     //是否发射箱子
3  }
4  void My3DLayer::onTouchesMoved(const std::vector<Touch*>& touches, cocos2d::Event
   *event){
5      auto touch = touches[0];                                   //获取第一个触控点
6      auto delta = touch->getDelta();                            //得到触控点位移距离
7      if (delta.lengthSquared() > 16){                           //如果位移距离大于 16
8          cameraAngle -= CC_DEGREES_TO_RADIANS(delta.x/2);       //改变水平旋转角度
9          cameraAngleVertical -= delta.y/5;                      //改变垂直旋转角度
10         if(cameraAngleVertical < 20) cameraAngleVertical=20;   //设置垂直旋转角度下限
11         if(cameraAngleVertical > 89) cameraAngleVertical=89;   //设置垂直旋转角度上限
12         float angle = CC_DEGREES_TO_RADIANS(cameraAngleVertical); //将角度转换为弧度
13         camera->setPosition3D(Vec3(
14                 100.0f * sinf(cameraAngle) * cosf(angle),      //设置摄像机位置
15                 100.0f * sinf(angle),
16                 100.0f * cosf(cameraAngle) * cosf(angle)));
17         camera->lookAt(Vec3(0.0f, 0.0f, 0.0f), Vec3(0.0f, 1.0f, 0.0f));
                                                                  //设置目标点和 up 向量
18         isNeedShootBox = false;                                //不发射箱子
19 }}
20 void My3DLayer::onTouchesEnded(const std::vector<Touch*>& touches, cocos2d::Event
   *event){
21     if (!isNeedShootBox) return;                               //判断是否需要发射箱子
22     if (!touches.empty()){
23         auto location = touches[0]->getLocationInView();       //获取屏幕位置
24          Vec3 nearP(location.x, location.y, -1.0f), farP(location.x, location.y,
   1.0f);
25         nearP = camera->unproject(nearP);                      //计算 3D 世界的坐标
26         farP = camera->unproject(farP);
27         Vec3 dir(farP - nearP);                                //得到触摸方向
28         shootBox(camera->getPosition3D() + dir * 10.0f);       //发射箱子
29 }}
```

- 第 4～19 行为触控移动的方法，其中主要实现了摄像机绕世界中心的旋转。获取到当前帧触摸点与上一帧触摸点的位移距离，x 方向和 y 方向位移距离分别换算为摄像机水平方向的旋转和垂直方向的旋转，可以从各个方向观察物理世界。
- 第 20～29 行为计算箱子发射方向的方法，首先获得触控点的坐标，然后得到屏幕前后两个点，换算到 3D 世界后相减得到箱子的发射方向，最后执行发射箱子的方法。

（6）这一部分介绍的是箱子静止变色的实现。在 Bullet 中为了提高性能，在刚体静止时会简化其碰撞计算，同时提供了一个方法可以检测刚体是否处于活动状态。在此案例中，当刚体停止运动后会变红，以便于观察。具体代码如下。

代码位置：源代码/第 9 章/Sample9_1/app/src/main/jni/sampleCPP 目录下的 My3DLayer.cpp。

```
void My3DLayer::updateState(float f){                             //更新状态
    std::vector<PhysicsSprite3D*>::iterator iter;                 //获取物体集合迭代器
    for(iter = physicsSpriteVec.begin();iter!=physicsSpriteVec.end();iter++){
                                                                  //遍历物体
        auto rigidBody=static_cast<Physics3DRigidBody*>((*iter)->getPhysicsObj());
                                                                  //获取刚体
        if(rigidBody->getRigidBody()->isActive()){                //判断是否静止
            (*iter)->setTexture("pic/box.jpg");                   //设置纹理图片
        }else{
            (*iter)->setTexture("pic/box2.jpg");                  //设置纹理图片
}}}
```

说明 此方法是一个定时回调方法，需要在 My3DLayer 类的 init 方法里进行注册，由系统在主循环中调用。利用定时回调检测物体的状态，更换刚体的纹理图片，从而实现了刚体静止时变色的效果。

9.3 物体下落案例

上一节主要介绍了创建简单的物理场景，相信读者对该物理引擎有了一定的了解，但这还是远远不够的。接下来介绍的同样是物体下落的场景，与上一节不同的是，这里介绍了不同的物体创建方式，供读者学习和使用。

9.3.1　案例运行效果

本小节给出的是一个各式各样的物体下落场景的案例。案例演示的是，在一个空旷的地面上，有圆锥、球体、胶囊、圆柱以及立方体形状的物体下落。读者可以通过在屏幕上滑动来调整摄像机，从而以不同的角度观察。其运行效果如图 9-4～图 9-7 所示。

▲图 9-4　案例运行开始

▲图 9-5　物体全部静止

▲图 9-6　木块撞击物体

▲图 9-7　不同视角

说明　图 9-4 为案例运行开始时的效果图；图 9-5 为物体全部静止时的效果图；图 9-6 为单击屏幕后，立方体木块撞击物体的效果图；图 9-7 为不同视角的效果图。

9.3.2　物体下落布景类——My3DLayer 类

不同案例的 2D 布景类仅仅更换了标题的名称，以后均不再赘述。接下来介绍本案例的物体下落布景类 My3DLayer。该布景类是本案例最核心的部分，主要讲解的是利用不同的方法来创建物理世界中的刚体。创建方法并不复杂，其具体开发步骤如下。

（1）首先开发 My3DLayer 类的框架，其主要功能是声明所需要的成员变量、初始化方法以及触控的相关方法。框架的具体代码如下。

代码位置：源代码/第 9 章/Sample9_2/app/src/main/jni/hellocpp 目录下的 My3DLayer.h。

```
......//此处省略了对一些头文件的引用以及定义头文件的相关代码，请读者自行参考源代码
class My3DLayer : public cocos2d::Layer{
public:
```

```
    Camera* camera = nullptr;                                  //摄像机的指针
    Scene* scene = nullptr;                                    //场景的指针
    virtual bool init();                                       //初始化的方法
    void initPhysics();                                        //初始化物理世界物体
    void initCallback();                                       //初始化触控回调方法
    void initOther();                                          //初始化菜单按钮
    void initFloor();                                          //初始化地面
    void initBox();                                            //初始化正方体
    void initSphere();                                         //初始化球体
    void initCone();                                           //初始化圆锥
    void initCapsule();                                        //初始化胶囊
    void initCylinder();                                       //初始化圆柱
    bool onTouchBegan(Touch* touch, Event *event);             //触控开始的回调方法
    void onTouchMoved(Touch* touch, Event *event);             //触控移动的回调方法
    void onTouchEnded(Touch* touch, Event *event);             //触控结束的回调方法
    void shootBox(const Vec3 &des);                            //发射方块
    CREATE_FUNC(My3DLayer);
private:
    bool needShootBox = true;                                  //是否发射方块
    float cameraAngle = 0.f;                                   //摄像机水平旋转角度
    float cameraAngleVertical = 45.f;                          //摄像机垂直旋转角度
};
#endif
```

说明 在此头文件中，声明了指向物理世界对象的指针、物体下落布景类的初始化方法、发射箱子的方法、摄像机水平旋转和垂直旋转的角度、各式各样物体的初始化以及用于触控的 3 个方法。

（2）开发完上述类框架声明后，还要真正实现 My3DLayer 类中的诸多方法。这一部分主要介绍各式各样物体的创建方法，由于其他方法已经在上一节中进行了详细的讲解，在此不再赘述，有需要的读者请自行查阅前文。下面首先介绍创建圆锥体的方法，具体代码如下。

代码位置：源代码/第 9 章/Sample9_2/app/src/main/jni/hellocpp 目录下的 My3DLayer.cpp。

```
void My3DLayer::initCone(){
    float scale = 0.5f;                                        //设置模型缩放比
    std::vector<Vec3> trianglesList = Bundle3D::getTrianglesList("obj/cone.obj");
                                                               //创建三角形集合
    for (auto& it : trianglesList) {
      it *= scale;                                             //缩放顶点
    }
    Physics3DRigidBodyDes prbDes;
    prbDes.mass = 1.0f;                                        //设置刚体质量
    prbDes.shape = Physics3DShape::createMesh(&trianglesList[0], (int)trianglesList.
    size() / 3);
    PhysicsSprite3D* coneSpr = PhysicsSprite3D::create("obj/cone.obj",&prbDes);
                                                               //创建刚体精灵
    coneSpr -> setTexture("pic/muwen.jpg");                    //设置精灵纹理
    auto rigidBody = static_cast<Physics3DRigidBody*>(coneSpr->getPhysicsObj());
                                                               //获取刚体对象
    rigidBody->setRestitution(0.6f);                           //设置弹力系数
    coneSpr -> setScale(scale);                                //设置缩放比
    coneSpr -> setPosition3D(Vec3(20.f,12.0f,-20.f));          //设置位置坐标
    coneSpr -> setCameraMask((unsigned short)CameraFlag::USER1);//设置渲染摄像机
    coneSpr -> syncNodeToPhysics();                            //换算到物理世界
    coneSpr -> setSyncFlag(Physics3DComponent::PhysicsSyncFlag::PHYSICS_TO_NODE);
    this -> addChild(coneSpr);                                 //添加到布景中
}
```

说明 上述代码为创建圆锥体的方法，Cocos2d-x 并没有封装 Bullet 里创建圆锥形状的方法，不过可以利用顶点数组创建刚体的方法来代替。Bundle3D 类是提供解析 obj、c3b 等格式模型功能的工具类，所有刚体均可以使用此方法创建。

（3）开发完创建圆锥体的方法后接下来就是开发胶囊体和圆柱的代码了，具体代码如下。

代码位置：源代码/第 9 章/Sample9_2/app/src/main/jni/hellocpp 目录下的 My3DLayer.cpp。

```
1   void My3DLayer::initCapsule(){                                              //创建胶囊体
2       Physics3DRigidBodyDes prbDes;
3       prbDes.mass = 1.0f;                                                     //设置刚体质量
4       prbDes.shape = Physics3DShape::createCapsule(2.5f,5.f);                 //创建刚体形状
5       PhysicsSprite3D* capsuleSpr = PhysicsSprite3D::create("obj/capsule.obj",&prbDes);
6       capsuleSpr -> setTexture("pic/muwen.jpg");                              //设置精灵纹理
7       auto rigidBody = static_cast<Physics3DRigidBody*>(capsuleSpr->getPhysicsObj());
                                                                                //获取刚体对象
8       rigidBody->setRestitution(0.6f);                                        //设置弹力系数
9       capsuleSpr -> setScale(0.5f);                                           //设置缩放比
10      capsuleSpr -> setPosition3D(Vec3(-20.f,12.0f,20.f));                    //设置位置坐标
11      capsuleSpr -> setCameraMask((unsigned short)CameraFlag::USER1);
                                                                                //设置渲染摄像机
12      capsuleSpr -> syncNodeToPhysics();                                      //换算到物理世界
13      capsuleSpr -> setSyncFlag(Physics3DComponent::PhysicsSyncFlag::PHYSICS_TO_NODE);
14      this -> addChild(capsuleSpr);                                           //添加到布景中
15  }
16  void My3DLayer::initCylinder(){                                             //创建圆柱
17      Physics3DRigidBodyDes prbDes;
18      prbDes.mass = 1.0f;                                                     //设置刚体质量
19      prbDes.shape = Physics3DShape::createCylinder(5.f,10.f);                //创建刚体形状
20      Sprite3D* cylinderSpr = Sprite3D::create("obj/cylinder.obj");           //创建精灵
21      cylinderSpr -> setTexture("pic/muwen.jpg");                             //设置精灵纹理
22      auto rigidBody = Physics3DRigidBody::create(&prbDes);                   //创建刚体对象
23      rigidBody->setRestitution(0.6f);                                        //设置弹力系数
24      auto component = Physics3DComponent::create(rigidBody);                 //创建组件
25      cylinderSpr->addComponent(component);                                   //添加组件
26      cylinderSpr -> setPosition3D(Vec3(-20.f,12.0f,-20.f));                  //设置位置坐标
27      cylinderSpr -> setCameraMask((unsigned short)CameraFlag::USER1);        //设置渲染摄像机
28      this -> addChild(cylinderSpr);                                          //添加到布景中
29      component -> syncNodeToPhysics();                                       //换算到物理世界
30      component -> setSyncFlag(Physics3DComponent::PhysicsSyncFlag::PHYSICS_TO_NODE);
31  }
```

- 第 1～15 行为创建胶囊的方法，此方法与上一节案例的创建方法一致。Cocos2d-x 中封装了基本类型刚体的创建方法，包含了长方体、球体、圆柱、胶囊、凸多边体以及模型创建。胶囊的碰撞检测效率优于圆柱，所以较为常用。
- 第 16～31 行为创建圆柱的方法，是另一种创造刚体精灵的方法。首先设置刚体信息，然后使用刚体信息生成刚体对象，再用 addComponent 将生成的刚体对象以组件的形式附加在精灵上。用此方法生成的精灵需要保存刚体的引用才能进行修改。

9.4 旋转的陀螺

上一节主要介绍了各式各样的物体下落。值得注意的是，上面提及到的各种物体都是单一的形状，这在实际开发中是远远不够的。实际开发中经常将这些规则形状进行组合。因此，本节将通过旋转的陀螺案例来介绍复合碰撞形状的使用方法。

9.4.1　案例运行效果

本小节向读者展示的是旋转的陀螺案例，通过该案例讲解复合碰撞形状的使用方法。在讲解具体的代码之前首先了解一下该案例的运行效果。在空旷的地面上，有两个复合而成的陀螺。单击屏幕则有一个立方体木块以一定的速度掉落。读者可以通过在屏幕上滑动来调整摄像机，从而以不同的角度观察。其运行效果如图 9-8 和图 9-9 所示。

▲图 9-8 案例运行开始

▲图 9-9 陀螺正在旋转

说明 图 9-8 为案例运行开始时的效果图，两个陀螺正在旋转。图 9-9 为单击屏幕向场地内投掷一个方块，方块和陀螺静止后会变为红色。

9.4.2 旋转的陀螺布景类——My3DLayer 类

顾名思义，复合碰撞形状提供的就是多个简单碰撞形状组合成一个整体的能力，通过复合的方式组合出各种各样我们需要的物体。本节给出的案例是将圆柱和胶囊组合而成的复合碰撞形状陀螺。陀螺创建方法的具体开发步骤如下。

（1）首先开发陀螺布景类 My3DLayer 的类框架，其主要功能是声明该类所需的成员函数和成员变量，其中成员变量包括场景指针、摄像机指针和添加方块标志位等，成员函数包括初始化物理组件方法、触控相关方法以及定时回调方法等。具体代码如下。

代码位置：源代码/第 9 章/Sample9_3/app/src/main/jni/commpoundcpp 目录下的 My3DLayer.h。

```
1  ......//此处省略了一些定义以及引入头文件的代码，需要的读者请看源代码
2  using namespace cocos2d;
3  class My3DLayer : public Layer{
4  public:
5      Scene* scene;                                    //场景指针
6      std::vector<PhysicsSprite3D*> phySprVec;         //物理精灵向量
7      bool addBox;                                     //是否添加方块标志位
8      Camera* camera;                                  //摄像机指针
9      virtual bool init();                             //初始化的方法
10     void initPhysics3D();                            //初始化物理组件
11     virtual void onTouchesBegan(                     //声明开始触摸时回调方法
12         const std::vector<Touch*>& touches,Event *event);
13     virtual void onTouchesMoved(                     //声明触摸移动时回调方法
14         const std::vector<Touch*>& touches,Event *event);
15     virtual void onTouchesEnded(                     //声明触摸结束时回调方法
16         const std::vector<Touch*>& touches,Event *event);
17     virtual void update(float dt);                   //定时回调方法
18     void shootBox( const Vec3 &des );                //添加方块方法
19     void initOther();                                //初始化调试方法
20     CREATE_FUNC(My3DLayer);
21 };
22 #endif
```

说明 其中第 7~10 行为声明该类的成员变量，如场景指针、物理精灵向量以及添加方块标志位等。第 11~21 行为声明成员方法，其中包括初始化方法、初始化物理组件方法以及触控相关方法等。

（2）开发完上述类框架声明后，还要真正实现 My3DLayer 类中的各种方法，其中最重要的是

初始化物理组件方法，其中包括了陀螺复合形状的创建，而触控相关方法以及添加方块方法等都与前面的案例大致相同，在这里不再一一介绍。具体代码如下。

代码位置：源代码/第 9 章/Sample9_3/app/src/main/jni/commpoundcpp 目录下的 My3DLayer.cpp。

```
1   void My3DLayer::initPhysics3D(){
2      Physics3DRigidBodyDes prbDes;                              //声明刚体描述结构体
3      prbDes.mass = 0.0f;                                        //设置刚体质量
4      prbDes.shape = Physics3DShape::createBox(Vec3(AREA_WIDTH, 1.0f, AREA_WIDTH));
5      PhysicsSprite3D* floorSpr = PhysicsSprite3D::create("c3b/box/box.c3t",&prbDes);
                                                                  //创建 3D 物理精灵
6      floorSpr->setTexture("pic/plane.png");                     //设置纹理
7      floorSpr->setScaleX(AREA_WIDTH);                           //设置 x 轴缩放比
8      floorSpr->setScaleZ(AREA_WIDTH);                           //设置 y 轴缩放比
9      floorSpr->setCameraMask((unsigned short)CameraFlag::USER1); //设置摄像机
10     floorSpr->syncNodeToPhysics();                             //同步节点物理位置
11     floorSpr->setSyncFlag(Physics3DComponent::PhysicsSyncFlag::NONE);
12     auto floorBody = static_cast<Physics3DRigidBody*>(floorSpr->getPhysicsObj());
                                                                  //获得精灵刚体
13     floorBody->setFriction(1.0f);                              //设置地面摩擦力
14     floorBody->setRestitution(0.4f);                           //设置地面回复系数
15     this->addChild(floorSpr);                                  //将地面添加到场景中
16     std::vector<std::pair<Physics3DShape*, Mat4> > shapeVec;   //创建复合形状向量
17     Mat4 *localTrans = new Mat4();                             //新建单位矩阵
18     prbDes.mass = 1.0f;                                        //设置圆柱质量
19     prbDes.shape =  Physics3DShape::createCylinder(            //设置刚体圆柱形状
20             CYLINDER_SHAPE_X,CYLINDER_SHAPE_Y);
21      shapeVec.push_back(std::make_pair(prbDes.shape, *localTrans)); //添加到复合形状向量中
22      prbDes.mass = 1.0f;                                       //设置刚体质量
23      prbDes.shape = Physics3DShape::createCapsule(CAPSULE_SHAPE_X,CAPSULE_SHAPE_Y);
24      shapeVec.push_back(std::make_pair(prbDes.shape, *localTrans)); //添加到复合形状向量中
25      prbDes.mass = 1.0f;                                       //设置质量
26      prbDes.shape = Physics3DShape::createCompoundShape(shapeVec); //设置刚体形状
27      PhysicsSprite3D* compoundSpr = PhysicsSprite3D::create("obj/top.obj",&prbDes);
28      compoundSpr->setTexture("pic/box4.jpg");                  //设置复合形状纹理
29      compoundSpr->setPosition3D(Vec3(-5.0f,5.0f,0.0f));        //设置复合形状位置坐标
30      compoundSpr->setCameraMask((unsigned short)CameraFlag::USER1);//设置复合形状摄像机
31      compoundSpr->syncNodeToPhysics();
32      compoundSpr->setSyncFlag(Physics3DComponent::PhysicsSyncFlag::PHYSICS_TO_NODE);
33      auto compoundBody = static_cast<Physics3DRigidBody*>(compoundSpr->getPhysics
        Obj());
34      compoundBody -> setAngularVelocity(Vec3(0.0f, 5.0f, 0.0f));  //设置角速度
35      compoundBody -> setFriction(20.0f);                       //设置摩擦力
36      this -> addChild(compoundSpr);                            //添加到布景中
37      phySprVec.push_back(compoundSpr);
38      ......//此处为创建第二个陀螺复合形状与上述代码大致相同，故省略
39  }
```

- 第 2～15 行的主要功能为创建物理场景中的地面，首先声明刚体描述结构体并设置刚体的质量和形状，然后创建 3D 物理精灵并设置其纹理、缩放比和摄像机属性，同时将物理精灵同步物理位置，并设置精灵类型为静态，最后获得该精灵刚体设置其摩擦力和恢复系数后添加到该布景中。
- 第 16～24 行的主要功能为创建复合形状中的圆柱和胶囊，首先声明复合体向量并创建单位向量，该单位向量用于表示圆柱或胶囊在复合形状中的变换。然后创建复合形状中的圆柱和胶囊，同时添加到复合形状向量中。
- 第 25～37 行为创建复合形状。首先设置刚体描述结构体的质量和形状，并通过一个陀螺的 3D 模型和该结构体创建复合形状精灵，并设置该精灵的纹理、位置坐标和摄像机，同时将该精灵转化到物理世界并设置为动态，然后获得该精灵的刚体设置其角速度和摩擦力，最后将该精灵添加到布景中。

9.5 消失的木块

上一节介绍了旋转的陀螺案例，主要介绍了复合碰撞形状的简单使用。接下来介绍有关碰撞接触的案例，在实际开发中往往需要对特定物体的碰撞接触进行操控。下面将向读者详细介绍本节案例消失的木块。

9.5.1 案例运行效果

本小节向读者展示的是一个消失的木块案例。该案例在一个空旷的地面上，有 27 个立方体木块掉落和一个足球掉落。当足球与木块发生碰撞接触时，木块会自动消失。单击屏幕会有一个足球，以一定的速度掉落。重新掉落的足球若与木块相撞，木块也会消失。

读者可以通过在屏幕上滑动来调整摄像机，从而以不同的角度观察，也可以通过多次单击屏幕，观察发生碰撞接触时其他物体消失的效果。其运行效果如图 9-10、图 9-11、图 9-12 及图 9-13 所示。

▲图 9-10 案例运行开始

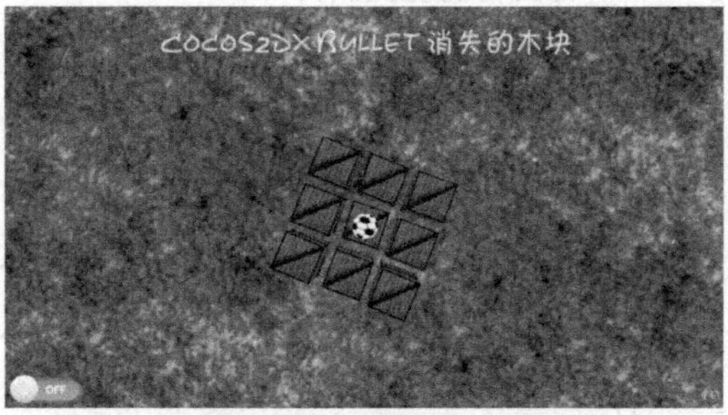

▲图 9-11 小球正在掉落

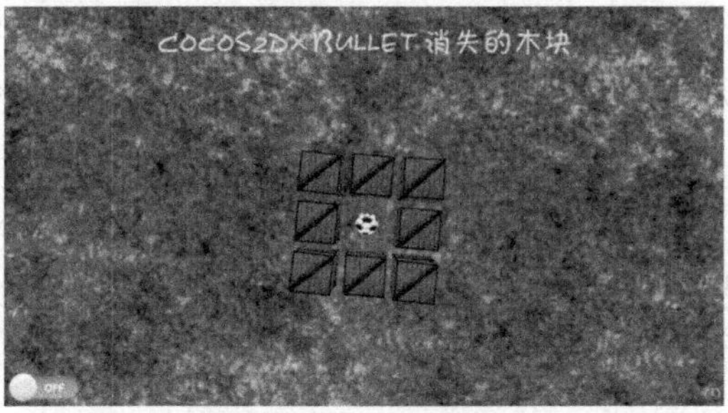

▲图 9-12 小球已经静止

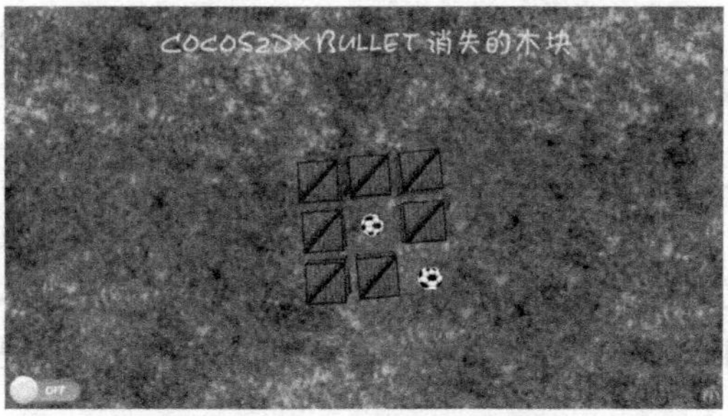

▲图 9-13 小球撞击物体

> **说明** 图 9-10 为案例运行开始时的效果图。图 9-11 为小球正在掉落时的效果图，当小球与木块接触，木块将会消失。图 9-12 为小球静止时的效果图，读者可以观察出小球经过的区域，木块全部消失了。图 9-13 为单击屏幕后，小球撞击物体时的效果图，新的小球若与木块碰撞接触时，木块也消失了。

9.5.2 消失的木块布景类——My3DLayer 类

在实际开发中往往需要对特定物体的碰撞接触进行操控，该案例中就通过对足球、地面和方块间的碰撞接触，来讲解对碰撞接触如何进行操作的，具体开发步骤如下。

（1）首先开发消失的木块布景类 My3DLayer 的类框架，其主要功能是声明该类所需的成员函数和成员变量，其中成员变量包括场景指针、摄像机指针和是否需要发射球标志位等。成员函数包括初始化方法、触控相关方法以及定时回调方法等。具体代码如下。

代码位置：源代码/第 9 章/Sample9_4/app/src/main/jni/sampleCPP 目录下的 My3DLayer.h。

```
1    #ifndef __My3DLayer_H__
2    #define __My3DLayer_H__
3    ....../此处省略了一些对头文件的引用，需要的读者请看源代码
4    using namespace cocos2d;
5    class My3DLayer : public cocos2d::Layer{
6    public :
7      Camera* camera;                                              //摄像机指针
8      Scene *physicsScene;                                         //场景指针
9      bool isNeedShootSphere=false;                                //是否需要发射球标志位
10     float cameraAngle = 0.f;                                     //摄像机旋转角度
11     float cameraAngleVertical = 45.f;                            //y 轴滑动距离
12     float scaleBox=8.0f;                                         //箱子方法倍数
13     float scaleSphere=2.5f;                                      //球的半径
14     float distance=10.0f;                                        //箱子初始化距离
15     static std::vector<PhysicsSprite3D*> physicsSpriteVec;       //物理精灵向量
16     virtual bool init();                                         //初始化的方法
17     void initDraw();                                             //改变物体纹理方法
18     void initFloorBox(float f);                                  //初始化地面和箱子
19     void initSphere(float f);                                    //初始化第一个球方法
20     void shootSphere(Vec3 vec3);                                 //发射球方法
21     void updateState(float f);                                   //定时检查精灵是否静止
22     virtual void onTouchesBegan(                                 //声明开始触摸时回调方法
23         const std::vector<Touch*>& touches,Event *event);
24     virtual void onTouchesMoved(                                 //声明触摸移动时回调方法
25         const std::vector<Touch*>& touches,Event *event);
26     virtual void onTouchesEnded(                                 //声明触摸结束时回调方法
27         const std::vector<Touch*>& touches,Event *event);
28     CREATE_FUNC(My3DLayer);
29   };
30   #endif
```

说明　其中第 7～15 行为声明该类的成员变量，如摄像机指针、场景指针以及是否需要发射球标志位等。第 16～28 行为声明成员方法，其中包括初始化方法、改变物体纹理方法以及触控相关方法等。

（2）开发完上述类框架声明后，还要真正实现 My3DLayer 类中的各个方法，其中的核心方法就是初始化地面和箱子方法，该方法中包括了对特定碰撞接触操作的实现，而触控相关方法以及发射球方法等都与前面的案例大致相同，在这里不再一一介绍。具体代码如下。

代码位置：源代码/第 9 章/Sample9_4/app/src/main/jni/sampleCPP 目录下的 My3DLayer.cpp。

```
void My3DLayer::initFloorBox(float f){
  Physics3DRigidBodyDes rbDes;                                    //声明刚体描述结构体
  ....../此处省略了地面刚体的创建方法，需要的读者请看源代码
  rbDes.mass =10.0f;                                              //设置箱子重量
  rbDes.shape = Physics3DShape::createBox(                        //创建长方体形状
      Vec3(scaleBox, scaleBox,scaleBox));
  float start_x = START_POS_X - ARRAY_SIZE_X/2;                   //初始位置 x 坐标
  float start_y = START_POS_Y;                                    //初始位置 y 坐标
  float start_z = START_POS_Z - ARRAY_SIZE_Z/2;                   //初始位置 z 坐标
  for (int k=0;k<ARRAY_SIZE_Y;k++){
    for (int i=0;i<ARRAY_SIZE_X;i++){
      for(int j = 0;j<ARRAY_SIZE_Z;j++){
        float x = distance*i + start_x;                           //计算当前箱子的 x 坐标
        float y = 5.0*distance+distance*k + start_y;              //计算当前箱子的 y 坐标
        float z = distance*j + start_z;                           //计算当前箱子的 z 坐标
        auto sprite = PhysicsSprite3D::create("pic/box.c3t", &rbDes);
                                                                  //创建箱子物理精灵
```

```
17              sprite->setTexture("pic/box.jpg");                        //设置纹理
18              sprite->setPosition3D(Vec3(x, y, z));                     //设置位置坐标
19              sprite->syncNodeToPhysics();                              //同步到物理世界位置
20              sprite->setSyncFlag(                                      //设置为动态
21                  Physics3DComponent::PhysicsSyncFlag::PHYSICS_TO_NODE);
22               sprite->setCameraMask(                                   //设置摄像机
23                  (unsigned short)CameraFlag::USER1);
24               sprite->setScale(scaleBox);                              //设置缩放比
25               this->addChild(sprite);                                  //添加到布景中
26               auto rigidBody = static_cast<Physics3DRigidBody*>        //获取箱子刚体的指针
27                  (sprite->getPhysicsObj());
28               rigidBody->setFriction(0.8f);                            //设置摩擦力
29               rigidBody->setRestitution(0.2f);                         //恢复系数
30               rigidBody->setLinearVelocity(Vec3(0,-50.0,0));           //设置线速度
31               rigidBody->setMask(1);                                   //设置检测标志位
32               rigidBody->setCollisionCallback([=](const Physics3DcollisionInfo
                 &ci){
33              if(!ci.collisionPointList.empty()){
34                  if(!((ci.objA->getMask()==100&&ci.objB->getMask()==1)
                                                                          //地面和箱子碰撞
35                  ||(ci.objA->getMask()==1&&ci.objB->getMask()==1))){
                                                                          //箱子和箱子碰撞
36                      sprite->setTag(1);                                //设置精灵标志
37                      physicsScene->getPhysics3DWorld()->               //将精灵从物理世界删除
38                          removePhysics3DObject(sprite->getPhysicsObj());
39                      this->removeChild(sprite,true);                   //将精灵从场景中删除
40      }}});}}}}
```

- 第 2～31 行为创建场景中的 27 个箱子，首先设置刚体的质量和形状，并确定初始位置的坐标，然后通过循环创建箱子，循环中首先计算当前箱子的初始位置，然后创建精灵并设置相关属性，最后获得精灵刚体，并设置其摩擦力、恢复系数以及线速度和检测标志。
- 第 32～39 行为设置刚体 setCollisionCallback 方法，该方法中完成了对特定物体的碰撞接触进行操控。首先判断两个碰撞的物体是什么，若不是地面和箱子以及箱子和箱子的碰撞，就将该精灵从物理世界和当前布景中删除。

9.6 物体碰撞下落

上一节介绍了消失的木块案例，主要向读者介绍的是碰撞监听的使用，接下来介绍的是另一个与碰撞密切相关的案例。实际开发中有时候还需要满足某两个特定的物体之间不发生碰撞，即碰撞过滤。下面将详细介绍本小节案例——物体碰撞下落案例。

9.6.1 案例运行效果

本小节给出的是一个物体碰撞下落的案例。案例演示的是，在一个空旷的地面上，小球、圆锥、木块从不同的高度掉落，但是它们之间互不发生碰撞，它们只与地面发生碰撞。单击屏幕则有一个立方体木块以一定的速度掉落，其运行效果如图 9-14 和图 9-15 所示。

▲图 9-14　案例运行开始

▲图 9-15　物体全部静止

说明

图 9-14 为案例运行开始时的效果图，各个物体从不同的高度掉落，当掉落的物体相互碰撞接触时，彼此之间并不发生碰撞。图 9-15 为物体全部静止在地面时的效果图，从效果图可以明显观察出圆锥与圆球发生了重叠。

开发本案例时会用到 Cocos 中的软体引擎，但是目前版本的官方引擎并没有将这部分封装好，因此读者在运行此案例之前需要更改引擎中 external\bullet 目录下的文件内容，主要是将每个文件中需要引入的头文件路径之前加上 bullet，这样才能在运行时找到正确的路径。

9.6.2　自定义物理世界类——MPhysicsWorld 类

为了方便使用 Bullet 物理世界以及为了方便后面的案例中创建软体世界，笔者在这里封装了自己的物理世界类和物理场景类，分别是 MphysicsWorld 类和 MphysicsScene 类，其具体开发步骤如下。

（1）首先开发 MphysicsWorld 类和 MphysicsScene 类框架，其主要功能是声明两个类所需的成员函数和成员变量，具体代码如下。

代码位置：源代码/第 9 章/Sample9_5/app/src/main/jni/hellocpp 目录下的 MyPhysics.h。

```
1    #ifndef _PhysicsScene_H_
2    #define _PhysicsScene_H_
3    ....../此处省略了一些对头文件的引用，需要的读者请看源代码
4    using namespace cocos2d;
5    class MPhysicsScene : public cocos2d::Scene{
6    public:
7       void initWithSoftPhysics();                                  //初始化软体世界
8       bool initWithPhysics();                                      //初始化物理世界
9       static MPhysicsScene* createWithPhysics();                   //创建物理世界场景
10   };
11   class MPhysicsWorld : public Physics3DWorld{
12   public :
13      btSoftBodyWorldInfo m_softBodyWorldInfo;                     //软体世界信息
14      btDynamicsWorld* getPhysicsWorld() const { return _btPhyiscsWorld; }
                                                                     //获取物理世界
15      void initSoftPhysics();                                      //初始化软体世界
16      static MPhysicsWorld* create(Physics3DWorldDes* info); //创建物理世界
17   };
18   #endif
```

说明

其中第 5～10 行为声明 MPhysicsScene 类的成员函数，如初始化软体世界方法、初始化物理世界方法以及创建物理世界场景方法。第 11～17 行为声明 MPhysicsScene 类成员变量和方法，其中包括软体世界信息、获取物理世界方法以及初始化软体世界方法等。

（2）开发完上述类框架声明后，还要真正实现 MphysicsWorld 类和 MphysicsScene 类中的各个方法，下面首先来介绍物理场景 MphysicsWorld 类的创建方法，具体代码如下。

代码位置：源代码/第 9 章/Sample9_5/app/src/main/jni/hellocpp 目录下的 MyPhysics.cpp。

```
MPhysicsScene* MPhysicsScene::createWithPhysics(){
   MPhysicsScene *ret = new (std::nothrow) MPhysicsScene();       //创建自定义物理场景
   if (ret && ret->initWithPhysics()){                            //初始化场景
      ret->autorelease();                                         //自动释放
      return ret;                                                 //返回场景
   }else{                                                         //初始化场景失败
      CC_SAFE_DELETE(ret);                                        //删除场景
      return nullptr;                                             //返回空
}}
```

```
bool MPhysicsScene::initWithPhysics(){
    bool ret = false;                                          //初始化标志位
    do{
        Director * director;                                   //导演指针
        CC_BREAK_IF( ! (director = Director::getInstance()) );
        this->setContentSize(director->getWinSize());          //设置场景大小
        Physics3DWorldDes info;                                //物理世界信息
        CC_BREAK_IF(! (_physics3DWorld = MPhysicsWorld::create(&info)));
        _physics3DWorld->retain();                             //保留引用
        ret = true;                                            //标志位置为 true
    } while (0);
    return ret;                                                //返回初始化标志位
}
```

> **说明** 上述代码功能为创建物理场景方法和初始化物理场景方法，第一个方法中首先创建自定义物理场景，然后判断初始化是否成功，若成功则返回场景指针，相反则返回空。而初始化物理场景方法，是首先将初始化标志位设为 false，然后获得导演实例，设置场景大小，创建物理世界并将初始化标志位置为 true，并返回该标志位。

（3）介绍完了物理场景 MphysicsWorld 类的创建方法后，接下来介绍软体物理世界以及自定义物理世界的创建方法，具体代码如下。

代码位置：源代码/第 9 章/Sample9_5/app/src/main/jni/hellocpp 目录下的 MyPhysics.cpp。

```
1   void MPhysicsScene::initWithSoftPhysics(){
2       ((MPhysicsWorld*)_physics3DWorld)->initSoftPhysics();  //初始化软体方法
3   }
4   void MPhysicsWorld::initSoftPhysics(){                     //初始化软体世界
5       auto collisionConfiguration =                          //创建碰撞检测配置信息表
6           new btSoftBodyRigidBodyCollisionConfiguration();
7       //创建碰撞检测算法分配者对象，其功能为扫描所有的碰撞检测对，并确定适用的检测策略对应的算法
8       _dispatcher = new btCollisionDispatcher(collisionConfiguration);
                                                               //创建宽度阶段碰撞检测对象
9       m_softBodyWorldInfo.m_dispatcher = _dispatcher;        //设置检测对象
10      btVector3 worldAabbMin = btVector3(-10000, -10000, -10000);//设置物理世界边界信息
11      btVector3 worldAabbMax = btVector3(10000, 10000, 10000);
12      int maxProxies = 1024;
13      auto overlappingPairCache =                            //创建碰撞加速算法对象
14          new btAxisSweep3(worldAabbMin, worldAabbMax, maxProxies);
15      m_softBodyWorldInfo.m_broadphase = overlappingPairCache;
16      btSequentialImpulseConstraintSolver *solver =          //创建推动约束解决者对象
17          new btSequentialImpulseConstraintSolver();
18      btSoftBodySolver* softBodySolver = new btDefaultSoftBodySolver();
19      m_softBodyWorldInfo.m_gravity.setValue(0,-9.8,0);      //设置重力
20      m_softBodyWorldInfo.m_sparsesdf.Initialize();
21      m_softBodyWorldInfo.air_density = (btScalar)1.2;
22      _btPhyiscsWorld = new btSoftRigidDynamicsWorld(        //创建物理世界对象
23          _dispatcher, overlappingPairCache, solver,collisionConfiguration,softBody
        Solver);
24      btVector3 gvec = btVector3(0, -10, 0);                 //创建重力加速度向量
25      _btPhyiscsWorld->setGravity(gvec);                     //设置重力加速度
26  }
27  MPhysicsWorld* MPhysicsWorld::create(Physics3DWorldDes* info){
28      auto world = new (std::nothrow) MPhysicsWorld();       //创建自定义物理世界
29      world->init(info);                                     //初始化物理世界
30      world->autorelease();                                  //自动释放
31      return world;                                          //返回物理世界引用
32  }
```

- 第 1～26 行为初始化软体物理世界方法，第一个方法只是调用了第二个方法。第二个方法中首先创建碰撞检测配置信息表、创建碰撞检测对象以及创建碰撞加速算法对象等，设置相关参数后创建软体世界，并设置重力加速度。
- 第 27～32 行为创建自定义物理世界方法，首先创建自定义物理世界对象，然后初始化该

物理世界，同时自动释放并将物理世界指针返回。

9.6.3 物体碰撞下落布景类——My3DLayer 类

本小节介绍本案例的核心类——物体碰撞下落布景类 My3DLayer。主要介绍的是如何对物体设置碰撞过滤，其实现较为简单，但在 Cocos2d-x 中并没有封装相应方法，需要获得 Bullet 中物理世界的指针并调用相应 API 来实现。其具体开发步骤如下。

（1）首先开发 My3DLayer 类的框架，其主要功能是声明所需要的成员变量、初始化方法以及触控的相关方法。框架的具体代码如下。

代码位置：源代码/第 9 章/Sample9_5/app/src/main/jni/hellocpp 目录下的 My3DLayer.h。

```
#ifndef __My3DLayer_H__                                              //如果未定义该头文件
#define __My3DLayer_H__                                              //则定义该头文件
#include "cocos2d.h"                                                 //引入相应头文件
#include "MyPhysics.h"
#include "physics3d/CCPhysics3D.h"
using namespace cocos2d;                                             //使用相应命名空间
class My3DLayer : public cocos2d::Layer{
public:
    Camera* camera = nullptr;                                        //摄像机的指针
    MPhysicsScene* scene = nullptr;                                  //场景的指针
    btDynamicsWorld* _btPhyiscsWorld = nullptr;                      //物理世界的指针
    virtual bool init();                                             //初始化的方法
    void initPhysics();                                              //初始化物理世界物体
    void initCallback();                                             //初始化触控回调方法
    void initOther();                                                //初始化菜单按钮
    void initFloor();                                                //初始化地面
    void initBox();                                                  //初始化正方体
    void initSphere();                                               //初始化球体
    void initCone();                                                 //初始化圆锥
    bool onTouchBegan(Touch* touch, Event *event);                   //触摸开始的回调方法
    void onTouchMoved(Touch* touch, Event *event);                   //触摸移动的回调方法
    void onTouchEnded(Touch* touch, Event *event);                   //触摸结束的回调方法
    void shootBox(const Vec3 &des);                                  //发射方块
    CREATE_FUNC(My3DLayer);
private:
    bool needShootBox = true;                                        //是否发射方块
    float cameraAngle = 0.f;                                         //摄像机水平旋转角度
    float cameraAngleVertical = 45.f;                                //摄像机垂直旋转角度
    enum collisionTypes{                                             //物体的编号
    COL_NOTHING = 0,                                                 //不碰撞
    COL_GROUND = 1,                                                  //地面编号
    COL_BOX = 1 << 1,                                                //正方体编号
    COL_CONE = 1 << 2,                                               //圆锥编号
    COL_SPHERE = 1 << 3                                              //球体编号
};};
#endif
```

说明 在此头文件中，声明了指向物理世界对象的指针、物体碰撞下落布景类的初始化方法、发射箱子的方法、摄像机水平旋转和垂直旋转的角度、各式各样物体的初始化以及用于触控的 3 个方法。最后还声明了枚举类型，便于使用。

（2）开发完上述类框架声明后，还要真正实现 My3DLayer 类中的诸多方法。这一部分讲解的是如何进行碰撞过滤，只需要在创建刚体时增添一些代码即可实现。具体代码如下。

代码位置：源代码/第 9 章/Sample9_5/app/src/main/jni/hellocpp 目录下的 My3DLayer.cpp。

```
void My3DLayer::initFloor(){
    this -> addChild(floorSpr);                                      //添加物体
    auto rigidBody = static_cast<Physics3DRigidBody*>(floorSpr->getPhysicsObj());
                                                                     //获取刚体对象
```

```
    scene->getPhysics3DWorld()->addPhysics3DObject(rigidBody);      //添加到物理世界
    auto btRigidBody = rigidBody -> getRigidBody();                 //Bullet 刚体对象
    _btPhyiscsWorld -> removeRigidBody(btRigidBody);                //移除刚体
    _btPhyiscsWorld -> addRigidBody(btRigidBody,                    //附加碰撞信息
      COL_GROUND, COL_BOX|COL_CONE|COL_SPHERE);
}
void My3DLayer::initBox(){
    this -> addChild(boxSpr);                                       //添加到布景中
    auto rigidBody = static_cast<Physics3DRigidBody*>(boxSpr->getPhysicsObj());
                                                                    //获取刚体对象
    scene->getPhysics3DWorld()->addPhysics3DObject(rigidBody);      //添加到物理世界
    auto btRigidBody = rigidBody -> getRigidBody();                 //Bullet 刚体对象
    _btPhyiscsWorld -> removeRigidBody(btRigidBody);                //移除刚体
    _btPhyiscsWorld -> addRigidBody(btRigidBody, COL_BOX, COL_GROUND);
                                                                    //附加碰撞信息
}
void My3DLayer::initSphere(){
    this -> addChild(sphereSpr);                                    //添加到布景中
    auto rigidBody = static_cast<Physics3DRigidBody*>(sphereSpr->getPhysicsObj());
                                                                    //获取刚体对象
    scene->getPhysics3DWorld()->addPhysics3DObject(rigidBody);      //添加到物理世界
    auto btRigidBody = rigidBody -> getRigidBody();                 //Bullet 刚体对象
    _btPhyiscsWorld -> removeRigidBody(btRigidBody);                //移除刚体
    _btPhyiscsWorld -> addRigidBody(btRigidBody, COL_SPHERE, COL_GROUND);
                                                                    //附加碰撞信息
}
void My3DLayer::initCone(){
    this -> addChild(coneSpr);                                      //添加到布景中
    auto rigidBody = static_cast<Physics3DRigidBody*>(sphereSpr->getPhysicsObj());
                                                                    //获取刚体对象
    scene->getPhysics3DWorld()->addPhysics3DObject(rigidBody);      //添加到物理世界
    auto btRigidBody = rigidBody -> getRigidBody();                 //Bullet 刚体对象
    _btPhyiscsWorld -> removeRigidBody(btRigidBody);                //移除刚体
    _btPhyiscsWorld -> addRigidBody(btRigidBody, COL_CONE, COL_GROUND);
                                                                    //附加碰撞信息
}
```

说明　由于 Cocos2d-x 并没有对碰撞过滤方法进行封装，所以操作过程较为繁琐。首先将刚体添加到物理世界，然后再将 Bullet 刚体删除、重新添加并附加碰撞信息。附加碰撞信息需要两个参数，第一个是当前物体的编号，第二个是可碰撞物体的编号。两个物体碰撞时，将 A 物体的第二个参数和 B 物体的第一个参数做与运算，结果非零则表示需要碰撞检测，所以物体编号应为 2 的倍数。

9.7　三角形网格形状的介绍

前面的案例中地面都是平的，但是在实际开发中需要诸多的地形，地形呈起伏状，这时如果想要实现地形的效果，就需要三角形网格形状类。

9.7.1　三角形索引数组类——btTriangleIndexVertexArray 类

介绍三角形网格形状类之前，首先需要了解三角形索引数组类——btTriangleIndexVertexArray 类。该类表示三角形索引数组类，该类的对象用来封装一个由三角形网格组成的立体形状中各个顶点的数据。其构造函数和常用的方法见表 9-12。

表 9-12　btTriangleIndexVertexArray 类的构造函数或方法签名

方 法 签 名	说 明
btTriangleIndexVertexArray()	btTriangleIndexVertexArray 类的构造函数

续表

方 法 签 名	说　明
btTriangleIndexVertexArray(int numTriangles,int* triangleIndexBase,int triangleIndexStride,int numVertices,btScalar* vertexBase,int vertexStride)	btTriangleIndexVertexArray 类的构造函数，参数 numTriangles 表示三角形网格中三角形的个数，参数 triangleIndexBase 表示索引数组的首地址，参数 triangleIndexStride 表示索引数据间隔，参数 numVertices 为总共的顶点个数，参数 vertexBase 表示顶点数据缓冲，参数 vertexStride 表示顶点数据间隔
void addIndexedMesh(const btIndexedMesh& mesh)	向三角形网格顶点数据数组中添加顶点数据，参数 mesh 为要添加的顶点数据，数据采用索引法组织。采用此方法时顶点索引数据必须是整形的，即对应 PHY_ScalarType. PHY_INTEGER 的类型
void addIndexedMesh(const btIndexedMesh& mesh, PHY_ScalarType indexType)	向三角形网格顶点数据数组中添加顶点数据，参数 mesh 为要添加的顶点数据，数据采用索引法组织。参数 indexType 表示数据组织方法，包括：PHY_FLOAT,PHY_DOUBLE,PHY_INTEGER,PHY_SHORT, PHY_FIXEDPOINT88 和 PHY_UCHAR 的类型。
int getNumSubParts()	获取三角形网格中组成部分的数量，即三角形网格中包含了几个 btIndexed Mesh 结构体对象，返回值为获取的数量

表 9-12 中提到了 btIndexedMesh 结构体，该结构体封装了三角形网格的各个属性，其属性和构造函数见表 9-13。

表 9-13　　　　btIndexedMesh 结构体的属性或构造函数

属性或构造函数	说　明
int m_numTriangles	表示三角形网格中三角形的个数
Const unsigned char* m_triangleIndexBase	表示索引数组的首地址
int m_triangleIndexStride	表示索引数据间隔
int m_numVertices	表示顶点总数
Const unsigned char* m_vertexBase	表示顶点数据缓冲
int m_vertexStride	表示顶点数据间隔
PHY_ScalarType m_indexType	表示索引数据的组织类型，默认值为 PHY_INTEGE
PHY_ScalarType m_vertexType	表示顶点数据的组织类型，默认值为 PHY_FLOAT
btIndexedMesh()	btIndexedMesh 结构体的构造函数

9.7.2　层次包围结构三角形网格形状类——btBvhTriangleMeshShape 类

btBvhTriangleMeshShape 类表示层次包围结构三角形网格形状类，其对象表示一个由多个三角形网格组成的立体形状，主要用来表示形状比较复杂的地形、山岗等。需要注意的是，它描述的物体质量应为零。其构造函数和常用的方法见表 9-14。

表 9-14　　　　btBvhTriangleMeshShape 类的构造函数或方法签名

方 法 签 名	说　明
btBvhTriangleMeshShape(btStridingMeshInterface* meshInterface, bool useQuantizedAabbCompression)	btBvhTriangleMeshShape 类的构造函数，参数 meshInterface 表示创建形状时需要用到的三角形网格中各个三角形的顶点数据，参数 useQuantizedAabbCompression 表示是否使用量化的 AABB 盒压缩
btBvhTriangleMeshShape(btStridingMeshInterface* meshInterface, bool useQuantizedAabbCompression, const btVector3& bvhAabbMin,const btVector3& bvhAabbMax)	btBvhTriangleMeshShape 类的构造函数，参数 meshInterface 表示创建形状时需要用到的三角形网格中各个三角形的顶点数据，参数 useQuantizedAabbCompression 表示是否使用量化的 AABB 盒压缩，参数 bvhAabbMin 表示包围盒的最小向量，参数 bvhAabbMax 表示包围盒的最大向量

续表

方 法 签 名	说　明
void performRaycast (btTriangleCallback* callback, const btVector3& raySource, const btVector3& rayTarget)	执行光线投射，参数 callback 表示指向回调类对象的指针，参数 raySource 表示光线的起始点，参数 rayTarget 表示光线的终止点
void performConvexcast (btTriangleCallback* callback, const btVector3& boxSource, const btVector3& boxTarget, const btVector3& boxMin, const btVector3& boxMax)	执行凸多面体投射，参数 callback 表示指向回调类对象的指针，参数 boxSource 表示凸多面体的起始点，参数 boxTarget 表示凸多面体的终止点，参数 boxMin 表示凸多面体的包围盒的最小向量，参数 boxMax 表示凸多面体的包围盒的最大向量

9.7.3 层次包围结构三角形网格形状类的案例——波动的水纹

了解完层次包围结构三角形网格形状类的相关 API 后，这里将给出使用该类开发的案例——波动的水纹案例，以便于读者能够正确使用层次包围结构三角形网格形状类，同时也利于加深读者对该案例的理解。

1. 案例运行效果

该案例主要演示的是，在一个三维物理世界中，波动的水纹上有两排小球从上掉落，小球掉落在波动的水纹后随着水纹进行一定的运动。其运行效果如图 9-16 和图 9-17 所示。

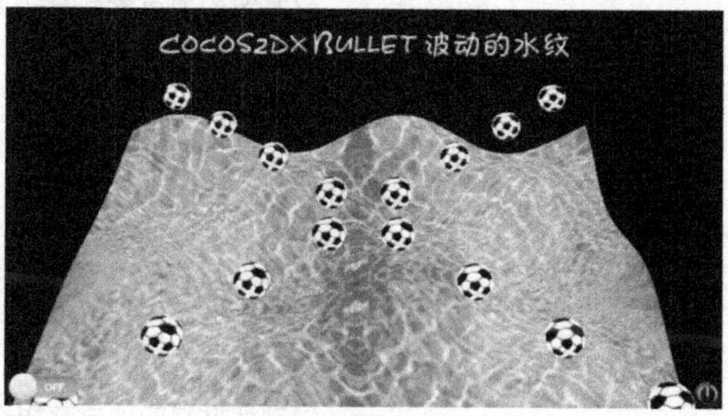

▲图 9-16　案例运行开始

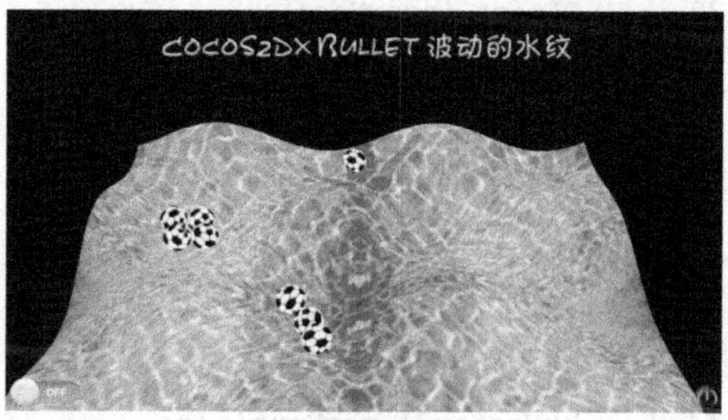

▲图 9-17　小球随水波移动

> **说明**　图 9-16 为案例运行开始时的效果图，有两排小球掉落。图 9-17 为小球随水波移动时的效果图。案例中演示的水波并非是模拟现实世界中真实的水波，只是为了配合演示三角形网格形状类对象的动态效果，读者明白即可。

2. 水波类——MySprite3D 类

了解完本案例的运行效果，接下来就是开发具体的类了。由于水波是动态的，需要修改水波的相关数据，例如顶点位置，可 Cocos2d-x 并未提供相应功能，所以需要继承 Node 类并重写其绘制方法。其具体开发步骤如下。

（1）首先开发水波类 MySprite3D 的类框架，其主要功能是声明其构造函数、声明所需的变量，如刚体对象指针、各类数据数组和水波相关参数等，重写父类的 onDraw 方法和绘制自身刚体的 draw 方法。具体的代码如下。

代码位置：源代码/第 9 章/Sample9_6/app/src/main/jni/hellocpp 目录下的 MySprite3D.h。

```
......//此处省略了一些对头文件的引用，需要的读者请查看源代码
class MySprite3D : public cocos2d::Node{
public:
```

```
4       static MySprite3D* create(
5               btDynamicsWorld* dynamicsWorldIn,                    //物理世界指针
6               float waveHeightIn,                                  //波浪高度
7               float unitSizeIn,                                    //单元大小
8               int xCountIn,                                        //x 方向点数
9               int yCountIn,                                        //y 方向点数
10              float restitutionIn,                                 //恢复系数
11              float frictionIn,                                    //摩擦力系数
12              const Vec3 &positionIn,                              //位置信息
13              const std::string &picPath);                         //图片路径
14      virtual bool init() override;                                //初始化的方法
15      virtual void draw(Renderer *renderer, const Mat4 &transform,uint32 t flags) override;
                                                                     //绘制方法
16      void initVao();                                              //初始化水波的 VAO
17      void onDraw(const Mat4 &transform);                          //绑定绘制方法
18      void initData();                                             //初始化水波的数据
19      void initPhysics();                                          //初始化水波的刚体
20      void updateVertex();                                         //更新水波的顶点坐标
21      void updateOffset(float offsetIn);                           //更新水波的偏移量
22      MySprite3D(){};                                              //构造函数
23      virtual ~MySprite3D();                                       //析构函数
24  protected:
25      btDynamicsWorld* dynamicsWorld = nullptr;                    //bullet 物理世界的指针
26      btBvhTriangleMeshShape* triangleShape = nullptr;             //三角网格物体的指针
27      btRigidBody* body = nullptr;                                 //刚体的指针
28      CustomCommand command;                                       //自定义绘制命令
29      GLuint vao;                                                  //水波的 VAO 编号
30      GLuint vertexVbo;                                            //水波的顶点 VBO 编号
31      GLuint texCoordVbo;                                          //水波的纹理坐标 VBO 编号
32      GLuint indexVbo;                                             //水波的顶点索引 VBO 编号
33      Texture2D *texture;                                          //水波的纹理
34      float waveHeight;                                            //波浪高度
35      float unitSize;                                              //水波单元大小
36      int xCount;                                                  //x 方向点数
37      int yCount;                                                  //y 方向点数
38      float restitution = 0;                                       //恢复系数
39      float friction = 0;                                          //摩擦力系数
40      float offset = 0;                                            //偏移量
41      int vertexCount;                                             //顶点数量
42      int triangleCount;                                           //三角形数量
43      Vec3 position;                                               //位置信息
44      btVector3* phyVertices;                                      //物理世界的顶点数组指针
45      int* phyIndices;                                             //物理世界的索引数组指针
46      GLushort* drawIndices;                                       //用于绘制的索引数组指针
47      float* drawVertices;                                         //用于绘制的顶点数组指针
48      float* drawTexCoord;                                         //用于绘制的顶点纹理坐标
49  };
50  #endif
```

- 第 4～13 行声明了水波类的创建方法，此方法里传入了水波类的相关参数，使用时更改传入值即可改变水波的外观。
- 第 14～23 行声明了水波类的初始化方法、更新方法以及绘制方法，这些方法根据传入的相关参数来计算水波的顶点坐标，再将水波绘制在屏幕上。
- 第 24～49 行声明了水波类的相关属性。包括了物理世界的相关指针、水波的相关参数、用于 OpenGL 绘制的相关编号以及保存数据的数组指针。

（2）介绍完水波类 MySprite3D 的类框架之后，接下来介绍水波类的具体实现。这一部分介绍的是创建三角形网络形状的方法，首先需要计算出水波模型的各类数据，例如顶点数据，然后生成三角形索引数组，最后设置摩擦力等刚体属性。具体的代码如下。

代码位置：见随书中源代码/第 9 章/Sample9_6/app/src/main/jni/hellocpp 目录下的 MySprite3D.cpp。

```
void MySprite3D::initData(){
    updateVertex();                                                  //计算顶点数据
    for(int i=0;i<xCount;i++){
```

```
4        for(int j=0;j<yCount;j++){
5            drawTexCoord[(i+j*xCount)*2+0]=((float)i)/(xCount-1);//纹理坐标 S
6            drawTexCoord[(i+j*xCount)*2+1]=((float)j)/(yCount-1);//纹理坐标 T
7    }}
8    int index=0;
9    for (int i=0;i<xCount-1;i++) {                           //遍历每一列
10       for (int j=0;j<yCount-1;j++) {                       //遍历每一行
11           phyIndices[index]=drawIndices[index]=j*xCount+i;      //三角形 1 的索引 1
12           phyIndices[index+1]=drawIndices[index+1]=j*xCount+i+1;//三角形 1 的索引 2
13           phyIndices[index+2]=drawIndices[index+2]=(j+1)*xCount+i+1;
                                                                    //三角形 1 的索引 3
14           phyIndices[index+3]=drawIndices[index+3]=j*xCount+i; //三角形 2 的索引 1
15           phyIndices[index+4]=drawIndices[index+4]=(j+1)*xCount+i+1;
                                                                    //三角形 2 的索引 2
16           phyIndices[index+5]=drawIndices[index+5]=(j+1)*xCount+i;
                                                                    //三角形 2 的索引 3
17           index += 6;
18   }}}
19   void MySprite3D::initPhysics(){
20       auto m_indexVertexArrays = new btTriangleIndexVertexArray( //创建三角形索引组对象
21           triangleCount,                                      //三角形数量
22           phyIndices,                                         //索引数组
23           3*sizeof(int),                                      //索引步长
24           vertexCount,                                        //所有的顶点数
25           (btScalar*) &phyVertices[0].x(),                    //顶点数组的首地址
26           sizeof(btVector3));                                 //顶点步长
27       btVector3 aabbMin(-1000,-1000,-1000),aabbMax(1000,1000,1000); //包围盒
28       triangleShape = new btBvhTriangleMeshShape(m_indexVertexArrays,true,aabbMin,
     aabbMax);
29       float mass = 0.f;                                       //刚体质量
30       btTransform   startTransform;                           //变换对象
31       startTransform.setIdentity();                           //变换对象初始化
32       auto pos = convertVec3TobtVector3(position);            //单位换算
33       startTransform.setOrigin(pos);                          //设置物理世界位置
34       this -> setPosition3D(position);                        //设置 3D 世界位置
35       btVector3 localInertia(0,0,0);                          //惯性向量
36       auto myMotionState = new btDefaultMotionState(startTransform); //创建刚体的运动状态对象
37       btRigidBody::btRigidBodyConstructionInfo rbInfo(mass,myMotionState,triangleShape,
     localInertia);
38       rbInfo.m_restitution = restitution;                     //设置反弹系数
39       rbInfo.m_friction = friction;                           //设置摩擦系数
40       body = new btRigidBody(rbInfo);                         //创建刚体
41       dynamicsWorld->addRigidBody(body);                      //将刚体添加进物理世界
42       body->setActivationState(DISABLE_DEACTIVATION);         //设置此物体不休眠
43   }
```

- 第 1～18 行为初始化水波数据的方法。其中 updateVertex 方法用来规则的矩形点阵，方法较为简单，有需要的读者请自行查阅随书中的源代码。三角形的索引数组用来将生成的矩形点阵卷绕成为一组三角形，均沿顺时针卷绕。
- 第 19～28 行为创建三角形网格形状的方法。需要传入三角形数量、索引数组等相关属性。索引步长指卷绕一个三角形所需要的字节数，一个三角形 3 个点，用整形记录。顶点步长指一个顶点所需要的字节数，一个点 3 个坐标，用浮点数记录。
- 第 29～43 行为设置刚体属性的方法，包括了质量、惯性向量、反弹系数等相关参数。由于水波是运动的，位置实时改变，所以应设置此物体不休眠。

（3）上一部分介绍了创建三角形网络形状的方法，接下来讲解的是顶点数组对象——VAO。在 OpenGL ES 中，绘制物体需要顶点、纹理坐标、法线等一系列数据，每种数据占据一个缓冲，顶点数组对象可以将各种缓冲管理起来。具体的代码如下。

代码位置：源代码/第 9 章/Sample9_6/app/src/main/jni/hellocpp 目录下的 MySprite3D.cpp。

```
void MySprite3D::initVao(){                                   //初始化顶点数组对象
    auto glProgram =                                          //加载着色器
        GLProgram::createWithFilenames("shader/trianglesMesh.vert","shader/triangles
```

```
    Mesh.frag");
4   this->setGLProgram(glProgram);                  //设置水波使用的着色器
5   glGenVertexArrays(1,&vao);                      //创建顶点数组对象
6   glBindVertexArray(vao);                         //绑定顶点数组对象
7   glGenBuffers(1,&vertexVbo);                     //创建顶点的缓冲对象
8   glBindBuffer(GL_ARRAY_BUFFER,vertexVbo);        //绑定顶点的缓冲对象
9   glBufferData(GL_ARRAY_BUFFER,vertexCount*3*4,drawVertices,GL_STREAM_DRAW);
                                                    //设置数据
10  GLuint position = glGetAttribLocation(glProgram->getProgram(), "a_position");
                                                    //获得顶点引用
11  glEnableVertexAttribArray(position);            //启用顶点数组
12  glVertexAttribPointer(position, 3, GL_FLOAT, GL_FALSE, 0, (GLvoid*)0);
                                                    //顶点数据格式
13  glGenBuffers(1,&texCoordVbo);                   //创建纹理的缓冲对象
14  glBindBuffer(GL_ARRAY_BUFFER,texCoordVbo);      //绑定纹理的缓冲对象
15  glBufferData(GL_ARRAY_BUFFER,vertexCount*2*4,drawTexCoord,GL_STATIC_DRAW);
                                                    //设置数据
16  GLuint color = glGetAttribLocation(glProgram->getProgram(), "a_texCoord");
                                                    //获得顶点坐标引用
17  glEnableVertexAttribArray(color);               //启用纹理坐标
18  glVertexAttribPointer(color, 2, GL_FLOAT, GL_FALSE, 0, (GLvoid*)0);
                                                    //纹理坐标数据格式
19  glGenBuffers(1,&indexVbo);                      //创建索引的缓冲对象
20  glBindBuffer(GL_ELEMENT_ARRAY_BUFFER,indexVbo); //绑定索引的缓冲对象
21  glBufferData(GL_ELEMENT_ARRAY_BUFFER,triangleCount*3*2,drawIndices,GL_STATIC_
    DRAW);
22  glBindVertexArray(0);                           //解绑顶点数组对象
23  glBindBuffer(GL_ARRAY_BUFFER, 0);               //解绑缓冲对象
24 }
```

● 第 1～6 行为使用着色器以及绑定顶点数组对象的方法。绑定顶点数组对象之后，所有绑定的缓冲对象均受到顶点数组对象的管理。

● 第 7～21 行为绑定顶点、索引以及纹理坐标这 3 个缓冲对象的方法。绑定顶点缓冲和纹理坐标缓冲格式一样，先绑定缓冲，然后设置数据，再链接到着色器的属性变量，最后设置数据格式。绑定索引缓冲有所不同，需要注意的是参数应为 GL_ELEMENT_ARRAY_BUFFER。

● 第 22～23 行为解绑顶点数组对象的方法。至此所有的缓冲对象均已设置完毕，之后只需再次将其绑定，调用绘制函数即可将水波呈现在屏幕上。

（4）最后介绍的是水波类的绘制方法。首先需要在引擎中将物体的绘制命令设置为水波类的 onDraw 方法，然后在 onDraw 方法中实现对水波的绘制即可。具体的代码如下。

代码位置：源代码/第 9 章/Sample9_6/app/src/main/jni/hellocpp 目录下的 MySprite3D.cpp。

```
void MySprite3D::draw(Renderer *renderer, const Mat4 &transform,uint32_t flags){
    command.init(_globalZOrder);                    //初始化自定义绘制命令
    command.func = CC_CALLBACK_0(MySprite3D::onDraw, this, transform);
                                                    //绑定绘制命令
                                                    //添加到绘制列表
    renderer->addCommand(&command);
}
void MySprite3D::onDraw(const Mat4 &transform){     //水波的绘制方法
    bool ret = glIsEnabled(GL_DEPTH_TEST)?true:false;  //是否开启深度检测
    if(!ret){
        glEnable(GL_DEPTH_TEST);                    //开启深度检测
    }
    auto glProgram = getGLProgram();                //获取着色器
    glProgram->use();                               //使用着色器
    glProgram->setUniformsForBuiltins(transform);   //设置 MVP 矩阵
    glBindVertexArray(vao);                         //绑定顶点数组对象
    glBindBuffer(GL_ARRAY_BUFFER,vertexVbo);        //绑定顶点缓冲
    glBufferSubData(GL_ARRAY_BUFFER,0,vertexCount*3*4,drawVertices);
                                                    //更新顶点缓冲数据
    GL::bindTexture2D(texture->getName());          //绑定纹理
    glDrawElements(GL_TRIANGLES, triangleCount*3, GL_UNSIGNED_SHORT, (GLvoid*)0);
                                                    //绘制
    glBindVertexArray(0);                           //解绑顶点数组缓冲
```

```
20      CC_INCREMENT_GL_DRAWN_BATCHES_AND_VERTICES(1, triangleCount*3);
                                                          //统计顶点数据
21      CHECK_GL_ERROR_DEBUG();                           //检查是否报错
22      if(!ret){
23          glDisable(GL_DEPTH_TEST);                     //关闭深度检测
24  }}
```

- 第 1～5 行为绘制命令的设置方法。首先初始化自定义绘制命令，然后设置自定义绘制命令的回调方法，transform 指的是节点到 3D 世界的变换矩阵，最后将此自定义绘制命令加入绘制命令列表。
- 第 6～24 行为水波的绘制方法。为了不影响其他绘制方法，首先检测是否开启了深度检测，若没有则开启并在绘制完成之后关闭深度检测。绘制时先获取着色器，然后将变换矩阵应用到着色器中，绑定顶点数组对象和纹理，之后调用绘制方法。若不使用索引，应在第 18 行使用 glDrawArrays。

3. 波动的水纹布景类——My3DLayer 类

介绍完水波类的实现之后，接下来介绍的是波动的水纹布景类 My3DLayer。在此类中完成了基本的场景搭建，水波也需要在此添加。其具体开发步骤如下。

波动的水纹布景类与之前的案例并无很大改变，仅仅是增加了添加水波的方法以及让水波不断运动的定时回调方法。具体代码如下。

代码位置：源代码/第 9 章/Sample9_6/app/src/main/jni/hellocpp 目录下的 My3DLayer.cpp。

```
void My3DLayer::initPhysics(){
    initObj();
    spriteTest =MySprite3D::create(((MPhysicsWorld*)scene->            //创建水波
        getPhysics3DWorld())->getPhysicsWorld(),4,2,40,40,0.8f,0.5f,Vec3(0,0,0),
        "pic/grass.png");
    spriteTest -> setCameraMask((unsigned short)CameraFlag::USER1);//设置渲染摄像机
    this -> addChild(spriteTest);                                 //添加水波
    schedule(schedule_selector(My3DLayer::update), 0.02f);        //开启定时回调
}
void My3DLayer::update(float f){
    spriteTest->updateOffset(f);                                  //增加水波偏移量
}
```

说明 创建水波的操作已经在水波类中实现，使用时只需要按需求设置相关参数即可。水波的运动是定时改变水波的偏移量，也就是改变正弦函数的初相从而实现的。

9.8 固定三角形网格形状类的介绍

Bullet 物理引擎支持坚硬的、形状不变的三角形索引数组组成的物体，如坚硬的圆环，形状不变的茶壶等。读者只要提供一套合理的数据就可以创建出对应的形状，这在实际开发中是十分方便的。但 Cocos2d-x 目前版本中还没有封装该形状，需要我们直接使用 Bullet 物理引擎中的代码，下面将详细介绍固定三角形网格形状类以及相应的开发案例。

9.8.1 固定三角形网格形状类——btGImpactMeshShape 类

btGImpactMeshShape 类表示固定三角形网格形状类，其也是层次包围结构三角形网格形状，用该类描述的物体的质量通常不为零。其对象通常描述形状比较复杂的运动物体，如运动的兔子、茶壶、圆环等。其构造函数和常用的方法见表 9-15。

表 9-15　　btGImpactMeshShape 类的构造函数或方法签名

方法签名	说明
btGImpactMeshShape(btStridingMeshInterface * meshInterface)	btGImpactMeshShape 类的构造函数，参数 meshInterface 表示指向创建形状时需要用到的三角形网格中各个三角形的顶点数据指针
btStridingMeshInterface* getMeshInterface()	获取创建形状时用到的三角形网格中各个三角形的顶点数据，返回值为指向获取的数组的指针

9.8.2　固定形状物体案例

了解了固定三角形网格形状类的相关 API，这里将给出一个固定形状物体的案例，以便于读者能够正确创建固定形状物体，同时也利于加深读者对固定三角形网格形状类的理解。

1. 案例运行效果

该案例主要演示的是，在一个三维物理世界中，圆环、立方体木块和茶壶依次从上而下掉落。其运行效果如图 9-18 和图 9-19 所示。

▲图 9-18　案例运行开始

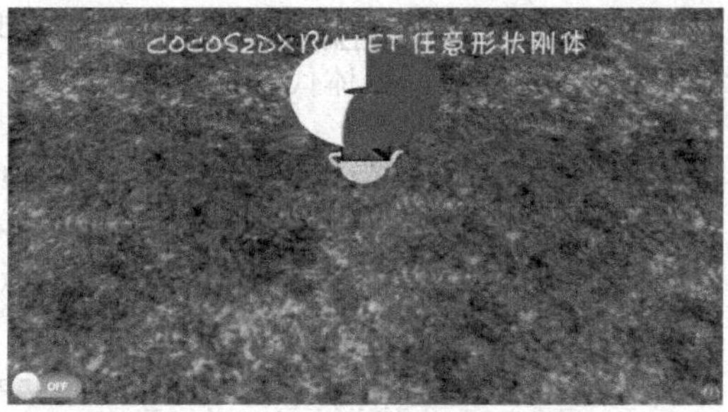

▲图 9-19　下落结束

> **说明**　图 9-18 为案例运行开始时的效果图，各个物体从不同的高度掉落。图 9-19 为各个物体相互碰撞时的效果图，各个物体因相互碰撞而倒在一侧。

2. 自定义物体类——MyCustomSprite3D 类

自定义物体类封装了固定三角形网格形状类对象的创建和该对象的绘制。其中绘制部分与前面章节中介绍过的大致相同这里不再赘述。固定三角形网格物体类的具体开发步骤如下。

（1）首先开发自定义物体类 MyCustomSprite3D 的类框架，其主要功能是声明创建自定义物体方法、绘制自身的方法以及初始化着色器方法等成员方法，同时也声明了物体纹理指针、刚体指针、物理世界指针等成员变量。具体的代码如下。

代码位置：源代码/第 9 章/Sample9_7/app/src/main/jni/sampleCPP 目录下的 MyCustomSprite3D.h

```
......//此处省略了一些对头文件的引用，需要的读者请看源代码
using namespace cocos2d;
class MyCustomSprite3D : public Sprite3D{
public:
    Texture2D *texture;                                  //物体纹理
    btRigidBody *psb;                                    //刚体的引用
    btDynamicsWorld *m_dynamicsWorld;                    //物理世界指针
    int face_num;                                        //面的个数（三角形）
    CustomCommand command;                               //获取渲染函数
    GLuint vao;
    GLuint vertexVBO;                                    //顶点的 VBO
```

```
12    GLuint colorVBO;                                          //纹理的 VBO
13    ......//此处省略了一些顶点数据及数组的声明，需要的读者请看源代码
14    float *m_tex_new;                                         //新的纹理数据
15    btScalar mass;                                            //物体质量
16    float scale;                                              //缩放比例
17    int m_lightFlag=1;                                        //顺逆时针
18    btVector3* m_vertices_bt;                                 //顶点数据
19    const GLvoid* mVertexBuffer;                              //顶点坐标数据缓冲
20    const GLvoid* mTextureBuffer;                             //顶点纹理数据缓冲
21    static MyCustomSprite3D* create(                          //创建自定义精灵方法
22            btScalar mass,
23            btDynamicsWorld* _dynamicsWorld,                  //物理世界引用
24            btVector3 pos,                                    //位置信息
25            const std::string& objPath,                       //模型路径
26            const std::string& picPath,                       //图片路径
27            float scale,                                      //缩放大小
28            btScalar restitutionIn,                           //弹力系数
29            btScalar frictionIn                               //摩擦力系数
30    );
31    void myDraw(const Mat4 &transform);                       //自身的绘制方法
32    virtual void draw(cocos2d::Renderer *renderer,            //绑定绘制方法到渲染器
33            const cocos2d::Mat4 &transform, uint32_t flags) override;
34    ~MyCustomSprite3D();                                      //自定义精灵析构函数
35    void initShader();                                        //初始化着色器
36    void initTexTriangleMesh(                                 //初始化三角形网格物体
37            btDynamicsWorld* _dynamicsWorld,                  //物理世界引用
38            btVector3 pos,                                    //位置信息
39            btScalar restitutionIn,                           //恢复系数
40            btScalar frictionIn                               //摩擦系数
41    );
42    void initVertex(int i);                                   //更新顶点坐标，纹理坐标
43    void initColor(int i);                                    //获取颜色
44    void LoadObj(std::string objPath);                        //加载 OBJ
45  };
46  #endif
```

说明 其中第 5～20 行声明了该类的成员变量，其中包括物体纹理指针、刚体指针、物理世界指针等。第 21～44 行声明了该类的成员方法，其中包括创建自定义物体方法、绘制自定义物体自身的方法以及初始化着色器方法等。

（2）开发完上述类框架声明后，还要真正实现 MyCustomSprite3D 类中的方法，其中绘制部分已经在前面的章节中详细介绍过，不再赘述。这里主要介绍初始化固定三角形网格形状方法，其中包括了固定三角形网格形状的创建，具体代码如下。

代码位置：源代码/第 9 章/Sample9_7/app/src/main/jni/sampleCPP 目录下的 MyCustomSprite3D.cpp

```
void MyCustomSprite3D::initTexTriangleMesh(btDynamicsWorld* _dynamicsWorld,
btVector3 pos,btScalar restitutionIn,btScalar frictionIn){
    face_num = vex_ind_num/3;                                   //计算面的个数
    int vertStride = 3*sizeof(float);                           //顶点数组步长
    int indexStride = 3*sizeof(int);                            //索引步长
    btTriangleIndexVertexArray* m_indexVertexArrays =           //创建三角形索引数组对象
        new btTriangleIndexVertexArray(
            face_num,                                           //三角形个数
            m_vex_indices,                                      //索引数组
            indexStride,                                        //索引步长
            vertices_num,                                       //所有顶点数量
            (btScalar*) &m_vertices[0],                         //顶点数组的首地址
            vertStride                                          //顶点步长
    );
    btGImpactMeshShape *gims = new                              //创建固定三角形形状
        btGImpactMeshShape(m_indexVertexArrays);
    gims->updateBound();                                        //更新形状范围
    btCollisionShape *finalShape = gims;
    btCollisionDispatcher * dispatcher =                        //获取调度器
```

```
20        static_cast<btCollisionDispatcher *>(_dynamicsWorld ->getDispatcher());
21      btGImpactCollisionAlgorithm::registerAlgorithm(dispatcher);//注册算法
22      btVector3* verticesBt = floatToBtVector3(m_vertices,vertices_num);
23      m_vertices_bt = new btVector3[vex_ind_num];
24      for(int i = 0; i < vex_ind_num; i++){                          //遍历索引数组
25        int index = m_vex_indices[i];                                //获取当前索引
26        m_vertices_bt[i] = verticesBt[index];
27      }
28      m_vertices_shader = btVector3ToFloat(m_vertices_bt, vex_ind_num);
29      bool isDynamic  = (mass!=0);                                   //物体是否可以运动
30      btVector3 localInertia(0,0,0);                                 //惯性向量
31      btTransform transform = btTransform();                         //创建刚体初始变换对象
32      transform.setIdentity();                                       //变换对象初始化
33      transform.getOrigin().setValue(pos.x(), pos.y(), pos.z());//设置变换对象的位置
34      btDefaultMotionState *myMotionState =                          //创建刚体运动状态对象
35          new btDefaultMotionState(transform);
36      btRigidBody::btRigidBodyConstructionInfo rbInfo(               //创建刚体信息对象
37          mass, myMotionState, finalShape, localInertia);
38      rbInfo.m_restitution = restitutionIn;                          //设置恢复系数
39      rbInfo.m_friction = frictionIn;                                //设置摩擦系数
40      psb = new btRigidBody(rbInfo);                                 //创建刚体
41      _dynamicsWorld->addRigidBody(psb);                             //将刚体添加进物理世界
42  }
```

- 第 3～14 行的主要功能为计算面个数，计算顶点数组步长和索引数组步长，并创建三角形索引数组类对象。
- 第 15～28 行为创建固定三角形网格形状类对象。首先创建固定三角形网格形状类对象，并更新形状范围，然后获得调度器为该形状注册算法。
- 第 29～41 行的主要功能为创建固定三角形网格刚体对象，设置恢复系数和摩擦系数，并将刚体添加到物理世界中。

9.9 本章小结

本章向读者介绍了 Cocos2d-x 中 Bullet 物理引擎的大部分基础知识，并给出了简单易懂的案例，这些对读者认识 3D 物理引擎的大世界打下了夯实的基础，对游戏的开发有着功不可没的作用和影响。虽然本章将 Bullet 物理引擎的大部分基础知识点进行了讲解，但是 3D 物理引擎博大精深，对于细节的知识把握还需要读者细心研究和学习。

第 10 章　3D 物理引擎 Bullet——关节

前面的内容中已经讲解了 Bullet 物理引擎的一些基本知识和案例，但是这对于学习 Bullet 物理引擎是远远不够的。下面将讲解该引擎中的一个重要的概念：关节。简单来说，关节是两个物体之间的约束，其可以将两个物体以一定的方式约束在一起。

10.1 初识 3D 关节

首先需要介绍的是所有关节的父类——Physics3DConstraint 类，了解该类有助于对关节初步的认识。其他所有关节类都继承自该类，其封装了具体关节共用的一些方法。下面就向读者介绍该类的常用方法，见表 10-1。

表 10-1　Physics3DConstraint 类的常用方法

方 法 签 名	说　明
Physics3DConstraint()	关节的构造函数关节
float getBreakingImpulse()	获取毁坏关节的最大冲量，返回值为获取的冲量值
void setBreakingImpulse(float impulse)	设置毁坏关节的最大冲量，参数 impulse 表示要设置的冲量值
bool　isEnabled ()	获取关节是否可用，返回值为 true 时表示可用，false 表示不可用
void　setEnabled (bool enabled)	设置关节是否可用，参数 enabled 为 true 表示关节可用，false 表示不可用
Physics3DRigidBody* getRigidBodyA ()	获取关节关联的刚体，返回值为获取的刚体
Physics3DRigidBody* getRigidBodyB ()	获取关节关联的另一刚体，返回值为获取的另一个刚体
ConstraintType getConstraintType()	获取关节类型，返回值为获取的关节类型
void　setUserConstraintType (int userConstraintType)	设置关节类型，参数 userConstraintType 表示要设置的关节类型
void setUserData(void* userData)	设置用户信息，参数 userData 为需要设置的信息的指针
void* getUserData()	获得用户信息，返回值为获取的指向用户信息的指针

10.2 铰链关节

上一节初步介绍了所有关节的父类——Physics3Dconstraint 类中的基本方法的使用和参数意义，接下来本节将介绍第一个具体的关节——铰链关节，首先会讲解其常用方法的知识，然后通过一个具体使用铰链关节的案例来加深对铰链关节的了解，具体内容如下。

10.2.1　基础知识

在介绍具体的案例之前，首先应该了解一下铰链关节的基本知识。铰链关节是仅有一个旋转自由度的关节，通过铰链约束限制相关刚体仅能绕铰链轴旋转，其原理图如图 10-1 所示。

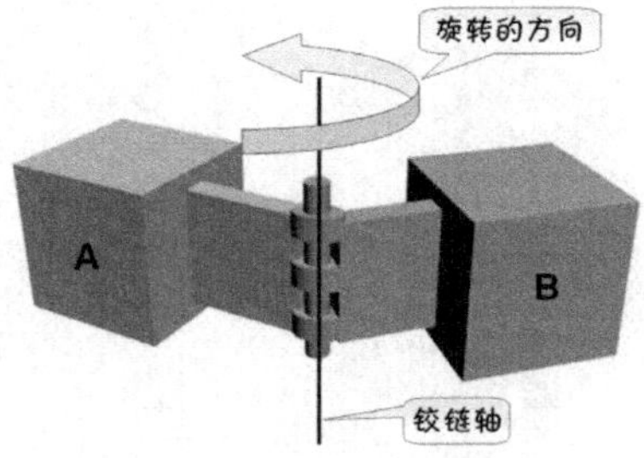

▲图 10-1　铰链关节原理图

铰链关节是仅有一个旋转自由度的关节，通过铰链约束限制相关刚体仅能绕铰链轴旋转。在 Cocos2d-x 铰链关节是用 Physics3DHingeConstraint 类来表示的，此类中封装了与此关节相关的方法，下面就将列举该关节的常用构造函数，具体内容见表 10-2。

表 10-2　Physics3DHingeConstraint 类常用构造函数

方法签名	说　明
static Physics3DHingeConstraint* create(Physics3DRigidBody* rbA, Physics3DRigidBody* rbB, const cocos2d::Vec3& pivotInA, const cocos2d::Vec3& pivotInB, cocos2d::Vec3& axisInA, cocos2d::Vec3& axisInB, bool useReferenceFrameA = false)	铰链关节的构造函数，参数 rbA 表示关节约束的第一个刚体，参数 rbB 表示关节约束的第二个刚体，参数 pivotInA 表示第一个刚体对应的中心点，参数 pivotInB 表示第二个刚体对于的中心点，参数 axisInA 表示第一个刚体的轴向量，参数 axisInB 表示第一个刚体的轴向量
static Physics3DHingeConstraint* create(Physics3DRigidBody* rbA, const cocos2d::Vec3& pivotInA, const cocos2d::Vec3& axisInA, bool useReferenceFrameA = false)	铰链关节的构造函数，参数 rbA 表示关节约束的刚体，参数 pivotInA 表示刚体对应的中心点，参数 axisInA 表示刚体的轴向量
static Physics3DHingeConstraint* create(Physics3DRigidBody* rbA, Physics3DRigidBody* rbB, const cocos2d::Mat4& rbAFrame, const cocos2d::Mat4& rbBFrame, bool useReferenceFrameA = false)	铰链关节的构造函数，参数 rbA 表示关节约束的第一个刚体，参数 rbB 表示关节约束的第二个刚体，参数 rbAFrame 表示第一个刚体的变换对象，参数 rbBFrame 表示第二个刚体的变换对象
static Physics3DHingeConstraint* create(Physics3DRigidBody* rbA, const cocos2d::Mat4& rbAFrame, bool useReference FrameA = false)	铰链关节的构造函数，参数 rbA 表示关节约束的刚体，参数 rbAFrame 表示刚体的变换对象

表 10-2 介绍的是 Physics3DHingeConstraint 类中的构造函数，该类中还封装了很多可直接使用的方法，下面就来列举一下该关节中的常用方法，具体内容见表 10-3。

表 10-3　Physics3DHingeConstraint 类常用方法

方法签名	说　明
void setFrames(const cocos2d::Mat4& frameA, const cocos2d::Mat4& frameB)	设置铰链关节约束的两个刚体变换对象，参数 frameA 表示要设置的第一个刚体的变换对象，参数 frameB 表示要设置的第二个刚体的变换对象
void setAngularOnly(bool angularOnly)	设置是否只开启角转动，参数 angularOnly 为 true 时表示开启，否则表示不开启
void enableAngularMotor(bool enableMotor, float targetVelocity, float maxMotorImpulse)	启动马达，参数 enableMotor 为是否允许关节使用马达的标志，为 true 表示开启，否则表示不开启，参数 targetVelocity 表示关节旋转的角速度，参数 maxMotorImpulse 表示关节马达的驱动力值
void enableMotor(bool enableMotor)	设置是否开启马达，参数 enableMotor 表示是否开启，为 true 表示开启，否则表示不开启
void setMaxMotorImpulse(float maxMotor Impulse)	设置马达的最大冲量，参数 maxMotorImpulse 表示要设置的最大冲量值
float getLowerLimit()	获取转动角度的下限值，返回值为获取的下限值
float getUpperLimit()	获取转动角度的上限值，返回值为获取的上限值
float getHingeAngle()	获取铰链关节当前的旋转角度值，返回值为获取的角度值
cocos2d::Mat4 getFrameOffsetA()	获取铰链关节约束的一个刚体的变换对象，返回值为获取的变换对象
cocos2d::Mat4 getFrameOffsetB()	获取铰链关节约束的另一个刚体的变换对象，返回值为获取的变换对象
void setFrames(const cocos2d::Mat4& frameA, const cocos2d::Mat4& frameB)	设置铰链关节约束的两个刚体变换对象，参数 frameA 表示要设置的第一个刚体的变换对象，参数 frameB 表示要设置的第二个刚体的变换对象

10.2.2 案例开发

了解了铰链关节的概念和相关 API 后，下面向读者介绍使用铰链关节开发的案例——球落门开案例，以便于读者能够正确使用铰链关节，同时也利于加深读者对铰链关节的理解。

该案例主要演示的是，在一个三维物理世界中，有很多篮球从上空掉落，掉落位置为没有屋顶的小屋。当球掉落下去后，门会在球的推动作用下自己打开。其运行效果如图 10-2、图 10-3、图 10-4 及图 10-5 所示。

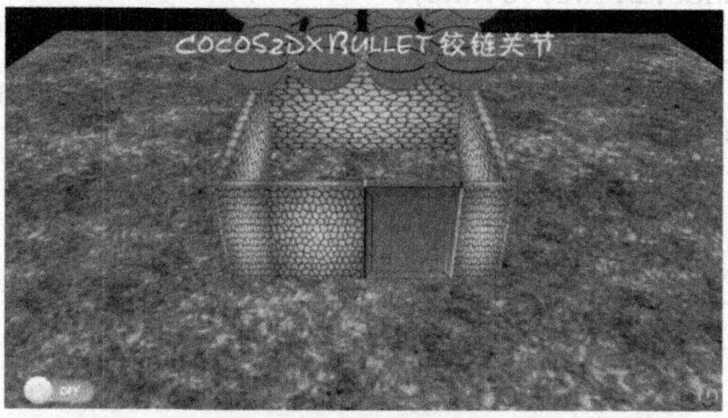

▲图 10-2 案例运行开始

▲图 10-3 小球正在下落

▲图 10-4 门被打开了一半

▲图 10-5 小球下落静止

说明 图 10-2 为案例运行开始时的效果图；图 10-3 为小球正在下落时的效果图，此时门在小球的作用下被打开了三分之一；图 10-4 为小球还在下落，此时门被打开了一半的效果图；图 10-5 为小球下落静止时，门被完全打开时的效果图。

下面向读者介绍球落门开 3D 布景类的具体开发过程，通过该案例让读者了解铰链关节的基本使用方法，具体开发步骤如下。

说明 案例开发中其他类的声明和实现步骤在前面的章节中已经做了介绍，这里就不再赘述，下面要介绍的内容是本案例中的关键代码，请读者仔细阅读。

（1）首先开发球落门开布景类 My3DLayer 的类框架，其主要功能是声明该类所需的成员函数和成员变量，其中成员变量包括场景指针、摄像机指针和是否需要发射球标志位等，成员函数包括初始化方法、触控相关方法以及定时回调方法等。具体代码如下。

代码位置：源代码/第 10 章/Sample10_1/app/src/main/jni/hingecpp 目录下的 My3DLayer.h。

```
#ifndef __My3DLayer_H__
#define __My3DLayer_H__
......//此处省略了一些对头文件的引用，需要的读者请看源代码
using namespace cocos2d;
class My3DLayer : public Layer{
```

```
6    public:
7        Scene* scene;                                              //场景精灵
8        std::vector<PhysicsSprite3D*> phySprVec;                   //物理精灵向量
9        PhysicsSprite3D* doorSpr;                                  //门精灵
10       bool addBox;                                               //是否添加方块
11       Camera* camera;                                            //摄像机
12       virtual bool init();                                       //初始化的方法
13       void initPhysics3D();                                      //初始化物理组件
14       PhysicsSprite3D* intWall(Vec3 wScale, Vec3 wPos, bool noneFlge = true);
                                                                    //初始化围墙
15       void initBall();                                           //初始化球
16       virtual void onTouchesBegan(                               //声明开始触摸时回调方法
17           const std::vector<Touch*>& touches,Event *event);
18       virtual void onTouchesMoved(                               //声明触摸移动时回调方法
19           const std::vector<Touch*>& touches,Event *event);
20       virtual void onTouchesEnded(                               //声明触摸结束时回调方法
21           const std::vector<Touch*>& touches,Event *event);
22       virtual void update(float dt);                             //定时回调方法
23       void initOther();                                          //初始化调试方法
24       void shootBox( const Vec3 &des );                          //添加方块方法
25           CREATE_FUNC(My3DLayer);
26   };
27   #endif
```

说明　其中第 7～13 行为声明该类的成员变量，如摄像机指针、场景指针以及是否需要发射球标志位等。第 13～25 行为声明成员方法，其中包括初始化方法、定时回调方法以及触控相关方法等。

（2）开发完 My3DLayer 类的框架声明后，还要真正实现 My3DLayer 类中的各个方法。由于大多数方法与前面案例中介绍的方法大致相同不再一一介绍。这里重点介绍初始化物理组件方法，该方法中包括了铰链关节的创建，具体代码如下。

代码位置：源代码/第 10 章/Sample10_1/app/src/main/jni/hingecpp 目录下的 My3DLayer.cpp。

```
void My3DLayer::initPhysics3D(){
    Physics3DRigidBodyDes prbDes;                                  //声明刚体描述结构体
    prbDes.mass = 0.0f;                                            //设置刚体质量
    prbDes.shape = Physics3DShape::createBox(                      //创建刚体形状
        Vec3(AREA_WIDTH, 1.0f, AREA_WIDTH));
    PhysicsSprite3D* floorSpr = PhysicsSprite3D::create            //创建 3D 物理精灵
        ("c3b/box/box.c3t",&prbDes);
    floorSpr->setTexture("pic/plane.png");                         //设置纹理
    floorSpr->setScaleX(AREA_WIDTH);                               //设置 x 轴缩放比
    floorSpr->setScaleZ(AREA_WIDTH);                               //设置 y 轴缩放比
    floorSpr->setCameraMask((unsigned short)CameraFlag::USER1);   //设置摄像机
    floorSpr->syncNodeToPhysics();                                 //同步物理世界位置
    floorSpr->setSyncFlag(                                         //设置精灵为静态
        Physics3DComponent::PhysicsSyncFlag::NONE);
    auto floorBody = static_cast<Physics3DRigidBody*>              //添加到布景中
        (floorSpr->getPhysicsObj());
    floorBody->setFriction(1.0f);                                  //设置摩擦力
    floorBody->setRestitution(0.8f);                               //设置回复系数
    this->addChild(floorSpr);                                      //添加到场景中
    Vec3 wallScale;                                                //围墙缩放比
    Vec3 wallPos;                                                  //围墙位置
    wallScale = Vec3(0.5f, 5.0f, 12.0f);                           //初始化围墙
    wallPos = Vec3(6.0f, 3.0f, 0.0f);
    intWall(wallScale,wallPos);                                    //创建围墙
    ......//此处为创建其他围墙代码与上面介绍的代码大致相同，故省略
    doorSpr = intWall(wallScale, wallPos, false);                  //创建门
    initBall();                                                    //创建篮球
    Mat4 *mat = new Mat4();                                        //创建单位矩阵
    auto doorRigid  = static_cast<Physics3DRigidBody*>             //获得门刚体
          (doorSpr->getPhysicsObj());
    auto constraint = Physics3DHingeConstraint::create (           //创建铰链关节
```

```
32              doorRigid, Vec3(2.0f, 1.5f, 0.25f), Vec3(0.0f, 1.0f, 0.0f));
33      scene->getPhysics3DWorld()->addPhysics3DConstraint(constraint);
                                                        //将关节添加到物理世界
34  }
```

- 第 2～19 行的主要功能为创建物理场景中的地面，首先声明刚体描述结构体并设置刚体的质量和形状，然后创建 3D 物理精灵并设置其纹理、缩放比和摄像机属性，同时将物理精灵同步物理位置，并设置精灵类型为静态，最后获得该精灵刚体设置其摩擦力和恢复系数后添加到该布景中。
- 第 20～27 行为初始化场景中的围墙、门和球，其中 intWall 和 initBall 方法分别为初始化围墙和初始化球方法，由于这两个方法比较简单并且与创建地面大致相同，因此不再详细介绍。
- 第 28～33 行为创建铰链关节，首先创建单位矩阵，然后获得门刚体，最后通过该刚体、刚体中心向量以及轴向量创建铰链关节并添加到物理世界中。

10.3 齿轮关节

上一小节介绍了铰链关节——Physics3DhingeConstraint 类的基础知识和案例的开发，本小节将对关节中的另一具体关节——齿轮关节类的基础知识进行介绍，然后依照其方法开发出一个使用了齿轮关节的案例来展示其功能效果，具体内容如下。

10.3.1 基础知识

介绍具体案例之前，首先应该了解一下齿轮关节的基本知识。齿轮关节是一个仅有一个旋转自由度的关节，其中齿轮 A 主动旋转，齿轮 B 由齿轮 A 带动旋转，生活中的发动机中的齿轮之间就是这样的关系，其原理图如图 10-6 所示。

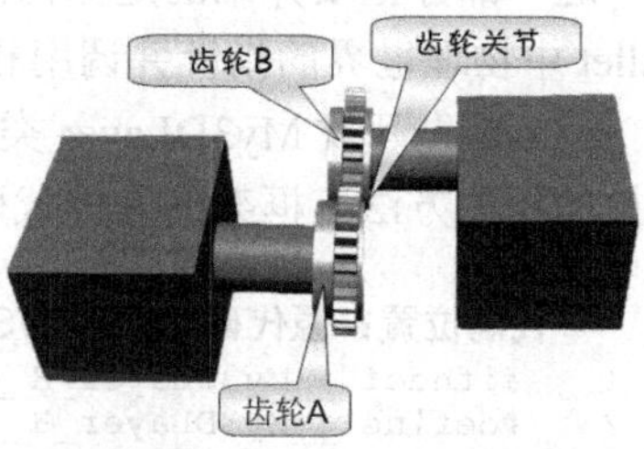

▲图 10-6　齿轮关节原理图

齿轮关节与其他的关节不同，其并未被 Cocos2d-x 封装，所以在此仅介绍 Bullet 物理引擎中齿轮关节的相关方法。在 Cocos2d-x 齿轮关节是用 btGearConstraint 类来，此类封装的构造函数和常用方法见表 10-4。

表 10-4　btGearConstraint 类的构造函数和常用方法

构造函数或方法签名	含　义
btGearConstraint(btRigidBody& rbA, btRigid Body& rbB, const btVector3& axisInA,const btVector3& axisInB, btScalar ratio)	齿轮关节的构造函数，参数 rbA 表示关节关联的第一个刚体，参数 rbB 表示关节关联的第二个刚体，参数 axisInA 表示第一个刚体的轴向量，参数 axisInB 表示第二个刚体的轴向量，参数 ratio 表示转动比例
void setAxisA(btVector3& axisA)	设置关节关联的第一个刚体的轴向量，参数 axisA 表示要设置的轴向量
void setAxisB(btVector3& axisB)	设置关节关联的第二个刚体的轴向量，参数 axisB 表示要设置的轴向量
void setRatio(btScalar ratio)	设置齿轮关节的转动比例，参数 ratio 表示要设置的比例
btVector3& getAxisA()	获取关节关联的第一个刚体的轴向量，返回值为获取的轴向量
btVector3& getAxisB()	获取关节关联的第二个刚体的轴向量，返回值为获取的轴向量
btScalar getRatio()	获取齿轮关节的转动比例，返回值为获取的比例值

10.3.2 案例开发

了解了齿轮关节的概念和相关 API 后，这里将给出使用齿轮关节开发的案例——转动的齿轮案例，以便于读者能够正确使用齿轮关节，同时也利于加深读者对齿轮关节的理解。

该案例主要演示的是，在一个三维物理世界中，有水平放置的圆盘和垂直放置的圆盘，对垂直的圆盘设置角速度，垂直的圆盘在齿轮关节的约束下角速度变慢，对应的水平圆盘也发生转动。其运行效果如图 10-7 和图 10-8 所示。

▲图 10-7　案例运行开始

▲图 10-8　切换角度观察圆盘

> **说明**　图 10-7 为案例运行开始时的效果图，其中垂直的圆盘以 x 轴转动，水平的圆盘没有设置角速度。由于齿轮关节的约束，该水平圆盘会按照一定的角速度规律的转动，图 10-8 为切换角度后观察圆盘的效果图。由于图片不方便观察，读者可以使用真机观察其转动效果。

这一部分主要介绍的是如何添加齿轮关节，在 Cocos2d-x 中并没有封装相应方法，需要获得 Bullet 中物理世界的指针并调用相应 API 来实现。其具体开发步骤如下。

（1）首先开发 My3DLayer 类的框架，其主要功能是声明所需要的成员变量、初始化方法以及触控的相关方法。框架的具体代码如下。

代码位置：源代码/第 10 章/Sample10_2/app/src/main/jni/sampleCPP 目录下的 My3DLayer.h。

```
#ifndef __My3DLayer_H__                                        //如果未定义该头文件
#define __My3DLayer_H__                                        //则定义该头文件
#include "cocos2d.h"                                           //引入相应头文件
#include "AppMacros.h"
#include "MyPhysics.h"
#include "extensions/cocos-ext.h"
#include "bullet/btBulletDynamicsCommon.h"
using namespace cocos2d;                                       //使用相应命名空间
class My3DLayer : public cocos2d::Layer{
public :
    Camera* camera;                                            //摄像机的指针
    MPhysicsScene *physicsScene;                               //场景的指针
    virtual bool init();                                       //初始化的方法
    void initFloorSpider(float f);                             //初始化地面和箱子
    void shootBox(Vec3 vec3);                                  //发射箱子
    void initDraw();                                           //初始化 debug 绘制开关
    bool isNeedShootBox=false;                                 //是否需要发射箱子
    float cameraAngle = 0.f;                                   //摄像机水平旋转角度
    float cameraAngleVertical = 45.f;                          //摄像机垂直旋转角度
    float scaleBox=4.0f;                                       //箱子方法倍数
    float distance=10.0f;                                      //箱子初始化距离
    btDynamicsWorld* _btPhyiscsWorld;                          //物理世界指针
    virtual void onTouchesBegan(const std::vector< Touch*>& touches, Event *event);
    virtual void onTouchesMoved(const std::vector< Touch*>& touches, Event *event);
    virtual void onTouchesEnded(const std::vector< Touch*>& touches, Event *event);
    CREATE_FUNC(My3DLayer);
};
#endif
```

> **说明** 在此头文件中，声明了指向物理世界对象的指针、齿轮关节布景类的初始化方法、发射箱子的方法、摄像机水平旋转和垂直旋转的角度、各式各样物体的初始化以及用于触控的 3 个方法。

（2）开发完上述类框架声明后，还要真正实现 My3DLayer 类中的诸多方法。由于大多数方法与前面案例中介绍的方法大致相同，这里就不再一一介绍了。此处将重点讲解的是如何添加齿轮关节的相关代码。具体内容如下。

代码位置：源代码/第 10 章/Sample10_2/app/src/main/jni/sampleCPP 目录下的 My3DLayer.cpp。

```
void My3DLayer::initFloorSpider(float f){
_btPhyiscsWorld=((MPhysicsWorld*)physicsScene                      //获得Bullet物理世界指针
        ->getPhysics3DWorld())->getPhysicsWorld();
    float gearRadio = 3.0f;                                        //设置齿轮半径
    float gearHeight = 0.2f;                                       //设置齿轮高度
    rbDes.mass = 6.0;                                              //设置齿轮质量
    rbDes.shape = Physics3DShape::createCylinder(gearRadio,gearHeight);
                                                                   //创建圆柱形状
    auto tbTemp = PhysicsSprite3D::create("pic/cylinder.obj",&rbDes);
                                                                   //创建齿轮精灵
    tbTemp->setTexture("pic/cylinder.jpg");                        //设置齿轮图片
    tbTemp->setScaleX(gearRadio);                                  //设置齿轮缩放
    tbTemp->setScaleY(gearHeight);
    tbTemp->setScaleZ(gearRadio);
    this->addChild(tbTemp);                                        //添加齿轮精灵
    tbTemp->setPosition3D(Vec3(-gearRadio,0,0));                   //设置齿轮位置
    tbTemp->setCameraMask((unsigned short)CameraFlag::USER1);//设置渲染所用摄像机
    tbTemp->syncNodeToPhysics();                                   //转换坐标
    rigidBody = static_cast<Physics3DRigidBody*>(tbTemp->getPhysicsObj());
                                                                   //获取刚体指针
    rigidBody->setFriction(0.8f);                                  //设置摩擦力
    rigidBody->setRestitution(0.0);                                //设置弹力
    auto rigidBodyA = rigidBody->getRigidBody();                   //获取齿轮刚体
    _btPhyiscsWorld->addRigidBody(rigidBodyA);                     //添加到物理世界
    auto tempConstraint = new btHingeConstraint(*rigidBodyA,btVector3(0,0,0),btVector3
    (0,1,0));
    _btPhyiscsWorld->addConstraint(tempConstraint,true);  //添加铰链关节
    rbDes.mass = 6.0;
    rbDes.shape = Physics3DShape::createCylinder(gearRadio,gearHeight);
    auto tbTempB = PhysicsSprite3D::create("pic/cylinder.obj",&rbDes);
                                                                   //创建齿轮精灵B
    tbTempB->setTexture("pic/cylinder.jpg");
    tbTempB->setPosition3D(Vec3(gearHeight,gearRadio,0)); //设置齿轮精灵B位置
    tbTempB->setScaleX(gearRadio);
    tbTempB->setScaleY(gearHeight);
    tbTempB->setScaleZ(gearRadio);
    this->addChild(tbTempB);                                       //添加齿轮精灵B
    tbTempB->setCameraMask((unsigned short)CameraFlag::USER1);
    tbTempB->syncNodeToPhysics();                                  //换算坐标
    rigidBody = static_cast<Physics3DRigidBody*>(tbTempB->getPhysicsObj());
                                                                   //获取刚体指针
    rigidBody->setFriction(0.8f);
    rigidBody->setRestitution(0.0);
    auto rigidBodyB = rigidBody->getRigidBody();                   //获得齿轮刚体
    _btPhyiscsWorld->addRigidBody(rigidBodyB);
    btTransform tempT = rigidBodyB->getWorldTransform();    //获得物理世界变换矩阵
    tempT.setRotation(btQuaternion(btVector3(0,0,1),SIMD_PI/2.f));
                                                                   //设置旋转
    rigidBodyB->setWorldTransform(tempT);                          //设置变换矩阵
    tempConstraint = new btHingeConstraint(*rigidBodyB,btVector3(0,0,0),btVector3
    (0,1,0));
    _btPhyiscsWorld->addConstraint(tempConstraint,true);   //添加铰链关节
    rigidBodyB->setAngularVelocity(btVector3(10,0,0));     //设置齿轮B的角速度
    btVector3   axisA(0,1,0);
    btVector3   axisB(0,1,0);
```

```
48      btGearConstraint* gear = new btGearConstraint(*rigidBodyA,*rigidBodyB, axisA,
        axisB,1);
49      btPhyiscsWorld->addConstraint(gear,true);                    //添加齿轮关节
50  }
```

- 第 1～23 行为创建齿轮精灵 A 的方法，齿轮在生活中十分常见，基本等同于一个扁圆柱体，沿圆柱中轴旋转。首先创建一个圆柱刚体精灵，然后设置刚体的中心点以及刚体旋转的轴向量，最后将铰链关节添加进物理世界中。
- 第 24～45 行为创建齿轮精灵 B 的方法，与齿轮精灵 A 的创建相似。其中齿轮精灵 B 的旋转用到了 Bullet 引擎中的变换矩阵和四元数。使用四元数变换需要旋转轴以及旋转角度，本案例中是沿 Z 轴的方向旋转 90°。
- 第 46～49 行为添加齿轮关节的方法，选择需要组成齿轮的两个物体并设置其旋转中心，最后将齿轮关节添加到物理世界即可。

10.4 点对点关节

上一小节介绍了齿轮关节——btGearConstraint 类的基础知识和案例的开发，本小节将首先对点对点关节——Physics3DPointToPointConstraint 类的基础知识进行详细的介绍，然后依此来对案例的开发步骤进行介绍。具体内容如下。

10.4.1 基础知识

点对点关节是仅有 3 个旋转自由度的关节，没有平移自由度的关节。连接到点对点关节上的物体只能任意地旋转，而不能相对于关节平移，其原理如图 10-9 所示。

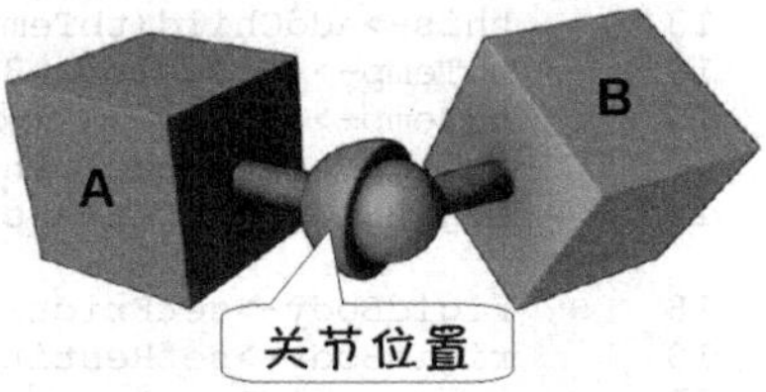

▲图 10-9　点对点关节原理图

点对点关节是为了模拟两个物体上某两个点呈现的连接效果。在 Cocos2d-x 中点对点关节是用 Physics3DpointToPointConstraint 类来表示的，此类中封装了与此关节相关的方法。下面就将列举该关节的常用方法，见表 10-5。

表 10-5　　Physics3DPointToPointConstraint 类中的常用方法

方 法 签 名	说　　明
static Physics3DPointToPointConstraint* create (Physics3DRigidBody* rbA, const Vec3& pivot PointInA)	创建点对点关节约束，参数 rbA 表示刚体，参数 pivotPointInA 表示 rbA 刚体局部空间的支点，返回创建的关节约束
static Physics3DPointToPointConstraint* create (Physics3DRigidBody* rbA, Physics3DRigidBody* rbB, const Vec3& pivotPointInA, const Vec3& pivotPointInB)	创建点对点关节约束，参数 rbA 表示刚体 A，参数 rbB 表示刚体 B，参数 pivotPointInA 表示刚体 A 局部空间的支点，参数 pivotPointInB 表示刚体 B 局部空间的支点，返回创建的关节约束
void setPivotPointInA(const cocos2d::Vec3& pivotA)	设置关节中刚体 A 在坐标系中的位置，参数 pivotA 表示要设置的位置坐标
void setPivotPointInB(const cocos2d::Vec3& pivotB)	设置关节中刚体 B 在坐标系中的位置，参数 pivotB 表示要设置的位置坐标
Vec3 getPivotPointInA()	获取关节刚体 A 在坐标系中的位置，返回值为获取的位置坐标
Vec3 getPivotPointInB()	获取关节刚体 B 在坐标系中的位置，返回值为获取的位置坐标

10.4.2 案例开发

了解了点对点关节的概念和相关 API 后，这里将给出使用点对点关节开发的案例——悬挂的

物体案例，以便于读者能够正确使用点对点关节，同时也利于加深读者对点对点关节的理解。

该案例主要演示的是，在一个三维物理世界中，圆锥上有一个横放着的圆柱，圆柱是固定在圆锥上的，在圆柱的两侧有两个木块在不停摆动。当触摸到悬挂的箱子时，可以对箱子进行拖拽。其运行效果如图 10-10 和图 10-11 所示。

▲图 10-10　案例效果

▲图 10-11　拖拽箱子效果

说明　图 10-10 为案例运行开始时的效果图，圆柱固定在下面圆锥的上面，圆柱两侧固定了两个木块，左右两侧的木块在不停摆动，图 10-11 为转动摄像机并拖拽箱子后的效果图。

了解了点对点关节的案例运行效果之后，就可以进行相应案例的开发了，通过开发本案例可以对点对点关节的基础知识和开发过程有更深一步的了解和体会，并能够熟练地应用点对点关节的基础知识。下面将对案例的编写过程进行详细的介绍，具体步骤如下所示。

（1）新建一个名称为 Sample10_3 的项目，为项目添加必要的构造器及进行必要的设置。

（2）接下来介绍的是该案例的 3D 布景类 My3DLayer，由于此类的框架声明与前面案例的相似，在此不再进行详细介绍，有兴趣的读者可以参考书中的源代码。下面介绍的是如何在程序中创建、使用点对点关节，具体代码如下。

代码位置：源代码/第 10 章/Sample10_3/app/src/main/jni/hellocpp 目录下的 My3DLayer.cpp。

```
void My3DLayer::initFloorSpider(float f){
  _btPhyiscsWorld=((MPhysicsWorld*)physicsScene                         //获得Bullet物理世界指针
        ->getPhysics3DWorld())->getPhysicsWorld();
    float gearRadio = 3.0f;                                             //设置齿轮半径
    float gearHeight = 0.2f;                                            //设置齿轮高度
    rbDes.mass = 6.0;                                                   //设置齿轮质量
    rbDes.shape = Physics3DShape::createCylinder(gearRadio,gearHeight);
                                                                        //创建圆柱形状
    auto tbTemp = PhysicsSprite3D::create("pic/cylinder.obj",&rbDes);
                                                                        //创建齿轮精灵
    tbTemp->setTexture("pic/cylinder.jpg");                             //设置齿轮图片
    tbTemp->setScaleX(gearRadio);                                       //设置齿轮缩放
    tbTemp->setScaleY(gearHeight);
    tbTemp->setScaleZ(gearRadio);
    this->addChild(tbTemp);                                             //添加齿轮精灵
    tbTemp->setPosition3D(Vec3(-gearRadio,0,0));                        //设置齿轮位置
    tbTemp->setCameraMask((unsigned short)CameraFlag::USER1);           //设置渲染所用摄像机
    tbTemp->syncNodeToPhysics();                                        //转换坐标
    rigidBody = static_cast<Physics3DRigidBody*>(tbTemp->getPhysicsObj());
                                                                        //获取刚体指针
    rigidBody->setFriction(0.8f);                                       //设置摩擦力
    rigidBody->setRestitution(0.0);                                     //设置弹力
    auto rigidBodyA = rigidBody->getRigidBody();                        //获取齿轮刚体
    _btPhyiscsWorld->addRigidBody(rigidBodyA);                          //添加到物理世界
    auto tempConstraint = new btHingeConstraint(*rigidBodyA,btVector3(0,0,0),btVector3
  (0,1,0));
```

```
23      _btPhyiscsWorld->addConstraint(tempConstraint,true);   //添加铰链关节
24      rbDes.mass = 6.0;
25      rbDes.shape = Physics3DShape::createCylinder(gearRadio,gearHeight);
26      auto tbTempB = PhysicsSprite3D::create("pic/cylinder.obj",&rbDes);
                                                              //创建齿轮精灵 B
27      tbTempB->setTexture("pic/cylinder.jpg");
28      tbTempB->setPosition3D(Vec3(gearHeight,gearRadio,0));  //设置齿轮精灵 B 位置
29      tbTempB->setScaleX(gearRadio);
30      tbTempB->setScaleY(gearHeight);
31      tbTempB->setScaleZ(gearRadio);
32      this->addChild(tbTempB);                              //添加齿轮精灵 B
33      tbTempB->setCameraMask((unsigned short)CameraFlag::USER1);
34      tbTempB->syncNodeToPhysics();                         //换算坐标
35      rigidBody = static_cast<Physics3DRigidBody*>(tbTempB->getPhysicsObj());
                                                              //获取刚体指针
36      rigidBody->setFriction(0.8f);
37      rigidBody->setRestitution(0.0);
38      auto rigidBodyB = rigidBody->getRigidBody();          //获得齿轮刚体
39      _btPhyiscsWorld->addRigidBody(rigidBodyB);
40      btTransform tempT = rigidBodyB->getWorldTransform();  //获得物理世界变换矩阵
41      tempT.setRotation(btQuaternion(btVector3(0,0,1),SIMD_PI/2.f));
                                                              //设置旋转
42      rigidBodyB->setWorldTransform(tempT);                 //设置变换矩阵
43      tempConstraint = new btHingeConstraint(*rigidBodyB,btVector3(0,0,0),btVector3
        (0,1,0));
44      _btPhyiscsWorld->addConstraint(tempConstraint,true);  //添加铰链关节
45      rigidBodyB->setAngularVelocity(btVector3(10,0,0));    //设置齿轮 B 的角速度
46      btVector3   axisA(0,1,0);
47      btVector3   axisB(0,1,0);
48      btGearConstraint* gear = new btGearConstraint(*rigidBodyA,*rigidBodyB,axisA,
        axisB,1);
49      _btPhyiscsWorld->addConstraint(gear,true);            //添加齿轮关节
50  }
```

- 第 1～23 行为创建齿轮精灵 A 的方法，齿轮在生活中十分常见，基本等同于一个扁圆柱体，沿圆柱中轴旋转。首先创建一个圆柱刚体精灵，然后设置刚体的中心点以及刚体旋转的轴向量，最后将铰链关节添加进物理世界中。
- 第 24～45 行为创建齿轮精灵 B 的方法，与齿轮精灵 A 的创建相似。其中齿轮精灵 B 的旋转用到了 Bullet 引擎中的变换矩阵和四元数。使用四元数变换需要旋转轴以及旋转角度，本案例中是沿 z 轴的方向旋转 90°。
- 第 46～49 行为添加齿轮关节的方法，选择需要组成齿轮的两个物体并设置其旋转中心，最后将齿轮关节添加到物理世界即可。

10.5 滑动关节

上一小节介绍了点对点关节——Physics3DPointToPointConstraint 类的基础知识和案例的开发，本小节将首先对滑动关节——Physics3DSliderConstraint 类的基础知识进行详细的介绍，然后依此来对案例的开发步骤进行介绍。具体内容如下。

10.5.1 基础知识

滑动关节是一种仅有一个平移和旋转自由度的关节，连接在滑动关节上的物体只能在该自由度上进行滑动或转动，其原理如图 10-12 所示。从图中可以看出，连接到滑动关节上的物体仅能在关节确定的自由度上滑动或转动，如同现实中的螺丝或螺母。

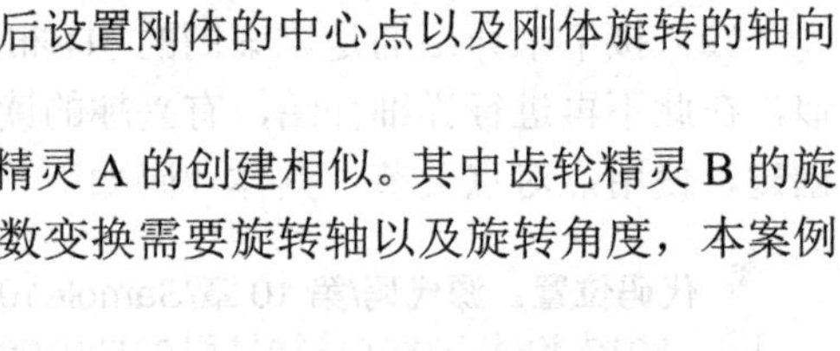

▲图 10-12　滑动关节原理图

滑动关节是为了模拟两个物体之间呈现出相对滑动的效果，在实际开发中常常可以用到。在Cocos2d-x 中滑动关节是用 Physics3DSliderConstraint 类来表示的，此类中封装了与此关节相关的方法。下面就将列举该关节的常用方法，见表 10-6。

表 10-6　Physics3DSliderConstraint 类中的常用方法

方法签名	说明
static Physics3DSliderConstraint* create (Physics3DRigidBody* rbA, Physics3D RigidBody* rbB, const Mat4& frameInA, const Mat4& frameInB ,bool useLinear ReferenceFrameA)	创建滑动关节约束，参数 rbA 表示第一个要添加约束的刚体，参数 rbB 表示第二个要添加约束的刚体，参数 frameInA 表示从约束位置到第一个刚体质心位置的变换矩阵，参数 frameInB 表示从约束位置到第二个刚体质心位置的变换矩阵，参数 useLinearReferenceFrameA 表示两个刚体与两个约束之间的对应关系，若其为 true，则 rbA 与 frameInA 对应，rbB 与 frameInB 对应，否则 rbA 与 frameInB 对应，rbB 与 frameInA 对应
Mat4 getFrameOffsetA()	获取刚体 rbA 的变换矩阵，返回值为获取的矩阵
Mat4 getFrameOffsetB()	获取刚体 rbB 的变换矩阵，返回值为获取的矩阵
float getLowerLinLimit()	获取滑动距离的下限值，返回值为获取的值
void setLowerLinLimit(float lowerLimit)	设置滑动距离的下限值，参数 lowerLimit 表示要设置的值
float getUpperLinLimit()	获取滑动距离的上限值，返回值为获取的值
void setUpperLinLimit(float upperLimit)	设置滑动距离的上限值，参数 upperLimit 表示要设置的值
float getLowerAngLimit()	获取滑动关节转动角度的下限值，返回值为获取的下限值
void setLowerAngLimit(float lowerLimit)	设置滑动关节转动角度的下限值，参数 lowerLimit 为要设置的下限值
float getUpperAngLimit()	获取滑动关节转动角度的上限值，返回值为获取的上限值
void setUpperAngLimit(float upperLimit)	设置滑动关节转动角度的上限值，参数 upperLimit 为要设置的上限值
void setPoweredAngMotor(bool onOff)	设置是否启动转动运动对应的马达，参数 onOff 为 true 时表示启动，否则表示不启动
bool getPoweredAngMotor()	获取是否开启转动运动对应的马达，返回值为 true 时表示已经开启，否则表示没开启
void setMaxAngMotorForce(float maxAng MotorForce)	设置转动运动驱动马达的最大力量值，参数 maxAngMotorForce 为要设置的最大力量值
float getMaxAngMotorForce()	获取转动运动驱动马达的最大力量值，返回值为获取的最大力量值
void setTargetAngMotorVelocity(float target AngMotorVelocity)	设置转动运动驱动马达的速度，参数 targetAngMotorVelocity 表示要设置的速度值
float getTargetAngMotorVelocity()	获取转动运动驱动马达的速度，返回值为获取的速度值

10.5.2 案例开发

了解了滑动关节的概念和相关 API 后，这里将给出使用滑动关节开发的案例——6 个方向的物体滑动案例，以便于读者能够正确使用滑动关节，同时也利于加深读者对滑动关节的理解。

该案例主要演示的是，在一个三维物理世界中，有 3 个方向的木桩，在木桩的 6 个方向上分别有一个木块，当单击屏幕左侧时，木块会向中心移动，当单击屏幕右侧时，木块会反向移动。其运行效果如图 10-13、图 10-14、图 10-15 及图 10-16 所示。

说明　图 10-13 为案例运行开始时的效果图。图 10-14 为侧面观察木桩时的效果图。图 10-15 为单击屏幕左侧时的效果图，所有木块向靠近中心方向移动。图 10-16 为单击屏幕右侧时的效果图，所有木块向远离中心方向移动。

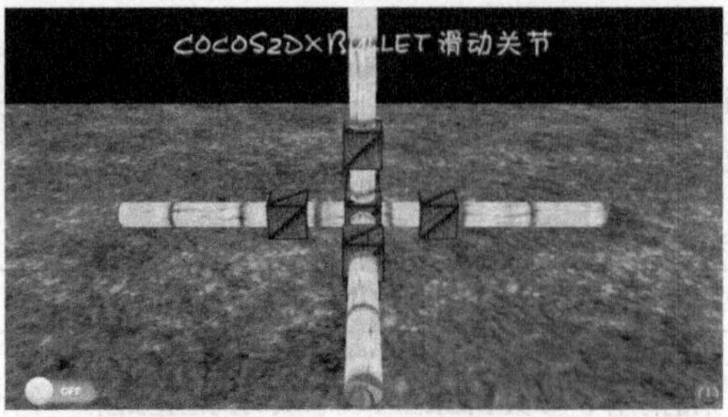

▲图 10-13　案例运行开始

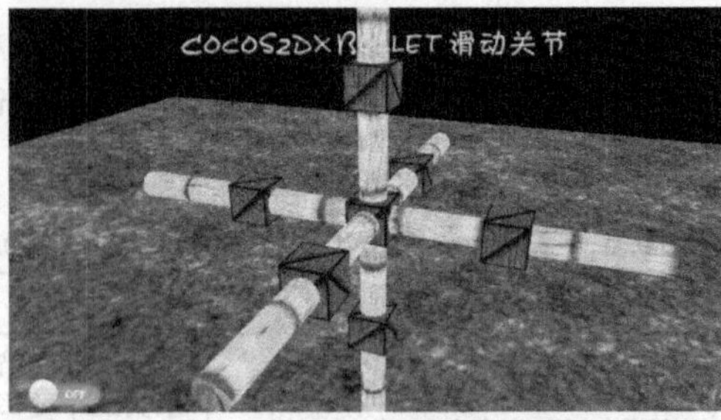

▲图 10-14　侧面观察木桩

▲图 10-15　单击屏幕左侧

▲图 10-16　单击屏幕右侧

了解了滑动关节的案例运行效果之后，就可以进行相应案例的开发了，通过开发本案例可以对滑动关节的基础知识和开发过程有更深一步的了解和体会，并能够熟练地应用滑动关节的基础知识。下面将对案例的编写过程进行详细的介绍，具体步骤如下所示。

（1）新建一个名称为 Sample10_4 的项目，为项目添加必要的构造器及进行必要的设置。

（2）接下来首先开发六个方向的物体滑动布景类 My3DLayer 的类框架，其主要功能是声明该类所需的成员函数和成员变量，其中成员变量包括场景指针、摄像机指针等，成员函数包括初始化方法、触控相关方法以及定时回调方法等。具体代码如下。

代码位置：源代码/第 10 章/Sample10_4/app/src/main/jni/slidercpp 目录下的 My3DLayer.h。

```
#ifndef __My3DLayer_H__
#define __My3DLayer_H__
......//此处省略了一些对头文件的引用，需要的读者请看源代码
using namespace cocos2d;
class My3DLayer : public Layer{
public:
    Scene* scene;                                              //场景指针
    std::vector<PhysicsSprite3D*> phySprVec;                   //物理精灵向量
    bool constraintFlag;                                       //关节移动标志位
    Physics3DRigidBody* boxBody;                               //中间方块刚体指针
    ......//此处为其他方块的指针与声明中间方块刚体大致相同，故省略
    Physics3DSliderConstraint* topConstraint;                  //声明上方滑动关节
    ......//此处为其他滑动关节的指针与声明上方滑动关节大致相同，故省略
    Camera* camera;                                            //声明摄像机指针
    virtual bool init();                                       //初始化的方法
    void initPhysics3D();                                      //初始化物理世界物体
    void initConstraint();                                     //创建滑动关节方法
    Physics3DRigidBody* initBox(Vec3 bPox);                    //声明初始化方块方法
    void initCylinder(Vec3 cRot);                              //声明初始化圆柱方法
    virtual void onTouchesBegan(                               //声明开始触摸时回调方法
            const std::vector<Touch*>& touches,Event *event);
    virtual void onTouchesMoved(                               //声明触摸移动时回调方法
            const std::vector<Touch*>& touches,Event *event);
    virtual void onTouchesEnded(                               //声明触摸结束时回调方法
            const std::vector<Touch*>& touches,Event *event);
    virtual void update(float dt);                             //定时回调方法
    void initOther();                                          //初始化调试方法
```

```
28        CREATE_FUNC(My3DLayer);
29    };
30    #endif
```

说明 其中第 7～14 行为声明该类的成员变量，如场景指针、物理精灵向量以及添加方块标志位等。第 15～27 行为声明成员方法，其中包括初始化方法、初始化物理组件方法以及触控相关方法等。

3）开发完上述类框架声明后，还要真正实现 My3DLayer 类中的各个方法。由于大多数方法与前面案例中介绍的方法大致相同，因此不再一一介绍。这里重点介绍初始化滑块关节方法和触控开始方法，该方法中包括了滑块关节的创建和滑块关节状态的设置，具体代码如下。

代码位置：源代码/第 10 章/Sample10_4/app/src/main/jni/slidercpp 目录下的 My3DLayer.cpp。

```
1   void My3DLayer::initConstraint(){
2       Mat4 frameInA, frameInB;                                    //声明约束变换矩阵
3       Mat4::createRotationZ(CC_DEGREES_TO_RADIANS(90), &frameInA); //绕 z 轴旋转 90°的矩阵
4       frameInB = frameInA;
5       frameInA.m[13] = BOX_WIDTH;                                 //将矩阵 y 轴平移赋值
6       frameInB.m[13] = -BOX_WIDTH*2.0f;
7       topConstraint = Physics3DSliderConstraint::create(          //创建滑动关节
8           boxBody, topBox, frameInA, frameInB, true);
9       topConstraint->setLowerLinLimit(-BOX_WIDTH*2.0f);           //设置关节滑动距离下限
10      topConstraint->setUpperLinLimit(BOX_WIDTH*2.0f);            //设置关节滑动距离上限
11      topConstraint->setMaxLinMotorForce(10.0f);                  //设置马达最大力
12      topConstraint->setPoweredLinMotor(true);                    //设置启动马达
13      scene->getPhysics3DWorld()->addPhysics3DConstraint(topConstraint);
                                                                    //将关节添加到物理世界
14      ......//此处为创建其他关节方法与上面介绍的代码大致相同，故省略
15  }
16  void My3DLayer::onTouchesBegan(const std::vector<Touch*>& touches,Event *event){
17      auto touch = touches[0];                                    //获得函数参数
18      Vec2 pint = touch->getLocationInView();
19      if(pint.x > 480){
20          topConstraint->setMaxLinMotorForce(10.0f);              //设置马达最大力
21          topConstraint->setPoweredLinMotor(true);                //设置启动马达
22          topConstraint->setTargetLinMotorVelocity(15.0f);        //设置上方马达速度
23          ......//此处为设置其他关节状态代码与上面介绍的设置上部关节大致相同，故省略
24      }else{
25          ......//此处为单击屏幕左侧代码与上面单击左侧方法大致相同，故省略
26  }}
```

- 第 1～15 行为创建上部滑动关节。首先声明约束变换矩阵，同时创建绕 z 轴旋转 90°的矩阵赋值给 frameInA，并且让矩阵 frameInB 等于 frameInA 然后将矩阵中表示绕 y 轴平移的位置赋值，最后创建滑动关节，设置其属性并将其添加到物理世界中。
- 第 16～26 行为触控开始时的回调方法。首先获得函数参数，然后获得触控点，若该点 x 值大于 480 则设置相关参数，让方块向外移动，相反则向内移动。

10.6 六自由度关节

上一小节介绍了滑动关节——Physics3DSliderConstraint 类的基础知识和案例的开发，本小节将首先对六自由度关节——Physics3D6DofConstraint 类的基础知识进行详细的介绍，然后依此来对案例的开发步骤进行介绍。具体内容如下。

10.6.1 基础知识

六自由度顾名思义，是有六个不同的自由度，包括 3 个平移（滑动）自由度以及 3 个旋转自

由度。通过其可以模拟现实世界中很多动物的骨骼关节以及机械结构如图 10-17 所示。例如：肘关节、颈关节、机械手臂等。由于此种关节具有 3D 世界中全部的 6 个自由度，因此具有很大的灵活性。

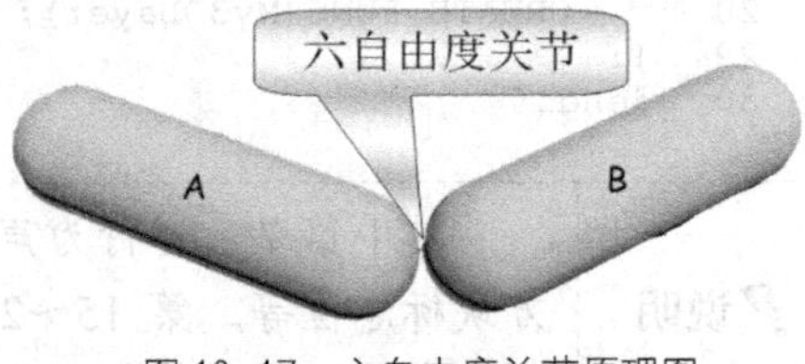

▲图 10-17　六自由度关节原理图

六自由度关节有 6 个不同的自由度，包括 3 个平移（滑动）自由度以及 3 个旋转自由度。通常用来模拟动物的骨骼关节以及机械结构。在 Cocos2d-x 中六自由度关节是用 Physics3D6DofConstraint 类表示，此类中封装了与此关节相关的方法。下面就将列举该关节的常用方法，具体内容见表 10-7。

表 10-7　Physics3D6DofConstraint 类中的常用方法

方 法 签 名	说　明
static Physics3D6DofConstraint* create (Physics3DRigidBody* rbA, Physics3D RigidBody* rbB, const Mat4& frameInA, const Mat4& frameInB, bool useLinear ReferenceFrameA)	创建六自由度关节约束，参数 rbA 表示第一个要添加约束的刚体，参数 rbB 表示第二个要添加约束的刚体，参数 frameInA 表示从约束位置到第一个刚体质心位置的变换矩阵，参数 frameInA 表示从约束位置到第二个刚体质心位置的变换矩阵，参数 useLinearReferenceFrameA 表示两个刚体与两个约束之间的对应关系，若其为 true，则 rbA 与 frameInA 对应，rbB 与 frameInB 对应，否则 rbA 与 frameInB 对应，rbB 与 frameInA 对应
static Physics3D6DofConstraint* create (Physics3DRigidBody* rbB, const Mat4& frameInB, bool useLinearReferenceFrameB)	创建六自由度关节约束，参数 rbB 表示要添加约束的刚体，参数 frameInB 表示从约束位置到刚体质心位置的变换矩阵，参数 useLinearReferenceFrameB 表示刚体 rbB 是否与 frameInB 对应，若为 true 则表示对应，否则表示不对应
void setLinearLowerLimit(const Vec3& linearLower)	设置六自由度关节的 3 个自由度（3 个轴）滑动距离的下限。参数 linearLower 表示获取的滑动距离下限值的 3 个分量
cocos2d::Vec3 getLinearLowerLimit()	获取六自由度关节的 3 个自由度（3 个轴）滑动距离的下限，返回值 Vec3 表示获取的滑动距离下限值的 3 个分量
void setLinearUpperLimit(const cocos2d:: Vec3& linearUpper)	设置六自由度关节的 3 个自由度（3 个轴）滑动距离的上限。参数 linearUpper 表示获取的滑动距离上限值的 3 个分量
cocos2d::Vec3 getLinearUpperLimit()	获取六自由度关节的 3 个自由度（3 个轴）滑动距离的上限，返回值 Vec3 表示获取的滑动距离上限值的 3 个分量
void setAngularLowerLimit(const cocos2d::Vec3& angularLower)	设置六自由度关节的 3 个自由度（3 个轴）转动角的下限。参数 angularLower 表示获取的转动角下限值的 3 个分量
cocos2d::Vec3 getAngularLowerLimit()	获取六自由度关节的 3 个自由度（3 个轴）转动角的下限，返回值 Vec3 表示获取的转动角下限值的 3 个分量
void setAngularUpperLimit(const cocos2d::Vec3& angularUpper)	设置六自由度关节的 3 个自由度（3 个轴）转动角的上限，参数 angularUpper 表示获取的转动角上限值的 3 个分量
cocos2d::Vec3 getAngularUpperLimit()	获取六自由度关节的 3 个自由度（3 个轴）转动角的上限，返回值 Vec3 表示获取的转动角上限值的 3 个分量

10.6.2　案例开发

了解了六自由度关节的概念和相关 API 后，这里将给出使用六自由度关节开发的案例——掉落的蜘蛛案例，以便于读者能够正确使用六自由度关节，同时也利于加深读者对六自由度关节的理解，首先了解该案例的运行效果。

该案例主要演示的是，在一个三维物理世界中，有一个蜘蛛从上掉落而下，构成蜘蛛的是一些胶囊物体对象，胶囊物体之间有六自由度关节相连。其运行效果如图 10-18 和图 10-19 所示。

▲图 10-18 案例运行开始

▲图 10-19 木块撞击蜘蛛

说明 图 10-18 为案例运行时的效果图，蜘蛛掉落在地面上。图 10-19 为当单击屏幕时，木块撞击到蜘蛛的效果图，读者可以在真机上观察出木块撞击到蜘蛛时，蜘蛛的腿部活动状态。

了解了六自由度关节的案例运行效果之后，就可以进行相应案例的开发了，通过开发本案例可以对六自由度关节的基础知识和开发过程有更深一步的了解和体会，并能够熟练地应用六自由度关节的基础知识。

下面向读者介绍掉落的蜘蛛布景类的具体开发过程，通过该案例让读者了解六自由度关节的基本使用方法。该案例中的蜘蛛是由 12 个胶囊物体构成，通过给胶囊物体之间添加六自由度关节构建而成。其中具体开发步骤如下。

（1）新建一个名称为 Sample10_5 的项目，为项目添加必要的构造器及进行必要的设置。

（2）首先开发布景类 My3DLayer 的类框架，其主要功能是声明该类所需的成员函数和成员变量，其中成员变量包括场景指针、摄像机指针等，成员函数包括初始化方法、触控相关方法以及定时回调方法等，具体代码如下。

代码位置：源代码/第 10 章/Sample10_5/app/src/main/jni/slidercpp 目录下的 My3DLayer.h。

```
#ifndef __My3DLayer_H__
#define __My3DLayer_H__
......//此处省略了一些对头文件的引用，需要的读者请看源代码
using namespace cocos2d;
class My3DLayer : public cocos2d::Layer{
public:
    Camera* camera;                                        //摄像机指针
    bool isNeedShootBox=false;                             //是否需要发射箱子
    float cameraAngle = 0.f;                               //摄像机水平旋转度数
     float cameraAngleVertical = 45.f;                     //摄像机垂直旋转度数
    float scaleBox=4.0f;                                   //箱子方法倍数
    float distance=10.0f;                                  //箱子初始化距离
    Physics3DConstraint *_constraint;                      //关节指针
    Physics3DConstraint *constraint[12];                   //关节数组
    Physics3DRigidBody *rigidBody[13];                     //刚体数组
    static std::vector<PhysicsSprite3D*> physicsSpriteVec;    //3D 物理精灵指针向量
    static std::vector<Sprite3D*> sprite3dVec;             //精灵指针向量
    static std::vector<Physics3DRigidBody*>  physicsRigidVec; //3D 刚体指针向量
    Scene *physicsScene;                                   //场景指针
    virtual bool init();                                   //初始化的方法
    void initDraw();                                       //初始化调试方法
    void initFloorSpider(float f);                         //初始化地面和箱子
    void shootBox(Vec3 vec3);                              //发射箱子
    void updateState(float f);                             //定时检查精灵是否静止
    virtual void onTouchesBegan(                           //声明开始触摸时回调方法
              const std::vector<Touch*>& touches,Event *event);
    virtual void onTouchesMoved(                           //声明触摸移动时回调方法
              const std::vector<Touch*>& touches,Event *event);
```

```
29      virtual void onTouchesEnded(                              //声明触摸结束时回调方法
30          const std::vector<Touch*>& touches,Event *event);
31      CREATE_FUNC(My3DLayer);
32  };
33  #endif
```

> **说明**　其中第 7～19 行为声明该类的成员变量，如摄像机指针、场景指针以及是否需要发射箱子标志位等。第 20～30 行为声明成员方法，其中包括初始化方法、定时回调方法以及触控相关方法等。

（3）开发完上述类框架声明后，还要真正实现 My3DLayer 类中的各个方法。由于大多数方法与前面案例中介绍的方法大致相同，因此不再一一介绍。这里重点介绍初始化物理组件方法，该方法中包括了案例中的蜘蛛的创建，具体代码如下。

代码位置：源代码/第 10 章/Sample10_5/app/src/main/jni/slidercpp 目录下的 My3DLayer.cpp。

```
1   void My3DLayer::initFloorSpider(float f){
2       ......//此处为创建地板代码在前面的案例中已经多次介绍，故省略
3       float scale = 8.0f;                                      //蜘蛛缩放比
4       float fBodySize  = 0.25f * scale;                        //宽度
5       float fLegLength = 0.45f * scale;                        //腿的长度
6       float fForeLegLength = 0.75f * scale;                    //前腿的长度
7       int i;                                                   //腿编号
8       float fHeight = 0.5 * scale;                             //高度
9       btVector3 vRoot = btVector3(btScalar(0.), btScalar(fHeight), btScalar(0.));
                                                                 //中间刚体的位置
10      btTransform transform;                                   //中间刚体的变换对象
11      transform.setIdentity();                                 //变换对象初始化
12      transform.setOrigin(vRoot);                              //给变换对象设置位置
13      btTransform offset;                                      //声明变换对象
14      offset.setIdentity();                                    //变换对象初始化
15      offset.setOrigin(btVector3(0,5,0));                      //给变换对象设置起点
16      rbDes.mass = 0.5f;                                       //蜘蛛的头部质量
17      rbDes.shape = Physics3DShape::createCapsule(2.f,0.8f);   //创建胶囊形状
18      Mat4 mat=convertbtTransformToMat4((transform));          //btTransform 转换Mat4
19      rbDes.originalTransform.set(mat);                        //设置旋转变换矩阵
20      rigidBody[0] = Physics3DRigidBody::create(&rbDes);       //创建蜘蛛头部刚体
21      physicsRigidVec.push_back(rigidBody[0]);                 //添加到刚体向量中
22      auto component=Physics3DComponent::create(rigidBody[0]); //创建物理组件
23      auto capsule_head = Sprite3D::create("pic/capsule_head.obj");
                                                                 //初始化头部精灵
24      capsule_head->setTexture("pic/capsule.jpg");             //设置蜘蛛头部纹理
25      capsule_head->addComponent(component);                   //3D 精灵添加物理组件
26      this->addChild(capsule_head);                            //添加到布景中
27      capsule_head->setPosition3D(Vec3(0,5,0));                //设置头部位置
28      component->syncNodeToPhysics();                          //同步物理世界位置
29      capsule_head->setCameraMask((unsigned short)CameraFlag::USER1);
                                                                 //设置摄像机
30      sprite3dVec.push_back(capsule_head);                     //添加到精灵向量
31      ......//此处为创建蜘蛛六条腿的代码，将在下面的步骤中详细介绍
32      for (i = 0; i < BODYPART_COUNT; ++i){                    //遍历所有的刚体
33          rigidBody[i]->setFriction(0.5f);                     //设置摩擦力
34          rigidBody[i]->setRestitution(0.5f);                  //设置恢复系数
35          rigidBody[i]->getRigidBody()->setDamping(0.05, 0.85); //设置刚体的阻尼
36          rigidBody[i]->getRigidBody()->setDeactivationTime(0.8);//设置刚体的变形时间
37          rigidBody[i]->getRigidBody()->setSleepingThresholds(0.5f, 0.5f);
                                                                 //设置睡眠阈值
38      }
39  ……//此处为六自由度关节的创建代码，将在下面的步骤中详细介绍
40  }
```

- 第 3～30 行的功能为首先准备计算用到的变量，例如蜘蛛缩放比、腿的长度、腿的宽度等，同时初始化两个变换对象并为其设置了原点，然后创建蜘蛛头部物理组件，并将其添加到该布景中，同时将该组件同步物理世界位置，并为其设置摄像机。

- 第 32～38 行的功能为遍历所有刚体并设置刚体的各个属性。其中包括摩擦力、恢复系数、阻尼、变形时间以及睡眠阀值。

（4）步骤（3）中对蜘蛛头部的创建和遍历所有刚体并为刚体添加属性的相关代码进行了详细的介绍，这里将对步骤（3）中省略的创建蜘蛛六条腿的相关代码进行详细的介绍，具体内容如下。

代码位置：源代码/第 10 章/Sample10_5/app/src/main/jni/slidercpp 目录下的 My3DLayer.cpp。

```
1   for(int i=0;i<6;i++){                                              //蜘蛛的腿
2       float fAngle = 2 * 3.1415926 * i / 6;                          //计算旋转角度
3       float fSin = sin(fAngle);                                      //计算旋转角 sin
4       float fCos = cos(fAngle);                                      //计算旋转角 cos
5       transform.setIdentity();
6       btVector3 vBoneOrigin = btVector3(btScalar(fCos *(fBodySize+0.5*fLegLength)),
                                                                       //创建向量
7                        btScalar(fHeight),btScalar(fSin*(fBodySize+0.5*fLegLength)));
8       transform.setOrigin(vBoneOrigin);                              //设置变换对象原点
9       btVector3 vToBone = (vBoneOrigin - vRoot);
10      vToBone.normalize();
11      btVector3 vAxis = vToBone.cross(btVector3(0, 1, 0));
12      btQuaternion quaternion=btQuaternion(vAxis,1.57079632679489661923);
13      transform.setRotation(quaternion);
14      rbDes.mass = 1.0f;                                             //设置蜘蛛大腿质量
15      rbDes.shape = Physics3DShape::createCapsule(0.8f,3.6f);//创建大腿胶囊
16      Mat4 mat=convertbtTransformToMat4((transform));                //btTransform 转换 Mat4
17      rbDes.originalTransform.translate(convertbtVector3ToVec3(vBoneOrigin));
18      rbDes.originalTransform.rotate(convertbtQuatToQuat(quaternion));
19      rigidBody[1+2*i] = Physics3DRigidBody::create(&rbDes);        //创建刚体
20      physicsRigidVec.push_back(rigidBody[1+2*i]);                   //加入刚体向量
21      component = Physics3DComponent::create(rigidBody[1+2*i]); //创建 3D 物理组件
22      auto capsule_head = Sprite3D::create("pic/capsule_leg.obj");//初始化大腿精灵
23      capsule_head->setTexture("pic/capsule.jpg");                   //设置蜘蛛大腿纹理
24      capsule_head->setPosition3D(convertbtVector3ToVec3(vBoneOrigin));
                                                                       //设置位置
25      capsule_head->addComponent(component);                         //大腿精灵添加
26      capsule_head->setRotationQuat(convertbtQuatToQuat(quaternion));
                                                                       //设置旋转角度
27      this->addChild(capsule_head);                                  //添加到布景中
28      capsule_head->setCameraMask((unsigned short)CameraFlag::USER1);
                                                                       //设置摄像机
29      component->syncNodeToPhysics();                                //同步物理世界位置
30      sprite3dVec.push_back(capsule_head);
31      ......//此处为创建蜘蛛小腿代码与上述代码大致相同，故省略
32  }
```

- 第 2～18 行为循环创建蜘蛛的腿，首先通过循环编号计算旋转角并计算旋转角的 sin 和 cos 值，然后初始化变换对象，同时创建原点向量并设置变换对象的原点向量，最后计算旋转角度向量将该向量单位化后设置给变换对象。
- 第 19～30 行为创建蜘蛛大腿的物理组件，首先设置该组件的质量并创建胶囊形状，同时设置该组件的各个属性，然后创建该组件的刚体和精灵同时将精灵添加到布景中，最后设置该组件的摄像机同时同步物理世界位置。

（5）步骤（3）和（4）中介绍了初始化物理组件方法 initFloorSpider 中蜘蛛的部分 3D 物理组件的创建，其中步骤（3）中创建了蜘蛛的头部，步骤（4）中创建了蜘蛛的六条腿，下面将对步骤（3）中省略的六自由度关节创建的代码进行详细的介绍，具体内容如下。

代码位置：源代码/第 10 章/Sample10_5/app/src/main/jni/slidercpp 目录下的 My3DLayer.cpp。

```
void My3DLayer::initFloorSpider(float f){
    ......//此处为蜘蛛物理组件的创建，在前面的步骤中已经介绍，故省略
    Physics3D6DofConstraint *joint6DOF;                          //六自由度关节指针
    btTransform localA, localB, localC;                          //变化对象
    bool useLinearReferenceFrameA = true;                         //对应关系标志
    for ( i=0; i<NUM_LEGS; i++){                                  //遍历所有的腿刚体
```

```
7          float fAngle = 2 * 3.1415926 * i / NUM_LEGS;          //计算角度
8          float fSin = sin(fAngle);                              //角度的正弦值
9          float fCos = cos(fAngle);                              //角度的余弦值
10         localA.setIdentity();                                  // localA 变换对象初始化
11         localB.setIdentity();                                  // localB 变换对象初始化
12         localA.getBasis().setEulerZYX(0,-fAngle,0);           //设置欧拉角
13         localA.setOrigin(btVector3(btScalar(fCos*fBodySize), //设置原点
14             btScalar(0.), btScalar(fSin*fBodySize)));
15         localB = rigidBody[1+2*i]->getRigidBody()->           //计算变换对象 localB
16         getWorldTransform().inverse()*rigidBody[0]->getRigidBody()->getWorldTrans
           form()*localA ;
17         joint6DOF = Physics3D6DofConstraint::create(           //创建六自由度关节
18             rigidBody[0], rigidBody[1+2*i], convertbtTransformToMat4(localA),
19             convertbtTransformToMat4(localB),useLinearReferenceFrameA);
20         joint6DOF->setAngularLowerLimit(                       //设置关节的转动角下限
21             Vec3(-SIMD_PI*0.05f,-SIMD_EPSILON,-SIMD_PI*0.05f));
22         joint6DOF->setAngularUpperLimit(                       //设置关节的转动角上限
23             Vec3(SIMD_PI*0.05f,SIMD_EPSILON,SIMD_PI*0.051));
24         physicsScene->getPhysics3DWorld()->                    //将关节对象添加到物理世界中
25             addPhysics3DConstraint(joint6DOF, true);
26         localA.setIdentity();                                  // localA 变换对象初始化
27         localB.setIdentity();                                  // localB 变换对象初始化
28         localC.setIdentity();                                  // localC 变换对象初始化
29         localA.getBasis().setEulerZYX(0,-fAngle,0);           //设置欧拉角
30         localA.setOrigin(btVector3(btScalar(                   //设置原点
31             fCos*(fBodySize+fLegLength)),btScalar(0.), btScalar(fSin*(fBodySize+fLeg
               Length))));
32         localB = rigidBody[1+2*i]->getRigidBody()->           //计算变换对象 localB
33         getWorldTransform().inverse()*rigidBody[0]->getRigidBody()->getWorldTrans
           form()* localA;
34         localC = rigidBody[2+2*i]->getRigidBody()->           //计算变换对象 localC
35         getWorldTransform().inverse() *rigidBody[0]->getRigidBody()->getWorldTrans
           form() * localA;
36         joint6DOF = Physics3D6DofConstraint::create(rigidBody[1+2*i],
                                                                  //创建六自由度关节对象
37             rigidBody[2+2*i], convertbtTransformToMat4(localB),
38             convertbtTransformToMat4(localC),useLinearReferenceFrameA);
39         joint6DOF->setAngularLowerLimit(                       //设置关节的转动角下限
40             Vec3(-SIMD_PI*0.05f,-SIMD_EPSILON,-SIMD_PI*0.05f));
41         joint6DOF->setAngularUpperLimit(                       //设置关节的转动角上限
42             Vec3(SIMD_PI*0.05f,SIMD_EPSILON,SIMD_PI*0.05f));
43         physicsScene->getPhysics3DWorld()->                    //将关节对象添加到物理世界中
44             addPhysics3DConstraint(joint6DOF, true);
45     }}
```

- 第 3～5 行首先声明六自由度关节指针和 localA、localB、localC 三个变换对象，以及创建并初始化对应关系标志位。
- 第 7～25 行首先根据循环编号计算旋转角度并计算该角度的 sin 和 cos 值，然后将 localA、localB 两个变换对象初始化，并设置 localA 的欧拉角和原点同时计算 localB，最后创建六自由度关节并设置其关节转动角的下限和上限，同时将关节添加到物理世界中。
- 第 26～44 行首先将 localA、localB、localC 三个变换对象初始化，并设置 localA 的欧拉角和原点同时计算 localB 和 localC，然后创建六自由度关节并设置其关节转动角的下限和上限，同时将关节添加到物理世界中。

10.7 本章小结

本章主要讲述了 3D 关节的相关知识，首先介绍了 3D 关节父类——Physics3Dconstraint 的基础知识。然后分别对铰链、齿轮、点对点、滑动和六自由度关节的基础知识进行了详细的介绍。最后通过每个关节对应的简单案例对此关节的使用方法进行了介绍。

第 11 章　3D 物理引擎 Bullet——交通工具

前面几章介绍的都是比较基本的碰撞体以及机械结构，现实世界中还有一些更加复杂的组合体，如各种各样的交通工具就是如此。对于交通工具的实现，Bullet 物理引擎提供了十分强大的交通工具类，本章将具体介绍交通工具类的概念及案例开发。

11.1 交通工具类——btRaycastVehicle 类

首先需要读者了解的是在 Cocos2d-x 目前版本中并没有封装自己的交通工具类，所以我们要直接使用 Bullet 物理引擎中的交通工具类。

顾名思义，交通工具类就是模拟现实物理世界中的交通工具，有着交通工具自己的车身刚体，和四个车轮，支持前轮驱动或后轮驱动，支持车轮转向等。首先向读者介绍一下 btRaycastVehicle 类中有关设置汽车参数的相关方法及更新汽车参数的相关方法，具体内容见表 11-1。

表 11-1　　btRaycastVehicle 类有关设置参数相关方法

构造函数或方法签名	说　明
btRaycastVehicle (const btVehicleTuning &tuning, btRigidBody *chassis, btVehicleRaycaster *raycaster)	交通工具的构造函数，参数 tuning 表示交通工具协调器，参数 chassis 表示指向交通工具底盘刚体的指针，参数 raycaster 表示指向交通工具回调类指针
void updateAction (btCollisionWorld *collisionWorld, btScalar step)	更新交通工具，参数 collisionWorld 表示指向物理世界的指针，参数 step 表示步长
void updateVehicle (btScalar step)	更新交通工具，参数 step 表示更新的步长
void resetSuspension ()	重置悬挂系统的参数
void setSteeringValue (btScalar steering, int wheel)	设置操纵车轮系数的值，参数 steering 表示要设置的值，参数 wheel 表示要操纵的车轮
void applyEngineForce (btScalar force, int wheel)	向车轮上应用力，参数 force 表示力的大小，参数 wheel 表示要应用的车轮
void updateWheelTransform (int wheelIndex)	更新车轮的变换对象，参数 wheelIndex 表示车轮索引值
btWheelInfo & addWheel (const btVector3 &connectionPointCS0, const btVector3 &wheelDirectionCS0, const btVector3 &wheelAxleCS, btScalar suspensionRestLength, btScalar wheelRadius, const btVehicleTuning &tuning, bool isFrontWheel)	给交通工具添加车轮，参数 connectionPointCS0 表示车轮的连接点，参数 wheelDirectionCS0 表示车轮方向，参数 wheelAxleCS 表示车轮的轴向量，参数 suspensionRestLength 表示车轮悬挂系统在松弛状态下的长度，参数 wheelRadius 表示车轮半径，参数 tuning 表示协调器，参数 isFrontWheel 表示是否为前轮。
void setBrake (btScalar brake, int wheelIndex)	设置刹车系数，参数 brake 表示要设置的刹车系数，参数 wheelIndex 表示车轮索引
void updateSuspension (btScalar deltaTime)	更新悬挂系统，参数 deltaTime 表示更新步长
void updateFriction (btScalar timeStep)	更新摩擦，参数 timeStep 表示更新步长
void setCoordinateSystem (int rightIndex, int upIndex, int forwardIndex)	设置坐标系统，参数 rightIndex 表示左方向上的索引，参数 upIndex 表示上方向上的索引，参数 forwardIndex 表示前进方向上的索引

续表

构造函数或方法签名	说 明
void setUserConstraintType (int userConstraintType)	设置关节类型，参数 userConstraintType 表示要设置的关节类型
void setUserConstraintId (int uid)	设置关节 id，参数 uid 表示要设置的关节 id

说明 表 11-1 中的 addWheel 方法中的参数含义详解，将在案例开发时给出详细解释，具体内容如图 11-5 和图 11-6 所示。

了解了 btRaycastVehicle 类中关于设置汽车参数及更新汽车参数相关方法后，下面将要介绍的 btRaycastVehicle 类中有关获取汽车参数的相关方法，具体内容见表 11-2。

表 11-2 btRaycastVehicle 类有关获取参数的相关方法

构造函数或方法签名	说 明
btTransform & getChassisWorldTransform ()	获取交通工具的变换对象，返回值为获取的交通工具变换对象
btScalar getSteeringValue (int wheel)	获取操纵车轮的系数，参数 wheel 表示车轮索引值
int getNumWheels ()	获取交通工具上的车轮总数，返回值为获取的总数
const btTransform& getWheelTransformWS(int wheelIndex)	获取车轮在世界坐标系下的位置和姿态
btWheelInfo & getWheelInfo (int index)	获取交通工具上的车轮，参数 index 表示车轮索引，返回值为获取的车轮对象
btRigidBody * getRigidBody ()	获取交通工具刚体，返回值为指向获取的刚体指针
btVector3 getForwardVector ()	获取交通工具的前进向量，返回值为获取的向量
btScalar getCurrentSpeedKmHour ()	获取交通工具的当前速度，返回值为获取的速度值
int getUserConstraintType ()	获取关节类型，返回值为获取的关节类型
int getUserConstraintId ()	获取关节 id，返回值为获取的关节 id

了解了 Bullet 用于创建交通工具的 btRaycastVehicle 类之后，下面将要介绍的是用于存储车轮信息的 btWheelInfo 结构体，该类实例用于存储创建车轮的信息，具体见表 11-3。

表 11-3 btWheelInfo 结构体的属性

属 性	说 明
btScalar m_suspensionRestLength1	在松弛状态下的悬挂长度
btScalar m_maxSuspensionTravelCm;	悬挂可移动的最大长度（单位：cm）
btScalar m_wheelsRadius;	车轮的半径
btScalar m_suspensionStiffness	悬挂的刚度
btScalar m_wheelsDampingCompression;	车轮的压缩阻尼
btScalar m_wheelsDampingRelaxation;	车轮的松弛阻尼
btScalar m_frictionSlip;	车轮的摩擦系数
btScalar m_steering;	车轮的协调器
btScalar m_rollInfluence;	车轮的滚动影响系数
btScalar m_maxSuspensionForce	悬挂系统能对车轮提供的最大压力
btScalar m_engineForce	车轮的驱动力
btScalar m_brake	车轮的刹车系数
bool m_bIsFrontWheel	车轮是否为前轮

11.2 交通工具的案例——移动的小车

了解了交通工具类的概念和相关 API，这里将给出使用交通工具类开发的案例——移动的小车案例，以便于读者能够正确使用交通工具类，同时也利于加深读者对交通工具类的理解。

1. 案例运行效果

该案例主要演示的是，在一个三维物理世界中，有一辆小车停放在起伏不平的山地上，摇动左面的摇杆来控制车子的走向，单击右面的按钮来控制小车的刹车，其运行效果如图 11-1、图 11-2、图 11-3 及图 11-3 所示。

▲图 11-1　案例运行开始

▲图 11-2　小车正在前进

▲图 11-3　小车正在向左倒车

▲图 11-4　小车正在前进左转

> **说明**　图 11-1 为案例运行开始时的效果图，图 11-2 为小车正在前进时的效果图。图 11-3 为小车正在向左后方倒车时的效果图，图 11-4 为小车正在前进左转时的效果图。从效果图中观察不到小车的运行情况，建议读者在真机上运行该案例。小车不同的运行状态是通过操纵左面的摇杆实现的。右面的按钮为刹车按钮，点按之后可以使小车停止。

2. 交通工具参数

在具体的案例开发前，读者需要了解一些关于交通工具参数的基本含义，下面给出两幅图，分别为交通工具的俯视图及侧视图，以便读者更加直观地理解交通工具的一些参数。首先给出的是俯视图如图 11-5 所示。

接下来给出的是小车的侧视图，从侧视图中可以直观地观察出小车车身的中轴线、车轮的几何中心、车轮半径以及车轮垂直方向的偏移量，其中车轮垂直方向偏移量是指车轮几何中心到车身中轴线的垂直距离。侧视图如图 11-6 所示。

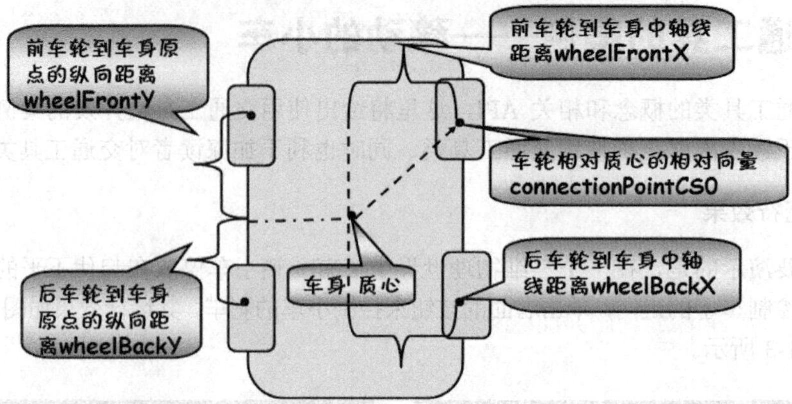

▲图 11-5　交通工具模型的俯视图

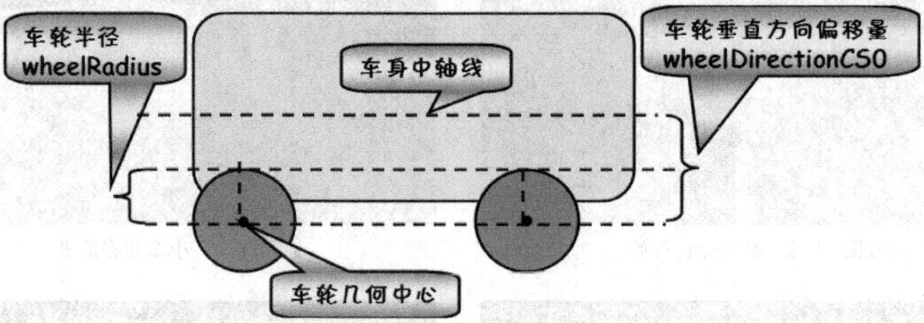

▲图 11-6　交通工具模型的侧视图

3. 自定义物理世界类——MPhysicsWorld 类

在前面的小节中介绍过 Cocos2d-x 目前版本中并没有封装交通工具类，所以要直接使用 Bullet 中的交通工具。为了方便使用 Bullet 物理世界以及为了方便后面的案例中创建软体世界，笔者在这里封装了自己的物理世界类和物理场景类，分别是 MphysicsWorld 类和 MphysicsScene 类，其具体开发步骤如下。

（1）首先开发 MphysicsWorld 类和 MphysicsScene 类框架，其主要功能是声明两个类所需的成员函数和成员变量，具体代码如下。

代码位置：源代码/第 11 章/Sample11_12/app/src/main/jni/raycastcpp 目录下的 MyPhysics.h。

```
#ifndef _PhysicsScene_H_
#define _PhysicsScene_H_
......//此处省略了一些对头文件的引用，需要的读者请看源代码
using namespace cocos2d;
class MPhysicsScene : public cocos2d::Scene{
public:
    void initWithSoftPhysics();                                    //初始化软体世界
    bool initWithPhysics();                                        //初始化物理世界
    static MPhysicsScene* createWithPhysics();                     //创建物理世界场景
};
class MPhysicsWorld : public Physics3DWorld{
public :
    btSoftBodyWorldInfo m_softBodyWorldInfo;                        //软体世界信息
    btDynamicsWorld* getPhysicsWorld() const { return _btPhyiscsWorld; }
                                                                   //获取物理世界
    void initSoftPhysics();                                        //初始化软体世界
    static MPhysicsWorld* create(Physics3DWorldDes* info);         //创建物理世界
};
```

> **说明**　其中第 5～10 行为声明 MPhysicsScene 类的成员函数，如初始化软体世界方法、初始化物理世界方法以及创建物理世界场景方法。第 11～17 行为声明 MPhysicsScene 类成员变量和方法，其中包括软体世界信息、获取物理世界方法以及初始化软体世界方法等。

（2）开发完上述类框架声明后，还要真正实现 MphysicsWorld 类和 MphysicsScene 类中的各个方法，具体代码如下。

代码位置：源代码/第 11 章/Sample11_12/app/src/main/jni/raycastcpp 目录下的 My3DLayer.cpp。

```
MPhysicsScene* MPhysicsScene::createWithPhysics(){
    MPhysicsScene *ret = new (std::nothrow) MPhysicsScene();  //创建自定义物理场景
    if (ret && ret->initWithPhysics()){                        //初始化场景
        ret->autorelease();                                    //自动释放
        return ret;                                            //返回场景
    }else{                                                     //初始化场景失败
        CC_SAFE_DELETE(ret);                                   //删除场景
        return nullptr;                                        //返回空
}}
bool MPhysicsScene::initWithPhysics(){
    bool ret = false;                                          //初始化标志位
    do{
        Director * director;                                   //导演指针
        CC_BREAK_IF( ! (director = Director::getInstance()) );
        this->setContentSize(director->getWinSize());          //设置场景大小
        Physics3DWorldDes info;                                //物理世界信息
        CC_BREAK_IF(! (_physics3DWorld = MPhysicsWorld::create(&info)));
        _physics3DWorld->retain();                             //保留引用
        ret = true;                                            //标志位置为true
    } while (0);
    return ret;                                                //返回初始化标志位
}
void MPhysicsScene::initWithSoftPhysics(){
    ((MPhysicsWorld*)_physics3DWorld)->initSoftPhysics();   //初始化软体方法
}
void MPhysicsWorld::initSoftPhysics(){                         //初始化软体世界
    auto collisionConfiguration =                              //创建碰撞检测配置信息表
        new btSoftBodyRigidBodyCollisionConfiguration();
    //创建碰撞检测算法分配者对象，其功能为扫描所有的碰撞检测对，并确定适用的检测策略
    _dispatcher = new btCollisionDispatcher(collisionConfiguration);  //创建宽度阶段碰撞检测对象
    m_softBodyWorldInfo.m_dispatcher = _dispatcher;            //设置检测对象
    btVector3 worldAabbMin = btVector3(-10000, -10000, -10000);//设置物理世界边界信息最小值
    btVector3 worldAabbMax = btVector3(10000, 10000, 10000);  //设置物理世界边界信息最大值
    int maxProxies = 1024;
    auto overlappingPairCache =                                //创建碰撞加速算法对象
        new btAxisSweep3(worldAabbMin, worldAabbMax, maxProxies);
    m_softBodyWorldInfo.m_broadphase = overlappingPairCache;
    btSequentialImpulseConstraintSolver *solver =              //创建推动约束解决者对象
        new btSequentialImpulseConstraintSolver();
    btSoftBodySolver* softBodySolver = new btDefaultSoftBodySolver();
    m_softBodyWorldInfo.m_gravity.setValue(0,-9.8,0);          //设置重力
    m_softBodyWorldInfo.m_sparsesdf.Initialize();
    m_softBodyWorldInfo.air_density = (btScalar)1.2;
    _btPhyiscsWorld = new btSoftRigidDynamicsWorld(            //创建物理世界对象
        _dispatcher, overlappingPairCache, solver,collisionConfiguration,softBodySolver);
    btVector3 gvec = btVector3(0, -10, 0);                     //创建重力加速度向量
    _btPhyiscsWorld->setGravity(gvec);                         //设置重力加速度
}
MPhysicsWorld* MPhysicsWorld::create(Physics3DWorldDes* info){
    auto world = new (std::nothrow) MPhysicsWorld();           //创建自定义物理世界
    world->init(info);                                         //初始化物理世界
    world->autorelease();                                      //自动释放
    return world;                                              //返回物理世界引用
}
```

- 第 1～22 行分别为创建物理场景方法和初始化物理场景方法，第一个方法中首先创建自定义物理场景，然后判断初始化是否成功，若成功则返回场景指针，相反则返回空。而初始化物理场景方法，首先将初始化标志位设为 false，然后获得导演实例，设置场景大小，创建物理世界并将初始化标志位置为 true，并返回该标志位。
- 第 23～48 行为初始化软体物理世界方法，第一个方法只是调用了第二个方法。第二个方法中首先创建碰撞检测配置信息表、创建碰撞检测对象以及创建碰撞加速算法对象等，设置相关参数后创建软体世界，并设置重力加速度。
- 第 49～54 行为创建自定义物理世界方法，首先创建自定义物理世界对象，然后初始化该物理世界，同时自动释放并将物理世界指针返回。

4. 移动的小车布景类——My3DLayer 类

下面向读者介绍移动的小车布景类的具体开发过程，通过该案例让读者了解 Bullet 物理引擎中交通工具的基本使用方法，具体开发步骤如下。

（1）首先开发移动的小车布景类 My3DLayer 的类框架，其主要功能是声明该类所需的成员函数和成员变量，其中成员变量包括场景指针、摄像机指针和交通工具指针等，成员函数包括初始化方法、触控相关方法以及定时回调方法等。具体代码如下。

代码位置：源代码/第 11 章/Sample11_12/app/src/main/jni/raycastcpp 目录下的 My3DLayer.h。

```
1   #ifndef __My3DLayer_H__
2   #define __My3DLayer_H__
3   ......//此处省略了一些对头文件的引用，需要的读者请看源代码
4   using namespace cocos2d;                                    //使用 cocos2d 命名空间
5   class My3DLayer : public Layer{
6   public:
7       Scene* scene;                                           //场景指针
8       Sprite3D* carBody;                                      //车身精灵指针
9       Vec3 carPos;                                            //车辆位置
10      btRaycastVehicle* m_vehicle;                            //交通工具指针
11      float currMatrix[16] ;                                  //信息数组
12      std::vector<Sprite3D*> phySprVec;                       //物理精灵向量
13      Camera* camera;                                         //摄像机指针
14      virtual bool init();                                    //初始化的方法
15      void initMenu();                                        //添加调试菜单
16      Sprite3D* initWheel(Vec3 pos);                          //初始化车轮方法
17      void initPhysics3D();                                   //初始化物理组件
18      virtual void onTouchesBegan(                            //声明开始触摸时回调方法
19          const std::vector<Touch*>& touches,Event *event);
20      virtual void onTouchesEnded(                            //声明触摸结束时回调方法
21          const std::vector<Touch*>& touches,Event *event);
22      virtual void update(float dt);                          //定时回调方法
23      void update_move(float delta);                          //操控摇杆回调方法
24      void update_fire(float delta);                          //刹车按钮回调方法
25      void setSprite(Sprite3D* spr, Mat4 mat);                //设置精灵方法
26      void initOther();                                       //初始化调试方法
27      void carMove_go();                                      //前进方法
28      ......//此处省略其他控制方法的声明，需要的读者可自行查看随书的源代码
29      CREATE_FUNC(My3DLayer);
30  };
```

说明　其中第 7～13 行为声明该类的成员变量，如摄像机指针、场景指针以及交通工具指针等。第 13～26 行为声明成员方法，其中包括初始化方法、定时回调方法以及触控相关方法等。

（2）开发完上述类框架声明后，还要真正实现 My3DLayer 类中的各个方法。由于大多数方法

在前面的案例中已经详细介绍过，这里由于篇幅所限不再一一介绍，只介绍最重要的初始化物理组件方法，其中包括了地形的创建、交通工具的创建以及车轮的创建等，具体代码如下。

代码位置：源代码/第 11 章/Sample11_12/app/src/main/jni/raycastcpp 目录下的 My3DLayer.cpp。

```
1   void My3DLayer::initPhysics3D(){
2   ……//此处省略与地形创建相关的源代码，有兴趣的读者请参考源代码
3          Physics3DRigidBodyDes rbDes;                          //刚体描述结构体
4          rbDes.mass = 0.0f;                                    //设置质量
5          std::vector<float> heidata = mTerrain->getHeightData(); //获得地形数据
6          auto size = mTerrain->getTerrainSize();               //获得地形大小
7          rbDes.shape = Physics3DShape::createHeightfield(size.width, size.height,
                                                                  //创建地形形状
8       &heidata[0], 1.0f, mTerrain->getMinHeight(), mTerrain->getMaxHeight(), true,
        false, true);
9          auto rigidBody = Physics3DRigidBody::create(&rbDes);  //创建刚体
10         auto component = Physics3DComponent::create(rigidBody); //创建地形碰撞体
11         mTerrain->addComponent(component);                    //地形添加碰撞体
12         component->syncNodeToPhysics();                       //同步物理世界位置
13         component->setSyncFlag(                               //设置为静态
14             Physics3DComponent::PhysicsSyncFlag::NONE);
15      this->addChild(mTerrain);                                //添加到场景中
16         ......//此处为创建车身和车轮的代码与前面的章节中介绍过的代码相似，故省略
17      MPhysicsWorld* m3DWorld = (MPhysicsWorld*)(scene->getPhysics3DWorld());
                                                                  //获得物理世界
18      btDynamicsWorld* m_dynamicsWorld = m3DWorld->getPhysicsWorld();
                                                                  //获得物理世界指针
19      btRigidBody* btCarComponent = carRigidBody->getRigidBody(); //获得车身刚体
20      btRaycastVehicle::btVehicleTuning    m_tuning;           //交通工具协调器
21      btVehicleRaycaster* m_vehicleRayCaster =                 //创建交通工具回调器
22         new btDefaultVehicleRaycaster(m_dynamicsWorld);
23      m_vehicle = new btRaycastVehicle(                        //创建交通工具
24         m_tuning,btCarComponent,m_vehicleRayCaster);
25      btCarComponent->setActivationState(DISABLE_DEACTIVATION); //设置车身刚体为动态的
26      m_dynamicsWorld->addVehicle(m_vehicle);                  //将小车添加到物理世界
27      m_vehicle->setCoordinateSystem(0,1,2);                   //设置小车坐标系统
28      float connectionHeight = -0.25f * 4;                     //连接高度
29      bool isFrontWheel = true;                                //表示是否为前轮
30  btVector3connectionPointCS0(carPos.x-CAR_WIDTH/4*2,connectionHeight,carPos.z+CAR_
    LONG/10*3);
31      m_vehicle->addWheel(connectionPointCS0,                  //给小车添加前右轮
32  wheelDirectionCS0,wheelAxleCS,suspensionRestLength,WHEEL_RADIUS,m_tuning,
    isFrontWheel);
33     ......//此处为添加其他 3 个车轮代码与上述的前右轮大致相同，有兴趣的读者请参考源代码
34      for (int i=0;i<m_vehicle->getNumWheels();i++){
35         btWheelInfo& wheel = m_vehicle->getWheelInfo(i);      //获取车轮信息
36         wheel.m_suspensionStiffness = suspensionStiffness;    //设置车轮的刚度
37         wheel.m_wheelsDampingRelaxation = suspensionDamping;  //设置车轮的阻尼系数
38         wheel.m_wheelsDampingCompression = suspensionCompression;//设置悬挂的压缩阻尼
39         wheel.m_frictionSlip = wheelFriction;                 //设置车轮的摩擦系数
40         wheel.m_rollInfluence = rollInfluence;                //设置车轮的压力系数
41   }}
```

- 第 2～17 行为创建场景中的地形，首先通过 3 张纹理图创建地形数据，同时添加地形高度数据,纹理数据以及块大小，地形高度和地形大小比例，然后创建地形，并设置相关参数，最后通过刚体描述结构体设置相关参数后创建地形刚体，同时创建地形碰撞体添加到布景中。
- 第 18～27 行为创建交通工具。首先获得物理世界指针和车身刚体，然后声明交通工具协调器并创建交通工具回调器，最后创建交通工具并设置相关参数，如小车坐标系统、连接高度等并将车轮添加到交通工具中的相对位置上。
- 第 28～41 行为设置车轮属性。通过循环首先获得车轮信息，然后设置车轮的坚硬系数、阻尼系数、压缩系数、摩擦系数以及压力系数参数。

（3）上面介绍了移动的小车案例中的物理组件的创建，其中包括场景中的地形、交通工具、

车身车轮等。由于交通工具在物理世界中车轮位置的计算结果不能直接反应到画面上，需要获得数据后再设置给车轮。下面向读者介绍交通工具车轮更新位置信息的方法，具体代码如下。

代码位置：源代码/第 11 章/Sample11_12/app/src/main/jni/raycastcpp 目录下的 My3DLayer.cpp。

```
1    void My3DLayer::update(float delta){
2        update_fire(delta);                                    //设置刹车按钮的回调方法
3        update_move(delta);                                    //设置摇杆的回调方法
4        for (int i=0;i<m_vehicle->getNumWheels();i++){        //更新车轮的状态
5          m_vehicle->updateWheelTransform(i,true);             //更新每个车轮
6          m_vehicle->getWheelInfo(i).m_worldTransform.getOpenGLMatrix(currMatrix);
                                                                //获取矩阵
7          Mat4 mat(currMatrix[0],currMatrix[4],currMatrix[8],currMatrix[3],currMatrix[1],
                                                                //创建矩阵
8          currMatrix[5],currMatrix[9],currMatrix[7],currMatrix[2],currMatrix[6],curr
           Matrix[10],
9          currMatrix[11],currMatrix[12],currMatrix[13],currMatrix[14],currMatrix[15]);
10         setSprite(phySprVec[i],mat);                         //设置车轮刚体的姿态
11       }
12       carPos = carBody->getPosition3D();                     //小车当前位置
13       camera->setPosition3D(Vec3(carPos.x,carPos.y+30.0f,carPos.z-60.0f));
                                                                //设置摄像机位置
14       camera->lookAt(Vec3(carPos.x,carPos.y,carPos.z), Vec3(0,1,0));
                                                                //摄像机目标点和 up 向量
15   }
16   void My3DLayer::setSprite(Sprite3D* spr, Mat4 mat){
17       Vec3 sprPos = spr->getPosition3D();                    //获得精灵位置
18       spr->setPosition3D(Vec3(currMatrix[12], currMatrix[13], currMatrix[14]));
                                                                //设置精灵位置
19       Quaternion quat;                                       //声明四元数
20       mat.getRotation(&quat);                                //获得矩阵中的四元数
21       spr->setRotationQuat(quat);                            //精灵设置旋转四元数
22   }
```

- 第 1～13 行为自动更新方法。首先通过循环计算车轮位置，然后获得车轮位置矩阵并通过 setSprite 方法更新画面上的车轮位置，最后获得小车位置设置摄像机位置和摄像机目标点和 up 向量。
- 第 14～20 行为设置车轮精灵位置方法，首先获得精灵位置，然后通过参数 mat 设置车轮精灵位置，最后通过参数 mat 获得四元数并设置给精灵。

（4）开发上述类框架和类之后，下面就是开发控制车子的方法，本案例用的游戏摇杆和游戏功能键，都是笔者自行封装的方法和类。由于本书主要讲解与 Cocos2d-x 中与 3D 相关的知识，这里将不再介绍笔者自行封装的游戏摇杆类和游戏功能键，有兴趣的读者可以自行查看源代码或参考笔者的《Cocos2d-x3.0 游戏开发实战详解》。

11.3 本章小结

本章详细介绍了 Bullet 物理引擎中交通工具类的使用，同时还给出了一个使用交通工具类开发的简单案例。通过本章的学习，读者应该能够对 Bullet 物理引擎中交通工具类的使用有了一定的了解。学习好本章后，对于以后在开发中开发驾驶类游戏有很大的裨益。

第 12 章　3D 物理引擎 Bullet ——软体及光线投射

真正地游戏开发中，刚体的创建虽然是不可或缺的，但是软体的创建也是尤为重要的。有时还会遇到光线投射问题。在前面的章节中主要介绍了在 Bullet 物理引擎中创建刚体的内容，那么在本章将详细介绍 Bullet 物理引擎中软体的创建以及光线投射的问题。

12.1 初识 3D 软体

Bullet 物理引擎中不仅仅支持刚体的创建还支持软体的创建。所谓软体是不同于固定形状的刚体，其形状并非是固定不变的，例如现实物理世界中的绳索，绳索在不同状态下可以实现拉伸，弯曲等不同姿态；现实世界中的软布，可以呈现上下波动等。

但是 Cocos2d-x 目前版本中没有封装软体，所以直接使用 Bullet 中的软体类似于交通工具的使用也需要自行封装。下面介绍软体帮助类 btSoftBodyHelps，该类是创建软体时必须使用的类。该类提供了很多种创建软体的方法，而且软体的种类还互不相同。其常用方法见表 12-1。

表 12-1　　btSoftBodyHelps 类的常用方法

方 法 签 名	说　明
static btSoftBody* CreateRope(btSoftBodyWorldInfo& worldInfo,const btVector3& from,const btVector3& to,int res,int fixeds)	创建绳索软体方法，参数 worldInfo 表示软体物体世界信息，参数 from 表示绳索起点位置，参数 to 表示绳索终点位置，参数 res 表示绳索的恢复系数，参数 fixeds 表示坚硬系数
static btSoftBody* CreatePatch(btSoftBodyWorldInfo& worldInfo,const btVector3& corner00,const btVector3& corner10,const btVector3& corner01,const btVector3& corner 11,int resx,int resy,int fixeds,bool gendiags)	创建软布方法，参数 worldInfo 表示软体物体世界信息，参数 corner00、corner10、corner01 和 corner11 表示软布 4 个角的 4 个坐标，参数 resx 表示顶点列数，参数 resy 表示顶点行数，参数 gendiags 表示软布四角是否固定，为 true 表示固定，否则表示不固定，一般取值为 true
static btSoftBody* CreateEllipsoid(btSoftBodyWorldInfo& worldInfo,const btVector3& center,const btVector3& radius, int res)	创建球软体方法，参数 worldInfo 表示软体物体世界信息，参数 center 表示中心点坐标，参数 radus 表示半径，参数 res 表示恢复系数
static btSoftBody* CreateFromTriMesh(btSoftBodyWorld Info& worldInfo,const btScalar* vertices,const int* triangles, int ntriangles)	创建三角形网格软体方法，参数 worldInfo 表示软体物体世界信息，参数 vertices 表示顶点数组坐标，参数 triangles 表示顶点索引数组，参数 ntriangles 表示三角形总数

> **说明**　btSoftBodyHelps 类中的方法比较少，了解了该类中的相关方法后，在下一小节中将给出软布、三角形网格和绳索的案例，依此加深对软体的理解。

12.2 软布

上一节了解了软体帮助类的相关 API，这里将给出一个软布的案例，以便于读者能够正确创建出软布，同时也利于加深读者对软体的理解，更好地学习关于软体的知识。

12.2.1　案例运行效果

该案例主要演示的是，在一个三维物理世界中，有一个木块从上掉落在一块晃动的软布上。当单击屏幕后，立方体木块会掉落至软布上。其运行效果如图 12-1 和图 12-2 所示。

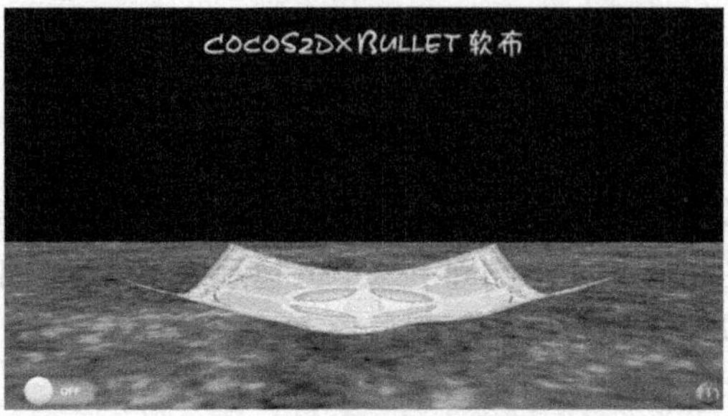

▲图 12-1　案例运行开始

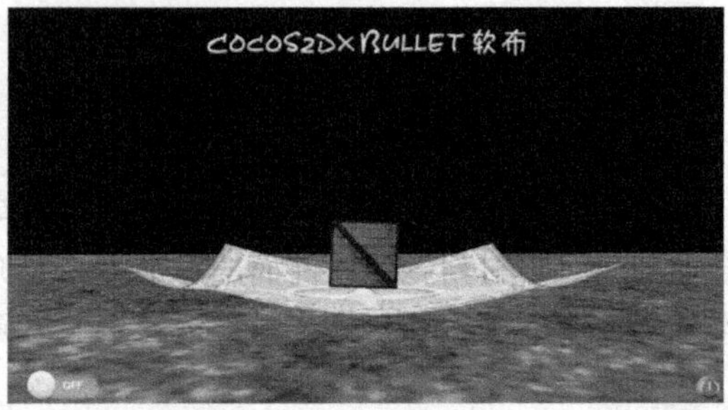

▲图 12-2　木块掉落至软布

> **说明**　图 12-1 为案例运行开始时的效果图，软布在中间缓慢晃动，木块从一定的高度向下掉落。图 12-2 为木块掉落至软布上的效果图。

12.2.2　软布布景类——My3DLayer 类

下面介绍软布布景类的具体开发过程，让读者了解软布的基本使用方法。该案例中还涉及自定义物理世界和物体的绘制，由于这两项在前面的章节中已经做过详细的介绍，有需要的读者可翻看前面的章节，这里由于篇幅所限不在一一介绍。软布布景类具体开发步骤如下。

（1）首先开发软布布景类 My3DLayer 的类框架，其主要功能是声明该类所需的成员函数和成员变量，其中成员变量包括场景指针、摄像机指针和是否需要发射球标志位等，成员函数包括初始化方法、触控相关方法以及定时回调方法等。具体代码如下。

代码位置：源代码/第 12 章/Sample12_1/app/src/main/jni/softcpp 目录下的 My3DLayer.h。

```
#ifndef __My3DLayer_H__
#define __My3DLayer_H__
....../此处省略了一些对头文件的引用，需要的读者请看源代码
using namespace cocos2d;
class My3DLayer : public Scene{
public:
   Scene* scene;                                          //场景指针
   std::vector<PhysicsSprite3D*> phySprVec;               //物理精灵向量
   Sprite3D* softSpr;                                     //布精灵
   float* m_vertices;                                     //顶点数组
   float* m_gVertices;                                    //创建顶点数组
   int m_numsTriangles;                                   //三角形个数
   int* m_gIndices;                                       //记录索引数组
   btSoftRigidDynamicsWorld* m_dynamicsWorld;             //软体世界指针
   btSoftBody *psb;                                       //软体指针
   bool addBox;                                           //是否需要发射方块标志位
   Camera* camera;                                        //摄像机
   virtual bool init();                                   //初始化的方法
   void initPhysics3D();                                  //初始化物理组件
   virtual void onTouchesBegan(                           //声明开始触摸时回调方法
      const std::vector<Touch*>& touches,Event *event);
   virtual void onTouchesMoved(                           //声明触摸移动时回调方法
      const std::vector<Touch*>& touches,Event *event);
   virtual void onTouchesEnded(                           //声明触摸结束时回调方法
```

```
25      const std::vector<Touch*>& touches,Event *event);
26    void initVertex();                                    //更新软布位置
27    void update(float delta);                             //定时回调方法
28    void initCloth();                                     //初始化软布方法
29    void shootBox( const Vec3 &des );                     //添加方块方法
30    void checkTrends();                                   //检查刚体是否运动方法
31    void initOther();                                     //初始化调试方法
32    CREATE_FUNC(My3DLayer);
33 };
34 #endif
```

说明　其中第7～17行为声明该类的成员变量，如摄像机指针、场景指针以及是否需要发射方块标志位等。第18～33行为声明成员方法，其中包括初始化方法、定时回调方法以及触控相关方法等。

（2）开发完上述类框架声明后，还要真正实现My3DLayer类中的各个方法。由于大多数方法与前面案例中介绍的方法大致相同不再一一介绍。这里重点介绍初始化软布方法和更新软布位置方法，下面首先来介绍初始化软布方法，具体代码如下。

代码位置：源代码/第12章/Sample12_1/app/src/main/jni/softcpp目录下的My3DLayer.cpp。

```
void My3DLayer::initCloth(){
    MPhysicsWorld* m3DWorld = (MPhysicsWorld*)                  //获得物理世界
        (scene->getPhysics3DWorld());
    btSoftRigidDynamicsWorld* m_dynamicsWorld =                 //获得软体世界指针
        (btSoftRigidDynamicsWorld*)(m3DWorld->getPhysicsWorld());
    btSoftBodyWorldInfo& m_softBodyWorldInfo =                  //获得软体世界信息
        m3DWorld->m_softBodyWorldInfo;
    const btScalar s=8;                                         //软布高度
    psb=btSoftBodyHelpers::CreatePatch(                         //创建软体帮助类对象
        m_softBodyWorldInfo,                                    //软布信息
        btVector3(-s,8,+s),                                     //软布第一个顶点
        btVector3(+s,8,+s),                                     //软布第二个顶点
        btVector3(-s,8,-s),                                     //软布第三个顶点
        btVector3(+s,8,-s),                                     //软布第四个顶点
        16,16,
        1+2+4+8,
        true
    );
    psb->getCollisionShape()->setMargin(0.5);                   //设置软布碰撞形状边缘值
    btSoftBody::Material* pm=psb->appendMaterial();             //获取软体的材质
    pm->m_kLST=0.4;
    psb->generateBendingConstraints(2,pm);
    psb->setTotalMass(150);                                     //设置软布的总质量
    btVector3 m_pos(0.0f,10.0f,0.0f);                           //位置坐标
    psb->translate(m_pos);                                      //设置软布的位置
    m_dynamicsWorld->addSoftBody(psb);                          //将软布添加到物理世界中
    m_numsTriangles = psb->m_faces.size();                      //计算布三角形个数
    m_vertices = new float[m_numsTriangles*9];                  //初始化数据数组
    initVertex();                                               //跟新软布位置信息
    MSprite3D* softMSpr =                                       //创建软布绘制对象
        MSprite3D::create(m_vertices, m_numsTriangles*9, "pic/ditan.jpg");
    softMSpr->setCameraMask((unsigned short)CameraFlag::USER1); //设置摄像机
    this->addChild(softMSpr);                                   //将软布添加到布景中
    ......//此处省略了更新软布信息的方法，具体代码在下面给出
}}
```

说明　上面代码功能为初始化软布方法。首先获得物理世界指针并通过该指针获得软体世界指针，然后获得软体世界信息同时定义软布高度，并通过软体世界信息和其他相关参数创建软体帮助类对象，设置材质、质量、位置等参数后将软布添加到物理世界中，最后创建软布精灵，设置摄像机参数后将该精灵添加到布景中。

（3）上面介绍完初始化软布的方法，接下来介绍更新软布信息的方法，具体代码如下。

代码位置：源代码/第 12 章/Sample12_1/app/src/main/jni/softcpp 目录下的 My3DLayer.cpp。

```
void My3DLayer::initVertex(){
    int count=0;                                                    //顶点计数器
    for(int i=0;i<m_numsTriangles;++i){                             //遍历所有三角形
        const btSoftBody::Face&    f=psb->m_faces[i];               //获取软体上的一个面
        const btVector3    x[]={f.m_n[0]->m_x,f.m_n[1]->m_x,f.m_n[2]->m_x};
                                                                    //获取组成面的数组
        m_vertices[count++]=x[0].x();                               //获取第一个点的 x 坐标
        m_vertices[count++]=x[0].y();                               //获取第一个点的 y 坐标
        m_vertices[count++]=x[0].z();                               //获取第一个点的 z 坐标
        m_vertices[count++]=x[1].x();                               //获取第二个点的 x 坐标
        m_vertices[count++]=x[1].y();                               //获取第二个点的 y 坐标
        m_vertices[count++]=x[1].z();                               //获取第二个点的 z 坐标
        m_vertices[count++]=x[2].x();                               //获取第三个点的 x 坐标
        m_vertices[count++]=x[2].y();                               //获取第三个点的 y 坐标
        m_vertices[count++]=x[2].z();                               //获取第三个点的 z 坐标
}
```

说明　上面代码功能为更新软布信息方法。首先定义顶点计数器并通过循环遍历软布上所有三角形，然后获取软布上一个面以及组成面的数组，通过该数组获取面上 3 个顶点的 x、y、z 坐标，保存到顶点数组中用于软布的绘制。

12.2.3　软布开发中需要注意的问题

由于该软布案例中软布切分得过细，当木块掉入软布时，可能会造成手机运行不流畅，出现卡顿。对于此现象，读者可以通过修改小软布切分的份数，来解决运行不流畅的问题。

本书程序中第 12 章下 Sample12_1A 案例中提供了 8×8 的软布，该案例与 Sample12_1 案例相比，仅仅将创建软布时的参数更改了一下，即 Sample12_1A 案例中 My3DLayer 类实现的第 89 行代码中两个 16 改为两个 8。

这样带来的好处是运行变得流畅，但是也会带来缺点。那就是如果掉在软布上的木块比较小时，小块中的一角可能会穿透软布，读者可以将木块边长改大，使其透不过软布。Sample12_1A 案例的运行效果如图 12-3 和图 12-4 所示。

▲图 12-3　案例运行开始

▲图 12-4　木块掉落至软布

说明　图 12-3 为案例运行开始时的效果图，软布在中间晃动。图 12-4 为木块掉落至软布上效果图，细心的读者可以发现，箱子的一角穿透了软布，这时读者可以通过改大箱子尺寸来避免出现这种问题。

12.3 三角形网格软体案例

通过上面的学习了解了软布的案例运行效果和开发过程后，下面将给出一个三角形网格软体的案例，以便于读者能够正确创建出三角形网格软体，同时也有利于加深读者对软体的理解。

12.3.1 案例运行效果

该案例主要演示的是，在一个三维物理世界中，圆环软体和软管软体依次从上掉落至地面，两个软体之间发生了相互碰撞。其运行效果如图 12-5 和图 12-6 所示。

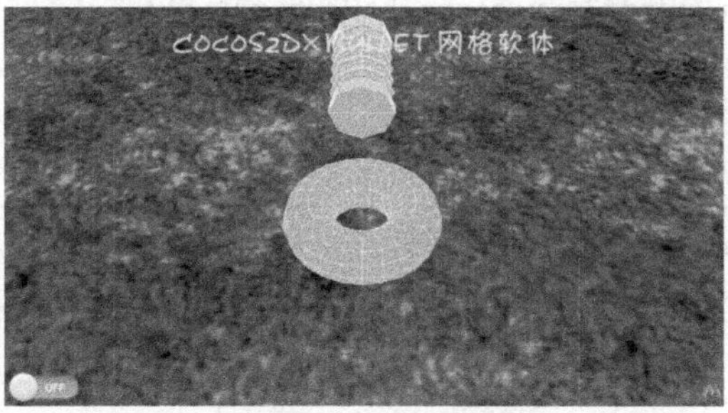

▲图 12-5　案例运行开始

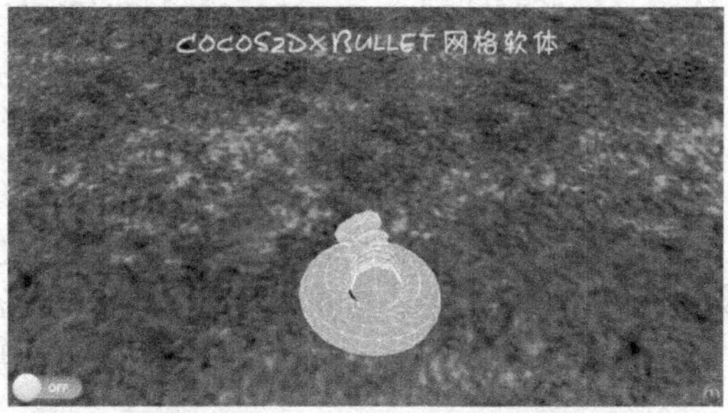

▲图 12-6　软体碰撞产生形变

> **说明**　图 12-5 为案例运行开始时的效果图，圆环软体和软管软体从不同的高度掉落。图 12-6 为软体之间相互碰撞产生形变的效果图。

12.3.2 三角形网格软体类——MyCustomSprite3D 类

了解完本案例的运行效果，接下来就是开发具体的类了。软体的形状会因力的作用造成形变，所以需要重新获取模型的顶点数据再进行绘制。模型的实时数据信息可以从软体类中获得，例如软体各个三角形面的数据 m_faces。其具体开发步骤如下。

（1）首先开发三角形网格软体类 MyCustomSprite3D 的类框架，其主要功能是声明其构造函数、声明所需的变量，如刚体对象指针、各类数据数组和软体相关参数等，重写父类的 onDraw 方法和绘制自身刚体的 draw 方法。具体的代码如下。

代码位置：源代码/第 12 章/Sample12_2/app/src/main/jni/sampleCPP 目录下的 MyCustomSprite3D.h。

```
//......此处省略了导入头文件的代码，读者可自行查阅随书源代码
class MyCustomSprite3D : public Sprite3D{
public:
    static MyCustomSprite3D* create(btSoftRigidDynamicsWorld* _dynamicsWorld,
                                                                    //创建软体
            btSoftBodyWorldInfo& _softBodyWorldInfo,               //软体世界的信息
            btVector3 pos,                                          //软体的位置
            const std::string& objPath);                           //模型的路径
    void myDraw(const Mat4 &transform);                            //自身的绘制方法
    virtual void draw(cocos2d::Renderer *renderer,                 //绑定绘制方法到渲染器
            const cocos2d::Mat4 &transform, uint32_t flags) override;
private:
    void initShader();                                              //初始化着色器
    void initSoft(btSoftRigidDynamicsWorld* _btdynamisWorld,       //初始化三角形网格软体
            btSoftBodyWorldInfo& _softBodyWorldInfo,               //软体世界的信息
            btVector3 pos                                           //软体的位置
    );
    void initVertex(int i);                                         //获取顶点和纹理坐标
```

```
    void initColor(int i);                                          //获取颜色
    Texture2D *texture;                                             //纹理贴图
    btSoftBody *psb;                                                //软体的引用
    btSoftRigidDynamicsWorld *m_dynamicsWorld;                      //软体物理世界指针
    btSoftBodyWorldInfo m_softBodyWorldInfo;                        //软体物理世界信息
    int face_num;                                                   //面的个数（三角形）
    GLushort *indexArray;                                           //索引的数组
    float *textureArray;                                            //纹理坐标数组
    float *vertices;                                                //顶点数组
    CustomCommand command;                                          //获取渲染函数
    float *m_vertices;                                              //顶点数组
    int* m_vex_indices;                                             //顶点索引数组
    float *m_texture;                                               //纹理数组
    int *m_tex_indices;                                             //纹理数组
    GLuint maPositionHandle;
    GLuint maColorHandle;
    btSoftBody* createSoftBody(const btVector3& x,const btVector3& a);
                                                                    //创建软体
    void LoadObj(std::string objPath);                              //加载 OBJ，获取模型信息
};
#endif
```

说明　在此头文件中，声明了指向软体物理世界对象的指针、三角形网格软体类的初始化方法、顶点和纹理坐标的初始化方法、顶点和纹理数据的数组指针、OBJ 模型的加载方法、绑定到渲染器的方法以及物体自身的绘制方法。

（2）介绍完三角形网格软体类 MyCustomSprite3D 的类框架之后，接下来介绍三角形网格软体类的具体实现。首先需要解析、加载模型的数据，例如顶点坐标，然后使用得到的数据创建三角形网格软体，最后设置软体所需的相关属性。具体的代码如下。

代码位置：源代码/第 12 章/Sample12_2/app/src/main/jni/hellocpp 目录下的 MyCustomSprite3D.cpp。

```
1  void MyCustomSprite3D::LoadObj(std::string objPath){
2      LoadUtil::LoadObj(objPath, m_vertices ,vertices_num, m_vex_indices ,vex_ind_num,
3              m_texture, texture_num, m_tex_indices, tex_ind_num);  //加载 obj
4      for(int i=0;i<vertices_num;i++){                              //将模型放大三倍
5          m_vertices[i] = m_vertices[i]*3.0;
6  }}
7  btSoftBody* MyCustomSprite3D::createSoftBody(const btVector3& x,const btVector3& a){
8      btSoftBody*    psb=btSoftBodyHelpers::CreateFromTriMesh(       //创建三角形网格软体
9              m_softBodyWorldInfo,m_vertices,&m_vex_indices[0],(vex_ind_num/3));
10     btSoftBody::Material* pm=psb->appendMaterial();               //获取软体材质
11     pm->m_kLST=1;                                                  //设置软体材质信息
12     psb->generateBendingConstraints(2,pm);                        //设置弯曲系数
13     psb->m_cfg.piterations=2;                                      //设置迭代次数
14     psb->m_cfg.collisions=btSoftBody::fCollision::CL_SS+btSoftBody::fCollision::CL_RS;
15     psb->randomizeConstraints();                                   //设置软体随机系数
16     psb->rotate(btQuaternion(a[0],a[1],a[2]));                     //对软体旋转变换
17     psb->translate(x);                                             //对软体平移变换
18     psb->setTotalMass(10,true);                                    //设置软体总质量
19     psb->generateClusters(64);                                     //设置软体群集数
20     psb->setFriction(0.8f);                                        //设置摩擦系数
21     m_dynamicsWorld->addSoftBody(psb);                             //将软体添加
22     return(psb);
23 }
```

- 第 1～6 行为加载 obj 的相关方法，根据 obj 文件中不同的标识将数据加载到不同的数组中，并计算数据的数量即可。
- 第 7～22 行为创建软体的相关方法，三角形网格软体的创建需要软体世界信息、顶点数据、定点索引以及组成三角形的数量。之后设置软体的相关参数，参数具体的含义在此不进行介绍，有兴趣的读者可以自行查阅相关资料。

12.3.3 三角形网格软体布景类——My3DLayer 类

介绍完三角形网格软体类的实现之后，接下来介绍的是三角形网格软体布景类 My3DLayer。在此类中完成了基本的场景搭建，两个软体也需要在此添加。三角形网格软体布景类与之前的案例并无很大改变，仅仅是增加了添加三角形网格软体到 3D 世界的方法。具体代码如下。

代码位置：源代码/第 12 章/Sample12_2/app/src/main/jni/sampleCPP 目录下的 My3DLayer.cpp。

```
void My3DLayer::initSoftCloth(){
    auto mySprite3D1 = MyCustomSprite3D::create(_btPhyiscsSoftWorld,   //创建软圈
            m_softBodyWorldInfo,btVector3(0,15,0),"pic/yuanhuan1.obj");
    this->addChild(mySprite3D1);                                         //添加到物理世界
    mySprite3D1->setCameraMask((unsigned short)CameraFlag::USER1);//设置渲染摄像机
    auto mySprite3D = MyCustomSprite3D::create(_btPhyiscsSoftWorld,  //创建软管
            m_softBodyWorldInfo,btVector3(0,35,0),"pic/ruanguan.obj");
    this->addChild(mySprite3D);                                          //添加到物理世界
    mySprite3D->setCameraMask((unsigned short)CameraFlag::USER1); //设置渲染摄像机
}
```

> **说明** 创建三角形网格软体的操作已经在三角形网格软体类中实现，使用时需要将软体世界的信息和指针、位置以及模型路径传入即可。

12.4 绳索软体

通过上面的学习已经了解了三角形网格软体和软布的案例运行效果和开发过程，下面将通过一个案例来讲述如何创建一个绳索软体。通过此案例在正确创建出绳索软体的同时也利于加深对绳索软体相关知识的理解。

12.4.1 案例运行效果

该案例主要演示的是，在一个三维物理世界中，一个固定的小圆球捆绑着一小段绳索，这段绳子的另一端捆绑着一个小正方体木块。小木块在重力和绳子的影响下做摇摆动作。案例的运行效果如图 12-7 和图 12-8 所示。

▲图 12-7　案例运行开始

▲图 12-8　木块摇摆至下侧

> **说明** 图 12-7 为案例运行开始时的效果图，固定的小球和木块之间连接着一段绳子，木块将向下掉落。图 12-8 为木块摇摆至下侧时的效果图。读者从效果图中观察绳子时，绳子可能显示的不太明显，建议读者从真机中观察绳子摆动的效果。

12.4.2 案例开发过程

绳索软体类封装了绳索软体类对象的创建，设置软体的属性信息，软体的绘制和软体顶点的更新方法。下面将对开发绳索软体的 SoftRope 类和将绳索软体添加到 3D 场景的 My3Dlayer 类进行详细的介绍，具体内容如下。

（1）首先开发绳索软体类 SoftRope 的类框架，其主要功能是声明其构造函数，声明所需的变量.绳索绘制方法和绳索顶点的更新方法等。重写父类的 onDraw 方法和绘制自身刚体的 draw 方法。具体的代码如下。

代码位置：源代码/第 12 章/Sample12_3/app/src/main/jni/hellocpp 目录下的 RopeSprite3D.h。

```
//......此处省略了导入头文件的代码，读者可自行查阅随书的源代码
class RopeSprite3D : public cocos2d::Node{                            //绳索软体类
public:
    static RopeSprite3D* create(                                       //创建方法
            MPhysicsWorld* dynamicsWorldIn,                            //物理世界指针
            Physics3DRigidBody* rigidBody,                             //绳索连接的物体
            const Vec3 &positionIn,                                    //位置
        const std::string &picPath);                                   //软体纹理图路径
    virtual bool init() override;                                      //初始化方法
    virtual void draw(Renderer *renderer, const Mat4 &transform,uint32_t flags) override;
                                                                       //绘制方法
    void initVao();                                                    //绑定顶点数组对象
    void onDraw(const Mat4 &transform);                                //绑定绘制方法
    void initData();                                                   //初始化数据
    void initPhysics();                                                //初始化物体世界
 protected:
    btSoftBody *softBody;                                              //软体对象指针
    btSoftRigidDynamicsWorld* dynamicsWorld = nullptr;                 //bullet 物理世界
    btSoftBodyWorldInfo softBodyWorldInfo;                             //软体世界信息
    Physics3DRigidBody* rigidBody;                                     //刚体指针
    CustomCommand command;                                             //自定义绘制命令
    GLuint vao;                                                        //顶点数组对象
    GLuint vertexVbo;                                                  //顶点缓冲
    GLuint texCoordVbo;                                                //纹理坐标缓冲
    GLuint indexVbo;                                                   //索引缓冲
    Texture2D *texture;                                                //纹理图片
    int partCount = 30;                                                //圆切割份数
    float radius = 0.3f;                                               //绳索半径
    int pointCount;                                                    //绳索节点数
    int triangleCount;                                                 //三角形总数
    Vec3 position;                                                     //位置信息
    float* drawVertices;                                               //绘制顶点数组指针
    float* drawTexCoord;                                               //顶点的纹理坐标
 };
 #endif
```

说明　在此头文件中，声明了指向软体物理世界对象的指针、绳索软体类的初始化方法、顶点和纹理坐标的初始化方法、顶点和纹理数据的数组指针、绘制绳索软体的相关参数、绑定到渲染器的方法以及物体自身的绘制方法。

（2）介绍完绳索软体类 RopeSprite3D 的类框架之后，接下来介绍此类的实现。Bullet 引擎中绳索软体仅仅是由几条线段组成，所以需要将绳索的线段转化成圆柱面，从而绘制在屏幕上。绳索的绘制方法并无改变，在此不再赘述。具体代码如下。

代码位置：源代码/第 12 章/Sample12_3/app/src/main/jni/hellocpp 目录下的 RopeSprite3D.cpp。

```
void RopeSprite3D::initData(){
    int vertexCount = 0;                                   //定点计数器
    int texcoordCount = 0;                                 //纹理坐标计数器
```

```
4       int part = pointCount - 1;                                //线段编号
5       for(int i=0;i<part;i++){                                  //循环线段
6           btVector3 pointFrom = softBody->m_nodes.at(i).m_x;    //获取绳索上的节点
7           btVector3 pointTo = softBody->m_nodes.at(i+1).m_x;    //获取绳索的下一个节点
8           float degreeSpan = 360.0f / partCount;                //角度间隔
9           for(float degree=0;ceil(degree)<360;degree+=degreeSpan){
10              float radian = degree * 2 * PI / 360.0;           //当前弧度
11              float radianNext = (degree + degreeSpan) * 2 * PI / 360.0;
                                                                  //下一弧度
12              drawVertices[vertexCount++] = pointFrom.x()-radius*sinf(radian);
                                                                  //左上角坐标
13              drawVertices[vertexCount++] = pointFrom.y();
14              drawVertices[vertexCount++] = pointFrom.z()-radius*cosf(radian);
15              drawTexCoord[texcoordCount++] = degree / 360.0;
16              drawTexCoord[texcoordCount++] = 0;
17              drawVertices[vertexCount++] = pointTo.x()-radius*sinf(radianNext);
                                                                  //右下角坐标
18              drawVertices[vertexCount++] = pointTo.y();
19              drawVertices[vertexCount++] = pointTo.z()-radius*cosf(radianNext);
20              drawTexCoord[texcoordCount++] = (degree + degreeSpan) / 360.0;
21              drawTexCoord[texcoordCount++] = 1;
22              drawVertices[vertexCount++] = pointTo.x()-radius*sinf(radian);
                                                                  //左下角坐标
23              drawVertices[vertexCount++] = pointTo.y();
24              drawVertices[vertexCount++] = pointTo.z()-radius*cosf(radian);
25              drawTexCoord[texcoordCount++] = degree / 360.0;
26              drawTexCoord[texcoordCount++] = 1;
27              //......此处省略了另一个三角形的卷绕，读者可自行查阅随书中的源代码
28      }}}
```

- 第 1～11 行为处理绳索数据的相关方法。首先从绳索软体中依次获取线段中两点的位置，然后围绕线段构建圆柱体，partCount 表示圆柱侧面切分的份数，份数越多，则圆柱越细腻。将每个线段都用圆柱包裹之后，就可以绘制出绳索了。
- 第 12～28 行为给顶点和纹理坐标数组赋值的相关参数。此处并未使用索引，而是用每三点围绕一个三角形的方法绘制绳索。卷绕三角形时最好全部使用顺时针卷绕。

（3）介绍完绳索软体类的实现之后，接下来介绍的是绳索软体布景类 My3DLayer。在此类中完成了基本的场景搭建，两个软体也需要在此添加。由于绳索软体布景类与之前的案例并无很大改变，所以这里就不再赘述，下面仅仅介绍添加绳索软体到 3D 世界的方法，具体代码如下。

代码位置：源代码/第 12 章/Sample12_3/app/src/main/jni/sampleCPP 目录下的 My3DLayer.cpp。

```
ropeSprite = RopeSprite3D::create((MPhysicsWorld*)(scene->getPhysics3DWorld())
    ,rigidBody,Vec3(0,30,0),"pic/basketball.jpg");              //创建绳索软体
ropeSprite -> setCameraMask((unsigned short)CameraFlag::USER1);//设置渲染所用摄像机
this -> addChild(ropeSprite);                                  //添加到物理世界
```

说明：创建绳索软体的操作已经在绳索软体类中实现，使用时需要将软体世界的指针、绳索连接的刚体，绳索位置以及纹理贴图的路径传入即可。

12.5 光线投射

上面几个小节中向读者介绍了软体的基础知识，学会使用软体的开发是非常重要的，而在实际的 3D 游戏开发中有时还会遇到光线投射问题。光线投射就是模拟现实世界中光线的真实投射效果，主要效果为光线遇到障碍物会发生反射，入射线和反射线的对称效果等。下面将向读者详细介绍。

12.5.1　光线投射回调结构体 ClosestRayResultCallback

光线投射回调结构体的主要作用是能够判断当前光线是否与物理世界中的物体发生了碰撞接触，若发生了碰撞接触，则光线与物体之间的碰撞接触点坐标以及碰撞法向量就可以轻松获得。其属性、构造函数和常用方法见表 12-2。

表 12-2　ClosestRayResultCallback 结构体的属性、构造函数和常用方法

构造函数或方法签名	说　明	类　型
btVector3 m_hitPointWorld	表示碰撞接触点	属性
btVector3 m_hitNormalWorld	表示碰撞法向量	属性
ClosestRayResultCallback(const btVector3& rayFromWorld,const btVector3& rayToWorld)	光线投射回调结构体的构造函数，参数 rayFromWorld 表示光线的起点坐标，参数 rayToWorld 表示光线的终止坐标	构造函数
bool hasHit()	判断光线是否与物理世界中的物体有碰撞接触，返回值为 true 时表示有碰撞接触，否则表示没有	常用方法

12.5.2　光线投射的案例——旋转光线

了解了光线投射回调结构体的 API，这里将给出使用光线投射回调结构体开发的案例——旋转光线案例，以便于读者能够正确使用光线投射回调结构体。

本小节的案例主要演示的是，在一个三维物理世界中，波动的水纹上有两排小球从上掉落，小球掉落在波动的水纹后随着水纹进行一定的运动。在中间有十束光线，光线的起点相同，终点不同，绕 y 轴按照一定的角速度进行旋转。其运行效果如图 12-9 和图 12-10 所示。

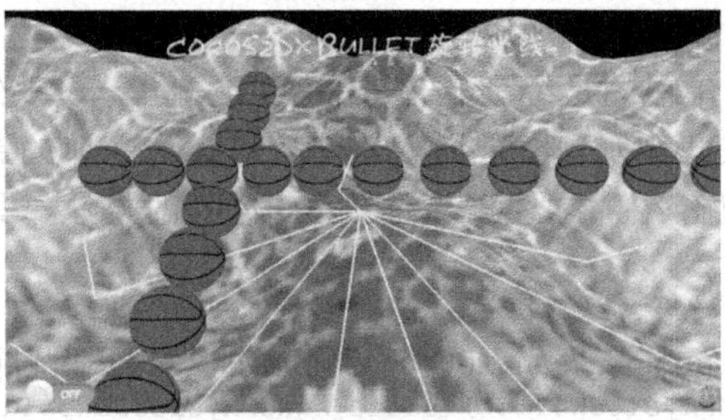

▲图 12-9　案例运行开始

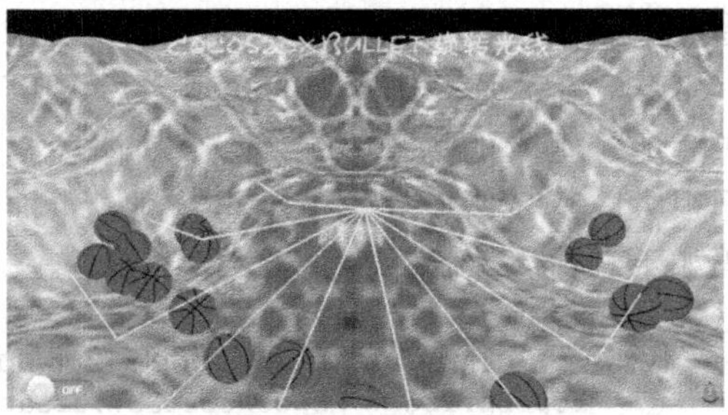

▲图 12-10　小球掉落至水波上

说明　图 12-9 为案例运行开始时的效果图，小球从不同位置掉落。图 12-10 为小球掉落至水波上时的效果图，小球将会随水波移动。当光线遇到水波或者小球时，会自动将反射线画出。由于效果图观察此现象不够明显，读者可以在真机上运行该案例，以便观察光线的反射。

了解了案例的运行效果，下面就向读者详细介绍旋转光线案例的代码开发。该案例中涉及的自定义物体的绘制已经在前面的章节详细介绍过，这里不再介绍，只介绍包括光线投射的 My3DLayer 类，具体开发步骤如下。

（1）首先开发旋转光线布景类 My3DLayer 的类框架，其主要功能是声明该类所需的成员函数和成员变量，其中成员变量包括场景指针、摄像机指针和是否需要发射球标志位等，成员函数包括初始化方法、触控相关方法以及定时回调方法等。具体代码如下。

代码位置：源代码/第 12 章/Sample12_4/app/src/main/jni/raycastcpp 目录下的 My3DLayer.h。

```
1   #ifndef __My3DLayer_H__
2   #define __My3DLayer_H__
3   ......//此处省略了一些对头文件的引用，需要的读者请看源代码
4   using namespace cocos2d;
5   class My3DLayer : public Layer{
6   public:
7       Scene* scene;                                         //场景指针
8       Camera* camera;                                       //摄像机
9       float cSizeAngle;                                     //每帧回调时间
10      MySprite3D* mSprite3D;                                //水波精灵
11      btVector3* tempV;                                     //光线初始位置数组
12      MSprite3D* mSpr;                                      //划线精灵
13      int vCountLine;                                       //光线数量
14      btVector3* tempVArray;                                //计算后光线位置数组
15      btVector3* hit;                                       //碰撞接触
16      btVector3* normals;                                   //法向量
17      btVector3* reflectedRays;                             //反射线
18      bool addBox;                                          //是否需要发射木块标志位
19      std::vector<PhysicsSprite3D*> phySprVec;              //物理精灵向量
20      virtual bool init();                                  //初始化的方法
21      void initPhysics3D();                                 //初始化物理组件
22      virtual void onTouchesBegan(                          //声明开始触摸时回调方法
23          const std::vector<Touch*>& touches,Event *event);
24      virtual void onTouchesMoved(                          //声明触摸移动时回调方法
25          const std::vector<Touch*>& touches,Event *event);
26      virtual void onTouchesEnded(                          //声明触摸结束时回调方法
27          const std::vector<Touch*>& touches,Event *event);
28      void initTemp();                                      //初始化 tempV 数组
29      void cast();                                          //计算光线投射
30      btVector3 reflectedRay(btVector3 n1,btVector3 n2);    //计算反射线
31      void initOther();                                     //开关调试线方法
32      void initBall(Vec3 pos);                              //初始化球
33      virtual void update(float dt);                        //定时回调方法
34      void shootBox( const Vec3 &des );                     //添加方块方法
35        CREATE_FUNC(My3DLayer);
36  };
37  #endif
```

说明 其中第 7～19 行为声明该类的成员变量，如摄像机指针、场景指针以及是否需要发射球标志位等。第 20～36 行为声明成员方法，其中包括初始化方法、初始化物理组件方法以及触控相关方法等。

（2）开发完上述类框架声明后，还要真正实现 My3DLayer 类中的各个方法，其中的核心方法就是光线投射的计算方法，其他方法例如物理组件的初始化等，在前面的章节已经介绍过很多次，在这里不再一一介绍。光线投射的计算方法具体代码如下。

代码位置：源代码/第 12 章/Sample12_4/app/src/main/jni/raycastcpp 目录下的 My3DLayer.cpp。

```
void My3DLayer::cast(){
    MPhysicsWorld* m3DWorld =                                         //获得物理世界
          (MPhysicsWorld*)(scene->getPhysics3DWorld());
    btDynamicsWorld* m_dynamicsWorld = m3DWorld->getPhysicsWorld();//获得物理世界指针
    btCollisionWorld* m_cw = m_dynamicsWorld;
    for (int i = 0; i < vCountLine; i++){                            //遍历所有的光线
        btCollisionWorld::ClosestRayResultCallback cb(                //光线回调类
                tempV[i*2], tempV[i*2+1]);
        m_cw->rayTest (tempV[i*2], tempV[i*2+1], cb);                 //设置光线参数
        if (cb.hasHit ()){
            hit[i] = cb.m_hitPointWorld;                              //获取碰撞接触点
            normals[i] = cb.m_hitNormalWorld;                         //获取法向量
            normals[i].normalize ();                                  //法向量单位化
            reflectedRays[i] = reflectedRay(tempV[i*2]-hit[i],normals[i]);
                                                                      //计算反射线
```

```
15        }else{                                                    //若没有碰撞接触
16            hit[i] = tempV[i*2+1];                                //将碰撞点设置为终点
17            normals[i] = btVector3(1.0, 0.0, 0.0);                //设置法向量
18            reflectedRays[i] = btVector3(1.0, 0.0, 0.0);          //设置反射线
19    }}
20    for(int i = 0; i < vCountLine; i++){
21        tempVArray[i * 4] = tempV[i*2];                           //记录光线的第一个点
22        tempVArray[i * 4 + 1] = hit[i];                           //记录光线的第二个点
23        tempVArray[i * 4 + 2] = hit[i];                           //记录光线的第三个点
24        tempVArray[i * 4 + 3] = hit[i] + reflectedRays[i].normalize()*5.0f;
                                                                    //记录光线的第四个点
25    }
26    mSpr->drawSelf(tempVArray, vCountLine * 4);                   //光线绘制
27  }
28  btVector3 My3DLayer::reflectedRay(btVector3 n1,btVector3 n2){
29    n2 = n2.normalized();                                         //单位化向量
30    return 2*n1.dot(n2)*n2 - n1;                                  //返回计算结果
31  }
```

- 第 1～27 行为光线投射方法，首先获得物理世界指针，然后通过遍历所有的光线数，创建光线投射回调结构体对象，对物理世界进行光线投射，若光线与物理世界中的物体有碰撞接触，则获取碰撞接触点以及法向量，若没有接触则将碰撞接触点设为光线的终点计算完后记录光线位置，并绘制光线。
- 第 28～31 行为计算反射线方法，先将法向量 n2 单位化，通过计算后返回计算结果。

12.6 本章小结

本章主要介绍了 Bullet 物理引擎中软体的创建以及 3D 游戏开发中可能遇到的光线投射问题。通过对本章所介绍的基础知识以及相对应案例的学习，读者应该对此有了一定的掌握。掌握了本章内容对以后的 3D 游戏开发过程会有很大的帮助。

第 13 章　VR 游戏开发

本章介绍如何使用 Cocos2d-x 游戏开发引擎在移动设备上开发虚拟现实游戏，其中涉及开发中所做的必要的部署及配置、Oculus SDK、VR 游戏的交互及外部输入设备的开发等重要问题，本章将系统且全面地介绍开发流程以及开发中遇到的问题。

13.1 背景知识

大家所熟知的 VR 即是 Virtual Reality 虚拟现实的简称，是一种可以创建和体验虚拟世界的计算机仿真系统，其利用计算机来模拟真实的环境，使得使用它的用户拥有沉浸式的体验。本节对 VR 做简单的介绍，包括它的发展历史、基本特征和关键技术等。

13.1.1　发展历史

有人说 2015 年是 VR 元年，后来人们又说，2016 年才是 VR 元年。也有人说 1957 年才是元年，虚拟现实技术这近些年才流行的词组居然有 60 年了。以 VR 为代表的虚拟现实技术给人的感觉是突然出现并爆发，但实际上，虚拟现实技术到今天已经走过了半个多世纪的历程。下面简单介绍 VR 技术的发展历史。

1. 第一阶段（虚拟现实的前身和萌芽）

虚拟现实技术是对生物在自然环境中的感官和动作等行为的一种模拟交互技术，它与仿真技术的发展是息息相关的。1962 年，Morton Heilig 的“全传感仿真器”的发明，就蕴涵了虚拟现实技术的思想理论，是虚拟现实技术的前身。下面介绍这个阶段的发展过程。

- 1935 年，有个小说家，叫 Stanley G.Weinbaum，他写了一部小说，而这部小说就是以眼镜为基础，涉及视觉、嗅觉、触觉等全方位沉浸式体验的虚拟现实概念，被认为是首次提出虚拟现实概念。
- 1957 年，电影摄影师 Morton Heiling 发明了名为 Sensorama 的仿真模拟器，并在 5 年后为这项技术申请了专利。这款设备通过三面显示屏来实现空间感，从本质上来说 Sensorama 只是一款简单的 3D 显示工具。它不仅无比巨大，用户需要坐在椅子上将头探进设备内部，才能体验到沉浸感，如图 13-1 和图 13-2 所示。
- 1968 年，计算机图形学之父、著名计算机科学家 Ivan Sutherland 设计了第一款头戴式显示 Sutherland，如图 13-3 所示。虽然是头戴式显示器，但由于当时硬件技术限制导致 Sutherland 相当沉重，根本无法独立穿戴，必须在天花板上搭建支撑杆，否则无法正常使用。这种独特造型与《汉书》中记载的孙敬头悬梁读书的姿势十分类似，被用户们戏称为悬在头上的“达摩克利斯之剑”。但 Sutherland 的诞生，标志着头戴式虚拟现实设备与头部位置追踪系统的诞生，为现今的虚拟技术奠定了坚实基础，Ivan Sutherland 也因此被称为虚拟现实之父。

▲图 13-1　Sensorama 仿真模拟器

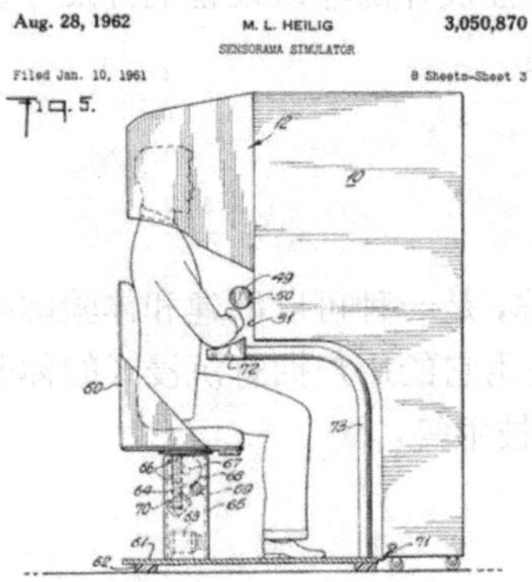

▲图 13-2　模拟器原理

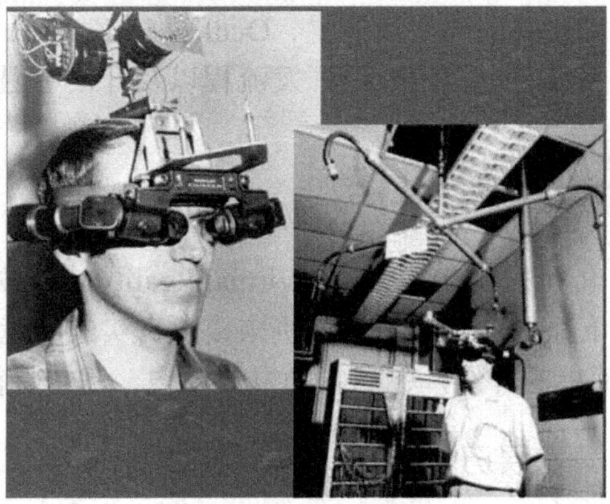

▲图 13-3　Sutherland 设备

2. 第二阶段（虚拟现实概念的产生和理论初步形成）

由 M.W.Krueger 设计的 VIDEOPLACE 系统，将产生一个虚拟图形环境，且由其领导完成的 VIEW 系统，在装备了数据手套和头部跟踪器后，通过语言、手势等交互方式，形成虚拟现实系统。下面介绍这个阶段其他的虚拟现实发展成果。

▲图 13-4　Jaron Lanier 和他的设备

- 20 世纪 70～80 年代，是整个虚拟技术理论和概念形成的时期，组成虚拟头盔的各种组件在技术上已经十分成熟，都可以在市面上买到了。
- 1987 年，一位著名计算机科学家 Jaron Lanier，利用各种组建“拼凑”出第一款真正投放市场的 VR 商业产品，如图 13-4 所示。这款 VR 头盔看起来有点像 Oculus，但 10 万美元的天价却阻碍了其普及之路。

3. 第三阶段（虚拟现实理论进一步的完善和应用）

这一阶段虚拟现实技术从研究型阶段转向为应用型阶段，不仅在生活娱乐中扮演了游戏娱乐的重要角色，还广泛运用到了科研、航空、医学、军事等人类生活的各个领域中。下面是这个阶段的简单的发展历程以及现今的虚拟现实发展状况。

- 20 世纪 90 年代，虚拟技术的理论已经非常成熟，但对应的 VR 头盔依旧是概念性的产品。1991 年出现的一款名为“Virtuality 1000CS”的 VR 头盔，如图 13-5 和图 13-6 所示，充分展现了 VR

产品的尴尬之处——外形笨重、功能单一、价格昂贵，但 VR 游戏的火种却也在这个时期被种下。

▲图 13-5　Virtuality 设备

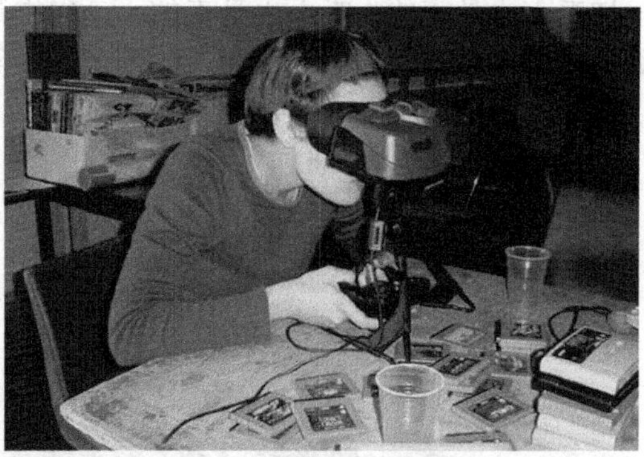

▲图 13-6　Virtuality 的使用者

● 任天堂 1995 年推出的 Virtual Boy 主机被《时代周刊》评为“史上最差的 50 个发明”之一，仓促推出市场使得硬件由头戴式变成了三脚架支撑，加上画面显示的红色单一色彩，配属游戏作品也纷纷跳票。“Virtual Boy”仅仅在市场上生存了 6 个月就销声匿迹，VR 游戏的首次尝试也就随之烟消云散，但也为 VR 硬件进军市场打开了一扇门。

现今 VR 产业火爆，起因是 2012 年 Oculus Rift 通过国外知名众筹网站 KickStarter 募资到 160 万美元，后来被 Facebook 以 20 亿的天价收购。而当时 Unity 作为第一个支持 Oculus 眼镜的引擎，吸引了大批开发者投身 VR 项目的开发中。

▲图 13-7　CardboardVR 盒子

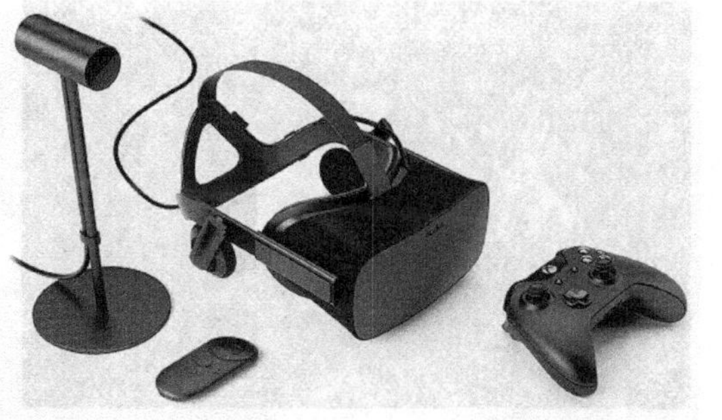

▲图 13-8　Daydream 设备

正式打响了这场 VR 之战，但经历首轮引爆后，2014 年 Google 发布了 Google CardBoard，如图 13-7 所示。让消费者能以非常低廉的成本通过手机来体验 VR 世界，直接点燃了今日的“Mobile VR”超级大战，如图 13-8 所示。

13.1.2　基本特征

作为新兴崛起的一项技术，虚拟现实技术有着独特自己的特征。一个完整的虚拟现实系统给也必须具备这些基本的特征，这样才可以保证虚拟现实技术在价格亲民之后，迅速圈下大量的用户。下面介绍虚拟实现技术的基本特征。

● 多感知性：所谓多感知是指除了一般计算机技术所具有的视觉感知之外，还有听觉感知、力觉感知、触觉感知、运动感知，甚至包括味觉感知、嗅觉感知等，如图 13-9 所示。理想的虚拟现实技术应该具有一切人所具有的感知功能。由于相关技术，特别是传感技术的限制，目前虚拟现实技术所具有的感知功能仅限于视觉、听觉、力觉、触觉、运动等几种。

● 浸没感：又称临场感，指用户感到作为主角存在于模拟环境中的真实程度。理想的模拟环境应该使用户难以分辨真假，使用户全身心地投入到计算机创建的三维虚拟环境中。该环境中的一切看上去是真的，听上去是真的，动起来是真的，甚至闻起来、尝起来等一切感觉都是真的，如同在现实世界中的感觉一样，如图 13-10 所示。

▲图 13-9　沉浸式体验

▲图 13-10　模拟真实

● 交互性：是指用户对模拟环境内物体的可操作程度和从环境得到反馈的自然程度（包括实时性）。例如，用户可以用手去直接抓取模拟环境中虚拟的物体，这时手有握着东西的感觉，并可以感觉物体的重量，视野中被抓的物体也能立刻随着手的移动而移动，如图 13-11 和图 13-12 所示。

● 构想性：强调虚拟现实技术应具有广阔的可想象空间，可拓宽人类认知范围，不仅可再现真实存在的环境，也可以随意构想客观不存在的，甚至是不可能发生的环境。

▲图 13-11　交互性 1

▲图 13-12　交互性 2

13.1.3　关键技术

虚拟现实是多种技术的综合，包括实时三维计算机图形技术，广角立体显示技术以及对观察者、头手的跟踪技术等。下面就对其中几种技术分别做简要的说明。

● 实时三维计算机图形：虚拟现实需要实现的是比较复杂的实时产生图形图像，计算机在有模型和各种光照的前提下，在短时间内产生精确图像，其三维坐标如图 13-13 所示。比如飞行模拟系统，图像的刷新和图像的质量要求都很高，这都使得 VR 变得有难度。

虚拟现实中，为了达到实时的目的，至少要保证图形的刷新频率高于每秒 30 帧。想要使用能欺骗用户眼睛的模拟现实场景，则需要帧刷新速率达到每秒 70 帧。只有达到这个标准，大脑才可以认同所看到的场景为真实场景，这里图形生成的硬件体系结构以及在虚拟现实的真实感图形生成中用于加速和提高帧速率的各种有效技术是关键。

● 显示：VR 系统中，双眼立体视觉的作用很大，其双眼原理如图 13-14 所示。用户的两只眼睛看到的图像是分别产生的，显示不同的显示器上。即使是采用的单个显示器，用户带上特殊眼镜后，也会一只眼睛看到奇数帧图像，另一只眼睛看到偶数帧图像，通过奇偶帧之间的不同也就产生了视觉上的立体感。

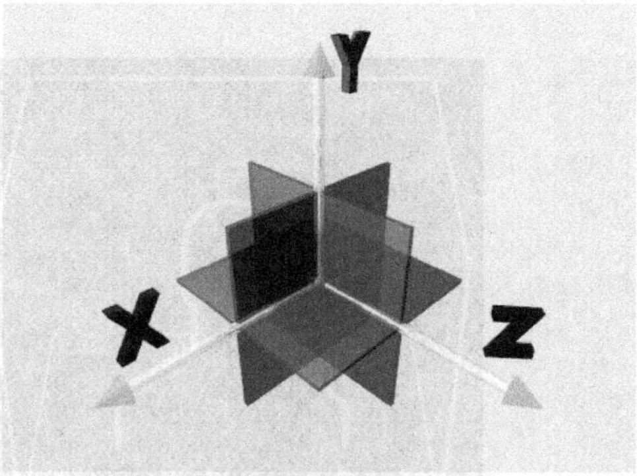

▲图 13-13　三维空间坐标

▲图 13-14　双眼原理

- 跟踪头部的运动 VR 头套：和传统的计算机图形技术不同，VR 用户的视场抛弃了鼠标和键盘，改使用头部跟踪来改变图像的视角如图 13-15 所示，这样使得用户的视觉系统和运动感知系统之间可以联系起来，更加逼真。用户除了通过眼睛获得的视觉去认识环境以外，还可以使用头部的运动去观察环境。

如今市场上大部分厂商都是直接使用手机作为 VR 的显示设备，各大厂商的 VR 头套是在将更复杂的功能加入到简单 VR 盒子上改进而来的，包括加入分辨率更好的屏幕、更高刷新频率的陀螺仪、激光或者红外线采集装置和操作装置等。

- 感觉反馈：假设在一个 VR 系统中，用户可以看到一个虚拟的杯子，你可以设法去抓住它，但是你的手没有真正接触杯子的感觉，并有可能穿过虚拟杯子的“表面”，而这在现实生活中是不可能的。解决这一问题的常用装置是在手套内层安装一些可以振动的触点来模拟触觉，如图 13-16 所示。

▲图 13-15　VR 头套

▲图 13-16　模拟感觉反馈

触觉反馈主要是按钮和震动反馈，大多通过虚拟现实手柄实现，这样高度特化、简化的交互设备的优势显然是能够非常自如地在诸如游戏等应用中使用，但是它无法适应更加广泛的应用场景。目前三大 VR 头显厂商 Oculus、索尼、HTC Valve 都不约而同地采用了虚拟现实手柄作为标准的交互模式：两手分立、6 个自由度空间跟踪，带按钮和震动反馈的手柄。

有一个 VR 拳击设备 Impacto 用肌电模拟实现交互，如图 13-17 所示。该设备通过震动马达产生震动感，可以在游戏手柄中体验到；另外就是肌肉电刺激系统，通过电流刺激肌肉收缩运动。两者的结合，让人误以为自己击中了游戏中的对手，因为这个设备会在恰当的时候产生类似真正拳击的"冲击感"。

- 声音：人能够很好地判定声源的方向。在水平方向上，我们靠声音的相位差及强度的差别来确定声音的方向，因为声音到达两只耳朵的时间或距离有所不同，如图 13-18 所示。

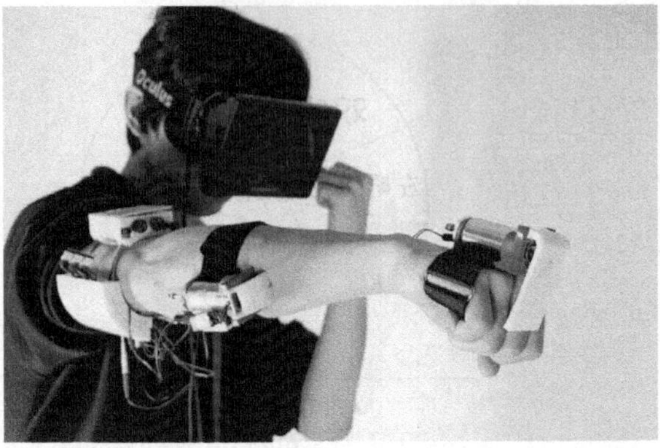

▲图 13-17　VR 拳击设备 Impacto

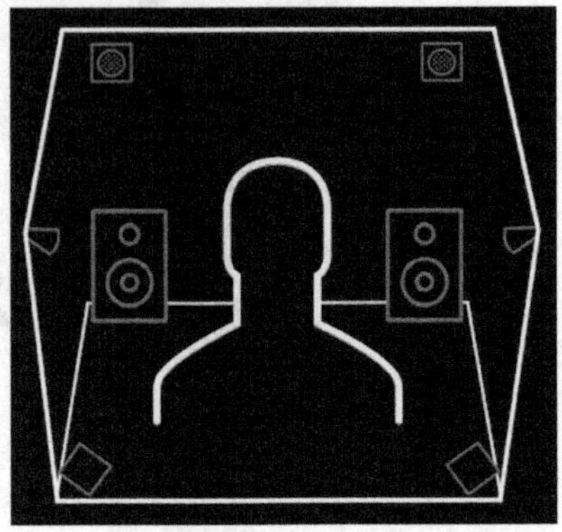

▲图 13-18　声音方位判断

常见的立体声效果就是靠左右耳听到在不同位置录制的不同声音来实现的，所以会有一种方向感，比如硬币掉在地上，你就可以迅速低头找到硬币的掉落位置。现实生活里，当头部转动时，听到的声音的方向就会改变。

- 语音：VR 系统中，语音的输入/输出也很重要。这就要求虚拟环境能听懂人的语言，并能与人实时交互。而让计算机识别人的语音是相当困难的，因为语音信号和自然语言信号有其"多边性"和复杂性。例如，连续语音中词与词之间没有明显的停顿，同一词、同一字的发音受前后词、字的影响，不仅不同人说同一词会有所不同，就是同一人发音也会受到心理、生理和环境的影响而有所不同。

使用人的自然语言作为计算机输入目前有两个问题，首先是效率问题，为便于计算机理解，输入的语音可能会相当啰嗦。其次是正确性问题，计算机理解语音的方法是对比匹配，而没有人的智能。

13.2　Cocos2d-x 开发 VR 环境搭建

本节将介绍使用 Cocos2d-x 游戏引擎在 Cardboard 等平台上开发 VR 之前需要一些必要的准备工作，其中包括 Cocos2d-x 游戏引擎的下载、各平台 SDK 的集成下载和一些必要的配置。目前 Cocos2d-x 对 VR 的集成还很简单，所以开发中需要多注意。

（1）通过 Cocos2d-x 开发 Android 平台的虚拟现实游戏时，需要使用 Python 来创建和运行 Cocos2d-x 中的相关文件，所以工作的第一步是下载安装相应版本的 Python 并安装，这里必须是 2.7.x 版本序列的 Python，下载之后进行自行安装。

（2）接下来便可以找到 Cocos2d-x 引擎中根目录下的 setup.py 文件，双击运行，效果如图 13-19 所示。配置其中未找到的文件路径包括 SDK 路径、NDK 路径以及 ANT 路径，若显示未找到路径，即按照图 13-19 所示在用户变量中新增需要的变量名和值（即路径），直到文件显示路径都已经找到则为正确。

（3）路径都配置成功之后就可以用命令行来创建 Cocos 的新项目了，在需要创建项目的路径下按下 Shift 键的同时单击鼠标右键或者直接在本地路径中输入 cmd，按回车键即可打开本地命令行窗口。使用"cocos new CardboardVR -l cpp"的命令行来创建一个新项目，CardboardVR 为新项目的名称，如图 13-20 所示。

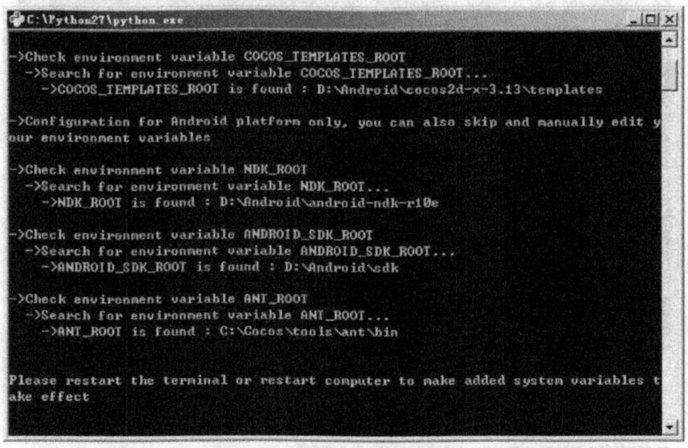

▲图 13-19　路径配置文件

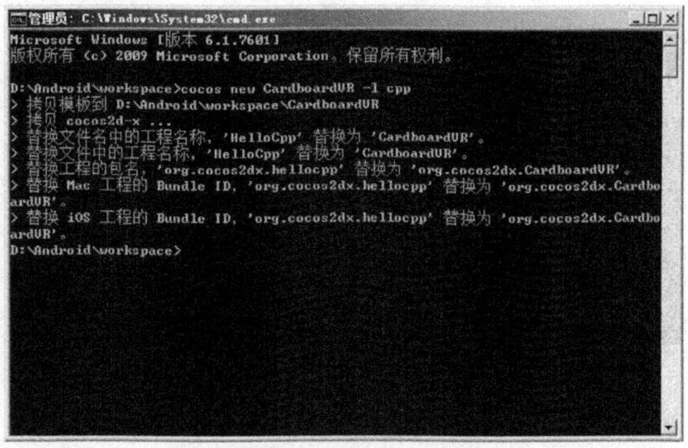

▲图 13-20　项目新建

（4）新项目创建完成后进入 CardboardVR 的根目录下，使用“cocos package import”命令安装所需的 VR-SDK，使用语句“cocos package import -v -b SDK_NAME --anysdk”，比如项目只需要支持 CardboardVR 平台，那么只需安装 gvr（Cardboard 和 Daydream），如图 13-21 所示。如果需要支持其他 VR 平台，安装对应 SDK 即可，安装完成之后显示如图 13-22 所示。

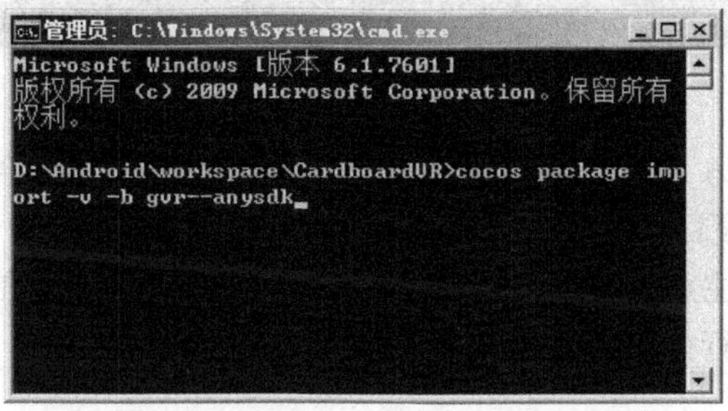

▲图 13-21　导入 gvr-sdk 语句

▲图 13-22　导入 gvr-sdk 成功

注意　SDK_NAME 为 vrsdkbase gearvr deepoon gvr oculus 其中之一。vrsdkbase 包含了 VR 运行的参数配置基本信息和 cocos 默认的 VR 模式，各平台的 sdk 下载完成之后存放在项目根目录下对的 vrsdks 文件夹中。

（5）由于不同的 VR 平台需要对工程进行不同程度的修改和配置，并且为了支持把 cocos 工程同时部署到多个 VR 平台上，需要使用 switchVRPlatform.py 脚本在已安装的 VR 平台间进行切换（如果使用 cocos 内置的 VR 模式，则不需要使用该脚本，安装完 vrsdkbase 后已经自动开启）。使用“python vrsdks/switchVRPlatform.py -p PLATFORM_NAME”语句来完成 VR 平台的切换，PLATFORM_NAME 为已安装的 VR 平台的名称，这里使用已经下载好的 Cardboard 对应的“gvr-sdk”名称来使用，如图 13-23 和图 13-24 所示。

（6）切换到对应 VR 平台之后，使用“cocos run -p android --android-studio --app-abi armeabi-v7a”语句运行工程，如图 13-25 所示，然后使用所对应的机器进行测试。

注意　GearVR 所使用的安卓机器必须是 Galaxy Note 5/S6/S6 Edge/S6 Edge+这些机器，而 Cardboard 则只需要安卓机系统在 Android 4.4 版本以上即可。

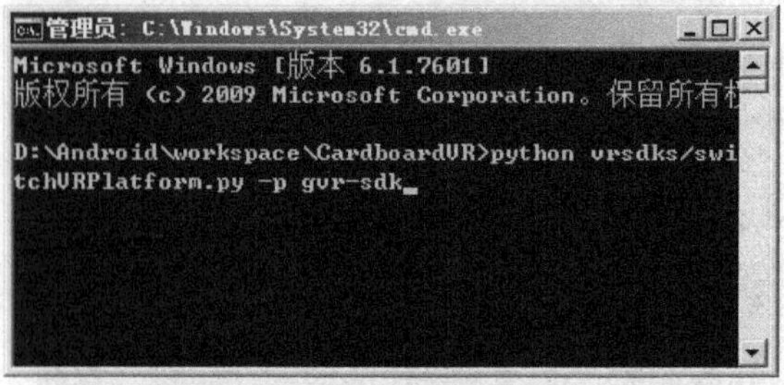

▲图 13-23　切换平台语句

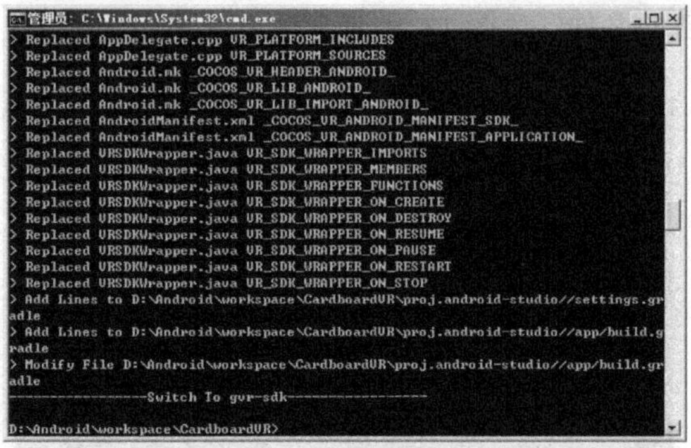

▲图 13-24　切换平台成功

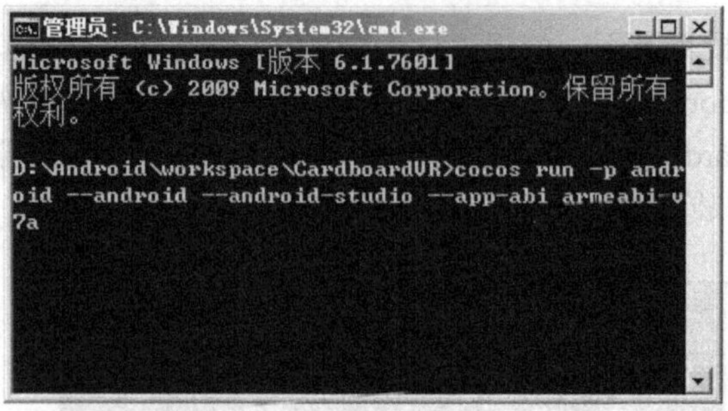

▲图 13-25　运行编译语句

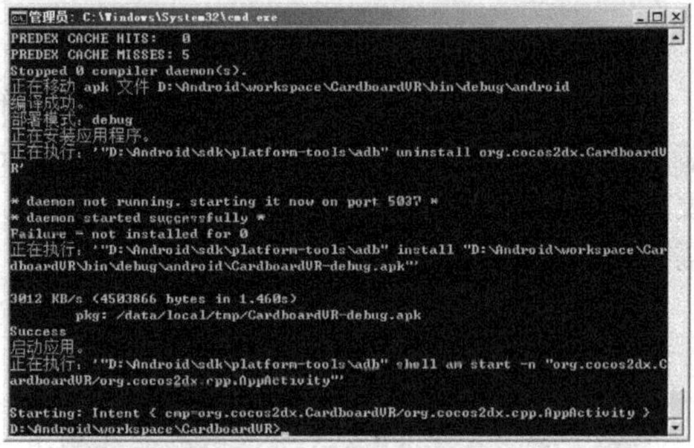

▲图 13-26　运行编译成功

（7）项目运行编译完成后命令行界面如图 13-26 所示，同时需要计算机连接手机，项目会自行安装在手机上。编译成功的 apk 也可以在项目根目录下的 bin\debug\android 目录下找到，如图 13-27 所示，项目运行的效果如图 13-28 所示（注意这是用 Cocos2d-x 引擎创建的新项目在切换成 GVR 平台运行成功的效果图，其他平台的运行效果图可能略有不同）。

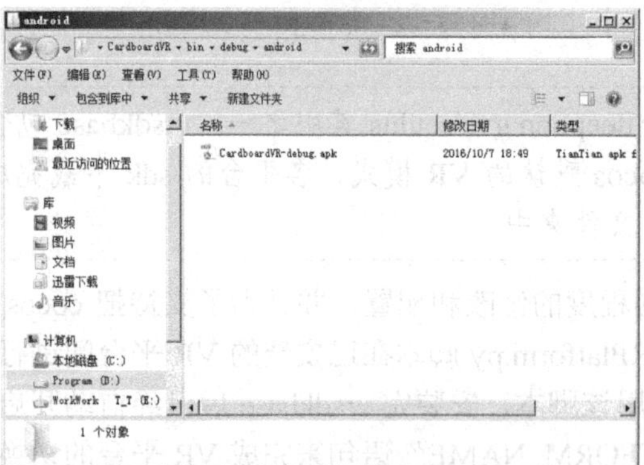

▲图 13-27　路径配置文件

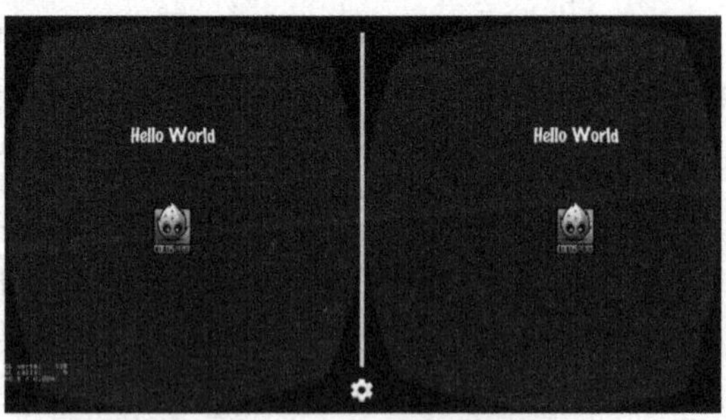

▲图 13-28　项目新建

（8）若项目编译不成功，可能存在的原因是 sdk 缺少相应的 Google APIs，根据命令行的报错信息，下载相应的 Google APIs。在 sdk 中打开 Android SDK Manager，如图 13-29 所示，打开 SDK Manager 后单击 Tools/Options 按钮，如图 13-30 所示，分别在 HTTP Proxy Server 和 HTTp Proxy Port 中输入“mirrors.neusoft.edu.cn”和“80”，然后关闭。

（9）在 Manager 中选择需要下载的 Google APIs，勾选 Updates/New 后，单击 Install packages 按钮等待其下载完成之后进行安装。

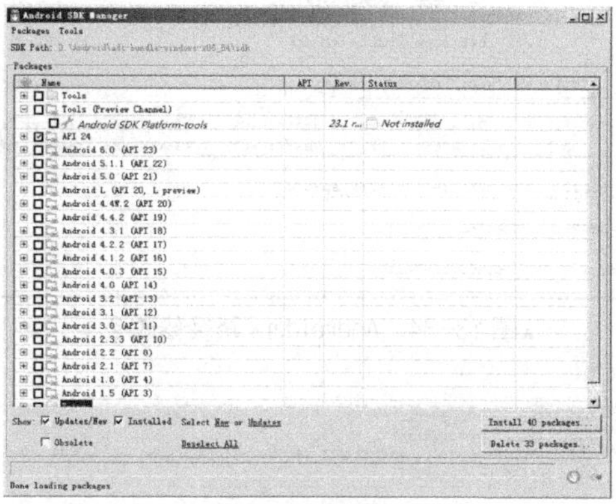

▲图 13-29　路径配置文件

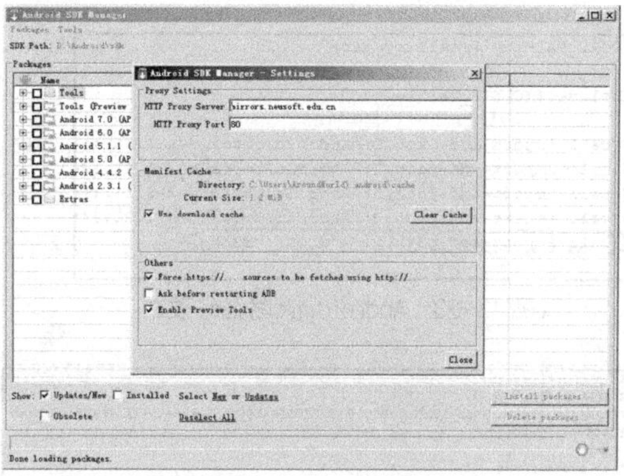

▲图 13-30　项目新建

注意　这里编译各个平台的 VR 项目使用的 NDK 为 android-ndk-r10e 的版本。

13.3　Cocos2d-x 开发 VR 游戏前的准备

相信读者通过上节已经知道了如何将普通的 Cocos2d-x 游戏变成 VR 游戏，而笔者觉得官方采用命令行的方式来为项目整合和切换 vrsdks 不便于开发，故本书中 VR 游戏的开发并未采用官方的方法，而是采用更为方便的方法，下面将为读者详细介绍。

（1）将 vrsdks 文件夹放到 D:\Android 目录下。需要注意的是，这个文件夹即通过上面小节中的 python 命令行方式整合的 vrsdks 文件夹，读者可自行通过上小节中的方法得到这个文件夹，然后将其移动到指定位置，如图 13-31 和图 13-32 所示。

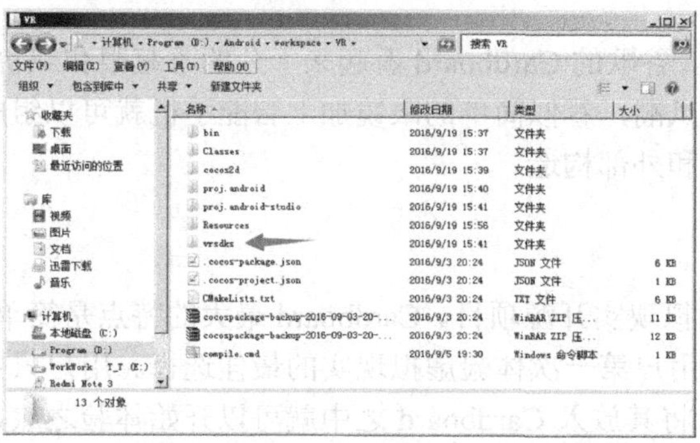

▲图 13-31　vrsdks 文件

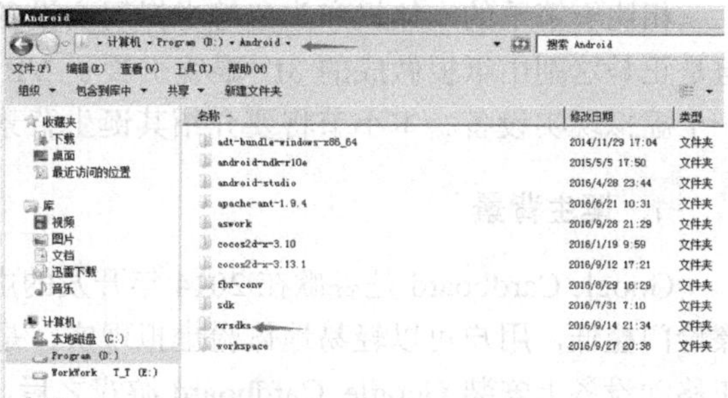

▲图 13-32　vrsdks 的移动

（2）此时读者就可以将下面小节中的 VR 游戏直接解压导入 Android Studio 中运行，导入 Cocos2d-x 游戏到 Android Studio 的方法，读者可在本书第 1 章中找到，这里就不再赘述。

（3）读者若是想将 vrsdks 文件夹放到其他路径也是可行的，首先需要修改项目 Android.mk 文件中的$(call import-add-path,D:/Android/vrsdks)、LOCAL_C_INCLUDES 以及 LOCAL_SRC_FILES，具体情况如图 13-33 和图 13-34 所示。

（4）还需要修改的是，Application.mk 文件中最后一行的 include 路径，读者可将其修改为自定义的路径，具体情况如图 13-35 和图 13-36 所示。

```
LOCAL_PATH := $(call my-dir)

include $(CLEAR_VARS)

$(call import-add-path,D:/Android/cocos2d-x-3.13.1)
$(call import-add-path,D:/Android/cocos2d-x-3.13.1/
$(call import-add-path,D:/Android/cocos2d-x-3.13.1/
$(call import-add-path,D:/Android/cocos2d-x-3.13.1/
$(call import-add-path,D:/Android/vrsdks)
```

▲图 13-33　Android.mk 路径修改 1

```
LOCAL_SRC_FILES := hellocpp/main.cpp \
                   hellocpp/AppDelegate.cpp \
                   hellocpp/ObjSceneManager.cpp \
                   hellocpp/My3DLayer.cpp

LOCAL_C_INCLUDES := D:/Android/vrsdks

LOCAL_SRC_FILES += D:/Android/vrsdks/gearvr-sdk/CCVRGearVRRenderer.cpp
                   D:/Android/vrsdks/gearvr-sdk/CCVRGearVRHeadTracker.cpp

LOCAL_STATIC_LIBRARIES := cocos2dx_static

LOCAL_SHARED_LIBRARIES := vrapi

include $(BUILD_SHARED_LIBRARY)
```

▲图 13-34　Android.mk 路径修改 2

```
APP_STL := gnustl_static
APP_PLATFORM := android-9
APP_CPPFLAGS := -frtti -DCC_ENABLE_CHIPMUNK_INTEGRATION=1 -std=c++11 -fsigned-char
APP_LDFLAGS := -latomic

APP_ABI := armeabi-v7a

ifeq ($(NDK_DEBUG),1)
APP_CPPFLAGS += -DCOCOS2D_DEBUG=1
APP_OPTIM := debug
else
APP_CPPFLAGS += -DNDEBUG
APP_OPTIM := release
endif

include D:/Android/vrsdks/gearvr-sdk/VrApi/Projects/AndroidPrebuilt/jni/Android.mk
```

▲图 13-35　Application.mk 路径修改 1

```
APP_STL := gnustl_static
APP_PLATFORM := android-9
APP_CPPFLAGS := -frtti -DCC_ENABLE_CHIPMUNK_INTEGRATION=1 -std=c++11 -fsigned-char
APP_LDFLAGS := -latomic

APP_ABI := armeabi-v7a

ifeq ($(NDK_DEBUG),1)
APP_CPPFLAGS += -DCOCOS2D_DEBUG=1
APP_OPTIM := debug
else
APP_CPPFLAGS += -DNDEBUG
APP_OPTIM := release
endif

include X:/X/vrsdks/gearvr-sdk/VrApi/Projects/AndroidPrebuilt/jni/Android.mk
                修改为自定义路径
```

▲图 13-36　Application.mk 路径修改 2

13.4 Cardboard 平台 VR 游戏的开发

本节将主要介绍 Google Cardboard 的诞生背景、硬件设备的外部构造以及如何用 Cocos2d-x 引擎在 Cardboard 上进行开发等。通过本节的学习，读者可以对 Cardboard 及其硬件设备有比较全面的了解，对其功能特性有初步的掌握。

13.4.1 背景知识

相比于笨重的一体机和头盔等虚拟现实设备，谷歌的 Cardboard 看起来十分的不起眼和廉价，但是正是这副由纸板做成的 3D 眼镜引领了 VR 风潮，看似简单的眼镜加上智能手机就可以组成一个虚拟现实设备。本小节将要介绍其诞生背景和外部构造。

1. 诞生背景

Google Cardboard 是谷歌在 2014 年开发的虚拟现实开源项目。Cardboard 最大的特点是简单、廉价门槛低，用户可以轻易地体验虚拟现实，是用户第一次体验虚拟现实的最佳选择。用户只要在移动设备上安装 Google Cardboard 游戏之后，将其放入 Cardboard 之中就可以开始体验之旅，而 Cardboard 是这个过程必不可少的重要部分，如图 13-37 和图 13-38 所示。

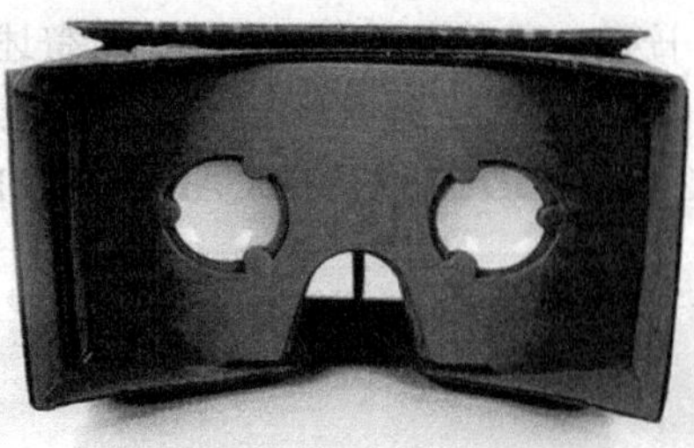

▲图 13-37　Google Cardboard 正面图

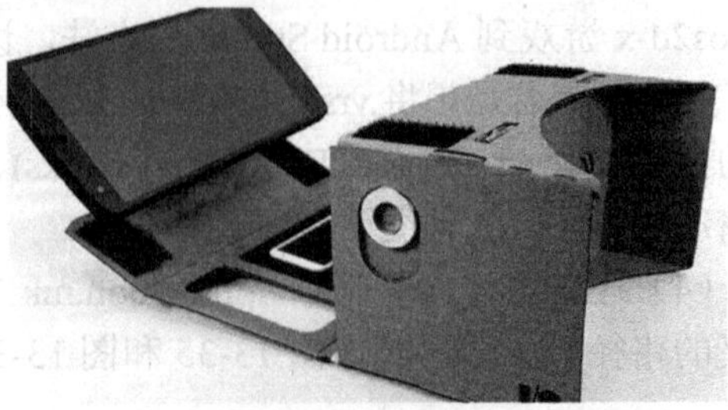

▲图 13-38　Google Cardboard 侧面图

2. 外部构造

Cardboard 是一个以透镜、磁铁、魔鬼毡以及橡皮筋组合而成的可折叠只能手机头戴式显示器，透镜会让使用者分别感知左影像和右影像。Google 在其网站上免费提供零件列表、示意图以及组装说明，鼓励一般人用容易取得的零件自行组装，如图 13-39 和图 13-40 所示。

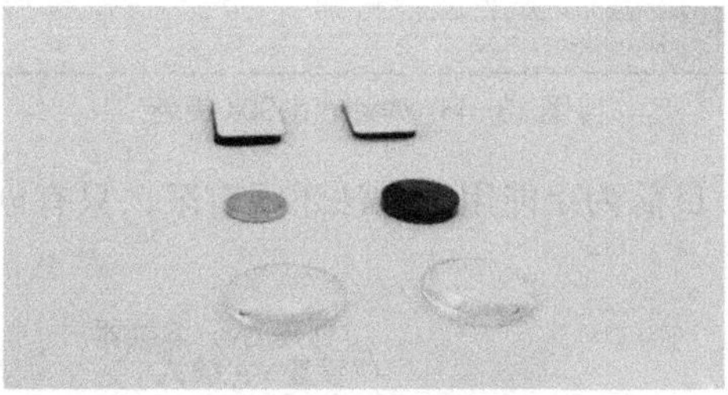

▲图 13-39　镜片、大小磁铁和尼龙搭扣

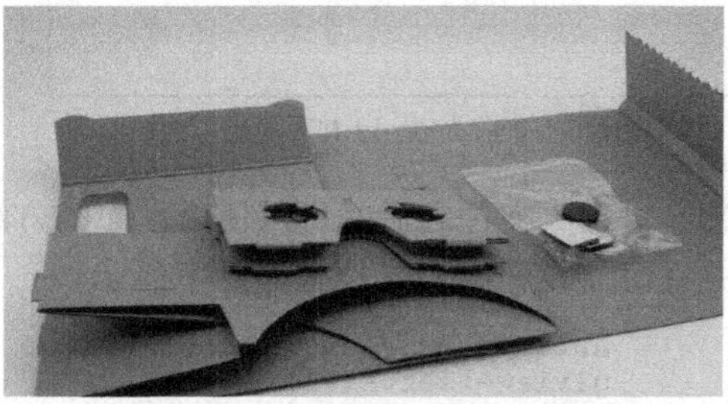

▲图 13-40　眼眶纸板和镜身纸板

组装完成 Cardboard 之后，移动设备打开 Google Cardboard 的游戏后将其塞到纸板之间，再合上纸板，就宣告大功告成了。需要注意的是，由于移动设备放进 Cardboard 之后就不可能再触控屏幕了，所以其采取磁感控制的方式，通过移动磁铁改变手机周边磁场让手机识别动作，如图 13-41 和图 13-42 所示。

▲图 13-41　Cardboard 侧边的磁铁

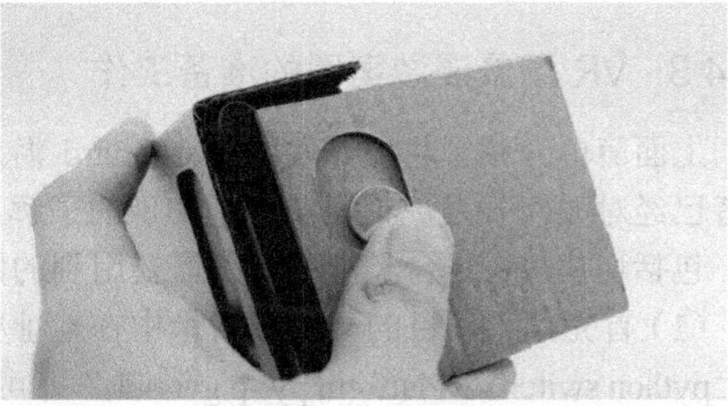

▲图 13-42　移动磁铁

13.4.2　基础知识

相信读者在了解了 Cardboard 的背景知识之后一定对 Cardboard 设备有了一定的了解，而这些还不足以帮助读者开发 Cardboard 游戏，这就需要用到本小节的知识，接下来将向读者介绍用 Cocos2d-x 引擎开发 Cardboard 游戏过程中需要注意的地方。

（1）读者需要及时更新 Android NDK 的版本以及 Android SDK，由于编译 VR 项目需要用工具链 4.9，老版的 NDK 版本例如 r9d 就无法编译通过，读者可到 NDK 目录下的 sources\cxx-stl\gnu-libstdc++目录中查看是否有名为 4.9 的文件夹，若无，则需安装 r10e 这个版本。相对应的 Android SDK 也需要升级到 Android API 22 和 Android SDK Build-tools 23.0.1 或更高版本，如图 13-43 和图 13-44 所示。

（2）接下来将项目切换成 gvr 的平台即可进行 Cardboard 的开发，需要注意的是，由于目前 Cocos2d-x 官方只集成封装了 Cardboard SDK 中负责渲染的部分 API，所以读者只能在 AppDelegate.h 头文件中引入 gvr-sdk/CCVRGvrRenderer.h 这个头文件来调用，如下所示。

```
#include "gvr-sdk/CCVRGvrRenderer.h"                    //引入 Gvr 渲染器头文件
```

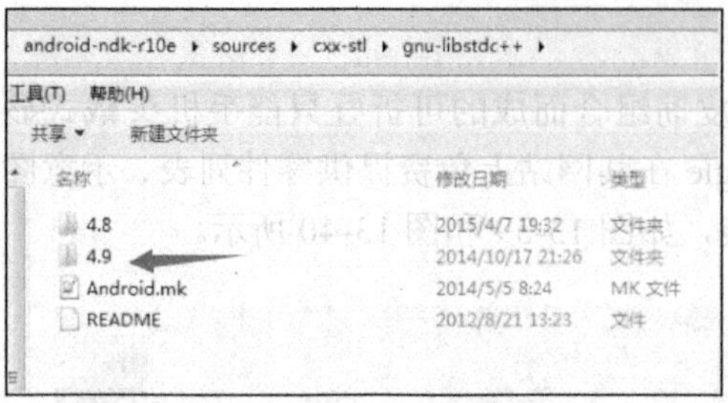

▲图 13-43　Android NDK 更新

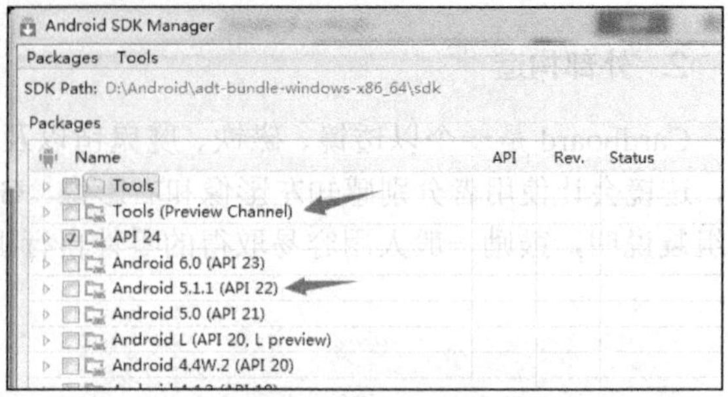

▲图 13-44　Android SDK 更新

（3）引用头文件之后就可以使用里面的方法了，目前为止能用的方法还很有限，只有创建渲染器并将窗口设置成 Gvr 模式，如下所示。

```
auto vrImpl=new VRGvrRenderer;                    //创建 Gvr 渲染器
glview->setVR(vrImpl);                            //设置 VR 模式
```

（4）最后，读者还需要准备的是一台高分辨率并且性能强劲的手机，这对于运行 Cardboard 游戏时画面的呈现和拥有较高的 FPS（帧数）有很大的帮助。

> **提示**　此读者学习到这里可能对于用 Cocos2d-x 引擎来 Cardboard VR 游戏开发还是不太了解，没有关系，磨刀不误砍柴工，接下来将提供一个具体的场景漫游案例来帮助读者进行实际的开发。

13.4.3　VR 场景漫游案例的准备工作

上面简单介绍了将要开发的 Cardboard 游戏的背景知识和基础知识，通过前面的介绍，相信读者已经对如何开发虚拟现实有了初步的了解。下面将做一些开发 VR 场景漫游案例前的准备工作，包括切换 VR 平台和准备开发需要用到的图片和模型等资源。

（1）首先进入项目的 vrsdks 目录中在地址栏中输入 cmd 即可进入命令符输入窗口，在其中输入“python switchVRPlatform.py -p gvr-sdk”即可将项目切换成 gvr 模式（Cardboard 和 Daydream）。

（2）接着会对本游戏中 VR 场景所用到的资源图片进行介绍，介绍内容包括图片名、图片的大小（kb）、图片的像素（w×h）以及图片的用途，所有资源图片资源全部放在项目文件 Resources 文件夹下。具体见表 13-1。

表 13-1　　图 片 清 单

图 片 名	大小（KB）	像素（w×h）	用　途
grass.jpg	239	588×440	树叶纹理
wood.jpg	247	480×270	树枝纹理
back.jpg	30	256×256	天空盒背面纹理
bottom.jpg	90	512×512	天空盒底面纹理
front.jpg	27	256×256	天空盒前面纹理
left.jpg	27	256×256	天空盒左面纹理
right.png	34	256×256	天空盒右面纹理
top.png	6	256×128	天空盒顶面纹理
alphamap.png	12	129×129	混合调色板图
dirt.jpg	83	256×256	沙土地纹理贴图

续表

图　片　名	大小（KB）	像素（w×h）	用　　途
Grass2.jpg	94	256×256	草地纹理贴图
GreenSkin.jpg	8	256×256	草皮纹理贴图
heightmap16.jpg	12	257×257	地形灰度图
road.jpg	65	256×256	道路纹理贴图
CloseNormal.png	38	128×128	关闭按钮正常纹理
CloseSelected.png	38	128×128	关闭按钮选中纹理

（3）介绍完了图片资源，下面介绍一下开发中使用到的 obj 模型。本案例用到的模型比较少，具体包括树和天空盒。模型资源分别放在 Resources\mesh 和 skybox 文件夹，其详细情况见表 13-2。

表 13-2　　　模 型 清 单

文　件　名	大小（KB）	格　式	用　　途
tree.obj	924	obj	树模型
skybox.c3t	21	c3t	天空盒模型

13.4.4　VR 场景漫游案例的开发

本 Cardboard 案例主要包括一个场景包含天空盒、地形和树木场景，读者可以通过蓝牙摇杆来控制视角的改变，做出前进后退等动作。通过这个场景的开发，可以实现此案例的主体功能，接下来就对该案例的运行效果进行简单介绍。

当单击移动设备桌面上的图标进入主场景并将其放入 Cardboard 或者 DayDream，当玩家戴上设备转动头部和操作蓝牙摇杆即可改变视角、更仔细地观察场景以达到身临其境的感觉，该场景中有天空，地形和树木，如图 13-45 和图 13-46 所示。

▲图 13-45　VR 场景 1

▲图 13-46　VR 场景 2

提示　安装 Cardboard 游戏的移动设备只需运行版本达到 4.4 或者更高，并且配有陀螺仪传感器即可，分辨率高的设备能产生更佳的运行效果，读者可以自行体会。

（1）了解了本案例的运行效果后就介绍项目代码开发的过程，首先要介绍的是如何进行 VR 渲染，在开发本案例代码之前，需要在 AppDelegate 入口类中声明 Cardboard 的渲染器，然后使用该渲染器渲染，具体代码如下所示。

代码位置：源代码/第 13 章/Sample13_1/app/src/main/jni/Classes 目录下的 AppDelegate.cpp。

```
auto vrImpl = new VRGvrRenderer;                    //声明新的Cardboard的渲染器
glview->setVR(vrImpl);                              //设置调用 VR 渲染
```

> **说明**　因为 AppDelegate 入口类比较简洁，这里没有具体介绍，这里只介绍了如何调用 Cardboard 的渲染器进行 VR 渲染。

（2）该案例只有一个场景，同时实现了在场景中漫游的功能，下面首先介绍的是该场景 My3DLayer 类的头文件，该头文件中声明了一系列将要使用的成员变量和成员方法，其具体代码如下。

代码位置：源代码/第 13 章/Sample13_1/app/src/main/jni/Classes 目录下的 My3DLayer.h。

```
......//此处省略了一些导入相关类的代码，读者可自行查阅随书附带的源代码
class My3DLayer : public cocos2d::Layer{
public:
    Camera* camera;                                          //指向摄像机的指针
    virtual bool init();                                     //初始化的方法
        virtual void update(float delta) override;          //回调方法
        CREATE_FUNC(My3DLayer);                              //并做好相应的初始化与释放工作
private:
        bool move_up=false;                                  //向前移动标志位
        bool move_down=false;                               //向后移动标志位
        bool move_left=false;                               //向左移动标志位
        bool move_right=false;                              //向右移动标志位
        Vec3 preDir=Vec3(0,0,0);                             //原来的位置
        int _impack=150;                                    //限制范围
        void impackCheck(Vec3 Dest);                         //限制走动的方法
        void onKeyPressed(cocos2d::EventKeyboard::KeyCode code,cocos2d::Event *event);
                                                             //按钮按下回调方法
        void onKeyReleased(cocos2d::EventKeyboard::KeyCode code,cocos2d::Event *event);
                                                             //按钮释放回调方法
};
```

> **说明**　该头文件的主要内容为声明将要使用到的成员变量和成员方法，其中主要包括声明指向摄像机的指针、初始化方法、声明 4 个方向的移动标志位、限制走动的方法和按钮按下、释放的回调方法等，以便于场景的搭建和功能的开发。

（3）开发完 My3DLayer 的头文件之后还要实现其中的方法，首先介绍的是场景初始化 init 方法，由于该案例的场景十分简单，因此初始化方法也较为简单，该初始化方法中主要实现的是场景的搭建和按钮回调监听的添加，具体代码如下。

代码位置：源代码/第 13 章/Sample13_1/app/src/main/jni/Classes 目录下的 My3DLayer.cpp。

```
......//此处省略了一些导入相关类的代码，读者可自行查阅随书的源代码
bool My3DLayer::init(){
    if ( !Layer::init() ){return false;}                            //调用父类的初始化
    auto skybox = Sprite3D::create("skybox/skybox.c3t");            //创建天空盒
    skybox->setCameraMask((unsigned short)CameraFlag::USER1);       //给天空盒设置摄像机
    skybox->setPosition3D(Vec3(0,-150,0));                          //设置天空盒位置
    skybox->setScale(900.0f);                                       //设置天空盒大小
    this->addChild(skybox);                                         //添加到场景中
    Terrain::DetailMap r("TerrainTest/dirt.jpg");                   //地形土地
    Terrain::DetailMap g("TerrainTest/Grass2.jpg",10);              //地形草地及尺寸
    Terrain::DetailMap b("TerrainTest/road.jpg");                   //地形道路
    Terrain::DetailMap a("TerrainTest/GreenSkin.jpg",20);           //地形草皮及尺寸
    Terrain::TerrainData data("TerrainTest/heightmap16.jpg",        //生成地形数据
        "TerrainTest/alphamap.png",
        r,g,b,a,Size(32,32),40.0f,2);
    Terrain* _terrain=Terrain::create(data, Terrain::CrackFixedType::SKIRT);
                                                                    //创建地表
    _terrain->setMaxDetailMapAmount(4);                             //设置最大细节值
    _terrain->setDrawWire(false);                                   //设置不显示线框
    _terrain->setCameraMask((unsigned short)CameraFlag::USER1);     //设置摄像机
```

```
20      _terrain->setSkirtHeightRatio(3);                          //设置裙座高度比
21      _terrain->setLODDistance(64,128,192);                      //设置阈值距离
22      _terrain->setScale(1.f);                                   //设置缩放比
23      _terrain->setPosition3D(Vec3(-32,0,-32));                  //设置位置
24      addChild(_terrain,1,1);                                    //添加到场景中
25      for(int i=0;i<32;i++){                                     //创建树
26      Sprite3D *sprite3D=Sprite3D::create("mesh/tree.obj");      //创建树精灵
27      sprite3D->setScale(rand_0_1()*0.05+0.05);                  //生成随机数0.05~0.1
28      Vec3 tPosition=Vec3(rand_0_1()*256-128,0,rand_0_1()*256-128);
                                                                   //计算随机位置
29      tPosition.y=_terrain->getHeight(tPosition.x,tPosition.z);  //获取地形高度
30      sprite3D->setPosition3D(tPosition);                        //设置树的位置
31      sprite3D->setCameraMask((unsigned short)CameraFlag::USER1);
                                                                   //设置摄像机
32      addChild(sprite3D);                                        //添加到场景中
33      }
34      auto keyboard = EventListenerKeyboard::create();           //创建触控监听
35      keyboard->onKeyPressed = CC_CALLBACK_2(My3DLayer::onKeyPressed, this);
36      keyboard->onKeyReleased = CC_CALLBACK_2(My3DLayer::onKeyReleased, this);
37      _eventDispatcher->addEventListenerWithSceneGraphPriority(keyboard, this);
38      scheduleUpdate();                                          //定时回调
39      return true;
40    }
```

- 第 4～8 行功能为创建天空盒，设置天空盒的大小和位置，最后给天空盒设置摄像机并添加到布景中。
- 第 9～24 行功能为创建地形数据，生成地形并设置位置、大小、最大细节值、不显示线框、阈值距离等，最后设置摄像机并添加到布景中。
- 第 25～33 行功能为在场景中随机生成 32 颗树模型，通过随机数来确定树的水平坐标，根据地形在该坐标的高度来设置树的高度，最后添加到布景中。
- 第 34～38 行功能为创建触控监听的定时回调方法，主要包括按钮按下和释放监听，读者若需要使用自己的蓝牙设备需要获取相应的键值并在此类开头处修改才能使用这些定时回调方法。

（4）介绍完初始化方法之后，接下来介绍为了实现漫游功能而声明的方法。漫游是由蓝牙手柄来进行操控的，因此触控监听也是给手柄添加的。为了避免漫游的过程中走出场景，所以设置了漫游范围和限制走动的方法，具体代码如下。

代码位置：源代码/第 13 章/Sample13_1/app/src/main/jni/Classes 目录下的 My3DLayer.cpp。

```
void My3DLayer::onKeyPressed(EventKeyboard::KeyCode code,Event *event){
                                                           //按钮按下回调方法
  switch((int)code){                                       //判断按钮位置
    case KEY_UP:move_up=true;break;                        //向前移动标志位
    case KEY_DOWN:move_down=true;break;                    //向后移动标志位
    case KEY_LEFT:move_left=true;break;                    //向左移动标志位
    case KEY_RIGHT:move_right=true;break;                  //向右移动标志位
}}
void My3DLayer::onKeyReleased(EventKeyboard::KeyCode code,Event *event){
                                                           //按钮释放回调方法
  switch((int)code){                                       //判断按钮位置
    case KEY_UP:move_up=false;break;                       //向前移动标志位
    case KEY_DOWN:move_down=false;break;                   //向后移动标志位
    case KEY_LEFT:move_left=false;break;                   //向左移动标志位
    case KEY_RIGHT:move_right=false;break;                 //向右移动标志位
}}
void My3DLayer::impackCheck(Vec3 Dest){                    //限制走动方法
  if(Dest.distance(Vec3(0,0,0))<=_impack){                 //是否在限制范围内
    preDir=Dest;                                           //保存最新位置
    camera->setPosition3D(Dest);                           //更新摄像机位置
  }else{                                                   //超出限制范围
    camera->setPosition3D(preDir);                         //设置摄像机位置
}}
```

- 第 1～14 行功能为蓝牙手柄上按钮按下和释放的回调方法，当按钮按下时，通过判断按钮位置来设置与按钮对应的标志位，从而确定玩家想让摄像机向哪个方向移动。
- 第 15～21 行功能为限制走动方法，移动摄像机时，首先判断移动位置距初始位置的距离是否在限制范围内。如果在范围内，则记录移动摄像机的位置并更新摄像机，如果在范围外，则设置摄像机位置为上次记录位置。

（5）上一步骤中通过按钮的监听回调方法确定了摄像机将要移动的方向，通过计算场景中摄像机当前的朝向，根据玩家想要移动的方向来设置摄像机位置，然后通过定时更新方法来实现玩家想要的漫游效果，具体代码如下。

代码位置：源代码/第 13 章/Sample13_1/app/src/main/jni/Classes 目录下的 My3DLayer.cpp。

```
1  void My3DLayer::update(float delta){                              //定时更新回调方法
2      Terrain* _terrain=dynamic_cast<Terrain*>(getChildByTag(1));   //获取地形
3      Size size=Director::getInstance()->getWinSize();               //获取视口大小
4      Vec3 nearP(size.width/2,size.height/2,0.0f);                   //近视口坐标
5      Vec3 farP(size.width/2,size.height/2,1.0f);                    //远视口坐标
6      camera->unproject(size,&nearP,&nearP);                         //转换到摄像机坐标系
7      camera->unproject(size,&farP,&farP);                           //转换到摄像机坐标系
8      Vec3 direction;                                                 //声明摄像机视口方向
9      Vec3::subtract(farP,nearP,&direction);                         //设置视口方向
10     direction.normalize();                                          //规格化向量
11     direction=direction*0.5;                                        //设置向量长度为一半
12     Vec3 verticle;                                                  //与视点方向向量垂直
13     verticle.x=1;                                                   //设置向量 x 值
14     verticle.y=0;                                                   //设置向量 y 值
15     verticle.z=(-direction.x)/direction.z;                         //计算向量 z 值
16     verticle.normalize();                                           //向量规格化
17     verticle=verticle*0.5;                                          //设置向量长度为一半
18     Vec3 Dest;                                                      //将要移动的位置
19     if(move_up){                                                    //向前移动
20         Dest.x=camera->getPosition3D().x+direction.x;              //设置位置 x 值
21         Dest.z=camera->getPosition3D().z+direction.z;              //设置位置 x 值
22         Dest.y=_terrain->getHeight(Dest.x,Dest.z)+10;              //设置位置 y 值
23         impackCheck(Dest);                                          //检测是否超出限制范围
24     ……此处省略了其他 3 个方向的条件判断，有需要的读者请参考随书源代码。
25 }}
```

- 第 2～17 行功能为通过摄像机当前的朝向来计算出向前移动的单位向量 direction，用于操作摄像机前后移动，然后计算出与其水平方向上垂直的单位向量 verticle，用于摄像机的左右移动。
- 第 18～25 行功能为通过判断按钮监听得出的移动标志位，获取玩家想要移动的方向，通过上一步骤中得到的两个方向向量来更新摄像机位置，计算出摄像机将要移动到的位置坐标，最后检测是否超出限制范围。

上面主要介绍的是开发此 VR 场景漫游案例中与 VR 相关的部分，也就是如何开启 Cardboard 渲染器以及蓝牙摇杆控制视角的移动，其他部分代码例如场景和天空盒的搭建这里就不再赘述，读者可到项目中自行体会。

13.5　GearVR 平台 VR 游戏的开发

本节将主要介绍三星 GearVR 的背景知识、在 Gear VR 平台进行开发的基础知识以及一个相关案例，通过本节所介绍的内容，读者可以对 Gear VR 以及在 Gear VR 平台开发有比较全面的了解，为以后使用 Cocos2d-x 引擎在 GearVR 平台下进行 VR 游戏的开发打下坚实的基础。

13.5.1　背景知识

对于 Gear VR 这款优秀产品的出现，是经过市场长期选择和开发者不断研发优化而逐渐成型

的，结合 Rift 以及市面上其他各种头显设备的优点，以适用面广、移动轻便、交互性好为主要设计标准，本小节将要介绍其诞生背景和外部构造。

- 诞生背景：Oculus Rift 也许是虚拟现实头显的典范，但是它还是存在许多问题。首先，它需要基于一个具有强大图形计算能力的计算机，第二，Rift 需要用数据线连接到电脑上，如果使用 DK2 的位置追踪器，你还必须坐在追踪器前方，这会很受限制。Oculus Rift 是一个大型的笨重的虚拟现实设备，而且很有可能还得买一个配置比较高的电脑。

为了解决上述问题，Oculus 同时提供了一个相对轻便的体验方案，通过与三星合作打造了 Gear VR 这个产品。Gear VR 是一个革命性产品，它结合了 Oculus 的光学技术和头动追踪技术，这些技术融合在一个 VR 眼睛盒中再配套使用三星的高分辨率手机，就可以有不同于 Rift 的非常轻便的 VR 体验效果。

- 外部构造：基于 Note4 和 S6 手机的 Gear VR 分辨率比较不错，整体有 2560*1440（单眼有 1280*1440）；头显设备中 IMU（惯性系统）是基于 Oculus 的技术，比手机内置的 IMU 要精确很多；Gear VR 外部有调节装置，包括：瞳距调节滚轴（如图 13-47 所示）、音量调节按钮、手机锁扣（如图 13-48 所示）、返回键以及触摸板（如图 13-49 所示）。

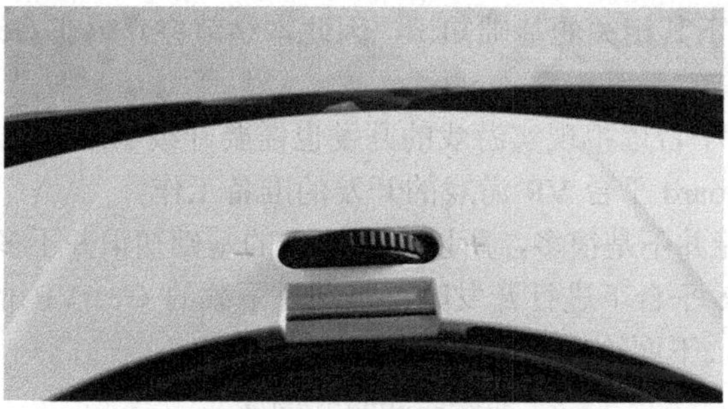

▲图 13-47 瞳距调节滚轴

▲图 13-48 手机锁扣

13.5.2 Oculus Home

上一小节中主要介绍了 Gear VR 的诞生背景及外部构造，除此之外还有一大特色就是 Oculus Home，其实质上是一个 VR 游戏，并且针对三星手机系统做了优化，如图 13-50 所示；接下来将要介绍的是 Oculus Home 的具体特点。

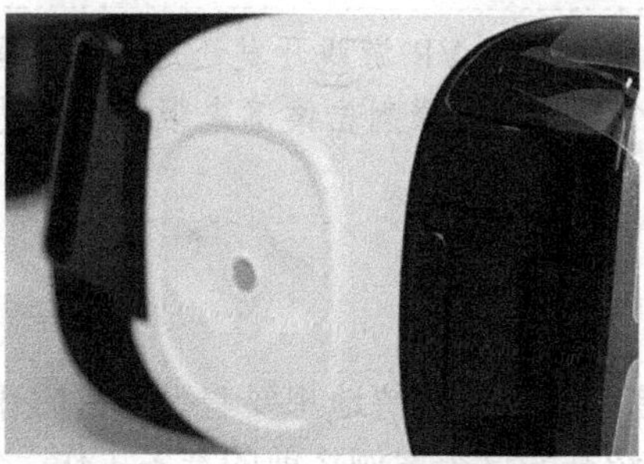

▲图 13-49 返回键以及触摸板

▲图 13-50 Oculus Home

- 功能全面：Oculus Home 提供了一个完全沉浸式的交互浏览界面，不需要取下头显然后再去启动新游戏程序。在不需要取下手机的同时可以看到邮件、短信、通知等提示信息，除非一些非常必要的事情，完全可以不用摘下头显一直尽情享受，这点比 Oculus Rift 的体验要好很多。

- VR 游戏：对使用者来说，Oculus Home 提供的优秀虚拟现实游戏可谓是大受好评，使用者在三星手机上下载 Oculus Home 游戏软件之后，可以在场景中的 VR 菜单中寻找自己喜欢的 VR 游戏试玩，如图 13-51 和图 13-52 所示，这些游戏在美工设计、游戏交互等方面都是非常完美的。

▲图 13-51 Oculus Home 游戏 0

▲图 13-52 Oculus Home 游戏 1

13.5.3 基础知识

通过上述的介绍，相信读者已经大致了解了有关 GearVR 的一些信息，不过在学习如何在 GearVR 平台下进行开发之前，有必要了解一下其相关的基础知识，因此本小节将介绍在 GearVR 平台下进行开发时所需要的基础知识。

（1）与 Cardboard 的开发相同，GearVR 平台虚拟现实游戏的开发也需要升级 Android NDK 和 Android SDK，这里请读者参考前面 Cardboard 平台 VR 游戏的开发的准备工作。

（2）目前 Cocos2d-x 支持的 GearVR 功能并不是很多，所以本节涉及的基础知识并不多，最主要的就是 VR 场景的渲染方面。在 GearVR 平台下进行开发时，是通过下载的 GearVR 的 sdk 中的 CCVRGearVRRenderer 类来进行渲染的，下面给出该类中的渲染方法。

```
VRGearVRRenderer()                                          //GearVR 的渲染器
```

说明 上面给出的是在 GearVR 平台下进行开发最重要的方法，通过调用该渲染器，可以直接渲染出效果震撼的 VR 场景。

遗憾的是 Cocos2d-x 目前只整合了 GearVR 的渲染机制，对于人与 VR 世界之间交互功能的实现并不完善，所以接下来将要介绍的案例中使用了蓝牙摇杆来完成人与 VR 世界之间的交互，并没有使用 GearVR 头盔上的操作按键。

提示 读者学习到这里可能对于用 Cocos2d-x 引擎来 GearVR 游戏开发还是不太了解，没有关系，磨刀不误砍柴工，接下来将提供一个具体的场景射击案例来帮助读者进行实际的开发。

13.5.4 VR 场景射击案例的准备工作

经过对在 GearVR 上开发 VR 的学习和了解，相信读者已经迫不及待地想要着手项目的开发，本小节将介绍 VR 场景射击案例的开发，在这之前还要介绍开发这个案例之前的准备工作，包括切换 VR 平台和开发需要用到的图片和模型等资源，下面就详细介绍本节内容。

（1）首先进入项目的 vrsdks 目录中在地址栏中输入 cmd 即可进入命令符输入窗口，在其中输入 python switchVRPlatform.py -p gear-sdk 即可将项目切换成 gearVR 平台。

（2）接着会对本游戏中 VR 场景所用到的资源图片进行介绍，介绍内容包括图片名、图片的大小（kb）、图片的像素（w×h）以及图片的用途，所有资源图片资源全部放在项目文件 Resources 文件夹下。具体如表 13-3 所列。

表 13-3　　图片清单

图片名	大小（KB）	像素（w×h）	用途
barrelgameP.png	25	340×81	菜单亮贴图 1
barrelgameUP.png	25	340×81	菜单暗贴图 1
boxgameP.png	20	340×81	菜单亮贴图 2
boxgameUp.png	17	340×81	菜单暗贴图 2
Majorselectbg.png	30	206×256	菜单背景贴图
box.jpg	46	256×256	箱子暗贴图
box2.jpg	53	256×256	箱子亮贴图
tone.jpg	11	240×240	木桶暗贴图
toneLig.jpg	80	240×240	木桶亮贴图
xuanzhuan1.png	75	256×256	向左选中贴图
xuanzhuan11.png	75	256×256	向左未选中贴图
xuanzhuan2.png	74	256×256	向右选中贴图
xuanzhuan22.png g	74	257×257	向左未选中贴图
footall.jpg	29	128×128	小球贴图
white.jpg	1	680×384	选择小点纹理

（3）介绍完了图片资源，下面介绍一下开发中使用到的 obj 模型。本案例用到的模型比较少，具体包括箱子、菜单、房屋、发射的小球等模型。模型资源分别放在 Resources\pic 和 point 等文件夹，其详细情况见表 13-4。

表 13-4　　模型清单

文件名	大小（KB）	格式	用途
barrelgame.obj	2	obj	菜单模型 1
Ceshi	14	obj	菜单模型 3
bxgame.obj	2	obj	菜单模型 2
box1	1	obj	箱子模型
tone.obj	10	obj	木桶模型
xuanzhuan.obj	5	obj	旋转菜单模型
xuanzhuan1.obj	5	obj	旋转菜单模型
Qiu	62	obj	小球模型
Point	62	obj	选点模型
Dimiangangti	19	obj	地面刚体模型
Fangzi	621	c3b	房子模型
Fangzigangti	595	obj	房子刚体模型

（4）由于 GearVR 的特殊性和对手机的特殊要求，在对其进行开发时需要单独在项目的

Resources 文件夹中添加一个名为“donotdelete.txt”的空文件和一个“oculussig_d9e0ffaa.d9e0ffaa”文件，后者会在光盘的项目中提供，用时只需要复制粘贴即可。

13.5.5　VR 场景射击案例的开发

通过上面几个小节对读者的介绍，相信读者对 GearVR 已经有了初步的了解，下面将向读者介绍一个 VR 场景射击案例，在具体介绍案例的开发过程之前，有必要了解一下案例运行的显示效果。下面将首先先介绍案例运行的效果，然后再介绍案例的具体开发过程。

（1）本案例中，有选取菜单按钮和拾取箱子的功能，图 13-53 为“瞄准器”拾取到菜单按钮时的效果图，此时被拾取到的按钮显示为高亮状态，如果此时蓝牙摇杆被按下，则会触发摄像机相应动作，图 13-54 为“瞄准器”拾取到排列的箱子时的效果图，此时被选中的箱子显示为高亮状态。

▲图 13-53　拾取菜单按钮

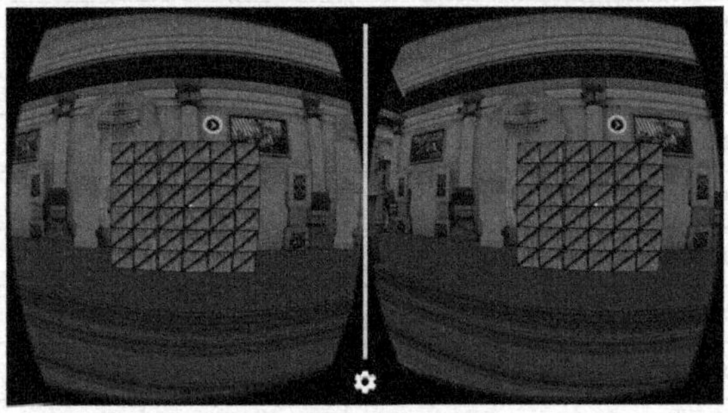

▲图 13-54　拾取箱子

（2）除了上述介绍的功能外，还有拾取圆桶以及小球撞击圆桶和箱子的功能，图 13-55 为“瞄准器”拾取到圆桶时的效果图，此时被拾取的圆桶显示为高亮状态，图 13-56 为当按下蓝牙摇杆按键时，发射出去的小球撞击圆桶之后的效果图。

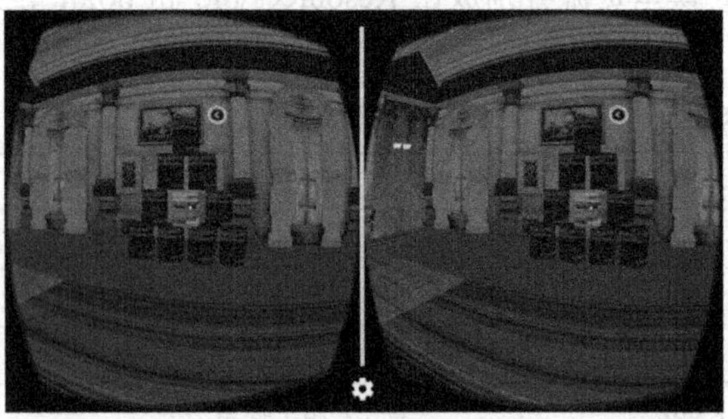

▲图 13-55　拾取圆桶

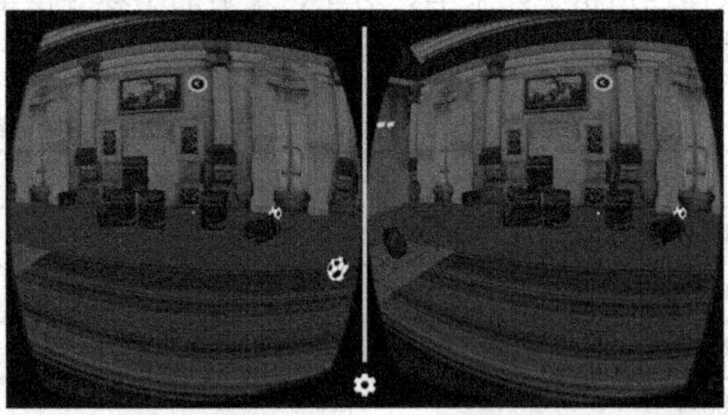

▲图 13-56　小球撞击圆桶

案例运行时的显示效果图到此就介绍完了，当然读者可以看到的仅仅只是双屏效果，并不能感受到真正的 VR 效果，建议读者使用 GearVR 的专用设备来运行案例，观察效果。了解了案例的运行效果后，就可以进行案例的开发了，其具体步骤如下。

（1）首先要介绍的是本案例开发过程中最重要的一步，那就是如何在 GearVR 平台下进行 VR 渲染，在开发本案例代码之前，需要在 AppDelegate 入口类中声明 GearVR 的渲染器，然后使用该渲染器渲染，具体代码如下所示。

代码位置：源代码/第 13 章/Sample13_2/app/src/main/jni/Classes 目录下的 AppDelegate.cpp。

```
auto vrImpl = new VRGearVRRenderer;                    //声明新的 GearVR 的渲染器
glview->setVR(vrImpl);                                 //设置调用 VR 渲染
```

> **说明** 因为 AppDelegate 入口类比较简洁，这里没有具体介绍，这里只介绍了如何调用 GearVR 的渲染器进行 VR 渲染。

（2）了解了如何使用 GearVR 的渲染器进行渲染后，接下来将介绍的是本案例的唯一场景 My3DLayer 类的框架，该类框架中声明了一系列将要使用的成员变量和成员方法，其具体代码如下。

代码位置：源代码/第 13 章/Sample13_2/app/src/main/jni/Classes 目录下的 My3DLayer.h。

```
1    static std::vector<PhysicsSprite3D*> physicsSpriteVec;      //小球精灵向量
2    static std::vector<PhysicsSprite3D*> physicsBoxSpriteVec;   //箱子精灵向量
3    static std::vector<PhysicsSprite3D*> physicsToneSpriteVec;  //圆桶精灵向量
4    virtual bool init();                                        //初始化的方法
5    Camera* camera;                                             //摄像机
6    Vec3 nearp;                                                 //摄像机 near 参数
7    Vec3 farp;                                                  //摄像机 far 参数
8    Sprite3D* fangzi;                                           //房子场景
9    void initscene();                                           //初始化房子场景
10   Sprite3D* sprite;                                           //小球刚体精灵
11   Size visibleSize;                                           //屏幕可见尺寸
12   float toneheight = 1.35f;                                   //圆桶的高度
13   float toneradii = 1.f;                                      //刚体圆桶的直径
14   int toney = 4;                                              //圆桶 y 轴数量
15   int tonez = 4;                                              //圆桶 z 轴数量
16   float tonestar_x = -9.f;                                    //初始圆桶 x 坐标
17   float tonestar_y = 3.f;                                     //初始圆桶 y 坐标
18   float tonestar_z = 4.f;                                     //初始圆桶 z 坐标
19   float tonedistance = 1.2f;                                  //圆桶之间的距离
20   void inittone();                                            //初始化圆桶
21   float distance=1.f;                                         //箱子初始化距离
22   Sprite3D* spritebox;                                        //箱子刚体精灵
23   float scaleBox=1.f;                                         //缩放比
24   void initbox();                                             //初始化箱子
25   void DeletSphere(float dt);                                 //定时删除静止的小球
26   bool isshootSphere = false;                                 //是否可以发射小球
27   void shootSphere();                                         //发射小球的方法
28   Sprite3D* point;                                            //屏幕中的点
29   void initpoint();                                           //初始化点
30   Vec3 starpointwhere = Vec3(0.,6.5,-6);                      //点的初始位置
31   void PickUpMenuAndMovePoint(float dt);               //拾取菜单和定时回调设置屏幕中的点
32   Sprite3D* major;                                            //主菜单背景
33   void initmajor();                                           //初始化主菜单的方法
34   Sprite3D* menuSprite[4];                         //场景中 4 个控制摄像机选项的按钮
```

- 第 1～3 行为声明存放小球刚体精灵、箱子刚体精灵、圆桶刚体精灵的容器，以便于集中对这些刚体精灵进行必要的操作。
- 第 4～11 行为首先声明该布景的初始化方法以及摄像机，然后声明场景中的房子精灵以及初始化房子的方法，最后声明发射的小球精灵以及屏幕的可见区域尺寸。
- 第 12～24 行为声明场景中与创建圆桶与箱子有关的各种精灵、参数以及方法。
- 第 25～34 行首先声明与发射出去的小球有关的各种变量和方法，然后声明与“瞄准器”、菜单按钮等有关的精灵、参数以及方法。

（3）开发完 My3DLayer 类框架声明后还要真正实现 My3DLayer 类中的方法，首先介绍的是初始化场景的 init 方法，其中调用了初始化场景，箱子，圆桶等刚体精灵的方法以及与蓝牙摇杆有关的方法，以完成布景内各个组件的创建和初始化工作，具体代码如下。

代码位置：源代码/第 13 章/Sample13_2/app/src/main/jni/Classes 目录下的 My3DLayer.cpp。

```
bool My3DLayer::init(){
    if ( !Layer::init() ){ return false;}                      //调用父类的初始化
    visibleSize = Director::getInstance()->getVisibleSize();  //获取可见区域尺寸
```

```
4     origin = Director::getInstance()->getVisibleOrigin();     //获取可见区域原点坐标
5     initscene();                                              //初始化场景，刚体
6     initbox();                                                //初始化箱子
7     inittone();                                               //初始化圆桶
8     initpoint();                                              //初始化点
9     initmajor();                                              //初始化主菜单
10    this->setCameraMask((unsigned short)CameraFlag::USER1);   //设置本场景摄像机
11    schedule(schedule_selector(My3DLayer::DeletSphere), 0.01); //定时回调删除小球
12    auto keyboard=EventListenerKeyboard::create();            //蓝牙键盘控制
13    keyboard->onKeyPressed=CC_CALLBACK_2(My3DLayer::onKeyPressed,this);
14    keyboard->onKeyReleased=CC_CALLBACK_2(My3DLayer::onKeyReleased,this);
15    _eventDispatcher->addEventListenerWithSceneGraphPriority(keyboard,this);
16    return true;
17  }
```

● 第 3～10 行为首先获取屏幕的可见区域尺寸以及原点坐标，然后调用初始化房子、箱子、圆桶等组件的方法，最后设置观察本场景的摄像机。

● 第 11～16 行为首先设置定时回调函数来删除场景中静止的小球，然后是与蓝牙摇杆按键监听有关的方法。

（4）开发完该类的初始化方法后，下面开发在初始化方法中调用的初始化场景的方法，其中首先创建的是场景中所需要的房子刚体，然后创建与刚体形状大小完全一致的房子精灵，具体代码如下。

代码位置：源代码/第 13 章/Sample13_2/app/src/main/jni/Classes 目录下的 My3DLayer.cpp。

```
1   void My3DLayer::initscene(){
2     std::vector<Vec3> trianglesList = Bundle3D::getTrianglesList("VRfangzi/fang
      zigangti.obj");
3     Physics3DRigidBodyDes rbDes;                              //创建刚体描述体
4     rbDes.mass = 0.0f;                                        //设置刚体密度
5     rbDes.shape = Physics3DShape::createMesh(&trianglesList[0],(int) trianglesList.
      size() / 3);
6     auto floor = PhysicsSprite3D::create("VRfangzi/fangzigangti.obj", &rbDes);
                                                                //创建物理精灵
7     floor->setTexture("pic/plane.png");                       //设置纹理坐标
8      floor->setScaleX(1);                                     //设置 x 轴缩放比
9     floor->setScaleZ(1);                                      //设置 z 轴缩放比
10    this->addChild(floor);                                    //添加到该布景中
11    floor->setCameraMask((unsigned short)CameraFlag::USER1);  //设置精灵摄像机
12    floor->syncNodeToPhysics();                               //同步精灵到物理世界
13    floor->setTag(100);                                       //设置节点标记
14    floor->setSyncFlag(Physics3DComponent::PhysicsSyncFlag::NONE);
                                                                //设置刚体为静态
15    auto rigidBody = static_cast<Physics3DRigidBody*>(floor->getPhysicsObj());
16    rigidBody->setFriction(1.f);                              //设置摩擦力
17    rigidBody->setRestitution(0.1f);                          //设置恢复系数
18    rigidBody->setMask(100);                                  //设置刚体标志
19    floor->setVisible(false);                                 //设置刚体不可见
20    fangzi = Sprite3D::create("VRfangzi/fangzi.c3b");         //创建房子模型精灵
21    fangzi->setPosition3D(Vec3(0,0,0));                       //设置房子位置
22    this->addChild(fangzi,1);                                 //将房子添加进场景中
23  }
```

● 第 2～19 行为创建房子刚体的代码，其中首先创建刚体描述体，设置其形状和密度等参数，然后创建房子的刚体精灵，设置好一系列参数后将其加入布景中并设置为不可见。

● 第 20～22 行为创建房子的可见模型，设置好其位置后，将其作为主要场景加入到布景中，Layer 的初始化就完成了。

（5）开发完该类的初始化场景的方法后，下面开发在初始化方法中调用的初始化箱子的方法，在本场景中排列有一些箱子，这些箱子会在小球的撞击下模拟出真实世界中的物理撞击效果，下面将详细介绍这些箱子的创建过程，具体代码如下。

代码位置：源代码/第13章/Sample13_2/app/src/main/jni/Classes目录下的My3DLayer.cpp。

```
1  void My3DLayer::initbox(){                                       //初始化箱子的方法
2      Physics3DRigidBodyDes rbDes;                                 //声明刚体描述结构体
3      rbDes.mass =10.0f;                                           //设置箱子重量
4      rbDes.shape = Physics3DShape::createBox(Vec3(0.9f,0.88f,0.9f));
                                                                    //设置箱子为长方体
5      float start_x = START_POS_X - boxARRAY_SIZE_X/2;             //初始位置x坐标
6      float start_y = START_POS_Y;                                 //初始位置y坐标
7      float start_z = START_POS_Z - boxARRAY_SIZE_Z/2;             //初始位置z坐标
8      for (int k=0;k<boxARRAY_SIZE_Y;k++){                         //遍历y轴箱子数量
9        for (int i=0;i<boxARRAY_SIZE_X;i++){                       //遍历x轴箱子数量
10         for(int j = 0;j<boxARRAY_SIZE_Z;j++){                    //遍历z轴箱子数量
11         float x = distance*i + start_x;                          //计算当前箱子的x坐标
12         float y = 0.9*distance*k + start_y;                      //计算当前箱子的y坐标
13         float z = distance*j + start_z;                          //计算当前箱子的z坐标
14          PhysicsSprite3D *sprite = PhysicsSprite3D::create("pic/box1.obj", &rbDes);
15          sprite->setTexture("pic/box.jpg");                      //设置纹理
16          sprite->setPosition3D(Vec3(x, y, z));                   //设置位置坐标
17          sprite->syncNodeToPhysics();                            //同步节点的物理位置
18          sprite->setSyncFlag(Physics3DComponent::PhysicsSyncFlag::PHYSICS_TO_NODE);
19          sprite->setCameraMask((unsigned short)CameraFlag::USER1);
                                                                    //设置摄像机
20          sprite->setScale(scaleBox);                             //设置缩放比
21          this->addChild(sprite);                                 //添加到布景中
22          auto rigidBody = static_cast<Physics3DRigidBody*>(sprite->getPhysicsObj());
23          rigidBody->setFriction(0.8f);                           //设置摩擦力
24          rigidBody->setRestitution(0.2f);                        //恢复系数
25          physicsBoxSpriteVec.push_back(sprite);
26      }}}}
```

- 第2～7行首先创建箱子的刚体描述体，包含了形状以及密度，然后计算第一个箱子的初始位置以方便后续按一定规则摆放箱子。
- 第8～25行为遍历场景中x轴、y轴、z轴上箱子的数量去创建并计算排列箱子刚体精灵，其中给每个箱子设置好了相应的参数并将其添加进存放箱子刚体精灵的容器中统一管理，有助于代码的管理。

（6）开发完该类的初始化箱子的方法后，下面开发在初始化方法中调用的初始化圆桶的方法，在本场景中同样排列有一些圆桶，而这些圆桶也会在小球的撞击下模拟出真实世界中的物理撞击效果，下面将详细介绍这些圆桶的创建过程，具体代码如下。

代码位置：源代码/第13章/Sample13_2/app/src/main/jni/Classes目录下的My3DLayer.cpp。

```
void My3DLayer::inittone(){                                      //初始化圆桶
    Physics3DRigidBodyDes rbDes;                                 //声明刚体描述结构体
    rbDes.mass =10.0f;                                           //设置圆柱体重量
    rbDes.shape = Physics3DShape::createCylinder(toneradii,toneheight);
                                                                 //设置箱子的形状为圆柱体
    for(int i=0;i<toney;i++){                                    //遍历y轴圆桶数量
        for(int j=0;j<tonez;j++){                                //遍历z轴圆桶数量
           float x = tonestar_x;                                 //计算圆桶x轴的位置
           float y = 0.1*toneheight+toneheight*i+tonestar_y;//计算圆桶y轴的位置
           float z = tonedistance*j+tonestar_z;                  //计算圆桶z轴的位置
           PhysicsSprite3D *sprite = PhysicsSprite3D::create("pic/tone.obj", &rbDes);
           sprite->setTexture("pic/tone.jpg");                   //设置纹理
           sprite->setPosition3D(Vec3(x, y, z));                 //设置位置坐标
           sprite->syncNodeToPhysics();                          //同步节点的物理位置
           sprite->setSyncFlag(Physics3DComponent::PhysicsSyncFlag::PHYSICS_TO_NODE);
           sprite->setCameraMask((unsigned short)CameraFlag::USER1);
                                                                 //设置摄像机
           sprite->setScale(1);                                  //设置缩放比
           this->addChild(sprite,1);                             //添加到布景中
           auto rigidBody = static_cast<Physics3DRigidBody*>(sprite->getPhysicsObj());
           rigidBody->setFriction(0.8f);                         //设置摩擦力
           rigidBody->setRestitution(0.2f);                      //设置恢复系数
```

```
21                physicsToneSpriteVec.push_back(sprite);          //将圆桶添加进向量
22            }
23        tonez--;                                                  //减少 z 轴圆桶数量
24        tonestar_z = tonestar_z+tonedistance/2;                   //重置圆桶 z 轴初始位置
25    }}
```

- 第 2～3 行为创建圆桶的刚体描述体，包含了形状以及密度参数，圆桶的具体展示效果读者可以在移动设备上查看。
- 第 4～24 行遍历场景中 y 轴、z 轴上圆桶的数量去创建和计算排列圆桶刚体精灵，其中给每个圆桶设置好了相应的参数并将其添加进存放圆桶刚体精灵的容器中。

（7）开发完该类的初始化圆桶的方法后，下面开发在初始化方法中调用的初始化屏幕中间的点以及场景中主菜单的方法，在本场景中的屏幕中央会有一个点来充当瞄准器，下面将详细介绍屏幕中间的点和主菜单的创建过程，具体代码如下。

代码位置：源代码/第 13 章/Sample13_2/app/src/main/jni/Classes 目录下的 My3DLayer.cpp。

```
1   void My3DLayer::initpoint(){                                   //初始化屏幕中间的点的方法
2       point = Sprite3D::create("point/point.obj");               //创建点的精灵
3       point->setScale(0.01f);                                    //设置缩放比
4       point->setGlobalZOrder(10.0f);
5       point->setPosition3D(starpointwhere);                      //设置点的初始位置
6       this->addChild(point);                                     //将点添加进布景中
7       schedule(schedule_selector(My3DLayer::PickUpMenuAndMovePoint), 0.01);
8   }
9   void My3DLayer::initmajor(){                                   //初始化菜单的方法
10      major = Sprite3D::create("pic/ceshi.obj","pic/majorselectbg.png");
                                                                   //创建菜单精灵
11      major->setPosition3D(Vec3(0,8,11));                        //设置主菜单位置
12      major->setRotation3D(Vec3(0,180,0));                       //设置主菜单旋转角度
13      this->addChild(major);                                     //将主菜单添加进布景中
14      for(int i=0;i<4;i++){                                      //创建场景中四个按钮
15          menuSprite[i] = Sprite3D::create(menuobjpath[i],menuuppicpath[i]);
                                                                   //创建按钮精灵
16          menuSprite[i]->setPosition3D(menuPosition[i]);         //设置按钮位置
17          this->addChild(menuSprite[i]);                         //将按钮添加进布景中
18      }
19      menuSprite[0]->setRotation3D(Vec3(0,180,0));               //旋转按钮
20      menuSprite[1]->setRotation3D(Vec3(0,180,0));               //旋转按钮
21  }
```

- 第 1～8 行为创建屏幕中间的点的方法，其中首先创建点精灵，然后设置好其大小，位置等参数后将其添加进布景中，最后设置定时回调函数来定时更新点的位置。
- 第 9～21 行为创建场景中主菜单和一些必要的按钮的方法，其中首先创建主菜单的背景，将其添加进布景中，然后创建场景中的四个按钮并添加进布景中。

（8）开发完该类的初始化“瞄准器”和主菜单的方法后，下面开发如何保持屏幕中间的点始终保持在屏幕中间的方法以及与菜单拾取有关的方法。充当瞄准器的点在场景中为一个 3D 精灵，需要时刻调整其位置使其显示效果始终在屏幕中间，其具体代码如下。

代码位置：源代码/第 13 章/Sample13_2/app/src/main/jni/Classes 目录下的 My3DLayer.cpp。

```
1   void My3DLayer::PickUpMenuAndMovePoint(float dt){    //拾取按钮和定时设置小球位置的方法
2       Size size=Director::getInstance()->getWinSize();
3       Vec3 nearP(size.width/2,size.height/2,0.0f);      //从屏幕中间发出射线
4       Vec3 farP(size.width/2,size.height/2,1.0f);
5       camera->unproject(size,&nearP,&nearP);            //转化为摄像机坐标系下
6       camera->unproject(size,&farP,&farP);
7       Vec3 direction;                                   //声明射线方向向量
8       Vec3::subtract(farP,nearP,&direction);            //计算射线方向向量
9       direction.normalize();                            //规格化
10      Vec3 _Position=camera->getPosition3D()+direction*3;//计算屏幕中心点的位置
11      point->setPosition3D(_Position);                  //设置点的位置
```

```
12   Ray ray;                                          //声明拾取菜单用射线
13   ray._origin=nearP;                                //设置射线源点
14   ray._direction=direction;                         //设置射线方向
15   AABB aabb;
16   AABB aabbMenubg = major->getAABB();               //主菜单背景面板 aabb
17   AABB aabbboxUpMenu = menuSprite[0]->getAABB();    //箱子上方按钮 aabb
18   AABB aabbtoneUpMenu = menuSprite[1]->getAABB();   //圆桶上方按钮 aabb
19   AABB aabbboxgameMenu = menuSprite[2]->getAABB();  //主菜单 boxgame 按钮 aabb
20   AABB aabbbarrelgameMenu = menuSprite[3]->getAABB(); //主菜单 barrelgame 按钮 aabb
21   for(int i = 0;i<4;i++){                           //遍历四个按钮是否被拾取
22       aabb = menuSprite[i]->getAABB();              //创建按钮 aabb 包围盒
23      if(ray.intersects(aabb)){                      //如果被拾取
24          rotatecamera[i] = 1;                       //设置按钮被拾取标志位
25          menuSprite[i]->setTexture(menuppicpath[i]); //设置按钮纹理
26          }else{
27          rotatecamera[i] = 0;                       //设置按钮没有被选取
28          menuSprite[i]->setTexture(menuuppicpath[i]); //设置按钮纹理
29   }}
30   if(ray.intersects(aabbMenubg)||ray.intersects(aabbboxUpMenu)||
                                                       //如果有按钮被拾取
31   ray.intersects(aabbtoneUpMenu)||ray.intersects(aabbboxgameMenu)||
32   ray.intersects(aabbbarrelgameMenu)){
33          isshootSphere = false; }else{              //设置不可发射小球
34          isshootSphere = true;                      //设置可以发射小球
35   }}
```

● 第 2～14 行为创建用来设置小球位置和拾取菜单按钮的射线，其中首先计算好射线的方向后用其计算好点的位置并设置点位置，最后创建射线，设置好射线源点和方向备用。

● 第 15～35 行为首先创建菜单按钮的 AABB 包围盒，然后遍历四个按钮的 AABB 包围盒是否与射线相交，如果相交则设置其对应的纹理以及是否被拾取到的标志位，最后判断菜单背景、按钮等是否被拾取，如果拾取到则不可发射小球。

（9）开发完该类与“瞄准器”和主菜单有关的方法后，下面开发发射小球的方法，在本案例中当按下蓝牙摇杆的发射按键时，会沿着屏幕中间的点的方向发射一个小球用来撞击箱子或者是圆桶，下面将详细介绍如何开发发射小球的功能，具体代码如下。

代码位置：源代码/第 13 章/Sample13_2/app/src/main/jni/Classes 目录下的 My3DLayer.cpp。

```
void My3DLayer::shootSphere(){                                 //发射小球的代码
    Size size=Director::getInstance()->getWinSize();           //获取屏幕可见区域尺寸
    Vec3 nearP(size.width/2, size.height/2,-1.0f), farP(size.width/2, size.height/
    2, 1.0f);
    nearP = camera->unproject(nearP);                          //转换到摄像机坐标系下
    farP = camera->unproject(farP);
    Vec3 dir(farP - nearP);                                    //计算小球发射方向向量
    dir.normalize();                                           //规格化
    Physics3DRigidBodyDes rbDes;                               //创建刚体描述体
    dir*= 80.0f;                                               //计算小球线速度
    rbDes.originalTransform.translate(camera->getPosition3D());//初始化世界坐标
      rbDes.mass = 10.0f;                                      //设置刚体密度
      rbDes.shape = Physics3DShape::createSphere(0.71);        //创建刚体形状
      auto sprite = PhysicsSprite3D::create("pic/qiu.obj", &rbDes);
                                                               //创建小球刚体精灵
      sprite->setTexture("pic/football.jpg");                  //设置小球纹理
      auto rigidBody = static_cast<Physics3DRigidBody*>(sprite->getPhysicsObj());
      rigidBody->setLinearFactor(Vec3::ONE);                   //设置线性因子
      rigidBody->setLinearVelocity(dir);                       //设置刚体线速度
      rigidBody->setAngularVelocity(Vec3::ZERO);               //设置刚体没有角速度
      rigidBody->setCcdMotionThreshold(0.2);                   //设置阈值，阈值越大运动的越慢
      rigidBody->setCcdSweptSphereRadius(0.5f);                //设置扫除半径
      rigidBody->setFriction(0.8f);                            //设置摩擦值
      rigidBody->setRestitution(0.1f);                         //设置恢复值
      rigidBody->setMask(2);                                   //设置标志
      this->addChild(sprite,0);                                //将小球添加进布景中
      sprite->setPosition3D(camera->getPosition3D());          //设置小球发射位置
```

```
26        sprite->setScale(1);                                          //设置小球缩放比
27        sprite->syncNodeToPhysics();                                  //同步节点物理位置
28        physicsSpriteVec.push_back(sprite);                           //将小球添加进小球刚体容器中
29        sprite->setSyncFlag(Physics3DComponent::PhysicsSyncFlag::PHYSICS_TO_NODE);
30        sprite->setCameraMask((unsigned short)CameraFlag::USER1);
                                                                        //设置观察摄像机
31    }
```

● 第 2～14 行功能为对刚体的创建代码，首先获取屏幕可见区域的尺寸，转换到摄像机坐标下，然后创建刚体，并设置小球刚体的速度、世界坐标、密度、形状，最后创建一个精灵并给小球设置纹理。

● 第 16～30 行功能为设置小球的刚体线速度、相关角速度、阈值、扫除半径、摩擦值等参数，最后将小球的精灵加入布景中，然后设置初始位置和缩放比并同步物理节点位置，最后设置观察小球的摄像机即可。

（10）开发完该类的发射小球的方法后，下面开发删除在场景中静止的小球的方法，在本案例中当小球被发射出去以后会模拟真实的物理世界的运动效果去运动，下面将详细介绍如何开发删除场景中静止的小球的功能，具体代码如下。

代码位置：源代码/第 13 章/Sample13_2/app/src/main/jni/Classes 目录下的 My3DLayer.cpp。

```
void My3DLayer::DeletSphere(float dt){                      //定时删除场景中静止的小球的方法
    std::vector<PhysicsSprite3D*>::iterator iter;
    for(iter = physicsSpriteVec.begin();iter!=physicsSpriteVec.end();){
                                                             //遍历小球精灵容器
          auto rigidBody=static_cast<Physics3DRigidBody*>((*iter)->getPhysicsObj());
           if(!(rigidBody->getRigidBody()->isActive())){  //如果小球静止
               PhysicsSprite3D *sprite = *iter;
               this->removeChild(sprite,true);               //将精灵从场景中删除
               iter = physicsSpriteVec.erase(iter);
           }else{ iter++;}}}
```

说明　该方法删除了场景中静止的小球，其中声明了小球刚体精灵容器的迭代器，判断容器中的小球刚体精灵是否静止，如果静止则将其从场景中删除。

（11）开发完本案例的主要内容后，接下来将介绍蓝牙摇杆键盘被按下后的回调方法，该回调方法的具体内容以及选中相关按钮后调整摄像机的方法内容，具体代码如下。

代码位置：源代码/第 13 章/Sample13_2/app/src/main/jni/Classes 目录下的 My3DLayer.cpp。

```
void My3DLayer::onKeyPressed(EventKeyboard::KeyCode code,Event *event){
    switch((int)code){                                   //蓝牙摇杆按键按下
    case KEY_X:press();break;                            //执行按压后的回调方法
    }}
void My3DLayer::onKeyReleased(EventKeyboard::KeyCode code,Event *event){
    switch((int)code){ }}                                //蓝牙摇杆按键抬起的回调方法
void My3DLayer::press(){                                 //蓝牙按键被按下的回调方法
    if(isshootSphere){                                   //判断是否可以发射小球
      shootSphere();  }else{                             //发射小球
    for(int i = 0;i<4;i++){                              //遍历四个按钮标志位
          if(rotatecamera[i]==1){                        //如果按钮被拾取并蓝牙按键被按下
              adjustmentcamera(i);                       //设置摄像机操作
    }}}}
 void My3DLayer::adjustmentcamera(int index){            //设置摄像机的方法
     Vec3 boxPos = Vec3(15,7.7,5);                       //箱子方向向量
     Vec3 menuPos = Vec3(-9,7.7,18);                     //主菜单方向向量
     static float disradiansy = Vec3::angle(boxPos,menuPos);
                                                         //计算两个向量之间的夹角
     static float disdgreey = CC_RADIANS_TO_DEGREES(disradiansy);
                                                         //弧度转换为角度
    switch(index){                                       //判断是哪个按钮被选取
```

```
20      case 0:
21        camera->runAction(                                   //摄像机顺序执行动作
22        Sequence::create(Spawn::create(
23        RotateBy::create(1.5f,Vec3(-11,-disdgreey,0)), NULL),
                                                               //绕 x 轴和 y 轴旋转一定角度
24         Spawn::create(
25        RotateBy::create(0.5,Vec3(11,0,0)),                  //绕 x 轴逆向旋转一定角度
26        NULL), NULL)); break;
27    ……此处省略了其他按钮被选取时设置摄像机动作的代码，请读者自行参考源代码
28      }}
```

- 第 1～6 行代码功能为设置蓝牙摇杆被按下和抬起后的回调方法，并设置执行按压后的回调方法。
- 第 7～13 行功能为设置蓝牙按键被按下的回调方法，首先判断是否可以发射小球，如果可以便发射小球，否则遍历四个按钮，调用当按钮被按下时摄像机的相关操作。
- 第 14～28 行功能为摄像机的移动放操作，计算移动起始点和目标点的向量之间的差角，然后将弧度转化为角度，对可以进行拾取单击的按钮进行判断旋转相应的角度。关于角度旋转是两个一次执行的转动动作，最后达到想要的综合转动效果。

上面主要介绍的是开发此 VR 场景射击案例中与 VR 相关的部分，也就是如何开启 GearVR 渲染器以及蓝牙摇杆的控制，其他部分代码例如场景的搭建和刚体的创建等这里就不再赘述，读者可到项目中自行体会。

13.6 本章小结

本章主要向读者介绍了 Cocos2d-x 引擎中 VR 的开发，包括了如何在 Cocos2d-x 上集成 VR 以及如何在 Cardboard、GearVR 平台进行开发的内容。学习好本章内容后，将为以后使用 Cocos2d-x 引擎进行 VR 游戏的开发打下坚实的基础。

第 14 章　益智类游戏——指尖方块

本章将向读者介绍益智类游戏指尖方块，这类游戏不仅操作简单，而且充满智慧经常受到游戏爱好者的追捧。通过本章的学习，读者不仅能提高对游戏编程的熟练程度，而且对使用 Cocos2d-x 引擎的开发流程有更深的体会。

14.1　游戏的背景及功能概述

正式开发游戏之前，首先需要了解该游戏的背景及功能概述。下面主要围绕该游戏的背景及功能进行详细介绍。通过此小节的详解，相信读者会对该游戏有一个宏观的了解，进而为之后的正式开发该游戏做好准备，下面先介绍游戏的开发背景。

14.1.1　游戏开发的背景概述

随着近年来社会生活节奏的不断加快，人们往往没有过多的时间来玩一款大型的游戏。相反，越来越多的人更加倾向于一些益智类的小游戏，比如目前比较热门的益智类游戏《滑雪大冒险》和《粘粘世界》。因为其操作简单，新奇有趣，在各个年龄段的用户中受到热捧，如图 14-1 和图 14-2 所示。

▲图 14-1　滑雪大冒险

▲图 14-2　粘粘世界

《指尖方块》游戏就是一款使用 Cocos2d-x 引擎进行图像渲染的益智解谜类游戏。本游戏利用了 Cocos2d-x 中的大量的特效，极大地丰富了游戏的视觉效果，增强了用户体验，但是玩法却非常简单，易于玩家们上手和激发想象力来控制方块的翻转同时到达目的地。

14.1.2　游戏的功能介绍

《指尖方块》游戏主要包括主菜单界面、设置音乐音效界面、操作帮助界面、选择关卡界面以及游戏场景。通过对这些场景的灵活运用，可以实现此游戏的主体功能，并符合商业游戏的基本模式，接下来就对该游戏的运行效果进行简单介绍。

（1）单击手机桌面上该游戏的图标，运行游戏，经过短暂的欢迎界面后，进入游戏的主界面，效果如图 14-3 和图 14-4 所示。

▲图 14-3 欢迎界面

▲图 14-4 主菜单界面 1

（2）进入主菜单界面后可以看到，该场景中共有两个按钮，通过单击“显示菜单”按钮显示剩余的菜单按钮，通过单击“设置”按钮可以进入设置音乐音效界面，玩家可以通过此界面的两个按钮控制游戏的音乐和音效，读者可以通过单击不同的按钮试操作，其效果如图 14-5 和如图 14-6 所示。

▲图 14-5 主菜单界面 2

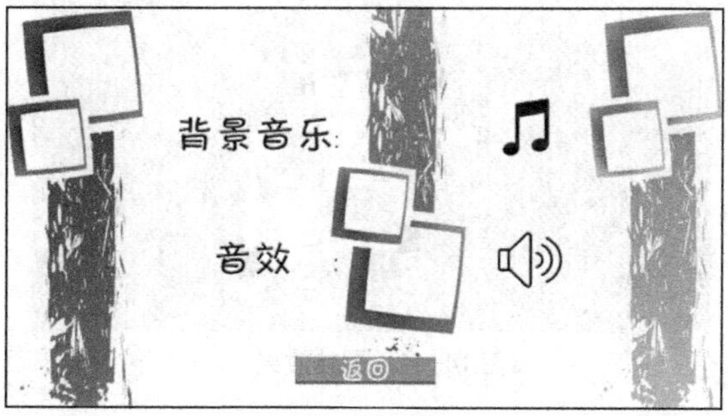

▲图 14-6 设置界面

（3）单击主界面的“帮助”按钮，可以查看游戏的玩法以及操作。了解了本游戏的操作才可以快速地取得游戏的胜利，帮助界面的效果如图 14-7 所示。

（4）单击主菜单的“开始游戏”按钮会进入选择关卡界面，在选择关卡场景玩家可以通过手指单击六关中的任何一关进入游戏界面，这里游戏并没有进行逐级解锁的设计，以后读者可以完善该游戏，例如通过某一关才能开启下一关卡。效果如图 14-8 所示。

▲图 14-7 帮助界面

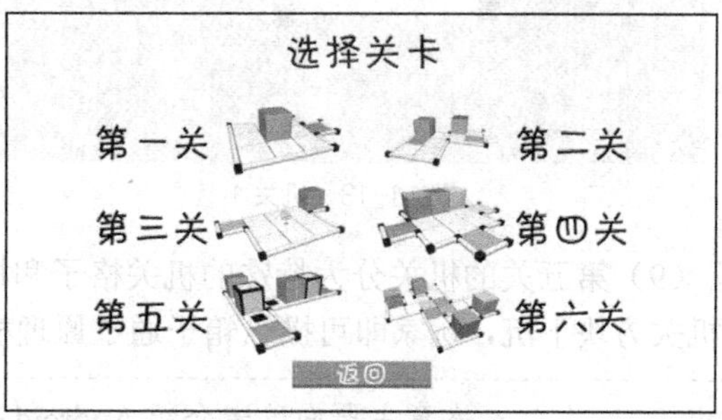

▲图 14-8 选择关卡界面

（5）随便选择一个关卡进入游戏，此处选择的是关卡二。在游戏界面中玩家可以通过双指滑动调整视角，以便观察方块，单指滑动使方块翻转，双击屏幕可以进入暂停界面，在此界面中可以进行回到游戏和重新调整等的基本操作，具体效果图如图 14-9 和图 14-10 所示。

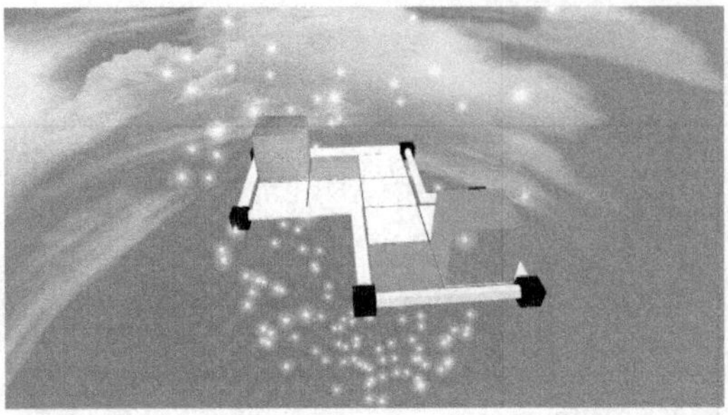

▲图 14-9　游戏界面

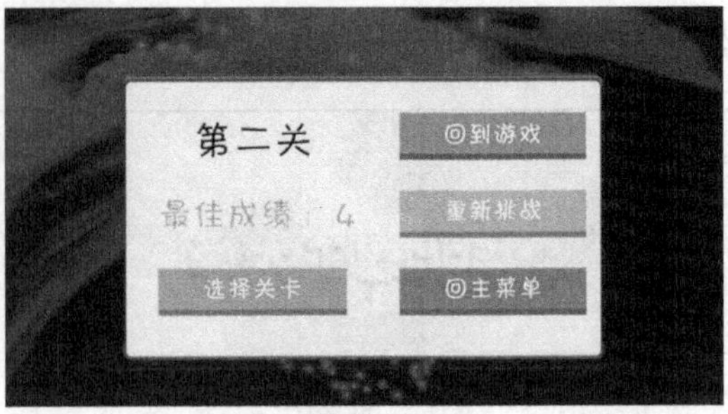

▲图 14-10　暂停界面

（6）游戏中不同颜色的方块会随着手指滑动方向的不同而产生不同的效果，比如蓝色方块会随着手指滑动的方块滑动一格，而绿色方块则是反方向滑动一格，另外关于红色和紫色的方块效果玩家可以去游戏中进行实际体验，手指往下滑动如图 14-11 所示。

（7）本游戏中每一关的目的都是让玩家开动脑筋适当滑动方块，使其同时到达对应颜色的格子中即可通关如图 14-12 所示。

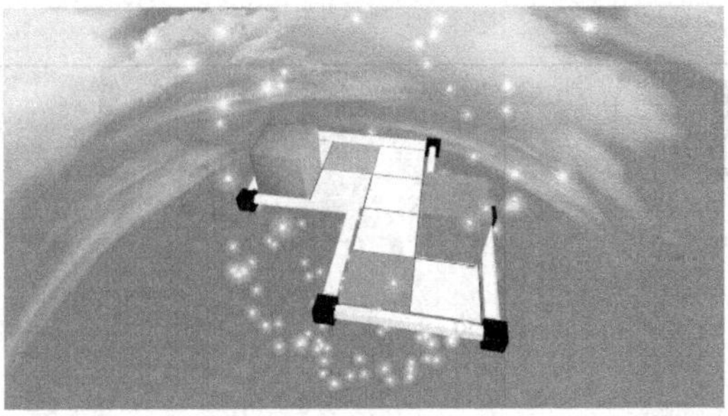

▲图 14-11　翻转效果

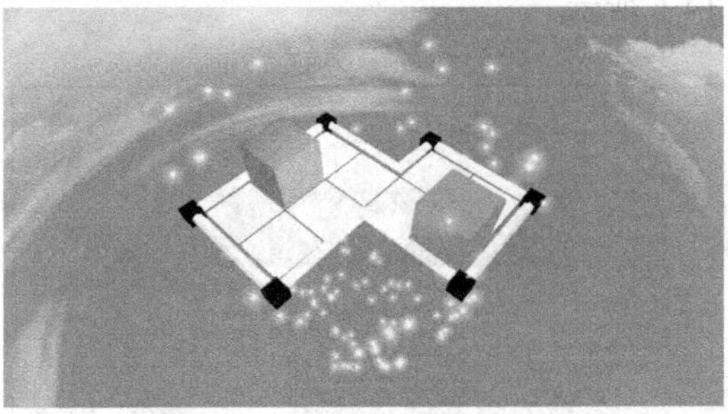

▲图 14-12　通关效果

（8）游戏中有两种机关，分别在第三关和第五关，第三关的机关效果为方块变成机关格子中的小方块的颜色如图 14-13 和图 14-14 所示。

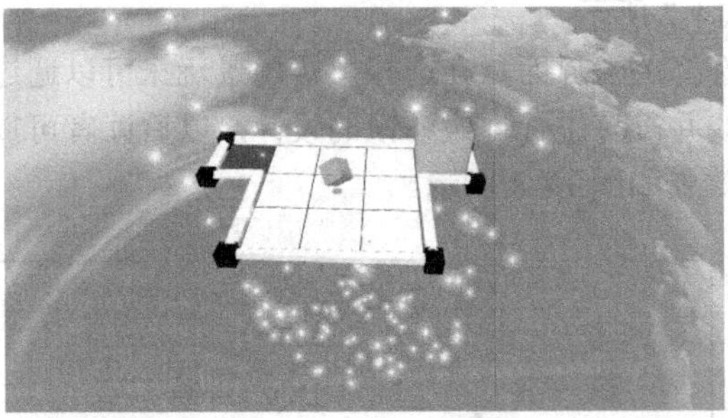

▲图 14-13　机关 1

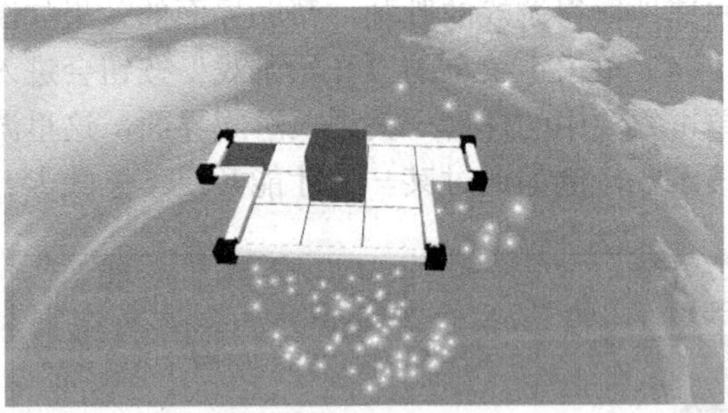

▲图 14-14　机关效果 1

（9）第五关的机关分为特殊的机关格子和机关方块，当玩家操纵方块到达机关格子上时相应的机关方块下沉，玩家即可操纵箱子通过原理机关方块所在的区域，如图 14-15 和图 14-16 所示。

提示　本章主要向读者介绍 Android 平台下游戏的开发。由于 Cocos2d-x 持跨平台开发，若需要将项目从 Android 平台移植到 iOS 平台上也相当简单，因此笔者在随书源代码中提供了 iOS 版本的案例，有需要的读者请参考随书源代码。

▲图 14-15　机关 2

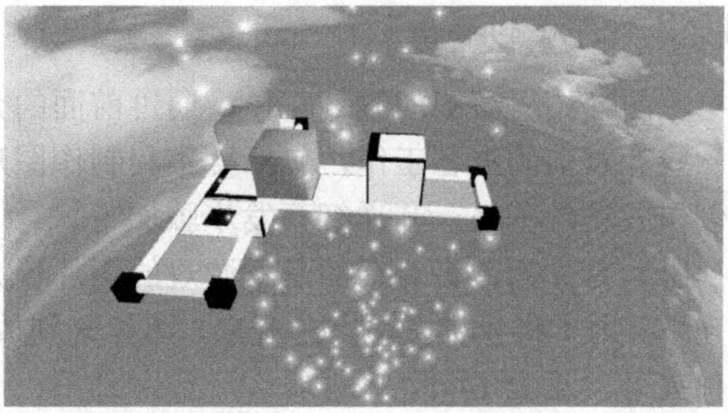

▲图 14-16　机关效果 2

14.2　游戏的策划及准备工作

上一小节对游戏的背景和功能进行了详细的介绍，读者大概了解了本游戏实现的功能。本节着重介绍游戏的策划和准备工作，其中包括游戏类型的确定以及呈现技术等方面的详细设定。下面详细介绍一下游戏的策划过程。

14.2.1　游戏的策划

本游戏的策划主要包括游戏类型定位、呈现技术以及目标平台的确定等工作。

1. 游戏类型

该游戏的操作为触屏方式，通过单指滑动屏幕进行方块的翻转，双指滑动进行视角的调整。当到达机关格子时会触发相应的效果，所有方块同时到达对应颜色的目标格子即可通关。玩家需要恰当的翻转方块，把握翻转不同颜色方块的最佳时机才可通关游戏，因此属于益智类游戏。

2. 运行的目标平台

该游戏的目标平台为 Android 2.3 及以上版本。由于该游戏中使用了大量的 Cocos2d-x 中的粒子特效，如果 CPU 或者 GPU 的运行速度较慢，则可能造成游戏运行效果较差。

3. 采用的呈现技术

游戏完成采用 Cocos2d-x 引擎进行游戏场景的搭建以及游戏特效的处理，比如游戏中的背景粒子效果以及进入游戏界面时方块的翻转和场景之间的切换特效等。这些都是 Cocos2d-x 引擎封装好的，用起来极其方便，但所实现的效果却异常强大。

4. 操作方式

本游戏中所有关于游戏的操作均为触屏方式，玩家可以滑动屏幕来操纵方块，不同颜色的方块会往不同的方向翻转，恰当地考虑不同颜色方块的特性以及利用它们之间的翻转来通过关，取得游戏通关，操作方式比较简单。

5. 音效设计

为了增加游戏的吸引力以及玩家的游戏体验，本款游戏中根据场景的效果添加了适当的音效，包括背景音乐、菜单按钮音效，以及游戏中方块翻转的音效和不同机关的音效、游戏通关音效等，可以极大地增强游戏的可玩性以及吸引性。

14.2.2　游戏的准备工作

上面介绍了游戏的策划工作，通过前面的介绍，想必读者已经了解了本游戏的类型。下面将做一些开发前的准备工作，包括搜集和制作图片、声音、字体、粒子系统等。这些资源是这款游戏创作成功的基石，其详细开发步骤如下。

（1）首先为读者介绍的是本游戏的图片资源，系统将所有图片资源都放置在 assets 中的子文件夹下。为了将各种资源区分开来，图片分别放在 begin、color、help、menu、pausevictory、skybox 文件夹下，见表 14-1。

表 14-1　　　　图 片 清 单

图　片　名	大小（KB）	像素（w×h）	用　　途
beginbg.png	294	960×540	欢迎背景图片
c0.png～c14.png	8	139×138	欢迎信息图片
black.png	3	256×256	黑色
color0～color3.png	3	256×256	方块颜色图片
organ1.png	6	512×512	机关格子 1
organ2.png	7	512×512	机关格子 2
organcube1.png	4	512×512	机关方块 1
organred.png	8	256×256	机关格子 2 的红色方块
white.png	3	256×256	白色障碍物
whiteplane.png	5	512×512	普通格子
click1.png	10	135×137	双击图片 1
click2.png	13	135×137	双击图片 2
fingerone.png	8	83×81	单指图片
fingertwo.png	10	88×86	双指图片
helpbg.png	221	960×540	帮助界面背景图片
c0～c3.png	10	96×96	主菜单标题图片
decorate.png	18	110×11	标题旁的装饰物图片
exitmenu.png	5	275×55	退出按钮
exitmenuP.png	5	275×55	退出按钮按下
fif.png	25	390×126	第五关
fifP.png	33	390×126	第五关按下
fir.png	21	390×126	第一关
firP.png	29	390×126	第一关按下
fou.png	28	390×126	第四关
fouP.png	37	390×126	第四关按下
help.png	5	275×55	帮助按钮
helpP.png	6	275×55	帮助按钮按下
hidemenu.png	8	275×55	隐藏菜单
hidemenuP.png	7	275×55	隐藏菜单按下

续表

图 片 名	大小（KB）	像素（w×h）	用 途
menubg.png	173	960×540	主菜单背景
musicOff.png	6	85×85	音乐关
musicOn.png	6	85×85	音乐开
resume.png	7	220×44	返回
resumeP.png	5	220×44	返回按下
sec.png	17	390×126	第二关
secP.png	21	390×126	第二关按下

（2）上述介绍了部分场景中需要的图片，由于篇幅所限，特地将所需的图片资源分为两个表。下面详细介绍此游戏所需图片资源的其余部分，其中主要包括 2D 界面中用到的背景图片以及菜单项所需的图片等，见表 14-2。

表 14-2 图 片 清 单

图 片 名	大小（KB）	像素（w×h）	用 途
selectbg.png	16	960×540	选关界面背景
setbg.png	223	960×580	设置界面背景
setmenu.png	7	275×55	设置按钮
setmenuP.png	6	275×55	设置按钮按下
shelter.png	5	960×540	场景切换缓冲
showmenu.png	6	275×55	显示菜单
showmenuP.png	6	275×55	显示菜单按下
six.png	22	390×126	第六关
sixP.png	31	390×126	第六关按下
soundOff.png	4	85×85	音效关
soundOn.png	4	85×85	音效开
start.png	19	594×149	开始游戏
startP.png	24	594×149	开始游戏按下
thi.png	22	390×126	第三关
thiP.png	27	390×126	第三关按下
backmain.png	8	275×69	回主菜单按钮
backmainP.png	9	275×69	回主菜单按钮按下
level1～level6.png	7	185×115	暂停界面关卡显示关卡
next.png	6	275×69	下一关按钮
nextP.png	7	275×70	下一关按钮按下
pvbg.png	13	960×540	暂停和通关背景
restart.png	11	275×69	重新挑战按钮
restartP.png	12	275×69	重新挑战按钮按下
resume.png	12	275×69	回到游戏按钮
resumeP.png	13	275×69	回到游戏按钮按下

续表

图　片　名	大小（KB）	像素（w×h）	用　　途
score1～score6.png	20	300×90	第一关最佳成绩
selectgame.png	9	275×69	选择关卡按钮
selectgameP.png	10	275×69	选择关卡按钮按下
skyBox.png	523	1024×1024	天空球

（3）接下来介绍游戏中用到的声音资源，路径为 assets 文件夹下的 sound 文件夹，其中包括音乐和音效所需的全部资源，其详细情况见表 14-3。

表 14-3　　声 音 资 源

声音文件名	大小（KB）	用　　途
background.mp3	2406	背景音乐
cubechange.mp3	979	方块变化音效
cubeturn.mp3	1283	方块翻转音效
Item_click.mp3	1074	菜单按钮音效
organ_press.mp3	15	机关 2 音效
victory.mp3	8	通关音效

（4）下面介绍游戏中使用到的 obj 模型，具体包括方块、障碍物、机关等，其详细情况见表 14-4。

表 14-4　　模 型 表 格

模型文件名	大小（KB）	用　　途
cube.obj	15	方块
cubes1～cubes4.obj	2	障碍物小方块
organcube.obj	14	机关 1 小方块
plane.obj	3	格子
cylinder5.obj	12	长度为 5 的障碍物
cinder12obj	28	障碍物长度为 5
cylinder22～cylinder24.obj	29	障碍物组合 2×n
cylinder32.obj	29	障碍物组合 3×2
cylinder42.obj	37	障碍物组合 4×2
cylinder111～cylinder114.obj	40	障碍物组合 1×1
cylinder121.obj	40	障碍物组合 1×2 第一种
cylinder122.obj	39	障碍物组合 1×2 第二种
cylinderd1～cylinderd3.obj	12	障碍物长度为 1～3 放格子下
cylinderd5.obj	12	障碍物长度为 5 放格子下
cylinderl1～cylinderl3.obj	12	障碍物长度为 1～3 放格子左
cylinderl5.obj	12	障碍物长度为 5 放格子左
cylinderr1～3.obj	12	障碍物长度为 1～3 放格子右
cylinderu1～3.obj	12	障碍物长度为 1～3 放格子上
skyBox.obj	74	天空球

（5）最后总体介绍一下剩余的资源，其中包括粒子系统脚本。剩余的一些图片是粒子系统中所需要的，这些纹理图的名称需要与脚本文件中的纹理图名称前后一致，其详细情况见表 14-5。

表 14-5 其余资源

文件名	大小（KB）	用途
example_015.pu	2	背景粒子脚本
pump_star_01～pump_star_05.png	2	粒子系统所用纹理图
pu_example.material	16	粒子系统所用材质

14.3 游戏的架构

上一小节详述了游戏的策划和前期准备工作，由此可以了解到本游戏的类型及游戏框架等。从本节开始将对该游戏的架构进行简单介绍，包括布景相关类及工具类实现的功能。读者可以从中对本游戏的开发有更深层次的认识。

14.3.1 游戏中各类的简要介绍

为了使读者能够更好地理解各个类的作用，下面将分成两个部分进行介绍，首先详细介绍的是布景相关类的详细功能，然后介绍辅助类的详细功能，而各个类的详细开发流程将在后面的小节中相继介绍。

1. 布景相关类

- 总场景管理类 SceneManager：该布景为游戏中呈现场景最主要的类，主要负责游戏中场景的显示和切换。游戏中将众多的场景集中到一个类中，不但程序结构清晰而且维护简单，在很多商业游戏中也是采用的这种模式。学完本章读者会有体会。
- 自定义游戏加载欢迎布景类 BeginLayer：该布景为玩家进入游戏场景首先看到的布景呈现类，如开发者的信息。该类主要的功能是用来过渡到主菜单界面。
- 自定义游戏主菜单布景类 MenuMenuScene2D：该布景为游戏的主菜单类，是玩家打开游戏第一个能和玩家交互的类，包括打开设置界面按钮、打开帮助界面按钮及开始游戏按钮，单击相应按钮进入相应的界面，并实现相应的操作。
- 自定义游戏设置音乐音效布景类 SetLayer：该布景主要负责进行音乐和音效的设置。经过主界面跳转到此界面后，读者可以看到两个按钮，单击相应的按钮进行相应的设置，其中包括背景音乐的开和关、音效的开和关。单击此布景下方的返回按钮，可以返回到主界面场景。
- 自定义游戏帮助布景类 HelpLayer：该布景为游戏帮助界面的布景类。该类比较简单，主要功能是为玩家呈现游戏中的各种操作说明，让玩家更了解游戏。
- 自定义游戏选择关卡布景类 SelectGameLayer：该布景主要为游戏的选关界面类，在该界面中玩家可以通过手指单击选择不同关卡，并可以跳转到游戏界面。
- 自定义游戏 3D 布景类 GameLayer：该布景为游戏界面类。玩家在该界面中可以单指触控方块进行翻转来触发机关或者到达终点，方块到达机关格子后会变换颜色或者触发机关方块，或者双指调整视角，使所有方块同时到达对应格子通关。

2. 辅助类

- 摄像机类 CameraUtil：此类主要实现了游戏场景中摄像机的仰角、朝向角等跟摄像机有关的数据的计算，并且能在游戏场景中实时更新摄像机的位置，并且为滑动方块前进的方向提供依据。

- 碰撞检测类 Collision：该类为判断方块与地图，方块与方块，方块与机关之间是否能进行碰撞的工具类，并将信息传递给游戏场景来判断是否调用方块类和机关类中的方法。
- 常量类 Constant：该类主要保存游戏中的一些数据方便全局调用，比如音乐标志位、音效标志位、摄像机的当前位置、关卡索引等数据。
- 方块类 Cubes：此类主要实现了 4 种方块的创建。其中主要实现的功能是创建一个方块模型，按照它们各自不同的属性来执行相应的翻转方法以及踩到机关后的变换属性的方法。
- 游戏地图类 GameMap：该类为加载地图的工具类，其主要功能为根据玩家在关卡选择界面选择的关卡，在游戏中加载不同的地图障碍物。
- 暂停通关界面类 GameSet：该类主要实现了游戏过程中创建暂停界面和游戏通关时创建的通关界面，并且可以快速回到游戏或者挑战其他关卡和回到主菜单。
- 机关类 Organ：该类主要是创建游戏中的机关并且判断和方块有无交互，机关分两种，当方块到达机关格子时就会根据格子的种类而触发相应的机关。
- 粒子系统管理类 PariticleManager：此类主要的功能是进行游戏中粒子系统的管理，游戏场景中玩家会看到背景粒子系统效果，ParticleManager 将 Cocos2d-x 中一系列的粒子系统特效封装成了静态方法，这么做可以极大地方便程序中的调用。
- 音效管理类 PlaySound：此类主要的功能进行音效的管理，比如管理游戏中所需的音乐和音效资源，在需要的位置进行音乐或者音效的播放，根据玩家的设定更改播放状态等。

14.3.2 游戏的框架简介

本小节将从游戏的整体架构上进行介绍，使读者对本游戏有更好的理解。首先给出的是其架构图，如图 14-17 所示。

▲图 14-17 架构图

接下来按照程序运行的顺序逐步介绍各个类的作用以及整体的运行框架，使读者更好地掌握本游戏的开发步骤，其详细步骤如下。

（1）启动游戏。引擎会在 AppDelegate 类中开启的入口函数中创建一个主场景，并切换到主场景中。同时在主场景中初始化该场景中的布景，开发者可以看到引擎随后渲染出第一个场景欢迎布景——BeginLayer，呈现在屏幕上。

（2）进入游戏欢迎界面布景中，呈现在玩家眼前的事开发游戏的工作室相关信息，2.5s 后进入游戏主菜单界面。

（3）进入游戏主菜单布景中，首先呈现在玩家眼前的是本游戏的名称“指尖方块”，其次玩家会看到界面的中心有“开始游戏”按钮以及下方的“显示菜单”按钮，单击“显示菜单”按钮会出现隐藏的设置、帮助、以及退出按钮。

（4）单击主菜单布景的设置按钮后，程序会跳转到设置音乐音效界面，在设置界面中可以开启或关闭背景音乐和音效，并且下次启动游戏时依然会保存上次游戏的音乐音效设置。

（5）单击主菜单布景的帮助按钮，程序会跳转到帮助界面。此布景为玩家呈现了本游戏中的所有操作说明方便玩家上手。

（6）玩家单击主菜单界面的“开始游戏”按钮，程序会切换到选择关卡界面，在该界面中玩家可以通过手指单击任何一关，此游戏共提供了 6 个关卡地图，读者可以依次进行尝试试玩。

（7）当玩家单击了选择关卡中的任何一个关卡后，程序就会切换到游戏布景中，玩家在该界面中可以用单指往不同的方向滑动方块，双指滑动改变视角，双击屏幕暂停游戏，玩家还可以利用不同的机关来辅助方块到达对应的终点格子。

14.4 游戏常量类——Constant

下面开始正式进入游戏的开发过程，本节主要介绍该游戏的常量类 Constant。常量类中存储了一系列游戏中的基本信息，其中包括背景音乐开关标志位、音效开关标志位、摄像机位置标志位等。具体代码如下所示。

代码位置：源代码/第 14 章/CubeTurn/app/src/main/jni/tool 目录下的 Constant.h

```
1    ……此处省略了部分头文件的声明，有需要的读者请参考随书源代码
2      static bool musicFlag;                        //背景音乐标志位
3      static bool soundFlag;                        //音效标志位
4      static int   CameraFlag;                      //摄像机当前位置标志位
5      static int   TurnDirection;                   //手指滑动的方向
6      static int   LevelIndex;                      //当前关卡索引
7      static int   ButtonP;                         //按钮的音效索引
8      static int   CubeTurn;                        //方块翻转的音效索引
9      static int   OrganPress;                      //箱子机关的音效索引
10     static int   OrganChange;                     //转换机关的音效索引
11     static int   Victory;                         //过关音效索引
```

- 第 1～4 行为背景音乐音效的标志位以及摄像机当前位置的标志位。这样可以方便程序调用并进行设置音乐音效设置。
- 第 5～6 行为手指在屏幕上滑动的方向和当前关卡索引值，TurnDirection 初始值为-1，0～4 分别代表往下、左、上、右方向滑动。
- 第 7～11 行为各种音效索引，例如按钮音效索引、方块翻转的音效索引、方块机关的音效索引等，方便程序调用。

14.5 场景相关类

前面的小节介绍了游戏的常量类中的相关内容，本节将为读者介绍本游戏场景相关类，其中场景管理类为作者自己开发的类，场景管理类中保留了各个场景的指针，可以非常方便地控制场景的切换，其余类则实现了游戏的布景类。下面为读者详细介绍场景相关类的开发过程。

14.5.1 游戏场景管理类——SceneManager

本小节将向读者介绍场景管理类的开发。该类主要管理项目中的相关场景，其中包含所有场景之间切换的方法，方便程序中各个场景之间的切换。下面将分步骤为读者详细介绍该类的开发

过程。

（1）首先向读者介绍该类的头文件。该头文件中声明了跳转到对应场景的一系列方法，将方法的声明单独放在头文件中使类的声明简单明了，并且在项目的任何位置均可以非常方便地进行场景的切换，其详细代码如下。

代码位置：源代码/第 14 章/CubeTurn/app/src/main/jni/hellocpp 目录下的 SceneManager.h

```
……此处省略了部分头文件的声明，有需要的读者请参考随书源代码
class SceneManager{                                         //类的声明
public:
    static Camera* getCamera();                             //获取摄像机方法
    void goBegin();                                         //切换到欢迎布景
    void goMainMenu();                                      //切换到主菜单布景
    void goHelp();                                          //切换到帮助布景
    void goSet();                                           //切换到设置布景
    void goSelect();                                        //切换到选关布景
    void goGame(int index);                                 //切换到游戏布景
};
```

说明：此头文件主要声明了一些跳转到固定场景的方法，并将这些方法声明为静态，当需要调用的时候使用类名即可方便地调用。

（2）下面介绍开发的场景管理类。这一场景管理的模式可以用在 Cocos2d-x 引擎开发的任何游戏，使用方便。此类主要实现了各个场景之间的跳转，由于将方法声明为静态方法，因此方便快捷地更换场景，具体代码如下所示。

代码位置：源代码/第 14 章/CubeTurn/app/src/main/jni/hellocpp 目录下的 SceneManager.cpp

```
Camera* SceneManager::getCamera(){                                      //获取摄像机方法
    Size visibleSize = Director::getInstance()->getVisibleSize();       //获取可见区域尺寸
    Camera* camera = Camera::createPerspective(                         //创建摄像机
        55,                                                             //摄像机视角 40～60
        visibleSize.width/visibleSize.height,                           //视口长宽比
        1,                                                              //near
        4000    );                                                      //far
    camera->setCameraFlag(CameraFlag::USER1);                           //设置摄像机编号标志
    CameraUtil::calCamera(0,0,camera);                                  //计算摄像机数据
    return camera;                                                      //返回摄像机
}
void SceneManager::goBegin(){                                           //切换到欢迎界面
    Scene* scene = Scene::create();                                     //创建场景
    BeginLayer* layer = BeginLayer::create();                           //创建欢迎布景
    scene->addChild(layer);                                             //为场景添加布景
    Director::getInstance()->replaceScene(scene);                       //切换场景
}
void SceneManager::goMainMenu(){                                        //切换到主菜单界面
    Scene* scene=Scene::create();                                       //创建场景
    MainMenuScene2D* layer=MainMenuScene2D::create();                   //创建主菜单布景
    scene->addChild(layer);                                             //为场景添加布景
    Director::getInstance()->replaceScene(scene);                       //转换场景
}
void SceneManager::goHelp(){                                            //切换到帮助界面
    Scene* scene=Scene::create();                                       //创建场景
    HelpLayer* layer=HelpLayer::create();                               //创建帮助布景
    scene->addChild(layer);                                             //为场景添加布景
    Director::getInstance()->replaceScene(scene);                       //转换场景
}
void SceneManager::goSet(){                                             //切换到设置界面
    Scene* scene=Scene::create();                                       //创建场景
    SetLayer* layer=SetLayer::create();                                 //创建设置布景
    scene->addChild(layer);                                             //为场景添加布景
    Director::getInstance()->replaceScene(scene);                       //转换场景
}
```

```
36  void SceneManager::goSelect(){                         //切换到选关界面
37      Scene* scene=Scene::create();                      //创建场景
38      SelectGameLayer* layer=SelectGameLayer::create();  //创建选择关卡布景
39      scene->addChild(layer);                            //为场景添加布景
40      Director::getInstance()->replaceScene(scene);      //转换场景
41  }
```

- 第 1～11 行为创建一个摄像机并设置此摄像机的初始相关数据，并将数据传到工具类 CameraUtil 中计算当前位置等。
- 第 12～17 行为切换到欢迎场景方法，当程序启动后第一个切换的场景就是欢迎场景，主要为创建一个场景，然后放入欢迎布景。
- 第 18～23 行为切换到主菜单场景方法，主菜单布景将在欢迎布景之后出现。
- 第 24～29 行为切换到帮助场景方法，游戏中需要注意的操作说明都将呈现在这个场景里。
- 第 30～35 行为切换到设置场景方法，在此场景中玩家可以自行设置音乐和音效标志位的开启和关闭，并且会保存到下次游戏。
- 第 36～41 行为切换到选关场景方法，游戏中共有 6 个关卡供玩家选择，就在此场景中呈现。

（3）完成了场景管理的获取摄像机方法和切换到欢迎布景等方法后，接下来介绍 SceneManager 类中的切换到游戏场景方法。此游戏共有 6 个关卡，为了方便管理，故将这些关卡的跳转整合到一个方法中方便使用，其详细代码如下。

代码位置：源代码/第 14 章/CubeTurn/app/src/main/jni/hellocpp 目录下的 SceneManager.cpp。

```
1   void SceneManager::goGame(int index) {                 //切换到游戏界面
2       Director::getInstance()->setDepthTest(false);      //设置深度检测为关
3       Scene* scene = Scene::create();                    //创建场景
4       Camera* camera = getCamera();                      //获取摄像机
5       scene->addChild(camera);                           //添加摄像机
6       GameLayer2D* layer2d=GameLayer2D::create();        //创建 2D 布景
7       scene->addChild(layer2d);                          //为场景添加布景
8       if (index==0) {                                    //0 代表第一关
9           FirstLayer* layer=FirstLayer::create();        //创建第一关布景
10          layer->camera=camera;                          //为布景添加摄像机
11          scene->addChild(layer);                        //为场景添加布景
12      } else if(index==1) {                              //1 代表第二关
13          SecondLayer* layer=SecondLayer::create();      //创建第二关布景
14          layer->camera=camera;                          //为布景添加摄像机
15          scene->addChild(layer);                        //为场景添加布景
16      }else if(index==2) {                               //2 代表第三关
17          ThirdLayer* layer=ThirdLayer::create();        //创建第三关布景
18          layer->camera=camera;                          //为布景添加摄像机
19          scene->addChild(layer);                        //为场景添加布景
20      } else if(index==3) {                              //3 代表第四关
21          FourthLayer* layer=FourthLayer::create();      //创建第四关布景
22          layer->camera=camera;                          //为布景添加摄像机
23          scene->addChild(layer);                        //为场景添加布景
24      } else if(index==4) {                              //4 代表第五关
25          FifthLayer* layer=FifthLayer::create();        //创建第五关布景
26          layer->camera=camera;                          //为布景添加摄像机
27          scene->addChild(layer);                        //为场景添加布景
28      } else if(index==5) {                              //5 代表第六关
29          SixthLayer* layer=SixthLayer::create();        //创建第六关布景
30          layer->camera=camera;                          //为布景添加摄像机
31          scene->addChild(layer);                        //为场景添加布景
32      }
33      Director::getInstance()->replaceScene(scene);      //为场景添加布景
34  }
```

- 第 4～5 行为创建一个摄像机对象并设置此摄像机的初始相关数据，并将数据传到工具类 CameraUtil 中计算当前位置等，然后将摄像机添加到场景中。

- 第 6~7 行为创建游戏 2D 场景，由于此游戏的操作和显示等都在 3D 游戏场景中，所以 2D 场景中的内容较为简单，将在后面介绍。
- 第 8~33 行为根据切换到游戏界面方法中的索引判断创建哪一个关卡的布景，并将其添加到场景中，最后切换到场景，完成游戏界面的跳转。

14.5.2　欢迎布景类——BeginLayer

本小节向读者详细介绍欢迎布景类。由于此游戏的模型和图片数据数量小，并不需要通过预加载的方式异步加载资源，故欢迎布景中只显示了开发者的信息，具体开发步骤如下所示。

（1）首先介绍 BeginLayer 头文件的开发。此头文件中主要声明了几个数组，数组中存储了图片的二维坐标，以这种方式，方便后面跳转到欢迎界面时可以非常方便地进行开发者信息的显示，具体代码如下所示。

代码位置：源代码/第 14 章/CubeTurn/app/src/main/jni/otherLayer 目录下的 BeginLayer.h

```
1   ……此处省略了部分头文件的声明，有需要的读者请参考随书源代码。
2   class BeginLayer:public cocos2d::Layer{
3   public:
4       int num;                                                    //创建精灵的索引
5       Point SpFromPosition[15]={ Point(320, 650), Point(390, 650), Point(460, 650),
                                                                    //精灵原来位置
6                           Point(530, 650), Point(600, 650), Point(670, 650),
7                           Point(220, 650), Point(290, 650), Point(360, 650),
8                           Point(430, 650), Point(500, 650), Point(570, 650),
9                           Point(640, 650), Point (710, 650), Point(780, 650) };
10      Point SpTargetPosition[15] = { Point(320, 350), Point(390, 350), Point(460, 350),
                                                                    //精灵目的位置
11                          Point(530, 350), Point(600, 350), Point(670, 350),
12                          Point(220, 200), Point(290, 200), Point(360, 200),
13                          Point(430, 200), Point(500, 200), Point(570, 200),
14                          Point(640, 200), Point(710, 200), Point(780, 200) };
15      SceneManager* gsm;                                          //场景管理器的指针
16      virtual bool init();                                        //初始化方法
17      void TitleSprite(int index);                                //创建字体精灵
18      void SpriteMove(Sprite* sprite);                            //字体精灵动作方法
19      void update(float dt);                                      //定时回调方法
20      CREATE_FUNC(BeginLayer);                                    //创建方法
21  private:
22      Sprite* back;                                               //背景图片精灵
23  };
```

- 第 5~15 行为声明两个数组和指向场景管理器的指针，分别为字体精灵的初始二维坐标数组和目的二维坐标数组，在此处声明是为了方便修改和调试。
- 第 16~20 行为初始化方法，创建字体精灵方法、字体精灵动作方法、切换场景的定时回调方法，然后声明了将要使用到的背景图片精灵指针，在下面详细介绍布景类的开发时可以看到它们的实际用法。

（2）下面详细介绍此布景的正式开发。在此类中，主要实现了图片精灵的创建，并创建精灵动作来更好地显示开发者信息。在以后的开发中，有需要的读者可以参考此类的设计并开发出不同的效果，具体代码如下所示。

代码位置：源代码/第 14 章/CubeTurn/app/src/main/jni/otherLayer 目录下的 BeginLayer.cpp。

```
……此处省略了部分头文件的声明，有需要的读者请参考随书源代码
bool BeginLayer::init(){
    if(!Layer::init()){return false;}                          //调用父类的初始化
    back=Sprite::create("begin/beginbg.png");                  //创建背景精灵
    back->setPosition(Vec2(480,270));                          //设置精灵位置
    this->addChild(back,1);                                    //将精灵添加到布景
    for(int i=0;i<15;i++){TitleSprite(i);}                     //创建图片精灵
```

```
8       this->scheduleOnce(schedule_selector(BeginLayer::update),2.5f);
                                                        //定时回调 update 方法
9       return true;
10  }
11  void BeginLayer::TitleSprite(int index) {              //创建图片精灵方法
12      num = index;                                        //声明索引
13      Sprite* sprite = Sprite::create("begin/" + StringUtils::format("c%d.png", num));
                                                            //创建图片精灵
14      sprite->setScale(0.6f);                             //设置缩放比
15      sprite->setPosition(SpFromPosition[num]);           //根据数组设置坐标
16      this->addChild(sprite, 1);                          //将精灵添加到布景中
17      SpriteMove(sprite);                                 //精灵执行执行
18  }
19  void BeginLayer::SpriteMove(Sprite* sprite) {          //创建精灵动作
20      float timetemp = CCRANDOM_0_1();                    //创建 0 到 1 随机数
21      Point pointtemp = SpTargetPosition[num];            //声明精灵目标位置
22      auto moveAction = MoveTo::create(timetemp, pointtemp);  //创建移动动作
23      auto easeAction = EaseBounceOut::create(moveAction->clone());
                                                            //创建缓冲动作
24      auto seqAction = Sequence::create(DelayTime::create(0.5), easeAction, NULL);
                                                            //创建持续动作
25      sprite->runAction(seqAction);                       //精灵执行动作
26  }
29  void BeginLayer::update(float dt) { gsm->goMainMenu();}   //切换到主菜单布景
```

- 第 2～10 行为调用了创建图片精灵的方法，并且 2.5s 后将调用回调方法切换到主菜单布景。并且为了形成良好的可视化效果，这里为欢迎界面设置了背景图，添加了一个图片精灵在布景中。
- 第 11～18 行为图片精灵的创建。此方法根据索引创建不同的图片精灵添加到布景中，并且设置缩放比和二维坐标等。
- 第 19～26 行为精灵动作效果的创建。方法会根据创建的随机数和头文件中声明的数组信息来执行不同的掉落动作。
- 第 2 行为定时回调方法，主要功能为调用场景管理器中的切换到主菜单布景方法。

14.5.3 主菜单场景布景类——MainMenuScene2D

介绍完游戏的欢迎场景后，然后介绍游戏的主菜单场景。该场景中有 5 个按钮，玩家可以通过单击屏幕中不同功能的按钮切换到不同的场景，主要包括“开始游戏”按钮、“显示菜单”按钮、“设置”按钮、“帮助”按钮、“退出游戏”按钮。其具体开发步骤如下。

（1）首先要介绍的是 MainMenuScene2D 类的框架。该框架中声明了一系列将要使用的成员变量和成员方法，其具体代码如下。

代码位置：源代码/第 14 章/Cube/app/src/main/jni/otherLayer 目录下的 MainMenuScene2D.h

```
……此处省略了部分头文件的声明，有需要的读者请参考随书源代码
class MainMenuScene2D:public cocos2d::Layer{
public:
    SceneManager* gsm;                              //指向场景管理器的指针
    GameSet* gs;                                    //指向设置界面类的指针
    Sprite* shelter;                                //遮挡图片
    Sprite* shelterTwo;                             //第二个遮挡图片
    Sprite* menuBg;                                 //主菜单背景
    Sprite* title0;                                 //指
    Sprite* title1;                                 //尖
    Sprite* title2;                                 //方
    Sprite* title3;                                 //块
    Sprite* decorate;                               //装饰(旋转方块)
    MenuItemImage* startItem;                       //开始游戏按钮
    MenuItemImage* showMenuItem;                    //显示菜单按钮
    MenuItemImage* hideMenuItem;                    //隐藏菜单按钮
    MenuItemImage* setItem;                         //设置按钮
```

```
18      MenuItemImage* helpItem;                          //帮助按钮
19      MenuItemImage* exitItem;                          //退出按钮
20      Menu* menu;                                       //菜单容器
21      virtual bool init();                              //初始化方法
22      void addMenuItem();                               //添加菜单按钮
23      void titleAnimation();                            //标题字体动作
24      void menuSelect(int index);                       //按钮监听
25      void createSet();                                 //创建设置界面
26      void createHelp();                                //创建帮助界面
27      void itemAction(int index);                       //开始按钮动作
28      CREATE_FUNC(MainMenuScene2D);                     //创建布景相关宏
29  };
```

- 第 4～5 行分别为声明了指向场景管理器和设置界面类的指针，方便后面调用这些类里面的方法，比如切换到其他场景的方法。
- 第 6～20 行为声明指向游戏中要用到的各种精灵指针以及指向诸多菜单对象的指针，一系列的精灵相互作用才构成了主菜单界面，从而丰富多彩的画面效果。
- 第 21～28 行为类的初始化方法和添加菜单按钮以及创建设置界面帮助界面等方法，读者查看注释即可了解其具体的作用，这里就不再进行具体介绍。

（2）开发完该类框架后还要真正实现 MainMenuScene2D 类中的方法。该类中创建了背景和所有需要的按钮，并实现了各个按钮的回调方法，其首先介绍的是该类的初始化方法 init。其具体代码如下。

代码位置：源代码/第 14 章/CubeTurn/app/src/main/jni/otherLayer 目录下的 MainMenuScene2D.cpp。

```
1   bool MainMenuScene2D::init(){
2       if(!Layer::init()){return false;}                 //调用父类的初始化
3       gs=new GameSet(this);                             //创建 GameSet 类
4       menuBg=Sprite::create("menu/menubg.png");         //创建主菜单背景精灵
5       menuBg->setPosition(Vec2(480,270));               //设置精灵位置
6       this->addChild(menuBg,-1);                        //添加到布景中
7        shelter=Sprite::create("menu/shelter.png");      //创建遮挡图片精灵
8       shelter->setPosition(Vec2(480,270));              //设置精灵位置
9       this->addChild(shelter,3);                        //将精灵添加到布景
10      shelter->runAction(FadeOut::create(1.5));         //图片精灵执行动作
11      PlaySound::PlayBackground();                      //播放背景音乐
12      titleAnimation();                                 //标题精灵相关方法
13      addMenuItem();                                    //添加菜单按钮
14      return true;
15  }
```

- 第 2～3 行为代码比较简单，首先调用父类的初始化，然后创建了一个 GameSet 类供下文提到的方法调用。
- 第 4～10 行为创建的主菜单背景精灵和一个用来当切换界面缓冲效果的遮挡图片，当切换到主菜单时，遮挡图片会慢慢消失。
- 第 11～13 行分别为播放背景音乐方法，标题精灵相关方法以及添加菜单按钮方法，下文将会详细介绍。

（3）上面介绍完了 init 方法后，接下来就是介绍上述提到的与标题精灵有关的方法 titleAnimation。此方法中创建了主菜单标题需要的一系列精灵，下面就详细介绍此方法，其具体代码如下。

代码位置：源代码/第 14 章/CubeTurn/app/src/main/jni/otherLayer 目录下的 MainMenuScene2D.cpp。

```
void MainMenuScene2D::titleAnimation(){               //标题字体动画
    title0=Sprite::create("menu/c0.png");             //创建精灵 "指"
    title0->setPosition(Vec2(290,385));               //设置精灵位置
    menuBg->addChild(title0,0);                       //将精灵添加到背景中
    title1=Sprite::create("menu/c1.png");             //创建精灵 "尖"
    title1->setPosition(Vec2(390,385));               //设置精灵位置
```

```
7      menuBg->addChild(title1,0);                                //将精灵添加到背景中
8      title2=Sprite::create("menu/c2.png");                      //创建精灵“方”
9      title2->setPosition(Vec2(490,385));                        //设置精灵位置
10     menuBg->addChild(title2,0)                                 //将精灵添加到背景中
11     title3=Sprite::create("menu/c3.png");                      //创建精灵“块”
12     title3->setPosition(Vec2(590,385));                        //设置精灵位置
13     menuBg->addChild(title3,0);                                //将精灵添加到背景中
14     decorate=Sprite::create("menu/decorate.png");              //创建装饰物精灵
15     decorate->setPosition(Vec2(700,815));                      //设置精灵位置
16     menuBg->addChild(decorate,0);                              //将精灵添加到背景中
17     ActionInterval* actionHide=FadeOut::create(0);             //创建一个隐藏动作
18     ActionInterval* actionMove=MoveBy::create(0.5,Vec2(0,80)); //创建一个上移动作
19     ActionInterval* actionShow=FadeIn::create(0.5);            //创建一个显示动作
20     title0->runAction(Spawn::create(actionHide->clone(),       //标题精灵 1 执行动作
21        actionMove->clone(),actionShow->clone(),NULL));
22     title1->runAction(Spawn::create(actionHide->clone(),       //标题精灵 2 执行动作
23        actionMove->clone(),actionShow->clone(),NULL));
24     title2->runAction(Spawn::create(actionHide->clone(),       //标题精灵 3 执行动作
25        actionMove->clone(),actionShow->clone(),NULL));
26     title3->runAction(Spawn::create(actionHide->clone(),       //标题精灵 4 执行动作
27        actionMove->clone(),actionShow->clone(),NULL));
28     decorate->runAction(MoveBy::create(0.5,Vec2(0,-350)));     //装饰物精灵执行动作
29     decorate->runAction(RepeatForever::create(RotateBy::create(4,360)));
                                                                  //装饰物精灵执行动作
30  }
```

● 第 2～16 行为创建 4 个标题精灵和方块装饰物精灵，其首先根据资源图片分别创建精灵，然后设置在背景精灵的位置，并添加到背景图片中。

● 第 17～19 行为创建标题精灵和方块装饰物精灵所需的动作，这些动作将在精灵中多次使用，故先创建有利于修改维护。

● 第 20～29 行为标题精灵和装饰物精灵执行上面声明的持续动作，这些动作的效果同时隐藏，上移和显示，读者可以在游戏中自行体会效果。

（4）介绍完与标题精灵相关的方法后，接下来就是介绍创建各种菜单按钮比如开始游戏按钮方法。下面就详细介绍此方法，其具体代码如下。

代码位置：源代码/第 14 章/CubeTurn/app/src/main/app/src/main/jni/otherLayer/目录下的 MainMenuLayer.cpp。

```
void MainMenuScene2D::addMenuItem(){                              //添加菜单按钮
   startItem=MenuItemImage::create("menu/start.png","menu/startP.png",
                                                                  //创建开始按钮
      CC_CALLBACK_0(MainMenuScene2D::menuSelect,this,0));
   startItem->setPosition(Point(480,320));                        //设置开始游戏位置
   startItem->runAction(Sequence::create(MoveBy::create(0.4,Vec2(0,-60)),
                                                                  //执行动作
      MoveBy::create(0.3,Vec2(0,10)),                             // y 轴移动 10
      NULL));
   showMenuItem=MenuItemImage::create("menu/showmenu.png",        //创建显示菜单按钮
      "/menu/showmenuP.png",                                      //按下时的图片
      CC_CALLBACK_0(MainMenuScene2D::menuSelect,this,1));         //回调方法
   showMenuItem->setPosition(Point(480,-20));                     //设置位置
   showMenuItem->runAction(Sequence::create(                      //执行动作
      FadeOut::create(0),                                         //消失动作
      Spawn::create(                                              //同时执行下列动作
      MoveBy::create(0.6,Vec2(0,70)),                             // y 轴移动 60
      FadeIn::create(0.6),NULL),NULL) );                          //出现动作
   hideMenuItem=MenuItemImage::create("menu/hidemenu.png",        //创建隐藏菜单按钮
      "menu/hidemenuP.png",                                       //按下时的图片
      CC_CALLBACK_0(MainMenuScene2D::menuSelect,this,2));         //回调方法
   hideMenuItem->setPosition(Point(480,50));                      //设置位置
   hideMenuItem->setVisible(false);                               //设置为不可见
......//此处省略了该场景中其他菜单项的添加，需要的读者请查看源代码
   menu=Menu::create(startItem,showMenuItem,hideMenuItem,         //将按钮放入菜单
      setItem,helpItem,exitItem,nullptr);
```

```
25    menu->setPosition(Point::ZERO);                          //设置位置
26    this->addChild(menu,1);                                  //添加到图层
27  }
```

- 第 1～16 行为开始游戏按钮和显示菜单按钮的创建，此处按钮和动作较多，当玩家第一次切换到此场景时最先显示的是“开始游戏”按钮和“显示菜单”按钮。
- 第 17～27 行为当玩家按下“显示菜单”按钮后出现的其他按钮，包括“隐藏菜单”按钮、“设置”按钮、“帮助”按钮、“退出”按钮，这些按钮将在玩家按下“隐藏菜单”按钮后再次执行消失动作，开始游戏按钮也将执行下移放大动作，请读者到游戏中自行体会。

（5）介绍完与创建各种菜单按钮相关的方法后，接下来就是介绍与这些按钮相关的按钮回调方法。这些方法中主要包含了与这些按钮相关的动作，玩家在按下这些按钮后就会执行这些动作和切换到相应的场景。下面就详细介绍此方法，其具体代码如下。

代码位置：源代码/第 14 章/CubeTurn/app/src/main/jni/otherLayer/目录下的 MainMenuLayer.cpp。

```
1   void MainMenuScene2D::menuSelect(int index) {
2     PlaySound::PlaySoundEffect(Constant::ButtonP);              //播放按钮音效
3     ActionInterval* moveUp=MoveBy::create(0.3,Vec2(0,80));      //开始按钮上升动作
4     ActionInterval* scaleBy=ScaleBy::create(0.3,0.8);           //开始按钮缩小动作
5     ActionInterval* moveUpHide=MoveBy::create(0.3,Vec2(0,170));//隐藏菜单上升动作
6     ActionInterval* moveUpSet=MoveBy::create(0.3,Vec2(0,115)); //设置菜单上升动作
7     ActionInterval* moveUpHelp=MoveBy::create(0.3,Vec2(0,60)); //帮助菜单上升动作
8     ActionInterval* moveUpExit=MoveBy::create(0.3,Vec2(0,5));  //退出菜单上升动作
9     switch(index) {
10    case 0:menu->runAction(Sequence::create(FadeOut::create(0.8),//执行界面消失动作
11        CallFunc::create(CC_CALLBACK_0(MainMenuScene2D::itemAction,this,0)),
12        NULL));
13        break;
14    case 1:showMenuItem->setVisible(false);                      //显示菜单按钮不可见
15        showMenuItem->runAction(moveUpHide->clone());            //显示按钮执行上升动作
16        startItem->runAction(Spawn::create(moveUp,scaleBy,NULL));//执行上升缩小动作
17        hideMenuItem->setVisible(true);                          //隐藏菜单按钮可见
18        hideMenuItem->runAction(moveUpHide);                     //隐藏菜单按钮上升动作
19        setItem->setVisible(true);                               //设置按钮可见
20        setItem->runAction(moveUpSet);                           //设置按钮执行上升动作
21        helpItem->setVisible(true);                              //帮助按钮可见
22        helpItem->runAction(moveUpHelp);                         //帮助按钮上升动作
23        exitItem->setVisible(true);                              //退出按钮可见
24        exitItem->runAction(moveUpExit)                          //退出按钮上升动作
25        break;
26    case 2:hideMenuItem->setVisible(false);                      //隐藏按钮不可见
27        hideMenuItem->runAction(moveUpHide->reverse());          //隐藏按钮反向下降动作
28        setItem->setVisible(false);                              //设置按钮不可见
29        setItem->runAction(moveUpSet->reverse());                //设置按钮反向下降动作
30        helpItem->setVisible(false);                             //帮助按钮不可见
31        helpItem->runAction(moveUpHelp->reverse());              //帮助按钮反向动作
32        exitItem->setVisible(false);                             //退出按钮不可见
33        exitItem->runAction(moveUpExit->reverse());              //退出按钮反向下降动作
34        showMenuItem->setVisible(true);                          //显示按钮可见
35        showMenuItem->runAction(moveUpHide->clone()->reverse());//显示按钮下降动作
36        startItem->runAction(Spawn::create(moveUp->reverse(),   //开始按钮下降放大动作
37        scaleBy->reverse(),NULL));
38        break;
39    case 3:menu->setEnabled(false);                              //其他按钮不可按
40        createSet();                                             //创建设置界面
41        break;
42    case 4:createHelp();                                         //创建帮助界面
43        menu->setEnabled(false);                                 //其他按钮不可按
44        break;
45    case 5:Director::getInstance()->end();                       //退出游戏
46        break;
47  }}
```

- 第 2 行为调用音乐音效管理类的播放音效按钮方法，判断是否播放按钮音效。

- 第 3～8 行为声明一系列持续动作，这些持续动作将会在按钮回调方法中使用，分别为“开始”按钮上升动作，“开始”按钮缩小动作，以及 4 个菜单项的上升动作。
- 第 10～13 行为“开始游戏”按钮的回调方法，主要功能为渐隐菜单，然后切换到选择关卡场景。
- 第 14～25 行为“显示菜单”按钮的回调方法，执行后首先“开始游戏”按钮上移缩小，然后“显示菜单”按钮隐藏同时显示“隐藏菜单”按钮、“设置”按钮、“帮助”按钮、“退出”按钮，并上移不同的像素。
- 第 26～38 行为“隐藏菜单”按钮的回调方法，执行后的动作与“显示菜单”按钮的回调方法作用相反，读者可在游戏中自行操作体会。
- 第 39～47 行为“设置”按钮、“帮助”按钮以及“退出”按钮的回调方法，执行后将会执行场景管理器的方法切换到设置场景或帮助场景以及退出游戏。

14.5.4 帮助场景布景类——HelpLayer

上一小节介绍完主菜单场景布景类后，下面将介绍帮助场景布景类的开发了。在主菜单场景中，单击“帮助”按钮后会跳转到帮助界面。该界面的内容是提供本游戏的一些资料，使玩家熟悉游戏的操作流程，其具体开发步骤如下。

（1）首先要介绍的是 HelpLayer 类的框架，该框架中声明了一系列将要使用的成员变量和成员方法，其具体代码如下。

```
1    ……此处省略了部分头文件的声明，有需要的读者请参考随书源代码
2    class HelpLayer: public cocos2d::Layer{
3    public:
4        SceneManager* gsm;                         //指向场景管理器的指针
5        virtual bool init();                       //初始化方法
6        void addItemImageHelp();                   //添加帮助界面按钮
7        void menuSelect();                         //按钮回调方法
8        CREATE_FUNC (HelpLayer);                   //创建布景相关宏
9    private:
10       MenuItemImage* back;                       //后退按钮
11       Menu* menu;                                //菜单容器
12       Sprite* shelter;                           //遮挡图片
13       Sprite* hpBg;                              //帮助界面背景精灵
14       Sprite* fingerOne;                         //单指滑动
15       Sprite* fingerTwo;                         //双指滑动
16       Sprite* clickOne;                          //双击 1
17       Sprite* clickTwo;                          //双击 2
18   };
```

- 第 4～8 行为首先声明指向场景管理者的指针，以及将要使用的成员方法，其中包括初始化方法以及添加按钮方法和按钮回调方法。
- 第 10～17 行为声明将要使用的精灵指针包括一个后退按钮指针和 6 个帮助菜单显示精灵的指针，用来帮助玩家了解游戏中的操作。

（2）开发完该类框架后还要真正实现 HelpLayer 类中的方法。该类中提供了一些本游戏的相关资料，以便于引导玩家更快地熟悉本游戏。下面首先介绍的是该类中初始化布景和初始化菜单的方法，其具体代码如下。

代码位置：源代码/第 14 章/CubeTurn/app/src/main/jni/otherLayer 目录下的 HelpLayer.cpp。

```
……此处省略了部分头文件的声明以及非关键代码，有需要的读者请参考随书源代码
bool HelpLayer::init(){
    if (!Layer::init())    { return false; }                  //调用父类的初始化
    shelter=Sprite::create("menu/shelter.png");               //创建遮挡物精灵
    shelter->setPosition(Vec2(480,270));                      //设置位置
    this->addChild(shelter,3);                                //添加到布景
```

```
7      shelter->runAction(FadeOut::create(1.5));                    //执行动作
8      hpBg = Sprite::create("help/helpbg.png");                    //帮助界面背景
9      hpBg->setPosition(Point(480, 270));                          //帮助界面位置
10     this->addChild(hpBg, 2);                                     //添加到布景
11     addItemImageHelp();                                          //添加帮助菜单按钮
12     return true;
13 }
```

> **说明**　第 3 行为调用父类的初始化布景的方法，第 4 行为创建遮挡图片精灵，设置好其位置后执行动作效果为渐隐并添加到布景中，第 8 行为创建帮助界面背景精灵，同样设置好位置添加到布景中，然后创建帮助场景菜单按钮。

（3）介绍完了初始化布景和创建精灵方法后，就要介绍该类中与按钮以及帮助界面中的精灵相关的方法了。该类的主要内容为精灵执行的相关动作，这些循环的动作比起文字更能让玩家了解本游戏的操作细节，其详细代码如下。

代码位置：源代码/第 14 章/CubeTurn/app/src/main/jni/otherLayer 目录下的 HelpLayer.cpp。

```
void HelpLayer::addItemImageHelp(){                                  //添加按钮
    back = MenuItemImage::create("menu/resume.png",    "menu/resumeP.png",
                                                                   //创建返回按钮
    CC_CALLBACK_0(HelpLayer::menuSelect, this));                   //回调方法
    back->setPosition(Point(480, 50));                             //设置返回按钮
    menu = Menu::create(back, nullptr);                            //总菜单项容器
    menu->setPosition(Point::ZERO);                                //设置菜单位置
    hpBg->addChild(menu, 1);                                       //将菜单项添加到图片精灵
    ActionInterval* actionFadeOut=FadeOut::create(0);              //创建消失动作
    ActionInterval* actionDelay=DelayTime::create(0.1f);           //创建延时动作
    ActionInterval* actionDelayLong=DelayTime::create(1.0f);//创建长延时动作
    ActionInterval* actionFadeIn=FadeIn::create(0);                //创建显示动作
    ActionInterval* actionMove=MoveBy::create(1.5,Vec2(250,0));//创建右移动作
    fingerOne = Sprite::create("help/fingerone.png");              //单指滑动
    fingerOne->setPosition(Vec2(150, 385));                        //设置单指滑动精灵位置
    hpBg->addChild(fingerOne, 1);                                  //将精灵添加到布景中
    fingerOne->runAction(RepeatForever::create(Sequence::create(//精灵执行动作
            actionMove->clone(),                                   //右移
            actionFadeOut->clone(),                                //消失
            actionMove->clone()->reverse(),                        //左移
            actionFadeIn->clone(),                                 //出现
            NULL)));
    fingerTwo = Sprite::create("help/fingertwo.png");              //双指滑动
    fingerTwo->setPosition(Vec2(150, 240));                        //双指滑动设置位置
    hpBg->addChild(fingerTwo, 1);                                  //设置精灵位置
    fingerTwo->runAction(RepeatForever::create(Sequence::create(//执行动作
            actionMove->clone(),                                   //右移
            actionFadeOut->clone(),                                //消失
            actionMove->clone()->reverse(),                        //左移
            actionFadeIn->clone(),                                 //出现
            NULL)));
    clickOne = Sprite::create("help/click1.png");                  //双击精灵 1
    clickOne->setPosition(Vec2(290, 125));                         //设置精灵位置
    hpBg->addChild(clickOne, 2);                                   //将精灵添加到图片精灵
    clickOne->runAction(RepeatForever::create(Sequence::create(//执行动作
            actionFadeOut->clone(),                                //消失
            actionDelay->clone(),                                  //延时
            actionFadeIn->clone(),                                 //出现
            actionDelay->clone(),                                  //延时
            actionFadeOut->clone(),                                //消失
            actionDelay->clone(),                                  //延时
            actionFadeIn->clone(),                                 //出现
            actionDelayLong,                                       //长延时
            NULL)));
    clickTwo = Sprite::create("help/click2.png");                  //双击精灵 2
    clickTwo->setPosition(Vec2(290, 125));                         //设置精灵位置
```

```
46       hpBg->addChild(clickTwo, 1);                              //将精灵添加到图片精灵
47    }
48    void HelpLayer::menuSelect(){                                 //按钮回调方法
49       PlaySound::PlaySoundEffect(Constant::ButtonP);              //播放音效
50       this->removeChild(hpBg,true);                              //删除设置界面
51       gsm->goMainMenu();                                         //回主菜单
52    }
```

- 第 2～7 行为创建返回按钮，并将其添加到菜单中，然后菜单又添加到布景中。
- 第 8～12 行为创建一系列的持续动作，这些持续动作分别为消失动作、延时动作、长延时动作以及显示动作和右移动作，这些动作能帮玩家理解游戏中相关的操作。
- 第 14～21 行为创建单指精灵，单指精灵执行右移动作，此为操作游戏中方块的说明。
- 第 22～30 行为创建双指精灵，双指精灵同样执行右移动作，此为调整游戏场景中的摄像机位置的说明。摄像的视角会随着玩家双指的滑动而改变。
- 第 31～46 行为创建单击精灵和双击精灵，单击精灵会定时消失和出现，效果表现为快速双击，读者可在游戏中自行体会。
- 第 48～52 行为返回按钮的回调方法，返回按钮能够切换到主菜单场景。

14.5.5 设置场景布景类——SetLayer

上一小节介绍了帮助界面布景类，从主界面布景类可以跳转到音乐音效设置布景类。此小节开始详细介绍此布景类的开发流程。此布景中实现了音乐和音效的控制，并且将状态存入数据库中，在下次启动时也能保持原状态，具体开发步骤如下所列。

（1）介绍完此布景的主要实现的功能，下面就可以正式进行开发了。首先详细介绍一下布景的框架声明，其中包括初始化一些按钮，以及声明了两个更新音乐和音效状态的方法。使用此种方式，方便快捷，具体代码如下所示。

代码位置：源代码/第 14 章/CubeTurn/app/src/main/jni/otherLayer 目录下的 SetLayer.h。

```
……此处省略了部分头文件的导入，有需要的读者请参考随书源代码
class SetLayer: public cocos2d::Layer{
public:
   SceneManager* gsm;                                    //指向场景管理器的指针
   virtual bool init();                                  //初始化方法
   void addItemImageSet();                               //添加帮助界面按钮
   void menuSelect(int index);                           //按钮回调方法
   CREATE_FUNC (SetLayer);                               //创建布景层相关宏
private:
   Menu* menu;                                           //菜单容器
   Sprite* shelter;                                      //遮挡图片
   Sprite* setBg;                                        //背景精灵
   MenuItemImage* music;                                 //音乐
   MenuItemImage* sound;                                 //音效
   MenuItemImage* back;                                  //返回
};
```

说明 此布景框架主要声明了场景管理器的指针、添加音乐音效按钮的方法和控制音乐音效开关的方法，返回主界面场景的方法，同时声明了遮挡图片指针、背景精灵指针，以及音乐和音效菜单项指针，可以非常方便地进行音乐的设置。

（2）介绍完此类的框架声明，接下来就要开始具体实现了。此类主要实现了音乐和音效的控制逻辑，并将相应的音乐或者音效的开关状态存入数据库中，可以非常方便地在项目的其余地方控制逻辑，具体代码如下所示。

代码位置：源代码/第 14 章/CubeTurn/app/src/main/jni/otherLayer 目录下的 SetLayer.cpp。

```
1   void SetLayer::menuSelect(int index) {                              //按钮回调方法
2       SpriteFrame* musicOnFrame;                                      //音乐开的图片
3       SpriteFrame* musicOffFrame;                                     //音乐关的图片
4       SpriteFrame* soundOnFrame;                                      //音效开的图片
5       SpriteFrame* soundOffFrame;                                     //音效关的图片
6       PlaySound::PlaySoundEffect(Constant::ButtonP);                  //播放音效
7       switch(index) {                                                 //按索引执行方法
8       case 0:                                                         //音乐按钮回调
9           if(!Constant::musicFlag) {                                  //判断音乐标志位
10          musicOnFrame=SpriteFrame::create("menu/musicOn.png",Rect(0,0,85,85));
                                                                        //音乐开图片
11          musicOffFrame=SpriteFrame::create("menu/musicOff.png",Rect(0,0,85,85));
                                                                        //音乐关图片
12          } else{
13          musicOnFrame=SpriteFrame::create("menu/musicOff.png",Rect(0,0,85,85));
                                                                        //音乐开图片
14          musicOffFrame=SpriteFrame::create("menu/musicOn.png",Rect(0,0,85,85));
                                                                        //音乐关图片
15          }
16          Constant::musicFlag=!Constant::musicFlag;                   //音乐标志位取反
17          if(Constant::musicFlag)                                     //判断音乐标志位
18          PlaySound::PlayBackground();                                //播放背景音乐
19          else
20          PlaySound::pauseBackground();                               //关闭背景音乐
21          PlaySound::PlaySoundEffect(Constant::ButtonP);              //播放按钮音效
22          UserDefault::getInstance()->setIntegerForKey("musicFlag",   //存储音乐标志位
23                                      Constant::musicFlag);
24          music->setNormalSpriteFrame(musicOnFrame);                  //音乐平时图片
25          music->setSelectedSpriteFrame(musicOffFrame);               //音效平时图片
26          break;
27      case 1:                                                         //音效按钮回调
28          f(!Constant::soundFlag) {                                   //判断音效标志位
29          soundOnFrame=SpriteFrame::create("menu/soundOn.png", Rect(0,0,85,85));
                                                                        //音效平时图片
30          soundOffFrame=SpriteFrame::create("menu/soundOff.png", Rect(0,0,85,85));
                                                                        //音效选中图片
31          } else{
32          soundOnFrame=SpriteFrame::create("menu/soundOff.png", Rect(0,0,85,85));
                                                                        //音效平时图片
33          soundOffFrame=SpriteFrame::create("menu/soundOn.png", Rect(0,0,85,85));
                                                                        //音效选中图片
34          }
35          Constant::soundFlag=!Constant::soundFlag;                   //音效标志位取反
36          PlaySound::PlaySoundEffect(Constant::ButtonP);              //播放音效
37          UserDefault::getInstance()->setIntegerForKey("soundFlag",   //存储音效标志位
38                                      Constant::soundFlag);
39          sound->setNormalSpriteFrame(soundOnFrame);                  //音效平时图片
40          sound->setSelectedSpriteFrame(soundOffFrame);               //音效选中图片
41          break;
42      case 2:                                                         //返回按钮回调
43          gsm->goMainMenu();                                          //切换到主菜单
44          break;
45  }}
```

- 第 2～5 行为声明一系列的精灵帧，分别为音效开、音效关、音乐开、音乐关。这些精灵能够替换精灵当前所使用的图片来显示当前音乐和音效开关的状态。
- 第 9～25 行为判断此时游戏的音乐标志位来设置音乐开和音乐关的精灵帧，两个状态的精灵帧正好相反，然后取反音乐标志位并且判断按下音乐按钮后是否应该播放背景音乐，然后储存音乐标志位，同时设置此时音乐按钮平时状态和按下状态的图片。
- 第 27～41 行为判断此时游戏的音效标志位来设置音效开和音效关的精灵帧，具体过程与音乐标志位相同，读者可参考理解，并且音乐和音效是相互独立控制的。
- 第 43～44 行为返回按钮的回调方法，功能为切换到主菜单场景。

14.5.6　选择关卡场景布景类——SelectGameLayer

介绍完设置场景布景类后就是介绍单击主菜单场景中的“开始游戏”按钮后跳转到的选择关卡场景了。该场景中提供了 6 个游戏关卡供玩家选择，并且每个关卡被选择后，都会跳转到相应的游戏布景，其具体开发步骤如下。

（1）首先要介绍的是 SelectGameLayer 类的框架。该框架中声明了一系列将要使用的成员变量和成员方法，其具体代码如下。

代码位置：源代码/第 14 章/CubeTurn/app/src/main/jni/otherLayer 目录下的 SelectGameLayer.h

```
1  ……此处省略了部分头文件的导入，有需要的读者请参考随书源代码
2  class SelectGameLayer:public cocos2d::Layer{
3  public:
4      SceneManager* gsm;                          //指向场景管理器的指针
5      Sprite* selectBg;                           //背景图片精灵
6      Sprite* shelter;                            //遮挡图片
7      MenuItemImage* first;                       //第一关
8      MenuItemImage* second;                      //第二关
9      MenuItemImage* third;                       //第三关
10     MenuItemImage* four;                        //第四关
11     MenuItemImage* fifth;                       //第五关
12     MenuItemImage* sixth;                       //第六关
13     MenuItemImage* exitItem;                    //退出按钮
14     Menu* menu;                                 //菜单容器
15     virtual bool init();                        //初始化方法
16     void addMenuItem();                         //添加菜单按钮
17     void menuSelect(int index);                 //按钮监听
18     void resumeAction();                        //返回按钮定时回调方法
19     CREATE_FUNC(SelectGameLayer);
20 };
```

- 第 4～14 行为声明将要使用的各种指针变量，首先是指向场景管理器的指针，然后是指向背景图片精灵以及关卡按钮精灵的指针。
- 第 15～18 行为一系列的长远方法，其中包括有关初始化布景的方法，添加菜单按钮方法，以及按钮回调方法。

（2）开发完该类框架后还要真正实现 SelectGameLayer 类中的方法。该类中创建了选关背景和 6 个供玩家选择的关卡精灵，玩家选中某关卡后此关卡图片会稍微放大。下面首先介绍的是该类的初始化方法 init。其具体代码如下。

代码位置：源代码/第 14 章/CubeTurn/app/src/main/jni/otherLayer 目录下的 SelectGameLayer.cpp。

```
1  bool SelectGameLayer::init(){
2      if(!Layer::init()){ return false; }              //调用父类的初始化方法
3      LayerColor *background=LayerColor::create(        //添加有颜色的背景层
4      Color4B(255,255,255,255));                        //颜色为白色
5      this->addChild(background,-1)                     //将背景层添加到布景中
6      selectBg=Sprite::create("menu/selectbg.png");     //创建背景精灵
7      selectBg->setPosition(Vec2(480,270));             //设置精灵位置
8      this->addChild(selectBg,0);                       //将精灵添加到布景层中
9      shelter=Sprite::create("menu/shelter.png");       //遮挡物精灵
10     shelter->setPosition(Vec2(480,270));              //设置精灵位置
11     this->addChild(shelter,1);                        //添加到布景中
12     shelter->runAction(FadeOut::create(1.5));         //执行消失动作
13     addMenuItem();                                    //添加按钮
14     return true; }
```

说明　第 3～13 行为调用父类的初始化布景的方法，其首先创建一个白色布景层，然后创建选关背景精灵和遮挡图片精灵，并为遮挡图片精灵添加渐隐动作，最后执行添加按钮方法。

（3）介绍了选关布景类中的初始化方法，其中还有一些同样相当重要的方法并未介绍。下面介绍添加按钮方法和按钮回调方法，其中添加按钮方法中还包含了许多菜单项执行的持续动作，具体代码如下所示。

代码位置：源代码/第 14 章/CubeTurn/app/src/main/jni/otherLayer 目录下的 SelectGameLayer.cpp。

```
1   ……此处省略了部分头文件的导入，有需要的读者请参考随书源代码
2  void SelectGameLayer::addMenuItem(){                              //添加按钮方法
3      ActionInterval* moveLeft=MoveBy::create(0.5,Vec2(400,0));     //创建右移动作
4      ActionInterval* moveRight=MoveBy::create(0.5,Vec2(-400,0));//创建左移动作
5      first=MenuItemImage::create("menu/fir.png","menu/firP.png",//创建第一关精灵
6          CC_CALLBACK_0(SelectGameLayer::menuSelect,this,0));        //执行回调方法
7      first->setPosition(Point(-115,370));                           //设置精灵位置
8      first->runAction(moveLeft->clone());                           //执行右移动作
9      second=MenuItemImage::create("menu/sec.png","menu/secP.png",   //创建第二关精灵
10         CC_CALLBACK_0(SelectGameLayer::menuSelect,this,1));        //执行回调方法
11     second->setPosition(Point(1075,370));                          //设置精灵位置
12     second->runAction(moveRight->clone());                         //执行左移动作
13     third=MenuItemImage::create("menu/thi.png","menu/thiP.png",    //创建第三关精灵
14         CC_CALLBACK_0(SelectGameLayer::menuSelect,this,2));        //执行回调方法
15     third->setPosition(Point(-115,255));                           //设置精灵位置
16     third->runAction(moveLeft->clone());                           //执行右移动作
17     four=MenuItemImage::create("menu/fou.png","menu/fouP.png",     //创建第四关精灵
18         CC_CALLBACK_0(SelectGameLayer::menuSelect,this,3));        //执行回调方法
19     four->setPosition(Point(1075,255));                            //设置精灵位置
20     four->runAction(moveRight->clone());                           //执行左移动作
21     fifth=MenuItemImage::create("menu/fif.png","menu/fifP.png",    //创建第五关精灵
22         CC_CALLBACK_0(SelectGameLayer::menuSelect,this,4));        //执行回调方法
23     fifth->setPosition(Point(-115,135));                           //设置精灵位置
24     fifth->runAction(moveLeft->clone());                           //执行右移动作
25     sixth=MenuItemImage::create("menu/six.png","menu/sixP.png",    //创建第六关精灵
26         CC_CALLBACK_0(SelectGameLayer::menuSelect,this,5));        //执行回调方法
27     sixth->setPosition(Point(1075,135));                           //设置精灵位置
28     sixth->runAction(moveRight->clone());                          //执行左移动作
29     exitItem=MenuItemImage::create("menu/resume.png","menu/resumeP.png",
                                                                      //创建返回按钮
30         CC_CALLBACK_0(SelectGameLayer::menuSelect,this,6));        //执行回调犯法
31     exitItem->setPosition(Point(480,50));                          //设置精灵位置
32     menu=Menu::create(first,second,third,four,fifth,sixth,exitItem,nullptr);
                                                                      //创建菜单容器
33     menu->setPosition(Point::ZERO);                                //设置精灵位置
34     selectBg->addChild(menu,0);                                    //添加到图层
35 }
36 void SelectGameLayer::menuSelect(int index) {                     //按钮回调方法
37     PlaySound::PlaySoundEffect(0);                                 //播放按钮音效
38     switch(index) {                                                //根据索引执行方法
39         case 0:gsm->goGame(0);break;                               //切换到第一关布景
40         case 1:gsm->goGame(1);break;                               //切换到第二关布景
41         case 2:gsm->goGame(2);break;                               //切换到第三关布景
42         case 3:gsm->goGame(3);break;                               //切换到第四关布景
43         case 4:gsm->goGame(4);break;                               //切换到第五关布景
44         case 5:gsm->goGame(5);break;                               //切换到第六关布景
45         case 6:selectBg->runAction(Sequence::create(
46                     FadeOut::create(0.8),                          //精灵执行消失动作
47                     CallFunc::create(CC_CALLBACK_0(               //执行动作回调方法
48                     SelectGameLayer::resumeAction,this)),
49                     NULL));
50     menu->runAction(FadeOut::create(0.8));                         //菜单执行消失动作
51     break;
52 }}
```

- 第 3～4 行为创建两个持续动作，分别为关卡精灵需要的左移动作和右移动作，创建以供关卡精灵执行。
- 第 5～34 行为创建第一关至第六关图片精灵，并分别为它们设置位置和执行两组不同动作，其中在屏幕左半边的第一关、第三关、第五关精灵执行右移动作，在屏幕右半边的第二关、

第四关、第六关精灵执行左移动作。

- 第 37 行为执行工具类 PlaySound 里的播放按钮音效的方法。此方法会判断当前播放音效标志位，若为 true，则播放音效；为 false，则不播放音效。
- 第 38～51 行为一系列菜单按钮的回调方法，其中包含了关卡图片菜单和返回按钮的回调方法，作用为跳转到各个关卡布景和主菜单布景。

14.6 游戏场景布景类

前面的章节介绍了正式进入游戏场景之前场景的开发过程，下面将正式介绍游戏中的最主要的场景——游戏场景。在该场景中，包含了 2D 布景和 3D 布景。本小节首先介绍 2D 布景类的开发过程，然后再介绍 3D 布景类的开发过程。

14.6.1 2D 布景类——My2Dlayer

（1）首先要介绍的是 My2Dlayer 类的框架中声明的一系列将要使用的精灵。由于本游戏场景类的操作和内容展现具体集中在 3D 布景中，故 2D 布景类内容较为简单，读者可根据注释自行理解其中的内容，其具体代码如下。

代码位置：源代码/第 14 章/CubeTurn/app/src/main/jni/gameLayer 目录下的 My2DLayer.h

```
……此处省略了部分头文件的导入，有需要的读者请参考随书源代码
class My2DLayer: public cocos2d::Layer {
public:
    Sprite* shelter;                                        //遮挡图片精灵
    virtual bool init();                                    //初始化的方法
    CREATE_FUNC(My2DLayer);                                 //创建方法
};
```

说明 上述代码声明了将要在 2D 布景中使用的图片精灵和初始化方法，其中在初始化方法中图片精灵的用处是用来衔接按下选关布景中的关卡按钮到正式进入游戏布景的过程。

（2）开发完类框架声明后还要真正实现 My2Dlayer 类中的方法，其中要介绍的是初始化布景的 init 方法。此方法用于初始化布景和一些相关资源，其详细代码如下。

代码位置：源代码/第 14 章/CubeTurn/app/src/main/jni/gameLayer 目录下的 My2DLayer.cpp

```
1  bool My2DLayer::init(){
2      if (!Layer::init()){ return false; }                    //调用父类的初始化
3      shelter=Sprite::create("menu/shelter.png");             //创建图片精灵
4      shelter->setPosition(Vec2(480,270));                    //设置精灵位置
5      this->addChild(shelter,3);                              //添加到布景中
6      shelter->runAction(FadeOut::create(2.0));               //执行消失动作
7      return true;
8  }
```

说明 对第 3～6 行创建一个图片精灵，然后让该精灵执行一个 2s 内执行完的消失动作，用以衔接从选择关卡布景到游戏布景的过程。

14.6.2 3D 布景类——FirstLayer

本小节将介绍本程序中最重要的 3D 布景类的开发过程。3D 布景类中包含游戏场景中所有的

3D 元素，例如地图、方块、机关、障碍物等 3D 模型。除了这些 3D 布景类还实现了游戏时的各种逻辑功能，其具体开发步骤如下。

（1）首先要介绍的是 FirstLayer 类的框架中声明的一系列将要使用的公共精灵、指针、变量以及成员方法，因为该类框架比较复杂，代码比较多，这里将分两步介绍，稍显介绍第一部分，其具体代码如下。

代码位置：源代码/第 14 章/CubeTurn/app/src/main/jni/gameLayer 目录下的 FirstLayer.h

```
1   Camera* camera;                                          //摄像机
2   Sprite3D* end;                                           //终点
3   Sprite3D* skyBox;                                        //天空球
4   GameMap* gm;                                             //指向游戏地图的指针
5   ParticleManager* pm;                                     //指向粒子系统的指针
6   Cubes* cubeBlue;                                         //指向方块类指针
7   Collision* collision;                                    //指向碰撞检测类指针
8   GameSet* pause;                                          //指向游戏暂停界面的指针
9   AmbientLight* ambientLight;                              //自然光
10  PointLight*  pointLight;                                 //点光源
11  float lxs;                                               //触控起点
12  float lxmPre;                                            //触控移动时上一次的
13  float lys;                                               //触控起点
14  float lymPre;                                            //触控移动时上一次的 y
15  bool isMove;                                             //触控移动标志位
16  bool isClicked=false;                                    //单击标志位
17  bool moveflag=false;                                     //方块翻转标志位
18  int directionArray[4][4]={{0,1,2,3},{1,2,3,0},{2,3,0,1}, {3,0,1,2}};
                                                             //方块翻转方向数组
```

- 第 1～10 行为声明了指向游戏地图管理器、粒子系统管理者、方块类、碰撞检测类、游戏暂停界面类的指针以及摄像机和终点精灵、天空球的指针变量。
- 第 11～15 行为首先声明和更新摄像机有关的各种变量，然后声明了一个 bool 类型的单击标志位用来检测是否单击屏幕。
- 第 16～18 行声明了与方块有关的两个变量，分别方块翻转标志位用来表明当前方块是否在翻转，另一个数组的第一列代表摄像机当前所处的方位，0～4 分别表示 z 轴正方向，x 轴负方向，z 轴负方向，x 轴正方向；第二列表示玩家在屏幕上滑动的方向，从而得出方块翻转的方向。

（2）介绍完该类框架的第一部分后，接下来将介绍第二部分。该部分包含了游戏中需要的各种将要使用的成员方法，其具体代码如下。

代码位置：源代码/第 14 章/CubeTurn/app/src/main/jni/gameLayer 目录下的 FirstLayer.h。

```
1   virtual bool init();                                     //初始化的方法
2   void createMap();                                        //创建地图障碍物
3   void addEnd();                                           //添加终点
4   void createParticle();                                   //创建粒子效果
5   void addCube();                                          //添加方块
6   void doubleClickEvent();                                 //双击事件
7   void funCallback(float dt);                              //单击事件回调
8   void victory(float dt);                                  //通关回调方法
9   void cubeMove();                                         //方块移动方法
10  void moveFlagChange(float time);                         //改变移动标志位
11  bool onMyTouchBegan(const std::vector<Touch*>& pTouches, Event *event);
                                                             //触控开始回调方法
12  void onMyTouchMoved(const std::vector<Touch*>& pTouches, Event *event);
                                                             //触控点移动回调方法
13  void onMyTouchEnded(const std::vector<Touch*>& pTouches, Event *event);
                                                             //触控结束回调方法
14  void onMyTouchCancelled(const std::vector<Touch*>& pTouches, Event *event);
                                                             //触控终止回调方法
15  CREATE_FUNC (FirstLayer);                                //创建方法
```

- 第 1～5 行声明了一系列初始化的方法，其中包含了初始化布景、添加地图障碍物、添加终点、创建粒子效果和添加方块的方法。

- 第 6～10 行声明了一系列的回调方法，其中包含了判断玩家是否单击、双击屏幕的方法，以及双击创建暂停界面的方法，游戏通关的回调方法、方块移动和改变方块移动标志位的方法。
- 第 11～15 行首先声明了与触控有关的方法，然后声明了创建布景的相关宏。

（3）开发完类框架声明后还要真正实现 FirstLayer 类中的方法，其中首先要介绍的是初始化布景的 init 方法。此方法用于初始化布景和一些相关资源，其详细代码如下。

代码位置：源代码/第 14 章/CubeTurn/app/src/main/jni/gameLayer 目录下的 FirstLayer.cpp。

```
1   bool FirstLayer::init(){
2       if (!Layer::init())    {return false;}                    //调用父类的初始化
3       Constant::LevelIndex=1;                                    //设置此时关卡标志位为 1
4       collision=new Collision();                                 //创建碰撞检测类对象
5       pause=new GameSet(this);                                   //初始化设置界面类
6       addCube();                                                 //添加方块
7       addEnd();                                                  //添加终点
8       createMap();                                               //创建地图
9       createParticle();                                          //初始化粒子系统
10      skyBox = Sprite3D::create("skybox/skyBox.obj", "skybox/skyBox.png");
                                                                   //创建 3d 天空球
11      skyBox->setPosition3D(Vec3(0, 0, 0));                      //设置精灵位置
12      skyBox->setScale(72.0f);                                   //设置天空球大小
13      this->addChild(skyBox);                                    //将精灵添加到布景中
14      ambientLight = AmbientLight::create(Color3B(230, 230, 230));
                                                                   //自然光
15      this->addChild(ambientLight);                              //添加到布景中
16      pointLight=PointLight::create(Vec3(30,150,0), Color3B(230, 230, 230),
                                                                   //创建点光源
17                              620.0f);
18      this->addChild(pointLight);                                //添加到布景中
19      pointLight->setEnabled(true);                              //设置上点光源为可见
20      this->setCameraMask((unsigned short) CameraFlag::USER1);   //设置布景层渲染用摄像机
21      auto listener = EventListenerTouchAllAtOnce::create();     //创建一个多点触控的监听
22      listener->onTouchesBegan = CC_CALLBACK_2          //开始触摸时回调 onTouchBegan 方法
23          (FirstLayer::onMyTouchBegan,this);
24      listener->onTouchesMoved = CC_CALLBACK_2          //触摸移动时回调 onTouchMoved 方法
25          (FirstLayer::onMyTouchMoved,this);
26      listener->onTouchesEnded = CC_CALLBACK_2          //触摸结束时回调 onTouchesEnded 方法
27          (FirstLayer::onMyTouchEnded,this);
28      listener->onTouchesCancelled = CC_CALLBACK_2 //触摸终端时回调 onTouchesCancelled 方法
29          (FirstLayer::onMyTouchCancelled, this);
30     _eventDispatcher->addEventListenerWithSceneGraphPriority   //添加到监听器
31          (listener,this);
32      return true;
33  }
```

- 第 3～9 行为首先调用父类的初始化、设置当前关卡标志位，创建碰撞检测类对象、初始化设置界面类、添加方块、添加终点、创建地图以及初始化粒子系统。
- 第 10～20 行先创建场景中的天空球，天空球包围整个游戏场景，当玩家变换摄像机视角时，天空球也将跟着改变，然后创建场景中的自然光和点光源，然后设置精灵的位置并添加到布景中，读者也可自行添加修改光源。
- 第 21～33 行为设置有关触摸监听的方法，

（4）介绍完初始化布景的方法后，接下来介绍初始化场景的方块、终点、地图以及粒子效果的方法，其具体代码如下。

代码位置：源代码/第 14 章/CubeTurn/app/src/main/jni/gameLayer 目录下的 FirstLayer.cpp

```
void FirstLayer::addCube(){                                    //添加方块方法
    cubeBlue=new Cubes(this);                                  //初始化方块类
    cubeBlue->setProperty(0);                                  //设置方块属性为蓝色
    cubeBlue->createCube(Vec3(-50,50,-50));                    //创建方块
```

```
5   }
6   void FirstLayer::addEnd(){                                          //添加终点
7       end=Sprite3D::create("plane/plane.obj","color/color0.png");     //创建方块终点
8       end->setPosition3D(Vec3(0,0,200));                              //设置精灵三维坐标
9       this->addChild(end);                                            //将精灵添加到布景中
10  }
11  void FirstLayer::createMap(){                                       //创建地图
12      gm=new GameMap(this);                                           //初始化地图管理器类
13      gm->createMapOne();                                             //创建第一关地图
14  }
15  void FirstLayer::createParticle(){                                  //创建粒子系统
16      pm=new ParticleManager(this);                                   //初始化粒子系统管理器
17      pm->initNormal();                                               //创建背景粒子系统
18  }
```

- 第 1～5 行为初始化方块的方法，其调用方块类中的创建方块方法，根据设置好的属性设置纹理图和 obj 模型后将其添加进布景中。
- 第 6～10 行为创建终点格子的方法，其根据 obj 模型与方块 UI 有的纹理图片创建终点，并设置位置后将其添加到布景中。
- 第 12～14 行为创建地图的方法，首先初始化地图管理器类，然后调用类里的方法创建对应的关卡地图，其内容将在后面叙述。
- 第 15～18 行为创建背景粒子系统的方法，在方法中调用了粒子系统管理器类中的方法，其内容将在后面叙述。

（5）介绍完了初始化游戏中方块、终点、粒子系统等的方法后，接下来将介绍改变移动标志位方法和方块移动方法，以及跟暂停界面、通关界面有关的两个方法，其具体代码如下。

代码位置：源代码/第 14 章/CubeTurn/app/src/main/jni/gameLayer 目录下的 FirstLayer.cpp。

```
1   void FirstLayer::moveFlagChange(float dt) {                         //改变移动标志位
2       moveflag=!moveflag;                                             //将移动标志位置反
3   }
4   void FirstLayer::cubeMove(){                                        //移动方块
5       int cameradir=Constant::CameraFlag;                             //获取摄像机方位
6       int turndir=Constant::TurnDirection;                            //获取手指滑动方向
7       int turnTrue=directionArray[cameradir][turndir];                //得到方块翻转方向
8       if(collision->collisionOneBlue(turnTrue)) {                     //检测方块翻转是否通过
9       cubeBlue->turnBlue(turnTrue);                                   //翻转蓝色方块
10      PlaySound::PlaySoundEffect(Constant::CubeTurn);                 //播放方块翻转的音效
11      }
12      if(collision->victoryOne()){                                    //判断是否通关
13      PlaySound::PlaySoundEffect(Constant::Victory);                  //播放通关音效
14      this->scheduleOnce(schedule_selector(FirstLayer::victory),1.2f);
                                                                        //调用创建通关界面方法
15      moveflag=true;                                                  //此时禁止方块翻转
16      }
17      Constant::TurnDirection=-1;                                     //初始化手指滑动方向
18  }
19  void FirstLayer::victory(float dt) { pause->createSet(2); }         //创建通关界面
20  void FirstLayer::doubleClickEvent(){pause->createSet(1); }          //创建暂停界面
21  void FirstLayer::funCallback(float dt) {                            //单击回调方法
22      if(isClicked) {                                                 //满足单击条件
23          isClicked=false;                                            //将单击标志位设为否
24  }}
```

- 第 1～3 行为改变移动标志位的定时回调方法，由于方块翻转需要 0.6s 的时间，故在方块翻转的过程中应禁止方块翻转，此方法能保证方块只有在翻转结束后才能继续翻转。
- 第 4～18 行为方块翻转的方法，首先获取摄像机位置标志位以及玩家在屏幕上滑动的方向，从而获取方块翻转方向，再传入碰撞检测类中判断此方向翻转是否通过，进而翻转方块并播放音效，再判断翻转后是否通关，进而创建通关界面，最后初始化手指滑动标志位。
- 第 19～20 行为创建暂停界面和通关界面的方法，这些方法将会在辅助类 GameSet 中详细

介绍，这里就不再叙述。

- 第 21～23 行为单击事件回调方法，用以辅助判断双击事件是否成立。

（6）介绍完了跟翻转方块以及创建暂停界面和通关界面有关的方法后，接下来将介绍和触控有关的方法，主要为触控开始回调方法 onMyTouchBegan、触控移动方法 onMyTouchMoved 以及触控结束方法 onMyTouchEnded，具体代码如下所示。

代码位置：源代码/第 14 章/CubeTurn/app/src/main/jni/gameLayer 目录下的 FirstLayer.cpp。

```
bool FirstLayer::onMyTouchBegan(const std::vector<Touch*>& pTouches, Event *event) {
    lxs=pTouches[0]->getLocation().x;                        //得到触控起点 x
    lxmPre=lxs;                                              //设置触控移动时上一次 x
    lys=pTouches[0]->getLocation().y;                        //得到触控起点 y
    lymPre=lys;                                              //设置触控移动时上一次 y
    isMove=false;                                            //是否移动标志位,true 移动
    return true;
}
void FirstLayer::onMyTouchMoved(const std::vector<Touch*>& pTouches, Event *event) {
    float lxmCurr=pTouches[0]->getLocation().x;              //当前触控终点的 x 坐标
    float lymCurr=pTouches[0]->getLocation().y;              //当前触控终点的 y 坐标
    if(fabs(lxmCurr-lxs)>8||fabs(lymCurr-lys)>8)             //满足条件即为触控移动
    {isMove=true; }                                          //设置移动标志位 true
    if(pTouches.size()==2) {                                 //双指触控时
    moveflag=true;                                           //方块翻转标志位为 true
    this->scheduleOnce(schedule_selector(FirstLayer::moveFlagChange),0.3f);
                                                             //置反方块翻转标志位
    if(isMove) {
        float cxSpan=-0.2*(lxmCurr-lxmPre);                  //计算朝向角变化值
        float yjSpan=0.1*(lymCurr-lymPre);                   //计算仰角变化值
        CameraUtil::calCamera(yjSpan,cxSpan,camera);         //计算摄像机参数并设置
    }}
    lxmPre=lxmCurr;                                          //保存当前触控终点 x
    lymPre=lymCurr;                                          //保存当前触控终点 y
}
void FirstLayer::onMyTouchEnded(const std::vector<Touch*>& pTouches, Event *event) {
    float lxmCurr=pTouches[0]->getLocation().x;              //当前触控终点的 x 坐标
    float lymCurr=pTouches[0]->getLocation().y;              //当前触控终点的 y 坐标
    if(moveflag==false) {                                    //判断此时方块能否翻转
    moveflag=true;                                           //移动标志位设为 true
    if((lxmCurr-lxs)>0&&abs(lxmCurr-lxs)>abs(lymCurr-lys)) { //屏幕动作往右划
        Constant::TurnDirection=3;                           //3 代表 x 轴正方向
        cubeMove();                                          //方块移动
    }else if((lxmCurr-lxs)<0&&abs(lxmCurr-lxs)>abs(lymCurr-lys)) {
                                                             //屏幕动作往左划
        Constant::TurnDirection=1;                           //1 代表 x 轴负方向
        cubeMove();                                          //方块移动
    }
    else if((lymCurr-lys)<0&&abs(lymCurr-lys)>abs(lxmCurr-lxs)) {
                                                             //屏幕动作往下划
        Constant::TurnDirection=0;                           //0 代表 z 轴正方向
        cubeMove();                                          //方块移动
    }else if((lymCurr-lys)>0&&abs(lymCurr-lys)>abs(lxmCurr-lxs)) {
                                                             //屏幕动作往上划
        Constant::TurnDirection=2;                           //2 代表 z 轴负方向
        cubeMove();                                          //方块移动
    }
    this->scheduleOnce(schedule_selector(FirstLayer::moveFlagChange),0.6f);
                                                             //0.6s 后可以让方块动
    }
    if(abs(lymCurr-lys)==0&&abs(lxmCurr-lxs)==0) {           //判断双击事件
    if(isClicked) {                                          //满足双击条件
        isClicked=false;                                     //将单击标志位设 false
        doubleClickEvent();                                  //双击事件
    }else{                                                   //满足单击条件
        isClicked=true;                                      //将单击标志位设 true
        this->scheduleOnce(schedule_selector(FirstLayer::funCallback),0.25f);
                                                             //设置单击标志位
    }}}
```

- 第 1～8 行为触控开始回调方法，首先得到此时的触控点的 x 和 y 并分别记录为触控起点 x 和触控起点 y，然后设置触控移动标志位为 false。
- 第 9～24 行为触控移动事件回调方法，首先得到此时的触控点 x 和 y 并赋值给当前触控点 x 和 y，将其与触控起点相减，判断当前触控点的移动距离是否大于阈值，若大于阈值则设移动标志位为 true，当双指触控时设置方块翻转标志位，此时禁止方法翻转，并计算关于摄像机的参数，更新摄像机的位置。
- 第 25～55 行为触控事件结束回调方法，主要判断方块翻转的方向，然后记录并调用方块移动方法和判断是否满足双击事件，第一次单击会设置单击标志位为 true，0.25s 内不再单击则标志位 isClicked 就会还原成 false，如若再次单击就会创建暂停界面。

14.7 辅助类

上一节介绍了游戏的全部布景，游戏的总体架构想必读者已经明白了。但是千里之行，始于足下，没有辅助类的帮助，其中一些特效或者精灵就实现不了。因此从本节开始，将为读者详细介绍此游戏的辅助类，具体介绍如下所示。

14.7.1　方块类——Cubes

游戏中方块的 4 种可翻转的方块都由这个类实现，该类包括创建方块精灵、设置方块属性，方块翻转以及踩到机关时切换纹理的方法。方块类具体开发过程如下所示。

（1）开发方块类之前，首先需要开发的是 Cubes 类的框架，该类框架声明了一系列将要使用的成员变量和成员方法，其详细代码如下。

代码位置：源代码/第 14 章/CubeTurn/app/src/main/jni/tool 目录下的 Cubes.h。

```
……此处省略了部分头文件的导入，有需要的读者请参考随书源代码
class Cubes:public Sprite3D{
public:
    Layer* layer;                                    //指向游戏布景的指针
    Sprite3D* cube;                                  //方块精灵
    int property=-1;                                 //方块属性
    Cubes(Layer* gamelayer);                         //方块类构造函数
    void setProperty(int index);                     //设置方块属性
    void setCubeTexture();                           //设置方块纹理
    void createCube(Vec3 position);                  //创建方块
    void turnBlue(int dir);                          //蓝色方块翻转
    void turnGreen(int dir);                         //绿色方块翻转
    void turnRed(int dir);                           //红色方块翻转
    void turnPurple(int dir);                        //紫色方块翻转
};
```

说明　该类框架声明了指向添加方块的布景指针、方块精灵对象，以及创建方块对象的方法、设置方块属性的方法、设置方块纹理的方法和 4 种方块翻转的方法等。

（2）开发完类框架声明之后，就是实现 Cubes 类中的相关方法，其中主要为创建方块对象的 createCube 方法，具体代码如下所示。

代码位置：源代码/第 14 章/CubeTurn/app/src/main/jni/tool 目录下的 Cubes.cpp。

```
Cubes::Cubes(Layer* gamelayer) {                     //构造函数
    this->layer=gamelayer;                           //获取游戏布景
}
void Cubes::setProperty(int index){                  //设置属性方法
    this->property=index;                            //设置方块属性
```

```
6   }
7   void Cubes::setCubeTexture(){                                    //设置方块纹理
8       cube->setTexture(StringUtils::format("color/color%d,png",property).c_str());
                                                                     //根据属性设置贴图
9   }
10  void Cubes::createCube(Vec3 position){
11      cube=Sprite3D::create("cube/cube.obj",                       //根据属性创建方块
12      StringUtils::format("color/color%d.png",property).c_str()); //根据属性设置贴图
13      cube->setPosition3D(position);                               //设置方块位置
14      layer->addChild(cube);                                       //将方块添加到布景中
15  }
```

- 第 1~3 行为方块 Cubes 类的构造函数，主要功能为将传入的布景对象赋值给成员变量以备程序使用。
- 第 4~6 行为设置方块的属性，0 代表蓝色，1 代表绿色，2 代表红色，3 代表紫色，属性跟方块贴图设置有关。
- 第 7~9 行为设置方块贴图的方法，当方块踩到机关时会调用这个方法重新设置方块贴图。
- 第 10~15 行为创建方块精灵的方法，根据传入的坐标和属性值设置精灵位置和贴图，并将精灵添加到布景中。

（3）介绍完了创建方块等方法后，接下来介绍方块翻转的方法，由于篇幅有限，并且 4 种方块的翻转大同小异，都由一系列的持续动作组成，故读者只需了解蓝色方块翻转方法便能一以贯之，下面就详细介绍此方法，其具体代码如下。

代码位置：源代码/第 14 章/CubeTurn/app/src/main/jni/tool 目录下的 Cubes.cpp。

```
void Cubes::turnBlue(int dir)                                    //蓝色方块翻转
    ActionInterval* moveDownOne=Spawn::create(                   //z 轴正方向翻转第一部分
        RotateBy::create(0.3,Vec3(45,0,0)),                      //绕 x 轴顺时针轴转 45 度
        MoveBy::create(0.3,Vec3(0,18,50)),                       //y 轴位移 18，z 轴位移 50
        NULL);
    ActionInterval* moveDownTwo=Spawn::create(                   //z 轴正方向翻转第二部分
        RotateBy::create(0.3,Vec3(45,0,0))                       //绕 x 轴顺时针轴转 45 度
        MoveBy::create(0.3,Vec3(0,-18,50)),                      //y 轴位移-18，z 轴位移 50
        NULL);
    ActionInterval* moveLeftOne=Spawn::create(                   // x 轴负方向翻转第一部分
        RotateBy::create(0.3,Vec3(0,0,-45)),                     //绕 z 轴逆时针旋转 45 度
        MoveBy::create(0.3,Vec3(-50,18,0)),                      //x 轴位移-50，y 轴位移 18
        NULL);
    ActionInterval* moveLeftTwo=Spawn::create(                   // x 轴负方向翻转第二部分
        RotateBy::create(0.3,Vec3(0,0,-45)),                     //绕 z 轴逆时针旋转 45 度
        MoveBy::create(0.3,Vec3(-50,-18,0)),                     //x 轴位移-50，y 轴位移-18
        NULL);
    ActionInterval* moveLeftReturn=RotateBy::create(0,Vec3(0,0,90));
                                                                 //绕 z 轴顺时针旋转 90 度
    ActionInterval* moveUpOne=Spawn::create(                     //z 轴负方向翻转第一部分
        RotateBy::create(0.3,Vec3(-45,0,0)),                     //绕 x 轴逆时针旋转 45 度
        MoveBy::create(0.3,Vec3(0,18,-50)),                      //y 轴位移 18，z 轴位移-50
        NULL);
    ActionInterval* moveUpTwo=Spawn::create(                     //z 轴负方向翻转第二部分
        RotateBy::create(0.3,Vec3(-45,0,0)),                     //绕 x 轴逆时针旋转 45 度
        MoveBy::create(0.3,Vec3(0,-18,-50)),                     //y 轴位移-18，z 轴位移-50
        NULL);
    ActionInterval* moveRightOne=Spawn::create(                  //x 轴正方向翻转第一部分
        RotateBy::create(0.3,Vec3(0,0,45)),                      //绕 z 轴顺时针旋转 45 度
        MoveBy::create(0.3,Vec3(50,18,0)),                       //x 轴位移 50，y 轴位移 18
        NULL);
    ActionInterval* moveRightTwo=Spawn::create(                  //x 轴正方向翻转第二部分
        RotateBy::create(0.3,Vec3(0,0,45)),                      //绕 z 轴顺时针旋转 45 度
        MoveBy::create(0.3,Vec3(50,-18,0)),                      //x 轴位移 50，y 轴位移-18
        NULL);
    ActionInterval* moveRightReturn=RotateBy::create(0,Vec3(0,0,-90));
                                                                 //绕 z 轴逆时针旋转 90 度
    switch(dir)    {                                             //根据翻转方向
```

```
37          case 0:cube->runAction(Sequence::create(moveDownOne,  //方块往 z 轴正方向移动
38                      moveDownTwo,NULL));
39              break;
40          case 1:cube->runAction(Sequence::create(moveLeftOne,  //方块往 x 轴负方向移动
41                      moveLeftTwo,moveLeftReturn,NULL));
42              break;
43          case 2:cube->runAction(Sequence::create(moveUpOne,    //方块往 z 轴负方向移动
44                      moveUpTwo,NULL));
45              break;
46          case 3:cube->runAction(Sequence::create(moveRightOne,//方向往 x 轴正方向移动
47                      moveRightTwo,moveRightReturn,NULL));
48              break;
49      }}
```

- 第 2～9 行为方块往 z 轴正方向翻转动作，动作又分为两个部分完成。第一部分的动作效果为方块绕 x 轴顺时针旋转 45 度，同时方块往 y 轴正方向移动 18 像素，往 z 轴位移 45 像素；第二部分的动作与第一部分的差别仅为往 y 轴负方向移动 18 像素。
- 第 10～18 行为方块往 x 轴负方向翻转动作，这里需要注意的是，方块往 x 轴负方向和 x 轴正方向翻转后需要将绕 z 轴旋转的角度回调，否则将会影响下次同方向的旋转，而往 z 轴正方向和负方向翻转则没有此问题。
- 第 19～34 行为方块往 z 轴负方向和 x 轴正方向翻转的动作，读者参考往 z 轴正方向和 x 轴负方向的动作即可。
- 第 36～49 行为依据 dir 的值来判断方块往哪个方向翻转，0 代表 z 轴正方向，1 代表 x 轴负方向，2 代表 z 轴负方向，3 代表 x 轴正方向。

14.7.2　地图类——GameMap

介绍了地图类后，下面将介绍另外一个辅助类，地图辅助类 GameMap。该类的用处是为游戏创建地图中的障碍物部分，该类的开发比较简单。其具体开发步骤如下。

（1）首先需要开发的是 GameMap 类的框架，该类框架中声明一系列将要使用的成员变量和成员方法，其详细代码如下。

代码位置：源代码/第 14 章/CubeTurn/app/src/main/jni/tool 目录下的 GameMap.h。

```
    ......//此处省略对头文件的引用以及其他相关代码，需要的读者请参考源代码
class GameMap:public Node{
public:
    Layer* layer;                                              //指向游戏布景的指针
    int mapOne[6][6]={ { 5, 0,17, 0, 4, 0 }, { 0, 1, 1, 1, 0, 0 },{14, 1, 1, 1,16,
0 },                                                           //第一关地图数据
              { 0, 1, 1, 1, 0, 0 },{ 3,27, 0,28, 2, 0 },{ 0, 3, 7, 2, 0, 0 } };
    int lengthOne=sizeof(mapOne)/sizeof(mapOne[0]);            //第一关数组长度
    ......//此处省略了第二关以及后面关卡的地图数组和数组长度，需要的读者请参考源代码
    std::string spName="";                                     //精灵模型字符串
    std::string picName="";                                    //精灵贴图字符串
    GameMap(Layer* gamelayer);                                 //构造函数
    void createMapOne();                                       //创建第一关地图
    void createMapTwo();                                       //创建第二关地图
    void createMapThree();                                     //创建第三关地图
    void createMapFour();                                      //创建第四关地图
    void createMapFive();                                      //创建第五关地图
    void createMapSix();                                       //创建第六关地图
    void createUnable(int index,Vec3 position);                //创建精灵
    void getString(int num);                                   //得到字符串
};
```

说明：该类框架声明了指向添加地图的布景指针、存储地图数据的数组及数组长度、创建精灵时需要的字符串以及创建关卡地图的方法等。

（2）开发完类框架声明之后，就是实现 GameMap 类中的相关方法，其中主要为创建地图精灵对象的方法，具体代码如下所示。

代码位置：源代码/第 14 章/CubeTurn/app/src/main/jni/tool 目录下的 GameMap.cpp。

```
1   ……此处省略了部分头文件的导入，有需要的读者请参考随书源代码
2   GameMap::GameMap(Layer* gamelayer){                          //GameMap 构造函数
3       this->layer = gamelayer;                                 //将传入的参数赋值给成员变量
4   }
5   void GameMap::createMapOne() {                               //创建第一关地图
6       for(int i=0;i<lengthOne;i++){                            //遍历数组的行
7       for(int j=0;j<lengthOne;j++) {                           //遍历数组的列
8       int v1=((i+1)-lengthOne/2)*100;                          //计算精灵的 x 轴坐标
9       int v2=((j+1)-lengthOne/2)*100;                          //计算精灵的 z 轴坐标
10      createUnable(mapOne[j][i],Vec3(v1,0,v2));                //创建此位置精灵
11      }}}
12  .....//此处省略了创建第二关以及后面关卡的方法，需要的读者请参考源代码
13  void GameMap::createUnable(int num, Vec3 position) {         //创建地图中障碍物精灵
14      if(num==0)                                               //为 0 则不创建人物精灵
15          return;
16      Vec3 spPosition = position;                              //将传入的三维向量赋值
17      getIndex(num);                                           //设置创建精灵需要的字符串
18      Sprite3D* sp3unable = Sprite3D::create(spName,picName);  //创建精灵
19      sp3unable->setPosition3D(spPosition);                    //设置精灵位置
20      layer->addChild(sp3unable);                              //将精灵添加到布景中
21  }
22  void GameMap::getString(int num) {                           //根据索引设置字符串内容
23      switch(num) {
24      case 1: spName="plane/plane.obj";picName="color/whiteplane.png";break;
                                                                 //白色格子
25      case 2: spName="cube/cubes1.obj";picName="color/black.png";break;
                                                                 //黑色小方块 1
26      case 3: spName="cube/cubes2.obj";picName="color/black.png";break;
                                                                 //黑色小方块 2
27      case 4: spName="cube/cubes3.obj";picName="color/black.png";break;
                                                                 //黑色小方块 3
28      case 5: spName="cube/cubes4.obj";picName="color/black.png";break;
                                                                 //黑色小方块 4
29      case 6: spName="cylinder/cylinderl1.obj";picName="color/white.png";break;
                                                                 //长度 1 管道状态 1
30      case 7: spName="cylinder/cylinderu1.obj";picName="color/white.png";break;
                                                                 //长度 1 管道状态 2
31      case 8: spName="cylinder/cylinderr1.obj";picName="color/white.png";break;
                                                                 //长度 1 管道状态 3
32      case 9: spName="cylinder/cylinderd1.obj";picName="color/white.png";break;
                                                                 //长度 1 管道状态 4
33      .....//此处省略了部分设置字符串的内容，需要的读者请参考源代码
34  }}
```

- 第 2～4 行为地图 GameMap 类的构造函数，主要功能为将传入的布景对象赋值给成员变量以备程序使用。
- 第 5～11 行为计算地图中精灵位置的方法，首先遍历关卡地图数组的行和列，分别算出精灵的 x 和 z 坐标作为参数传入创建地图精灵方法。
- 第 13～21 行为创建地图精灵的方法，首先将关卡地图数组中的值作为索引参数传入设置字符串方法，然后在算出的位置创建这个位置的精灵并添加到布景中。
- 第 22～33 行为根据索引值设置创建精灵需要的模型地址字符串和纹理地址字符串，这样只需创建地图数组即可方便地根据索引创建出相应的精灵，状态 1 到状态 4 分别表示同一模型的 4 种摆放状态，读者可在游戏中自行体会。

14.7.3 暂停和通关界面类——GameSet

上一小节介绍了地图类的实现，下面将介绍另外一个辅助类，暂停和通关界面类，其具体开

发步骤如下。

（1）首先需要开发的是 GameSet 类的框架，该类框架中声明一系列将要使用的成员变量和成员方法，其详细代码如下。

代码位置：源代码/第 14 章/CubeTurn/app/src/main/jni/tool 目录下的 GameSet.h。

```
……此处省略了部分头文件的导入，有需要的读者请参考随书源代码
class GameSet:public cocos2d::Sprite{
public:
    SceneManager* gsm;                                  //指向场景管理器的指针
    Layer* layer;                                       //指向暂停和通关界面类的指针
    GameSet(Layer* gamelayer);                          //构造函数
    void createSet(int index);                          //创建暂停和通关界面方法
    void addItemImagePauseAndVictory();                 //添加暂停和通关界面按钮
    void menuSelect(int index);                         //按钮回调方法
private:
    Menu* menu;                                         //菜单项容器
    MenuItemImage* resume;                              //回到游戏按钮
    MenuItemImage* next;                                //下一关按钮
    Sprite* pvBg;                                       //界面背景精灵
    Sprite* level;                                      //关卡显示精灵
    Sprite* bestScore;                                  //最佳成绩显示精灵
    MenuItemImage* restart;                             //重新开始按钮
    MenuItemImage* select;                              //选择关卡按钮
    MenuItemImage* mainMenu;                            //回主菜单按钮
};
```

说明　该类框架声明了指向场景管理器的指针、指向添加暂停和通关界面的布景指针、指向背景精灵、菜单项精灵对象的指针以及创建暂停和通关界面的方法等。

（2）开发完类框架声明之后，就是实现 GameSet 类中的相关方法，其中主要为创建暂停和通关界面的方法，具体代码如下所示。

代码位置：源代码/第 14 章/CubeTurn/app/src/main/jni/tool 目录下的 GameSet.cpp。

```
……此处省略了头文件以及与上述代码类似的部分，有需要的读者请参考随书源代码
GameSet::GameSet(Layer* gameLayer){                             //GameSet 类构造函数
    this->layer=gameLayer;                                      //传入的参数赋值给成员变量
}
void GameSet::createSet(int index)  {                           //创建暂停和通关界面
    if(index==1) {                                              //创建暂停界面
        Director::getInstance()->pause();                       //暂停游戏
        pvBg=Sprite::create("pausevictory/pvbg.png");           //暂停背景精灵
        pvBg->setPosition(Point(480,270));                      //设置精灵位置
        layer->addChild(pvBg,2);                                //将精灵添加到布景层
        addItemImagePauseAndVictory();                          //添加暂停界面按钮
        resume=MenuItemImage::create("pausevictory/resume.png", //回到游戏按钮
                "pausevictory/resumeP.png",                     //选中状态图片
                    CC_CALLBACK_0(GameSet::menuSelect,this,0)); //按钮回调
        resume->setPosition(Point(650,365));                    //设置菜单项位置
        menu=Menu::create(resume,restart,select,mainMenu,nullptr);
                                                                //将菜单项加入容器
        menu->setPosition(Point::ZERO);                         //设置菜单位置
        pvBg->addChild(menu,1);                                 //将菜单添加到背景精灵中
    }else if(index==2) {                                        //创建通关界面
        Director::getInstance()->pause();                       //暂停游戏
        pvBg=Sprite::create("pausevictory/pvbg.png");           //通关背景精灵
        pvBg->setPosition(Point(480,270));                      //设置精灵位置
        layer->addChild(pvBg,2);                                //将精灵添加到布景层
        addItemImagePauseAndVictory();                          //添加通关界面按钮
        next=MenuItemImage::create("pausevictory/next.png",     //下一关按钮
                    "pausevictory/nextP.png",                   //选中状态图片
                    CC_CALLBACK_0(GameSet::menuSelect,this,1)); //按钮回调
        next->setPosition(Point(650,365));                      //设置菜单项位置
        menu=Menu::create(next,restart,select,mainMenu,nullptr);//将菜单添加到背景精灵中
```

```
30        menu->setPosition(Point::ZERO);                        //设置菜单位置
31        pvBg->addChild(menu,1);                                //将菜单添加到背景精灵中
32    }}
```

- 第 2~4 行为界面 GameSet 类的构造函数，主要功能为将传入的布景对象赋值给成员变量以备程序使用。
- 第 5~18 行为创建暂停界面，首先调用 pause 方法暂停正在运行的场景，然后创建暂停背景精灵并将菜单项和最好成绩等精灵添加到背景精灵节点中。
- 第 19~32 行为创建通关界面，通关界面的内容与暂停界面大同小异，只是将“回到游戏”按钮换成“下一关”按钮。

（3）介绍完了创建暂停和通关界面的方法后，接下来就是介绍上述提到的与创建界面有关的创建按钮方法和这些按钮的回调方法，此方法创建了界面中需要的一系列精灵和菜单项，包括最好成绩精灵和当前关卡精灵等，接下来将详细介绍这两个方法，其具体代码如下。

代码位置：源代码/第 14 章/CubeTurn/app/src/main/jni/tool 目录下的 GameSet.cpp。

```
void GameSet::addItemImagePauseAndVictory(){                    //添加暂停和通关界面按钮
    level=Sprite::create(StringUtils::format("pausevictory/level%d.png",
                                                                  //当前关卡
                Constant::LevelIndex).c_str());                   //获取当前关卡
    level->setPosition(Point(335,365));                           //设置精灵位置
    pvBg->addChild(level,1);                                      //将精灵添加到背景精灵中
    bestScore=Sprite::create(StringUtils::format("pausevictory/score%d.png",
                                                                  //最好成绩
                Constant::LevelIndex).c_str());                   //获取关卡最好成绩
    bestScore->setPosition(Point(355,260));                       //设置精灵位置
    pvBg->addChild(bestScore,1);                                  //将精灵添加到背景精灵中
    restart=MenuItemImage::create("pausevictory/restart.png",     //重新挑战
                "pausevictory/restartP.png",                      //设置选中状态图片
        CC_CALLBACK_0(GameSet::menuSelect,this,2));               //回调方法
    restart->setPosition(Point(650,260));                         //设置精灵位置
    select=MenuItemImage::create("pausevictory/selectgame.png",   //选择关卡
                "pausevictory/selectgameP.png",                   //设置选中状态图片
        CC_CALLBACK_0(GameSet::menuSelect,this,3));               //回调方法
    select->setPosition(Point(330,155));                          //设置精灵位置
    mainMenu=MenuItemImage::create("pausevictory/backmain.png",   //回主菜单
                "pausevictory/backmainP.png",                     //设置选中状态图片
        CC_CALLBACK_0(GameSet::menuSelect,this,4));               //回调方法
    mainMenu->setPosition(Point(650,155));                        //设置精灵位置
}
void GameSet::menuSelect(int i) {                                 //回调按钮
    PlaySound::PlaySoundEffect(Constant::ButtonP);                //播放按钮音效
    switch(i) {
    case 0:                                                       //回到游戏
        Director::getInstance()->resume();                        //恢复暂停场景
        PlaySound::PlaySoundEffect(Constant::ButtonP);            //播放按钮声音
        layer->removeChild(pvBg,true);                            //删除背景精灵及子精灵
        break;
    case 1:                                                       //下一关
        Director::getInstance()->resume();                        //恢复暂停场景
        PlaySound::PlaySoundEffect(Constant::ButtonP);            //播放按钮声音
        if(Constant::LevelIndex!=6)                               //是否为最后一关
        gsm->goGame(Constant::LevelIndex);                        //去下一关
        break;
    case 2:                                                       //重新挑战
        Director::getInstance()->resume();                        //恢复暂停场景
        PlaySound::PlaySoundEffect(Constant::ButtonP);            //播放按钮声音
        gsm->goGame(Constant::LevelIndex-1);                      //切换为当前关卡
        break;
    case 3:                                                       //选择关卡
        Director::getInstance()->resume();                        //恢复暂停场景
        PlaySound::PlaySoundEffect(Constant::ButtonP);            //播放按钮声音
        gsm->goSelect();                                          //切换到选关场景
        layer->removeChild(pvBg,true);                            //删除背景精灵及子精灵
```

```
47        break;
48    case 4:                                                //回主菜单
49        Director::getInstance()->resume();                 //恢复暂停场景
50        PlaySound::PlaySoundEffect(Constant::ButtonP);     //播放按钮声音
51        layer->removeChild(pvBg,true);                     //删除背景精灵及子精灵
52        gsm->goMainMenu();                                 //切换到主菜单场景
53        break;
54    }}
```

- 第 2～9 行为创建当前关卡和最好成绩精灵，首先需从常量 Constant 类中获取当前关卡索引，每一关的图片和最好成绩都是不同的，然后设置相应的图片和精灵位置，最后将精灵添加到背景精灵。
- 第 10～21 行为创建暂停和通关界面中剩余的菜单项，包括“重新挑战”按钮，“选择关卡”按钮以及“回主菜单”按钮，设置好精灵位置。
- 第 24 行为执行工具类 PlaySound 里的播放按钮音效的方法，此方法会判断当前播放音效标志位，若为 true 则播放音效，为 false 则不播放音效。
- 第 26～30 行为“回到游戏”按钮回调方法，将删除背景精灵以及子精灵，然后恢复游戏场景。
- 第 31～36 行为“下一关”按钮回调方法，首先读取当前关卡标志位，然后将调用场景管理器中的方法切换到下一个游戏场景，如果当前关卡为第六关的话则没有作用。
- 第 37～41 行为“重新挑战”按钮回调方法，将重新载入当前游戏场景重新挑战游戏。
- 第 42～53 行为切换到选择关卡场景和主菜单场景，都与游戏场景管理器中的方法有关。

14.7.4 机关类——Organ

介绍了暂停和通关界面类后，下面将介绍另一个辅助类，机关类 Organ。该类主要提供了两种游戏中将会遇到的机关，具体开发步骤如下。

（1）首先需要开发的是 Organ 类的框架，该类框架中声明一系列将要使用的成员变量和成员方法，其详细代码如下。

代码位置：源代码/第 14 章/CubeTurn/app/src/main/jni/tool 目录下的 Organ.h。

```
……此处省略了部分头文件的导入，有需要的读者请参考随书源代码
class Organ:public Sprite3D{
public:
    int index=0;                          //机关动作索引
    Layer* layer;                         //需要机关类的游戏布景
    Organ(Layer* gamelayer);              //Organ 构造函数
    Sprite3D* organThree[2];              //第三关机关精灵数组
    Sprite3D* organFive[2];               //第五关机关精灵数组
    Sprite3D* FiveSp[2];                  //第五关机关格子
    void createOrganThree();              //第三关机关方块
    void createOrganFive();               //创建第五关机关
    void orangThreeAction();              //第三关机关动作
    void organFiveMove(int index);        //第五关机关动作
}
```

说明：该类框架声明了指向添加机关类的布景指针、第三关和第五关的存储机关精灵的数组以及创建机关对象的方法等。

（2）介绍了此类的框架声明后，下面就可以正式进行此类的开发了。这里将分两部分分别介绍第三关和第五关的机关，首先是第三关的机关，具体代码如下所示。

代码位置：源代码/第 14 章/CubeTurn/app/src/main/jni/tool 目录下的 Organ.cpp。

```
Organ::Organ(Layer* gamelayer){                                //构造函数
```

```
2      this->layer=gamelayer;                                    //将传参赋值给成员变量
3    }
4    void Organ::createOrganThree(){                            //创建第三关精灵
5      organThree[0]=Sprite3D::create("plane/plane.obj","color/organ2.png");
                                                                //机关地板
6      organThree[0]->setPosition3D(Vec3(0,0,0));               //设置精灵位置
7      layer->addChild(organThree[0]);                          //将精灵添加到布景中
8      organThree[1]=Sprite3D::create("cube/organcube.obj","color/organred.png");
                                                                //机关格子红色方块
9      organThree[1]->setPosition3D(Vec3(-50,45,-50));          //设置精灵位置
10     organThree[1]->setScale(0.8f);                           //设置精灵缩放比
11     organThree[1]->runAction(RepeatForever::create(          //重复执行
12          RotateBy::create(4,Vec3(0,-360,0))));               //执行绕 y 轴旋转
13     layer->addChild(organThree[1]);                          //将精灵添加到布景中
14   }
15   void Organ::orangThreeAction(){                            //第三关机关精灵动作
16     ActionInterval* action=ScaleBy::create(0.4,2.2);         //放大动作
17     organThree[1]->runAction(Sequence::create(               //顺序执行
18                  action,                                     //放大动作
19                  action->clone()->reverse(),                 //相反动作
20                  NULL));
21   }
```

- 第 1～3 行为界面 Organ 类的构造函数，主要功能为将传入的布景对象赋值给成员变量以备程序使用。
- 第 4～14 行为创建第三关的机关方法，机关分为两部分，分别为机关格子和机关方块，设置好其位置、缩放比等相关参数后添加到布景中，机关执行绕 y 轴顺时针旋转动作。
- 第 15～21 行为当方块翻转到机关格子时，机关方块的动作效果，表现为 0.4s 内放大 2.2 倍后再执行相反动作。

（3）介绍完了第一种机关的开发，下面将介绍一下另一种机关，其具体表现为方块处于机关格子的位置时机关方块降落，否则机关方块升起，具体代码如下所示。

代码位置：源代码/第 14 章/CubeTurn/app/src/main/jni/tool 目录下的 Organ.cpp。

```
void Organ::createOrganFive(){                                  //创建第五关机关
  organFive[0]=Sprite3D::create("plane/plane.obj","color/organ1.png");
                                                                //机关格子 1
  organFive[0]->setPosition3D(Vec3(-100,0,0));                  //设置精灵位置
  layer->addChild(organFive[0]);                                //将精灵添加到布景中
  organFive[1]=Sprite3D::create("plane/plane.obj","color/organ1.png");
                                                                //机关格子 2
  organFive[1]->setPosition3D(Vec3(-200,0,100));                //设置精灵位置
  layer->addChild(organFive[1]);                                //将精灵添加到布景中
  FiveSp[0]=Sprite3D::create("cube/cube.obj","color/organcube1.png");
                                                                //机关方块 1
  FiveSp[0]->setPosition3D(Vec3(-250,50,-50));                  //设置精灵位置
  layer->addChild(FiveSp[0]);                                   //将精灵添加到布景中
  FiveSp[1]=Sprite3D::create("cube/cube.obj","color/organcube1.png");
                                                                //机关方块 2
  FiveSp[1]->setPosition3D(Vec3(50,50,-50));                    //设置精灵位置
  layer->addChild(FiveSp[1]);                                   //将精灵添加到布景中
}
void Organ::organFiveMove(int index){                           //机关方块动作
  switch(index) {
       case 0:FiveSp[0]->runAction(Sequence::create(            //机关方块 1 动作
         DelayTime::create(0.6f),                               //延迟 0.6s
         MoveBy::create(0.3,Vec3(0,-93,0)),                     //下移
         NULL));
         break;
    case 1: FiveSp[0]->runAction(MoveBy::create(0.3,Vec3(0,+93,0)));
                                                                //机关方块 1 上移
        break;
    case 2: FiveSp[1]->runAction(Sequence::create(              //机关方块 2 动作
        DelayTime::create(0.6f),                                //延迟 0.6s
        MoveBy::create(0.3,Vec3(0,-93,0)),                      //下移
```

```
27               NULL));
28               break;
29           case 3: FiveSp[1]->runAction(MoveBy::create(0.3,Vec3(0,+93,0)));
                                                                 //机关方块 2 上移
30               break;
31       }}
```

● 第 1～14 行为创建第五关机关格子精灵以及机关方块精灵，机关分为两部分，机关格子和机关方块。机关方块处于正常状态时，方块无法通过机关方块所处的格子，当方块到达机关格子时，机关方块才会降下以便方块通过。设置好精灵位置后并将其添加到布景中。

● 第 15～31 行为根据索引调用相应的方法使得机关方块执行的升降动作，当碰撞检测类中检测到方块到达机关格子的位置时，就会通过游戏场景类调用此方法升降机关方块，并且方块能够通过原来机关方块的位置。

14.7.5 碰撞检测类——Collision

上一小节介绍了机关类的实现，此小节将详细介绍碰撞检测类的具体实现。其中包括方块与地图方块的碰撞，方块与地图的碰撞，以及判断是否通关的方法，下面首先向读者详细介绍此类的基础知识。

（1）首先需要开发的是 Collision 类的框架，该类框架中声明一系列将要使用的成员变量和成员方法，其详细代码如下。

代码位置：源代码/第 14 章/CubeTurn/app/src/main/jni/tool 目录下的 Collision.h。

```
1    ……此处省略了部分头文件的导入，有需要的读者请参考随书源代码
2    class Collision:public Node{
3    public:
4        int blue[4][2]={{1,0},{0,-1},{-1,0},{0,1}};                   //蓝色方块计算数组
5        int green[4][2]={{-1,0},{0,1},{1,0},{0,-1}};                  //绿色方块计算数组
6        int red[4][2]={{2,0},{0,-2},{-2,0},{0,2}};                    //红色方块计算数组
7        int purple[4][2]={{-2,0},{0,2},{2,0},{0,-2}};                 //紫色方块计算数组
8        Vec2 oneBlue=Vec2(2,2);                                       //第一关蓝色方块坐标
9        Vec2 oneBlueV=Vec2(4,2);                                      //第一关蓝色方块终点坐标
10       int mapOne[6][5]={{0,0,0,0,0},{0,1,1,1,0},{0,1,1,1,0},      //第一关地图数组
11                 {0,1,1,1,0},{0,0,1,0,0},{0,0,0,0,0}};
12       bool collisionOneBlue(int dir);                               //第一关蓝色方块碰撞检测
13       bool victoryOne();                                            //判断第一关通关
14   .....//此处省略了第二关等关卡的内容，需要的读者请参考源代码
15   };
```

● 第 4～7 行为 4 种方块的计算数组，每一行的第一列表示为 4 个方向翻转后 x 轴加的值，第二列表示为 4 个方向翻转后 y 轴加的值。

● 第 8～11 行为判断方块与地图障碍物碰撞需要的数据，其中有蓝色方块在地图数组中的位置以及终点位置，地图数组中的 1 代表可以通过，0 则不能通过。

● 第 12～15 行为判断第一关方块翻转后的碰撞检测方法，以及判断翻转后是否通关的方法。

（2）开发完类框架声明之后，就是实现 Collision 类中的相关方法，其中主要为方块的碰撞检测方法，具体代码如下所示。

代码位置：源代码/第 14 章/CubeTurn/app/src/main/jni/tool 目录下的 Collision.cpp。

```
bool Collision::collisionOneBlue(int dir) {                          //第一关蓝色方块碰撞检测
    int blueX=oneBlue.x;                                             //获取蓝色方块 x
    int blueY=oneBlue.y;                                             //获取蓝色方块 y
    int num=-1;                                                      //num 保存结果
    if(mapOne[blueX+blue[dir][0]][blueY+blue[dir][1]]==0)  //判断能否通过
        num=0;     //0 不通过
    else{
        num=1;                                                       //1 通过
```

```
9          oneBlue=Vec2(blueX+blue[dir][0],blueY+blue[dir][1]);  //并更改蓝色方块 x,y
10      }
11      if(num==0)                                                //为 0 不通过
12          return false;
13      else                                                      //为 1 通过
14          return true;
15  }
16  bool Collision::victoryOne(){                                 //第一关通关
17      if(oneBlue==oneBlueV)                                     //判断与终点坐标是否一致
18          return true;                                          //通关
19      return false;                                             //未通关
20  }
```

- 第 2～4 行为声明碰撞需要用到的数据，分别为蓝色方块的 x 和 y 值，代表地图数组中的行和列，num 用来保存结果，0 代表无法通过，1 代表能通过。
- 第 5～10 行为方块翻转后是否会碰撞的判断，核心就是计算方块翻转后在地图数组中的值是否为 1 能通过，当能通过时还要同时将蓝色方块的当前坐标更改以供下次翻转判断。
- 第 11～14 行判断 num 的值来返回 true 通过或者 false 不通过。
- 第 16～20 行为判断能否通关的方法，当蓝色方块的当前坐标与终点坐标相同时则通关。

14.8 引擎引用入口类——AppDelegate

通过前面案例的学习，读者可能会有这样一个疑问，Cocos2d-x 引擎是怎样进入第一个可以显示在屏幕上的场景的呢？通过此类的学习，可以解答读者的疑惑。下面给出 AppDelegate 类的开发流程。

（1）首先需要开发的是 AppDelegate 类的框架，该框架声明了一系列将要使用的成员方法，这些方法都是重写的父类的，不许开发人员自己管理，具体代码如下。

代码位置：源代码/第 14 章/CubeTurn/app/src/main/jni/hellocpp 目录下的 AppDelegate.h。

```
……此处省略了部分头文件的导入，有需要的读者请参考随书源代码
class AppDelegate : private cocos2d::Application{             //类的声明
public:                                                        //构造函数
    AppDelegate();                                             //构造函数
    virtual ~AppDelegate();                                    //析构函数
    void readDate();                                           //数据读取方法
    virtual bool applicationDidFinishLaunching();              //初始化方法
    virtual void applicationDidEnterBackground();              //当程序进入后台时调用此方法
    virtual void applicationWillEnterForeground();             //当程序进入前台时调用
};
```

> **说明** 此类中 3 个函数都是继承的父类的虚函数，函数名不能更改，读者可以查看父类 ApplicationProtocol 头文件中的 3 个函数的注释，查看其对应的用处，还有一个数据读取方法为读取保存的音乐音效标志位。

（2）完成了头文件的开发后，下面给出头文件中方法的具体实现，在代码中实现了各场景的创建并使用导演实例调用场景，具体代码如下所示。

代码位置：源代码/第 14 章/CubeTurn/app/src/main/jni/hellocpp 目录下的 AppDelegate.cpp。

```
……此处省略了部分头文件的导入，有需要的读者请参考随书源代码
AppDelegate::AppDelegate(){}                                  //构造函数，此处未使用
AppDelegate::~AppDelegate(){}                                 //析构函数，此处未使用
bool AppDelegate::applicationDidFinishLaunching(){            //初始化方法
    auto director = Director::getInstance();                  //获取导演
    auto glview = director->getOpenGLView();                  //获得绘制对象
    if(!glview){                                              //若不存在 glview 则重新创建
```

```
8          glview = GLViewImpl::create("My Game");          //重新创建
9      }
10     director->setDepthTest(true);                        //设置关闭深度检测
11     glview->setDesignResolutionSize(960,540,ResolutionPolicy::SHOW_ALL);
                                                            //设置目标分辨率
12     director->setAnimationInterval(1.0 / 60);            //系统模拟时间间隔
13     director->setDisplayStats(false);                    //设置为显示 FPS 等信息
14     SceneManager* gsm=new SceneManager();                //指向场景管理器的指针
15     this->readDate();                                    //读取音乐音效标志位
16     gsm->goBegin();                                      //切换到欢迎界面
17     return true;
18 }
19 void AppDelegate::readDate(){                            //读取数据
20     Constant::musicFlag=UserDefault::getInstance()->     //读取音乐标志位
21                     getIntegerForKey("musicFlag");
22     Constant::soundFlag=UserDefault::getInstance()->     //读取音效标志位
23                     getIntegerForKey("soundFlag");
24 }
25 void AppDelegate::applicationDidEnterBackground(){      //当程序进入后台时调用此方法
26     Director::getInstance()->stopAnimation();            //停止动画
27     AudioManager::mPauseBackgroundMusic();               //如果有声音的话要调用下面一句暂停声音播放
28 }
29 void AppDelegate::applicationWillEnterForeground(){     //当程序进入前台时调用
30     Director::getInstance()->startAnimation();           //开始动画
31     AudioManager::mResumeBackgroundMusic();              //如果有声音的话要调用下面一句开始声音播放
32 }
```

- 第 2～3 行为构造函数与析构函数的实现，由于此处并未使用，所以并未包含任何代码。
- 第 4～9 行为初始化方法。当游戏开始执行时，引擎会首先调用此方法。此方法中实现了获得绘制对象，并设置绘制对象，然后设置一些基础参数并调用场景管理类的方法执行第一个场景。
- 第 10 行为开启深度检测。为了节省绘制时间，可以适当地开启深度检测，需要的时候可以关掉。
- 第 11 行为设置目标分辨率。Cococs2d-x 引擎提供了 5 种屏幕自适应策略，读者可以参考枚举类 ResolutionPolicy 中的注释了解。
- 第 15 行为读取音乐音效标志位数据。由于下次加载游戏时需要读取上次游戏时的音乐音效开关状态，故需读取数据。
- 第 16 行为调用场景管理类的相关方法以执行第一个场景。该方法中获得了导演类的实例，使用该实例执行第一个场景。
- 第 19～24 行为读取上次游戏时保存的音乐和音效标志位的方法。
- 第 25～32 行为程序进入后台时执行的方法和程序进入前台时调用的方法，其中可以放置导演类中的暂停场景方法和背景音乐暂停与恢复等。

14.9　游戏的优化及改进

到此为止，《指尖方块》游戏已经基本开发完成，也实现了最初设计的功能。但是通过开发后的测试发现，游戏中仍然存在一些需要优化和改进的地方，下面列举一些作者想到的方面。

1. 优化游戏场景

读者可以自行根据自己的想法进行改进，使游戏更加完美。如游戏场景的搭建、方块的种类和机关种类设计等，进行进一步地完善。

2. 修复游戏 Bug

现在众多的手机游戏在公测之后也有很多 Bug，需要玩家不断发现以此来改进游戏。比如本游戏中地面草皮的铺垫，如果使用大屏手机时，可能会出现画面拉伸。虽然已经改进了可以发现的 Bug，但是还有一些需要读者来发现并改进。

3. 完善游戏玩法

此游戏只提供了 6 个关卡并只有 4 种方块和两种机关，读者可以开动自己的奇思妙想，设计难度递增的关卡和丰富多彩的道具，如果有实力的话，读者可以参考前面章节介绍的商用游戏中的机关玩法，实现其中一二，以完善游戏的玩法。

14.10 本章小结

本章以开发《指尖游戏》为主题，向读者介绍了使用 Cocos2d-x 引擎开发游戏的全过程，以及该引擎的执行流程。通过本章的学习，读者就形成了比较规范的开发意识，在以后的开发生涯中就会有的放矢。读者还可以参考随书中本章的文件夹，其中提供了 iOS 的案例。

第 15 章 射击解谜类游戏——绿色行动

本章将向读者介绍射击解谜类游戏《绿色行动》，此类游戏由于无缝衔接了第三人称射击和解谜探索体验而受到游戏爱好者的追捧。通过本章的学习，读者不仅能提高对游戏编程的熟练程度，而且对使用 Cocos2d-x 引擎的开发流程有更深的体会。

15.1 游戏的背景及功能概述

正式开发游戏之前，首先需要了解该游戏的背景及功能概述。下面主要围绕该游戏的背景及功能进行详细介绍。通过此小节的详解，相信读者会对该游戏有一个宏观的了解，进而为之后正式开发该游戏做好准备，下面先介绍游戏的开发背景。

15.1.1 游戏开发的背景概述

随着近年来社会生活节奏的不断加快，人们往往没有过多的时间在 PC 端玩游戏。相反，越来越多的人更加倾向于在手持移动端进行游戏，比如目前比较经典的射击解谜类游戏《生化危机》和《古墓丽影》，因为其操作简单，新奇有趣，在各个年龄段的用户中受到热捧，如图 15-1 和图 15-2 所示。

▲图 15-1 古墓丽影

▲图 15-2 生化危机

《绿色行动》游戏就是一款使用 Cocos2d-x 引擎进行图像渲染的射击解谜类游戏。本游戏利用了 Cocos2d-x 中的大量特效，极大地丰富了游戏的视觉效果，增强了用户体验，但是玩法却非常简单，易于玩家们上手和控制主角通关。

15.1.2 游戏的功能介绍

《绿色行动》游戏主要包括主菜单界面、设置音乐音效界面、CG 动画场景以及游戏场景。通过对这些场景的灵活运用，可以实现此游戏的主体功能，并符合商业游戏的基本模式，接下来就对该游戏的运行效果进行简单介绍。

（1）单击手机桌面上该游戏的图标，运行游戏，经过短暂的欢迎界面后，进入游戏的主菜单界面，效果如图 15-3 和图 15-4 所示。

▲图 15-3　欢迎界面

▲图 15-4　主菜单界面

（2）进入主菜单界面后可以看到，该场景中共有 3 个按钮，通过单击“开始游戏”按钮可以进入 CG 场景，通过单击“设定”按钮可以进入设置音乐音效界面，玩家可以通过此界面的两个按钮控制游戏的音乐和音效，读者可以通过单击不同的按钮试操作，其效果如图 15-5 所示。

（3）单击主菜单的“开始游戏”按钮会进入加载界面，每一个加载界面中都通过异步加载加载下一个场景将会用到的图片和模型资源等。效果如图 15-6 所示。

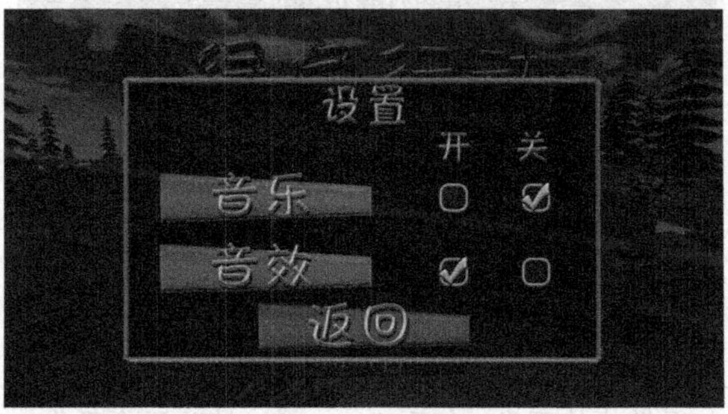

▲图 15-5　设置界面

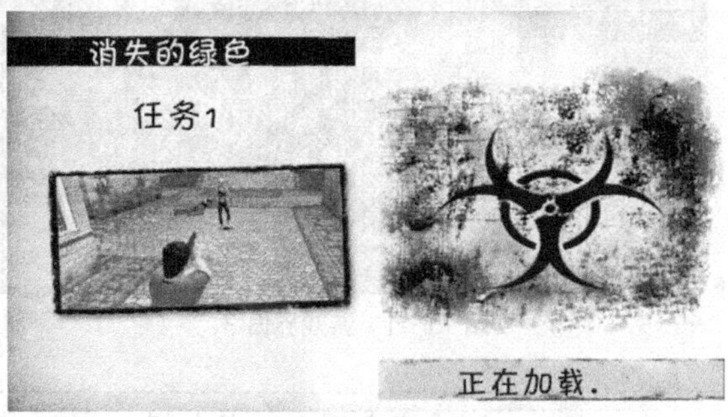

▲图 15-6　CG 加载界面

（4）经过短暂的加载界面后进入游戏的两个 CG 场景，CG 场景中介绍了游戏的大致剧情，主要剧情为某座村庄爆发了不明病毒感染，主人公博士历经艰难将病毒的源头破坏。读者可在进入游戏后自行体会，效果如图 15-7 和图 15-8 所示。

▲图 15-7　CG 场景 1

▲图 15-8　CG 场景 2

（5）经过游戏的 CG 场景之后进入的是游戏场景，本游戏总共 3 关，前两关的任务主要以消灭怪物寻找幸存的 NPC 对话得到线索为主，最后一关的任务为通过实验室中的层层机关并且收集道具打败守卫，破坏病毒源来通关。效果如图 15-9 和图 15-10 所示。

▲图 15-9 游戏界面 1

▲图 15-10 游戏界面 2

（6）游戏场景中的 UI 界面提供给玩家游戏信息和控制主角的摇杆，从左上角到右下角分别为主角的生命值和子弹数、显示怪物位置的雷达和“暂停”按钮、控制主角前进的摇杆，“射击”按钮和“换弹”按钮，按“暂停”按钮进入游戏暂停界面，具体效果图如图 15-11 和图 15-12 所示。

▲图 15-11 游戏界面 3

▲图 15-12 暂停界面

提示 本章主要向读者介绍 Android 平台下游戏的开发，由于 Cocos2d-x 持跨平台开发，若需要将项目从 Android 平台移植到 iOS 平台上也相当简单，因此笔者在随书中提供了 iOS 版本的案例，有需要的读者请参考随书中的项目。

15.2 游戏的策划及准备工作

上一节对游戏的背景和功能进行了详细的介绍，读者可以大概了解了本游戏实现的功能。本节着重介绍游戏的策划和准备工作。其中包括游戏类型的确定以及对呈现技术等方面进行详细的设定，下面详细介绍一下游戏的策划过程。

15.2.1 游戏的策划

本游戏的策划主要包括：游戏类型定位、呈现技术以及目标平台的确定等工作。

1. 游戏类型

该游戏的操作为触屏，通过滑动屏幕进行视角的调整以及准心的瞄准，通过方向摇杆来控制角色的前进后退左右行走，以及单击按钮发射子弹消灭怪物和换子弹，玩家可以在游戏中通过消灭怪物和 NPC 对话寻求线索，寻找道具完成游戏中的一个个谜题来通关，因此属于射击解谜类游戏。

2. 运行的目标平台

该游戏的目标平台为 Android 2.3 及以上版本。由于该游戏中使用了大量的 Cocos2d-x 中的粒子特效，如果 CPU 或者 GPU 的运行速度较慢可能造成游戏运行效果较差。

3. 采用的呈现技术

游戏完成采用 Cocos2d-x 引擎进行游戏场景的搭建以及游戏特效的处理，比如游戏中的背景粒子效果以及各种效果的呈现和场景之间的切换特效等。这些都是 Cocos2d-x 引擎封装好的，用起来极其方便，但所实现的效果却异常强大。

4. 操作方式

本游戏所有关于游戏的操作均为触屏方式，玩家可以滑动屏幕来控制准心的瞄准，单击屏幕上的摇杆和按钮来控制角色的行走和射击消灭怪物，通过调整角色的位置和掌握游戏中不同机关的通过时机来通关，操作方式比较简单。

5. 音效设计

为了增加游戏的吸引力以及玩家的游戏体验，本款游戏根据场景的效果添加了适当的音效，包括背景音乐、菜单按钮音效，以及游戏中主角行走、射击换子弹音效和不同怪物的死亡音效，游戏机关音效等，可以极大地增加游戏的可玩性以及吸引性。

15.2.2 游戏的准备工作

上面介绍了游戏的策划工作，通过前面的介绍，想必读者已经了解了本游戏的类型。下面将做一些开发前的准备工作，包括搜集和制作图片、声音、字体、粒子系统等，这些资源是这款游戏创作成功的基石，其详细开发步骤如下。

（1）首先为读者介绍的是本游戏的图片资源，由于篇幅所限，特地将所需的图片资源分为四个表。系统将所有图片资源都放置在 assets 中的子文件夹下，为了将各种资源区分开来，图片分别放在 backpack、begin、cg 文件夹下，见表 15-1。

表 15-1　　图片清单

图片名	大小（KB）	像素（w×h）	用途	图片名	大小（KB）	像素（w×h）	用途
item.png	13	68×69	背包按钮	9=1.jpg	519	800×800	CG 草地
item0～6.png	19	960×540	物品信息	10.jpg	216	630×472	CG 树干
itembg.png	49	960×540	物品框背景	19.jpg	183	787×586	CG 房子 2
left.png	11	62×101	左按钮	25.jpg	56	800×800	CG 房子 3
leftP.png	12	62×101	左按钮按下	380_77387.jpg	343	856×770	CG 桌子
right.png	11	62×101	右按钮	black.png	3	328×208	黑色
rightP.png	12	62×101	右按钮按下	blackboard.jpg	24	759×464	黑板
useitem.png	43	310×74	使用按钮	book.png	93	651×325	书
useitemP.png	49	310×74	使用按钮按下	coma.jpg	17	100×100	电脑
beginbg.png	722	960×540	闪屏背景	comkey.jpg	138	214×795	键盘

续表

图片名	大小（KB）	像素（w×h）	用途	图片名	大小（KB）	像素（w×h）	用途
c0～c14.png	21	139×138	闪屏字	comred.jpg	240	480×600	键盘 2
cnfirm.png	34	310×77	确定按钮	grass.jpg	1416	1024×1024	草地
confirmP.png	34	275×55	确定按钮按下	grassand.png	174	1024×1024	土地
decorate1～6.png	4	69×21	加载装饰	leaf.jpg	145	1021×609	树叶
load0～load3.png	795	960×540	关卡加载	light.png	250	494×408	黄色
loadmain.png	741	960×540	加载背景图	news0～2.png	478	497×265	屏幕
point1～3.png	41	960×540	关卡信息	treegan.jpg	187	1020×736	树干 2
showtip0～12.png	32	960×540	关卡提示	white.jpg	2	680×384	白色
4.jpg	160	390×126	CG 房子				

（2）上述介绍了部分场景中需要的图片，下面详细介绍此游戏所需图片资源的其余部分，其中主要包括 CG 场景贴图以及英雄和 NPC 贴图等，分别放在 changjing、Hero、mainmenu、Material 文件夹，见表 15-2。

表 15-2　　图 片 清 单

图片名	大小（KB）	像素（w×h）	用途	图片名	大小（KB）	像素（w×h）	用途
title.png	212	529×139	标题	201401030933879.jpg	82	330×446	cg 建筑
set.png	75	529×139	设置按钮 1	sportive01～05.png	370	512×512	npc
setP.png	81	529×139	设置按钮 2	Archmode_dirt_1.jpg	183	600×600	cg 泥土
eye01.jpg	26	640×640	鹰眼睛	Archmode_leaf_13.jpg	119	200×1000	cg 叶子
lubiao.png	101	256×256	路标	kihashirab02～06.png	97	256×256	cg 木屋
jonb2.jpg	361	512×512	cg 油桶	gameset.png	12	86×90	暂停 1
exit.png	73	529×139	退出按钮 1	gamesetP.png	16	86×90	暂停 2
exitP.png	80	529×139	退出按钮 2	koyamado.png	102	128×128	cg 木屋窗
leaf.png	48	159×141	cg 枯叶	idcardD.png	382	990×510	门禁卡 1
Ozb1.jpg	91	512×512	cg 油桶 2	idcardU.png	455	990×510	门禁卡 2
ter_C.jpg	4	2989×2989	cg 地板	dialg1～3.png	41	960×540	对话框
pigdon.jpg	459	2048×2048	鹰	dialglast.png	38	960×540	对话背景
prop02.png	96	256×256	第一关场景	treeBirch.png	499	540×540	cg 树干
start.png	95	102×1024	开始按钮 1	resultnt.jpg	92	300×90	模糊
startP.png	106	529×139	开始按钮 2	xiangan.png	2	1024×1024	cg 电线杆
moHu.png	6	960×540	对话遮挡框	herobody.png	248	256×256	英雄
gun.png	135	275×69	手枪				

（3）接下来介绍游戏中用到的图片资源，分别为怪物贴图、暂停设置按钮图片、天空盒和水流图片资源，路径为 assets 文件夹下的 monster、npc、pic、setpause 文件夹，其中包括音乐和音效所需的全部资源，其详细情况见表 15-3。

表 15-3 图片清单

图片名	大小（KB）	像素(w×h)	用途	图片名	大小（KB）	像素(w×h)	用途
mafeng.png	332	512×512	怪物 4	dog1～dog3.png	423	480×480	怪物 1
m_bgdb006.png	183	600×600	怪物 2	zombie7～16.png	334	512×512	怪物 3
npc5~npc8.png	285	480×408	npc	dex_mdiffuse.png	335	480×480	怪物 5
bar.png	14	488×23	血条	dex_mdiffuse.png	157	480×480	怪物 5
center.png	7	52×53	摇杆 1	dex _diffuse.png	288	408×408	怪物 6
direction.png	46	256×257	摇杆 2	dex _diffuse.png	228	480×480	怪物 6
firebutton.png	10	68×68	射击	hero_blood.png	12	225×106	进度条 1
hero.png	13	225×106	血条背景	monster_bar.png	5	195×16	进度条 2
red.png	110	960×540	受伤	radar0～rader2.png	125	400×400	雷达
redpoint.png	4	23×23	怪物位置	zhunxing～0.png	4	46×46	准心
reload.png	11	68×67	装弹按钮	gamseset.png	13	86×90	暂停 1
tiaoguo.png	4	100×100	跳过	gamsesetP.png	17	86×90	暂停 2
xxx.png	9	230×34	血条背景	pausebg.png	40	960×540	暂停背景
zidang.png	9	32×85	子弹数贴图	pauseset.png	32	310×74	设置 1
normal.png	5	57×54	选项正常	pausesetP.png	36	310×74	设置 2
resume.png	39	310×74	回到游戏 1	setbg.png	98	960×540	设置框
resumeP.png	43	310×74	回到游戏 2	selected.png	7	310×74	选项选中
return.png	34	310×74	返回按钮 1	tomain.png	37	310×74	主菜单
returnP.png	38	310×74	返回按钮 2	tomainP.png	42	310×74	主菜单 2

（4）最后介绍的是游戏中用到的游戏场景中的图片资源、天空盒图片资源以及河流图片资源，路径为 assets 文件夹下的 lase、skybox、water 文件夹，其详细情况见表 15-4。

表 15-4 图片清单

图片名	大小（KB）	像素(w×h)	用途	图片名	大小（KB）	像素（w×h）	用途
14～29blue.jpg	222	1024×1024	实验室	wire～wireb.jpg	75	193×828	墙壁 4
0080180318.jpg	73	600×416	警告牌	barel2～barelb.jpg	200	512×512	水罐
Atlas.png	200	1080×1080	通道	backuppower.png	257	2048×2048	电池
wood.jpg	392	1024×768	木箱	bomb0～bomb1.png	236	480×480	炸药
Bhill.png	113	480×480	山体	pingtu0～pingtu8.png	29	155×208	拼图
water.png	430	560×347	河流	mgrey～mgreyb.jpg	91	256×257	墙壁 3
feiji.jpg	805	1024×1024	直升机	circle～circleb.jpg	305	408×408	管道
door.jpg	195	480×480	门贴图	arch20 _label.png	55	400×400	字条
elem4～elem5.jpg	424	480×408	墙壁 1	main1～main11.png	444	750×422	显示屏
206419.jpg	69	512×512	机器人	element～elementb.jpg	149	488×23	门禁
skyBox.png	523	1024×1024	天空盒 2	safebox～safebox1.jpg	138	1024×993	保险箱
duqi.png	15	436×370	装置	switch0～switch4.png	475	350×708	开关
mhol~mholb.jpg	205	68×68	气孔	highsummer.png	409	960×540	天空盒 1

续表

图片名	大小(KB)	像素(w×h)	用途	图片名	大小(KB)	像素(w×h)	用途
pipe2~pipe4.jpg	311	1024×1024	水管	metal5～matal5b.jpg	285	52×53	墙壁 2
rust~rustb.jpg	354	800×800	铁锈	volt~voltb.jpg	100	400×400	电箱
screen~screen3.jpg	93	800×488	屏幕	wall~wallb.jpg	273	1024×1024	实验墙
stripes.jpg	60	960×200	警示	bottom~bottomb.jpg	424	480×480	下水道
mirwater.jpg	44	512×512	镜像河				

（5）接下来介绍游戏中用到的声音资源，路径为 assets 文件夹下的 sound 文件夹，其中包括音乐和音效所需的全部资源，其详细情况见表 15-5。

表 15-5 音乐音效资源

声音文件名	大小（KB）	用 途	声音文件名	大小（KB）	用 途
beijing.ogg	2406	小镇场景背景音乐	hero_jiao.wav	240	村民被追击叫声
seaside.mp3	240	cg 海边背景音乐	rain.mp3	423	cg 下雨背景音乐
mainbg.mp3	1250	主菜单背景音乐	monster_jiao.wav	29	怪兽叫声
type.mp3	243	敲击键盘音效	jiangshi_jiao.wav	5	僵尸叫声
walk.wav	44	走路音效	beforeLabBgm.mp3	1570	第三关 bgm1
shoot.wav	21	射击音效	intoLabBgm.mp3	1600	第三关 bgm2
button.mp3	120	按钮音效	jiangshi_die～_attack.wav	67	僵尸音效
clip.wav	95	换弹夹	monster_attack～run.wav	423	怪兽攻击声音
rain.mp3	21	下雨音效	helicopter.wav	9	直升机
woodstep.mp3	70	木屋中走路音效	mansrun.wav	141	士兵跑步声音
Explo.wav	43	爆炸	monsterdeath1～3.wav	753	怪物死亡音效
alarm.wav	44	警报声	soliderdie.wav	34	士兵死亡
opendoor.wav	17	开门	item1used～item2used.wav	8	物品使用音效
system.wav	38	系统倒计时	walk_land～walk_pass.wav	315	关卡脚步声
opensafe.wav	10	开锁	setbomb.wav	147	设置炸弹
getitem.wav	64	得到物品	movepintu.wav	73	移动拼图
noenter.wav	53	提示信息	movedone.wav	88	拼图完成

（6）介绍完了音乐和音效，下面介绍一下游戏中使用到的 obj 模型。由于模型较多，将分为 3 部分来介绍，第一部分具体包括英雄动作模型、CG 场景模型以及主菜单场景模型等，路径为 assets 文件夹下的 cg、changjing、Hero、mainmenu 文件夹，其详细情况见表 15-6。

表 15-6 模 型 表 格

模型文件名	大小（KB）	用 途	模型文件名	大小（KB）	用 途
screen.obj	31	显示屏模型	Riverfloor04202.obj	285	关卡 2 场景模型
sea.obj	11264	cg 场景模型 2	changjingfloor.obj	1638	主菜单场景刚体
gun.obj	125	枪模型	runinplace.c3b	132	英雄走动作
herodie.c3b	227	英雄死亡动作	woodfloor.c3b	2	房屋模型 t
hero.c3b	325	英雄人物模型	riverfloor.obj	172	主菜单河流模型

续表

模型文件名	大小（KB）	用　途	模型文件名	大小（KB）	用　途
typing.c3b	324	英雄打字动作	hero_run.c3b	54	英雄跑步动作
shoot.c3b	115	英雄射击动作	mainmenu.c3b	1771	主菜单场景模型
stakes.c3b	6	木桩模型	dazhaohu.c3b	189	英雄打招呼动作
bridge.c3b	76	桥模型	pigdon.c3b	1638	鹰模型
dog.c3b	158	狗模型	hero_die.obj	48	英雄模型

（7）下面介绍一下第二部分的 obj 模型，具体包括游戏中使用到的物品、怪物模型、npc 模型等，路径为 assets 文件夹下的 Material、monster、npc、shadow、skybox、water 文件夹以及 last 文件夹中的部分模型，其详细情况见表 15-7。

表 15-7　　　　模 型 表 格

模型文件名	大小（KB）	用　途	模型文件名	大小（KB）	用　途
menjing.obj	12	门禁卡模型	soldier01～06.c3b	1203	怪物 5 模型
jiangshidog.c3b	1515	怪物 1 模型	npc5～npc8.c3b	509	npc 模型
attack01.c3b	171	怪物 2 攻击	shadow.obj	9	影子模型
hit01.c3b	142	怪物 2 受伤	skyBox.obj	74	天空盒模型
run.c3b	141	怪物 2 跑动	water.obj	533	波动河流模型
stand.c3b	198	怪物 2 站立	mirwater.obj	1228	镜子模型
jiangshi.c3b	1024	怪物 3 模型	power.obj	37	备用电池模型
box.obj	22	保险箱模型	bomb～bomb4.obj	40	炸药模型
mafeng.c3b	233	怪物 4 模型	jiangshi_walk.c3b	185	怪物 3 走动

（8）介绍完了第二部分的模型，下面介绍一下第三部分的 obj 模型，具体包括游戏中第三关场景模型以及场景中的武平模型，通关 CG 场景中的模型等，路径为 assets 文件夹下的 last 文件夹中的部分模型，其详细情况见表 15-8。

表 15-8　　　　模型表格

模型文件名	大小（KB）	用　途	模型文件名	大小（KB）	用　途
labdoor.obj	17	实验室内门模型	dooroutside.obj	17	实验室外门模型
key.obj	25	钥匙模型	passwordCode.obj	29	密码条模型
man.c3b	198	CG 中的 npc 模型	switchoutside.obj	0.583	外部门禁开关模型
jiyi.obj	104	机翼模型	monitor1～monitor4.obj	2	显示屏模型
weiyi.obj	16	尾翼模型	helicopter.obj	1024	直升机模型
robot.c3b	50	机器人模型	cangmen.obj	4	舱门模型
switch.obj	1.79	内部门禁开关模型	idcardIn.obj	12	门禁卡模型
cover.c3b	5	炸药盖子模型	safedoor.obj	111	保险箱模型
last.c3b	3983	第三关场景模型	lastfloor.obj	159	第三关刚体

（9）介绍完了 obj 模型后，最后总体介绍一下剩余的资源。其中包括粒子系统脚本以及着色器 Shader。剩余的一些图片是粒子系统中所需要的，这些纹理图的名称需要与脚本文件中的纹理图名称前后一致，其详细情况见表 15-9。

表 15-9　　其 余 资 源

文件名	大小（KB）	用途	文件名	大小（KB）	用途
cardbelow.pu	2	物品粒子脚本	electricBeamSystem.pu	2	电流粒子脚本
rain1.pu	5	下雨粒子脚本	vertex.vert	3	镜像物品 Shader 脚本
example_010.pu	16	物品粒子脚本	water_vertex.vert	3	镜像水面 Shader 脚本
explosion.pu	3	爆炸粒子脚本	water.vert	2	波动河流 Shader 脚本
Lvirusgas.pu	2	左边毒气粒子脚本	3d_effects.material	3	物品高亮包边材质
Rvirusgas.pu	2	右边毒气粒子脚本			

15.3 游戏的架构

上一节详述了游戏的策划和前期准备工作，由此可以了解到本游戏的类型及游戏框架等。从本节开始将对该游戏的架构进行简单介绍，包括布景相关类及工具类实现的功能，使读者对本游戏的开发有更深层次的认识。

15.3.1 游戏中各类的简要介绍

为了使读者能够更好地理解各个类的作用，下面将分成两部分进行介绍，首先介绍的是布景相关类的详细功能，紧随其后介绍的是辅助类的详细功能，而各个类的详细开发流程将在后面的小节中相继介绍。

1. 布景相关类

（1）总场景管理类 SceneManager。

该布景为游戏中呈现场景最主要的类，主要负责游戏中场景的显示和切换。游戏中将众多的场景集中到一个类中，不但程序结构清晰而且维护简单，在很多商业游戏中也是采用的这种模式，学完本章读者会有体会。

（2）自定义游戏加载欢迎布景类 BeginLayer。

该布景为玩家进入游戏场景首先看到的布景呈现类，首先看到的是开发者的信息，该类主要的功能是用来过渡到主菜单界面。

（3）自定义游戏主菜单布景类 MenuMenuScene。

该布景为游戏的主菜单类，是玩家打开游戏第一个能和玩家交互的类，包括了进入 CG 场景的“开始游戏”按钮以及打开设置背景音乐和游戏音效的“设定”按钮，单击相应按钮进入相应的界面。

（4）自定义游戏 CG 动画布景类 CGLayer。

该布景为单击“开始游戏”按钮后进入的第一个布景类，CG 动画能够快速地向玩家介绍游戏的背景故事信息，这其中包括游戏的主线和故事走向，这样游戏的开始就会显得合情合理，很多游戏的开头都是这样设计的。

（5）自定义游戏异步加载布景类 LoadLayer。

该布景为游戏加载界面的布景类，该类比较简单，主要功能是为了使游戏场景更加流畅，都会由这个布景类来异步加载下一个游戏场景中将会使用到的图片和模型资源等，有效减少等待和卡顿时间，读者可在游戏中自行体会。

（6）自定义游戏 2D 布景类 My2DLayer。

此界面主要显示的是游戏布景中的 2D 界面。其中包括生命值、雷达、以及控制主角行走和射击的摇杆和射击换弹按钮。并且页面中提供了一个暂停按钮，单击“暂停”按钮弹出暂停界面，在此界面可以进行设置音乐音效以及返回主菜单的选项。

（7）自定义游戏 3D 布景类 My3DLayer。

该布景为游戏场景的 3D 界面类。在此布景中实现了游戏内容 3D 部分的呈现，并实现游戏的主要逻辑。其中包括英雄击杀怪物、寻找 NPC 和道具、通过机关障碍等内容，并实现了摄像机永远位于英雄的后方。读者对该布景应该加强重视，重点学习该布景。

2. 辅助类

（1）数据类 GameData。

该类主要保存游戏中的一些数据方便全局调用，比如音乐标志位、音效标志位、英雄状态标志位、当前关卡索引等数据。

（2）暂停设置界面类 GameSet。

该类主要实现了游戏过程中创建暂停界面和设置音乐音效时创建的界面，并且可以快速回到游戏或者设置音乐音效和回到主菜单。

（3）英雄类 Hero。

此类主要实现了游戏场景中英雄的创建，包括了英雄的行走、跑动、射击、死亡等骨骼动画的创建以及相关信息包括生命值和子弹数等数据的存储。

（4）怪物类 Monster。

该类的主要功能为创建和销毁游戏关卡中出现 6 种怪物精灵，并且怪物的相关动作包括攻击、被攻击、死亡、跑动、备战等骨骼动画都由此类创建，怪物相关数据包括攻击距离、生命值和攻击力也保存在此类中。

（5）音乐音效管理类 MusicManager。

此类主要的功能进行音效的管理，比如管理游戏中所需的音乐和音效资源，在需要的位置进行音乐或者音效的播放，根据玩家的设定，更改播放状态等。

（6）粒子系统管理类 ParticleManager。

此类主要的功能是进行游戏中粒子系统的管理，游戏场景中玩家会看到的电击、毒气以及爆炸等离子效果，ParticleManager 将 Cocos2d-x 中一系列的粒子系统特效封装成了静态方法，这么做可以极大地方便程序中的调用。

（7）波动水面类 Water。

该类主要是创建第二个游戏关卡中的波动河流，给精灵各部件绑定着色器，能够绘制出波动河流水面，这部分内容将在后面详细介绍。

15.3.2 游戏的框架简介

上一小节对游戏中各类实现的功能进行了详细地介绍，可能读者还没有理解游戏的架构以及游戏的运行过程。接下来本小节将从游戏的整体架构上进行介绍，使读者对本游戏有更好的理解，首先给出的是架构图，如图 15-13 所示。

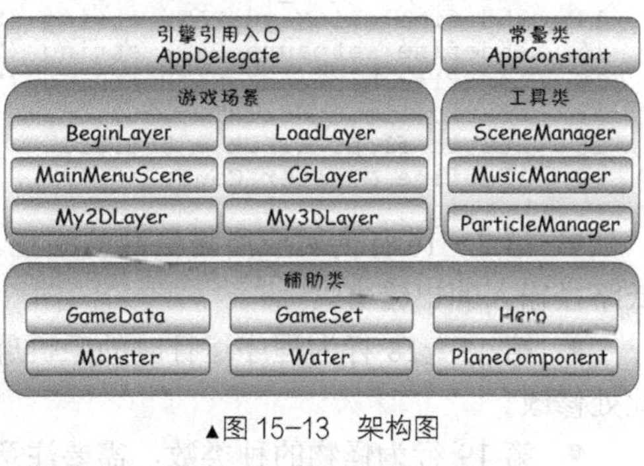

▲图 15-13 架构图

接下来按照程序运行的顺序逐步介绍各个类的作用以及整体的运行框架，使读者更好地掌握本游戏的开发步骤，其详细步骤如下。

（1）启动游戏。引擎会在 AppDelegate 类中开启的入口函数中创建一个主场景，并切换到主场景中。同时在主场景中初始化该场景中的布景，开发者可以看到引擎随后渲染出第一个场景欢迎布景——BeginLayer，呈现在屏幕上。

（2）进入游戏欢迎界面布景中，呈现在玩家眼前的是开发游戏的工作室相关信息，2.5s 后进入游戏主菜单界面。

（3）进入游戏主菜单布景中，首先呈现在玩家眼前的是本游戏的名称“绿色行动”，其次玩家能够看见这个布景是由2DUI布景和3D布景组成的，这样做能够让主菜单显得更加的生动有内容，并且对主题的烘托起到一定帮助。

（4）单击主菜单布景的“设置”按钮后，程序会跳转到设置音乐音效界面，在设置界面中可以开启或关闭背景音乐和音效，并且下次启动游戏时依然会保存上次游戏的音乐音效设置。

（5）玩家单击主菜单界面的“开始游戏”按钮，程序会切换到加载界面，加载界面的作用为异步加载下一个关卡将会用到的图片资源和模型资源等时，有效减少等待时间。

（6）经过加载界面后进入的是 CG 场景，CG 场景主要为读者呈现的是游戏主题背景故事以及结局的展现，能够帮助玩家快速了解并上手游戏。

（7）最后进入的是游戏的 2D 和 3D 场景，2D 界面中提供给玩家主角的生命值、怪物的数量和位置等信息以及操纵的摇杆和射击按钮等，3D 场景中展示本游戏的最主要的内容，包括英雄击杀怪物，收集道具、躲避机关等，读者应当着重学习。

15.4　游戏常量头文件——AppConstant

从本节开始正式进入游戏的开发过程，本节主要介绍该游戏的常量类，常量类中存储了一系列游戏中的基本信息，主要包括各个资源的路径，例如 CG 场景资源、英雄模型资源、怪物模型资源、游戏场景模型等。具体代码如下所示。

代码位置：源代码/第 15 章/ProjectGreen/app/src/main/jni/objectcpp 目录下的 AppConstant.h。

```
1    ……此处省略了部分头文件的声明，有需要的读者请参考随书源代码
2    15define cg_PATH string("cg/")                              //定义 CG 路径
3    15define fonts_PATH string("fonts/")                        //定义字体路径
4    15define hero_PATH string("Hero/")                          //定义英雄路径
5    15define monster_PATH string("monster/")                    //定义怪物路径
6    15define changjing_PATH string("changjing/")                //游戏场景路径
7    15define last_PATH string("last/")                          //第三关场景路径
8    15define particle_PATH string("Particle3D/")                //定义粒子系统路径
9    15define shader_PATH string("shader/")                      //定义着色器路径
10   15define skybox_PATH string("skybox/")                      //定义天空球路径
11   15define sound_PATH string("music/")                        //定义声音路径
12   15define ui_PATH string("pic/")                             //定义 UI 路径
13   15define water_PATH string("water/")                        //定义水路径
14   15define mainMenu_PATH string ("mainmenu/")                 //定义主菜单路径
15   15define setpause_PATH string ("setpause/")                 //定义设置暂停路径
16   15define backpack_PATH string ("backpack/")                 //定义物品栏路径
17   static float HEIGHT = 960.0f;                               //屏幕宽度
18   static float WIDTH = 540.0f;                                //屏幕高度
19   15define Monster_Count 10                                   //怪物种类
```

- 第 2～16 行为对应所需资源的路径。通过这种方式的封装可以非常方便地简化程序，并降低路径输入的出错率。
- 第 17～18 行为程序运行时的手机屏幕宽度和高度，也就是分辨率，若读者想修改可以在此处修改。
- 第 19 行为怪物的种类数，需要注意的是游戏关卡中出现的怪物种类数小于此处的数量，

为了编程方便设置了个较大的数。

15.5 游戏场景布景类

15.5.1 CG 1 场景 2D 布景类——CG2DLayer

游戏在开始时会播放一段 CG 动画，该动画分为两个部分，第一部分为怪物在一处村庄横行的动画，第二部分为博士在某一小岛发现这一情况。这段动画对该游戏的背景做了介绍，同时是这个游戏的开端，下面首先来介绍第一段动画 2D 布景的实现方法。

（1）下面首先来介绍 CG2Dlayer 的头文件，由于该布景实现的功能较为简单，主要是播放屏幕下方的滚动字幕和跳过按钮的实现，因此代码较为简单，下面来介绍具体代码的实现。

代码位置：源代码/第 15 章/ProjectGreen/app/src/main/jni/otherLayer 目录下的 CG2DLayer.h。

```
……//此处省略了引入头文件等代码，有需要的读者可以参考源代码
class CG2DLayer : public cocos2d::Layer{
public:
    virtual bool init();                                    //初始化方法
    Label* label;                                           //直线文本标签的指针
    int title_count=-1;                                     //字幕初始标志位
    ……//此处省略了字幕数组的代码，有需要的读者可以参考源代码
    void fontUpdate(float dt);                              //字幕更新方法
    MenuItemImage* tiaoguobutton;                           //初始化跳过按钮
    void tiaoguoCallback(Ref* pSender);                     //单击跳过按钮回调方法
    void buttonUpdate(float dt);                            //跳过按钮闪烁回调方法
    CREATE_FUNC(CG2DLayer);
};
```

> **说明** 以上代码主要是声明了将要在 CG2Dlayer 中将要用到的成员变量和成员函数，其中主要包括屏幕下方的滚动字幕的内容和跳过按钮功能实现的相关变量，为玩家进行背景介绍，同时与大多数游戏类似可以使玩家跳过动画。

（2）开发完 CG2Dlayer 类的头文件后，还要真正实现其中的方法，从上述步骤就可以看出该类所包含的方法较少，实现方法也较为容易。主要是通过屏幕下方的滚动字幕来向玩家介绍游戏背景，同时添加“跳过”按钮，可以让玩家可以跳过该段动画，下面来介绍具体代码的实现。

代码位置：源代码/第 15 章/ProjectGreen/app/src/main/jni/otherLayer 目录下的 CG2DLayer.cpp。

```
……//此处省略了引入头文件等代码，有需要的读者可以参考源代码
bool CG2DLayer::init(){
    if ( !Layer::init() ){return false;}                                  //调用父类的初始化
    label= Label::createWithTTF("","fonts/FZKATJW.ttf", 40); //创建字幕标签
    label->setTextColor(Color4B::BLACK);                                  //设置标签字体的颜色
    label->setPosition(Point(480,26));                                    //设置文本标签的位置
    label->enableOutline(Color4B(255,255,255,255),2);                     //给文本标签加上包边
    this->addChild(label, 1);                                             //将文本标签添加到布景中
    tiaoguobutton = MenuItemImage::create(                                //创建跳过按钮
            ui_PATH+"tiaoguo.png",                                        //平时的图片
            ui_PATH+"tiaoguo.png",                                        //选中时的图片
            CC_CALLBACK_1(CG2DLayer::tiaoguoCallback, this)//单击时执行的回调方法
     );
     tiaoguobutton->setPosition(Point(900,500));                          //设置跳过按钮的位置
     auto menu = Menu::create(tiaoguobutton,(char*)NULL);                 //创建菜单对象
     menu->setPosition(Point::ZERO);                                      //设置菜单位置
     this->addChild(menu, 1);                                             //将菜单添加到布景中
     schedule(schedule_selector(CG2DLayer::buttonUpdate),1);//开启跳过按钮闪烁回调方法
     schedule(schedule_selector(CG2DLayer::fontUpdate),1);                //开启字幕更新回调方法
     return true;
 }
```

```
22  void CG2DLayer::fontUpdate(float dt){                          //字幕更新回调方法
23      title_count+=1;                                            //每次调用标志位增加
24      label->setString(title[title_count]);                      //更新标签显示内容
25      if(title_count==10){                                       //字幕播放完毕
26          unschedule(SEL_SCHEDULE(&CG2DLayer::fontUpdate));      //关闭滚动字幕回调方法
27  }}
28  void CG2DLayer::buttonUpdate(float dt){                        //跳过按钮闪烁回调方法
29      tiaoguobutton->runAction(                                  //执行相应动作
30              Sequence::create(                                  //执行动作
31              FadeIn::create(0.5),                               //淡入特效
32              FadeOut::create(0.5),                              //淡出特效
33              nullptr));
34  }
35  void CG2DLayer::tiaoguoCallback(Ref* pSender){                 //单击跳过按钮回调方法
36      SceneManager::LoadScene(GameData::SCENEFlag+1);            //跳转到游戏场景
37  }
```

- 第 2～21 行功能为初始化 CG2Dlayer 类，其中主要包括创建滚动字幕和跳过按钮文本标签，并开启相应的定时回调方法。
- 第 22～27 行功能为字幕更新回调方法，该方法 1s 回调一次，每次回调标志位增加，并播放相应的字幕，如果播放完毕则关闭定时回调。
- 第 28～34 行功能为跳过按钮闪烁回调方法，该方法的实现是参考市面上大多数有 CG 动画的游戏，会提供一个跳过按钮供玩家可以跳过该动画。
- 第 35～37 行功能为单击“跳过”按钮回调方法，单击“跳过”按钮后会进入第一个游戏任务关卡。

15.5.2　CG 1 场景 3D 布景类——CG3DLayer

介绍完了 CG 1 场景的 2D 布景类，接下来介绍该场景最为复杂的 3D 布景类，该部分动画中主要是通过移动和旋转摄像机，并操纵场景中的怪物移动和攻击等，来展现怪物在村庄中横行的画面。从而为游戏的展开奠定背景，下面来介绍该布景的实现方法。

（1）首先来介绍 CG3Dlayer 的头文件，该头文件中主要是声明布景类中需要用到的成员变量和方法，其中主要是场景中的多种怪物和需要用到的标志位等，成员方法主要是更新方法和回调方法，下面来介绍具体代码的实现。

代码位置：源代码/第 15 章/ProjectGreen/app/src/main/jni/otherLayer 目录下的 CG3DLayer.h。

```
……//此处省略了引入头文件等代码，有需要的读者可以参考源代码
class CG3DLayer : public cocos2d::Layer{
public:
    virtual bool init();                                  //初始化方法
    Camera* _camera;                                      //指向摄像机的指针
    cocos2d::Vec3 cpos;                                   //摄像机初始位置
    PointLight* pointLight;                               //点光源
    void camerUpdate(float dt);                           //摄像机更新方法
    void monsterMoveUpdate(float dt);                     //怪物移动更新方法
    void moveUpdate(float dt);                            //人物移动更新方法
    float length=0;                                       //摄像机移动距离
    float rotateX=0;                                      //摄像机旋转角度
    float actionspeed=1.0f;                               //动作的播放速度
    float movespeed=30.f;                                 //移动速度
    float cameraspeed=25.f;                               //摄像机的移动速度
    Sprite3D* m_mSprite;                                  //指向怪物的指针
    Sprite3D* hero1;                                      //指向人物的指针
    Sprite3D* monster1;                                   //指向怪物的指针
    Sprite3D* jiangshi;                                   //指向僵尸的指针
    Sprite3D* jiangshi1;                                  //指向僵尸 1 的指针
    Sprite3D* jiangshi2;                                  //指向僵尸 2 的指针
    Sprite3D* jiangshi3;                                  //指向僵尸 3 的指针
    Animation3D *monsterAnimation;                        //指向怪兽动作的指针
```

```
24    Animate3D* animateMonster;                       //怪兽的最终动作
25    bool monstermove=false;                          //怪兽是否移动标志位
26    void monsteraction();                            //怪物行动方法
27    bool isfirst=true;                               //动作标志位
28    bool isfirst_1=true;                             //动作标志位 1
29    ……//此处省略了其他标志位的创建，需要的读者请自行参考源代码
30    bool monsterrun=false;                           //怪物是否播放脚步声
31    void monsterjiao(EventCustom* event);            //怪物吼叫关键帧回调方法
32    void monsterattack(EventCustom* event);          //怪物攻击关键帧回调方法
33    void monsterrunmusic(EventCustom* event);        //怪物奔跑关键帧回调方法
34    CREATE_FUNC(CG3DLayer);
35  };
```

- 第 4～10 行功能为声明了场景初始化方法、指向摄像机的指针、点光源变量、摄像机更新方法、怪物移动和人物移动更新方法等。
- 第 11～15 行功能为声明摄像机和动作的相关参数。
- 第 16～26 行功能为声明指向场景中出现的怪物指针，同时声明了指向怪兽动作的指针以及怪兽移动标志位和方法等。
- 第 27～34 行功能为声明 9 个判断怪物执行动作的标志位和怪物动作执行过程中需要用到的关键帧回调方法等。

（2）介绍完了头文件，下面来介绍该 CG 的具体实现方法，CG 就是通过代码控制场景中的怪物或人物进行移动和播放相应动画，同时按照一定规律移动场景中的摄像机，从而在手机屏幕上展现出动画般的效果，具体代码如下。

代码位置：源代码/第 15 章/ProjectGreen/app/src/main/jni/otherLayer 目录下的 CG3DLayer.cpp。

```
……//此处省略了引入头文件等代码，有需要的读者可以参考源代码
bool CG3DLayer::init(){
    if ( !Layer::init() ){return false;}                           //调用父类的初始化
    auto cgFloor=Sprite3D::create(changjing_PATH+"cunzhuang0421.c3b");
                                                                   //初始化 3D 场景
    this->addChild(cgFloor,0);                                     //添加到布景中
    m_mSprite=Sprite3D::create("gushou/run.c3b","gushou/m_bgdb006.png");
                                                                   //第一个出现的怪物
    m_mSprite->setPosition3D(Vec3(165,0,-23));                     //设置怪物的位置
    m_mSprite->setRotation3D(Vec3(0,-90,0));                       //设置怪物的旋转角度
    m_mSprite->setScale(0.06);                                     //设置缩放比
    monsterAnimation= Animation3D::create(monster_PATH+"gushou/run.c3b");
                                                                   //初始化动作文件
    animateMonster= Animate3D::create(monsterAnimation,0.f,1.8f);  //初始化怪物动作
    animateMonster->setSpeed(animateMonster->getSpeed()*actionspeed);
                                                                   //设置动作播放速度
    ValueMap valuemap;                                             //添加跑动音效关键帧
    animateMonster->setKeyFrameUserInfo(6, valuemap);              //给动作添加关键帧
    auto listener = EventListenerCustom::create(                   //关键帧回调监听
        Animate3DDisplayedNotification,                            //动作关键帧
        CC_CALLBACK_1(CG3DLayer::monsterrunmusic,this)             //回调方法
    );
    Director::getInstance()->getEventDispatcher()->addEventListenerWithFixedPriority
    (listener, -1);
    m_mSprite->runAction(RepeatForever::create(animateMonster)); //怪物播放相关动作
    m_mSprite->setGlobalZOrder(2.0f);                              //设置绘制顺序
    this->addChild(m_mSprite);                                     //添加到布景中
    Sprite3D* m_mShadow=Sprite3D::create("shadow/shadow.obj","shadow/shadow.png");
    m_mShadow->setPosition3D(Vec3(0,10,0));                        //设置影子位置
    m_mShadow->setScale(50.0f);                                    //设置影子缩放比
    m_mShadow->setGlobalZOrder(2.0f);                              //设置影子的绘制顺序
    m_mSprite->addChild(m_mShadow);                                //添加到布景中
    ……//此处省略了类似怪物的初始化的代码，有需要的读者可以参考源代码
    Sprite3D* diehero1=Sprite3D::create(hero_PATH+"hero_die.obj");//4 个死亡的村民
    diehero1->setRotation3D(Vec3(0,40,0));                         //设置旋转角度
    diehero1->setPosition3D(Vec3(30,0,80));                        //设置位置
    diehero1->setScale(0.1f);                                      //设置缩放比
```

```
33      this->addChild(diehero1);                                    //添加到布景中
34      schedule(schedule_selector(CG3DLayer::camerUpdate),0.01);    //定时回调方法
35      ……//此处省略了类似精灵的初始化的代码，有需要的读者可以参考源代码
36      Sprite3D* skyBox = Sprite3D::create("skyBox.obj", "skyBox.png");//创建天空盒
37      skyBox->setPosition3D(Vec3(0, 0, 0));                        //设置天空盒位置
38      skyBox->setScale(72.0f);                                     //设置天空盒大小
39      this->addChild(skyBox);                                      //添加到布景中
40      AmbientLight* ambientLight=AmbientLight::create(Color3B(220, 220, 220));
                                                                     //创建自然光
41      this->addChild(ambientLight);                                //添加到布景中
42      pointLight=PointLight::create(Vec3(-50,50,0),                //创建定位光对象
43          Color3B(200, 200, 200),300);                             //灯光颜色和范围
44      this->addChild(pointLight,0);                                //添加到布景中
45      setCameraMask((unsigned short)CameraFlag::USER1);            //设置摄像机
46      MusicManager::playBackgroundMusic(0,true);                   //播放背景音乐
47      return true;
48  }
```

● 第 2～22 行功能为初始化 3D 场景，创建村庄模型的同时给场景中添加 CG 中需要用到的怪物，设置怪物的位置、朝向角和缩放比等。

● 第 23～28 行功能为给怪物加上影子，设置影子的位置、缩放比和绘制顺序，与怪物保持一致，并添加相应动画。

● 第 29～35 行功能为创建 CG 中静态的物体，主要为躺在小镇中的死亡村民，创建这些模型之后还要设置位置、大小和旋转角度等，最后添加到布景中。

● 第 36～48 行功能为给场景添加天空盒和点光源，让场景更加真实，使玩家拥有身临其境的感觉，最后设置摄像机并播放背景音乐。

（3）CG 动画的实现主要是通过在设定的场景中移动摄像机来实现的，通过调整摄像机的位置和角度来展现场景中的内容，通过代码配合来实现镜头的感觉，最终展现在手机屏幕上，让玩家能够理解开发人员想要表达的内容，具体代码如下。

代码位置：源代码/ProjectGreen/app/src/main/jni/otherLayer 目录下的 CG3DLayer.cpp。

```
void CG3DLayer::camerUpdate(float dt){                               //摄像机更新方法
    if(_camera->getPositionY()>20){                                  //未到达指定位置
        length+=dt*35;                                               //斜向下移动
    float anglek=(cpos.y-20)/(fabs(cpos.z)-170);                     //计算移动斜率
    float nowZ=cpos.z+length;                                        //计算摄像机当前 z 坐标
    float nowY=cpos.y-anglek*(length);                               //计算摄像机当前 y 坐标
    _camera->setPosition3D(Vec3(cpos.x,nowY,nowZ));                  //设置摄像机位置
    _camera->lookAt(Vec3(40,20,0), Vec3(0,1,0));                     //设置摄像机朝向
    }else if(_camera->getPositionY()<=20&&_camera->getPositionZ()<-40){
                                                                     //摄像机水平移动
        length+=dt*cameraspeed;                                      //摄像机的移动距离
        Vec3 cameraPos;                                              //声明摄像机的位置数组
        cameraPos.x=_camera->getPositionX();                         //获取摄像机 x 坐标值
        cameraPos.y=_camera->getPositionY();                         //获取摄像机 y 坐标值
        cameraPos.z=cpos.z+length;                                   //更新摄像机 z 坐标值
        _camera->setPosition3D(cameraPos);                           //设置摄像机位置
        _camera->lookAt(Vec3(cameraPos.x,cameraPos.y,cameraPos.z+20), Vec3(0,1,0));
    }
    if(_camera->getPositionZ()>-250){                                //播放怪物叫声
        if(isfirst_5){                                               //是否已经播放标志位
            MusicManager::playMusicEffect(2);                        //播放怪物吼叫音效
            schedule(schedule_selector(CG3DLayer::monsterMoveUpdate),0.01);
                                                                     //怪物移动的定时回调方法
            isfirst_5=false;                                         //更改播放标志位
    }}
    if(_camera->getPositionZ()>-40){                                 //移动并旋转摄像机
        if(_camera->getPositionZ()<10||rotateX<20){
            if(_camera->getPositionZ()<10){                          //没有移动到指定位置
                length+=dt*cameraspeed;                              //移动摄像机
            }
            if(rotateX<20){                                          //没有旋转到指定角度
```

```
31              rotateX+=dt*5;                                     //旋转摄像机
32          }
33          Vec3 cameraPos;                                        //声明摄像机的位置数组
34          cameraPos.x=_camera->getPositionX();                   //获取摄像机 x 坐标值
35          cameraPos.y=_camera->getPositionY();                   //获取摄像机 y 坐标值
36          cameraPos.z=cpos.z+length;                             //更新摄像机 z 坐标值
37          _camera->setPosition3D(cameraPos);                     //设置摄像机位置
38          _camera->lookAt(                                       //设置摄像机朝向
39          Vec3(cameraPos.x-rotateX,cameraPos.y,cameraPos.z+20-rotateX), Vec3(0,1,0));
40      }else{
41          if(isfirst_3){                                         //是否已经播放标志位
42              MusicManager::playMusicEffect(3);                  //播放僵尸叫声
43              isfirst_3=false;                                   //更改播放标志位
44  }}}}
```

- 第 1~17 行功能为设置摄像机初始向下移动和水平移动的方法，通过给定更改位置来实现摄像机的移动，从而实现 CG 动画。
- 第 18~24 行功能为在摄像机移动的过程中判断摄像机是否移动到指定位置，通过标志位来确定是否为第一次通过，如果是首次通过则播放怪物吼叫音效并开启怪物移动的定时回调方法，最后更改标志位，避免重复判断，这类方法在该布景中大量使用到。
- 第 25~44 行功能为当摄像机移动到指定位置时旋转摄像机，实现镜头的转动，展现不同角度的画面，旋转完毕之后则用与之前类似的方法来播放僵尸叫声。

（4）介绍完了摄像机的更新方法后，接下来介绍场景中怪物的更新方法，对摄像机的操作只是为了改变视角和展现屏幕上的画面，场景中必须控制怪物的移动来完成 CG，操作过程中需要控制多个怪物的移动和动作的播放，具体代码如下。

代码位置：源代码/ProjectGreen/app/src/main/jni/otherLayer 目录下的 CG3DLayer.cpp。

```
void CG3DLayer::monsterMoveUpdate(float dt){                   //怪物移动定时回调方法
    if(m_mSprite->getPositionX()>75){                          //怪物出现动作
        monsterrun=true;                                       //播放脚步声标志位
        Vec3 monsterpos;                                       //声明骨兽位置数组
        monsterpos.x=m_mSprite->getPositionX()-dt*movespeed;//更新骨兽 x 坐标值
        monsterpos.y=m_mSprite->getPositionY();                //获取骨兽 y 坐标值
        monsterpos.z=m_mSprite->getPositionZ();                //获取骨兽 z 坐标值
        m_mSprite->setPosition3D(monsterpos);                  //设置骨兽位置
    }else{                                                     //怪物停下播放动作
        if(isfirst){                                           //是第一次做该动作
            monsterrun=false;                                  //更改怪物移动标志位
            monsteraction();                                   //怪物播放相应动作
            isfirst=false;                                     //更改标志位
    }}if(rotateX>1){                                           //旋转到相应位置
        if(isfirst_7){                                         //是第一次做该动作
            isfirst_7=false;                                   //更改标志位
            MusicManager::playMusicEffect(8);                  //播放人类叫声音效
    }}if(rotateX>=10){                                         //旋转的角度大于一定数值
        monsterrun=false;                                      //更改怪物移动标志位
        Vec3 monsterpos;                                       //声明僵尸 1 的位置数组
        monsterpos.x=jiangshi1->getPositionX();                //获取僵尸 1 的 x 坐标值
        monsterpos.y=jiangshi1->getPositionY();                //获取僵尸 1 的 y 坐标值
        monsterpos.z=jiangshi1->getPositionZ()-dt*4;           //更新僵尸 1 的 z 坐标值
        jiangshi1->setPosition3D(monsterpos);                  //设置僵尸 1 的位置
        Vec3 monsterpos1;                                      //声明僵尸 2 的位置数组
        monsterpos1.x=jiangshi2->getPositionX();               //获取僵尸 2 的 x 坐标值
        monsterpos1.y=jiangshi2->getPositionY();               //获取僵尸 2 的 y 坐标值
        monsterpos1.z=jiangshi2->getPositionZ()+dt*8;          //更新僵尸 2 的 z 坐标值
        jiangshi2->setPosition3D(monsterpos1);                 //设置僵尸 2 的位置
    }
    if(jiangshi2->getPositionZ()>-25){                         //行走一定距离后出现僵尸
        if(isfirst_4){                                         //第一次做该动作
            monsteraction();                                   //怪物做出相应动作
            isfirst_4=false;                                   //更改标志位
}}}
```

- 第 2～15 行功能为如果骨兽未移动到指定位置则更新骨兽位置，如果是刚到达指定位置则播放相应的攻击动作。
- 第 16～17 行功能为摄像机旋转到指定角度时播放人类叫声。
- 第 18～29 行功能为摄像机旋转到指定角度时，获取两个僵尸的位置，村庄右侧的两个僵尸即移动进入摄像机视野。
- 第 31～34 行功能为首次出现最后的僵尸。

15.5.3　CG 2 场景 3D 布景类——CG3Dlayer

第一部分的 CG 播放完毕之后会进入第二段 CG，该段 CG 的主要内容为在一个小岛上的博士发现被怪物攻击的村庄，决定前去探索。该段 CG 的 2D 部分与第一段 CG 类似，在此不做介绍，接下来主要介绍 CG2 场景的 3D 布景类，具体代码如下。

（1）与之前类似，我们首先来介绍 3D 布景类的头文件，该头文件主要是声明布景类中需要用到的成员变量和方法，其中主要是博士的多种动作切换等，成员方法主要是更新方法和回调方法，下面来介绍具体代码的实现。

代码位置：源代码/ProjectGreen/app/src/main/jni/otherLayer 目录下的 CG3Dlayer2.h。

```
……//此处省略了引入头文件等代码，有需要的读者可以参考源代码
class CG3DLayer2 : public cocos2d::Layer{
public:
    Camera* _camera;                                              //指向摄像机的指针
    Sprite3D* cameraSp;                                           //摄像机关注点精灵
    Sprite3D* cameraPos;                                          //摄像机位置精灵
    void initCameraSp();                                          //初始化跟摄像机有关的精灵
    void cameraUpdate(float dt);                                  //摄像机角度变化
    Sprite3D* screen;                                             //电脑屏幕
    int screenIndex=0;                                            //屏幕贴图索引
    void changeScreen(float dt);                                  //改变屏幕中的新闻
    CG2DLayer2* layer2D;                                          //指向 2D 场景指针
    float nextTime[8]={{1.9f},{1.9f},{1.9f},{1.9f},             //字幕转换时间 间隔 0.8+每个值
         {1.9f},{1.9},{1.9f},{1.9f}};
    int timeIndex=-1;                                             //改变字幕索引
    void changeSubTitleSche(float dt);                            //改变字幕
    void changeSubTitle(float dt);                                //改变 2D 界面字幕
    Animation3D* heroAnimate;                                     //初始化英雄动作
    Sprite3D* cghero;                                             //CG 英雄
    Animation3D* heroanimateOne;                                  //初始化做体操动作
    Animate3D* actionOne;                                         //做体操动作
    Animation3D* heroanimateTwo;                                  //初始化跑步动作
    Animate3D* actionTwo;                                         //跑步动作
    Animation3D* heroanimateThree;                                //初始化走路动作
    Animate3D* actionThree;                                       //走路动作
    Animation3D* heroanimateFour;                                 //初始化打字动作
    Animate3D* actionFour;                                        //打字动作
    Water* water;                                                 //指向水对象的指针
    Vec3 waterPoi[4]={                                            //水对象位置数组
        Vec3(-275,-0.5,0),Vec3(275,-0.5,0),
        Vec3(0,-0.5,-275),Vec3(0,-0.5,275)
    };
    float scaleWaterX[4]={    0.375f,0.375f,1.f,1.f    };//水对象的 x 缩放比数组
    float scaleWaterZ[4]={    1.f,1.f,0.375f,0.375f    };//水对象的 z 缩放比数组
    void initWater();                                             //初始化水的方法
    Sprite3D* skyBox;                                             //指向天空盒的指针
    ParticleManager* pm;                                          //粒子系统管理类
    Sprite3D* spRain;                                             //粒子系统的父亲
    void initRain(float dt);                                      //初始化下雨方法
    void endRain(float dt);                                       //停止下雨方法
    void playRainBg(float dt);                                    //下雨音乐方法
    void stopBg(float dt);                                        //停止下雨音乐方法
    void playTyping(float dt);                                    //播放打字声音方法
```

```
44      virtual bool init();                                    //初始化的方法
45      CREATE_FUNC(CG3DLayer2);
46  };
```

● 第 4～17 行功能为初始化摄像机、声明控制摄像机的精灵和声明摄像机更新方法，还有声明了与第一个 CG 相同的字幕更新方法。

● 第 18～27 行功能为声明 CG 中的英雄角色，同时声明了将要用到的英雄相关动作，例如体操、跑步、左路、打字动作等。

● 第 28～35 行功能为初始化创建水所需的数据数组和初始化水的方法。

● 第 36～45 行功能为声明指向天空盒的指针、指向粒子系统管理类的指针和 CG 播放过程中需要用到的方法。

（2）介绍完了头文件的内容，还要实现其中的方法，这部分 CG 与第一部分不同，第一部分中需要同时控制大量怪物的移动和动作，该 CG 中只需要控制博士的移动和动作就可以了，同时用到了多个方法来实现 CG 效果，具体代码如下。

代码位置：源代码/ProjectGreen/app/src/main/jni/otherLayer 目录下的 CG3Dlayer2.cpp。

```
……//此处省略了引入头文件等代码，有需要的读者可以参考源代码
bool CG3DLayer2::init(){                                       //调用父类的初始化
    if ( !Layer::init()){return false;}
    MusicManager::playBackgroundMusic(1,true);                 //播放背景海滩声音
    initCameraSp();                                            //初始化跟摄像机有关的精灵
    initWater();                                               //初始化水
    screen=Sprite3D::create(cg_PATH+"screen.obj");             //创建电脑屏幕
    this->addChild(screen);                                    //添加到布景中
   cghero=Sprite3D::create(hero_PATH+"Hero_dazhaohu.c3b",hero_PATH+"herobody.png");
   cghero->setPosition3D(Vec3(30,0,-30));                      //设置英雄位置
   cghero->setRotation3D(Vec3(0,-90,0));                       //设置英雄旋转角
   cghero->setScale(0.1f);                                     //设置英雄缩放比
   cghero->setGlobalZOrder(1.0f);                              //设置英雄绘制顺序
   this->addChild(cghero);                                     //添加到布景中
   Sprite3D* heroShadow=Sprite3D::create("shadow/shadow.obj","shadow/shadow.png");
                                                               //创建影子
   heroShadow->setPosition3D(Vec3(0,6,10));                    //设置影子位置
   heroShadow->setScale(9.6f);                                 //设置影子缩放比
   heroShadow->setGlobalZOrder(1.0f);                          //设置影子绘制顺序
   cghero->addChild(heroShadow);                               //添加到布景中
   heroanimateOne=Animation3D::create(hero_PATH+"gymnastics.c3b");
                                                               //创建做体操动作
   actionOne=Animate3D::create(heroanimateOne,0,12.5f);        //获取动作开头结尾
   actionOne->setSpeed(actionOne->getSpeed()*1.6f);            //设置播放速度
   ……//此处省略了其他类似动作的创建代码，有需要的读者可以参考源代码
   ActionInterval* partTwo=Spawn::create(                      //第二部分动作
        RotateBy::create(0.1,Vec3(0,-90,0)),                   //转向
        Repeat::create(actionTwo,1),                           //跑步
        NULL);
   ……//此处省略了其他类似动作的创建代码，有需要的读者可以参考书中的源代码
   cghero->runAction(Sequence::create(                         //CG 英雄执行动作
        Repeat::create(actionOne,1),                           //首先做 1 次体操
        partTwo,partThree,partFour,
        partFive,partEight,partNine,
        partTen,NULL));
   ……//此处省略了创建天空盒等代码，有需要的读者可以参考源代码
   setCameraMask((unsigned short)CameraFlag::USER1);           //设置摄像机
   scheduleOnce(schedule_selector(CG3DLayer2::initRain),7.2f); //初始化下雨回调方法
   scheduleOnce(schedule_selector(CG3DLayer2::playRainBg),7.2f); //开始下雨音效方法
   scheduleOnce(schedule_selector(CG3DLayer2::endRain),12.0f); //停止下雨回调方法
   scheduleOnce(schedule_selector(CG3DLayer2::stopBg),12.0f);  //停止下雨音效方法
   scheduleOnce(schedule_selector(CG3DLayer2::playTyping),14.0f);//播放打字音效方法
   schedule(schedule_selector(CG3DLayer2::cameraUpdate));      //更新摄像机回调方法
   schedule(schedule_selector(CG3DLayer2::changeSubTitleSche),2.2f);
                                                               //改变字幕回调方法
   schedule(schedule_selector(CG3DLayer2::changeScreen),1.3f); //改变电脑屏幕回调方法
```

```
44          return true;
45      }
```

- 第 1～19 行功能为初始化摄像机和水，并创建英雄对象，同时设置英雄的位置、大小、旋转角度、缩放比和影子等，最后添加到布景中。
- 第 20～34 行功能为创建英雄的几部分动作，并使英雄顺序播放相关动作，同时省略了创建天空盒等代码，有需要的读者可以参考源代码。
- 第 35～45 行功能为设置摄像机和开启下雨、停雨、打字、改变字幕和电脑屏幕的回调方法，同时开启摄像机定时回调方法，摄像机更新方法中的数据都是通过反复实验得出的，其他方法也较为简单，之后不做介绍，需要的读者可以参考源代码。

15.5.4　主菜单场景 2D 布景类——MainMenuScene2D

为了符合市面上大部分类似游戏的风格，我们决定不再将主菜单界面设计成简单的 2D 界面，而是 2D 和 3D 混合的界面，以 3D 场景为背景，2D 的主菜单可以供玩家选择，实现功能的同时提高了界面效果，具体实现代码如下。

（1）下面首先来介绍 MainMenuScene2D 的头文件，由于该布景主要是实现主菜单的功能，其中的功能与大部分游戏类似，主要包括开始游戏、设置和退出，下面来介绍具体代码的实现。

代码位置：源代码/ProjectGreen/app/src/main/jni/otherLayer 目录下的 MainMenuScene2D.h。

```
……//此处省略了引入头文件等代码，有需要的读者可以参考源代码
class MainMenuScene2D: public cocos2d::Layer{
public:
    Sprite* title;                                  //标题精灵
    GameSet* setGame;                               //指向创建设置界面的指针
    MenuItemImage* start;                           //指向开始游戏的按钮指针
    MenuItemImage* set;                             //指向设定的按钮指针
    MenuItemImage* exit;                            //指向退出的按钮指针
    Menu* menu;                                     //菜单容器
    virtual bool init();                            //初始化的方法
    void createSet();                               //创建设置界面
    void menuSelect(int index);                     //按钮监听
    CREATE_FUNC (MainMenuScene2D);
};
```

说明　该头文件的内容比较简单，主要是声明需要用到的几个按钮菜单，并声明创建设置界面和按钮监听的方法，便于相关功能的实现。

（2）介绍完头文件，还要实现头文件中的方法，由于头文件的内容相对简单，因此实现的方法也较为容易，主菜单的主要功能是实现场景的跳转，起到一个中介的作用，所以代码不会过于复杂，具体实现代码如下。

代码位置：源代码/ProjectGreen/app/src/main/jni/otherLayer 目录下的 MainMenuScene2D.cpp。

```
……//此处省略了引入头文件等代码，有需要的读者可以参考源代码
bool MainMenuScene2D::init(){                                    //调用父类的初始化
    if (!Layer::init()){return false;}
    MusicManager::playBackgroundMusic(3,true);                   //播放背景音乐
    title=Sprite::create(mainMenu_PATH+"title.png");             //创建标题图片
    title->setPosition(Vec2(480,435));                           //设置标题位置
    this->addChild(title,1);                                     //添加到布景中
    start=MenuItemImage::create(mainMenu_PATH+"start.png",mainMenu_PATH+"startP.png",
        CC_CALLBACK_0(MainMenuScene2D::menuSelect,this,0));      //创建开始游戏按钮
    start->setScale(0.575f);                                     //设置缩放比
    start->setPosition(Point(480,230));                          //设置位置
    set=MenuItemImage::create(mainMenu_PATH+"set.png",mainMenu_PATH+"setP.png",
```

```
13            CC_CALLBACK_0(MainMenuScene2D::menuSelect,this,1));      //创建设定按钮
14        set->setScale(0.60f);                                      //设置缩放比
15        set->setPosition(Point(480,150));                          //设置位置
16        exit=MenuItemImage::create(mainMenu_PATH+"exit.png",mainMenu_PATH+"exitP.png",
17            CC_CALLBACK_0(MainMenuScene2D::menuSelect,this,3));     //创建退出按钮
18        exit->setScale(0.6f);                                      //设置缩放比
19        exit->setPosition(Point(480,70));                          //设置位置
20        menu=Menu::create(start,set,exit,nullptr);                 //创建主菜单
21        menu->setPosition(Point::ZERO);                            //设置主菜单位置
22        this->addChild(menu,1);                                    //添加到布景中
23        return true;
24    }
25    void MainMenuScene2D::createSet(){                             //创建设置界面方法
26        setGame=new GameSet(this);
27        setGame->createSet(0,0);                                   //创建设置界面
28    }
29    void MainMenuScene2D::menuSelect(int index){                   //按钮回调方法
30        switch(index){
31        case 0:MusicManager::playMusicEffect(5);                   //播放按钮音效
32            SceneManager::LoadScene(1);break;                      //开始游戏
33        case 1:MusicManager::playMusicEffect(5);                   //播放按钮音效
34            createSet();                                           //创建设置界面方法
35            menu->setEnabled(false);                               //按钮设为不可触
36            break;
37        case 3:MusicManager::playMusicEffect(5);                   //播放按钮音效
38            Director::getInstance()->end();break;                  //退出游戏
39    }}
```

- 第 2～24 行功能为初始化方法，主要内容为在布景中添加标题图片和创建主菜单中的三个按钮，分别是开始、设定和退出按钮，设置其位置和缩放比并添加回调方法，最后将所有按钮和菜单添加到布景中。
- 第 25～28 行功能为创建设置界面的方法，该方法的具体创建方式将在 GameSet 类中介绍。
- 第 29～39 行功能为单击按钮的回调方法，主菜单实现的是场景之间的切换，通过判断标志位的不同而切换到不同界面。

15.5.5 主菜单场景 3D 布景类——MainMenuScene3D

该 3D 布景类主要是作为背景，增强了菜单的画面效果，其中 3D 的主要内容为一个河边的木屋，门口站着一条白狗，从玩家的角度还可以看见房屋在河流中的倒影，刚进入主菜单会有一只鹰从空中飞过，展现出一片安静祥和的景象，具体的实现代码如下。

（1）首先来介绍 MainMenuScene3D 的头文件，由于该布景主要是向玩家展示一个 3D 的场景，需要的成员变量只是来构建这个场景，下面来介绍具体代码的实现。

代码位置：源代码/ProjectGreen/app/src/main/jni/otherLayer 目录下的 MainMenuScene3D.h。

```
……//此处省略了引入头文件等代码，有需要的读者可以参考源代码
class MainMenuScene3D : public cocos2d::Layer{
public:
    Camera* _camera;                                          //场景摄像机
    Camera* _mirCamera;                                       //镜像摄像机
    RenderTexture* renderTexture;
    GLProgramState* state;
    Vector<MSprite3D*> vecSprite3D;
    float myTime = 0;
        void addNewSprite();                                  //添加精灵方法
        virtual void update(float delta);                     //定时回调方法
        void visit(Renderer *renderer, const Mat4& parentTransform, uint32_t parentFlags);
    virtual bool init();                                      //初始化的方法
        CREATE_FUNC(MainMenuScene3D);
};
```

说明 该头文件主要是对场景中需要用到的成员变量和成员方法加以声明，以便在场景中实现相关功能和画面效果。

（2）介绍完了头文件，还要实现其中的方法，其中最难以实现的便是河流中房屋的倒影，河流的实现便较为困难，还要在河流中出现倒影更是难上加难，为了实现更加真实的河流效果，我们决定克服这方面的困难，具体实现代码如下。

代码位置：源代码/ProjectGreen/app/src/main/jni/otherLayer 目录下的 MainMenuScene3D.cpp。

```
1   ……//此处省略了引入头文件等代码，有需要的读者可以参考源代码
2   bool MainMenuScene3D::init(){                                           //调用父类的初始化
3       if ( !Layer::init()){return false;}
4       Sprite3D* scene=Sprite3D::create(mainMenu_PATH+"mainmenu.c3b");//创建主场景
5       scene->setPosition3D(Vec3(0,0,0));                              //设置场景位置
6       this->addChild(scene);                                          //添加到布景中
7       scene->setCameraMask((unsigned short)CameraFlag::USER1);        //添加摄像机
8       Sprite3D* dog=Sprite3D::create(mainMenu_PATH+"dog.c3b");        //创建门口的狗
9       dog->setRotation3D(Vec3(0,270,0));                              //设置狗的旋转角度
10      dog->setScale(15.0f);                                           //设置狗的大小
11      dog->setPosition3D(Vec3(30,5,90));                              //设置狗的位置
12      dog->setCameraMask((unsigned short)CameraFlag::USER1);          //添加摄像机
13      dog->setGlobalZOrder(1.0f);                                     //设置绘制顺序
14      this->addChild(dog);                                            //添加到布景中
15      Sprite3D* pigdon=Sprite3D::create(mainMenu_PATH+"pigdon.c3b");  //创建鹰
16      pigdon->setPosition3D(Vec3(160,10,10));                         //设置鹰的位置
17      pigdon->setRotation3D(Vec3(0,-90,0));                           //设置鹰的旋转角度
18      pigdon->setScale(2.5f);                                         //设置鹰的大小
19      pigdon->setCameraMask((unsigned short)CameraFlag::USER1);       //添加摄像机
20      this->addChild(pigdon);                                         //添加到布景中
21      Animation3D* pigdonAnimation=Animation3D::create(mainMenu_PATH+"pigdon.c3b");
22      Animate3D* pigdonAnimate=Animate3D::create(pigdonAnimation,0,1.0f);
                                                                        //创建骨骼动画
23      pigdon->runAction(RepeatForever::create(pigdonAnimate));         //设置重复播放
24      pigdon->runAction(MoveTo::create(14,Vec3(-420,80,250)));        //设置播放动作
25      Sprite3D* dogShadow=Sprite3D::create("shadow/shadow.obj","shadow/shadow.png");
                                                                        //创建影子
26      dogShadow->setPosition3D(Vec3(30,5,90));                        //设置影子位置
27      dogShadow->setScale(3.0f);                                      //设置影子大小
28      dogShadow->setGlobalZOrder(1.0f);                               //设置绘制顺序
29      dogShadow->setCameraMask((unsigned short)CameraFlag::USER1); //添加摄像机
30      this->addChild(dogShadow);                                      //添加到布景中
31      Animation3D* dogAnimation=Animation3D::create(mainMenu_PATH+"dog.c3b");
32      Animate3D* dogAnimate=Animate3D::create(dogAnimation,0.33,1.33f);
                                                                        //创建狗的骨骼动画
33      dog->runAction(RepeatForever::create(dogAnimate));              //设置重复播放
34      return true;
35  }
```

- 第 2～14 行功能为调用父类初始化，主要包括创建主菜单 3D 布景中为了展现菜单效果而需要用到的模型精灵，同时设置精灵的位置、大小、旋转角度和缩放比等属性，最后给精灵添加布景摄像机并添加到布景中。
- 第 15～35 行功能为创建鹰的骨骼动画，设置其位置和缩放比等属性，设置骨骼动画的动作并设置为重复播放。然后创建狗的骨骼动画并重复播放，给狗添加影子，设置影子的位置和缩放比以及绘制顺序后，将其添加到布景中。

15.5.6 异步加载类——LoadLayer

游戏中主要包括 3 个较大的游戏场景，为了实现逼真的游戏效果，这些场景中用到了大量的写实模型，在进入这些场景之前会加载这些模型。如果不做处理的话，加载过程中会有黑屏的现象，最后我们决定采用异步加载的方法来在进入场景之前加载需要用到的模型，具体的实现代码

如下。

（1）首先来介绍 LoadLayer 的头文件，由于是异步加载类，为了实现其功能，头文件中声明了不同场景中所需要用到的模型文件路径，以便于加载过程的实现，下面来介绍具体代码的实现。

代码位置：源代码/ProjectGreen/app/src/main/jni/otherLayer 目录下的 LoadLayer.h。

```
……//此处省略了引入头文件等代码，有需要的读者可以参考源代码
class LoadLayer : public cocos2d::Layer{
public:
    ……//此处省略了声明模型文件数组相关代码，有需要的读者可以参考源代码
    Sprite* loadBg;                                    //加载背景
    LoadingBar* loadingbar;                            //进度条
    int currentNum = 0;                                //已经加载的个数
    int totalNum = 33+7;                               //需要加载的总个数(图片加模型个数)
    int currentNumCg=0;                                //CG1 当前加载个数
    int currentNumGame1=0;                             //游戏场景 1 加载个数
    int currentNumGame2=0;                             //游戏场景 2 加载个数
    int currentNumGame3=0;                             //游戏场景 3 加载个数
    std::vector<std::string> objPath;                  //模型的集合
    virtual bool init();                               //初始化方法
    void LoadResourceByIndex(int index);               //根据索引加载场景
    void LoadingResource(int index);                   //加载资源
    void LoadingCallback();                            //加载主场景回调
    void LoadingCgCallback();                          //加载 CG 资源回调
    void LoadingGame1Callback();                       //加载第一关资源回调
    void LoadingGame2Callback();                       //加载第二关资源回调
    void LoadingGame3Callback();                       //加载第三关资源回调
    void LoadingOBJ(int index);                        //加载模型
    void LoadAnimate();                                //加载动画
    void GotoNextScene();                              //跳转到下一个界面
    CREATE_FUNC(LoadLayer);
};
```

说明

该头文件中声明模型文件数组的部分被省略，有需要的读者可以参考源代码。同时与其他类的头文件相同，需要声明用到的成员变量和成员方法，进一步方便异步加载功能的实现，其中主要包括声明不同游戏场景中的模型个数、根据索引加载场景的方法、跳转到下一个界面方法和加载不同关卡资源的回调方法等。

（2）介绍完了头文件，还要实现其中的方法，下面首先来介绍根据索引来异步加载不同场景模型的方法，该方法为异步加载的主要方法，可以实现不同游戏关卡的灵活切换，展示不同的加载背景并播放加载动画，避免黑屏的出现，具体代码如下。

代码位置：源代码/ProjectGreen/app/src/main/jni/otherLayer 目录下的 LoadLayer.cpp。

```
void LoadLayer::LoadResourceByIndex(int index){              //根据索引加载场景方法
    switch(index){
        case 0:
                loadBg = Sprite::create("begin/loadmain.png"); //主菜单背景图片
                loadingbar = LoadingBar::create("pic/bar.png");//进度条图片
                loadingbar->setPercent(0);                     //设置进度条初始百分比
                loadingbar->setPosition(Vec2(460,240));        //设置进度条位置
                this->addChild(loadingbar,2);                  //把进度条添加到布景中
                LoadingResource(0);                            //加载资源
                break;
        case 1:
                MusicManager::pauseBackgroundMusic();          //播放背景音乐
                loadBg = Sprite::create("begin/load0.png");    //加载背景图片
                LoadAnimate();                                 //执行动画
                LoadingResource(1);                            //加载资源
                break;
        case 2:loadBg=Sprite::create("begin/load1.png");       //第一关加载背景图片
                LoadAnimate();                                 //执行动画
                LoadingResource(2);                            //加载资源
```

```
20              break;
21          case 3:loadBg=Sprite::create("begin/load2.png");        //第二关加载背景图片
22              LoadAnimate();                                      //执行动画
23              LoadingResource(3);                                 //加载资源
24              break;
25          case 4:loadBg=Sprite::create("begin/load3.png");        //第三关加载背景图片
26              LoadAnimate();                                      //执行动画
27              LoadingResource(4);                                 //加载资源
28              break;
29          }
30          loadBg->setPosition(Point(480,270));                    //设置背景图片位置
31          this->addChild(loadBg,0);                               //添加到布景中
32  }
33  void LoadLayer::LoadAnimate(){                                  //加载动画方法
34      auto animation=Animation::create();                         //创建帧动画对象
35      for(int i=0;i<6;i++)
36          animation->addSpriteFrameWithFileName(picLoad[i]);      //创建加载动画
37      animation->setDelayPerUnit(0.8f/6.0f);                      //设置播放总时间
38      animation->setRestoreOriginalFrame(true);                   //播放后回到初始帧
39      auto action=Animate::create(animation);                     //创建动作
40      Sprite* animeSp=Sprite::create();                           //创建精灵
41      animeSp->setPosition(Point(810,30));                        //设置精灵位置
42      this->addChild(animeSp,2);                                  //添加到布景
43      animeSp->runAction(RepeatForever::create(action));          //执行动作
44  }
```

- 第 1～32 行功能为根据索引加载场景方法，该方法灵活地实现了不同场景的异步加载。0 对应的是开始菜单的模型加载索引，创建主菜单的背景图片和进度条图片，设置进度条的百分比和位置，将其加入布景中；1 对应的游戏主菜单的模型加载索引；2、3、4 分别对应的是游戏中关卡一、二、三的模型加载索引。
- 第 33～44 行功能为加载界面中的动画，主要内容为图片右下方的六个省略号依次增加并循环的动画，效仿了市面上大部分游戏的加载方式，提醒玩家正在加载游戏，避免玩家误认为游戏卡在加载界面导致关闭游戏。

15.5.7　2D 场景类的开发

这一节介绍主场景中 2D 界面的搭建，其中包括闪屏界面的图片，主菜单中 2D 界面部分以及游戏中设置界面和游戏界面 2D 部分的搭建，由于本游戏场景类的操作和内容展现具体集中在 3D 布景中，故 2D 布景类内容较为简单，请仔细阅读并学习。

（1）首先介绍 My2DLayer 的头文件声明部分，当中大部分是对于常量和方法的声明，将这些变量声明之后便可以在实现方法中方便调用使用，具体内容如下所示。

代码位置：源代码/第 15 章/ProtectGreen/app/src/main/jni/maincpp 目录下的 My2DLayer.h。

```
……//此处省略了预编译命令的代码，需要的读者可参考源代码
class My2DLayer : public cocos2d::Layer{
public://初始化的方法
    Label* label;
    ……//此处省略了部分变量的声明，需要的读者可参考源代码
    Menu* menu;                                         //背包菜单容器
    MenuItemImage* backpack;                            //背包按钮
    GameSet* bp;                                        //创建执行穿件界面类的指针
    void backPackCallback(Ref* pSender);                //背包按钮回调方法
    void showTip(int index);                            //信息提示得到物品提示
    void deleteTip(Sprite* sp);                         //删除物品提示
    virtual bool init();
    void menuPauseCallback(Ref* pSender);               //暂停菜单回调方法
    void menuChangeCallback(Ref* pSender);              //更换子弹回调方法
    void zhunxingUpdate(float dt);                      //准星更新方法
    void monsterUpdate(float dt);                       //怪物更新方法
    void initdialog();                                  //初始化对话信息
    void initTishi();                                   //弹出提示框方法
```

```
19    CREATE_FUNC(My2DLayer);
20    int lastIndex=0;                              //第三关信息提示，对话索引
21    Sprite* lastDialog;                           //最后一关对话
22    Label* lastLabel;                             //最后一关对话标签
23    void createlastDialog();                      //创建最后一关对话
24    std::string lword[8]={                        ……//这里省略了对话字符信息
25    };
26    int time=120;                                 //第三关信息倒计时信息，时间倒计时初始值
27    std::string strTime;                          //显示的时间字符
28    Label* showtime;                              //用于显示时间的标签
29    void startTime();                             //开始倒计时
30    void timeUpdate(float dt);                    //时间更新方法
31  };
32  15endif
```

● 第 4～12 行功能为声明类中用到的变量和常量的名称，包括用到的精灵、底板、按钮等。

● 第 13～18 行功能为声明类中的方法，包括暂停菜单、更换子弹的回调方法，准星更新和怪物更新的方法，以及初始化对话信息和弹出提示框的方法。

● 第 19 行功能为 Cocos2d-x 中定义的一个宏，创建指定类型的对象，并做好相应的初始化与释放工作。

● 第 20～30 行功能为声明几个关卡的提示信息和第三关的对话信息，以及第三个关卡中用到的一些变量，包括时间字符、标签等。

（2）开发完类框架声明后还要真正实现 My2Dlayer 类中的方法，其中要介绍的是初始化布景的 init 方法，此方法用于初始化布景和一些相关资源。首先了解一下实现文件中的初始化方法的部分内容，具体代码如下所示。

代码位置：源代码/第 15 章/ProtectGreen/app/src/main/jni/maincpp 目录下的 My2DLayer.cpp。

```
bool My2DLayer::init(){                          //实现 My2DLayer 类中的 init 方法，初始化布景
    if ( !Layer::init() ){                                        //调用父类的初始化
        return false;
    }
    Size visibleSize = Director::getInstance()->getVisibleSize();//获取可见区域尺寸
    Point origin = Director::getInstance()->getVisibleOrigin(); //获取可见区域原点坐标
    if(GameData::SCENEFlag==3){                                   //如果是第三关
        createlastDialog();                                       //创建最后一关对话
    }
    Sprite* powder=Sprite::create(ui_PATH+"zidang.png");          //子弹图标
    powder->setPosition(Point(30,385));                           //设置图标位置
    powder->setScale(0.6f);                                       //设置图标缩放比
    this->addChild(powder,1);                                     //将图标添加到布景中
    label= Label::createWithTTF("12", "fonts/FZKATJW.ttf", 43); //创建一个文本标签
    label->setTextColor(Color4B::BLACK);                          //设置标签字体的颜色
    label->setPosition(Point(52,385));                            //设置文本标签的位置
    this->addChild(label, 1);                                     //将文本标签添加到布景中
    stick=BNJoyStick::create(ui_PATH+"direction.png",ui_PATH+"center.png");
                                                                  //创建百纳摇杆
    stick->setScale(0.8f);                                        //设置摇杆缩放比
    stick->setPosition(100,100);                                  //设置摇杆位置
    this->addChild(stick,2);                                      //将摇杆添加到布景中
    auto menu0 = Menu::create(changebutton,(char*)NULL);          //创建菜单对象
    menu0->setPosition(Point::ZERO);                              //设置菜单位置
    this->addChild(menu0, 1);                                     //将菜单添加到布景中
    ……//此处省略了血条背景框、血条等多个标志板的添加，需要的读者请参考源代码。
    centerX=radar0->getContentSize().width/2;                     //获得雷达位置的 X 坐标
    centerY=radar0->getContentSize().height/2;                    //获得雷达位置的 Y 坐标
    schedule(schedule_selector(My2DLayer::monsterUpdate),0.01);
                        //调用怪物怪物位置更新方法，更新怪物在雷达上的位置
    switch(GameData::SCENEFlag){                                  //添加提示
    case 1:    PointPath="begin/point1.png";                      //若标志位为 1，显示图片 1
        break;
    case 2:    PointPath="begin/point2.png";                      //若标志位为 2，显示图片 2
        break;
```

```
35      case 3:    PointPath="begin/point3.png";              //若标志位为 3，显示图片 3
36          break;
37      }}
```

- 第 5~8 行功能为获取可见区域尺寸以及原点的坐标使用，然后判断是否处于最后一关，若处于最后一关则创建最后一关的对话。
- 第 10~25 行功能为设置子弹图标、文本标签、摇杆的位置、缩放比以及颜色等信息，随后将其添加到布景中，由于当中类似内容过多，没有一一介绍。
- 第 26~36 行功能为首先获得雷达的宽和高，最后判断每次加载的图片的不同，根据标志位的不同，然后加载不同的图片。

（3）上个步骤中的初始化方法省略添加按钮和背包菜单的功能，游戏的第三个场景中需要单击背包按钮之后调出背包菜单，将收集的物品线索放置在背包中，这属于 2D 的内容，下面就将具体介绍这一部分的 2D 添加代码，如下所示。

代码位置：源代码/第 15 章/ProtectGreen/app/src/main/jni/maincpp 目录下的 My2DLayer.cpp。

```
1       Sprite* point=Sprite::create(PointPath);                        //创建精灵
2       point->setPosition(Vec2(480,270));                              //设置位置
3       this->addChild(point,2);                                        //添加到图层
4       point->runAction(Sequence::create(                              //执行动作队列
5               DelayTime::create(3),                                   //设置动作延迟时间 3 秒
6               FadeOut::create(2),                                     //设置淡出动作延迟 2 秒
7               NULL));
8       pause=MenuItemImage::create(changjing_PATH+"gameset.png",
9           changjing_PATH+"gamesetP.png",                              //创建暂停按钮
10      CC_CALLBACK_1(My2DLayer::menuPauseCallback, this));             //设置动作按钮监听
11      pause->setPosition(Point(935,515));                             //设置动作按钮位置
12      pause->setScale(0.5f);                                          //设置动作按钮缩放比
13      backpack=MenuItemImage::create(backpack_PATH+"item.png",backpack_PATH+"item.png",
14          CC_CALLBACK_1(My2DLayer::backPackCallback,this));           //创建背包按钮
15      backpack->setPosition(Point(900,250));                          //设置背包按钮位置
16      if(GameData::SCENEFlag==3)                                      //当处于第三关
17          menu=Menu::create(pause,backpack,nullptr);                  //创建背包按钮
18      else
19          menu=Menu::create(pause,nullptr);
20      menu->setPosition(Point::ZERO);                                 //设置背包菜单的位置
21      this->addChild(menu,1);                                         //将其菜单添加到布景中
22      strTime=bullet[time/60]+" : "+bullet[(time%60)/10]+bullet[(time%60)%10];
23                                                                      //倒计时显示的时间字符串
24      showtime= Label::createWithTTF(strTime, "fonts/FZKATJW.ttf", 43);
                                                                        //创建一个文本标签
25      showtime->setVisible(false);                                    //标签设为不可见
26      showtime->setTextColor(Color4B(255,255,255,255));               //设置标签字体的颜色
27      showtime->enableOutline(Color4B(255,0,0,255),2);                //字体外部包边
28      showtime->setPosition(Point(240,500));                          //设置文本标签的位置
29      this->addChild(showtime, 1);                                    //将文本标签添加到布景中
30      return true;
```

- 第 1~7 行功能为创建一个动作精灵，并设置其位置，然后创建一个动作队列，设置动作的延时时间和动作的特殊效果淡出。
- 第 8~21 行功能为创建暂停按钮和暂停按钮之后的菜单选项，包括按钮和菜单的位置、尺寸，并添加监听，随后将按钮添加到布景中。
- 第 22~30 行功能为设置最后一关倒计时的提示文本，其中包括时间的字符串、文本标签、标签中字体的颜色、外部包边，最后设置文本的位置然后添加到布景中。

（4）初始化方法的部分介绍完以后，介绍 2D 界面中具体调用的方法，由于方法较多，这里就不再一一介绍。首先介绍玩家射击的基础，利用准星进行瞄准时过程的代码设计，包括用准星射击时的实现方法，具体代码如下所示。

代码位置：源代码/第 15 章/ProtectGreen/app/src/main/jni/maincpp 目录下的 My2DLayer.cpp。

```
1  void My2DLayer::zhunxingUpdate(float dt){                //准星更新的定时回调方法
2      label->setString(bullet[GameData::Hero_bullet]);
3      if(GameData::monsterSelect){                          //判断如果有怪物被选中
4          center->setTexture(ui_PATH+"zhunxing0.png");      //有怪物被选中更改准星颜色
5          if(GameData::SelectMonster!=NULL){                //设置血条
6              int lifeValue=GameData::SelectMonster->getMonsterLifeValue();
7              float percent = 100.0 * lifeValue / 300;      //设置怪物血条百分比
8              percent = percent<0?0:percent;                //判断血量百分比的取值
9              monster_lifeBar->setPercent(percent);         //设置怪物血条为当前生命值百分比
10             monster_picblood->setVisible(true);           //设置怪物血条为可见
11             monster_lifeBar->setVisible(true);            //设置怪物血条框为可见
12         }
13     }else{center->setTexture(ui_PATH+"zhunxing.png");     //没有怪物被选中
14         monster_picblood->setVisible(false);              //设置怪物血条为不可见
15         monster_lifeBar->setVisible(false);               //设置怪物血条框为可见
16     }
17     if(GameData::attackFlag&&GameData::Hero_bullet>0){ //英雄攻击时准星进行缩放
18         center->runAction(Sequence::create(ScaleTo::create(0.1,1.0),
                                                           //设置射击缩放 0.1 到 1.0
19                 ScaleTo::create(0.15,0.6),             //设置动作完成后缩放从 0.15 到 0.6
20                 nullptr));
21     }
22     if(GameData::herobeiAttack){                          //英雄被攻击时进行闪屏
23         redpic->setVisible(true);                         //设置红色闪屏为可见
24         hero_lifeBar->setPercent(GameData::heroSprite->getHeroLifeValue());
                                                           //获得英雄血量
25         DelayTime* delaytime = DelayTime::create(0.25f); //设置动作延时时间 0.25 秒
26         redpic->runAction(Sequence::create(             //创建执行动作队列
27                 delaytime,                             //所要执行的动作
28                 FadeIn::create(0.5),                   //淡入效果持续时间 0.5 秒
29                 FadeOut::create(0.5),                  //淡出效果持续时间 0.5 秒
30                 nullptr));
31         GameData::herobeiAttack=false;                    //重置英雄被攻击标志位
32 }}
```

● 第 3～16 行功能为判断英雄的准星是否选取中了怪物，如果选取中怪物，则改变准星的颜色，获取怪物当前的血量值并设置怪物血量占血条框的百分比，设置怪物的血条和血条框为可见。如果准星离开怪物，则将血条框和血条同时设置为不可见。

● 第 17～21 行功能为对选取怪物的准星进行设置，当准星选取中怪物进行射击时，设置准星缩放从 0.1 到 1.0，在射击动作完成之后，将准星再从 0.15 到 0.6 缩放。

● 第 22～31 行功能为英雄被怪物攻击时的闪屏。当英雄被攻击时设置红色闪屏为可见，同时获得英雄的血量，设置红色闪屏为延时动作，并将其放入动作队列与淡入、淡出效果顺序执行，动作特效的持续时间均为 0.5s，最后重置英雄被攻击的标志位。

（5）游戏中怪物的位置需要实时更新显示在屏幕的雷达上，这就要求通过获取怪物的位置，然后生成相应的小红点显示在雷达上，帮助玩家更好地了解地图上的状况，下面介绍这个方法的内容，部分代码如下。

代码位置：源代码/第 15 章/ProtectGreen/app/src/main/jni/maincpp 目录下的 My2DLayer.cpp。

```
void My2DLayer::monsterUpdate(float dt){                   //更新怪物状态
    radar0->removeAllChildren();                           //移除雷达上的所有对象
    radar0->setRotation(CC_RADIANS_TO_DEGREES(GameData::argeex));
                                                           //设置雷达方向与英雄朝向角相同
    int monsterNum = GameData::monsterVec.size();          //获取怪物列表中的怪物
    for(int i = 0; i < monsterNum; i++){                   //遍历怪物列表
        if(GameData::monsterVec[i]){                       //若怪物在当前数组中
            float mx=GameData::monsterVec[i]->getPositionX();//获取怪物 x 坐标
            float mz=GameData::monsterVec[i]->getPositionZ();//获取怪物 y 坐标
            float hx=GameData::heroSprite->getPositionX(); //获取英雄当前 x 坐标
            float hz=GameData::heroSprite->getPositionZ(); //获取英雄当前 y 坐标
```

```
12            if((hx-mx)*(hx-mx)+(mz-hz)*(mz-hz)<centerX*centerX){//怪物在雷达的范围之内
13                Vec2 redpos;                                    //获取怪物与英雄的相对位置
14                redpos.x=(hx-mx)+centerX;                       //计算红点的相应 x 坐标
15                redpos.y=(mz-hz)+centerY;                       //计算红点的相应 y 坐标
16                redpoint[i+1]=Sprite::create(ui_PATH+"redpoint.png");
                                                                  //添加代表怪物的红点
17                redpoint[i+1]->setPosition(redpos);             //设置怪物的位置
18                radar0->addChild(redpoint[i+1]);                //将红点加入布景中
19    }}}}
```

- 第 2～5 行功能为首先移除雷达上所有的对象，然后获取英雄的朝向角并设置雷达上英雄的朝向角与真实英雄朝向角相同。
- 第 6～18 行功能为遍历怪物列表，若怪物在当前数组中，则获取怪物的 x、y 坐标，然后获取英雄的 x、y 坐标，判断怪物是否在英雄的一定范围内，即雷达范围，若在范围内计算英雄与怪物的相对位置并计算红点的 x 与 y 坐标，随后添加怪物对应红点在雷达上，将其加入布景中。

15.5.8　3D 场景类的开发

将 2D 界面搭建完成之后，来到游戏的重点环节，3D 内容的介绍。仅仅使用 2D 技术的游戏在当今市场上无法存活，于是为了更好地迎合市场的走向和玩家的要求，游戏中融入了大量的 3D 技术，下面就将重点介绍 3D 的部分。

1. 场景初始化

（1）由于声明文件中多数为实现文件中使用到的数组、常量和全局变量，也包括其中使用到的方法，就不再详细介绍。首先介绍的是 My3DLayer 类，这其中的内容较为复杂，包括水面水流、移动的照相机等内容，这里先介绍实现文件中的初始化方法。具体代码如下。

代码位置：源代码/第 15 章/ProtectGreen/app/src/main/jni/maincpp 目录下的 My3DLayer.cpp。

```
bool My3DLayer::init(){
    if ( !Layer::init()){return false;}                           //调用父类的初始化
    switch(GameData::SCENEFlag){                                  //判断场景标志位
    case 1:    BundlePath=changjing_PATH+"changjingfloor.obj";   //给予刚体路径
               Chuangjingc3b=changjing_PATH+"cunzhuang0421.c3b"; //给予场景路径
        break;
    ……//此处省略了部分地形和场景的的加载代码，需要的读者请自行参考源代码
    std::vector<Vec3> trianglesList = Bundle3D::getTrianglesList(BundlePath);
                                                                  //创建地面刚体
    Physics3DRigidBodyDes rbDes;
    rbDes.mass = 0.0f;                                            //设置刚体质量
    rbDes.shape = Physics3DShape::createMesh(&trianglesList[0], (int)trianglesList.
    size()/3);
    auto rigidBody = Physics3DRigidBody::create(&rbDes);         //设置刚体形状和属性等
    auto component = Physics3DComponent::create(rigidBody);
    auto sp3Floor=Sprite3D::create(Chuangjingc3b);               //加载房屋模型
    sp3Floor->addComponent(component);
    if(GameData::SCENEFlag==2){                                   //如果是场景 2
        initWater();}                                             //场景 2 就需要初始化水
    sp3Floor->setGlobalZOrder(2);                                 //设置刚体的全局渲染顺序
    this->addChild(sp3Floor);                                     //将其添加到场景中
    hero=Hero::create();                                          //创建英雄对象
    hero->setTexture(hero_PATH+"herobody.png");                   //设置英雄纹理贴图
    hero->setRotation3D(Vec3(0,GameData::beginargee,0));          //设置英雄开始的朝向角度
    hero->setScale(0.07f);                                        //设置英雄的缩放比
    this->addChild(hero);                                         //将英雄添加进布景中
    GameData::heroSprite=hero;                                    //将英雄加入英雄队列中
    GameData::heroSprite->HeroStatus=GameData::Hero_STATE_BEGIN;//赋予英雄初始状态
    Sprite3D* gun=Sprite3D::create(hero_PATH+"gun.obj");          //加载英雄骨骼动画
    gun->setRotation3D(Vec3(90,0,0));                             //设置其朝向角
    gun->setPosition3D(Vec3(13,8,1));                             //设置其位置
    gun->setScale(1.0f);                                          //设置其缩放比
```

```
31       AttachNode* anRFinger=hero->getAttachNode("Bip01 R Hand");//获得英雄部分骨骼的名字
32       anRFinger->addChild(gun);                                      //将枪绑定在获得的骨骼上
33   ……//此处省略了不同场景的具体初始化内容，后面会有介绍
34   }
```

● 第 2～6 行首先调用父类的初始化，然后由于本游戏分为 3 个关卡，这里需要判断场景的标志位，根据不同的标志位给予不同的场景文件和刚体文件的路径，加载进游戏当中。

● 第 8～19 行功能为创建刚体的具体步骤，首先设置刚体的密度，然后设置刚体的形状和属性。随后加载房屋模型，如果加载的是场景 2，需要加载初始化水的部分代码，然后设置刚体的全局渲染顺序并将其添加到场景中。

● 第 20～32 行功能为创建游戏主角的英雄人物。首先创建英雄对象，设置纹理贴图、朝向角、缩放比，然后添加进布景中，加入英雄队列。随后设置英雄的骨骼动画的朝向角、位置和缩放比。最后将枪绑定在获得的骨骼上。

（2）上个步骤介绍了初始化的一些相同的内容，由于游戏中分为 3 个关卡，每个关卡的初始化内容都是不同的，在代码中有必要分部分的对这些内容进行处理。下面就介绍一下关卡三中的内容，具体代码如下所示。

代码位置：源代码/第 15 章/ProtectGreen/app/src/main/jni/maincpp 目录下的 My3DLayer.cpp。

```
1    else if(GameData::SCENEFlag==3){                          //判断是否是第三个关卡场景
2        hero->setPosition3D(Vec3(50,0,80));                   //重新设置英雄的位置
3        monster20=Monster::create(7);                         //创建怪物对象、门口两个士兵
4        monster20->setPosition3D(Vec3(-19,1.5,7));            //设置士兵的位置
5        monster20->setScale(0.5f);                            //设置士兵的缩放比
6        monster20->setGlobalZOrder(-2.0f);                    //设置士兵的 z 轴渲染顺序
7        this->addChild(monster20);                            //将士兵加入到场景当中
8        Sprite3D* Shadow=Sprite3D::create("shadow/shadow.obj","shadow/shadow.png");
9        Shadow->setPosition3D(Vec3(0,0.4,0));                 //创建士兵影子对象并设置影子位置
10       Shadow->setScale(1.0f);                               //设置士兵影子的缩放比
11       Shadow->setGlobalZOrder(2.0f);                        //设置士兵影子的 z 轴渲染顺序
12       monster20->addChild(Shadow);                          //将影子加到士兵对象上
13       GameData::monsterVec.push_back(monster20);            //将士兵加入到怪物队列中
14       dooroutside=Sprite3D::create(last_PATH+"dooroutside/dooroutside.obj");
                                                               //创建开关
15       dooroutside->setPosition3D(Vec3(0,0,0));              //设置开关的位置
16       this->addChild(dooroutside,1);                        //将开关加入布景中
17       ……//这里省略了创建其他机关和所用物品的部分代码，需要的读者请自行阅读相关代码
18       powerClone=Sprite3D::create(last_PATH+"backuppower/power.obj");
                                                               //安装备用电源
19       powerClone->setPosition3D(Vec3(-15.876,15.316,-593.392));
                                                               //设置位置
20       powerClone->setScale(1.2f);                           //设置缩放比
21       powerClone->setVisible(false);                        //设置为不可见
22       this->addChild(powerClone);                           //将备用电源添加到布景中
23       cover=Sprite3D::create(last_PATH+"cover.c3b");//藏炸药的盖子
24       this->addChild(cover);
25           for(int i=0;i<12;i++){
26               spElectric[i]=Sprite3D::create();    //生成空精灵
27               spElectric[i]->setTag(1);            //是否在单击标志，1 开始单击，0 没有单击
28               spElectric[i]->setPosition3D(Vec3(electricPosi[i]));
29               this->addChild(spElectric[i]);       //添加精灵到布景
30               pm[i]=new ParticleManager(this);     //新建粒子管理器
31               pm[i]->initParticle(spElectric[i],1);//初始化电流粒子系统
32       }}
33   ……//此处省略了对各种方法的调用，需要的读者请自行阅读相关代码
```

● 第 2～13 行功能为创建两个卫兵对象以及其影子，设置士兵和影子的位置、缩放比、z 轴渲染顺序，然后将影子加在新创建的士兵对象上，最后将士兵加入到已经写好的怪物队列中。

● 第 14～24 行功能为在第三个关卡中创建开关和炸药等多种装置，还要设置这些装置的位置、缩放比和显隐特性等，最后添加到布景中，由于装置过多这里并没有详细列举，只是介绍了

几个有代表性的装置。

- 第 25～31 行功能为创建新的空精灵用来放入需要加入的粒子系统，随后创建粒子系统管理器，并初始化电流粒子系统。

（3）游戏中为了使士兵掉落的物品和关卡中的线索物品更加容易看到，也更加炫酷，需要用到物品包边和粒子系统来达到预想的效果，在游戏实现中有一定的技术难度，下面就介绍一下在游戏中如何实现这些效果的，具体内容如下所示。

代码位置：源代码/第 15 章/ProtectGreen/app/src/main/jni/maincpp 目录下的 My3DLayer.cpp。

```
1   Material *mat=Material::createWithFilename("Material/3d_effects.material");
                                                        //添加包边文件路径
2   mat->setTechnique("outline");                       //设置当前使用的 Technique
3   idcard->setMaterial(mat);                           //将包边效果加给卡片
4   for(int i=0;i<8;i++){                               //遍历创建拼图
5       std::string Path_L="last/frame/pingtu";         //给出拼图文件路径
6       std::string Path_R=".obj";                      //加载图片的 obj 对应文件
7       std::string Path_T=".jpg";                      //加载图片的 jpg 对应文件
8           pintu[i]=Sprite3D::create(Path_L+bullet[i]+Path_R);
                                                        //创建拼图的的 obj 模型
9           pintu[i]->setTag(i);                        //对拼图设置标志位
10          pintu[i]->setTexture(Path_L+TUPath[i]+Path_T);
                                                        //设置拼图对应的图片文件
11          this->addChild(pintu[i]);                   //将拼图块添加到布景中
12  }
13  PT_Left=Sprite3D::create("last/frame/pingtuleft.obj");
                                                        //创建拼图左侧的精灵
14  this->addChild(PT_Left);                            //将精灵加入布景
15  PT_Right=Sprite3D::create("last/frame/pingturight.obj");
                                                        //创建拼图右侧的精灵
16  this->addChild(PT_Right);                           //将精灵加入布景
```

- 第 1～4 行功能为给卡片添加包边文件材质的路径，然后为卡片设置效果为包边，最后将包边的效果加给卡片。
- 第 4～12 行功能为遍历拼图，给出每片拼图的图片路径，然后给每片拼图加载对应的 obj 文件和 jpg 图片文件并设置每片拼图的标志位，随后将拼图加入到布景中。
- 第 13～16 行功能为创建拼图左侧和右侧的精灵，并为其加载 obj 模型，最后加入布景中。

（4）由于游戏中第三个关卡初始化内容较多，这里继续介绍初始化方法中的内容，主要为摄像机在不同关卡中的初始化设置、天空盒和光源的设置、一些必要的回调方法的初始化，以及场景背景音乐的不同播放等，具体内容如下所示。

代码位置：源代码/第 15 章/ProtectGreen/app/src/main/jni/maincpp 目录下的 My3DLayer.cpp。

```
scheduleUpdate();                                   //调用每帧回调方法
schedule(schedule_selector(My3DLayer::chooseUpdate),0.01);
                                                    //拾取方法每 0.01 秒回调
auto listener = EventListenerTouchAllAtOnce::create();
                                                    //创建触控监听
listener->onTouchesBegan= CC_CALLBACK_2(My3DLayer::onTouchesBegan, this);
                                                    //触摸开始调用回调 onTouchesBegan 方法
listener->onTouchesMoved = CC_CALLBACK_2(My3DLayer::onTouchesMoved, this);
                                                    //触摸移动时回调 onTouchesMoved 方法
listener->onTouchesEnded =CC_CALLBACK_2(My3DLayer::onMyTouchEnded, this);
                                                    //触摸结束调用回调 onMyTouchEnded 方法
_eventDispatcher->addEventListenerWithSceneGraphPriority(listener, this);
                                                    //添加到监听器
Sprite3D* skyBox = Sprite3D::create(skybox_PATH+"skyBox.obj", skybox_PATH+"skyBox.png");
skyBox->setPosition3D(Vec3(0, 0, 0));               //创建天空盒设置天空和位置
skyBox->setScale(72.0f);                            //设置天空盒缩放比
if(GameData::SCENEFlag==3){                         //判断若为第三个关卡
  skyBox->setScale(73.0f);                          //重新设置缩放比
```

```
16    skyBox->setPosition3D(Vec3(0, 0,-150));                //重新设置位置数据
17  }
18  this->addChild(skyBox);                                  //将天空盒加入布景中
19  GameData::argeex=0;                                      //重置摄像机 x 角度值
20  GameData::argeey=0;                                      //重置摄像机 y 角度值
21  agree=0;                                                 //重置摄像机旋转角度
22  sceneFlag=GameData::SCENEFlag;                           //重置标志位
23  if(GameData::SCENEFlag!=3){                              //判读若为第三个关卡
24    AmbientLight* ambientLight=AmbientLight::create(Color3B(220, 220, 220));
                                                             //创建自然光
25    this->addChild(ambientLight);                          //加入图层中
26   PointLight* pointLight=PointLight::create(              //创建点光源，定位光对象
27      Vec3(-50,50,0),                                      //灯光位置
28      Color3B(200, 200, 200),                              //灯光颜色
29      300                                                  //灯光范围
30    );
31    this->addChild(pointLight,0);                          //将定位光对象添加到布景中
32  }
33  this->setCameraMask((unsigned short)CameraFlag::USER1);//添加到图层
34  if(GameData::SCENEFlag!=3)                               //若是第三关，播放背景音乐
35    MusicManager::playBackgroundMusic(0,true);
36  else
37    MusicManager::playBackgroundMusic(4,true);            //如果不是第三关就播放小镇 bgm
38  return true;
```

- 第 1～10 行功能为首先在初始化中调用每帧回调方法，然后调用拾取的每 0.01 秒的回调方法，随后创建监听，调用触摸开始、移动、结束时的回调方法，然后将其添加到监听器。
- 第 11～18 行功能为对天空盒进行设定，包括前两个关卡创建天空盒设置位置和缩放比，以及第三个关卡的判断后对天空盒的重新设定。
- 第 19～33 行功能为首先重置摄像机的角度值，然后重置摄像机的旋转角度和标志位。并判断若为第三个关卡，则要创建自然光和点光源，并设置合适的值。
- 第 34～37 行功能为设置第三关卡播放背景音乐，若不是第三个关卡，则播放小镇背景音乐。

2. 游戏机关设定方法

（1）游戏中利用粒子系统制作了电流机关装置，电流装置会间断性的闪烁，玩家需要掌握时间特点来通过障碍，这就需要在电流闪烁时，玩家通过障碍会被攻击掉血。下面这个方法就介绍这个时间间隔的计算，具体内容如下所示。

代码位置：源代码/第 15 章/ProtectGreen/app/src/main/jni/maincpp 目录下的 My3DLayer.cpp。

```
void My3DLayer::electricUpdate(float dt){                    //电流更新方法
    electrictime+=dt;                                          //每次回调时间加 1
    if(electrictime%10>4&&electrictime%10<9){
                             //隔时开关单击装置,总时间除 10 取余数，以 5 来进行分隔
        for(int i=0;i<12;i++){                                 //总共 12 个电流，依次遍历
          if(i%3==0||i%3==2){                                  //以 3 个为一组进行分组
            spElectric[i]->setVisible(true);                   //设置电流为可见
            spElectric[i]->setTag(1);                          //设置电流标志位为 1
          }else{spElectric[i]->setVisible(false);              //其他电流设置为不可见
             spElectric[i]->setTag(0);                         //设置标志位为 0
        }}
    }else if(electrictime%10<4){                               //另外一组的电流设置
        for(int i=0;i<12;i++){                                 //总共 12 个电流，依次遍历
          if(i%3==1){spElectric[i]->setVisible(true);        //3 个为一组，设置其电流为可见
               spElectric[i]->setTag(1);                       //然后设置标志位为 1
          }else{    spElectric[i]->setVisible(false);          //其他的电流设置为不可见
             spElectric[i]->setTag(0);                         //然后设置标志位为 0
        }}
    }else{    for(int i=0;i<12;i++){                           //总共 12 个电流，依次遍历
             spElectric[i]->setVisible(false);                 //设置其为不可见
             spElectric[i]->setTag(0);                         //并设置其标志位为 0
}}}
```

● 第 2～11 行功能为首先设置每次回调该方法对次数进行计数，每次对 12 个电流进行判断，每 6 个为一组进行判断，一组为可见并设置其标志位为 1，另一组设置为不可见，并设置标志位 0。其中标志位 1 标志该组电流已经显示，0 标志该组电流未显示。

● 第 12～21 行功能为实现另一组电流的显示与隐藏，与上一组类似，这里就不再详细介绍。

（2）为了使游戏更加富有可玩性，游戏中增加了毒气喷射的装置来喷射毒气，包括间断性的毒气喷射和可以被破坏的毒气装置，下面就介绍毒气喷射装置的添加是如何实现的，具体代码如下所示。

代码位置：源代码/第 15 章/ProtectGreen/app/src/main/jni/maincpp 目录下的 My3DLayer.cpp。

```
1   void My3DLayer::virusgas(){
2       for(int i=0;i<3;i++){                                              //添加毒气粒子系统
3           Rgaslauncher[i]=Sprite3D::create(last_PATH+"gas/duqi.obj");//创建右侧毒气发射器
4           Rgaslauncher[i]->setPosition3D(Vec3(RvirusgasPosi[i]));  //设置右侧发射器位置
5           Rgaslauncher[i]->setRotation3D(Vec3(0,0,-90));             //旋转发射器到合适角度
6           Rgaslauncher[i]->setScale(0.15f);                         //设置发射器的缩放比
7           this->addChild(Rgaslauncher[i],1);                        //将发射器加入场景
8               RVirusgas[i]=Sprite3D::create();                      //创建毒气精灵
9               RVirusgas[i]->setPosition3D(Vec3(RvirusgasPosi[i]));//设置精灵位置
10              RVirusgas[i]->setTag(1);                              //是否消失标志位
11              this->addChild(RVirusgas[i]);                         //添加精灵到布景
12          Rgas[i]=new ParticleManager(this);                        //新建立子系统管理器
13          Rgas[i]->initParticle(RVirusgas[i],5);                    //初始化粒子系统
14      }
15  ……//此处省略了右侧和左侧持续毒气发射器的代码，需要的读者请自行参考源代码
```

● 第 2～7 行功能为创建毒气发射装置，并设置这个发射器的缩放比、位置以及合适的朝向角，使其以正确的方向喷射毒气。

● 第 8～13 行功能为在创建了毒气喷射器的基础上创建毒气精灵、设置位置，新建粒子系统并将毒气的粒子系统加入到空精灵上。

（3）上一步骤中介绍了毒气喷射器和毒气粒子系统的添加，游戏中的毒气并不是持续的喷射，而是需要间断性、有规律地喷射，这样玩家才能在掌握规律后，把握时间通过机关，增强了游戏的可玩性，下面就介绍这个规律喷射的具体实现方法，具体代码如下。

代码位置：源代码/第 15 章/ProtectGreen/app/src/main/jni/maincpp 目录下的 My3DLayer.cpp。

```
void My3DLayer::virusgasUpdate(float dt){                   //主通道前面两个循环播放的毒气
    for(int i=0;i<3;i++){                                   //设置三组毒气喷射规律
    RVirusgas[i]->runAction(Sequence::create(               //创建动作队列
                            Spawn::create(ScaleTo::create(1,0.01),
                                                            //同步执行动作
                            nullptr),
                            CallFunc::create([=](){         //创建回调方法
                                spFlag=false;}),nullptr));//同时置标志位为 false
    DelayTime* delaytime01 = DelayTime::create(3.0f);//创建延时动作
    RVirusgas[i]->runAction(Sequence::create(               //创建动作队列
                            delaytime01,                    //执行延时动作
                            CallFunc::create([=](){         //创建回调方法
                                spFlag=true;}),             //置标志位为 false
                            Spawn::create(ScaleTo::create(1,1),nullptr),
                            nullptr));
    ……//此处省略了其他毒气粒子系统的发射，需要的读者请自行参考源代码
}}
```

说明　上述代码功能为实现有规律、间断性地毒气喷射，使得毒气在喷射一段时间后可以消失，让玩家有时间通过毒气喷射障碍。处于持续喷射的毒气即不需要这样的计算，其中的标志位是之后判断英雄是否处于喷射中的毒气的标志，后面的内容中会有介绍。

（4）电流和毒气的创建和设定都完成了以后，还要实现英雄进入这些区域时需要自身处在被攻击的状态，英雄要扣除一定的血量。这些都是需要经过判断和计算之后才能实现的功能，下面就将介绍这些功能实现的代码，具体内容如下所示。

代码位置：源代码/第 15 章/ProtectGreen/app/src/main/jni/maincpp 目录下的 My3DLayer.cpp。

```
1   void My3DLayer::heroElectricUpdate(float dt){                    //判断英雄进入电击区域
2       if((fabs(GameData::heroSprite->getPositionX())<228 &&
3           fabs(GameData::heroSprite->getPositionX())>176 &&
4           GameData::heroSprite->getPositionZ()<-367 &&
5          GameData::heroSprite->getPositionZ()>-397)               //判断英雄是否进入单击区域 1
6       ||(fabs(GameData::heroSprite->getPositionX())<26&&
7          GameData::heroSprite->getPositionZ()<-205 &&
8          GameData::heroSprite->getPositionZ()>-235)               //判断英雄是否进入单击区域 2
9       ||(fabs(GameData::heroSprite->getPositionX())<26&&
10         GameData::heroSprite->getPositionZ()<-417 &&
11         GameData::heroSprite->getPositionZ()>-457)){             //判断英雄是否进入单击区域 3
12         for(int i=0;i<12;i++){                                   //遍历 12 组电流
13  if(fabs(GameData::heroSprite->getPositionZ()-spElectric[i]->getPositionZ())<4
14                 && spElectric[i]->getTag()==1){          //英雄处于适当位置且电流处于单击状态
15                GameData::heroSprite->HeroBeiAttack(1);         //则英雄被攻击，掉血
16  }}}}
17  void My3DLayer::heroGasUpdate(float dt){                       //判断英雄进入毒气区域掉血
18      Vec3 heroPosi=GameData::heroSprite->getPosition3D();    //获取英雄位置
19      for(int i=0;i<5;i++){
20          RgasPosi[i]=Vec3(RvirusgasPosi[i].x-16,-3,RvirusgasPosi[i].z);
                                                                //获取右侧毒气位置
21          RheroTogasDis[i]=heroPosi.distance(RgasPosi[i]);   //计算毒气和英雄的距离
22          LgasPosi[i]=Vec3(LvirusgasPosi[i].x+17.5,-3,LvirusgasPosi[i].z);
                                                               //获取左侧毒气位置
23          LheroTogasDis[i]=heroPosi.distance(LgasPosi[i]);  //计算英雄和左毒气距离
24          FgasPosi=Vec3(-120,-3,-284);                       //获取朝向前的毒气位置
25          FheroTogasDis=heroPosi.distance(FgasPosi);         //计算英雄和朝前的毒气距离
26          BgasPosi=Vec3(-120.5,-3,-302.5);                   //获取朝后的毒气位置
27          BheroTogasDis=heroPosi.distance(BgasPosi);         //计算英雄和朝后的毒气距离
28          if(GameData::SCENEFlag==3 && spFlag && (RheroTogasDis[i]<8.0f ||
29             LheroTogasDis[i]<8.0f || FheroTogasDis<8.0f ||BheroTogasDis<8.0f)){
30                                         //如果英雄处于第三个场景并且符合距离的判断条件
31             GameData::heroSprite->HeroBeiAttack(1);         //英雄被攻击并掉血
32      }}
33      ……//此处省略了相似代码，有需要的读者请自行参考源代码
34  }}}
```

● 第 2～15 行功能为首先判断英雄的位置和电流区域的位置是否处于同一位置，然后遍历所有的电流，当英雄处于电流中的位置并且电流也刚好是单击状态时，判断英雄受到攻击，掉血。

● 第 17～31 行功能为对英雄进入毒气区域进行判断，首先获取英雄的位置，依次计算英雄和每处毒气的位置的距离，当英雄处于第三个关卡并且恰好处在某处毒气中，毒气也是喷射状态，判断英雄受到攻击，调用被攻击方法，英雄掉血。

（5）为了使游戏能更加的多样化，毒气喷射装置在创建时增加了可以被破坏掉的情节，玩家需要用武器瞄准该装置，射击将其破坏，但是只有部分装置可以实现这个功能。在选中该装置时，装置高亮表示已经被选中，并且在被攻击后毒气消失，下面就介绍这个部分的实现，具体代码如下所示。

代码位置：源代码/第 15 章/ProtectGreen/app/src/main/jni/maincpp 目录下的 My3DLayer.cpp。

```
void My3DLayer::DuqiSelectUpdate(){                          //选中的毒气装置效果更改
    if(isDuqiChange){                                        //如果装置被选中
        Material *mat=Material::createWithFilename("Material/duqi.material");
                                                             //添加包边材质系统
        mat->setTechnique("outline");                        //设置当前使用的 Technique
        GameData::SelectDuqi->setMaterial(mat);              //将包边材质系统设置给该装置
```

```
6      }
7      if(GameData::DuqiSelect==false&&GameData::SelectDuqi!=NULL){      //没有毒气装置选中
8          Material *mat=Material::createWithFilename("Material/duqi.material");
                                                                          //添加正常材质系统
9          mat->setTechnique("normal");                                  //设置当前使用的 Technique
10         GameData::SelectDuqi->setMaterial(mat);                       //将正常材质系统设置给该装置
11         GameData::SelectDuqi=NULL;                                    //设置被选中装置为空
12     }
13     if(GameData::attackFlag&&GameData::DuqiSelect){                   //若毒气装置被击中
14         GameData::SelectDuqi->removeAllChildren();                    //删除毒气装置
15         GameData::SelectDuqi->setTag(2);                              //设置毒气装置标志位为 2
16         std::vector<Sprite3D*>::iterator monsterIter = GameData::goodsVec.begin();
17                                                                       //将需要选取的毒气列表放入一个迭代器
18         for (; monsterIter != GameData::goodsVec.end();){             //便利迭代器中的装置
19             Sprite3D *monsterTemp = *monsterIter;                     //将毒气装置赋给新精灵
20             if(monsterTemp==GameData::SelectDuqi){                    //判断已选中精灵是否在列表中
21                 monsterIter = GameData::goodsVec.erase(monsterIter);
                                                                          //消除这个精灵
22             }else{
23                 monsterIter++;                                        //若不在这个列表中，计数即可
24     }}}}
```

● 第 2～11 行功能为判断是否有毒气装置被选中，若有毒气装置被选中则添加材质系统，将包边材质设置给被选中的毒气喷射装置，若没有毒气装置被选中，则给装置添加正常的材质系统，并将被选中标志位设为空。

● 第 13～23 行功能为被选中的毒气装置被击中之后，将被击中的毒气装置的标志位设置为 2，标志已经被击中，判断已经被击中的装置是否存在于所有毒气装置列表中，若存在则消除这个精灵，若不存在，则计数进行下一次循环判断。

（6）游戏的探索解谜部分增加了一个九宫格拼图的游戏，玩家需要将被打乱的拼图拼接好之后，打开相应的机关获得后续部分的线索。对于拼图的设计、计算和音效的播放，下面会有一个比较具体的介绍，部分代码如下所示。

代码位置：源代码/第 15 章/ProtectGreen/app/src/main/jni/maincpp 目录下的 My3DLayer.cpp。

```
if(overindex!=8){                                                 //遍历拼图
    for(int i=0;i<8;i++){
        AABB aabb=pintu[i]->getAABB();                            //获得拼图的 AABB 包围盒
        if(ray.intersects(aabb)){                                 //若与 AABB 包围盒相交
            int tag=pintu[i]->getTag();                           //获取当前图片位置
            int gameover=0;                                       //设定标志位初始为 0
            if(tag-kong==1&&tag/3==kong/3){                       //当前图片左边为空
                pintu[i]->runAction(MoveBy::create(0.5f,Vec3(-7.31,0,0)));
                                                                  //移动图片向左
                pintu[i]->setTag(kong);                           //设置图片到左空位置
                kong=tag;
                MusicManager::playMusicEffect(31);                //播放移动拼图特效
            }else if(tag-kong==-1&&tag/3==kong/3){                //当前图片右边为空
                pintu[i]->runAction(MoveBy::create(0.5f,Vec3(7.31,0,0)));
                                                                  //移动图片向右
                pintu[i]->setTag(kong);                           //设置图片到右空位置
                kong=tag;
                MusicManager::playMusicEffect(31);                //播放移动拼图特效
            }else if(tag-kong==3){                                //当前图片上边为空
                pintu[i]->runAction(MoveBy::create(0.5f,Vec3(0,4.874,0)));
                                                                  //设置图片向上
                pintu[i]->setTag(kong);                           //设置图片到上空位置
                kong=tag;
                MusicManager::playMusicEffect(31);                //播放移动拼图特效
            }else if(tag-kong==-3){                               //当前图片下边为空
                pintu[i]->runAction(MoveBy::create(0.5f,Vec3(0,-4.874,0)));
                                                                  //移动图片向下
                pintu[i]->setTag(kong);                           //设置图片到下空位置
                kong=tag;
```

```
26          MusicManager::playMusicEffect(31);              //播放移动拼图音效
27      }
28      PT_Move=pintu[i];                                   //正在移动的拼图块
29      for(int i=0;i<8;i++){                               //遍历拼图块判断位置是否正确
30          if(pintu[i]->getTag()==FUPath[i]){
31              gameover++;                                 //如果正确标志位加一
32      }}
33      if(gameover==8){                                    //完成拼图
34          scheduleOnce(schedule_selector(My3DLayer::pingtuDown),0.5);
35          backupPower->setVisible(true);                  //电源设为可见
36          password->setVisible(true);                     //密码条设为可见
37          addParticle(backupPower);                       //电源添加粒子系统
38          addParticle(password);                          //密码条添加粒子系统
39          overindex=8;                                    //等于 8 则拼图完成
40          MusicManager::playMusicEffect(32);              //拼图完成音效
41          break;
42  }}}}
```

- 第 2～6 行功能为获得拼图的 AABB 包围盒，通过包围盒获得每块拼图的位置，并将标志位初始化为 0。
- 第 7～27 行功能为判断每块拼图的周围位置，即上下左右的位置，有一边是空的，当单击被选中的图片时即可移动图片到空位置，将图片的原位置设置为空，并播放移动图片时特殊的拼图音效。
- 第 28～41 行功能为判断正在移动的拼图块，其相对于最后的完整拼图，位置是否正确，若正确则标志位增加。在标志位等于 8 时，则拼图完成，打开机关。这时设置电源和密码条这两个线索为可见，并为电源和密码条添加包边的粒子系统，同时播放拼图完成音效，完成整个步骤。

（7）主角通过所有的关卡和障碍之后，需要销毁主角探索寻找的病毒源，设定为安装炸药包将病毒源炸毁。炸药安装后也需要增加包边的粒子系统，尽量实现更加酷炫的视觉效果，下面就介绍相关的两个方法的内容，具体代码如下。

代码位置：源代码/第 15 章/ProtectGreen/app/src/main/jni/maincpp 目录下的 My3DLayer.cpp。

```
void My3DLayer::addBomb(){                                  //添加炸药方法
    bomb=Sprite3D::create(last_PATH+"bomb/bomb.obj");      //创建炸药，创建炸药物品 6
    bomb->setPosition3D(Vec3(54.808,2.068,-828.912));      //设置位置
    bomb->runAction(RepeatForever::create(RotateBy::create(3,Vec3(0,360,0))));
                                                            //旋转炸药包
    bomb->setVisible(false);                                //设置其为不可见
    this->addChild(bomb);                                   //将炸药包添加到图层中
    Material *mat1=Material::createWithFilename("Material/3d_effects5.material");
                                                            //添加包边
    mat1->setTechnique("outline");                          //设置当前使用的 Technique
    bomb->setMaterial(mat1);                                //将包边效果添加给炸药包
    for(int i=0;i<4;i++){                                   //创建安装好的炸药，创建精灵
        bombSet[i]=Sprite3D::create(StringUtils::format("last/bomb/bomb%d.obj",i+1).
        c_str());
        bombSet[i]->setVisible(false);                      //设置为不可见
        this->addChild(bombSet[i]);                         //添加到图层中
}}
void My3DLayer::setBomb(float time){                        //安装炸药
    if(GameData::useitem6!=0)                               //如果使用最少一次炸药后
    bombSet[GameData::useitem6-1]->setVisible(true);        //设置炸药可见
    if(bombTexture==0)                                      //炸药贴图索引若为 0
        bombTexture=1;                                      //设置炸药贴图索引为 1
    else
        bombTexture=0;                                      //设置炸药贴图为 0
    for(int i=0;i<4;i++)                                    //遍历安装好的炸药
    if(bombSet[i]->isVisible())                             //是否可见，设置炸药贴图
    bombSet[i]->setTexture(StringUtils::format("last/bomb/bomb%d.png",bombTexture).
    c_str());
    if(bombSet[3]->isVisible())                             //安装完最后一个炸药
        Layer2D->createlastDialog();                        //提示逃跑文本框
}
```

- 第 2～13 行功能为创建炸药、设置位置、朝向角，然后设置为不可见，最后将炸药包添加到图层中，随后给炸药包添加包边效果的粒子系统，随后创建安装好的炸药精灵，设置为不可见添加到图层中。
- 第 15～26 行功能为设置安装炸药的过程，在使用最少一次炸药后，将炸药设置为可见并为炸药包设置其对应的贴图，将炸药安装完成之后，出现提示玩家逃跑的文本框。

（8）上一个步骤中介绍了炸药包的安装过程，安装炸药包之后，需要启动炸药包使其爆炸。下面介绍这个爆炸的过程，具体内容如下所示。

代码位置：源代码/第 15 章/ProtectGreen/app/src/main/jni/maincpp 目录下的 My3DLayer.cpp。

```
void My3DLayer::createBomb(float time){                                //创造爆炸
    if(bombIndex<10)
        if(hero->getPosition3D().distance(BombHero[bombIndex])<18){
            if(bombIndex>2)
            this->removeChild(lastBomb[bombIndex-3],true);             //删除上一个爆炸精灵
            lastBomb[bombIndex]=Sprite3D::create();                    //创建爆炸空精灵
            lastBomb[bombIndex]->setPosition3D(BombDis[bombIndex]);//设置精灵位置
            this->addChild(lastBomb[bombIndex]);                       //添加到图层
            bombPar[bombIndex]=new ParticleManager(this);              //创建粒子系统管理器
            bombPar[bombIndex]->initParticle(lastBomb[bombIndex],7);//创建爆炸
            MusicManager::playMusicEffect(18);                         //创造爆炸音效
            bombIndex++;
        }
    if(bombIndex==10){                                                 //全爆炸完
        this->removeChild(lastBomb[7],true);                           //删除最后一个精灵
        this->removeChild(lastBomb[8],true);                           //删除最后一个精灵
        this->removeChild(lastBomb[9],true);                           //删除最后一个精灵
        this->unschedule(schedule_selector(My3DLayer::createBomb));//关闭定时回调
 }}
```

说明　上述代码首先判断英雄和炸药是否小于一定的距离，若小于这个固定距离并且索引大于 2 则删除上一个爆炸精灵，然后创建空精灵添加到图层，创建粒子系统，将爆炸的粒子系统加入粒子系统管理器中，并播放爆炸的音效。最后当所有炸药全都爆炸完之后，删除最后的精灵，并将回调关闭即可。

3. 其他方法的开发

（1）第三个关卡中新增士兵来守卫实验室，并且数量较多，这就需要新增一个初始化士兵的方法来将需要的士兵全都设置好，减少想通过的代码，除去几个特定的士兵，关卡三中的士兵都是通过这个方法来实现的，下面就介绍一个这个方法的内容，具体代码如下所示。

代码位置：见随书中源代码/第 15 章/ProtectGreen/app/src/main/jni/maincpp 目录下的 My3DLayer.cpp。

```
void My3DLayer::initSoldiers(){                                   //初始化士兵的方法
    for(int i=0; i<12; i++){                                      //新增特定数量的士兵
        monster[i]=Monster::create(9);                            //将士兵从怪物列队中创建
        monster[i]->setPosition3D(Vec3(soldiersPosi[i]));         //设置士兵的位置
        monster[i]->setScale(0.5f);                               //设置士兵的缩放比
        if(i==1||i==2||i==3)                                      //判断若是前 3 个士兵
        monster[i]->setGlobalZOrder(2.0f);                        //设置 z 轴渲染顺序靠前
        else                                                      //若不是前 3 个士兵
        monster[i]->setGlobalZOrder(-2.0f);                       //设置 z 轴渲染顺序靠后
        this->addChild(monster[i]);                               //将士兵加入布景中
        Shadow[i]=Sprite3D::create("shadow/shadow.obj","shadow/shadow.png");
                                                                  //创建影子精灵
        Shadow[i]->setPosition3D(Vec3(0,0.4,0));                  //设置影子的位置
        Shadow[i]->setScale(1.0f);                                //设置影子的缩放比
        Shadow[i]->setGlobalZOrder(2.0f);                         //设置影子的 z 轴渲染顺序
        monster[i]->addChild(Shadow[i]);                          //将影子加入对应士兵上
```

```
16        GameData::monsterVec.push_back(monster[i]);          //将怪物加入到怪物队列中
17  }}
```

● 第 2～10 行功能为创建多个士兵，并设置这些士兵的位置、缩放比，并根据士兵的顺序判断士兵的 z 轴渲染顺序。

● 第 11～16 行功能是为每一个士兵创建其对应的影子，也设置影子的位置、缩放比和 z 轴渲染顺序，最后将影子加到士兵对象上，即与士兵绑定，最后将怪物加入到怪物队列中。

（2）Cocos2d-x 中的每个类中都可以自带一个每帧更新的回调方法，这个方法中可以写入一些需要每帧回调的内容，包括一些必要的实时判断，以及在判断之后需要修改的代码部分，下面就介绍这个方法，具体内容如下所示。

代码位置：源代码/第 15 章/ProtectGreen/app/src/main/jni/maincpp 目录下的 My3DLayer.cpp。

```
1   void My3DLayer::update(float delta){
2     if(sceneFlag!=GameData::SCENEFlag){                       //场景切换
3       MusicManager::stopBackgroundMusic();                    //停止播放背景音乐
4       unschedule(SEL_SCHEDULE(&My3DLayer::chooseUpdate));     //关闭拾取定时回调方法
5       this->unscheduleAllCallbacks();                         //关闭布景中所有回调方法
6       int monsterNum = GameData::monsterVec.size();           //获取怪物列表中怪物数量
7       for(int i = 0; i < monsterNum; i++){                    //遍历列表中的怪物
8         if(GameData::monsterVec[i]){
9           GameData::monsterVec[i]->monsterremove();           //该怪物执行强制清除方法
10      }}
11      std::vector<Monster*>::iterator monsterIter = GameData::monsterVec.begin();
12                                                              //获取怪物列表的首个怪物
13      for (; monsterIter != GameData::monsterVec.end();){     //遍历怪物列表
14        monsterIter = GameData::monsterVec.erase(monsterIter);
                                                                //将怪物从列表中清除
15      } this->removeAllChildren();                            //移除该布景中所有子对象
16    }else{    GameData::heroSprite->statusUpdate(delta);      //更新英雄状态
17      int monsterNum = GameData::monsterVec.size();           //更新怪物状态
18      for(int i = 0; i < monsterNum; i++){
19        if(GameData::monsterVec[i]){
20          GameData::monsterVec[i]->statusUpdate(delta); //更新怪物数组中怪物状态
21      }}
22      std::vector<Monster*>::iterator monsterIter = GameData::monsterVec.begin();
23                                                              //清除已经死亡的怪物
24      for (; monsterIter != GameData::monsterVec.end();){
25        Monster *monsterTemp = *monsterIter;
26        int life = monsterTemp->getMonsterLifeValue();
27        if(life <= 0){                          //若怪物生命值低于 0，消除怪物集合中对象
28          monsterIter = GameData::monsterVec.erase(monsterIter);
29        }else{  monsterIter++;                                //否则怪物集合中怪物数量增加
30      }}
31      if(GameData::SCENEFlag!=3)                              //第三关没有 npc
32      if(monsterNum==0&&npcmale->getTag()==0){                //怪物数量为零且 npc 没有出现
33        npcmale->setTag(1);                                   //npc 重置标志位
34        npcmale->setVisible(true);                            //npc 重置为可见
35        schedule(schedule_selector(My3DLayer::heroTonpcDisUpdate), 0.1);
36                                                              //英雄与 npc 之间的距离
37      } SingleScene *scene = (SingleScene*)Director::getInstance()->getRunning
        Scene();
38                                                              //获取 2D 界面的摇杆
39      auto stick = scene->Layer2D->stick;
40      if(stick->vx==0&&stick->vy==0){                         //从移动变为静止
41        GameData::heroSprite->willStatus=GameData::Hero_STATE_PREPAREFORWAR;
42      }else if(stick->vx!=0||stick->vy!=0){                   //从静止变为移动
43        GameData::heroSprite->willStatus=GameData::Hero_STATE_RUN;
44  }}}
```

● 第 2～15 行功能为判断游戏若是处于场景切换状态则停止播放背景音乐、关闭拾取的定时回调方法、关闭所有触摸回调方法，然后遍历怪物列表中的怪物，强行执行清除方法，清除怪物列表中的所有怪物。

● 第 16～30 行功能为判断游戏处于关卡中时首先更新怪物的状态，判断怪物生命值小于零的怪物，清除其怪物对象，若怪物没有死亡，则对怪物数量进行计数。

● 第 31～43 行功能为首先判断关卡中怪物是否已经被消灭完，若是处于前两个关卡并且怪物已经被消灭完，则可以让 npc 出现，若是处于第三个关卡，则没有 npc 出现。然后使 2D 界面的摇杆在手指触摸时可以从移动变为静止和从静止变为移动两种状态转换。

（3）游戏中存在人物对怪物和士兵进行射击的游戏设计，在射击时需要用到拾取对怪物进行选取。这就需要用到复杂的计算来实现这个功能，下面就介绍一下 chooseUpdate 方法中的拾取功能的实现，具体代码如下所示。

代码位置：源代码/第 15 章/ProtectGreen/app/src/main/jni/maincpp 目录下的 My3DLayer.cpp。

```
1  void My3DLayer::chooseUpdate(float dt){                //拾取功能的实现
2      Size size=Director::getInstance()->getWinSize();//获得 OpenGL 的视图大小
3      Vec3 nearP(size.width/2,size.height/2,0.0f); //获得近视口位置
4      Vec3 farP(size.width/2,size.height/2,1.0f);  //获得远视口位置
5      _camera->unproject(size,&nearP,&nearP);      //转换到摄像机坐标系
6      _camera->unproject(size,&farP,&farP);
7      Vec3 direction;                              //声明射线方向
8      Vec3::subtract(farP,nearP,&direction);       //获取射线方向
9      direction.normalize();                       //向量规格化
10     Ray ray;                                     //声明拾取射线
11     ray._origin=nearP;                           //设置射线起点
12     ray._direction=direction;                    //设置射线方向
13     GameData::monsterSelect=false;               //将怪物是否选取标志位设为没选取
14     if(GameData::monsterVec.size()>0){           //怪物列表为空则不进行拾取
15     int monsterNum=GameData::monsterVec.size();  //怪物数量
16     float minDis=999999999;                      //遍历列表拾取怪物精灵
17     for(int i=0;i<monsterNum;i++){
18         Monster* temp=GameData::monsterVec[i];
19         AABB aabb=temp->getAABB();               //获取待拾取物体的 AABB 包围盒
20         Vec3 center=aabb.getCenter();            //获取 AABB 包围盒的中心点
21         Vec3 cameraLocation=_camera->getPosition3D();//获取摄像机位置
22         float dis=center.distance(cameraLocation);//计算 AABB 包围盒的中心点到摄像机的距离
23         if(ray.intersects(aabb)){                //若拾取选中
24             if(!bundlePos(GameData::heroSprite->getPosition3D(),temp->getPosition
               3D())){
25                 if(dis<minDis){                  //若此次距离比以前的小，则更新选中者及距离
26                     minDis=dis;
27                     GameData::SelectMonster=temp;
28                     GameData::monsterSelect=true;
29     }}}}}
30     attackUpdate();                              //调用攻击回调方法
31     GameData::DuqiSelect=false;                  //毒气选择标志位设置为未选中
32     if(GameData::goodsVec.size()>0){             //拾取毒气发射装置
33         int goodsNum=GameData::goodsVec.size();  //获取毒气装置数量
34         for(int i=0;i<goodsNum;i++){             //遍历所有毒气装置
35             Sprite3D* temp=GameData::goodsVec[i]; //获取毒气装置的指针
36             AABB aabb=temp->getAABB();           //得到该装置的包围盒
37             if(ray.intersects(aabb)){            //拾取射线与包围盒相交
38                 if(GameData::SelectDuqi==temp){  //上一次也是该装置
39                     isDuqiChange=false;          //设置装置更改标志位
40                 }else{
41                     lastDuqi=GameData::SelectDuqi; //设置最后拾取到的毒气装置
42                     isDuqiChange=true;           //设置装置更改标志位
43                     GameData::SelectDuqi=temp;   //设置所选中的毒气标志
44                 }
45                 GameData::DuqiSelect=true;       //设置装置选中标志位
46     }}}
47     DuqiSelectUpdate();
48 }
```

● 第 2～12 行功能为获得 OpenGL 视图大小、近视口和远视口的位置以及转换到摄像机坐标系，然后创建拾取所需要的射线，包括声明射线对象，获取射线方向并设置射线向量规格化，最

后在确定方向的前提下，设置射线的起点位置。

● 第 13～28 行功能为判断怪物列表是否存在怪物并对怪物进行拾取。首先遍历列表拾取怪物精灵，然后获取物体的 AABB 包围盒和包围盒的中心，计算摄像机和包围盒中心的距离，若拾取中并且本次拾取距离比上次小则更新选中者及距离。

● 第 30～47 行首先是电泳攻击的回调方法，实时判断攻击，然后遍历毒气发射装置的指针和包围盒，判断拾取射线和包围盒是否相交，若上一次也是选中同一个装置，设置装置更改标志位，最后设置选取到的毒气装置，更改其标志位，最后调用毒气装置更新方法，更新毒气喷射装置的具体效果状态。

（4）上面介绍了拾取怪物和士兵等物品的功能的实现方法，其中调用了攻击的方法来实现怪物掉血的状况，下面就介绍这个方法中的内容，具体代码如下所示。

代码位置：源代码/第 15 章/ProtectGreen/app/src/main/jni/maincpp 目录下的 My3DLayer.cpp。

```
void My3DLayer::attackUpdate(){                                   //攻击回调方法
    if(GameData::attackFlag){                                     //射击标志位为 true
      GameData::heroSprite->willStatus=GameData::Hero_STATE_ATTACK;
                                                                  //设置英雄的下个状态为攻击
      if(GameData::monsterSelect){                                //如果有怪物被选中
        schedule(schedule_selector(My3DLayer::attackoverUpdate),0.01);
      }else{                                                      //则设置怪物被攻击标志位完成
        if(GameData::SelectMonster!=NULL){                        //若怪物未被选中
          GameData::SelectMonster->beiattack=false;//怪物被攻击标志位设置为未被选中
    }}}else{
      if(GameData::SelectMonster!=NULL){                          //若攻击标志位为 false
        GameData::SelectMonster->beiattack=false;    //怪物被攻击标志位设置为未被选中
}}}
```

说明 上述代码主要是判断怪物是否被选取中，若怪物被选取中，则修改英雄的下个状态攻击状态，若怪物未被选中则，则修改攻击标志位为 false，即没有被选中，怪物被攻击的标志位也设置为未被选中，重新进入没有选中人和怪物的状态。

（5）触屏手机上的所有操作都是通过触摸屏幕来进行操作的，这里通过一个触摸移动的方法来实现这些操作，中间涉及到了多种计算，也包括更改摄像机的角度等，较为复杂。下面就来了解一下这个方法的内容，具体代码如下所示。

代码位置：源代码/第 15 章/ProtectGreen/app/src/main/jni/maincpp 目录下的 My3DLayer.cpp。

```
void My3DLayer::onTouchesMoved(const std::vector<Touch*>& touches, cocos2d::Event
*event){
    if (touches.size()){
      auto touch = touches[0];                        //向左滑动角度减小，向右滑动角度增加
      auto delta = touch->getDelta();
      static float _angleX = 0.f;                     //摄像机旋转角度 x
      static float _angleY = 0.f;                     //摄像机旋转角度 y
      GameData::argeex-=CC_DEGREES_TO_RADIANS(delta.x*0.5);
                                                      //将度转换为弧度
      GameData::argeey-=CC_DEGREES_TO_RADIANS(delta.y*0.5);
      if(GameData::argeex>=6.28){                     //如果超过 2π
        GameData::argeex=GameData::argeex-6.28;   //将角度减少 2π
      }else if(GameData::argeex<=0){                  //如果低于 0
        GameData::argeex=GameData::argeex+6.28;   //将角度增加 2π
      }if(GameData::argeey>=3.14/8){                  //向下滑动增加，向上滑动减小
        GameData::argeey=3.14/8;                    //将角度减少 2π
      }else if(GameData::argeey<=-3.14/16){         //如果低于 0
        GameData::argeey=-3.14/16;                  //将角度增加 2π
      }
      agree-=delta.x*0.5;
      GameData::heroSprite->setRotation3D
```

```
20              (Vec3(0,agree+GameData::beginargee,0));//更改英雄的旋转角度
21        Vec3 cameraPos;                                   //计算摄像机位置
22         cameraPos.x=-(float)(cos(1.57-GameData::argeex-GameData::_angle)*
23             GameData::length)+GameData::heroSprite->getPositionX();
                                                            //计算摄像机 x 坐标
24         cameraPos.y=(float)(cpos.y+GameData::heroSprite->getPositionY());
                                                            //计算摄像机 y 坐标
25         cameraPos.z=-(float)(sin(1.57-GameData::argeex-GameData::_angle)
                                                            //计算摄像机 z 坐标
26                 *GameData::length)+GameData::heroSprite->getPositionZ();
27          _camera->setPosition3D(cameraPos);              //设置摄像机位置
28          _camera->lookAt(Vec3(GameData::heroSprite->getPositionX()-(float)
29                 (GameData::offset*cos(GameData::argeex)),//计算摄像机仰角 x
30             GameData::heroSprite->getPositionY()+GameData::camerahight+
31             (float)(tan(GameData::argeey)*(GameData::cameralength)),
                                                            //计算摄像机仰角 y
32             GameData::heroSprite->getPositionZ()+(float)(GameData::offset*sin
33                 (GameData::argeex))                      //计算摄像机仰角 z
34             ),Vec3(0,1,0));                              //设置摄像机仰角
35    }}
```

- 第 3～16 行功能为设置触摸屏幕时，移动对应的摄像机的旋转角度。首先设定向左滑动角度减小，向右滑动角度增加，向下滑动角度增加，向上滑动角度减小。随后声明摄像机的旋转角度，将其转换为弧度制，并对左右滑动和上下滑动设置相应的弧度判断机制，如果超过 2π，则将角度减去 2π，如果小于 0，则将角度值增加 2π。
- 第 18～34 行功能为根据屏幕的滑动来旋转摄像机的角度，包括摄像机位置的 x、y、z 坐标的计算和摄像机仰角 x、y、z 的计算，然后设定重新更新摄像机的位置和仰角即可。

（6）为了使得游戏画面更加逼真，增强游戏的画面真实感，游戏关卡二中实现了河面水流波动的效果，这其中还用到了着色器编程的知识，下面就介绍一下初始化水的方法，以及其中必要参数的传递和设置，具体内容如下所示。

代码位置：源代码/第 15 章/ProtectGreen/app/src/main/jni/maincpp 目录下的 My3DLayer.cpp。

```
void My3DLayer::initWater(){                               //初始化水方法
        float frequency[]={0.5f,0.7f,0.4f,0.6f};          //水波动频率频率
        float amplitude[]={1.0f,1.5f,0.1f,1.1f};          //水面振幅
        Vec2 position[]={Vec2(150,200),Vec2(250,-1000),Vec2(150,-3000),Vec2(150,
        2180)};
                                                           //水图片拼接位置
    water = Water::create(water_PATH+"water.obj",water_PATH+"water.png",
                            amplitude,frequency,position,10,4);
                                                           //创建水对象
    water->setScaleX(1.f);                                 //设置水 x 轴方向的缩放比
    water->setScaleY(0.3f);                                //设置水 y 轴方向缩放比
    water->setScaleZ(0.6f);                                //设置水 z 轴方向缩放比
    water->setGlobalZOrder(2);                             //设置水的 z 轴渲染顺序
    water->setPosition3D(Vec3(0,-14.0f,-15.0f));          //设置水对象在 3D 物理世界中的位置
    this->addChild(water);                                 //将水对象加入到布景中
}
```

说明　上述代码给出了创建水面特效的水的一些基本的参数，基本包括水波动的频率和振幅、几块水面图片拼接的位置设定，以及之后创建水波动对象后的缩放比和 GlobalZOrder 顺序，最后加入到 3D 物理世界中的具体位置。

（7）游戏中设定为英雄将关卡中的怪物全部消灭后可以与游戏中的 npc 对话，得到接下来继续探险的线索，这就需要对这样的情节进行设定，并对不同的场景进行判断，对人物动作做出修改，内容下面就会介绍，具体代码如下所示。

代码位置：源代码/第 15 章/ProtectGreen/app/src/main/jni/maincpp 目录下的 My3DLayer.cpp。

```
1  void My3DLayer::heroTonpcDisUpdate(float delta){          //计算 npc 和英雄位置距离
2      if(npcmale!=NULL){                                     //npc 精灵存在
3          Vec3 heroPosi = GameData::heroSprite->getPosition3D();//获得英雄位置
4      Vec3 npcPosi =   npcmale->getPosition3D();            //获得 npc 位置
5      heroToNPCDis = heroPosi.distance(npcPosi);             //计算 npc 和英雄距离
6      if(heroToNPCDis < 10.0f && npcdistance == false&&isFirstTalk){
                                                              //如果距离小于临界值
7          isFirstTalk=false;                                 //将对话标志位设置为 false
8          Layer2D->initdialog();                             //初始化对话框
9          npcdistance = true;
10         if(GameData::SCENEFlag==1){                        //若为关卡一
11             Animation3D* npcAnimation= Animation3D::create("npc/npc8.c3b");
12                                                            //创建骨骼动画
13             Animate3D* animateNpc= Animate3D::create(npcAnimation,0.f,9.f);
14                                                            //骨骼动画播放参数设置
15             npcmale->runAction(RepeatForever::create(animateNpc));
                                                              //播放骨骼动画
16         }else if(GameData::SCENEFlag==2){                  //若为关卡二
17             Animation3D* npcAnimation= Animation3D::create("npc/npc5.c3b");
18                                                            //创建并播放骨骼动画
19             Animate3D* animateNpc= Animate3D::create(npcAnimation,0.f,13.f);
20                                                            //骨骼动画播放设置
21             npcmale->runAction(RepeatForever::create(animateNpc));
                                                              //播放骨骼动画
22 }}}}
```

- 第 2～9 行功能为首先判断场景中不存在 npc 精灵，然后分别获取 npc 和英雄的位置，计算 npc 和英雄的距离，并对这个距离做出一个判断，在小于临界值 10 的时候开始 npc 和英雄之间的对话，初始化对话框，并将一个判断不是第一次对话的标志位设置为 false，以后重复性的对话相同的内容。
- 第 10～21 行功能为分别判断不同场景，然后根据场景的不同创建不同的骨骼动画，并设置相应的参数，然后播放骨骼动画。

15.5.9 场景管理类的开发

本小节将向读者介绍场景管理类的开发，由于游戏中不可能只是一个单一的游戏场景，于是增加了场景管理类来管理各个场景之间的切换，包括几个 CG 场景和关卡的不同场景，方便程序中各个场景之间的切换，下面将介绍该类的开发过程。

（1）首先向读者介绍该类的头文件，该头文件中声明了跳转到对应场景的一系列方法，将方法的声明单独放在头文件中，使类的声明简单明了，并且在项目的任何位置均可以非常方便地进行场景的切换，其详细代码如下。

代码位置：源代码/第 15 章/ProtectGreen/app/src/main/jni/maincpp 目录下的 SceneManager.cpp。

```
……此处省略了部分头文件的声明，有需要的读者请参考随书源代码
class SceneManager{                                   //用于创建场景的类
public:
    static void initBegin();                          //创建闪屏
    static void initMainMenu();                       //创建主菜单
    static void LoadScene(int index);                 //资源异步加载场景方法
    static void createCGScene();                      //创建第一个 CG 场景对象的方法
    static void createCGScene2();                     //创建第二个 CG 场景对象的方法
        static void initScene();                      //创建村庄场景对象的方法
       static void otherScene();                      //切换其他场景对象的方法
        static Scene* scene;                          //声明场景对象
        static Scene* otherscene;                     //声明其他场景对象
};
```

> **说明**　此头文件主要声明了一些跳转到固定场景的方法，并将这些方法声明为静态，当需要调用的时候使用类名即可方便地调用。

（2）下面开始介绍开发的场景管理类。这一场景管理的模式可以用在 Cocos2d-x 引擎开发的任何游戏中，使用非常方便。此类主要实现了各个场景之间的跳转，由于将方法声明为静态方法，因此可以方便快捷地更换场景。

由于游戏中不可能只是一个单一的游戏场景，于是增加了场景管理类来管理各个场景之间的切换，包括几个 CG 场景和关卡的不同场景，不同场景的初始化和设置也不尽相同，下面就介绍一下这个类的开发，具体代码如下所示。

代码位置：源代码/第 15 章/ProtectGreen/app/src/main/jni/maincpp 目录下的 SceneManager.cpp。

```
1   void SceneManager::initMainMenu(){                              //去主菜单
2       Size size = Director::getInstance()->getWinSize();          //获得屏幕尺寸
3       Scene* scene=Scene::create();                               //创建场景
4       Camera* camera = Camera::createPerspective(                 //创建摄像机
5           55,                                                     //摄像机视角 40～60 是合理值
6           size.width/size.height,                                 //视口长宽比
7           2,                                                      //摄像机 near 值
8           2000                                                    //摄像机 far 值
9       );
10      camera->setCameraFlag(CameraFlag::USER1);                   //设置摄像机编号标志
11      camera->setPosition3D(Vec3(115.0f,30.0f,165.0f));           //设置摄像机位置
12      camera->lookAt(Vec3(50,0,0), Vec3(0,1,0));                  //设置摄像机目标点以及 up 向量
13      scene->addChild(camera);                                    //将摄像机添加到场景中
14      ……//此处省略了另一个摄像机的创建和设置，需要的读者请自行参考源代码
15      MainMenuScene2D* layer2d=MainMenuScene2D::create();         //创建 2D 主菜单场景
16      scene->addChild(layer2d);                                   //加入布景中
17      MainMenuScene3D* layer3d=MainMenuScene3D::create();         //创建 3D 主菜单场景
18      layer3d->_camera=camera;                                    //将摄像机放入 3D 场景中
19      layer3d->_mirCamera=mirCamera;                              //另一台摄像机放入 3D 场景中
20      layer3d->addNewSprite();                                    //调用主场景创建方法
21      scene->addChild(layer3d);                                   //将主场景中的物品放入布景中
22      Director::getInstance()->replaceScene(scene);               //切换场景
23  }
```

- 第 2～13 行功能为创建场景，并设置摄像机的视角、视口长宽比，摄像机的 near 和 far 值，并设置摄像机的编号，最后给出目标点以及 up 向量，最后将摄像机添加到布景中。
- 第 15～22 行功能为创建一个 2D 和 3D 混合的主菜单场景，并调用创建物品的一个方法，将需要创建的对象放入场景中，并将摄像机放入 3D 场景中，最后调用切换场景的方法。
- 第 14 行省略的另一台摄像机的创建是用来绘制主菜单中的水面镜像的，由于其创建和设置与上一个摄像机基本相同，所以没有再详细介绍。

> **说明**　由于场景管理类中其他场景的设置与上面介绍的主菜单场景的内容大致相同，这里就不再做详细介绍，需要了解的读者请自行参考源代码同一文件位置。

15.6 辅助类

上一节介绍了游戏的全部布景，游戏的总体架构想必读者已经明白了。但是千里之行，始于足下。没有辅助类的帮助，其中一些特效或者精灵就实现不了。因此从本节开始，将为读者详细介绍此游戏的辅助类，具体介绍如下所示。

15.6.1 数据类——GameData

该类主要保存游戏场景中的数据以方便游戏场景来调用，比如怪物的当前状态标志位、摄像机的状态标志位，以及游戏场景中道具的拾取使用标志位等，如果单独在场景中对这些数据进行管理的话会非常不方便，故需将这些数据放在一个类中。数据类的具体开发过程如下。

（1）介绍完了此类的功能，下面开始正式进行此类的开发，首先需要开发的是 GameData 类的框架，该类框架声明了一系列将要使用的成员变量和成员方法，包括有关怪物和英雄的状态标志位和摄像机的一些数据，其详细代码如下。

代码位置：源代码/第 15 章/ProjectGreen/app/src/main/jni/objectcpp 目录下的 GameData.h。

```
……此处省略了部分头文件的声明，有需要的读者请参考随书源代码
class GameData{
public:
    static Hero* heroSprite;                                        //被选中的怪物指针
    static Monster* SelectMonster;                                  //游戏中怪物集合
    static std::vector<Monster*> monsterVec;                        //怪物容器
    static std::mutex monsterVecLock;                               //怪物容器锁
    static std::mutex heroDieVectorLock;                            //英雄死亡锁
    static std::mutex heroAttackLock;                               //英雄攻击锁
    static bool bnJoyStickFlag ;                                    //摇杆是否可用
    static bool attackFlag;                                         //射击标志位
    static bool attackoverFlag;                                     //射击完成标志位
    static bool monsterSelect;                                      //怪物选中标志位
    static bool herobeiAttack;                                      //英雄被攻击标志位
    static const int Hero_STATE_RUN =0;                             //英雄跑步标志位
    static const int Hero_STATE_PREPAREFORWAR =1 ;                  //英雄备战标志位
    static const int Hero_STATE_ATTACK =2;                          //英雄攻击标志位
    static const int Hero_STATE_BEGIN= 3;                           //英雄初始化标志位
    static const int Hero_STATE_DIE=4;                              //英雄死亡标志位
    static const int Hero_STATE_HUANDAN=5;                          //英雄换弹标志位
    static int Hero_bullet;                                         //子弹数量
    static float argeex;                                            //英雄旋转的角度 x 分量
    static float argeey;                                            //英雄旋转的角度 y 分量
    static float _angle;                                            //英雄与摄像机之间的角度
    static float length;                                            //英雄距摄像机的距离
    static const int offset=4;                                      //位置偏移量
    static const int cameralength=-10;                              //摄像机与英雄水平距离
    static float beginargee;                                        //初始角度偏移量
    static int camerahight;                                         //摄像机高度
    static bool ismusic;                                            //是否播放音乐与音效
    static bool issound;                                            //是否播放音效
    static int SCENEFlag;                                           //场景标志位
    static int item1;                                               //外层门禁卡
    static int useitem1;                                            //外层门禁卡是否被使用
    ......//此处省略了其他道具拾取和使用的标志位，需要的读者请参考源代码
    };
```

说明 该类框架声明了与怪物、英雄、摄像机以及游戏场景中将会拾取和使用到的道具的相关变量，因为游戏场景中的不同怪物和英雄存在多种不同的状态，如果不统一管理的话很容易混淆，所以在数据类里声明以供游戏场景调用更改，这样做能够方便编程。

（2）开发完类框架声明之后，由于此类主要功能就是实现 GameData 类中的变量的赋值，所以没有方法。这些数据在游戏场景中起到很大的作用，并且大部分的数据都存在此类中，读者可以仔细按照代码注释了解，具体代码如下所示。

代码位置：源代码/第 15 章/ProjectGreen/app/src/main/jni/objectcpp 目录下的 GameData.cpp。

```
……此处省略了部分头文件的声明，有需要的读者请参考随书源代码
Hero* GameData::heroSprite=NULL;                                    //被选中的怪物指针
```

```
3    Monster* GameData::SelectMonster=NULL;                  //游戏中怪物集合
4    std::vector<Monster*> GameData::monsterVec;             //怪物容器
5    std::mutex GameData::monsterVecLock;                    //怪物容器锁
6    std::mutex GameData::heroAttackLock;                    //英雄死亡锁
7    int GameData::Hero_bullet=12;                           //剩余子弹数量
8    bool GameData::bnJoyStickFlag = true;                   //摇杆是否可用
9    bool GameData::attackFlag=false;                        //射击标志位
10   bool GameData::attackoverFlag=true;                     //射击完成标志位
11   bool GameData::monsterSelect=false;                     //怪物选中标志位
12   bool GameData::herobeiAttack=false;                     //英雄被攻击标志位
13   float GameData::argeex=0;                               //摄像机偏转 x 角度
14   float GameData::argeey=0;                               //摄像机偏转 y 角度
15   float GameData::_angle=0;                               //英雄所在位置偏转角
16   float GameData::length=0;                               //英雄距离摄像机的位置
17   float GameData::beginargee=0.0f;                        //初始角度偏移量
18   int GameData::camerahight=16;                           //摄像机初始高度
19   bool GameData::ismusic=true;                            //是否播放音乐
20   bool GameData::issound=true;                            //是否播放音效
21   int GameData::SCENEFlag=3;                              //场景标志位
22   int GameData::item1=0;                                  //外层门禁卡拾取
23   int GameData::useitem1=0;                               //外出门禁卡使用
24   .....//此处省略了其他道具拾取和使用的标志位，需要的读者请参考源代码
25   std::vector<Sprite3D*> GameData::goodsVec;              //需要选取的毒气列表
26   Sprite3D* GameData::SelectDuqi=NULL;                    //选中的毒气装置
27   bool GameData::DuqiSelect=false;                        //是否选中毒气装置
```

- 第 1～6 行为怪物和英雄精灵的容器以及它们相对应的锁，用来保存怪物精灵和对怪物和英雄精灵上锁。
- 第 7～12 行为游戏场景中 2DUI 界面中的控制移动摇杆和射击按钮的标志位，当它们为 true 时才能够被触发，为 false 时无法触发。以及关于英雄在游戏场景中的旋转角度应该与手指滑动屏幕距离相符。
- 第 13～21 行为记录场景中摄像机的相关数据，包括摄像机与英雄的距离，摄像机高度，以及当前游戏关卡的场景标志位等。
- 第 22～27 行为游戏场景中道具的拾取和使用标志位以及关卡机关的精灵和标志位，当得到和使用物品后，将记录为 1，初始化为 0。

15.6.2　暂停和设置界面类——GameSet

上一小节介绍了数据类的实现，下面将介绍另外一个辅助类，暂停和设置界面类。因为游戏中需要多次创建暂停界面或者设置界面，但在游戏场景类中编程较为不便，故将其封装在一个辅助类中便于开发，其具体开发步骤如下。

（1）介绍完了此类主要实现的功能，下面就可以正式进行开发了。首先详细介绍了一下布景的框架声明，其中声明了关于创建设置、暂停、背包界面的方法，然后是各个界面中的一些精灵和菜单按钮，其详细代码如下。

代码位置：源代码/第 15 章/ProjectGreen/app/src/main/jni/objectcpp 目录下的 GameSet.h。

```
……此处省略了部分头文件的声明，有需要的读者请参考随书源代码
class GameSet:public Node{
public:
    Layer* layer;                                   //指向此类的指针
    int gameIndex;                                  //游戏场景索引
    GameSet(Layer* gamelayer);                      //构造方法
    void createSet(int index,int game);             //创建界面
    void addItemImageSetting();                     //添加设置界面按钮
    void addItemImagePause();                       //添加暂停界面按钮
    void addItemImageBackPack();                    //添加背包界面按钮
private:
    SceneManager* sm;                               //场景管理器
    Sprite* menuBg;                                 //设置背景
```

```
    MenuItemImage* musicOn;                              //音量开
    MenuItemImage* musicOff;                             //音量关
    MenuItemImage* seffectOn;                            //音效开
    MenuItemImage* seffectOff;                           //音效关
    MenuItemImage* back;                                 //关闭按钮
    Sprite *pauseBg;                                     //设置背景
    MenuItemImage* resume;                               //回到游戏按钮
    MenuItemImage* set;                                  //设置按钮
    MenuItemImage* mainmenu;                             //回主菜单按钮
    Sprite* backpackBg;                                  //背包背景
    Sprite* item;                                        //显示物品
    MenuItemImage* left;                                 //往左
    MenuItemImage* right;                                //往右
    MenuItemImage* use;                                  //使用
    MenuItemImage* backgame;                             //回到游戏
    int goods[6];                                        //物品有无
    int goodsNow=0;                                      //当前物品索引
    void menuSelect(int index);                          //按钮的执行方法
  };
```

说明 该类框架声明了指向场景管理器的指针、指向添加暂停和通关界面的布景指针、指向背景精灵、菜单项精灵对象的指针以及创建暂停和通关界面的方法，这些方法会在游戏场景中调用，提高编程效率等。

（2）开发完类框架声明之后，就是实现 GameSet 类中的相关方法，其中主要为创建暂停和暂停界面的方法，由于这些界面会在游戏场景中多次创建和销毁，因此需要在游戏场景之外的类中统一管理，具体代码如下所示。

代码位置：源代码/第 15 章/ProjectGreen/app/src/main/jni/objectcpp 目录下的 GameSet.cpp。

```
1   ……此处省略了部分头文件的声明，有需要的读者请参考随书源代码
2   GameSet::GameSet(Layer* gameLayer){                          //GameSet 类构造函数
3     this->layer = gameLayer;}                                  //传入的参数赋值给成员变量
4   void GameSet::createSet(int index,int game){                 //创建设置、暂停、背包界面
5     gameIndex=game;                                            //赋值传入的游戏场景索引
6     if (index==0){                                             //创建设置界面
7       Director::getInstance()->pause();                        //暂停游戏
8       menuBg = Sprite::create(setpause_PATH+"setbg.png");      //创建背景精灵
9       menuBg->setPosition(Point(480,270));                     //设置精灵背景
10      layer->addChild(menuBg, 11);                             //添加背景精灵到场景中
11      addItemImageSetting();                                   //创建设置界面按钮
12    } else if (index==1){                                      //创建暂停界面
13      Director::getInstance()->pause();                        //暂停游戏
14      pauseBg = Sprite::create(setpause_PATH+"pausebg.png");//创建背景精灵
15      pauseBg->setPosition(Point(480,270));                    //设置精灵背景
16      layer->addChild(pauseBg, 11);                            //添加背景精灵到场景中
17      addItemImagePause();                                     //创建暂停界面按钮
18    }else if(index==2){                                        //创建背包界面
19      Director::getInstance()->pause();                        //暂停游戏
20      backpackBg=Sprite::create(backpack_PATH+"itembg.png");//创建背景精灵
21      backpackBg->setPosition(Point(480,270));                 //设置精灵背景
22      layer->addChild(backpackBg,11);                          //添加背景精灵到场景中
23      addItemImageBackPack();                                  //添加背包界面按钮
24    }}
```

- 第 2～3 行为界面 GameSet 类的构造函数，主要功能为将传入的布景对象赋值给成员变量以备程序使用。
- 第 4～11 行为创建暂停界面，由于设置界面可能在主菜单场景创建也可能在游戏场景中创建，故需要根据传入的索引来区分，然后再创建设置布景和布景中的按钮。
- 第 12～17 行为创建暂停界面，首先调用 pause 方法暂停正在运行的场景，然后创建暂停背景精灵并将“开始游戏”按钮、“设置”按钮和“回到主菜单”按钮等添加到背景精灵节点中。

● 第 18～24 行为创建背包界面，背包界面用来呈现游戏场景中会拾取和使用到的道具，读者可到游戏中体会此功能。

（3）介绍完了创建设置、暂停和背包界面的方法后，接下来就是介绍上述提到的与创建界面有关的创建按钮方法和这些按钮的回调方法，此方法创建了界面中需要的一系列精灵和菜单项，“回到游戏”、“设置”和“回到主菜单”等按钮，接下来将详细介绍这两个方法，其具体代码如下。

代码位置：源代码/第 15 章/ProjectGreen/app/src/main/jni/objectcpp 目录下的 GameSet.cpp

```
1  void GameSet::addItemImagePause(){                                    //创建设置界面按钮
2      resume=MenuItemImage::create(setpause_PATH+"resume.png",          //回到游戏按钮
3          setpause_PATH+"resumeP.png",CC_CALLBACK_0(GameSet::menuSelect, this, 3));
4      resume->setPosition(Point(480,315));                              //设置按钮位置
5      set=MenuItemImage::create(setpause_PATH+"pauseset.png",           //设置按钮
6          setpause_PATH+"pausesetP.png",CC_CALLBACK_0(GameSet::menuSelect, this, 4));
7      set->setPosition(Point(480,222.5));                               //设置按钮位置
8      mainmenu=MenuItemImage::create(setpause_PATH+"tomain.png",        //回主菜单
9          setpause_PATH+"tomainP.png",CC_CALLBACK_0(GameSet::menuSelect, this, 5));
10     mainmenu->setPosition(Point(480,130));                            //设置按钮位置
11     Menu* menu=Menu::create(resume,set,mainmenu,nullptr);             //创建菜单
12     menu->setPosition(Point::ZERO);                                   //设置菜单位置
13     pauseBg->addChild(menu,1);                                        //将菜单添加到布景中
14 }
15 void GameSet::menuSelect(int i){                                      //按钮回调
16     SpriteFrame* musicOnFrame;                                        //音乐开的图片
17     SpriteFrame* musicOffFrame;                                       //音乐关的图片
18     SpriteFrame* seffectOnFrame;                                      //音效开的图片
19     SpriteFrame* seffectOffFrame;                                     //音效关的图片
20     switch (i){                                                       //按索引执行方法
21     .....//此处省略了其他按钮的回调方法，需要的读者请参考源代码
22     case 3:Director::getInstance()->resume();                         //恢复游戏
23         MusicManager::playMusicEffect(5);                             //播放按钮音效
24         layer->removeChild(pauseBg,true);                             //删除暂停
25         break;
26     case 4:MusicManager::playMusicEffect(5);                          //播放按钮音效
27         layer->removeChild(pauseBg,true);                             //删除暂停界面
28         if(i==4){
29         My2DLayer* scene=dynamic_cast<My2DLayer*>(layer);             //获取 2D 游戏场景
30         scene->createset();                                           //创建设置界面
31         }break;
32     case 5:Director::getInstance()->resume();                         //恢复游戏
33         MusicManager::playMusicEffect(5);                             //播放按钮音效
34         layer->removeChild(pauseBg,true);                             //删除暂停界面
35         SceneManager::initMainMenu();                                 //回到主菜单
36         break;
37     }}
```

● 第 2～10 行为创建暂停界面中的菜单项，包括回到游戏、设置和回到主菜单，然后设置好精灵位置。

● 第 11～13 行为创建一个菜单容器，用来存放上面提到的 3 个菜单项精灵，统一管理，这样如果想要同时处理这个暂停界面中的按钮只需要处理一个菜单容器即可达到效果，非常便利。

● 第 16～19 行为声明一系列的精灵帧，分别为音效开，音效关，音乐开，音乐关，这些精灵能够替换精灵当前所使用的图片来显示当前音乐和音效开关的状态。

● 第 20～36 行为暂停界面中的菜单项的按钮回调方法，每个按钮按照索引分别对应一个 case 选项，读者按照代码注释即可了解。

15.6.3 音乐音效管理类——MusicManager

上一小节介绍了怪物类的实现，此小节将详细介绍音乐音效管理类的具体实现。其中包括游戏场景中的背景音乐的播放暂停和 UI 菜单项的按钮音效、怪物音效、英雄音效等播放和暂停的

方法，下面首先向读者详细介绍此类的基础知识。

（1）首先需要开发的是 MusicManager 类的框架，主要声明的是播放、恢复和停止背景音乐的方法，以及播放暂停、恢复音效的方法，这些方法将在游戏场景和 UI 中实现相关的功能，在一个类中管理能降低代码的重复性，其详细代码如下。

代码位置：源代码/第 15 章/ProjectGreen/app/src/main/jni/objectcpp 目录下的 MusicManager.h

```
    ……此处省略了部分头文件的导入，有需要的读者请参考随书源代码
class MusicManager{                                              //类的声明
public :
    MusicManager();                                              //构造函数
    ~MusicManager();                                             //析构函数
    static void playBackgroundMusic(int musicIndex,bool loop);   //播放背景音乐
    static void resumeBackgroundMusic();                         //恢复背景音乐
    static void pauseBackgroundMusic();                          //暂停背景音乐
    static void stopBackgroundMusic();                           //停止背景音乐
    static void playMusicEffect(int musicIndex);                 //播放音效
    static void pauseSound();                                    //暂停音效
    static void resumeSound();                                   //恢复音效
};
```

说明 首先定义了此类的构造函数和析构函数，然后声明了一系列的方法，包括背景音乐的播放、恢复、暂停和音效的播放、暂停、恢复方法，详细内容将在下文介绍。

（2）开发完类框架声明之后，就是实现 MusicManager 类中的相关方法，其中主要为关于背景音乐和音效的方法，这些方法是 Cocos 提供的用来管理音乐和音效的接口，调用并放在一个类中有助于管理，具体代码如下所示。

代码位置：源代码/第 15 章/ProjectGreen/app/src/main/jni/objectcpp 目录下的 MusicManager.cpp。

```
void MusicManager::playBackgroundMusic(int musicIndex,bool loop){
    if(!GameData::ismusic)                                         //检测音乐标志位
    return;                                                        //返回
    std::string path;                                              //声明资源路径
    switch(musicIndex){                                            //判断索引
    case 0:path = sound_PATH+"beijing.ogg";                        //小镇场景背景音乐
        break;
    case 1:path = sound_PATH+"seaside.mp3";                        //CG 海边背景音乐
        break;
    case 2:path = sound_PATH+"rain.mp3";                           //CG 下雨背景音乐
        break;
    case 3: path=sound_PATH+"mainbg.mp3";                          //主菜单背景音乐
        break;
    case 4:path=sound_PATH+"beforeLabBgm.mp3";                     //第三关 bgm1
        break;
    case 5:path=sound_PATH+"intoLabBgm.mp3";                       //第三关 bgm2
        break;
    }
    if(musicIndex!=5)                                              //判断是否为第五段
    CocosDenshion::SimpleAudioEngine::getInstance()                //设置背景音量
        ->setBackgroundMusicVolume(0.6);
    else
    CocosDenshion::SimpleAudioEngine::getInstance()->setBackgroundMusicVolume(0.20);
                                                                   //设置音量
    CocosDenshion::SimpleAudioEngine::getInstance()                //播放背景音乐
        ->playBackgroundMusic(path.c_str(),loop);                  //设置循环次数
}
void MusicManager::playMusicEffect(int musicIndex)   {             //播放音效
    if(!GameData::issound)                                         //检测音效标志位
        return ;
    std::string path;                                              //声明资源路径
    switch(musicIndex){                                            //判断索引
    case 0:path= sound_PATH+"shoot.wav";break;                     //射击音效
    .....//此处省略了部分 case 的设置，需要的读者请参考源代码
```

```
34      case 38:path=sound_PATH+"clip.wav";break;              //换弹夹声音
35      }
36      if(musicIndex!=19&musicIndex!=36)                        //判断是否循环播放
37      CocosDenshion::SimpleAudioEngine::getInstance()->playEffect(path.c_str());
                                                                 //播放音效
38      else
39      CocosDenshion::SimpleAudioEngine::getInstance()->playEffect(path.c_str(),true);
                                                                 //循环播放
40  }
```

- 第 2～4 行为判断数据类中存放的音乐标志位是否为 true，也就是用户在设置音乐音效时单击的按钮，以此来判断是否在此处播放音效，为 false 则返回，然后声明一个 string 来保存资源路径。
- 第 5～18 行为判断传入的索引来对 string 赋值，以供下面的方法调用，这样做可以清楚明了地分辩调用的是哪个资源路径。
- 第 19～26 行调用 Cocos 提供的播放音效和背景音乐的接口，来播放音乐音效，并且可以根据需要来设置音量的大小。
- 第 27～30 行的作用与上面一个方法大同小异，都是首先判断数据类中的音效标志位，然后再声明一个 string 来赋值。
- 第 31～40 行为对 string 赋值，然后调用 Cocos 中的播放音效的接口来播放游戏音效，并设置是否循环播放。

15.6.4　粒子系统管理类——ParticleManager

上一小节介绍了音乐音效管理类的实现，此小节将详细介绍粒子系统管理类的具体实现。其中包括游戏场景中将会出现的粒子系统的管理，比如电击、毒气以及爆炸等的创建方法。下面向读者详细介绍此类的基础知识。

（1）首先需要开发的是 ParticleManager 类的框架，该类框架中首先声明了指向调用这个类的场景的指针，然后是最主要的初始化粒子系统的方法，加载的是用 ParticleUniverse 生产的 pu 文件来创建粒子系统，其详细代码如下。

代码位置：源代码/第 15 章/ProjectGreen/app/src/main/jni/objectcpp 目录下的 ParticleManager.h。

```
……此处省略了部分头文件的导入，有需要的读者请参考随书源代码
class ParticleManager{
public:
   Layer* layer;                                            //指向场景的指针
   ParticleManager(Layer* layer);                           //构造方法
   void initParticle(Sprite3D* sp,int index);               //初始化粒子系统
};
```

> **说明**　此类首先声明了一个指向此场景的指针，然后声明了这个类的构造方法和此类最重要的初始化粒子系统方法，详细内容将在下文介绍。

（2）开发完类框架声明之后，就是实现 ParticleManager 类中的相关方法，其中主要为关于初始化粒子系统的方法，粒子系统能给游戏的画面带来很大的提升，是本款游戏中不可或缺的一部分，读者可详细了解，具体代码如下所示。

代码位置：源代码/第 15 章/ProjectGreen/app/src/main/jni/objectcpp 目录下的 ParticleManager.cpp。

```
ParticleManager::ParticleManager(Layer* layer){                 //获取场景
   this->layer=layer;
}
void ParticleManager::initParticle(Sprite3D *sp,int index){     //初始化粒子系统
   std::string path;                                            //声明资源路径字符串
```

```
6     float scale;                                          //声明缩放比
7     switch(index)                                         //根据索引判断
8     {
9     case 0:path=particle_PATH+"scripts/rain1.pu";         //下雨粒子系统
10        scale=10.0f;                                      //设置缩放比为 10.0
11        break;
12    .....//此处省略了部分 case 的判断，需要的读者请参考源代码
13    }
14    PUParticleSystem3D* pu;                               //指针指向粒子系统类
15    if(index==2){
16        pu=PUParticleSystem3D::create(path,     //创建粒子系统
17        particle_PATH+"materials/pu_mediapack_01.material");   //设置材质
18    }else{
19        pu=PUParticleSystem3D::create(path);              //创建粒子系统
20    }
21    pu->setCameraMask((unsigned short) CameraFlag::USER1);   //设置粒子系统摄像机
22    if(index==7){
23        float temp=CCRANDOM_0_1()*6;                      //声明随机数
24        pu->setScale(scale+temp);                         //设置缩放比
25    }else{
26    pu->setScale(scale);                                  //设置缩放比
27    }
28    pu->setPosition3D(Vec3(0,0,0));                       //设置位置坐标
29    pu->startParticleSystem();                            //开始粒子系统模拟
30    sp->addChild(pu);                                     //添加到场景中
31 }
```

- 第 1～3 行为界面 ParticleManager 类的构造函数，主要功能为将传入的布景对象赋值给成员变量以备程序使用。
- 第 4～13 行为根据传入的索引来判断要创建的粒子系统，然后对 string 赋值以供下面的方法调用，这样做可以清楚明了地分辨调用的是哪个资源路径。
- 第 14～30 行根据上面的字符串调用系统的粒子系统类来创建粒子系统并设置材质，然后设置粒子系统的摄像机 CameraFlag，设置缩放比和位置坐标，最后开始粒子系统的模拟，并将其添加到场景中。

15.6.5 波动水面类 Water

介绍了粒子系统管理类后，下面将介绍另外一个辅助类，波动水面类 Water。该类的开发比较简单，但是用到了与着色器相关的知识，对这方面不了解的读者请参考笔者的《OpenGLEs2.0 游戏开发》（上下册）。其具体开发步骤如下。

（1）首先需要开发的是 Water 类的框架，该类框架中声明一系列将要使用的成员变量和成员方法，读者可以依据代码注释来了解声明的量的含义，由于此类与着色器有关，是本游戏中的难点之一，读者需仔细学习，其详细代码如下。

代码位置：源代码/第 15 章/ProjectGreen/app/src/main/jni/objectcpp 目录下的 Water.h。

```
……此处省略了部分头文件的导入，有需要的读者请参考随书源代码
class Water : public Sprite3D{                              //水波继承 3D 精灵
public:
    static Water* create(const std::string &modelPath, const std::string &texturePath,
                                                            //水的创建方法
            float *amplitude,float *frequency,const Vec2 position[],float speed,
            int count);
    void myDraw(const Mat4 &transform);                     //绘制水
    virtual void draw(cocos2d::Renderer *renderer,
            const cocos2d::Mat4 &transform, uint32_t flags) override;//绑定绘制方法
protected:
    ~Water();
    void initShader(const std::string& texturePath);        //初始化着色器
    float waveSpeed;                                        //水波振动速度
    float angleStart[WaveCount];                            //振动源起始角度
```

```
    float waveLength[WaveCount];                                  //振动源波长
    float frequency[WaveCount];                                   //振动源振动频率
    float amplitude[WaveCount];                                   //振动源振幅
    Vec2 position[WaveCount];                                     //振动源位置
    Vec4 isHad;                                                   //有几个振动源
    CustomCommand command;                                        //获取渲染函数
};
```

说明　上述代码为 Water 类的头文件，包括：水波振动速度常量、振动源起始角度、振动源波长、振动源的振幅、振动源的位置和有几个振动源；创建水的方法、绘制水的方法；给 Water 类绑定着色器用到的 initShader 方法。

（2）开发完类框架声明后还要真正实现 Water 类中的方法，接下来介绍创建水波类的方法，在创建的同时设置振动源的频率、振动源的波长、振动源的振幅、振动源的位置。根据传过来的振动源的个数设置 Vec4 的值，用于传到着色器中进行计算。具体代码如下。

代码位置：源代码/第 15 章/ProjectGreen/app/src/main/jni/objectcpp 目录下的 Water.cpp。

```
1   Water* Water::create(const std::string &modelPath, const std::string &texturePath,
2       float *amplitude,float *frequency,const Vec2 position[],float speed,int count){
3       auto sprite = new Water();                                  //创建水的类
4       sprite->waveSpeed=speed*Pi;                                 //设置水的速度
5       if (sprite && sprite->initWithFile(modelPath)){             //如果初始化成功
6           for(int i=0;i<4;i++){                                   //遍历振动源
7           sprite->frequency[i] = frequency[i];                    //初始化频率
8           sprite->waveLength[i] = sprite->waveSpeed / sprite->frequency[i];
                                                                    //初始化波长
9           sprite->amplitude[i] = amplitude[i];                    //初始化振幅
10          sprite->position[i] = position[i];                      //初始化位置
11      }
12          switch(count){                                          //判断是有几个振源
13          case 1:sprite->isHad.x=1;break;                         //如果是 1 个
14          case 2:sprite->isHad.x=1;sprite->isHad.y=1;break;       //如果是 2 个
15          case 3:sprite->isHad.x=1;sprite->isHad.y=1;sprite->isHad.z=1;break;
                                                                    //如果是 3 个
16          case 4:sprite->isHad.x=1;sprite->isHad.y=1;sprite->isHad.z=1;sprite->
            isHad.w=1;break;
17          }
18          sprite->setTexture(texturePath);                        //设置纹理贴图
19          sprite->initShader(texturePath);                        //初始化着色器
20          sprite->autorelease();                                  //设置自动释放
21          return sprite;                                          //返回精灵
22      }
23      CC_SAFE_DELETE(sprite);                                     //删除对象
24      return nullptr;                                             //返回空
25  }
```

- 第 1～17 行为创建水波类，设置水波的速度，遍历 4 个振动源，设置振动源的频率、波长、振幅、位置。根据传过来的振动源的个数设置 Vec4 的值，用于传到着色器中进行计算。
- 第 18～24 行为设置水波精灵的纹理贴图，给水波精灵初始化着色器，设置水波精灵自动释放并返回水波精灵。如果没有创建成功精灵则删除对象并返回空。

（3）接下来创建着色器并且给着色器传入相应的正弦函数所需要的参数值以及振动源个数、位置、振幅等。然后遍历水波顶点数据，传入顶点大小、顶点类型、是否标准化、步长、位置指针，计算数据偏移。具体代码如下。

代码位置：源代码/第 15 章/ProjectGreen/app/src/main/jni/objectcpp 目录下的 Water.cpp

```
void Water::initShader(const std::string& texturePath){
    auto glprogram =                                                //创建着色器
        GLProgram::createWithFilenames("shader/water.vert", "shader/water.frag");
    auto glProgramState = GLProgramState::create(glprogram);       //获取着色器实例
```

```
5    this->setGLProgramState(glProgramState);                    //给水设置着色器
6    auto texture =                                              //获取图片
7         Director::getInstance()->getTextureCache()->addImage(texturePath);
8    glProgramState->setUniformTexture("u_texture", texture);    //传递图片变量
9    for(int i=0;i<WaveCount;i++){                               //遍历 4 个振动源
10     glProgramState->setUniformFloat(
11          StringUtils::format("u_startAngle%d",(i+1)).c_str(), angleStart[i]);
                                                                  //传入起始角度
12     glProgramState->setUniformFloat(
13          StringUtils::format("u_waveLenth%d",(i+1)).c_str(), waveLength[i]);
                                                                  //传入波长
14     glProgramState->setUniformFloat(
15          StringUtils::format("u_amplitude%d",(i+1)).c_str(), amplitude[i]);
                                                                  //传入振幅
16     glProgramState->setUniformVec2(
17          StringUtils::format("u_position%d",(i+1)).c_str(), position[i]);
                                                                  //传入位置
18   }
19   glProgramState->setUniformVec4("u_ishad",isHad);            //设置几个振动源
20   long offset = 0;                                            //数据偏移
21   auto attributeCount =this->getMesh()->getMeshVertexAttribCount();
                                                                  //获取顶点数据信息
22   for (auto k = 0; k < attributeCount; k++) {                 //遍历顶点
23     auto meshattribute = this->getMesh()->getMeshVertexAttribute(k);
                                                                  //获取顶点
24     glProgramState->setVertexAttribPointer(
25     s_attributeNames[meshattribute.vertexAttrib],             //顶点实例
26          meshattribute.size,                                  //顶点大小
27          meshattribute.type,                                  //顶点类型
28          GL_FALSE,                                            //是否标准化
29          this->getMesh()->getVertexSizeInBytes(),             //获取步长
30          (GLvoid*)offset);                                    //位置指针
31     offset += meshattribute.attribSizeBytes;                  //计算数据偏移
32 }}
```

- 第 1～19 行为创建着色器，获取着色器的实例，给水波精灵设置着色器，获取水波的纹理贴图。遍历 4 个振动源，向着色器中传入振动源的起始角度、振动源的波长、振动源的振幅、振动源的位置以及一共有几个振动源。
- 第 20～31 行为获取水波的顶点数据信息，遍历水波的顶点进行渲染，传入顶点大小、顶点类型、是否标准化、步长、位置指针，计算数据偏移。

（4）上面介绍了创建着色器和绑定着色器的相关代码，接下来介绍水波的绘制方法，通过实时的绘制可以在设备上显示出波动的水面，用来显示第二个游戏场景中的河流场景，显然是非常合适的，而且效果也很不错，具体代码如下。

代码位置：源代码/第 15 章/ProjectGreen/app/src/main/jni/objectcpp 目录下的 Water.cpp。

```
void Water::myDraw(const Mat4 &transform){
   if(this->getMesh()){                                          //如果水有网格
     bool isDepthEnabled = glIsEnabled(GL_DEPTH_TEST);           //当前是否深度检测
     if(!isDepthEnabled){                                        //如果没有深度检测
        glEnable(GL_DEPTH_TEST);                                 //设置深度检测
     }
     GL::blendFunc(GL_SRC_ALPHA, GL_ONE_MINUS_SRC_ALPHA);        //设置混合
     GLProgramState *glProgramState=this->getGLProgramState();//获取着色器实例
     for(int i=0;i<WaveCount;i++){                               //更新起始点角度
        angleStart[i]+=0.03*Pi*frequency[i];                     //更新角度
        while(angleStart[i]>2*Pi){                               //如果角度大于 360
           angleStart[i]-=2*Pi;                                  //设置起始角度为-360
        }
        glProgramState->setUniformFloat(                         //传递起始角度
             StringUtils::format("u_startAngle%d",(i+1)).c_str(), angleStart[i]);
     }
     int count=this->getMeshCount();                             //获取网格数量
     for(int i=0;i<count;i++){                                   //遍历网格
        auto mesh = this->getMeshByIndex(i);                     //获取网格实例
```

```
20        glBindBuffer(GL_ARRAY_BUFFER, mesh->getVertexBuffer()); //绑定网格缓冲
21        glProgramState->apply(transform);                        //绑定属性和全局变量
22        glBindBuffer(GL_ELEMENT_ARRAY_BUFFER, mesh->getIndexBuffer());
                                                                   //绑定索引缓冲
23        glDrawElements(mesh->getPrimitiveType(),                  //绘制元素
24                (GLsizei)mesh->getIndexCount(), mesh->getIndexFormat(), 0);
25        CC_INCREMENT_GL_DRAWN_BATCHES_AND_VERTICES(1, mesh->getIndexCount());
26        glBindBuffer(GL_ELEMENT_ARRAY_BUFFER, 0);                 //绑定元素缓冲
27        glBindBuffer(GL_ARRAY_BUFFER, 0);                         //绑定数据缓冲
28    }
29    if(!isDepthEnabled){                                          //如果以前没有开启深度检测
30        glDisable(GL_DEPTH_TEST);                                 //关闭深度检测
31 }}}
```

- 第 1～16 行为获取当前是否开启深度检测，如果没有则开启深度检测。设置着色器混合，获取着色器实例，遍历振动源，设置振动源的起始点角度并传入着色器中。
- 第 17～30 行为获取精灵网格数量，遍历每个网格，绑定数据顶点缓存。绑定属性和全局变量到着色器，绑定索引缓冲，绘制元素缓冲，绑定元素缓冲和数组缓存。如果以前没有开启深度检测则设置关闭深度检测。

（5）程序基本介绍完毕，下面来介绍着色器的开发。着色器是模拟水的关键，水的波动效果需要利用着色器来实现，减少 CPU 的工作量，提高效率。着色器根据传入的顶点、纹理坐标进行计算获取片元的最终颜色和绘制的顶点位置。首先开发的是顶点着色器，其代码如下。

代码位置：源代码/第 15 章/ProjectGreen/assets/shader 目录下的 water.vert。

```
1  attribute vec4 a_position;                                    //顶点位置
2  attribute vec2 a_texCoord;                                    //纹理坐标
3  varying vec2 v_texCoord;                                      //传给片元着色器的纹理坐标
4  uniform float u_startAngle1;                                  //水波振动源起始角度
5  uniform float u_waveLenth1;                                   //水波振动源波长
6  uniform float u_amplitude1;                                   //水波振动源振幅
7  uniform vec2 u_position1;                                     //水波振动源位置
8  ......//此处省略了其余 3 个振动源变量的声明，有需要的读者可以自行查看随书源代码
9  uniform vec4 u_ishad;                                         //水波振源是否启用
10 void main(){                                                  //主函数
11     float temp = 2.0 * 3.14159265;                            //声明 2π
12     float ty1 = 0.0;                                          //声明振动偏移量
13     float distance1=abs(distance(vec2(a_position.x,a_position.z),u_position1));
                                                                 //到振动源的距离
14     float l = u_startAngle1 + temp * distance1 / u_waveLenth1; //计算角度
15     ty1 = sin(currAngle1) * u_amplitude1;                     //计算振动偏移量
16     ......//此处省略了其余 3 个振动源变量的计算，有需要的读者可以自行查看随书中的源代码
17     gl_Position = CC_MVPMatrix * vec4(a_position.x, ty1*u_ishad.x
                                                                 //计算最后位置
18         +ty2*u_ishad.y+ty3*u_ishad.z+ty4*u_ishad.w, a_position.z, 1);
19     v_texCoord   = a_texCoord;                                //获取纹理坐标
20     v_texCoord.y = 1.0 - a_texCoord.y;                        //翻转 y 坐标
21 }
```

- 第 1~9 行为获取顶点位置、纹理坐标等数据的方法，注意其中的 varying 为易变变量，用于将数据传给片元着色器使用。
- 第 11～17 行为计算最终顶点位置的方法，根据到振动源的距离和波长能够算出偏转角，加上当前时刻振动源的角度，即可算出当前位置的偏移量。
- 第 18～20 行为更改纹理坐标的方法。由于 OpenGL ES 中左上角为坐标原点，向下为 y 正半轴，而人习惯左下角为坐标原点，向上为 y 正半轴。所以 cocos2d-x 进行了改进，在程序中使用左下角为坐标原点，通过着色器来实现 y 坐标的翻转。

（6）完成了顶点着色器后就应该开发片元着色器了，其代码如下。

代码位置：源代码/第 15 章/ProjectGreen/assets/shader 目录下的 water.frag。

```
uniform sampler2D u_texture;                                        //获取纹理贴图数据
varying vec2 v_texCoord;                                            //获取纹理贴图坐标
void main(void){
    gl_FragColor = texture2D(u_texture, v_texCoord);                //设置个顶点最终颜色
}
```

> **说明**　直接采用纹理贴图作为最终的片元颜色。到这里如何模拟水波的效果就介绍完了，希望读者能发散思维，做出更精美的特效。

15.6.6　英雄类——Hero

本小节将介绍游戏中控制英雄的英雄相关类——Hero.h，该游戏与市面上大部分主流游戏相同，都是通过玩家控制游戏中的一个英雄角色来进行游戏，大大增强了游戏的操作性和可玩性，让玩家在游戏中有身临其境的感觉，接下来就对该类的代码进行详细介绍，具体内容如下。

（1）下面首先介绍 Hero 类的头文件，该类中声明了游戏中需要使用到的成员变量和成员函数，以便于实现游戏与玩家的交互，方便玩家更加容易、便捷地控制英雄。同时使得游戏过程中英雄角色的动作完美衔接。

代码位置：源代码 ProjectGreen/app/src/main/jni/objectcpp 目录下的 Hero.h。

```
……//此处省略了引入头文件等代码，有需要的读者可以参考源代码
class Hero : public Sprite3D{
public:
    static Hero* create();                                          //英雄创建方法
    void setHeroAttrackSpeed(int attrackSpeed);                     //设置攻击速度
    int getHeroAttrackSpeed();                                      //获取攻击速度
    void setHeroMoveSpeed(int moveSpeed);                           //设置移动速度
    int getHeroMoveSpeed();                                         //获取移动速度
    void setHeroLifeValue(int lifeValue);                           //设置生命值
    int getHeroLifeValue();                                         //获取生命值
    void setHeroStatus(float willStatus);                           //设置英雄将要执行的状态
    void statusUpdate(float updateTime);                            //更改状态
    void beiattackUpdate(float time);                               //被攻击更新方法
    void HeroBeiAttack(float attackValue);                          //被攻击方法
    void setHeroLifeMax(int lifeMax){this->lifeMax = lifeMax;};//设置最大生命值
    void updateState();                                             //设置英雄状态
    int HeroStatus;                                                 //英雄当前状态
    int willStatus;                                                 //要变换到的状态
    void updateLifeValue();                                         //更新生命值的方法
    bool beiattack=false;                                           //英雄被攻击状态标志位
    bool HeroDieFlag = false;
private:
    Vec3 faceTo = Vec3(0,0,0);                                      //英雄朝向
    static string heroPath[10];                                     //英雄路径的数组
    static float startTime[10];                                     //动作开始时间
    static float revolutionTime[10];                                //动作周期
    Animate3D* animateHero[10];                                     //指向英雄动作对象指针的数组
    void onAnimateCall_walk(EventCustom* event);                    //走路关键帧回调方法
    void onAnimateCall_shoot(EventCustom* event);                   //射击关键帧回调方法
    void HeroMove(float updateTime);                                //移动方法
    void statusCheck();                                             //检测状态方法
    void initHeroAction();                                          //加载动画
    ……//这里省略了英雄的部分状态和属性声明，需要的读者请自行参考源代码
    void HeroPrepareforwar();                                       //英雄备战
    void HeroDie();                                                 //死亡方法
    void HeroAttack();                                              //攻击方法
    void HeroRun();                                                 //跑方法
    void HeroChange();                                              //换弹方法
    bool statusCheckFlag = false;                                   //状态标志位
};
```

- 第 3～22 行功能为声明英雄类中公有的成员变量和成员函数，方便代码中对英雄类的操作和设置，使得在游戏中可以自由方便地调用英雄类中的相关属性，同时还让英雄的状态不断地进行更新操作。
- 第 22～40 行功能为声明英雄类中私有的成员变量和成员函数，这些变量和函数不能为外界调用，只能用于英雄类之中，主要为声明英雄的相关属性和姿态动作切换时用到的不同方法，同时声明了攻击完成标志和状态检查标志位。

（2）开发完 Hero 类的头文件后，还要真正实现其中的方法。下面首先介绍 Hero 类中与英雄的创建相关的方法，其中主要包括英雄初始化方法和英雄动作初始化方法，这两个方法是对英雄进行操作的基础，具体代码如下。

代码位置：源代码 ProjectGreen/app/src/main/jni/objectcpp 目录下的 Hero.cpp。

```
1  ……//此处省略了引入头文件等代码，有需要的读者可以参考源代码
2  Hero* Hero::create(){
3      std::string c3bPath = heroPath[3];                    //英雄初始化动作
4      Hero *hero = new Hero();                              //创建英雄动作
5      if (hero&& hero->initWithFile(c3bPath)){              //是否初始化英雄
6          hero->HeroStatus = 0;                             //英雄初始状态
7          hero->attackFlag = false;                         //英雄攻击标志位
8          hero->statusCheckFlag = false;                    //检查英雄状态
9          hero->attackTime = 0.f;                           //英雄攻击时间
10         hero->willStatus = 1;                             //英雄下一个状态
11         hero->attrackSpeed = 0.3;                         //英雄攻击速度
12         hero->moveSpeed = 5;                              //英雄移动速度
13         hero->lifeValue = 100;                            //英雄的生命值
14         hero->lifeMax = 100;                              //英雄最大生命值
15         hero->initHeroAction();                           //初始化英雄动作
16         hero->autorelease();                              //释放英雄
17         return hero;                                      //返回英雄对象
18     }CC_SAFE_DELETE(hero);
20     return nullptr;
21 }
22 void Hero::initHeroAction(){                              //初始化英雄动作方法
23     for(int i = 0; i < 6; i++){                           //遍历英雄的 6 个动作
24         Animation3D *HeroAnimation= Animation3D::create(heroPath[i]);//英雄动作初始化路径
25         if (HeroAnimation){                               //含有有效路径
26             animateHero[i] = Animate3D::create            //怪兽各种动画
27                     (HeroAnimation,startTime[i],revolutionTime[i]);
28             animateHero[i]->setSpeed(animateHero[i]->getSpeed()*0.9f);//骨骼动画速度
29             animateHero[i]->retain();                     //保留引用
30 }}}
```

- 第 2～21 行功能为英雄初始化方法，其中主要是设置英雄初始的相关属性，包括英雄的状态装换、攻击速度、移动速度、生命值、最大生命值，并初始化英雄对象，释放英雄，其中还需要初始化英雄动作。
- 第 22～30 行功能为初始化英雄动作方法，本游戏中的英雄有 6 种不同的状态，通过存储的动作文件路径来初始化不同动作，不同的状态对应不同的动作。

（3）介绍完英雄初始化方法之后，接下来介绍英雄状态更新方法，该方法主要实现英雄不同状态的切换，实现英雄不同动作之间的相互衔接，从而使游戏更加具有可玩性，让玩家有良好的游戏体验，具体代码如下。

代码位置：源代码 ProjectGreen/app/src/main/jni/objectcpp 目录下的 Hero.cpp。

```
void Hero::statusUpdate(float updateTime){                //英雄状态更新方法
    if(this->lifeValue<=0){                               //英雄的生命值小于 0
        this->willStatus=Hero_STATE_DIE;                  //英雄将变为死亡状态
    }if(HeroStatus != willStatus&&attackFlag==false){     //攻击动作完成
        HeroStatus = willStatus;                          //改变状态
        switch(HeroStatus){                               //根据英雄状态确定动作编号
```

```
7            case Hero_STATE_RUN:                               //跑步
8               this->stopAllActions();                         //停止所有动作
9               this->runAction(Repeat::create(animateHero[Hero_STATE_RUN],1));
10              break;
11           case Hero_STATE_PREPAREFORWAR:                     //备战
12              this->stopAllActions();                         //停止所有动作
13              this->runAction(Repeat::create(animateHero[Hero_STATE_BEGIN],1));
14              break;
15           case Hero_STATE_DIE:                               //死亡
16              this->stopAllActions();                         //停止所有动作
17              HeroDie();                                      //执行英雄死亡方法
18              break;
19           case Hero_STATE_HUANDAN:                           //换弹
20              this->stopAllActions();                         //停止所有动作
21              HeroChange();                                   //执行英雄换弹方法
22              break;
23     }}switch(HeroStatus){                                    //根据英雄状态确定动作编号
24        case Hero_STATE_RUN:                                  //跑步
25           HeroMove(updateTime);                              //执行跑步定时回调方法
26           break;
27        case Hero_STATE_ATTACK:                               //攻击
28           if(!attackFlag){                                   //英雄没有处于攻击状态
29              this->stopAllActions();                         //停止所有动作
30              HeroAttack();                                   //执行英雄攻击方法
31           }break;
32  }}
```

- 第 1～22 行功能为通过判断游戏过程中玩家想要改变的英雄状态来合理流畅地改变英雄的动作，根据将要变换到的状态来执行对应的切换方法，其中主要判断的是英雄的跑步、备战、死亡和换弹状态。
- 第 23～32 行功能为通过判断英雄的当前动作，来执行对应的方法，实现英雄行走和射击相应的操作和效果。

（4）介绍完了英雄状态更新的方法，接下来介绍操作英雄时最主要的行走方法，游戏过程中玩家需要移动英雄去相应的位置，从而完成不同的任务和击杀不同敌人等。下面我们来详细介绍一下英雄在游戏中的行走功能是如何实现的，具体代码如下。

代码位置：源代码 ProjectGreen/app/src/main/jni/objectcpp 目录下的 Hero.cpp。

```
void Hero::HeroMove(float updateTime){                              //英雄移动更新方法
   SingleScene *scene = (SingleScene*)Director::getInstance()->getRunningScene();
   auto stick = scene->Layer2D->stick;                              //获取 2D 布景中的摇杆
   float vx=stick->vx;                                              //摇杆 x 方向移动距离
   float vy=stick->vy;                                              //摇杆 y 方向移动距离
   auto spos = this->getPosition3D();                               //英雄当前位置
   Vec3 target=Vec3(spos.x+vy*sin(GameData::argeex)- vx*cos(GameData::argeex)
                                                                    //计算行走位置
   ,spos.y+20,spos.z+vy*cos(GameData::argeex)+vx*sin(GameData::argeex));
   Physics3DWorld::HitResult result_x;                              //前方是否有刚体
   Physics3DWorld::HitResult result_y;
   scene->getPhysics3DWorld()->rayCast(target+Vec3(0,500,0), target-Vec3(0,500,
   0), &result_x);
   if (result_x.hitPosition.x == 0 && result_x.hitPosition.y == 0 && result_x.
    hitPosition.z == 0) {
      this->setPosition3D(spos);                                    //与地面刚体没有交点
   } else{                                                          //前方有刚体
      this->setPosition3D(result_x.hitPosition);                    //英雄设置为目标点位置
   }
   auto pos=this->getPosition3D();                                  //获取英雄判断之后的位置
   auto cpos=scene->Layer3D->cpos;                                  //摄像机初始位置
   Camera* _camera=scene->Layer3D->_camera;                         //获取场景摄像机
   Vec3 cameraPos;                                                  //更新摄像机位置
   cameraPos.x=-(float)(cos(1.57-GameData::argeex-GameData::_angle)*GameData::
  length)+pos.x;
   cameraPos.y=(float)(cpos.y+pos.y);
   cameraPos.z=-(float)(sin(1.57-GameData::argeex-GameData::_angle)*GameData::
```

```
        length)+pos.z;
24      _camera->setPosition3D(cameraPos);                         //设置摄像机位置
25      _camera->lookAt(Vec3(pos.x-(float)(GameData::offset*cos(GameData::argeex)), pos.y+
26              GameData::camerahight+(float)(tan(GameData::argeey)*(GameData::camera
                length)),
27              pos.z+(float)(GameData::offset*sin(GameData::argeex))
28          ),Vec3(0,1,0));                                         //设置摄像机的 LookAt
29      }
```

- 第 1～16 行功能为通过获取游戏 2D 界面中的摇杆，来计算玩家想要将英雄移动到的位置。由于该场景中需要通过判断刚体的存在，才能让英雄继续移动，因此首先要判断英雄将要移动到的位置是否有刚体存在，如果没有则不移动，如果有则更新英雄位置。
- 第 17～28 行功能为设置跟随英雄的摄像机，英雄移动的过程中，摄像机也要跟随英雄移动，需要计算摄像机的位置和 LookAt 方向，然后设置摄像机属性。

（5）介绍完了英雄的移动方法，接下来介绍一下英雄的攻击和被攻击方法。游戏过程中玩家需要击杀每个任务中出现的不同怪物才能通过，玩家攻击怪物的同时，怪物也可能会攻击玩家，下面介绍这两个功能的实现方法。

代码位置：源代码 ProjectGreen/app/src/main/jni/objectcpp 目录下的 Hero.cpp。

```
1   void Hero::HeroAttack(){                                          //英雄攻击方法
2       CallFunc* callFuncAttack = CallFunc::create([=](){            //创建顺序动作
3           GameData::attackoverFlag=true;                            //攻击完成标志位
4           attackFlag = false;
5           if(GameData::Hero_bullet>0){                              //当前子弹数量不为 0
6               GameData::Hero_bullet-=1;                             //弹夹含弹数减一
7       }});
8       if(GameData::Hero_bullet==0){                                 //判断是否还有子弹
9           HeroChange();                                             //执行换弹方法
10      }else{
11          attackFlag=true;                                          //更改攻击标志位
12          Sequence* sequenceAttack = Sequence::create               //创建顺序动作
13          (animateHero[Hero_STATE_ATTACK], callFuncAttack, nullptr);
14          this->runAction(sequenceAttack);                          //执行相应动作
15          CallFunc* callMusic = CallFunc::create([=](){             //创建回调方法
16                  MusicManager::playMusicEffect(0);                 //播放射击音效
17              });
18              DelayTime* delaytime = DelayTime::create(0.15f);
19              this->runAction(
20                      Sequence::create(                             //执行动作
21                      delaytime,                                    //延时播放
22                      callMusic,    nullptr));                      //播放音效
24  }}
25  void Hero::HeroBeiAttack(float attackValue){                      //英雄被攻击方法
26      CallFunc* callFuncBeiAttack = CallFunc::create([=](){         //创建顺序动作
27          statusCheckFlag = false;                                  //更改标志位
28          GameData::herobeiAttack=true;                             //英雄处于被攻击状态
29      });
30      statusCheckFlag = true;                                       //更改标志位
31      Sequence* sequenceBeiAttack = Sequence::create(callFuncBeiAttack, nullptr);
                                                                      //创建顺序动作
32      this->runAction(sequenceBeiAttack);                           //执行被攻击顺序动作
33      this->lifeValue -= attackValue;                               //英雄生命值减少
34      float percent = 100.0 * lifeValue / lifeMax;                  //当前英雄生命值百分比
35      percent = percent<0?0:percent;                                //设置当前英雄生命百分比
36  }
```

- 第 1～24 行功能为英雄攻击方法，该方法的主要内容为判断当前弹夹中的子弹数量，如果弹夹中没有子弹则执行换弹方法，如果还有子弹则执行攻击动作并播放音效，其中还需要设置一个延时动作，延时播放射击的音效。
- 第 25～36 行功能为英雄被攻击方法，该方法主要内容为更改英雄状态标志位，使英雄处于被攻击的状态，并让当前英雄的生命值减去怪物攻击后英雄应当减去的生命值，最后得出剩余

生命值的百分比并设置英雄生命值百分比。

（6）上述步骤介绍了英雄类中主要方法，接下来介绍相对简单的英雄换弹和死亡方法，这两个方法相对于上述方法执行的次数相对较少，代码内容也相对简单，所以我们放在最后来介绍，下面介绍这两个功能的具体代码。

代码位置：源代码 ProjectGreen/app/src/main/jni/objectcpp 目录下的 Hero.cpp。

```
1   void Hero::HeroChange(){                                          //英雄换弹方法
2       CallFunc* callFuncChange = CallFunc::create([=](){            //创建回调方法
3           attackFlag=false;                                         //更改英雄标志位
4           GameData::Hero_bullet=12;                                 //设置剩余子弹数为 12
5       });
6       attackFlag=true;                                              //更改英雄标志位
7       DelayTime* delaytime = DelayTime::create(0.0f);               //设置延时时间
8       Sequence* sequenceDie = Sequence::create(                     //创建顺序动作
9               animateHero[Hero_STATE_HUANDAN],                      //播放换弹动作
10              callFuncChange,                                       //执行换弹方法
11              nullptr);
12      this->runAction(sequenceDie);                                 //执行相应动作
13  }
14  void Hero::HeroDie(){                                             //英雄死亡方法
15      CallFunc* callFuncDie = CallFunc::create([=](){               //创建回调方法
16          attackFlag=false;                                         //更改英雄标志位
17      });
18      attackFlag=true;                                              //更改英雄标志位
19      DelayTime* delaytime = DelayTime::create(0.0f);               //设置延时时间
20      Sequence* sequenceDie = Sequence::create(                     //创建顺序动作
21              animateHero[Hero_STATE_DIE],                          //播放英雄死亡动作
22              callFuncDie,                                          //执行英雄死亡方法
23              nullptr);
24      this->runAction(sequenceDie);                                 //执行相应动作
25  }
```

- 第 1～13 行功能为英雄的换弹方法，该方法的主要内容为让英雄处于换弹状态并播放换弹动作，最后将英雄的子弹数量设为最大值。
- 第 14～25 行功能为英雄的死亡方法，该方法的主要内容为修改英雄状态为死亡，修改标志位，并让英雄模型播放死亡骨骼动画。

15.7 引擎引用入口类——AppDelegate

通过前面案例的学习，读者可能会有这样一个疑问，Cocos2d-x 引擎是怎样进入第一个可以显示在屏幕上的场景的呢？通过对此类的学习，可以解答读者的疑惑。下面给出 AppDelegate 类的开发流程。

（1）首先需要开发的是 AppDelegate 类的框架，该框架声明了一系列将要使用的成员方法，这些方法都是重写的父类的，不允许开发人员自己管理，故读者只需要了解并将这些函数的意义掌握即可，具体代码如下。

代码位置：源代码/第 15 章/CubeTurn/app/src/main/jni/hellocpp 目录下的 AppDelegate.h。

```
 ……此处省略了部分头文件的导入，有需要的读者请参考随书源代码
class  AppDelegate  : private cocos2d::Application{                  //类的声明
public:                                                               //构造函数
    AppDelegate();                                                    //构造函数
    virtual ~AppDelegate();                                           //析构函数
    void readDate();                                                  //数据读取方法
    virtual bool applicationDidFinishLaunching();                     //初始化方法
    virtual void applicationDidEnterBackground();                     //当程序进入后台时调用此方法
    virtual void applicationWillEnterForeground();                    //当程序进入前台时调用
 };
```

说明　此类中 3 个函数都是继承的父类的虚函数，函数名不能更改，读者可以查看父类 ApplicationProtocol 头文件中的 3 个函数的注释，查看其对应的用处，还有一个数据读取方法为读取保存的音乐音效标志位。

（2）完成了头文件的开发后，下面给出头文件中方法的具体实现，在代码中实现了各场景的创建以及使用导演实例调用场景，具体代码如下所示。

代码位置：源代码/第 15 章/CubeTurn/app/src/main/jni/hellocpp 目录下的 AppDelegate.cpp。

```
1    ……此处省略了部分头文件的导入，有需要的读者请参考随书源代码
2    AppDelegate::AppDelegate(){}                                   //构造函数，此处未使用
3    AppDelegate::~AppDelegate(){}                                  //析构函数，此处未使用
4    bool AppDelegate::applicationDidFinishLaunching(){            //初始化方法
5      auto director = Director::getInstance();                    //获取导演
6      auto glview = director->getOpenGLView();                    //获得绘制对象
7      if(!glview){                                                //若不存在 glview 则重新创建
8        glview = GLViewImpl::create("My Game");                   //重新创建
9      }
10     director->setOpenGLView(glview);                            //设置绘制用 GLView
11     irector->setDepthTest(true);                                //设置开启深度检测
12     lview->setDesignResolutionSize(960,540,ResolutionPolicy::SHOW_ALL);
                                                                   //设置目标分辨率
13     irector->setDisplayStats(false);                            //设置为显示 FPS 等信息
14     irector->setAnimationInterval(1.0 / 60);                    //系统模拟时间间隔
15     readDate();                                                 //读取音乐音效标志位
16     SceneManager::goBegin();                                    //切换到欢迎界面
17     return true;
18   }
19   void AppDelegate::readDate(){                                 //读取数据
20     GameData::ismusic=UserDefault::getInstance()->             //读取音乐标志位
21                  getIntegerForKey("ismusic");
22     GameData::issound=UserDefault::getInstance()->             //读取音效标志位
23                  getIntegerForKey("issound");
24   }
25   void AppDelegate::applicationDidEnterBackground(){           //当程序进入后台时调用此方法
26     Director::getInstance()->stopAnimation();                   //停止动画
27     AudioManager::mPauseBackgroundMusic();   //如果有声音的话要调用下面一句暂停声音播放
28   }
29   void AppDelegate::applicationWillEnterForeground(){           //当程序进入前台时调用
30     Director::getInstance()->startAnimation();                  //开始动画
31     AudioManager::mResumeBackgroundMusic();  //如果有声音的话要调用下面一句开始声音播放
32   }
```

- 第 2～3 行为构造函数与析构函数的实现，由于此处并未使用，所以并未包含任何代码。
- 第 4～10 行为初始化方法。当游戏开始执行时，引擎会首先调用此方法。此方法中实现了获得绘制对象，并设置绘制对象，然后设置一些基础参数并调用场景管理类的方法执行第一个场景。
- 第 11 行为开启深度检测。为了节省绘制时间，可以适当地开启深度检测，需要的时候可以关掉。
- 第 12 行为设置目标分辨率。Cocos2d-x 引擎提供了 5 种屏幕自适应策略，读者可以参考枚举类 ResolutionPolicy 中的注释了解。
- 第 15 行为读取音乐音效标志位数据。由于下次加载游戏时需要读取上次游戏时的音乐音效开关状态，故需读取数据。
- 第 16 行为调用场景管理类的相关方法以执行第一个场景。该方法中获得了导演类的实例，使用该实例执行第一个场景。
- 第 19～24 行为读取上次游戏时保存的音乐和音效标志位的方法。

- 第 25～32 行为程序进入后台时执行的方法和程序进入前台时调用的方法，其中可以放置导演类中的暂停场景方法和背景音乐暂停与恢复等。

15.8 游戏的优化及改进

到此为止，《绿色行动》已经基本开发完成，也实现了最初设计的功能。但是通过开发后的测试发现，游戏中仍然存在一些需要优化和改进的地方，下面列举一些作者想到的方面。

1. 优化游戏场景

读者可以自行根据自己的想法进行改进，使游戏更加完美。如游戏场景的搭建、怪物的种类和机关种类设计等，进行进一步地完善。

2. 修复游戏 Bug

现在众多的手机游戏在公测之后也有很多 Bug，需要玩家不断发现以此来改进游戏。比如本游戏中地面草皮的铺垫，如果使用大屏手机时，可能会出现画面拉伸。虽然已经改进了可以发现的 Bug，但是还有一些需要读者来发现并改进。

3. 完善游戏玩法

此游戏只提供了 3 个关卡并只有 5 种怪物和两种机关，读者可以开动自己的奇思妙想，设计难度递增的关卡和丰富多彩的道具，如果有实力的话，读者可以参考前面章节介绍的商用游戏中的机关玩法，实现其中一二，以完善游戏的玩法。

4. 增强用户体验

为了更好地满足用户体验，游戏中玩家和怪物的血量、子弹的杀伤力、毒气、电流以及爆炸的伤害值等一系列参数都可以自行调整，甚至粒子系统所使用的脚本中的值都可以自行修改，合理的参数会极大地增加游戏的可玩性以及视觉性。

15.9 本章小结

本章以开发《绿色行动》游戏为主题，向读者介绍了使用 Cocos2d-x 引擎开发游戏的全过程，以及该引擎的执行流程。通过本章的学习，读者就形成了比较规范的开发意识，在以后的开发生涯中就会有的放矢。读者还可以参考随书中本章的文件夹，其中提供了 iOS 的案例。

异步社区
人民邮电出版社
www.epubit.com.cn

欢迎来到异步社区！

异步社区的来历

异步社区（www.epubit.com.cn）是人民邮电出版社旗下 IT 专业图书旗舰社区，于 2015 年 8 月上线运营。

异步社区依托于人民邮电出版社 20 余年的 IT 专业优质出版资源和编辑策划团队，打造传统出版与电子出版和自出版结合、纸质书与电子书结合、传统印刷与 POD 按需印刷结合的出版平台，提供最新技术资讯，为作者和读者打造交流互动的平台。

社区里都有什么？

购买图书

我们出版的图书涵盖主流 IT 技术，在编程语言、Web 技术、数据科学等领域有众多经典畅销图书。社区现已上线图书 1000 余种，电子书 400 多种，部分新书实现纸书、电子书同步出版。我们还会定期发布新书书讯。

下载资源

社区内提供随书附赠的资源，如书中的案例或程序源代码。

另外，社区还提供了大量的免费电子书，只要注册成为社区用户就可以免费下载。

与作译者互动

很多图书的作译者已经入驻社区，您可以关注他们，咨询技术问题；可以阅读不断更新的技术文章，听作译者和编辑畅聊好书背后有趣的故事；还可以参与社区的作者访谈栏目，向您关注的作者提出采访题目。

灵活优惠的购书

您可以方便地下单购买纸质图书或电子图书，纸质图书直接从人民邮电出版社书库发货，电子书提供多种阅读格式。

对于重磅新书，社区提供预售和新书首发服务，用户可以第一时间买到心仪的新书。

用户账户中的积分可以用于购书优惠。100 积分 =1 元，购买图书时，在 0 使用积分 里填入可使用的积分数值，即可扣减相应金额。